U0767552

四川省“十二五”普通高等教育本科规划教材

无机及分析化学

（第三版）

钟国清　主编

科学出版社

北　京

内 容 简 介

本书是在《无机及分析化学(第二版)》(科学出版社，2014 年)基础上修订而成。本次修订对教材内容进行了适当补充、删减和重组，修订过程中更加注重教材内容的简明扼要，阅读材料以小字体编排，典型教学案例与理论教学内容有机结合。全书共 14 章，主要内容包括气体、溶液和胶体，化学热力学初步，化学反应速率和化学平衡，物质结构基础，四大平衡和四大滴定分析，吸光光度分析法，电势分析法，非金属及金属元素化学，定量分析中的分离方法等。

本书可作为工、农、林、水产、医、师等高等学校材料类、环境类、生物类专业本科生的教材，也可供化学、材料、环境、生物等领域的科研工作者参考。

图书在版编目(CIP)数据

无机及分析化学/钟国清主编.—3 版.—北京：科学出版社，2021.4
四川省"十二五"普通高等教育本科规划教材
ISBN 978-7-03-067096-0

Ⅰ.①无… Ⅱ.①钟… Ⅲ.①无机化学-高等学校-教材 ②分析化学-高等学校-教材 Ⅳ.①O61 ②O65

中国版本图书馆 CIP 数据核字(2020)第 242582 号

责任编辑：侯晓敏 郑祥志 陈雅娴 / 责任校对：何艳萍
责任印制：吴兆东 / 封面设计：迷底书装

科学出版社 出版
北京东黄城根北街 16 号
邮政编码：100717
http://www.sciencep.com
天津市新科印刷有限公司印刷
科学出版社发行 各地新华书店经销
*
2006 年 8 月第 一 版 开本：787×1092 1/16
2014 年 6 月第 二 版 印张：24 1/2 插页：1
2021 年 4 月第 三 版 字数：627 000
2024 年 6 月第二十七次印刷
定价：78.00 元
(如有印装质量问题，我社负责调换)

《无机及分析化学(第三版)》
编写委员会

主　编　钟国清

副主编　蒋琪英　朱远平　孔　林　申丽华

编　委　（按姓名汉语拼音排序）

黄　婕　蒋琪英　孔　林　李侃社

梁　华　申丽华　沈　娟　王崇臣

徐　科　杨定明　张　欢　张廷红

钟国清　朱远平

第三版前言

《无机及分析化学》自出版以来，得到了许多高校的关注和使用，取得了良好的教学效果。为进一步加强无机及分析化学课程建设与教学改革，促进教材建设的高质量发展，建设一流本科课程，适应新形势下高等教育的改革和发展以及多元化教学的需要，编者联合有关高校对第二版进行了修订。

本书在原课程体系基础上对教学内容进行了适当补充、删除和重组，修订过程中注重教材内容的简明扼要、深入浅出，有关章节增加了若干典型应用及思政案例教学内容，阅读材料以小字体编排，突出教材的“三基”(基础知识、基本理论和基本技能)和“五性”(思想性、科学性、先进性、启发性和适用性)，加强基础、拓展应用，启发学生的科学思维，注重学生自主学习能力和创新能力的培养。原教材中作为培养学生兴趣和扩大知识面的阅读材料内容，包括绿色化学概论、材料与化学、生命与化学、环境与化学等四章内容移至无机及分析化学精品在线开放课程网站。

本书是无机及分析化学四川省线上一流本科课程和四川省课程思政示范课程配套教材，同时被评为四川省“十二五”普通高等教育本科规划教材、四川省高等教育优秀教材。本书配套建设了《无机及分析化学学习指导(第三版)》和以“制备实验小量化、分析实验减量化、实验内容绿色化”为特色的《无机及分析化学实验(第三版)》。为提高学生的辩证思维、系统思维、创新思维能力，加强信息技术与教育教学深度融合，在“学银在线”和“国家高等教育智慧教育平台”均建立了无机及分析化学精品在线开放课程。打开平台网站，在搜索框内输入本书主编姓名或无机及分析化学，即可搜索到本课程。在移动客户端安装“学习通”APP，可以加入课程，免费注册与使用，随时随地进行学习、复习和测验。

参与本书编写修订的单位及教师有：西南科技大学钟国清、蒋琪英、杨定明、张欢、沈娟、梁华、张廷红，安徽大学孔林，西安科技大学李侃社、黄婕、申丽华，嘉应学院朱远平，贵州师范学院徐科，北京建筑大学王崇臣。全书由钟国清任主编，蒋琪英、朱远平、孔林、申丽华任副主编，主编、副主编对有关内容进行统稿，最后由钟国清定稿。

在本书编写过程中得到了西南科技大学等参编学校领导及科学出版社的大力支持，在此表示衷心的感谢。

由于编者水平所限，书中不妥和疏漏之处在所难免，恳请广大读者和同仁批评指正，以期不断得到改进和完善，编者不胜感激！

编　者
(zgq316@163.com)
2023 年 7 月

第二版前言

《无机及分析化学》自 2006 年出版以来，得到了许多高校的关注和使用，取得了良好的教学效果，启迪了学生的科学思维，起到了培养学生自学能力与创新能力的作用。为加强无机及分析化学课程建设与教学改革，适应新形势下高等教育改革和发展、多元化教学的需要，在广泛调研基础上，我们联合有关高校对本书进行了修订。

本书是“无机及分析化学”四川省精品课程和四川省精品开放课程配套教材，同时被评为首批四川省“十二五”普通高等教育本科规划教材。本书配套建设了《无机及分析化学学习指导》(第二版)、“制备实验小量化、分析实验减量化、实验内容绿色化”的《无机及分析化学实验》以及多媒体课件。

在保持原课程体系基础上，本次修订对教学内容进行了适当补充、删减和重组，修订过程中更加注重教材内容的简明扼要，概念和文字更加准确、精炼，其中带*号的为选学内容，阅读材料以小字体编排。全书共 18 章，包括绪论，气体、溶液和胶体，化学热力学初步，化学反应速率和化学平衡，物质结构基础，酸碱平衡与酸碱滴定法，沉淀溶解平衡与沉淀滴定法，氧化还原平衡与氧化还原滴定法，配位平衡与配位滴定法，吸光光度分析法，电势分析法，非金属元素化学，金属元素化学，定量分析中的分离方法，绿色化学概论，材料与化学，生命与化学，环境与化学。后 4 章作为培养学生兴趣和扩大知识面的阅读材料。

参加本书修订的单位有：西南科技大学、西南石油大学、北京建筑大学、华北水利水电大学、西安科技大学、西昌学院、嘉应学院。参加修订的教师有：钟国清(第 1、8、17 章、附录)，王海荣(第 2、4 章)，方景毅(第 3、5 章)，郑飞、张万明、焦钰(第 6、7 章)，沈娟、黄婕(第 9 章)，朱远平(第 10 章)，张廷红(第 11 章)，王崇臣(第 12 章)，张欢、李侃社(第 13 章)，王崇臣、李侃社(第 14 章)，杨定明(第 15 章)、杨定明、申丽华(第 16 章)，蒋琪英(第 18 章)。全书由主编、副主编共同统稿、修改，最后由钟国清定稿。

在本书编写过程中得到了科学出版社的大力支持，在此表示衷心的感谢。

由于编者水平所限，加之时间仓促，不妥和疏漏之处在所难免，恳请广大读者批评指正。

编　者

2014 年 4 月

第一版前言

近年来，我国高等教育的结构发生了巨大的变化。一些大学通过合并，使专业、学科更齐全，多数的高等学校已发展成为多学科性的大学。经济和科技的发展、教育改革的不断深化，对高等学校教学内容和教学体系的改革提出了更高的要求。化学教育工作者如何面对现实，更新教学内容，改革和完善教学体系，使之适应21世纪科技发展的要求，这是摆在我们面前的一项重要任务。为此，我们在调查研究并经过多年的教学与实践基础上，编写了本书。本书是根据非化学化工类专业本科生对化学基础知识的要求，以少而精、精而新的原则，将传统教学内容与现代新知识相结合，对传统的无机化学、分析化学、普通化学内容进行整合、革新和优化，注重对学生进行素质教育。

本书共19章，包括绪论，气体、溶液和胶体，化学热力学初步，化学反应速率和化学平衡，物质结构基础，酸碱平衡与酸碱滴定法，沉淀溶解平衡及在定量分析中的应用，氧化还原平衡与氧化还原滴定法，配位平衡与配位滴定法，吸光光度分析法，电势分析法，仪器分析简介，非金属元素化学，金属元素化学，定量分析中的分离方法，绿色化学概论，材料与化学，生命与化学，环境与化学等内容，体现材料、环境及生物学科与化学学科的交叉与融合。将化学热力学知识融入全书有关章节，并将四大平衡和四大滴定分析法有机结合。理论教学以溶液为主线，以化学热力学为基础，以物质结构、四大平衡为重点，适当简化四大滴定分析法，而使其在实验教学中得到加强。简化一般教材中有些过于难、深的内容，带*号的内容供教学选用。后4章作为培养学生兴趣和扩大知识面的阅读材料。除阅读内容外，章后有习题，书后附有部分习题答案和有关的物理常数。本书适合80～100学时教学。

无机及分析化学是材料、环境、生物类专业最重要的基础课之一，而教材在教学环节中具有极其重要的地位和作用。一本好的教材应具有以下特点：①既能满足教学内容的要求，又符合本课程的科学体系，具有相对的完整性和科学性；②能较好地反映本学科的最新成就和发展方向，具有先进性；③具有启发性和时代特点；④具有可读性和便于自学，观点明确易于理解，思路清晰，逻辑性强；⑤能充分反映材料类、环境类、生物类专业的特点和实际。在过去的教学中，无机化学、分析化学等各门课程自身的系统性、完整性和规律性都备受重视，而对学生综合素质和能力的培养则关注较少。为使学生了解科学发展的新动向和扩大知识面，我们在有关部分介绍了相关知识及应用。编写本书时力求使量和单位在体系、名称和符号上系统化，科学、严谨地反映当代学科的概念，使基本概念更为科学、严谨、清晰，编写结构层次更加合理。通过阅读材料部分的学习，既可使学生了解本专业的发展动态，扩大知识面，又能使学生了解化学基础理论在相关学科中的重要地位，激发他们学习化学知识的兴趣和热情。在理论课教学中，以讲授基本理论和基本知识为主线，适当拓宽知识面，简要介绍化学科学的新进展，特别是在有关专业分别介绍材料科学、生命科学、环境科学与化学相关的新进展。力求使本书简明扼要、概念准确、重点鲜明、深入浅出、通俗易懂、理论联系实际，适用于材料、环境、生物等主要专业大类的学生使用。

本书可作为工、农、林、水产、医、师等高等院校材料类、环境类、生物类等专业本科教材，也可作为化学、生物、环境、材料等学科领域的科技工作者和函授生的自修用书及参考用书。

本书全部采用了中华人民共和国法定计量单位。

参加本书编写的单位有:西南科技大学、石家庄学院、西安科技大学、楚雄师范学院。本书由钟国清、朱云云任主编,黄婕、杨定明、李侃社、王波、张星辰任副主编。参加编写的教师有:钟国清(第一、六、七章、附录),张云霄(第二章),张欢(第三、四、八章),杨定明(第五、十六章),黄婕(第九章),王波(第十、十二章),张廷红(第十一、十五章),李侃社(第十三、十四章),申丽华(第十七章),朱云云(第十八章),张星辰(第十九章)。全书由主编、副主编统稿、修改,最后由钟国清通读、定稿。

本书在编写过程中得到了参编学校的有关领导特别是西南科技大学的有关领导的大力支持,在此向他们表示衷心的感谢。

由于编者水平所限,时间仓促,不妥和疏漏之处在所难免,恳请广大师生和读者批评指正。

编　者

2006 年 4 月

目　　录

第1章 绪 论

1.1 无机及分析化学的研究内容和任务

1.1.1 化学的研究对象和重要作用

化学是在原子和分子水平上研究物质的组成、结构、性质、变化及变化过程中的能量关系的科学。它涉及存在于自然界的物质——地球上的矿物、空气中的气体、海洋里的水和盐、在动物身上找到的化学物质，以及由人类创造的新物质；它涉及自然界的变化——与生命有关的化学变化，还有由化学家发明和创造的新变化。因此，化学家有两种不同类型的工作，一些化学家在研究自然界并试图了解它，另一些化学家则在创造自然界不存在的新物质和完成化学变化的新途径。

大千世界由各种各样、形形色色的物质所组成。物质有两种基本形态：一种是具有静止质量的物质，称为“实物”，如日月星辰、江河湖海、山岳丘陵、动植物、微生物、原子、分子、离子、电子等；另一种是只有运动质量没有静止质量的物质，称为“场”，如引力场、电磁场、原子核内场等。实物和场是物质存在的两种基本形态，它们可互相转化但不会被消灭，也不可能凭空创造出来。化学所研究的物质是实物。

物质永远处于不停的运动、变化和发展状态中。世界上没有不运动的物质，也没有脱离物质的运动。物质的运动形式可归纳为机械的、物理的、化学的、生命的和社会的五种。这些运动形式既互相联系，又互相区别，每一种运动形式都有其特殊的本质。化学主要研究物质的化学运动形式。

化学运动形式即化学变化的主要特征是生成了新的物质。化学变化是在原子核不变的情况下，发生了原子的化分(原有化学键或分子的破坏)和化合(新的化学键或分子的形成)而生成了新物质。核裂变或核聚变的核反应虽然也有新物质生成，但它们不是原子层次的反应，故不属于化学变化。因此，化学是在分子、原子或离子水平上研究物质的组成、结构、性质、变化以及变化过程中能量关系的科学。

物质的各种运动形式是彼此联系的，并在一定条件下可以互相转化。物质的化学运动形式与其他运动形式也是有联系并互相转化的。化学变化总伴随有物理变化，生物过程总伴随着不间断的化学变化。因此，研究化学时还要结合其他有关学科的理论和实践。

化学是一门既古老又年轻的科学。人类的化学实践在历史上很早就开始了，如火的利用、造纸、酿酒、染色、中草药、火药、冶金、陶瓷等。从古代开始，化学就一直伴随古人的生产和生活。直到17世纪后期，英国科学家玻意耳(R. Boyle)指出“化学的对象和任务就是寻找和认识物质的组成和性质”，化学才走上了科学的道路。如果从这时算起，化学作为一门科学仅有300多年的历史。18世纪发现了质量守恒定律、定组成定律、倍比定律等，为化学新理论的诞生打下了基础。19世纪初，道尔顿(J. Dalton)和阿伏伽德罗(A. Avogadro)分别创立了原子论和原子-分子论；1869年，俄国化学家门捷列夫(D. I. Mendeleev)提出了元素周期律，从此进入了近代化学的发展时期。20世纪是化学取得巨大成就的世纪，1926年，量子力学的建立冲破了经典力学的束缚，开辟了现代原子结构理论发展的新历程；1931年，丹麦科学家玻尔

(N. H. D. Bohr)把量子的概念首先引入原子结构理论，成功地解释了氢原子光谱。在此基础上，化学键理论及晶体结构的研究都获得了新发展。物质结构理论的发展使人们从微观上更深入地认识物质的性质与结构的关系，对无机物、有机物的合成和各种新材料的研制都具有指导作用。化学热力学和动力学的应用从宏观上推动各类化学反应的研究，大大促进了化学工业的发展。20 世纪，在化学高速发展的背景下，中国化学家不遑多让，侯氏制碱法、抗疟疾药物青蒿素、人工合成牛胰岛素等，都让中国人的名字写在了化学的荣誉榜上。总体来看，化学在以下几个方面创造了我们美好的生活：化肥将人类从饥饿中拯救出来，高分子合成材料改善了我们的生活，药物成为人类健康的守护神，染料的发明和应用使我们的生活多姿多彩。

案例 1-1 随着人们生活水平的提高，食品安全是人们普遍关心的问题，苏丹红、三鹿奶粉等事件触目惊心。由于凯氏定氮法测定蛋白质含量存在缺陷，一些不法分子在奶制品中掺入含氮量特别高的三聚氰胺，欺骗检验者，并给食用者造成危害。如今，用检测官能团的先进仪器(如气相色谱)检测三聚氰胺，不法分子想蒙混过关就难了。

问题：三聚氰胺为什么会在婴幼儿的肾脏中产生结石？

分析：三聚氰胺是一种含氮原子多的有机弱碱，进入体内后发生取代(水解)反应，生成三聚氰酸，当然三聚氰胺生产过程中也会产生一些三聚氰酸。三聚氰胺与三聚氰酸在一定条件下会通过分子间的氢键聚合形成网状结构的难溶物，在婴幼儿的微小血管中形成结石，从而对婴幼儿造成很大的伤害。

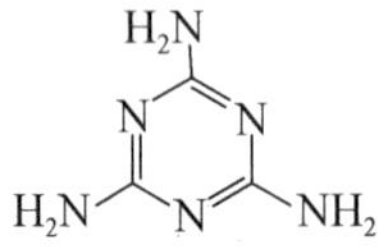
三聚氰胺

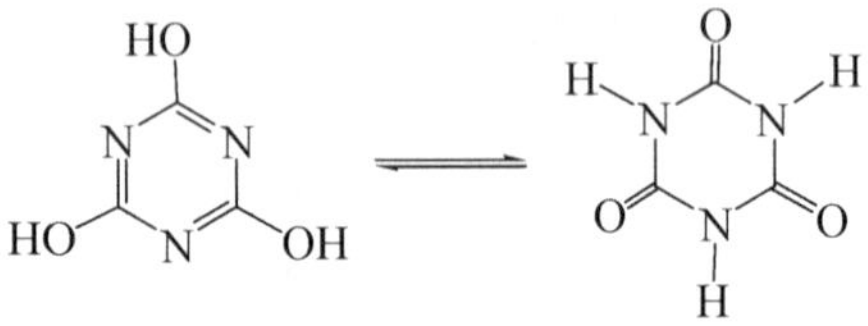
三聚氰酸的互变异构

案例 1-2 自 2003 年以来，世界许多国家在辣椒调味品、鸭蛋、鸡蛋及唇膏等产品中检测出苏丹红。食品中出现违规添加苏丹红的情况，其主要目的是增色增鲜，增加产品的商业价值。不法商贩将玉米等植物的粉末用苏丹红染色后，冒充辣椒粉混在真正的辣椒粉中，起到降低成本从而牟利的作用。还有不法者将苏丹红Ⅳ号添加到鸭饲料中，苏丹红等脂溶性色素被消化管壁黏膜直接吸收后，容易溶解、分布在脂肪含量较高的蛋黄里，使产出的蛋黄呈红色，用以冒充河北白洋淀的红心鸭蛋。

问题：苏丹红是何类有机物？有何种毒性？

分析：苏丹红是一类人工合成的偶氮类染料，一般不溶于水，易溶于有机溶剂，主要包括苏丹红Ⅰ、Ⅱ、Ⅲ和Ⅳ号，其外观色泽由橙红色(苏丹红Ⅰ号)至深红色(苏丹红Ⅳ号)逐渐加深，其中苏丹红Ⅱ、Ⅲ和Ⅳ号均为苏丹红Ⅰ号的衍生物。苏丹红主要用作彩色蜡、油脂、汽油、溶剂和鞋油等的增色添加剂，还可用于焰火礼花的着色。苏丹红不能用于食品加工，苏丹红Ⅰ号具有遗传毒性、致突变作用和致敏性，苏丹红Ⅱ、Ⅲ和Ⅳ号均为第三类致癌物。

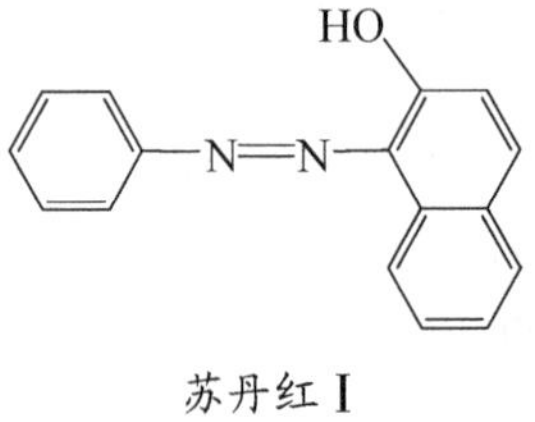
苏丹红Ⅰ

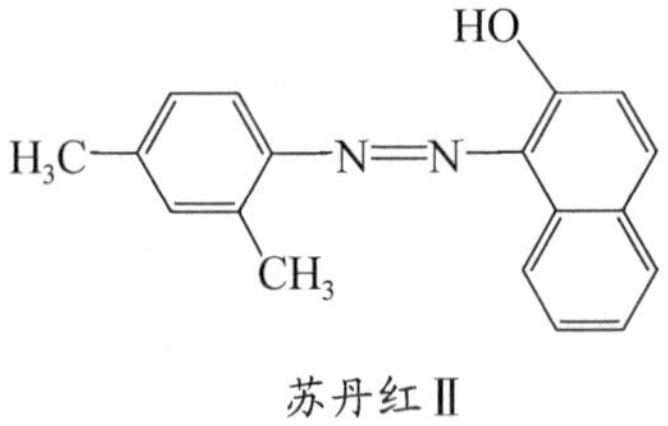
苏丹红Ⅱ

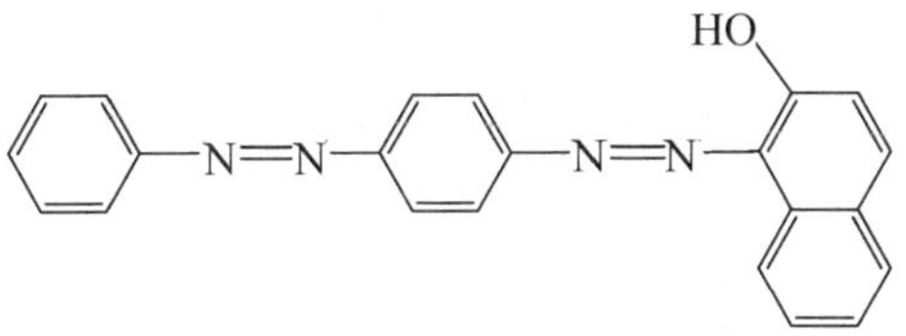

苏丹红Ⅲ

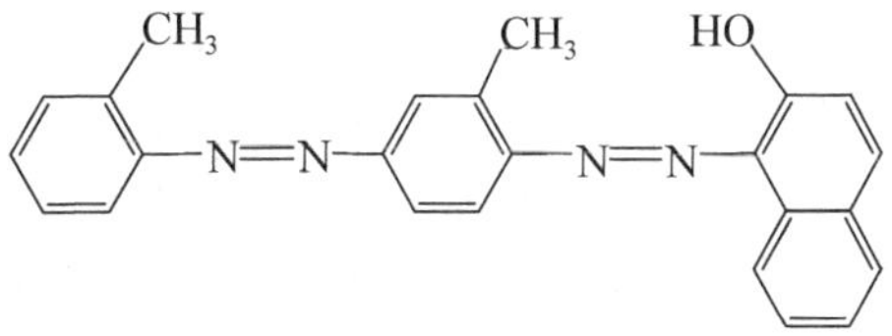

苏丹红Ⅳ

传统化学按研究对象和内在逻辑的不同，分为无机化学、有机化学、分析化学和物理化学四大分支。随着科学技术的进步和生产的发展，各学科之间的相互渗透日益增强，化学已经渗透到农学、生命科学、药学、环境科学、计算机科学、工程学、地质学、物理学、冶金学等许多领域，从而形成了许多应用化学的新分支和边缘学科，如农业化学、生物化学、医药化学、环境化学、地球化学、海洋化学、材料化学、计算化学、核化学、激光化学等。同时，原有的“四大分支”中的某些内容已经发展成为一些新的独立分支，如热力学、动力学、电化学、配位化学、化学生物学、稀有元素化学、胶体化学等。我国著名科学家徐光宪教授作了如下的比喻：“如果把21世纪的化学比作一个人，那么物理化学、理论化学和计算化学是脑袋，分析化学是耳目，配位化学是心腹，无机化学是左手，有机化学和高分子化学是右手，材料科学是左腿，生命科学是右腿，通过这两条腿使化学科学坚实地站在国家目标的地坪上。”化学是一门“中心科学”，它不仅生产用于制造住所、衣物和交通工具用的材料，发明提高和保证粮食供应的新方法，创造新的药物，而且多方面改善着人们的生活，因而化学也是一门实用科学。

近100年来，化学作为一门中心科学，推动了物质科学与生命科学等其他科学的发展。化学在认识热或温度、做功、能量等方面与物理学有许多相似之处，而物理学的相关理论又推动了化学的发展；生命科学在分子水平上离不开化学的支持，疾病的早期诊断与治疗、DNA的检测、药物分子的开发、生殖与发育、营养与健康等都与化学有紧密的联系。尤其是20世纪中期以后，化学与生命、材料、能源、环境、信息等学科领域的交叉融合，不仅促进了学科自身的发展，也催生了众多新兴交叉前沿学科，如分子生物学、分子纳米结构、纳米材料和相关纳米技术等。近100年来，化学在解决粮食问题、战胜疾病、解决能源问题、改善环境问题、发展国家防御与安全所用的新材料和新技术等方面起到了不可或缺的关键作用。石油的开采、核技术的应用、电池的发展、航空材料的制造等都是例证。现在，化学已为新能源、新材料的研究，乃至信息、医药、资源和环境等领域的发展提供了物质基础和技术保障。

在现代生活中，特别是在人类的生产活动中，化学起着重要的作用。例如，运用对物质结构和性质的知识，科学地选择使用原材料；运用化学变化的规律，可研制各种新产品。又如，当前人类关心的能源和资源的开发、粮食的增产、环境的保护、海洋的综合利用、生物工程等都离不开化学知识；现代化的生产和科学技术往往需要综合运用多种学科的知识，而它们都与化学有着密切的联系。以稀土元素为例，过去仅用于打火石、玻璃着色等方面，用途十分有限。20世纪50年代以来，由于人们采用离子交换和有机溶剂萃取技术，分离、提纯稀土产品获得成功，同时通过研究又不断发现了稀土元素及其化合物的许多优良性能，所以它的应用迅速扩展。在荧光材料、磁性材料、激光材料、超导材料、储氢材料、新型半导体材料、原子反应堆材料等方面，稀土元素都显示出重要作用。我国是稀土储量最多的国家，稀土元素化学在材料科学中的迅速发展必将对我国的现代化建设作出日益重要的贡献。合成高分子材料在目前人们使用的各种材料中已占一半以上，近年来又有许多新发展，含有碳纤维、硼纤维的各种复合材料及具有光、电、磁等功能的各种功能高分子材料均在现代科技中发挥了重要作用。在新能源的开发和利用方面，近年来许多国家对无污染的氢能源的研究和应用不断取得新的成果。可以预料，不久的将来会出现以氢能为主要能源的新时代。

生命科学与化学的联系更为密切。植物体的根、茎、叶、花、果实、种子，动物体的骨骼、肌肉、脏器以及它们的各种体液都是由各种化学元素经过生理、生化等各种变化而构成的。农、林、果、鱼、畜产品的初加工、深加工及其副产品和废物的综合利用；粮食、油料、蔬菜、水果、水产品、肉奶蛋等的储存保鲜；使用饲料添加剂、生长激素、微量元素、必需氨基酸等调节动植物有机体的生理过程，以提高农牧业产品的质量和产量；利用杀虫剂、杀菌剂、杀鼠剂保护植物不受害虫、病菌、啮齿类动物的侵害；利用各种兽药和疫苗防治畜禽疾病和传染病；卫生监督、环境监控、产品质量的检验；微量元素肥料和化学肥料的合理使用，土壤结构的改良；盐碱地的治理、污水的净化等，都离不开化学的基本原理、基本知识和基本操作技能。

伴随其他科学技术和生产水平的提高，新的精密仪器、现代化的实验手段和计算机的广泛应用，化学科学也在突飞猛进地发展，正在从描述性的科学向推理性的科学过渡，从定性科学向定量科学发展，从宏观现象向微观结构深入。面向未来，化学将向更广、更深层次的方向延伸；新工具的不断创造和应用将促进化学的创新发展；绿色化学将带来化学化工生产方式的变革；化学在解决战略性、全局性、前瞻性重大问题上，将继续发挥更大的作用。目前，世界上出现的以信息技术、生物工程、新材料、新能源、海洋开发等新技术为主导的技术革命与化学密切相关，离开化学和化学工业的发展，这些新技术的发展和应用都是不可能的。

1.1.2 无机及分析化学的性质、任务和学习方法

在化学的各门分支学科中，无机化学是研究所有元素的单质和化合物(碳氢化合物及其衍生物除外)的组成、结构、性质和反应的学科；分析化学是研究物质组成成分及其含量的测定原理、测定方法和操作技术的学科。无机及分析化学是高等学校材料类、环境类、农林类、生物类等专业一门重要的必修基础课，它不是化学学科发展的一门分支学科，而是主要介绍无机化学和分析化学等学科中的基础知识、基本原理和基本操作技能的一门课程。在此基础上，运用微观理论知识揭示物质的组成、结构及其性质与变化规律的关系；用宏观理论知识中的化学热力学与化学动力学知识计算化学反应中的能量变化，继而判断化学反应的方向、限度、快慢及反应历程，以及研究化学反应与外界条件的关系等，并将这些知识在水溶液中的四大化学平衡及元素化学内容中予以应用和深化，学生可从中了解到化学与材料科学、环境科学和生物科学融合的巨大潜力。

许多专业的基础课和专业课也与化学有不可分割的联系。例如，材料分析测试技术，材料合成，材料化学，环境监测，水处理技术，大气、水污染控制，动物、植物生物化学，动物、植物生理学，病理学，药理学，土壤学，肥料学，植物保护学，饲料学，农畜产品加工学等专业基础课和专业课都需要一定的化学基础知识。又如，学习生理学必须了解生物体的新陈代谢作用，生物体内的酸碱平衡及各种代谢平衡都以化学平衡理论为基础；各种酶的作用又是催化剂原理的具体体现。总之，对化学在专业学习和专业工作中的重要意义，大家在今后的学习和实践中会有更深刻的体会。

无机及分析化学课程的教学任务是：通过本课程的学习，掌握与材料科学、环境科学、农林科学、生物科学等学科有关的化学基本理论、基础知识和基本操作技能；在学习溶液基础知识时，重点掌握四大平衡理论和以滴定分析方法为主的测定物质含量的方法，建立准

确的“量”的概念;了解这些理论、知识和技能在专业中的应用,为后续课程的学习和今后的工作打下良好的化学基础,同时扩大知识面。总之,在教学中培养学生的自学能力、分析和解决日常生活和生产实践中有关化学问题的能力,以及培养严谨的科学态度和习惯,是无机及分析化学教学的重要任务。

无机及分析化学的学习方法:①学习中要注重基本概念和基本理论的理解和应用。在学习某一内容时,首先要注意研究的对象和背景,想明白问题是怎样提出的,用什么办法解决问题,结果如何,有什么实际意义和应用,然后再研究详细的内容、推导过程、实验步骤等,这样才能抓住要领。②培养自学能力。21世纪的教育是终身教育,知识财富的创造速度非常快,每隔3～5年翻一番。就化学而言,美国化学文摘服务社(CAS)给各种新化合物编有注册号,在1950年初大约是200万种,而到1990年已突破1000万种,2000年已达到2340万种,2020年已超过4000万种,目前平均每天增加约3000种。面对浩瀚的信息量,任何人即使日夜攻读,也难读完和记住现有的知识。将来从事工作所必需的很多知识仅在学校学习期间肯定是学不完的,需要不断地学习、更新知识来适应社会,增强自己的竞争力,即运用已有的知识创造性地解决问题和发现新知识,因此培养自学能力就显得非常重要。掌握知识是提高自学能力的基础,而提高自学能力又是掌握知识的主要条件,两者是相互促进的。我们提倡课前预习,课后复习、归纳,将知识系统化。学生可充分利用学银在线平台建立的无机及分析化学精品在线课程进行学习,参与本课程的在线讨论,完成在线互评作业、章节测验、在线考试等,检验本课程的学习效果,提高自主学习能力,为终身学习打下良好基础。每学完一章,应对该章内容进行书面总结,包括基本概念、基本原理、基本公式和有关计算,明白该章的主要内容。此外,有目的地阅读一些科技论文或参考书,有助于加深对某一知识点的理解和拓宽知识面。③理论与实践结合。化学是一门以实验为基础的科学,许多化学的理论和规律很大一部分是从实验总结出来的。学生在学习中既要重视理论的掌握,又要重视实验技能的训练,努力培养实事求是、严谨治学的科学态度。

1.2 误差及数据处理

1.2.1 误差的分类

分析测试中,因受分析方法、测量仪器、所用试剂和操作者主观条件等因素限制,分析结果与真实值不完全一致。测定结果与真实值之间的差异称为误差。误差有正、负之分,当测定值大于真实值时为正误差,当测定值小于真实值时为负误差。通常不可能知道客观存在的真实值,实际工作中常用“标准值”代替真实值。标准值是用多种可靠的分析方法,由具有丰富经验的人员经过反复多次测定而得出的比较准确的结果。误差是客观存在的,不可避免的。作为分析工作者,应该了解误差理论和误差产生的原因,以便使误差减小到最低程度,获得尽可能准确的分析结果。按来源不同,误差可分为系统误差和偶然误差。

1. 系统误差

系统误差(可测误差)是由某些比较确定的原因引起的,对分析结果的影响比较固定,即误差的正、负通常是一定的,其大小也有一定的规律性,在相同条件下重复测量,它有重复出现的性质,因此其大小往往可以测出,并且还可通过实验减小或消除。按误差产生的原因,系统误差可分为下列几种:

（1）方法误差。它是分析方法本身造成的误差。例如，滴定分析中反应进行不完全、滴定终点与化学计量点不相符、有其他副反应发生等。

（2）仪器、试剂误差。它是仪器本身不准确和试剂不纯而引起的误差。例如，天平两臂不等长、砝码质量和滴定管刻度不准确、所用试剂或蒸馏水中含有杂质等引起的误差。

（3）操作误差。它是指正常操作条件下因分析人员掌握操作规程与实验条件有出入而引起的误差。例如，滴定管读数偏低或偏高、对颜色的分辨能力不够敏锐等所造成的误差。

2. 偶然误差

偶然误差（随机误差）是由一些偶然因素所引起的误差，是偶然的或不能控制的。这类误差对分析结果的影响不固定，有时大，有时小，有时正，有时负。例如，实验室中环境温度、气压、湿度等的微小波动，滴定管读数最后一位估计不准。当人们对一个量进行重复测量，然后把所得结果进行统计分析时发现，偶然误差符合正态分布规律，如图 1-1 所示，其规律是：①绝对值相等的正误差和负误差出现的机会相等；②小误差出现的次数多，大误差出现的次数少，个别特别大的误差出现的次数极少。

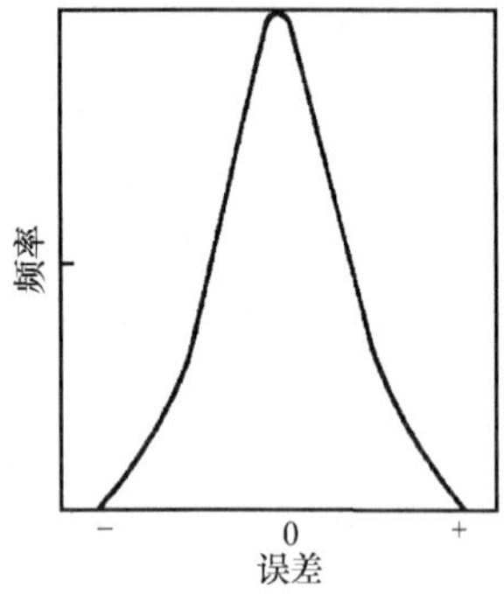

图 1-1　偶然误差正态分布曲线

特别注意，系统误差和偶然误差都是指在正常操作的情况下所产生的误差。因操作不细心而加错试剂、记错读数、溶液溅失等违反操作规程所造成的错误称为过失。过失不属于误差，过失是完全可以避免的。过失所得的结果在进行数据处理时应删除。

1.2.2　误差和偏差的表示方法

1. 准确度与误差

测定值与真实值之间的接近程度称为准确度，用误差表示。误差越小，准确度越高。误差又分为绝对误差和相对误差。

（1）绝对误差。实验测得的数值 x 与真实值 T 之间的差值称为绝对误差 E，即

$$E = x - T \tag{1-1}$$

例如，测定一样品中某组分的含量时，分析结果为 18.00%，而其真实值为 18.13%，则其绝对误差为−0.13%。绝对误差有正、负号，正号表示分析结果偏高，负号表示偏低。

（2）相对误差。相对误差是指绝对误差占真实值的百分数，即

$$E_r = \frac{E}{T} \times 100\% \tag{1-2}$$

对多次测定结果采用平均绝对误差和平均相对误差，平均绝对误差即为测定结果平均值与真实值之差，平均绝对误差占真实值的百分数即为平均相对误差，即

$$\overline{E} = \overline{x} - T \tag{1-3}$$

$$\overline{E}_r = \frac{\overline{E}}{T} \times 100\% \tag{1-4}$$

采用相对误差更能反映测量的准确性。例如，用同一台分析天平称取两份样品的质量，若

称取的质量分别为0.1990g和1.1990g，而称量所产生的绝对误差均为0.0001g，它们的相对误差分别为0.05%和0.008%。由此说明，为减少相对误差可增加称取样品的质量，从而减少测量误差。

2. 精密度与偏差

同一样品多次平行测定结果之间的符合程度称为精密度，用偏差表示。精密度与真实值无关，它反映了偶然误差的大小。偏差越小，测定结果精密度越高。偏差有多种表示方法。

(1) 绝对偏差和相对偏差。由于往往不知道真实值，因而只能用多次分析结果的平均值代表分析结果(以平均值为“标准”)，这样计算出来的误差称为偏差。偏差也分为绝对偏差和相对偏差。

绝对偏差是指某一次测量值与平均值之差，即

$$d_i = x_i - \overline{x} \tag{1-5}$$

相对偏差是指某一次测量的绝对偏差占平均值的百分数，即

$$d_r = \frac{d_i}{\overline{x}} \times 100\% \tag{1-6}$$

(2) 平均偏差。为表示多次测量的总体偏离程度，常用平均偏差($\overline{d}$)，它是指各次偏差的绝对值之和的平均值，即

$$\overline{d} = \frac{|d_1| + |d_2| + |d_3| + \cdots + |d_n|}{n} = \frac{\sum_{i=1}^{n} |d_i|}{n} \tag{1-7}$$

平均偏差没有正、负号。平均偏差占平均值的百分数称为相对平均偏差($\overline{d}_r$)，即

$$\overline{d}_r = \frac{\overline{d}}{\overline{x}} \times 100\% \tag{1-8}$$

(3) 标准偏差和相对标准偏差。在分析工作中，标准偏差是表示精密度较好的方法。当测定次数有限时($n<20$)，标准偏差常用式(1-9)表示：

$$s = \sqrt{\frac{\sum_{i=1}^{n} (x_i - \overline{x})^2}{n-1}} = \sqrt{\frac{\sum_{i=1}^{n} d_i^2}{n-1}} \tag{1-9}$$

用标准偏差表示精密度比平均偏差好，能更清楚地说明数据的分散程度。例如，甲、乙两人各自测得一组数据，偏差(d_i)分别为

甲　+0.3、−0.2、−0.4、+0.2、+0.1、+0.4、0.0、−0.3、+0.2、−0.3

乙　+0.1、0.0、−0.7、+0.2、−0.1、+0.2、+0.5、+0.3、−0.2、−0.1

两组数据的平均偏差相等，均为0.24，但乙的测定数据中有两个较大的偏差(−0.7、+0.5)，说明数据离散程度大。它们的标准偏差为

$$s_甲 = \sqrt{\frac{(0.3)^2 + (-0.2)^2 + (-0.4)^2 + \cdots + (-0.3)^2}{10-1}} = 0.28$$

$$s_乙 = \sqrt{\frac{(0.1)^2 + (0.0)^2 + (-0.7)^2 + \cdots + (-0.1)^2}{10-1}} = 0.33$$

显然，甲的精密度比乙的高。

相对标准偏差也称为变异系数，是标准偏差占平均值的百分数，即

$$s_r = \frac{s}{\bar{x}} \times 100\% \tag{1-10}$$

1.2.3 提高分析结果准确度的方法

案例 1-3 同一试样的四组实验测定结果如图 1-2 所示，A 的分析结果准确度和精密度都好；B 的分析结果精密度高，准确度低；C 的精密度和准确度都差；D 的精密度很差，平均值接近真值。

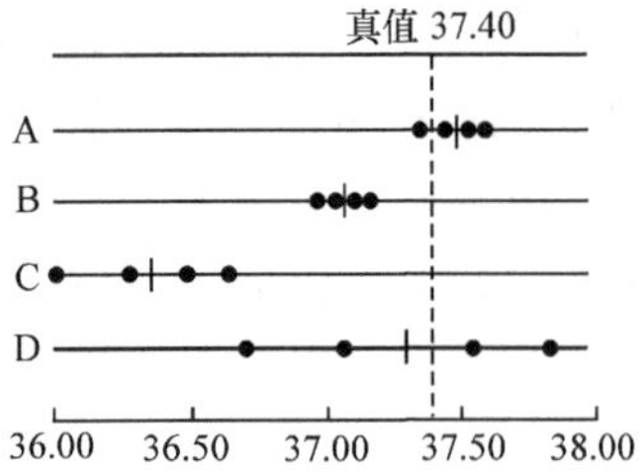

图 1-2　准确度与精密度的关系

问题：A、B、C、D 四组实验测定结果，哪组结果可靠？

分析：准确度与精密度有密切的关系。准确度表示测量的准确性，与系统误差和偶然误差均有关；精密度表示测量的重现性，只与偶然误差有关。在评价分析结果时，只有精密度和准确度都好的方法才可取。在同一条件下，对样品多次平行测定中，精密度高只表明偶然误差小，不能排除系统误差存在的可能性，即精密度高，准确度不一定高，如 B 的数据。只有在消除系统误差的前提下，才能以精密度的高低衡量准确度的高低。如果精密度差，实验的重现性低，则该实验方法是不可信的，也就谈不上准确度高。D 的数据是由于正负误差恰好相互抵消的结果，可靠性差。因此，只有 A 的数据可靠。对初学者来说，分析实验结果不准确的主要原因往往是操作上的过失，这可从精密度较差反映出来，因此初学者在分析测定中首先要做到测定结果的精密度达到规定的标准。

1. 选择适当的分析方法

不同的分析方法有不同的准确度和灵敏度。对常量成分（含量在 1%以上）的测定，可用灵敏度不太高但准确度高（相对误差<0.2%）的重量分析法或滴定分析法；对微量成分（含量为 0.01%～1%）或痕量组分（含量在 0.01%以下）的测定，则应选用灵敏度较高的仪器分析法。例如，常用的分光光度法检测限可达 $10^{-5}\%$～$10^{-4}\%$，但分光光度法分析结果的相对误差一般为 2%～5%，准确度不高。因此，必须根据所要分析的样品情况及对分析结果的要求，选择适当的分析方法。

2. 减小测量误差

为提高分析结果的准确度，必须尽量减小各测量步骤的误差。例如，滴定管的读数有±0.01mL误差，一次滴定必须读两次数据，可能造成的最大绝对误差是±0.02mL。为使滴定的相对误差小于 0.1%，消耗滴定液的体积必须在 20mL 以上。又如，用万分之一分析天平称量，称量误差为±0.0001g，每称量一个样品必须进行两次称量，可能造成的最大绝对误差是±0.0002g，为使称量的相对误差小于 0.1%，每个样品必须称取 0.2g 以上。

3. 减小偶然误差

在消除或减小系统误差的前提下，通过增加平行测定的次数可减小偶然误差。一般要求平行测定 3～5 次，取算术平均值，便可以得到较准确的分析结果。

4. 消除系统误差

检验和消除系统误差对提高准确度非常重要，主要方法如下：

(1) 对照实验。对照实验是检查系统误差的有效方法，包括标准样品对照实验和标准方法对照实验等。

标准样品对照实验是用已知准确含量的标准样品(或纯物质配成的合成试样)与待测样品按同样的方法进行平行测定，找出校正系数以消除系统误差。

标准方法对照实验是用可靠的分析方法与被检验的分析方法，对同一试样进行分析对照。若测定结果很接近，则说明被检验的方法可靠，无系统误差。

为了解分析人员之间是否存在系统误差和其他方面的问题，许多分析部门常将一部分样品安排在不同分析人员之间，用同一种方法进行分析，以资对照，这种方法称为内检。有时将部分样品送交其他单位进行对照分析，这种方法称为外检。

(2) 空白实验。在不加样品的情况下，按照与样品相同的分析方法和步骤进行分析，得到的结果称为空白值。从样品分析结果中减去空白值，这样可消除或减小由蒸馏水及实验器皿带入的杂质引起的误差，得到更接近真实值的分析结果。

(3) 校准仪器。对仪器进行校准可以消除系统误差。例如，在精确的分析中，砝码、移液管、滴定管和容量瓶等必须进行校正，并在计算结果时采用校正值。但在日常分析中，有些仪器出厂时已经校正或者经国家计量机构定期校准，在一定期间内如保管妥善，通常可以不再进行校准。

(4) 回收实验。用所选定的分析方法对已知组分的标准样进行分析，或对人工配制的已知组分的试样进行分析，或在已分析的试样中加入一定量被测组分再进行分析，从分析结果观察已知量的检出情况，这种方法称为回收实验。若回收率符合一定要求，说明系统误差合格，分析方法可用。

1.2.4 置信度与置信区间

在实际工作中，通常把测定数据的平均值作为分析结果报告，但测得的少量数据得到的平均值总是带有一定的不确定性，它不能明确说明测定结果的可靠性。偶然误差的分布规律告诉我们，对于有限次测定，测定值总是围绕平均值 $\overline{x}$ 而集中，$\overline{x}$ 是总体平均值 μ (可以看作真值)的最佳估计值。真实值所在的范围称为置信区间；真实值落在置信区间的概率称为置信度，常用 P 表示。置信度就是人们对所做判断有把握的程度，置信度越高，置信区间范围就越宽，相应判断失误的可能性就越小。但置信度过高，会因置信区间过宽而实用价值不大。在分析化学中作统计时，通常取 95%的置信度，有时也用 90%或 99%等置信度。

真值 μ 与平均值 $\overline{x}$ 之间的关系(平均值的置信区间)为

$$\mu = \overline{x} \pm \frac{ts}{\sqrt{n}} \tag{1-11}$$

式中：s 为标准偏差；n 为测定次数；t 为在选定的某一置信度下的概率系数，可根据测定次数从表 1-1 中查得。

表 1-1 不同测定次数及不同置信度的 t 值

测定次数 n	置信度				
	50%	90%	95%	99%	99.5%
2	1.000	6.314	12.706	63.657	127.32
3	0.816	2.920	4.303	9.925	14.089
4	0.765	2.353	3.182	5.841	7.453

续表

测定次数 n	置信度				
	50%	90%	95%	99%	99.5%
5	0.741	2.132	2.776	4.604	5.598
6	0.727	2.015	2.571	4.032	4.773
7	0.718	1.943	2.447	3.707	4.317
8	0.711	1.895	2.365	3.500	4.029
9	0.706	1.860	2.306	3.355	3.832
10	0.703	1.833	2.262	3.250	3.690
11	0.700	1.812	2.228	3.169	3.581
21	0.687	1.725	2.086	2.845	3.153
∞	0.674	1.645	1.960	2.576	2.807

例 1-1　测定 SiO_2 的质量分数，得到如下数据(%)：28.62、28.59、28.51、28.48、28.52、28.63。求置信度为 95%时平均值的置信区间。

解　$$\overline{x}=\frac{28.62+28.59+28.51+28.48+28.52+28.63}{6}=28.56(\%)$$

$$s=\sqrt{\frac{(0.06)^2+(0.03)^2+(-0.05)^2+(-0.08)^2+(-0.04)^2+(0.07)^2}{6-1}}=0.06(\%)$$

查表 1-1 得，置信度为 95%，$n=6$ 时，$t=2.571$

$$\mu=\overline{x}\pm\frac{ts}{\sqrt{n}}=28.56\pm\frac{2.571\times0.06}{\sqrt{6}}=(28.56\pm0.07)(\%)$$

1.2.5　可疑值的取舍

在一组数据中，若某一数值与其他值相差较大，这个数值称为可疑值或离群值。若将其舍去，可提高分析结果的精密度，但舍去不当，又会影响结果的准确度。能否将其舍去，可用 Q 值检验法来判断。这个方法是将测定数据按大小顺序排列，并求出该可疑值与其邻近值之差，然后除以极差(最大值与最小值之差)，所得舍弃商称为 Q 值，即

$$Q=\frac{x_n-x_{n-1}}{x_n-x_1} \tag{1-12}$$

若 Q 大于或等于表 1-2 中的 Q 值，应舍去；否则，应保留。

表 1-2　舍弃商 Q 值表

测定次数 n	3	4	5	6	7	8	9	10
$Q_{0.90}$	0.94	0.76	0.64	0.56	0.51	0.47	0.44	0.41
$Q_{0.95}$	0.98	0.85	0.73	0.64	0.59	0.54	0.51	0.48
$Q_{0.99}$	0.99	0.93	0.82	0.74	0.68	0.63	0.60	0.57

例 1-2　某溶液浓度($mol\cdot L^{-1}$)经 4 次测定，其结果为：0.1014、0.1012、0.1025、0.1016。其中 0.1025 的误差较大，是否应该舍去($P=90\%$)？

解　根据 Q 值检验法，$x_n=0.1025$，$x_{n-1}=0.1016$，$x_1=0.1012$

$$Q=\frac{0.1025-0.1016}{0.1025-0.1012}=0.69<0.76$$

因此，应该保留该值。

在一般工作中对确实有差错的数值可以直接舍弃。对没有根据说明某些过高或过低的数据有什么差错时，必须按一定标准决定取舍。除上述方法外，也可按“可疑值与平均值之差大于算术平均偏差的 4 倍则可舍弃”的原则处理。

1.2.6　有效数字及其运算规则

在测量和数据计算中，确定该用几位数字来代表测量或计算的结果是很重要的。初学者往往认为在一个数值中小数点后面的位数越多，这个数值就越准确，或在计算结果中保留的位数越多，准确度便越高。这两种想法都是错误的。第一种想法的错误在于没有弄清楚小数点的位置不是决定准确度的标准，小数点的位置仅与所用单位大小有关。例如，体积为 21.3mL 与 0.0213L，准确度完全相同。第二种想法的错误在于不了解所有测量，由于仪器和人们感官的缺陷，只能达到一定的准确度，这个准确度一方面取决于所用仪器刻度的精细程度，另一方面也与所用测量方法有关。因此，计算结果中无论写多少位数，绝不可能把准确度增加到超过测量所能允许的范围。反之，记录数据的位数过少，低于测量所能达到的精确度，同样是错误的。正确的写法是，所写数据的位数除末位数字为可疑或不确定外，其余各位数字都是准确知道的。

1. 有效数字及其位数

分析工作中实际能测量到的数字称为有效数字。任何测量数据其数字位数必须与所用测量仪器及方法的精确度相当，不应任意增加或减少。例如，滴定管的读数为 32.46，百分位上的 6 是不准确的或可疑的，称为可疑数字，因为刻度只刻到十分位，百分位上的数字为估计值。而其前边各位数字均为准确知道的，称为可靠数字。在读取上述数据时，有人可能读为 32.45，有人可能读为 32.47，而在绝大多数情况下，所得读数介于 32.45 与 32.47 之间。我们称此时所记的数字为有效数字。很明显，该滴定管读数的有效数字为四位。

关于数字 0，它可以是有效数字，也可以不是有效数字。“0”在数字之前起定位作用，不属于有效数字；在数字之间或之后属于有效数字。例如，0.001435 为四位有效数字，10.05、1.2010 分别为四位、五位有效数字。科学计数法有效数字位数与指数无关，如 6.02×10^{23} 为三位有效数字。对数值（pH、pOH、pM、$\mathrm{p}K_\mathrm{a}^\ominus$、$\mathrm{p}K_\mathrm{b}^\ominus$、$\lg K_\mathrm{f}^\ominus$ 等）有效数字的位数取决于小数部分的位数，如 pH=4.75 为两位有效数字，$\mathrm{p}K_\mathrm{a}^\ominus=12.068$ 为三位有效数字。

2. 有效数字的运算规则

计算过程中有效数字的适当保留也很重要，下列规则是一些常用的基本法则。

(1) 记录测量数值时，只保留一位可疑数字。

(2) 当有效数字位数确定后，其余数字应一律舍弃，尾数的修约采取“大五入，小五舍，五成双，一次修约”的规则，即当尾数大于 5 或者 5 后有非 0 数字时进位；当尾数小于 5 时舍弃；当尾数等于 5 且 5 后无非 0 数字时，如果前一位为奇数，则进位，如前一位为偶数，则舍弃。例如，27.02499、27.02500、27.03500 和 27.02501 取四位有效数字时，结果分别为 27.02、27.02、

27.04 和 27.03。修约数字时，只允许一次修约到所需位数，不能逐次修约。

(3) 几个数据相加或相减时，它们的和或差的有效数字的保留应以小数点后位数最少(绝对误差最大)的数字为准。例如

$$0.015001+25.64+1.05782=0.02+25.64+1.06=26.72$$

(4) 乘除运算中，有效数字的保留应以有效数字位数最少(相对误差最大)的为准。例如

$$0.0121\times25.650\times1.05782=0.0121\times25.6\times1.06=0.328$$

(5) 在对数计算中，所取对数的位数应与真数的有效数字位数相等。

(6) 在所有计算式中的常数如$\sqrt{2}$、1/2、π、自然数等非测量所得的数据可以视为有无限多位有效数字。其他如相对原子质量等基本数值，如需要的有效数字位数少于公布的数值，可以根据需要保留。

(7) 误差和偏差一般只取一位有效数字，最多取两位有效数字。

1.2.7 分析结果的数据处理与报告

1. 例行分析结果的报告

例行分析又称为常规分析，指一般生产中的分析，通常一个试样只需平行测定两次，两次测定结果如果不超过允许的误差，取它们的平均值报告分析结果；如果超过允许的误差，再做一份，取两份不超过允许误差的测定结果的平均值报告分析结果。例行分析结果的允许误差可参照各有关的规定。

2. 多次测定结果的报告

在非例行分析中，对分析结果的报告要求较严，应按统计学观点综合反映出准确度、精密度等指标，可用平均值 $\overline{x}$ 、标准偏差 s 和平均值的置信区间报告分析结果。

例如，分析某试样中铁的质量分数，7 次测定结果是：39.10%、39.25%、39.19%、39.17%、39.28%、39.22%、39.38%。数据的统计处理过程如下：

(1) 用 Q 值检验法检查有无可疑值。从实验数据看，39.10%和 39.38%有可能是可疑值，做 Q 值检验：

$$Q_1=\frac{39.10\%-39.17\%}{39.10\%-39.38\%}=0.25<Q_{0.90}=0.51$$

$$Q_2=\frac{39.38\%-39.28\%}{39.38\%-39.10\%}=0.36<Q_{0.90}=0.51$$

因此，39.10%和 39.38%都应该保留。

(2) 根据所有保留值，求出平均值 $\overline{x}$ ：

$$\overline{x}=\frac{39.10\%+39.25\%+39.19\%+39.17\%+39.28\%+39.22\%+39.38\%}{7}=39.23\%$$

(3) 求出平均偏差 $\overline{d}$ ：

$$\overline{d}=\frac{|-0.13|+|0.02|+|-0.04|+|-0.06|+|0.05|+|-0.01|+|0.15|}{7}=0.07(\%)$$

(4) 求出标准偏差 s：

$$s=\sqrt{\frac{(-0.13)^2+(0.02)^2+(-0.04)^2+(-0.06)^2+(0.05)^2+(-0.01)^2+(0.15)^2}{7-1}}=0.09(\%)$$

(5) 求出置信度为90%时平均值的置信区间：

$$\mu=\overline{x}\pm\frac{ts}{\sqrt{n}}=39.23\pm\frac{1.943\times0.09}{\sqrt{7}}=(39.23\pm0.07)(\%)$$

习　　题

1. 下列各测定数据或计算结果分别有几位有效数字？(只判断不计算)

pH=8.32____，3.7×10^3____，18.07%____，0.0820____，$\frac{0.1000\times(18.54-13.24)}{0.8328}\times100\%$____。

2. 修约下列数字为三位有效数字。

0.5666900________，6.23000________，1.2451__________，7.12500__________。

3. 下列情况分别引起什么误差？如果是系统误差，应如何消除？

(1) 砝码被腐蚀　　(2) 天平两臂不等长

(3) 天平称量时有一位读数估计不准　　(4) 试剂中含有少量被测组分

(5) 容量瓶和吸管不配套　　(6) 滴定终点与化学计量点不符

(7) 试样未经充分混匀　　(8) 在称量时样品吸收了少量水分

4. 判断题。

(1) 偶然误差是由某些难以控制的偶然因素所造成的，因此无规律可循。

(2) 精密度高的一组数据，其准确度一定高。

(3) 绝对误差等于某次测定值与多次测定结果平均值之差。

(4) pH=11.21的有效数字为四位。

(5) 偏差与误差一样有正、负之分，但平均偏差恒为正值。

(6) 因使用未经校正的仪器而引起的误差属于偶然误差。

5. 选择题。

(1) 测定结果的精密度很高，说明(　　)。

A. 系统误差大　　B. 系统误差小　　C. 偶然误差大　　D. 偶然误差小

(2) 0.0008g的准确度比8.0g的准确度(　　)。

A. 大　　B. 小　　C. 相等　　D. 难以确定

(3) 减小随机误差常用的方法是(　　)。

A. 空白实验　　B. 对照实验　　C. 多次平行实验　　D. 校准仪器

(4) 下列说法正确的是(　　)。

A. 准确度越高则精密度越好

B. 精密度越好则准确度越高

C. 只有消除系统误差后，精密度越好准确度才越高

D. 只有消除系统误差后，精密度才越好

(5) 甲、乙两人同时分析一试剂的含硫量，每次采用试样3.5g，分析结果的报告为：甲0.042%，乙0.04199%，则下面叙述正确的是(　　)。

A. 甲的报告准确度高　　B. 乙的报告准确度高

C. 甲的报告比较合理　　D. 乙的报告比较合理

(6) 下列数据中，有效数字是四位的是(　　)。

A. 0.132　　B. 1.0×10^3　　C. 6.023×10^{23}　　D. 0.0150

6. 用碳酸钠作基准物质对盐酸溶液进行标定，共做了6次实验，测得盐酸溶液的浓度($mol\cdot L^{-1}$)分别为0.5050、0.5042、0.5086、0.5063、0.5051和0.5064。上述6个数据中，哪一次测定结果是可疑值？该值是否应

舍弃?

7. 某分析天平的称量误差为0.0001g,如果称取样品0.05g,相对误差是多少? 如果称取样品1g,相对误差又是多少? 说明了什么问题?

8. 滴定管的读数误差为0.01mL,如果滴定时用去滴定剂2.50mL,相对误差是多少? 如果滴定时用去滴定剂25.00mL,相对误差又是多少? 说明了什么问题?

9. 某学生称取0.4240g苏打石灰样品,该样品含有50.00% Na_2CO_3,用0.1000mol·L^{-1} HCl溶液滴定时用去40.10mL,计算绝对误差和相对误差。已知 Na_2CO_3 的摩尔质量为106.00g·mol^{-1}。

10. 按合同订购了有效成分为24.00%的某种肥料产品,对已收到的一批产品测定5次的结果为:23.72%、24.09%、23.95%、23.99%、24.11%。求 $P=95\%$ 时平均值的置信区间,产品质量是否符合要求?

11. 甲、乙两人测同一试样得到两组数据,绝对偏差分别为:甲,+0.4,+0.2,0.0,−0.1,−0.3;乙,+0.5,+0.3,−0.2,−0.1,−0.3。这两组数据中哪组的精密度较高?

12. 测定某样品的含氮量,6次平行测定结果为:20.48%、20.55%、20.58%、20.60%、20.53%、20.50%。

(1) 计算测定结果的平均值、平均偏差、标准偏差、相对标准偏差。

(2) 若此样品含氮量为20.45%,求测定结果的平均绝对误差和平均相对误差。

第2章　气体、溶液和胶体

物质通常以气态、液态和固态存在，此外还有等离子态和液晶态等。气态和液态具有流动性，统称为“流体”；液态和固态统称为“凝聚态”。在一定温度和压力下，物质可以在不同状态间相互转化。无论物质处于哪种状态，都有许多基本的宏观物理性质，如压力 p、体积 V、温度 T、密度 ρ 等。其中，气体的 p、V、T 关系比较简单，故对它研究得最多，也最为透彻。

溶液和胶体是许多物质在自然界中的存在形式，在溶液和胶体中，物质常表现出一些特殊的物理化学性质。在科学研究、工农业生产和日常生活中，溶液和胶体都具有重要的意义。大多数化学反应都是在溶液中进行的，人和动物的血液、淋巴液及各种腺体的分泌等也都属于溶液或胶体的范畴，土壤的形成、农药的使用、无土栽培技术、工业废水净化处理、选矿、采油等都与溶液和胶体密切相关。

本章简单介绍气体，着重讨论溶液的组成量度、稀溶液的依数性及胶体溶液的基本知识。

2.1　气　　体

气体的基本特征是它的扩散性和可压缩性，同时也表现出无限膨胀性和无限掺混性。气体没有固定的体积和形状，将一定量的气体引入任何容器中，气体分子随即向各个方向扩散，并均匀充满整个容器的空间。不同种的气体能以任意比例均匀混合。

2.1.1　理想气体状态方程

假设有一种气体，其分子只有位置而不占体积，仅仅是一个具有位置的几何点，分子间没有相互吸引力，分子之间以及分子与器壁之间的碰撞不损失动能，即忽略气体分子自身体积和分子间相互作用，这种气体称为理想气体。事实上，真正的理想气体是不存在的，当计算精度要求不高时，高温低压条件下的气体均可近似看作理想气体。

描述理想气体性质的物理量压力 p、体积 V、温度 T 和物质的量 n 之间有一定的关系。17世纪中叶，英国科学家玻意耳指出，当 n、T 一定时，V 与 p 成反比。18世纪初，法国科学家查理(J. A. C. Charles)和盖・吕萨克(J. L. Gay-Lussac)研究发现，当 n、p 一定时，V 与 T 成正比；19世纪初，意大利科学家阿伏伽德罗提出，当 p、T 一定时，V 与 n 成正比。19世纪中叶，法国科学家克拉佩龙(B. P. E. Clapeyron)综合以上四人成果，得到如下方程：

$$pV = nRT \tag{2-1}$$

式(2-1)称为理想气体状态方程。按照国际单位制(简称SI)，式(2-1)中，压力 p 的单位为Pa，体积 V 的单位为 m^3，热力学温度 T(=摄氏温度+273.15)的单位为K，物质的量 n 的单位为mol。R 为摩尔气体常量，适用于任何理想气体，经实验精确测定，$R = 8.314 J \cdot K^{-1} \cdot mol^{-1}$。

2.1.2 道尔顿分压定律

对两种或两种以上互不发生化学反应的理想气体混合物，各组分均分别符合理想气体状态方程，一定温度下混合气体中任一组分气体 i 单独占有整个混合气体体积时所呈现的压力称为该气体的分压力 p_i。1801 年，英国化学家道尔顿指出，在一定温度下，混合气体的总压力等于各组分气体的分压力之和，称为道尔顿分压定律，其数学表达式为

$$p_{总} = p_1 + p_2 + p_3 + \cdots + p_i = \sum_i p_i \tag{2-2}$$

根据理想气体状态方程，有

$$p_{总} = (n_1 + n_2 + n_3 + \cdots + n_i)\frac{RT}{V} = n_{总}\frac{RT}{V}, p_1 = n_1\frac{RT}{V}, p_i = n_i\frac{RT}{V}$$

即

$$\frac{p_1}{p_{总}} = \frac{n_1}{n_{总}}, \frac{p_2}{p_{总}} = \frac{n_2}{n_{总}}, \cdots, \frac{p_i}{p_{总}} = \frac{n_i}{n_{总}}$$

令 $\frac{n_i}{n_{总}} = x_i$，x_i 称为 i 组分的物质的量分数，也称为摩尔分数。显然，所有组分的摩尔分数之和等于 1。因此

$$p_i = p_{总}\, x_i \tag{2-3}$$

式(2-3)表示混合气体中任意组分气体 i 的分压力等于总压力乘以该气体的摩尔分数，这是道尔顿分压定律的另一种表示形式。

例 2-1 在 25℃、99.85kPa 时，用排水集气法收集氢气 200mL，求在标准状况下该氢气经干燥后的体积。设气体均看作理想气体，已知 25℃时水的饱和蒸气压为 3.17kPa。

解 根据分压定律，氢气的分气压 $p_1 = 99.85\text{kPa} - 3.17\text{kPa} = 96.68\text{kPa}$，又 $V_1 = 200\text{mL}$，$T_1 = 298.15\text{K}$，已知标准状况下，$p_2 = 101.325\text{kPa}$，$T_2 = 273.15\text{K}$

由理想气体状态方程有 $\frac{p_1 V_1}{T_1} = \frac{p_2 V_2}{T_2}$，则

$$V_2 = \frac{p_1 V_1 T_2}{T_1 p_2} = \frac{96.68 \times 200 \times 273.15}{298.15 \times 101.325} = 175(\text{mL})$$

即氢气经干燥后体积为 175mL。

2.2 溶　　液

2.2.1 分散系

一种(或多种)物质分散于另一种物质中形成的系统称为分散系。例如，黏土微粒分散在水中形成泥浆，水滴分散在空气中形成雾，乙醇分子分散在水中形成乙醇水溶液，奶油、乳糖和蛋白质等分散在水中形成牛奶。分散系中，被分散的物质称为分散质或分散相，容纳分散质的物质称为分散剂。分散质处于分割成粒子的不连续状态，而分散剂则处于连续状态。

按分散质粒子的大小，常把分散系分为三类，见表 2-1。一般来说，分散系中分散质的直径不同，分散度就不同，分散系的性质也迥异。

表 2-1　按分散质粒子大小分类的各种分散系

<table>
<tr><td>分子或离子分散系
（粒子直径小于 1nm）</td><td colspan="2">胶体分散系
（粒子直径为 1～100nm）</td><td>粗分散系
（粒子直径大于 100nm）</td></tr>
<tr><td>低分子物质溶液
（分散质是小分子或离子）</td><td>高分子溶液
（分散质是大分子）</td><td>胶体溶液
（分散质是分子的小集合体）</td><td>悬浊液、乳浊液
（分散质是分子的大集合体）</td></tr>
<tr><td>最稳定</td><td>很稳定</td><td>相对稳定</td><td>不稳定</td></tr>
<tr><td>电子显微镜不可见</td><td colspan="2">超显微镜可观察其存在</td><td>一般显微镜可见</td></tr>
<tr><td>能透过半透膜</td><td colspan="2">能透过滤纸，不能透过半透膜</td><td>不能透过紧密滤纸</td></tr>
<tr><td colspan="2">单相体系</td><td colspan="2">多相体系</td></tr>
</table>

按分散剂的聚集状态，可以把分散系分为气溶胶、液溶胶和固溶胶，见表 2-2。

表 2-2　按分散剂聚集状态分类

分散质	分散剂	溶胶名称	实例
固	气	气溶胶	烟，尘，霾
液			云，雾
气			煤气，空气，混合气
固	液	液溶胶	溶胶，油漆，泥浆
液			豆浆，牛奶，石油原油
气			汽水，肥皂泡沫
固	固	固溶胶	矿石，合金，有色玻璃
液			珍珠，硅胶
气			泡沫塑料，海绵，活性炭

2.2.2　物质的量及其单位

1. 物质的量

物质的量(n)是国际单位制中的基本物理量之一，它表示系统中所含基本单元的数量，任意物质 B 的物质的量常用符号 n_B 表示，其单位为摩尔(mol)。国际计量大会认定，物质的量为 1mol 的系统中所包含的基本单元与 0.012kg ^{12}C 的原子数目相等，约为 6.02×10^{23} 个。使用物质的量时必须注明基本单元，基本单元可以是分子、离子、原子、电子、光子及其他粒子或这些粒子的特定组合。使用基本单元时要求用元素符号或化学式表示，而不能用文字。例如，1mol(H_2)或 $n(H_2)=1mol$ 表示基本单元是 H_2 分子的物质的量是 1mol，即 6.02×10^{23} 个 H_2 分子；1mol($2H_2$)或 $n(2H_2)=1mol$ 表示基本单元是($2H_2$)的物质的量是 1mol，即 6.02×10^{23} 个($2H_2$)；1mol(H)或 $n(H)=1mol$ 表示基本单元是 H 的物质的量是 1mol，即 6.02×10^{23} 个 H 原子。

可见，基本单元的选择是任意的，既可以是实际存在的微粒，也可以是根据需要人为规定的。

2. 物质的摩尔质量

1mol 物质所具有的质量称为摩尔质量，单位为 $kg\cdot mol^{-1}$，常用 $g\cdot mol^{-1}$。若某物质 B

的质量为 m，物质的量为 n_B，则其摩尔质量 M_B 为

$$M_B = \frac{m}{n_B} \tag{2-4}$$

例如，$M(H_2SO_4)=98g \cdot mol^{-1}$，$M(1/2H_2SO_4)=49g \cdot mol^{-1}$。对同一物质，当选择不同基本单元时，有

$$M_{aB} = aM_B \tag{2-5}$$

3. 物质的量的计算

物质的量 n_B 与物质的质量 m、物质的摩尔质量 M_B 之间的定量关系如下：

$$n_B = \frac{m}{M_B} \tag{2-6}$$

对同一物质，当选择不同基本单元时，有

$$n_{aB} = \frac{1}{a} n_B \tag{2-7}$$

2.2.3　溶液的组成量度

1. 质量分数与体积分数

某组分 i 的质量与混合物总质量之比称为该组分 i 的质量分数，用 w_i 表示，量纲为 1，其数学表达式为

$$w_i = \frac{m_i}{m} \tag{2-8}$$

某组分 i 的分体积与总体积之比称为该组分 i 的体积分数，用 φ_i 表示，其数学表达式为

$$\varphi_i = \frac{V_i}{V} \tag{2-9}$$

2. 质量浓度

溶质的质量与溶液的体积之比称为质量浓度，常用符号 ρ 表示，单位可用 $g \cdot L^{-1}$、$mg \cdot L^{-1}$、$g \cdot mL^{-1}$、$\mu g \cdot L^{-1}$ 等，即

$$\rho = \frac{m}{V} \tag{2-10}$$

注意质量浓度与密度概念的区别。

3. 物质的量浓度

1L 溶液中所含溶质 B 的物质的量称为溶质 B 的物质的量浓度，以下未特别说明，均简称浓度，用符号 c_B 表示，即

$$c_B = \frac{n_B}{V} \tag{2-11}$$

式中：n_B 为物质 B 的物质的量，单位为 mol；V 为溶液的体积，SI 单位为 m^3，常用的非 SI 单位为 L；c_B 为物质 B 的物质的量浓度，单位为 $mol \cdot L^{-1}$。

因为溶液浓度的单位是基本单位“mol”的导出单位，所以在使用浓度单位时也必须注明

所表示物质的基本单元。对同一溶液的溶质，当基本单元选择不同时，有

$$c_{aB}=\frac{1}{a}c_{B} \tag{2-12}$$

例如，$c(KMnO_4)=0.10mol \cdot L^{-1}$ 与 $c(1/5KMnO_4)=0.10mol \cdot L^{-1}$ 的两种溶液，它们的浓度数值虽然相同，但由于基本单元不同，它们所表示 1L 溶液中所含 $KMnO_4$ 的质量是不同的，分别为 15.8g 和 3.16g。

4. 质量摩尔浓度

1kg 溶剂 A 中所含溶质 B 的物质的量称为溶质 B 的质量摩尔浓度，其数学表达式为

$$b_{B}=\frac{n_{B}}{m_{A}} \tag{2-13}$$

式中：b_B 为质量摩尔浓度，$mol \cdot kg^{-1}$；m_A 为溶剂的质量，kg。由于物质的质量不受温度的影响，所以溶质的质量摩尔浓度是一个与温度无关的物理量。因此，它通常被用于稀溶液依数性的研究和一些精密的测定中。对于浓度较稀的水溶液来说，1L 溶液的质量约为 1kg，故质量摩尔浓度数值上近似等于物质的量浓度，即 $b_B \approx c_B$。

例 2-2 已知浓硫酸的密度为 $1.84g \cdot mL^{-1}$，硫酸的质量分数为 96.0%，试计算 $c(H_2SO_4)$ 及 $c(1/2H_2SO_4)$。

解

$$c(H_2SO_4)=\frac{w(H_2SO_4)\rho}{M(H_2SO_4)}=\frac{0.960\times 1.84}{98.0\times 10^{-3}}=18.0(mol \cdot L^{-1})$$

$$c(1/2H_2SO_4)=\frac{w(H_2SO_4)\rho}{M(1/2H_2SO_4)}=\frac{0.960\times 1.84}{98.0\times 10^{-3}/2}=36.0(mol \cdot L^{-1})$$

从例 2-2 可看出，同样一个溶液，由于基本单元选择不同，其浓度的数值不相同。

例 2-3 欲配制 $c(1/2H_2SO_4)=0.10mol \cdot L^{-1}$ 的溶液 500mL，则应取密度为 $1.84g \cdot mL^{-1}$、质量分数为 96.0% 的硫酸多少毫升？如何配制？

解 根据例 2-2 的计算结果，由 $c_{稀}V_{稀}=c_{浓}V_{浓}$，有

$$V_{浓}=\frac{0.10\times 0.500}{36.0}=0.0014(L)=1.4(mL)$$

该溶液的具体配制方法为：取密度为 $1.84g \cdot mL^{-1}$ 的浓硫酸 1.4mL，加入盛有适量蒸馏水的烧杯中，然后加蒸馏水稀释至 500mL 即得。

例 2-4 有质量分数为 4.64% 的乙酸，在 20℃ 时，密度 $\rho=1.005g \cdot mL^{-1}$。求其浓度和质量摩尔浓度。

解 根据公式 $c_B=\frac{w_B\rho}{M_B}$，则

$$c_B=\frac{0.0464\times 1.005}{60.0\times 10^{-3}}=0.777(mol \cdot L^{-1})$$

质量摩尔浓度为

$$b_B=\frac{n_B}{m_A}=\frac{4.64/60.0}{(100-4.64)/1000}=0.811(mol \cdot kg^{-1})$$

2.2.4 等物质的量规则及其应用

在化学反应中，各反应物都是按等物质的量进行反应的。因此，对于任意反应：

$$aA+bB = cC+dD$$

若各物质的基本单元分别为 aA、bB、cC、dD，则

$$n(aA)=n(bB)=n(cC)=n(dD) \tag{2-14}$$

这个关系式称为等物质的量规则。正确使用等物质的量规则的关键是基本单元的确定，而基本单元是根据反应方程式确定的。酸碱滴定法中，常选择得失一个质子(H^+)对应的粒子组合或化学式为基本单元，如碳酸钠常选 $1/2Na_2CO_3$、硫酸常选 $1/2H_2SO_4$ 作基本单元；氧化还原滴定法中常选得失一个电子的微粒组合或化学式为基本单元，如 1mol $K_2Cr_2O_7$ 还原为 Cr^{3+} 要得到 6mol 电子，故选 $1/6K_2Cr_2O_7$ 作基本单元，酸性介质中高锰酸钾常选 $1/5KMnO_4$ 作基本单元。

例 2-5 有一种未知浓度的 H_2SO_4 溶液 20.0mL，如用浓度为 $c(NaOH)=0.100mol\cdot L^{-1}$ 的溶液 25.0mL 恰好中和完全，求 $c(1/2H_2SO_4)$。

解

$$1/2H_2SO_4+NaOH = 1/2Na_2SO_4+H_2O$$

$$c(1/2H_2SO_4)\cdot V(H_2SO_4)=c(NaOH)\cdot V(NaOH)$$

$$c(1/2H_2SO_4)=\frac{c(NaOH)\cdot V(NaOH)}{V(H_2SO_4)}=\frac{0.100\times 25.0\times 10^{-3}}{20.0\times 10^{-3}}=0.125(mol\cdot L^{-1})$$

例 2-6 以 MnO_2 作催化剂，加热分解 2.451g $KClO_3$，在标准状况下能生成多少升氧气？

解 反应方程式为

$$2KClO_3 \xrightarrow[\triangle]{MnO_2} 2KCl+3O_2\uparrow$$

利用 $n(2KClO_3)=n(3O_2)$，有

$$n(3O_2)=\frac{m}{M(2KClO_3)}=\frac{2.451}{2\times 122.55}=0.01000(mol)$$

$$n(O_2)=3n(3O_2)=3\times 0.01000=0.03000(mol)$$

根据气体的标准摩尔体积，有

$$V(O_2)=0.03000\times 22.4=0.672(L)$$

2.3 稀溶液的通性

通常情况下，溶液的性质取决于溶液中溶质的本性，如溶液的颜色、密度、酸碱性和导电性等。但是，溶液中还有几种性质与溶液中溶质的粒子数目有关，而与溶质本性无关，这些性质称为溶液的依数性。难挥发性溶质的溶液依数性主要有：蒸气压下降、凝固点降低、沸点升高和溶液的渗透压。对于难挥发非电解质稀溶液，这些依数性往往表现出一定的共同性和规律性，并且溶液越稀，规律性越强。下面我们着重讨论这些依数性。

2.3.1 溶液的蒸气压下降

在一定温度下，将一杯纯水放在一个密封容器中，表面层水分子在剧烈热运动中会脱离其他水分子的吸引而逸出，成为气体分子，这个过程称为“蒸发”。同时，气相中的水分子也会接触液体水表面而被吸引，或者在外压作用下进入液相，这个过程称为“凝聚”。在一定条件下，当蒸发为气态的水分子数目与凝聚成液态的水分子数目相等，即水的蒸发速率和凝聚速率相等时，在水表面存在一个蒸发与凝聚的动态平衡，此时的蒸气称为饱和蒸气，饱和蒸气所产生的压力称为饱和蒸气压，简称蒸气压。任何纯溶剂在一定温度下都存在一个饱和蒸气压。蒸气压大小与液体物质的本性和温度有关。相同温度下，蒸气压大的物质称为易挥发物质，蒸气压小的物质称为难挥发物质。对同一物质来说，一般温度越高，蒸气压也越大。图 2-1是水在

不同温度下的饱和蒸气压曲线，AB 为液态水的蒸气压曲线，AC 为固态水（冰）的蒸气压曲线，A 点称为纯水的三相点，即此时水的气、液、固三相共存。对水来说，A 点温度为 273.16K，压力为 0.6105kPa。

案例 2-1　在纯溶剂中加入一定量的难挥发溶质，如图 2-2 所示，将等体积的纯水和糖水各一杯放在密闭的钟罩里。

问题：一段时间后纯水和糖水的体积会发生怎样的变化？

分析：一段时间后纯水的体积减小，而糖水的体积增加。这是因为当加入溶质后，溶剂表面或多或少地被溶质粒子所占据，溶剂的表面积相对减小，单位时间内逸出液面的溶剂分子数比纯溶剂要少。因此，达到平衡时溶液的蒸气压比纯溶剂的饱和蒸气压低，为了维持气液两相平衡，纯水中的水分子将不断向糖水转移。

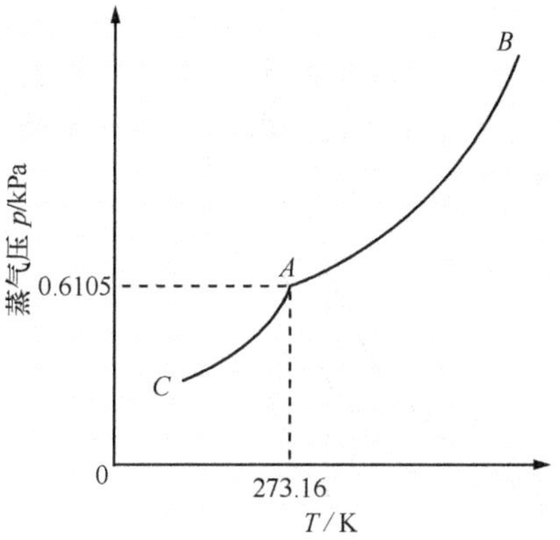

图 2-1　纯水的蒸气压曲线

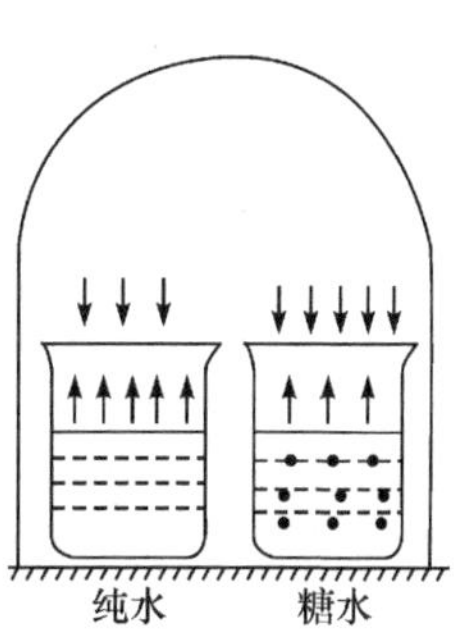

图 2-2　溶剂的转移

法国物理学家拉乌尔(F. M. Raoult)在 1887 年根据大量实验结果总结出：在一定温度下，难挥发非电解质稀溶液的蒸气压 p 等于纯溶剂的饱和蒸气压 p^* 与溶液中溶剂 A 的摩尔分数 x_A 的乘积，即

$$p = p^* x_A \tag{2-15}$$

对于只含溶剂 A 和溶质 B 的稀溶液，由于 $x_A + x_B = 1$，即 $x_A = 1 - x_B$，所以

$$p = p^* x_A = p^*(1 - x_B) = p^* - p^* x_B$$

即

$$\Delta p = p^* - p = p^* x_B \tag{2-16}$$

式(2-16)表明，一定温度下难挥发非电解质稀溶液的蒸气压下降与溶质的摩尔分数成正比。

稀溶液中，$x_B = \dfrac{n_B}{n_A + n_B} \approx \dfrac{n_B}{n_A}$（因为 $n_A \gg n_B$）。

设溶剂为 1000g 水，则 $n_A = 55.52\text{mol}(H_2O)$，$n_B$ 为 1000g 水中所含溶质 B 的物质的量，数值上即为 b_B，代入式(2-16)，有

$$\Delta p = p^* x_B = p^* \frac{n_B}{n_A} = \frac{p^*}{55.52} b_B$$

其中 $\dfrac{p^*}{55.52}$ 为常数，用 K 表示，则

$$\Delta p = K b_B \tag{2-17}$$

式中：Δp 为溶液的蒸气压下降值，Pa；b_B为溶质的质量摩尔浓度，mol · kg^{-1}；K 为一常数。

因此，拉乌尔定律又可叙述为：在一定温度下，难挥发非电解质稀溶液的蒸气压下降值与溶质的质量摩尔浓度成正比，而与溶质的本性无关。

溶液的蒸气压降低是引起凝固点降低、沸点升高及产生渗透压的主要原因。溶液蒸气压对植物生长过程有着重要的作用。近代生物化学研究证明，当外界气温突然改变时，会引起有机体细胞中可溶物大量溶解，从而增加细胞汁液的物质的组成量度，降低了细胞汁液的蒸气压，使水分蒸发减慢，表现出一定的抗旱能力。

2.3.2　溶液的沸点升高和凝固点降低

沸点是指液体的饱和蒸气压等于外界大气压时的温度。外界气压不同，则液体的沸点不同。当外界大气压为 101.3kPa 时的沸点称为正常沸点，纯水的正常沸点是 373.15K。若在纯水中加入少量难挥发的非电解质，由于溶液的蒸气压总是低于其纯溶剂的蒸气压（图 2-3），所以溶液在 373.15K 时并不沸腾，只有将溶液温度升高到某一数值 T_b时，溶液的蒸气压等于外界大气压，溶液才会沸腾。这种现象称为溶液的沸点升高。

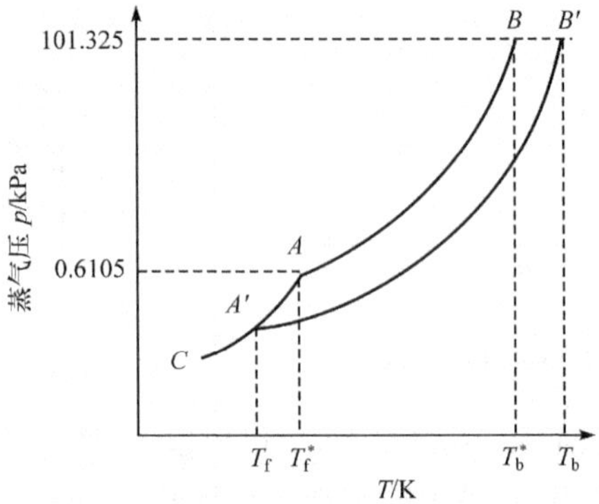

图 2-3　稀溶液的沸点升高、凝固点下降

AB 为纯水的蒸气压曲线；$A'B'$为稀溶液的蒸气压曲线；AC 为冰的蒸气压曲线

由图 2-3 可以看出，溶液的沸点升高是溶液蒸气压降低的必然结果。拉乌尔总结出稀溶液的沸点升高值 ΔT_b与溶质的质量摩尔浓度 b_B成正比，与溶质的本性无关，即

$$\Delta T_b = T_b - T_b^* = K_b b_B \tag{2-18}$$

式中：T_b为溶液的沸点；T_b^*为溶剂的沸点；K_b为溶剂的沸点升高常数，只与溶剂有关。不同的溶剂有不同的 K_b值（表 2-3）。当 b_B=1mol · kg^{-1}时，$\Delta T_b = K_b$，表示 1mol 溶质溶于 1kg 溶剂中所引起的沸点升高数值，此即 K_b的物理意义，但不能在此条件下测定 K_b。

表 2-3　几种溶剂的 T_b^*及 K_b

溶剂名称	水	苯	四氯化碳	丙酮	三氯甲烷	乙醚
T_b^*/K	373.15	353.35	351.65	329.65	334.45	307.55
K_b/(K · kg · mol^{-1})	0.52	2.53	4.88	1.71	3.61	2.16

在一定外压下，若某物质固态的蒸气压和液态的蒸气压相等，则液固两相平衡共存，此时的温度称为该物质的凝固点。纯水在 273.16K 时和固态冰的蒸气压相等（为 0.6105kPa），冰

水两相共存，273.16K 即为纯水的凝固点。若在冰、水共存的溶液中加入少量难挥发的非电解质，形成稀溶液，由于溶液的蒸气压下降，这时冰必然融化成水。只有使溶液的温度继续下降至图 2-3 中的 T_f(溶液的蒸气压曲线 $A'B'$ 与冰的蒸气压曲线 AC 相交之点的温度)时，溶液的蒸气压与冰的蒸气压相等，溶液和其溶剂固体冰平衡共存，T_f 即为溶液的凝固点。溶液的凝固点 T_f 明显要低于纯溶剂的凝固点 T_f^*，这种溶液的凝固点比溶剂低的现象称为溶液凝固点降低。

溶液凝固点降低同样是溶液蒸气压下降的必然结果。因此，难挥发非电解质稀溶液凝固点下降值 ΔT_f 仅与溶质的质量摩尔浓度 b_B 成正比，与溶质本性无关，即

$$\Delta T_f = T_f^* - T_f = K_f b_B \tag{2-19}$$

式中：K_f 为溶剂的凝固点降低常数，其物理意义与 K_b 类似。不同溶剂的 K_f 值见表 2-4。

表 2-4　几种常见溶剂的 T_f^* 及 K_f

溶剂名称	水	苯	萘	乙酸	四氯化碳	环己烷
T_f^*/K	273.15	278.65	353.15	289.15	250.35	279.65
K_f/(K·kg·mol^{-1})	1.86	5.12	6.9	3.9	29.8	20.2

纯水的三相点(273.16K，0.6105kPa)是由我国化学家黄子卿先生于 1934 年测出来的，已成为国际实用温标(IPTS-1948)选择的关于水的三相点的基准参照数据之一。三相点和我们通常所说的水的凝固点是不同的。水的三相点是水的固有属性，不随外界条件的改变而改变，而凝固点则是在常压 101.325kPa 时，水被空气饱和溶解后所形成的稀溶液的凝固点。一方面由于压力的升高凝固点降低了 0.0075K，另一方面由于空气的溶解凝固点降低了 0.0023K，这两种效应的总和使通常测得水的凝固点要比纯水三相点温度低 0.0098K(约等于 0.01K)。

例 2-7　2.60g 尿素[$CO(NH_2)_2$]溶于 50.0g 水中，试计算此溶液的凝固点和沸点。已知 $CO(NH_2)_2$ 的摩尔质量为 60.0g·mol^{-1}。

解　先计算尿素溶液的质量摩尔浓度

$$b_B = \frac{2.60\times1000}{50.0\times60.0} = 0.867(\text{mol}\cdot\text{kg}^{-1})$$

代入式(2-18)，得

$$\Delta T_b = K_b b_B = 0.52\times0.867 = 0.45(\text{K})$$

则沸点为

$$T_b = 373.15+0.45 = 373.60(\text{K})$$

代入式(2-19)，得

$$\Delta T_f = K_f b_B = 1.86\times0.867 = 1.61(\text{K})$$

则凝固点为

$$T_f = 273.15-1.61 = 271.54(\text{K})$$

根据溶液的沸点升高和凝固点降低，可测定物质的摩尔质量。由于水的凝固点降低常数比沸点升高常数大，实验误差小，且达到凝固点时有晶体析出，易于观察，故用凝固点降低的方法测定相对分子质量应用较为广泛。

例 2-8　10.0g 蔗糖($C_{12}H_{22}O_{11}$)溶解于 100.7g 水中，实验测得溶液的冰点为 272.61K，求蔗糖的摩尔质量。

解　因为 ΔT_f = 273.15−272.61 = 0.54(K)，由式(2-19)得

$$0.54 = 1.86\times\frac{10.0\times1000}{M(C_{12}H_{22}O_{11})\times100.7}$$

即

$$M(C_{12}H_{22}O_{11}) = \frac{1.86 \times 10.0 \times 1000}{0.54 \times 100.7} = 342(g \cdot mol^{-1})$$

案例 2-2 冰袋冷敷在临床上应用很广泛，主要目的是促使局部血管收缩，控制小血管的出血和减轻张力较大肿块的疼痛，达到消肿止痛的功效；高热病人将冰袋敷于额头、颈后可降低体温、改善不适感。可用冰袋敷于额头、颈后或病变部位皮肤上，但要注意避免冻伤，也可用冰袋裹上毛巾敷于局部。某医院采用一次性输液袋制成的10％食盐水冰袋进行物理降温，冰袋用布包裹放置于患者头部，其降温效果优于清水冰袋。

问题：为什么盐水冰袋比清水冰袋更好用？用乙醇代替食盐制作冰袋是否可行？

分析：直接用自来水制作的冰袋硬度较大，与体表面接触少，且使用时间短。盐水的凝固点比纯水低，融化需要吸收更多的热量，10％食盐水冰袋在室温18～24℃下持续3h其温度仍在－5℃，低温持续时间长，冰袋松软，能充分接触体表面，易于固定，也就是说盐水冰袋比普通冰袋更好用。根据凝固点降低的原理，用乙醇代替食盐制作冰袋完全可行。其实家庭自制盐水冰袋并不难，方法是用10％食盐水250mL、10％乙醇250mL，将两者放在一个软包装袋内，密封后放在冰箱冷冻室，等冷冻结冰后取出使用。因冰袋中有盐水和乙醇，其冰点更低，降温时间将会延长，且冰袋松软无硬结，可充分与患者的体表接触，也可以反复冷冻使用。

稀溶液的沸点升高和凝固点降低，除了可用于测定相对分子质量外，在生物科学研究中也常用来测定细胞汁液和土壤溶液的物质的组成量度。植物在酷暑时，细胞中可溶物大量溶解，增大细胞汁液物质的组成量度，细胞汁液的沸点上升，从而可防止叶面被烧焦；同理，在严寒季节里，使细胞汁液的凝固点下降，从而可预防细胞冻裂，增强耐寒性。日常生活中，人们常在汽车水箱中加入甘油或乙二醇等，防止夏天水箱中的水暴沸，或者冬天结冰冻裂水箱。实验室或食品行业中，常将冰和盐(如氯化钠、氯化钙等)的混合物制成冷冻剂来获得超低温；冰雪天气里，在高速公路上抛撒融雪剂，利用的也是凝固点降低的原理。

2.3.3 溶液的渗透压

案例 2-3 在一个连通器两边各装入蔗糖溶液和纯水，中间用半透膜将其隔开，如图2-4所示，实验开始前，连通器两边的玻璃柱液面高度是相同的。半透膜是一种多孔的选择性薄膜，允许离子和小分子自由通过，如水分子可以自由通过而蔗糖分子不能通过，细胞膜、膀胱膜、羊皮纸及人工制的胶棉薄膜等可作为半透膜。

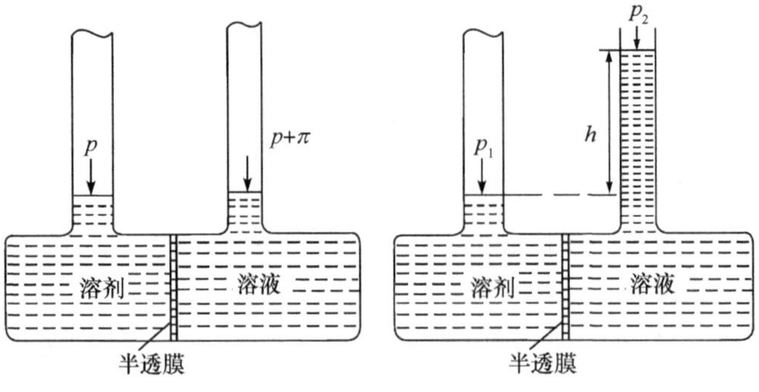

图 2-4 渗透压示意图

问题：经过一段时间后，蔗糖溶液和纯水之间会出现什么现象？

分析：半透膜能阻止蔗糖分子向纯水一边扩散，水分子则可以自由通过半透膜。由于单位体积内纯水中的水分子比蔗糖溶液中的水分子多，进入蔗糖溶液中的水就比离开的水多，所以最后导致蔗糖溶液的液面升高。因此，玻璃柱内的液面高度不相同，蔗糖溶液的液面比纯水的液面高。

物质自发地由高浓度向低浓度迁移的现象称为扩散，扩散现象不仅存在于溶质与溶剂之间，也存在于不同浓度的溶液之间。由物质粒子通过半透膜自动扩散的现象称为渗透。当单位时间内从两个相反方向通过半透膜的水分子数相等时，渗透达到平衡，两侧液面不再发生变化。渗透平衡时液面高度差所产生的压力称为渗透压，换句话说，渗透压就是在一定温度下为阻止渗透作用进行所需加给溶液的最小压力。对于由两个不同浓度溶液构成的体系来说，只有当半透膜两侧溶液的浓度相等时，从宏观上看渗透才会终止，这时两种溶液称为等渗溶液。

任何溶液都有渗透压，一定温度下，渗透压的大小与溶液的浓度有关。荷兰物理学家范特霍夫(van't Hoff)于 1886 年综合前人实验得出：稀溶液的渗透压 π (kPa)与溶液的物质的量浓度 $c_B(\mathrm{mol \cdot L^{-1}})$、热力学温度 T(K)成正比，与溶质的本性无关，即

$$\pi = c_B RT \tag{2-20}$$

式中：R 为摩尔气体常量，$8.314\mathrm{kPa \cdot L \cdot mol^{-1} \cdot K^{-1}}$。对稀溶液来说，物质的量浓度在数值上约等于质量摩尔浓度，故式(2-20)又可表示为

$$\pi = c_B RT \approx b_B RT \tag{2-21}$$

利用范特霍夫定律还可以测定溶质的相对分子质量，但小分子溶质的相对分子质量用渗透压的方法测定较为困难，多采用凝固点降低法；而高分子化合物溶质的相对分子质量的测定，用渗透压法比凝固点降低法灵敏。

例 2-9　有一蛋白质的饱和水溶液，每升含有蛋白质 5.18g，已知在 298.15K 时，溶液的渗透压为 413Pa，求此蛋白质的相对分子质量。

解　根据公式 $\pi = c_B RT = \frac{n_B}{V}RT = \frac{m}{M_B V}RT$，得

$$M_B = \frac{mRT}{\pi V} = \frac{5.18 \times 8.314 \times 298.15}{413 \times 10^{-3} \times 1} = 3.11 \times 10^4 (\mathrm{g \cdot mol^{-1}})$$

即该蛋白质的相对分子质量为 3.11×10^4。

就渗透而言，溶剂分子总是从低浓度溶液向高浓度溶液扩散。若在浓度高的溶液一端施加外压，当外加压力一定大时，溶剂分子就会从高浓度的一端向低浓度溶液一端渗透。使溶剂分子通过半透膜从溶液中或从浓溶液中被压出来的现象称为反渗透现象。利用反渗透技术可以进行海水的淡化，也可进行废水处理。若半透膜两边溶液的渗透压相等，则这两种溶液称为等渗溶液。渗透压高的溶液称为高渗溶液，渗透压低的溶液称为低渗溶液。

渗透作为一种自然现象，广泛存在于动植物的生理活动中。我们知道生物体内所占比例最高、作用最大的是水分。生物体中的细胞液和血液都是水溶液，它们具有一定的渗透压，而且生物体内的绝大部分膜都是半透膜。渗透压的大小与生物的生长和发育有密切的关系。例如，将淡水鱼放在海水中，由于其细胞液浓度较低，因而渗透压较小，在海水中就会因细胞大量失水而死亡。植物也一样，在它的根部施肥过多，就会造成作物细胞脱水而枯萎，此即农业上“浓肥烧死苗”的现象。人体也是如此，在正常情况下，人体内血液和细胞液具有的渗透压大小相近。当人体发烧时，由于体内水分的大量蒸发，血液浓度增加，其渗透压加大，若此时不及时补充水分，细胞中的水分就会因为渗透压低而向血液渗透，于是就会造成细胞脱水，给生命带来危险。因此，人体发高烧时，需要及时喝水或通过静脉注射与细胞液等渗的生理盐水和葡萄糖溶液以补充水分。

医学上的等渗、高渗、低渗溶液是以血浆的渗透压(或渗透浓度)为标准确定的。正常人血浆的渗透浓度为 303.7mmol · L^{-1},所以临床上规定渗透浓度为 280～320mmol · L^{-1}的溶液为等渗溶液,大于 320mmol · L^{-1}的溶液为高渗溶液,小于 280mmol · L^{-1}的溶液为低渗溶液。临床上常用的等渗溶液有 9g · L^{-1}生理盐水、12.5g · L^{-1} $NaHCO_3$溶液、50.0g · L^{-1}葡萄糖溶液等。

将以上有关稀溶液的一些性质的讨论概括起来就是稀溶液定律:难挥发非电解质稀溶液的某些性质(蒸气压下降、沸点升高、凝固点降低和渗透压)与一定量的溶剂中所含溶质的物质的量成正比,而与溶质的本性无关。溶液越稀,对定律符合得越好。

应该指出,稀溶液的各项通性不完全适用于浓溶液和电解质溶液。因为在浓溶液中,溶质浓度大,使溶质粒子间的相互影响大为增加,所以浓溶液中情况比较复杂,简单的依数性的定量关系不再适用。同样,电解质在溶液中会解离产生正、负离子,而正、负离子间又存在静电引力,因此溶液中所具有总的粒子数要多,此时稀溶液的依数性取决于溶质分子、离子的总组成量度,稀溶液通性所指定的定量关系不再存在,必须加以校正。

2.4 胶体溶液

从表 2-1 分散系分类可以看出,胶体分散系是由颗粒直径为 1～100nm 的分散质组成的体系,是多相体系。胶体分散系已成为物理学、生物化学、材料科学、食品科学、药物学和环境科学等的重要研究对象,已逐渐发展到涉及几乎所有学科领域的纳米科学。例如,人体各部分组织都是含水的胶体,人类的衣(丝、毛皮、棉和合成纤维等)、食(牛奶、啤酒、淀粉、蛋白质等)、住(水泥、陶瓷、砖瓦等)、行(石油开发、合金、橡胶等)也都与胶体紧密关联。

胶体分散系按照其性质可分为三类:第一类是溶胶,它是由一些小分子化合物聚集成的大颗粒多相不均匀体系,如 $Fe(OH)_3$ 溶胶和 As_2S_3 溶胶等,短时间内相对稳定,但很容易自动聚结成大颗粒而与分散剂分开;第二类是高分子溶液,它是由一些高分子化合物溶解在合适的溶剂中所组成的均匀而稳定的体系,高分子化合物因其分子结构较大,其溶液属于胶体分散系,因此表现出许多与胶体相同的性质;第三类是缔合胶体,一般是由表面活性物质以胶束形态分散在水中形成的外观均匀的体系。本节主要介绍溶胶的结构和性质。

2.4.1 固体在溶液中的吸附

固体颗粒表面层分子受力不对称,所受合力不为零,方向指向其内部,使其表面具有很高的表面能,且系统分散度越高,颗粒越小,表面能越大,则系统越不稳定。表面吸附是固体降低表面能的有效手段之一。吸附是指固体表面自动捕获周围介质中的分子、离子或原子等的过程。其中,有吸附能力的固体称为吸附剂,被吸附的物质称为吸附质。

吸附可发生在固-气、固-液、液-气、液-液等界面之间。这里主要讨论溶液内固-液界面上的吸附。溶液中固-液界面上的吸附比较复杂,被吸附的物质可以是溶质也可以是溶剂,一般两者都有。根据固体吸附的对象不同,溶液中固体表面的吸附可分为分子吸附与离子吸附。

1. 分子吸附

分子吸附主要是吸附剂对非电解质或弱电解质整个分子的吸附,其吸附规律是:极性吸附剂易于吸附极性的溶质或溶剂；非极性吸附剂易于吸附非极性的溶质或溶剂，即“相似相吸”。在溶液中，吸附剂对溶剂吸附得越多，对溶质的吸附就越少，反之亦然。另外，通常溶解度小的物质易被吸附，溶解度大的不容易被吸附。生产生活中，可用活性炭等吸附剂使溶液脱色、脱臭或除去溶液中的杂质，以达到分离或提取某种成分的目的。

2. 离子吸附

吸附剂在强电解质溶液中的吸附往往是离子吸附。离子吸附又可分为离子选择吸附与离子交换吸附两种。离子选择吸附是吸附剂从溶液中优先选择吸附与自己组成或性质相似且浓度较大的离子。具体来说，也就是选择那些能在固体表面形成难解离、难溶解或形成同晶形晶格的离子。以 AgBr 固体来说，若溶液中存在 $AgNO_3$，因 Ag^+ 是相关离子，则被优先吸附而使固体表面带正电荷，NO_3^- 仍留在溶液中，靠静电引力作用与固体保持一定距离；若溶液中有 KBr 存在，Br^- 为相关离子，优先被吸附到固体表面而带负电荷，K^+ 留在溶液中，与固体保持一定距离。

离子交换吸附是当吸附剂从溶液中吸附某种离子时，吸附剂本身等电荷地置换出另一种符号相同的离子到溶液中，这种交换是不完全的，是一个可逆过程。许多物质具有离子交换能力，其中有有机物，也有无机物，有天然的，也有人工合成的。人工合成的一些具有很强离子交换能力的高分子化合物称为离子交换树脂，按其性质可分为两类：一类含有—SO_3H、—COOH等基团，基团上的 H^+ 可交换阳离子，这类物质称为阳离子交换树脂；另一类含有—NH_2、—NH—等基团，这些基团在水中能生成羟胺，羟胺上的—OH 可交换阴离子，这类物质称为阴离子交换树脂。离子交换树脂在使用过程中会渐渐老化而失去交换能力，可以经过处理再生后使用，阳离子交换树脂用强酸溶液浸泡再生，阴离子交换树脂用强碱浸泡再生。

土壤溶液对养分的吸收和释放属于离子交换作用。施肥后，如施入$(NH_4)_2SO_4$，NH_4^+ 就与土壤溶胶中的 K^+、Ca^{2+} 交换，NH_4^+ 被吸附在土壤胶粒上，储藏在土壤里。当植物在新陈代谢中分泌出 H^+ 后，土壤中的 NH_4^+ 和 H^+ 交换而进入溶液中，作为养分被植物吸收；溶液中 NH_4^+ 浓度降低了，平衡被破坏，NH_4^+ 持续从土壤进入溶液继续供植物吸收，最终达到平衡状态。

$$\boxed{\text{土壤}}\begin{matrix}Ca^{2+}\\Ca^{2+}\end{matrix} + 4NH_4^+ \rightleftharpoons \boxed{\text{土壤}}\begin{matrix}NH_4^+\\NH_4^+\\NH_4^+\\NH_4^+\end{matrix} + 2Ca^{2+}$$

2.4.2　溶胶的性质

溶胶颗粒粒径为 1～100nm，具有高度分散性和多相不稳定性，因此其表面性质非常显著，使溶胶具有一些不同于其他分散系的特点，具有特殊的光学、动力学和电学性质。

1. 光学性质——丁铎尔效应

当一束光照到溶胶上，在与光路垂直的方向上可看到一条明亮的光柱，这种现象称为丁铎尔(J. Tyndall)效应，如图 2-5 所示。其他分散系也会产生这种现象，但远不如胶体溶液的显著，故利用丁铎尔效应可区别溶胶和其他分散系。

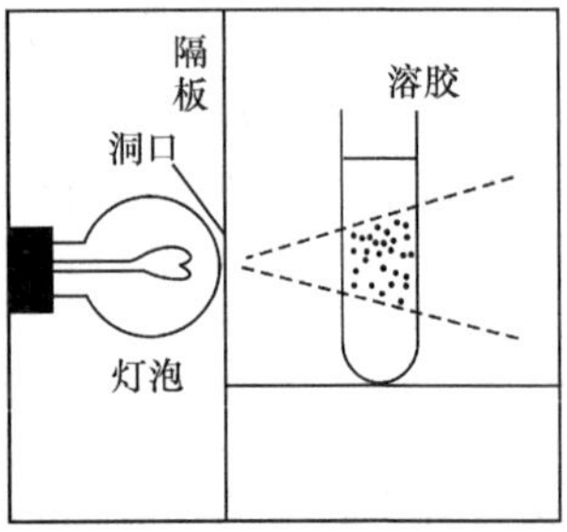

图 2-5　丁铎尔效应

产生丁铎尔效应的原因是胶粒对光的散射。按照光学理论，当入射光照射在分散质粒子上时，若颗粒粒径远大于入射光波长，则发生光的反射；若颗粒粒径远小于入射光波长，散射光相互干涉而抵消，几乎看不到散射光。可见光波长在400～760nm，而溶胶粒径为1～100nm，略小于入射光波长，因而会对光产生明显的散射作用。研究表明，入射光波长越短，越容易被散射，我们通常看到晴朗的天空呈蔚蓝色，是短波长的蓝色光被大气溶胶散射所造成的。

2. 动力学性质——布朗运动

1827年，植物学家布朗(R. Brown)在显微镜下观察到悬浮在水面上的花粉在不停地做不规则运动，后来发现其他微粒也具有类似的现象，人们把这类运动统称为布朗运动。1903年，超显微镜的发明使人们可以更全面地研究溶胶，在超显微镜下观察到溶胶粒子也在不断地做无规则的运动，其运动轨迹如图2-6所示。1905年，爱因斯坦(A. Einstein)等才阐明了布朗运动的本质，认为溶胶中各种粒子都在不停地做热运动，分散剂分子不断从各个方向撞击胶粒，而胶粒在每一瞬间受到的撞击力在各个方向上是不同的，因而胶粒处于无秩序的运动状态。

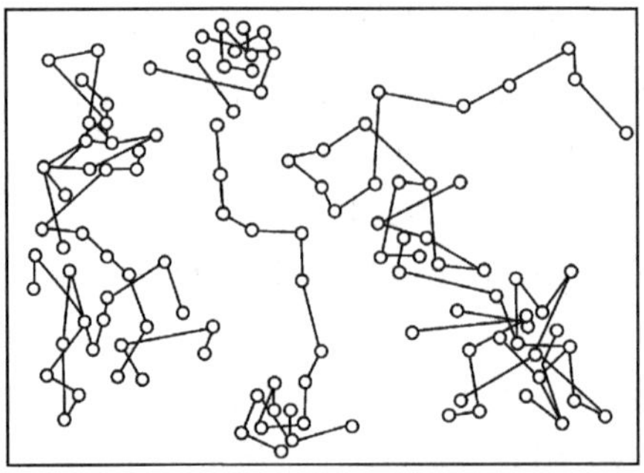
图 2-6　布朗运动

布朗运动的存在导致胶粒能够从高浓度部位向低浓度部位进行扩散，使溶胶趋向于均匀，但是这种扩散比较缓慢；同时，布朗运动也使胶粒不致因重力作用而沉降，有利于保持溶胶的稳定性。

3. 电学性质——电泳

胶粒在电场中发生定向移动的现象称为电泳。例如，将$Fe(OH)_3$溶胶放入装有两个电极的U形管中，通电后，可看到红褐色的$Fe(OH)_3$胶体粒子向阴极移动(图2-7)。若换上As_2S_3溶胶，则As_2S_3胶粒向阳极移动。电泳现象说明胶体粒子是带电荷的，同时也是检验胶粒带电性的主要方法。通常氢氧化铁、氢氧化铝、氢氧化铬溶胶粒子带正电，而金、银、铂、硫、硫化砷、硫化锑、硅酸等溶胶粒子则带负电。利用电泳现象还可以使橡胶乳状液浓缩凝结在布匹上，得到易硫化、拉力强的产品，还可对含水的天然石油进行油水分离等。

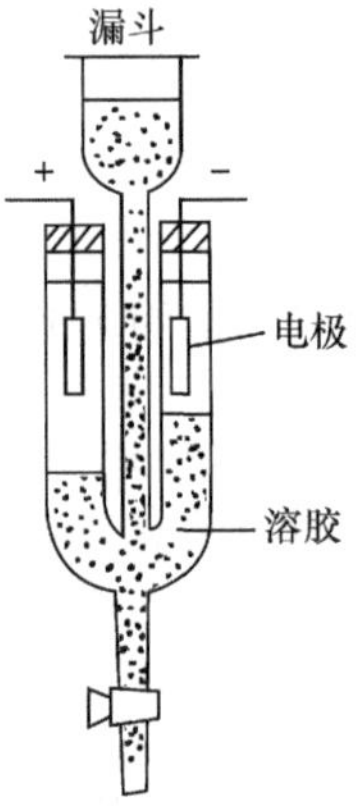

图 2-7　电泳仪

胶粒带电的原因主要有两个：

(1) 吸附带电。实验表明，胶体粒子总是选择吸附与其组成有关的离子而带上不同的电荷。例如，由 $FeCl_3$ 水解而形成的 $Fe(OH)_3$ 胶体，其反应式为

$$FeCl_3+3H_2O \xlongequal{} Fe(OH)_3+3HCl$$

溶液中一部分 $Fe(OH)_3$ 与 HCl 反应：

$$Fe(OH)_3+HCl \xlongequal{} FeOCl+2H_2O$$

FeOCl 再解离为

$$FeOCl \xlongequal{} FeO^+ + Cl^-$$

因 FeO^+ 和 $Fe(OH)_3$ 有类似的组成，故易被吸附在胶体表面，使 $Fe(OH)_3$ 胶粒带正电荷。

(2) 解离带电。例如，硅胶的胶粒是由很多硅酸分子缩合而成的。表面上的硅酸分子可解离出 H^+，在胶体粒子表面留下 SiO_3^{2-} 和 $HSiO_3^-$，使胶体粒子带负电荷。

由于溶胶体系是电中性的，分散质胶体颗粒带电，则分散剂相应带上相反电荷。在电场中，分散剂也会做定向移动，这种现象称为电渗。利用电渗现象可以进行胶体纯化、废水处理、盐水淡化处理等。

2.4.3　胶团的结构

溶胶的性质与其结构有关，根据大量实验人们提出了溶胶的扩散双电层结构。下面以碘化银溶胶为例讨论胶团的结构。制备碘化银溶胶时，Ag^+ 与 I^- 反应生成 AgI 分子，由大量的 AgI 分子聚集成大小为 1～100nm 的颗粒，形成胶体的核心，称为胶核。由于胶核颗粒很小，分散度很高，因此具有较高的表面能。若此时体系中存在过剩的离子，胶核就会有选择地吸附这些离子。若体系中 $AgNO_3$ 过量，根据"相似相吸"的原则，胶核优先吸附 Ag^+ 而带正电。被胶核吸附的离子称为电位离子。此时因胶核表面带有较为集中的正电荷，故它会通过静电引力而吸引部分带负电荷的 NO_3^-。通常将这些带相反电荷的离子称为反离子。电位离子与反离子组成吸附层，胶核与吸附层组成胶粒，而胶粒与另一部分反离子(分布在胶粒周围，称为扩散层)形成胶团。所以，AgI 胶团的结构剖面如图 2-8 所示，其结构式如下：

$$\underbrace{\underbrace{\{\underset{\text{胶核}}{(AgI)_m}\cdot \underbrace{\underset{\text{电位离子}}{nAg^+}\cdot \underset{\text{反离子}}{(n-x)NO_3^-}}_{\text{吸附层}}\}^{x+}}_{\text{胶粒}}\cdot \underbrace{\underset{\text{反离子}}{xNO_3^-}}_{\text{扩散层}}}_{\text{胶团}}$$

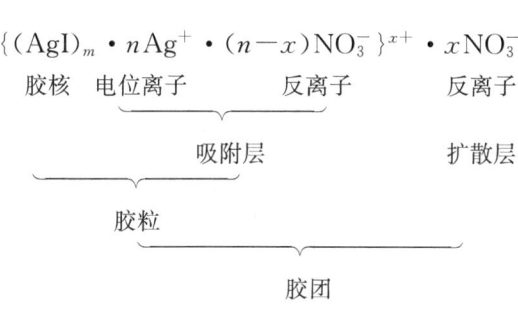

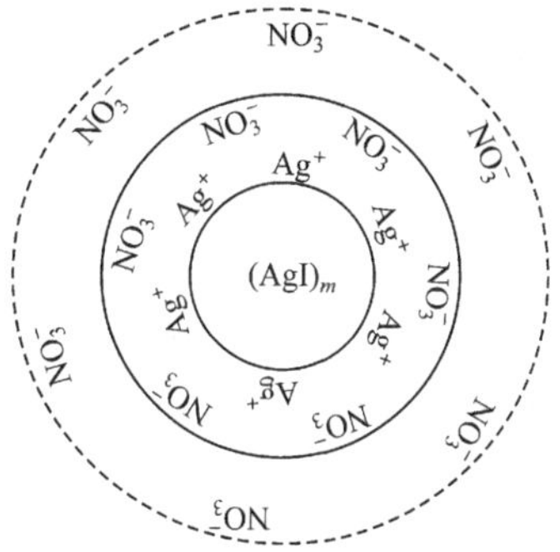

图 2-8　$AgNO_3$ 过量时 AgI 胶团的结构示意图

胶团结构式中，m、n、x 是不确定的数字，相对大小与溶胶具体的制备条件有关。由于 n 往往大于 x，故胶粒是带电的，其带电性、带电量与 $(n-x)$ 有关。在胶体进行电泳时，胶粒是独立移动的单位。胶团内电位离子和反离子的电荷总数相等，因此整个胶团不带电。

碘化银胶体的带电性与其制备方法有关，若制备碘化银溶胶时 KI 过量，则其胶团结构

式为

$$[(AgI)_m \cdot nI^- \cdot (n-x)K^+]^{x-} \cdot xK^+$$

可见,在书写胶团结构式时,关键是根据条件确定电位离子和反离子。同理,氢氧化铁、三硫化二砷和硅胶的胶团结构式可表示为

$$\{[Fe(OH)_3]_m \cdot nFeO^+ \cdot (n-x)Cl^-\}^{x+} \cdot xCl^-$$

$$[(As_2S_3)_m \cdot nHS^- \cdot (n-x)H^+]^{x-} \cdot xH^+$$

$$[(H_2SiO_3)_m \cdot nHSiO_3^- \cdot (n-x)H^+]^{x-} \cdot xH^+$$

2.4.4 溶胶的稳定性和聚沉

案例 2-4 豆腐味道可口、营养丰富,是我国传统的豆制食品之一。其做法是:先将大豆用水浸泡,泡胀后再磨细,植物细胞组织遭到破坏蛋白质便游离出来。通过布袋过滤,分离出豆渣。将过滤出的浆液煮沸便是可供食用的豆浆,若在豆浆中加入适量的熟石膏水($CaSO_4 \cdot n\ H_2O$)或卤水(也称盐卤,主要成分有氯化镁、硫酸钙、氯化钙及氯化钠等,味苦),豆浆中的蛋白质便凝固成豆腐脑,将豆腐脑进行压滤便成豆腐。

问题:为什么在豆浆中加入熟石膏水或卤水就能凝固成豆腐?

分析:豆浆是蛋白质的胶体溶液,是由带电的并包有水化膜的胶体形成。一旦胶体溶液中胶团的电荷和水化膜受到破坏,蛋白质就会凝聚起来。将石膏加到豆浆中时,原来胶团外的水化膜被熟石膏中带正电荷的 Ca^{2+} 和带负电荷的 SO_4^{2-} 吸引,水化膜被破坏,带电的胶团与带相反电荷的离子相互吸引,接触后发生电性中和,于是胶体被破坏,胶团与胶团之间相互结合,豆浆里的蛋白质就凝聚成了豆腐脑。

胶体能保持一定的稳定,主要是由于胶粒带有相同符号的电荷,胶粒之间有静电斥力,阻止了它们互相接触而聚合成较大的颗粒;另外胶粒较小,布朗运动激烈,吸附在胶粒表面的离子都能水化,在胶粒表面形成一层水化膜,也能阻止胶粒的聚集。因溶胶同时具备聚结稳定性和动力学稳定性,故溶胶一般比较稳定。如果减弱或消除这些稳定因素,就能使胶粒凝聚成较大颗粒而沉降,这个过程称为聚沉。在水质净化处理中,聚沉是非常重要的一个步骤。使胶体聚沉的方法有下列几种:

(1) 加入电解质。当向溶胶中加入电解质后,溶胶中的反离子及电解质中与溶胶带相反电荷的离子会进入吸附层,中和电位离子,减少或者中和胶粒的带电量,从而使胶粒易于聚结而沉降。例如,在 Sb_2S_3 溶胶中加入一些 NaCl 溶液,因为 Sb_2S_3 溶胶带负电性,则 Na^+ 会进入胶粒吸附层,若 Na^+ 浓度适当,会中和 Sb_2S_3 胶粒所带的负电荷,使它聚沉。在河流入海口处,河水流经地表所携带的黏土胶体及生活污水排放的胶体状物,遇到海水中大量的电解质,会发生聚沉作用,裹挟泥沙沉降淤积,久而久之就形成了土壤肥沃的三角洲。

(2) 加入相反电荷的溶胶。例如,带负电荷的 As_2S_3 溶胶与带正电荷的 $Fe(OH)_3$ 溶胶混合时,由于带正负电荷的胶粒相互中和电性,而立即聚沉。溶胶的相互聚沉要求两种溶胶的电荷必须完全中和,即两种溶胶所带电荷总数必须相等,称为等电荷原则。明矾的净水作用就是明矾水解生成的 $Al(OH)_3$ 与水中带负电的黏土胶体相互聚沉的结果。

(3) 加热。加热能增加胶粒的碰撞机会,同时降低它对离子的吸附作用,从而降低了胶粒所带电量及水合程度,使粒子在碰撞时聚沉。

几种聚沉方法中,最主要的是加入电解质法。不同的电解质对溶胶的聚沉能力不同。使

1L 溶胶在一定时间内开始聚沉所需电解质的最低浓度称为该电解质对溶胶的聚沉值。可见，电解质的聚沉值大则其聚沉能力小，聚沉值小则其聚沉能力大。表 2-5 列出了某些电解质对 As_2S_3 和 $Fe(OH)_3$ 溶胶的聚沉值。起聚沉作用的是与溶胶带相反电性的离子，即异电荷离子。异电荷离子的聚沉能力与离子电荷有关，离子电荷越高，聚沉能力越大。例如，对 As_2S_3 溶胶聚沉时，NaCl、$CaCl_2$、$AlCl_3$ 的聚沉值分别为 51mmol · L^{-1}、0.65mmol · L^{-1}、0.093mmol · L^{-1}，因此 Al^{3+} 的聚沉能力最强。

表 2-5 不同电解质对某些溶胶的聚沉值(单位：mmol · L^{-1})

电解质	As_2S_3(负溶胶)	电解质	$Fe(OH)_3$(正溶胶)
NaCl	51	NaCl	9.25
KCl	49.5	KCl	9.0
$CaCl_2$	0.65	K_2SO_4	0.205
$MgSO_4$	0.81	$K_2Cr_2O_7$	0.195
$AlCl_3$	0.093	$K_3[Fe(CN)_6]$	0.096

对带有相同电荷的离子来说，它们的聚沉值差别虽不大，但也有差异。随着离子半径的减小，电荷密度增加，其水化半径也相应增加，因而离子的聚沉能力就会减弱。例如，碱金属离子在相同阴离子的条件下，对带负电溶胶的聚沉能力大小为 $Rb^+>K^+>Na^+>Li^+$，而碱土金属离子的聚沉能力大小为 $Ba^{2+}>Sr^{2+}>Ca^{2+}>Mg^{2+}$。这种带有相同电荷离子对溶胶的聚沉能力的大小顺序称为感胶离子序。

此外，某些高分子化合物可以改善溶胶对电解质的敏感性。少量高分子化合物会提高溶胶对电解质的敏感性，降低其稳定性而易于发生聚沉；大量高分子化合物反而降低了溶胶对电解质的敏感性，提高胶体的稳定性，从而使胶体得到保护。详见 2.5.1 高分子溶液。

2.5 高分子溶液和乳浊液

高分子溶液和乳浊液都属于液态分散系，前者为胶体分散系，后者为粗分散系，下面简单介绍它们的特性。

2.5.1 高分子溶液

1. 高分子溶液的特性

高分子化合物主要是指相对分子质量在 10000 以上的有机大分子化合物。许多天然有机物如蛋白质、纤维素、淀粉、橡胶以及人工合成的各种塑料等都是高分子化合物。例如，淀粉或纤维素是由许多葡萄糖分子缩合而成，蛋白质分子中最小的单位是各种氨基酸。高分子化合物分子中的结构单位称为链节。大多数高分子化合物的分子结构呈线状或线状带支链，每个分子中所含的链节数是不等的。通常说的高分子化合物的摩尔质量只是一种平均摩尔质量。当高分子化合物溶解在适当的溶剂中时，就形成高分子化合物溶液，简称高分子溶液。

高分子溶液其溶质的颗粒大小与溶胶粒子相近，属于胶体分散系，表现出某些溶胶的性质，如不能透过半透膜、扩散速度慢等。然而，它的分散质粒子为单个大分子，属于单相体系，故又表现出溶液的某些性质。

高分子化合物像一般溶质一样，在适当溶剂中其分子能强烈自发溶剂化而逐步溶胀，形成很厚的溶剂化膜，使它能稳定地分散于溶液中而不凝结，最后溶解成溶液，具有一定的溶解度，如蛋白质和淀粉溶于水、天然橡胶溶于苯都能形成高分子溶液。除去溶剂后，重新加入溶剂时仍可溶解，因此高分子溶液是一种热力学稳定体系。与此相反，溶胶的胶核是不溶于溶剂的，溶胶是用特殊的方法制备而成的，溶胶凝结后不能用再加入溶剂的方法使它复原，是一种热力学不稳定体系。高分子溶液溶质与溶剂之间没有明显的界面，因而对光的散射作用很弱，丁铎尔效应不像溶胶那样明显。另外，高分子化合物还具有很大的黏度，这与它的链状结构和高度溶剂化的性质有关。

2. 高分子溶液的盐析和保护作用

高分子溶液具有一定的抗电解质聚沉的能力，加入少量的电解质，其稳定性并不受影响。这是因为在高分子溶液中，本身带有较多的可解离或已解离的亲水基团，如—OH、—COOH、$—NH_2$ 等。这些基团有很强的水化能力，它们能使高分子化合物表面形成一层较厚的水化膜，能稳定地存在于溶液中，不易聚沉。要使高分子化合物从溶液中聚沉出来，除中和高分子化合物所带的电荷外，更重要的是破坏其水化膜，故必须加入大量的电解质。电解质的离子要实现其自身的水化，就大量夺取高分子化合物水化膜上的溶剂化水，从而破坏水化膜，使高分子溶液失去稳定性，使其聚沉。这种通过加入大量电解质使高分子化合物聚沉的作用称为盐析。加入乙醇、丙酮等溶剂，也能将高分子溶质沉淀出来，这是因为这些溶剂也像电解质离子一样有强的亲水性，会破坏高分子化合物的水化膜。在研究天然产物时，常用盐析和加入乙醇等溶剂的方法分离蛋白质和其他物质。

溶胶对电解质是很敏感的，加入少量电解质，溶胶就会聚沉。而在溶胶中加入适量的高分子化合物，能大大提高溶胶的稳定性，这就是高分子化合物对溶胶的保护作用。在溶胶中加入高分子化合物，高分子化合物附着在胶粒表面，一可使原来憎液的胶粒变成亲液，从而提高胶粒的溶解度；二可在胶粒表面形成一个高分子保护膜，以增强溶胶的抗电解质能力。保护作用在生理过程中具有重要意义。例如，健康人的血液中所含的碳酸镁、磷酸钙等难溶盐都是以溶胶状态存在，并被血清蛋白等保护着。当生病时，保护物质在血液中的含量减少了，这样就有可能使溶胶发生聚沉而堆积在身体的各个部位，使新陈代谢发生故障，形成肾脏、肝脏等结石。

2.5.2　乳浊液

所谓乳浊液就是分散质和分散剂均为液体的粗分散系。牛奶、豆浆以及人和动物机体中的血液、淋巴液都是乳浊液。乳浊液中被分散的液滴直径为 100～500nm。乳浊液可分为两大类：一类是“油”（通常指有机物）分散在水中所形成的体系，称为水包油型乳浊液，以油/水或 O/W 表示，如牛奶、豆浆等；另一类是水分散在“油”中形成的体系，称为油包水型乳浊液，以水/油或 W/O 表示，如石油。

将油和水放在容器内猛烈震荡，可得到乳浊液，但这样得到的乳浊液并不稳定，停止震荡后，分散的液滴相碰后会自动合并，油水会自动分离成两个互不相溶的液层。可见，乳浊液也像溶胶那样需要有第三种物质作为稳定剂，才能形成一种稳定的体系。在油水混合时加入少量肥皂，则形成的乳浊液在停止震荡后分层很慢，肥皂就起了一种稳定剂的作用。乳浊液的稳定剂称为乳化剂，许多乳化剂都是表面活性物质。因此，表面活性剂有时也称为乳化剂。乳化剂的类型决定了乳浊液的类型。乳化剂可根据其亲和能力的差别分为亲水性乳化剂和亲油性乳化剂。常用的亲水性乳化剂有钾肥皂、钠肥皂、蛋白质、动物胶等，生成 O/W 型乳浊液；亲油性乳化剂有钙肥皂、高级醇类、高级酸类、石墨等，生成 W/O 型乳浊液。

乳浊液及乳化剂的应用非常广泛，绝大多数有机农药、植物生长调节剂的使用都离不开乳化剂。例如，经常用到的有机农药，其水溶性较差，不能与水均匀混合，为了使农药与水较好地混合，加入适量的乳化剂，以减小它们的表面张力，从而达到均匀喷洒、降低成本、提高杀虫治病的目的。在人体的生理活动中，乳浊液也有重要的作用。例如，食物中的脂肪在消化液（水溶液）中是不溶解的，但经过胆汁中胆酸的乳化作用和小肠的蠕动，使脂肪形成微小的液滴，其表面积大大增加，有利于肠壁的吸收。此外，乳浊液在制药、食品、制革、涂料、石油钻探等工业生产中都有许多应用。

习　题

1. 判断题。

(1) $n(1/2H_2)$表示基本单元为氢的物质的量。

(2) 1mol 物质的量称为摩尔质量。

(3) $c(1/2H_2SO_4)=1mol\cdot L^{-1}$与$c(H_2SO_4)=1/2mol\cdot L^{-1}$的溶液，其浓度完全相等。

(4) 质量摩尔浓度是指 1kg 溶液中含溶质的物质的量。

(5) 5%蔗糖溶液和 5%葡萄糖溶液的渗透压不相同。

(6) 葡萄糖与蔗糖的混合水溶液(总的质量摩尔浓度为b_B)的沸点与质量摩尔浓度为b_B的尿素水溶液的沸点不同。

(7) 把 0℃的冰放在 0℃的 NaCl 溶液中，因为它们处于相同的温度下，所以冰、水两相共存。

(8) 渗透压是任何溶液都具有的特征。

(9) 电解质对溶胶的聚沉值越大，其聚沉能力越小。

2. 选择题。

(1) 由 $3H_2+N_2 \rightleftharpoons 2NH_3$ 化学反应方程式确定的氢的基本单元是(　　)。

A. H_2　　B. $3H_2$　　C. $3/2H_2$　　D. H

(2) 25℃时以排水集气法收集氧气于钢瓶中，测得钢瓶压力为 150.5kPa，已知该温度时水的饱和蒸气压为 3.2kPa，则钢瓶中氧气的压力为(　　) kPa。

A. 147.3　　B. 153.7　　C. 150.5　　D. 101.325

(3) KBr 和 $AgNO_3$ 在一定条件下可生成 AgBr 溶胶，如胶团结构为$[(AgBr)_m\cdot nBr^-\cdot(n-x)K^+]^{x-}\cdot xK^+$，反应中过量的溶液是(　　)。

A. $AgNO_3$　　B. KBr　　C. 都过量　　D. 都不过量

(4) 四份质量相等的水中分别加入相等质量的下列物质，水溶液凝固点最低的是(　　)。

A. 葡萄糖(相对分子质量 180)　　B. 甘油(相对分子质量 92)

C. 蔗糖(相对分子质量 342)　　D. 尿素(相对分子质量 60)

(5) 相同温度下，0.1%的下列溶液中沸点最高的是(　　)。

A. 葡萄糖($C_6H_{12}O_6$)　　B. 蔗糖($C_{12}H_{22}O_{11}$)　　C. 核糖($C_5H_{10}O_4$)　　D. 甘油($C_3H_6O_3$)

(6) 室温下，$0.1mol\cdot kg^{-1}$糖溶液的渗透压接近于(　　)kPa。

A. 2.5　　B. 25　　C. 250　　D. 10

(7) 医学上称 5%的葡萄糖溶液为等渗溶液，这是因为(　　)。

A. 它与水的渗透压相等　　B. 它与 5%的 NaCl 溶液渗透压相等

C. 它与血浆的渗透压相等　　D. 它与尿的渗透压相等

(8) 难挥发物质的水溶液在不断沸腾时，其沸点(　　)。

A. 继续升高　　B. 恒定不变　　C. 继续下降　　D. 无法确定

(9) 淡水鱼与海鱼不能交换生活环境，因为淡水与海水的(　　)。

A. pH 不同　　B. 密度不同　　C. 渗透压不同　　D. 溶解氧不同

(10) 下列物质的浓度均为$0.1mol\cdot L^{-1}$时，对负溶胶聚沉能力最大的是(　　)。

A. $Al_2(SO_4)_3$　　B. Na_3PO_4　　C. $CaCl_2$　　D. NaCl

3. 计算下列常用试剂的浓度。

(1) 密度为 $1.84g\cdot mL^{-1}$，质量分数为 96.0%的硫酸；

(2) 密度为 $1.19g\cdot mL^{-1}$，质量分数为 38.0%的盐酸。

4. 配制 $c(NaOH)=0.10mol\cdot L^{-1}$ 的溶液 300mL，需用固体 NaOH 多少克？取这种溶液 20mL，恰好与 25mL 的盐酸完全中和，求此盐酸的浓度。

5. 把 30.3g 乙醇(C_2H_5OH)溶于 50.0g CCl_4 所配成溶液的密度为 1.28g · mL^{-1}。计算：(1) 乙醇的质量分数；(2) 乙醇的摩尔分数；(3) 乙醇的质量摩尔浓度；(4) 乙醇的物质的量浓度(mol · L^{-1})。

6. 通常用作消毒剂的过氧化氢的质量分数为 3.0%，这种水溶液的密度为 1.0g · mL^{-1}，请计算这种水溶液中过氧化氢的质量摩尔浓度、物质的量浓度。

7. 取某难挥发的非电解质 100.00g 溶于水，可使溶液的凝固点下降到 271.15K，求此溶液常压下的沸点。

8. 1L 糖水溶液中含糖($C_{12}H_{22}O_{11}$)7.18g，求 298.15K 时此溶液的渗透压。

9. 3.6g 葡萄糖溶于 200g 水中，未知物 20.0g 溶于 500g 水中，两溶液同时同温下结冰，求未知物的相对分子质量。已知葡萄糖的相对分子质量为 180。

10. 纯苯的凝固点为 5.50℃，0.322g 萘溶于 80.0g 苯所配制的溶液的凝固点为 5.34℃，已知苯的 K_f 值为 5.12K · kg · mol^{-1}，求萘的相对分子质量。

11. 医学上用的葡萄糖($C_6H_{12}O_6$)注射液是血液的等渗溶液，测得其凝固点下降了 0.543℃。(1) 计算葡萄糖溶液的质量分数；(2) 如果血液的温度为 37℃，血液的渗透压是多少？

12. 某水溶液的沸点是 100.28℃，(1) 求该溶液的凝固点；(2) 已知 25℃时纯水的蒸气压为 3167.73Pa，求该温度下溶液的蒸气压；(3) 求 0℃时此溶液的渗透压。

13. 某蛋白质的饱和溶液含溶质 5.18g · L^{-1}，293.15K 时渗透压为 0.413kPa，求此蛋白质的摩尔质量。

14. 冬天为防止仪器结冰，要使溶液的凝固点降至 270.15K，应在 500.0g 水中加入甘油($C_3H_8O_3$)多少克？

15. 将 0.02mol · L^{-1} KCl 溶液 100mL 与 0.05mol · L^{-1} $AgNO_3$ 溶液 100mL 混合制得 AgCl 溶胶，电泳时，胶粒向哪一极移动？写出胶团结构式。

16. 将 10mL 0.02mol · L^{-1} $AgNO_3$ 溶液和 100mL 0.005mol · L^{-1} KCl 溶液混合以制备 AgCl 溶胶，写出胶团结构式，通电后胶粒向哪一极移动？$MgCl_2$ 和 $K_3[Fe(CN)_6]$这两种电解质对该溶胶的聚沉值哪个较大？

第3章　化学热力学初步

热力学研究的是热、热和其他形式能量之间的转换关系，包含当体系变化时所引起的物理量的变化，或者反之。热力学是解决实际问题的一种非常有效的工具，在生产实践中已经并继续发挥着巨大的作用。用热力学中最基本的原理研究化学现象及与化学有关的物理现象，称为化学热力学。化学热力学的主要内容是利用热力学第一定律计算变化中的热效应，利用热力学第二定律解决变化的方向和限度问题，以及相平衡和化学平衡中的有关问题。

化学热力学在讨论物质的变化时，着眼于宏观性质的变化，不需要涉及物质的微观结构，即可得到许多有用的结论。运用化学热力学方法研究化学问题时，只需知道研究对象的起始状态和最终状态，而无需知道变化过程的机理，即可对许多过程的一般规律进行探讨。化学热力学涉及的内容广而深，本课程只介绍化学热力学中最基本的概念、理论、方法和应用。

3.1　基本概念

3.1.1　化学反应进度

1. 化学反应计量方程式

满足质量守恒定律的化学反应方程式称为化学反应计量方程式。在化学反应计量方程式中，用规定的符号和相应的化学式将反应物与生成物联系起来。例如，对任一已配平的化学反应方程式，质量守恒定律可用下式表示：

$$0=\sum_{B}\nu_B B \tag{3-1}$$

式中：B为化学反应方程式中任一反应物或生成物的化学式；ν_B为物质B的化学计量数，量纲为1，对反应物取负值，对产物取正值。

对于同一个化学反应，化学计量数与化学反应计量方程式的写法有关。例如，合成氨反应写成

$$N_2(g)+3H_2(g)=\!=\!=2NH_3(g)$$

则

$$\nu(N_2)=-1,\nu(H_2)=-3,\nu(NH_3)=2$$

若写成

$$0.5N_2(g)+1.5H_2(g)=\!=\!=NH_3(g)$$

则

$$\nu(N_2)=-0.5,\nu(H_2)=-1.5,\nu(NH_3)=1$$

2. 化学反应进度

化学计量数只表示当按计量反应式进行反应时各物质转化的比例数，并不是反应过程中各相应物质实际所转化的量。为描述化学反应经过一段时间后进行的程度，引入反应进度的概念。反应进度在反应热的计算、化学平衡和反应速率的表示式中被普遍使用。

对于反应式(3-1)，反应进度 ξ 的定义式为

$$d\xi = \nu_B^{-1} dn_B \tag{3-2}$$

式中：n_B为物质 B 的物质的量；ν_B为 B 的化学计量数；ξ 为反应进度，SI 单位为 mol。

对于有限的变化，有

$$\Delta\xi = \nu_B^{-1} \Delta n_B \tag{3-3}$$

对于化学反应来讲，一般选尚未反应时 $\xi=0$，因此

$$\xi = \nu_B^{-1}[n_B(\xi) - n_B(0)] \tag{3-4}$$

式中：$n_B(0)$为 $\xi=0$ 时物质 B 的物质的量；$n_B(\xi)$为 $\xi=\xi$ 时物质 B 的物质的量。本书使用这种情况下反应进度的定义。

引入反应进度的最大优点是在反应进行到任意时刻时，可用任一反应物或产物表示反应进行的程度，所得的值总是相等的。以合成氨反应为例，对于反应式

	$N_2(g)$	$+3H_2(g)$	$=\!=\!=2NH_3(g)$
$t=0$：$n_1(B)/mol$	3.0	10.0	0.0
$t=t'$：$n_2(B)/mol$	2.0	7.0	2.0

即消耗了 1.0mol N_2、3.0mol H_2，生成了 2.0mol NH_3，其反应进度为

$$\xi=[n_2(N_2)-n_1(N_2)]/\nu(N_2)=(2.0-3.0)/-1=1(mol)$$

或
$$\xi=[n_2(H_2)-n_1(H_2)]/\nu(H_2)=(7.0-10.0)/-3=1(mol)$$

或
$$\xi=[n_2(NH_3)-n_1(NH_3)]/\nu(NH_3)=(2.0-0.0)/2=1(mol)$$

可见，对于同一反应式，不论选用哪种物质表示反应进度都是相同的。

若将合成氨反应式写成

$$0.5N_2(g)+1.5H_2(g)=\!=\!=NH_3(g)$$

则对于上述物质的量的变化，求得 $\xi=2mol$，与上一反应式 $\xi=1mol$ 的反应进度的数值就不同。因为同一反应，反应方程式写法不同，ν_B就不同，因而 ξ 就不同，所以当涉及反应进度时，必须指明化学反应方程式。

当反应按所给反应式的系数比例进行了一个单位的化学反应时，即 $\Delta n_B/1mol=\nu_B$，这时反应进度 ξ 就等于 1mol，我们就说进行了 1mol 化学反应或简称摩尔反应。按反应式

$$N_2(g)+3H_2(g)=\!=\!=2NH_3(g)$$

$\xi=1mol$，即表示 1mol N_2 与 3mol H_2 反应生成 2mol NH_3；而对于反应式

$$0.5N_2(g)+1.5H_2(g)=\!=\!=NH_3(g)$$

$\xi=1mol$，即表示 0.5mol N_2 与 1.5mol H_2 反应生成 1mol NH_3。

因此，反应进度与反应方程式写法有关，它是按反应式为单元来表示反应进行的程度。ξ 与该反应在一定条件下达到平衡时的转化率没有关系。

3.1.2　体系与环境

为方便研究问题，人们常把一部分物质或空间与其余的物质或空间分开，被划分出来作为我们研究对象的这一部分称为体系，而体系以外与体系密切相关的部分称为环境。

例如，研究杯子中的水，则水是体系，水面上的空气、杯子是环境。当然，桌子、房屋、地球、太阳也均为环境，但我们着眼于与体系密切相关的环境，即空气和杯子等。又如，若以 N_2 和 O_2 混合气体中的 O_2 作为体系，则 N_2 是环境，容器也是环境。研究硫酸铜与氢氧化钠在水溶液中的反应，含有这两种物质的溶液就为体系，而溶液以外的其他部分如烧杯、溶液上方的空

气等则属环境。

体系和环境之间有的有物理界面，如装在杯中的水和杯子；有的没有物理界面，如同一容器中 N_2 和 O_2 之间。此时，可以设计一个假想的界面，从分体积的概念出发，认为 $V_{分}$ 以内是体系，以外是环境。体系和环境放在一起，在热力学上称为宇宙。根据体系与环境间物质和能量的交换情况的不同，可将热力学体系分为三种：

(1) 敞开体系。体系与环境间既有物质交换又有能量交换，如无盖热水杯。

(2) 封闭体系。体系与环境间只有能量交换没有物质交换，如加盖热水杯。

(3) 孤立体系。体系与环境间既无物质交换也无能量交换。绝热、密闭的恒容体系即为孤立体系，如理想保温杯。应当指出，真正的孤立体系是不存在的，热力学中有时把与体系有关的环境部分与体系合并在一起看作一个孤立体系。

热力学上研究较多的是封闭体系。

3.1.3　状态与状态函数

体系的状态是体系所有宏观性质如压力(p)、温度(T)、密度(ρ)、体积(V)、物质的量(n)以及本章将要介绍的热力学能(U)、焓(H)、熵(S)、吉布斯自由能(G)等宏观物理量的综合表现。当所有这些宏观物理量都不随时间改变时，称体系处于一定状态。反之，当体系处于一定状态时，这些宏观物理量都有确定值。描述体系状态的宏观物理量称为体系的状态函数。体系的某个状态函数或若干状态函数发生变化时，体系的状态也随之发生变化。状态函数之间是相互联系、相互制约的，具有一定的内在联系。因此，确定了体系的几个状态函数后，体系其他的状态函数也随之确定。例如，理想气体的状态是 p、V、n、T 这些状态函数的综合表现，它们的内在联系就是理想气体状态方程 $pV=nRT$。

状态函数的重要特点是：状态一定，状态函数值一定；状态变化，状态函数值变化；状态函数的变化量只取决于体系的始态和终态，与过程变化所经历的具体步骤无关。

状态函数根据它与体系中物质数量的关系，可分为两大类：

(1) 广度性质。该性质的数值在一定条件下与体系中的物质数量成正比，即具有加和性。例如，体积、热容、质量、热力学能、焓、熵、吉布斯自由能等都是具有广度性质的物理量。

(2) 强度性质。该性质的数值在一定条件下仅由体系中物质本身的特性决定，不随体系中物质总量而改变，即不具有加和性。例如，温度、压力、密度、黏度等都是具有强度性质的物理量。

体系的某种广度性质除以物质的量或质量(或任何两个广度性质相除)后就成为强度性质。摩尔体积、摩尔焓、比热容等就是强度性质。强度性质不必指定物质的量就可以确定。

3.1.4　过程与途径

体系的状态发生变化，从始态到终态，我们说经历了一个热力学过程，简称过程。体系在恒温条件下发生的状态变化，称恒温过程；体系在恒压条件下发生的状态变化，称恒压过程；体系在恒容条件下发生的状态变化，称恒容过程；体系变化时和环境之间无热量交换，则称为绝热过程。

完成一个热力学过程，可采取不同的方式。我们把完成状态变化所经历的具体步骤称为途径。过程着重于始态和终态，而途径着重于具体方式。一个过程可由许多途径实现，但无论经历哪种途径，状态函数的改变量是相同的。

例如，由 $p=1\times10^5$ Pa、$V=2$L，经恒温过程变到 $p=2\times10^5$ Pa、$V=1$L，可经历不同的途径，如图 3-1 所示。$\Delta p=p_{终}-p_{始}=2\times10^5-1\times10^5=1\times10^5$ (Pa)，$\Delta V=V_{终}-V_{始}=1-2=-1$(L)。

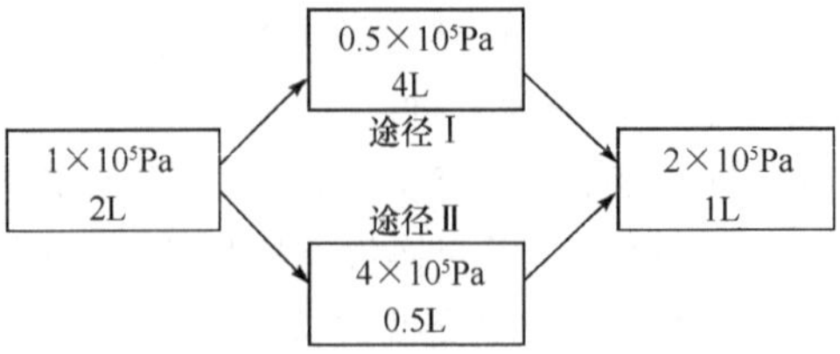

图 3-1　体系状态变化的不同途径

3.1.5　热与功

热和功是体系状态发生变化时与环境之间的两种能量交换形式，单位均为焦耳或千焦，符号为 J 或 kJ。

体系与环境之间因存在温度差异而发生的能量交换形式称为热（或热量），用符号 Q 表示。热力学中规定：体系从环境吸热，Q 取正值（体系能量升高，$Q>0$）；体系向环境放热，Q 取负值（体系能量下降，$Q<0$）。

体系与环境之间除热以外的其他各种能量交换形式统称为功，用符号 W 表示。热力学上规定：环境对体系做功，W 取正值（体系能量升高，$W>0$）；体系对环境做功，W 取负值（体系能量下降，$W<0$）。功有多种形式，通常把功分为两大类：由于体系体积变化而与环境产生的功称为体积功或膨胀功，用 $-p\Delta V$ 表示；除体积功以外的所有其他功都称为非体积功，也称为有用功，如机械功、电功、表面功等。

功和热的相同点：都是能量，在体系获得能量后，便不再区分热和功；都不是体系的状态函数，是与过程相联系的物理量。功和热的区别在于：功是有序运动的结果，热是无序运动的结果；功能完全转变为热，而热不能完全转换为功。

3.1.6　热力学能与热力学第一定律

1. 热力学能

体系是由大量的微观粒子组成的，体系的宏观性质是体系微观粒子性质的总体表现。体系的微观粒子处于永恒运动和相互作用中。微观粒子具有能量。在不考虑体系的整体动能和势能的情况下，体系的热力学能是体系内部所有能量之和，包括分子、原子的动能，势能，核能，电子的动能及一些尚未研究的能量。热力学能又称为内能，用符号 U 表示。

由于人们对物质运动的认识不断深化，新的粒子不断被发现，以及体系内部粒子的运动方式及相互作用极其复杂，到目前为止，还无法确定体系某状态下热力学能 U 的绝对值。但可以肯定，从宏观上讲处于一定状态下的体系，其热力学能是一个固定值。因此，热力学能 U 是体系的状态函数，具有加和性。体系状态变化时，热力学能变 ΔU 仅与始、终态有关而与过程的具体途径无关，即 $\Delta U=U_{终}-U_{始}$。$\Delta U>0$，表明体系在状态变化过程中热力学能增加；$\Delta U<0$，表明体系在状态变化过程中热力学能减少。在实际化学反应过程中，人们关心的是体系在状态变化过程中的热力学能变 ΔU，而不是体系热力学能 U 的绝对值。

理想气体是最简单的体系，可以认为理想气体的热力学能只是温度的函数，温度一定，则

U 一定，即 $\Delta T=0$，则 $\Delta U=0$。

2. 热力学第一定律

自然界一切物质都有能量，能量有各种不同的形式，它可从一种形式转化为另一种形式，从一个物体传递给另一个物体，而在转化和传递的过程中能量的总数量保持不变，这就是能量守恒定律，又称为能量守恒与转化定律。

能量守恒与转化定律是人类长期实践的总结，把它应用于热力学体系，就是热力学第一定律。即在隔离体系中，能量的形式可以相互转化，但能量的总值不变。例如，一个隔离体系中的热能、光能、电能、机械能和化学能之间可以相互转换，但其总能量是不变的。

在绝热过程中，热力学能的变化量等于该过程的功，即

$$\Delta U=U_2-U_1=W\text{（绝热体系）}$$

而封闭体系与环境之间的能量传递除功的形式外，还有热的形式时，则能量守恒定律的数学表达式为

$$\Delta U=U_2-U_1=Q+W\text{（封闭体系）} \tag{3-5}$$

式(3-5)为封闭体系的热力学第一定律的数学表达式。即封闭体系发生状态变化时，其热力学能的变化等于变化过程中环境与体系传递的热与功的总和。

例 3-1 某封闭体系，从环境中吸热 60kJ，对环境做了 20kJ 的功，在上述变化过程中，求：(1) $\Delta U_{体系}$；(2) $\Delta U_{环境}$；(3) 从中有何启示？

解 (1) 因 $Q=60\text{kJ}$，$W=-20\text{kJ}$，则 $\Delta U_{体系}=60+(-20)=40(\text{kJ})$

(2) 对环境，$Q=-60\text{kJ}$，$W=+20\text{kJ}$，则 $\Delta U_{环境}=Q+W=-60+20=-40(\text{kJ})$

(3) $\Delta U_{环境}+\Delta U_{体系}=0$

封闭体系在变化过程中所增加的能量必然来自环境。环境的能量变化与体系的能量变化数值相等，符号相反。把体系与环境看为一个整体，则其总能量变化为 0，$\Delta U_{体系}+\Delta U_{环境}=0$ 或 $\Delta U_{环境}=-\Delta U_{体系}$。

3.2 热　化　学

热化学是把热力学理论与方法应用于化学反应，研究化学反应的热效应及其变化规律的科学。

3.2.1 化学反应热效应

体系发生化学反应时，在只做体积功不做非体积功的情况下，当生成物的温度恢复到反应物的温度时，化学反应中所吸收或放出的热量称为化学反应热效应，简称反应热。化学反应热要反映出与反应物和生成物的化学键相联系的能量变化，要求反应物和生成物的温度相同，以消除反应物和生成物因温度不同而产生的热量差异（当然，这种由于温度不同而产生的热量差异是可以计算出来的，但不方便讨论反应热问题）。

化学反应通常在恒容或恒压条件下进行，化学反应热效应分为恒容热效应与恒压热效应，即恒容反应热与恒压反应热。

1. 恒容反应热 Q_V

在恒温条件下，若体系发生化学反应是在容积恒定的容器中进行，且不做非体积功，则该

过程与环境之间交换的热量就是恒容反应热，量符号为 Q_V。

因为是恒容过程，所以 $\Delta V=0$，则过程的体积功 $-p\Delta V=0$；同时，因不做非体积功，故此过程的总功 $W=-p\Delta V=0$。根据热力学第一定律式(3-5)可得

$$Q_V=\Delta U \tag{3-6}$$

式(3-6)说明，恒容反应热 Q_V 在量值上等于体系状态变化的热力学能变。因此，虽然热力学能 U 的绝对值无法知道，但可通过测定体系状态变化的恒容反应热 Q_V 得到热力学能变 ΔU。

2. 恒压反应热 Q_p

在恒温条件下，若体系发生化学反应是在恒定压力下进行，且不做非体积功，则该过程与环境之间交换的热量就是恒压反应热，其量符号为 Q_p。

恒压过程 $p_{环}=p_2=p_1=p$，由热力学第一定律得

$$\Delta U=Q_p-p\Delta V \tag{3-7}$$

所以

$$\begin{aligned}Q_p&=\Delta U+p\Delta V\\&=(U_2-U_1)+p(V_2-V_1)\\&=(U_2+p_2V_2)-(U_1+p_1V_1)\end{aligned} \tag{3-8}$$

式(3-8)中 U、p、V 都是状态函数，其组合函数 $(U+pV)$ 也是状态函数。热力学中将 $(U+pV)$ 定义为焓，量符号为 H，单位为 J 或 kJ，即

$$H=U+pV \tag{3-9}$$

焓具有能量的量纲，但没有明确的物理意义。由于热力学能 U 的绝对值无法确定，所以新组合的状态函数焓 H 的绝对值也无法确定。但可通过式(3-8)求得 H 在体系状态变化过程中的变化值——焓变 ΔH，即

$$Q_p=H_2-H_1=\Delta H \tag{3-10}$$

式(3-10)有较明确的物理意义，即在恒温恒压只做体积功的封闭体系中，体系吸收的热量全部用于增加体系的焓。

恒温恒压只做体积功的过程中，$\Delta H>0$，表明体系是吸热的；$\Delta H<0$，表明体系是放热的。焓变 ΔH 在特定条件下等于 Q_p，并不意味着焓就是体系所含的热。热是体系在状态发生变化时与环境之间的能量交换形式之一，不能说体系在某状态下含多少热。若非恒温恒压过程，焓变 ΔH 仍有确定数值，但不能用 $\Delta H=Q_p$ 求算 ΔH。

将式(3-10)代入式(3-7)，得

$$\Delta U=\Delta H-p\Delta V \tag{3-11}$$

当反应物和生成物都为固态和液态时，反应的 $p\Delta V$ 值很小，可忽略不计，故 $\Delta H\approx\Delta U$。

对有气体参与的化学反应，$p\Delta V$ 值较大，假设为理想气体，则式(3-11)可转化为

$$\Delta H=\Delta U+\Delta n(\mathrm{g})RT \tag{3-12}$$

其中

$$\Delta n(\mathrm{g})=\xi\sum_{\mathrm{B}}\nu_{\mathrm{B(g)}} \tag{3-13}$$

式中：$\sum_{\mathrm{B}}\nu_{\mathrm{B(g)}}$ 为化学反应计量方程式中反应前后气体化学计量数之和(反应物 ν_{B} 取负值，生成物 ν_{B} 取正值)。

例 3-2 在 298.15K 和 100kPa 下，2mol H_2 完全燃烧放出 483.64kJ 的热量。假设均为理想气体，求该反应的 ΔH 和 ΔU。[反应为 $2H_2(g)+O_2(g)$══$2H_2O(g)$]

解 该反应在恒温恒压下进行，所以

$\Delta H=Q_p=-483.64\text{kJ}$

$$\Delta n(g)=\xi\sum_B \nu_{B(g)}=\frac{\Delta n_B}{\nu_B}\sum_B \nu_{B(g)}=\frac{-2}{-2}\times(2-2-1)=-1(\text{mol})$$

$\Delta U=\Delta H-\Delta n(g)RT=(-483.64)-(-1)\times 8.314\times 10^{-3}\times 298.15=-481.16(\text{kJ})$

显然，即使有气体参与的反应，$p\Delta V$｛即 $\Delta n(g)RT$｝与 ΔH 相比只是一个较小的值。因此，一般情况下可认为 ΔH 在数值上近似等于 ΔU，在缺少 ΔU 数据的情况下可用 ΔH 的近似数值。

3.2.2 热化学方程式

表示化学反应及其热效应关系的化学反应方程式称为热化学反应方程式。例如

$C(石墨)+O_2(g)$══$CO_2(g)$ $\Delta_r H_m^\ominus=-393.509\text{kJ}\cdot\text{mol}^{-1}$

$N_2(g)+3H_2(g)$══$2NH_3(g)$ $\Delta_r H_m^\ominus=-92.22\text{kJ}\cdot\text{mol}^{-1}$

$H_2(g)+1/2O_2(g)$══$H_2O(l)$ $\Delta_r H_m^\ominus=-285.830\text{kJ}\cdot\text{mol}^{-1}$

式中：$\Delta_r H_m^\ominus$ 表示在 298.15K、各气体分压均为标准压力 $p^\ominus$ 时，相应化学反应计量方程式的恒压热效应。大多数反应是在恒压下进行的，通常所讲的热效应，若未加注明，都是指恒压热效应。

由于反应热效应与许多因素有关，所以正确地书写热化学反应方程式必须注意以下几点：

(1) 正确写出化学反应计量方程式，必须是配平的反应方程式。因为反应热效应常指单位反应进度时反应所放出或吸收的热量，而反应进度与化学反应计量方程式有关。同一反应，以不同的化学计量方程式表示，其反应热效应的数值不同。

(2) 必须注明参与反应的物质 B 的聚集状态，不能省略，如气、液、固态分别以 g、l、s 表示。物质的聚集状态不同，其反应热将随之改变。当固体有多种晶形时，还应注明不同的晶形。溶液中的溶质则需注明浓度，以 aq 表示水溶液。

(3) 注明反应的温度和压力。因为反应的热效应随温度、压力的改变而有所不同，因此书写热化学反应方程式时必须标明反应温度和压力，通常温度或压力对化学反应的热效应影响较小。若温度和压力分别是 298.15K 和标准压力 $p^\ominus$ 时，则可以不注明。例如，$\Delta_r H_m^\ominus$ 就表明是 $\Delta_r H_m^\ominus(298.15\text{K},p^\ominus)$。

3.2.3 赫斯定律

1840 年，俄国化学家赫斯(G. H. Hess)从大量热化学实验数据中总结出一条规律：任一化学反应，不论是一步完成，还是分几步完成，其热效应都是相同的。这就是赫斯定律。赫斯定律也可以表述为：任何一个化学反应，在不做其他功和处于恒压或恒容的情况下，化学反应热效应仅与反应的始、终态有关，而与具体途径无关。

赫斯定律的热力学依据是 $Q_V=\Delta U$（体系不做非体积功的恒容途径）和 $Q_p=\Delta H$（体系不做非体积功的恒压途径）两个关系式。热虽然是一种途径函数，两关系式却表明 Q_V 与 Q_p 分别与状态函数增量相等。因此，它们的数值就只与体系的始、终态有关而与途径无关，即具有状态函数增量的性质。赫斯定律适用于任何状态函数。

赫斯定律表明，热化学反应方程式可以像普通代数方程式一样进行加减运算。利用一些

反应的热效应数据可以计算出另一些反应的热效应。尤其是不能直接准确测定或者根本不能直接测定的反应热效应，常可利用赫斯定律进行计算。

例如，C 与 O_2 化合生成 CO 的反应热无法直接测定（难以控制 C 只生成 CO 而不生成 CO_2），但是 C 与 O_2 化合生成 CO_2，以及 CO 和 O_2 化合生成 CO_2 的反应热效应是可以准确测定的，因而可利用赫斯定律计算生成 CO 的反应热效应。

例 3-3 已知：(1) $C(s)+O_2(g)=\!=\!=CO_2(g)$ ΔH_1

(2) $CO(g)+1/2O_2(g)=\!=\!=CO_2(g)$ ΔH_2

求：(3) $C(s)+1/2O_2(g)=\!=\!=CO(g)$ 的 ΔH_3。

解 在相同反应条件下进行的三个化学反应之间，存在着如图 3-2 所示的关系。按照反应箭头的方向，可选择$[C(s)+O_2(g)]$和 $CO_2(g)$分别作为反应的始态和终态，从始态到终态有两种不同的途径：Ⅰ和Ⅱ。按照状态函数的增量不随途径改变的性质，途径Ⅰ和Ⅱ的反应焓变应相等，即

$$\Delta H_1=\Delta H_2+\Delta H_3$$

所以

$$\Delta H_3=\Delta H_1-\Delta H_2$$

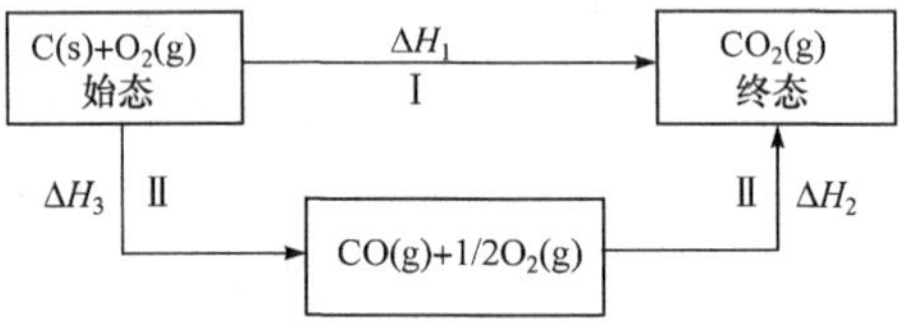

图 3-2 由 $C(s)+O_2(g)$变成 $CO_2(g)$的两种途径

3.2.4 反应焓变的计算

1. 物质的标准态

前面提到的热力学函数 U、H 及后面的 S、G 等均为状态函数，不同的体系或同一体系的不同状态有不同的数值。为了比较不同的体系或同一体系不同状态的这些热力学函数的变化，需要规定一个状态作为比较的标准，这就是热力学上的标准状态。热力学中规定：标准状态是在温度 T 及标准压力 $p^\ominus$（$p^\ominus=100kPa$）下的状态，简称标准态，用右上标"$\ominus$"表示。当体系处于标准态时，指体系中各物质均处于各自的标准态，对具体的物质而言，相应的标准态如下：

(1) 纯理想气体物质的标准态是气体处于标准压力 $p^\ominus$ 下的状态，混合理想气体中任一组分的标准态是该气体组分的分压为 $p^\ominus$ 时的状态（无机及分析化学中把气体均近似作理想气体）。

(2) 纯液体（或纯固体）物质的标准态是标准压力 $p^\ominus$ 下的纯液体（或纯固体）。

(3) 溶液中溶质的标准态是指标准压力 $p^\ominus$ 下溶质的浓度为 $c^\ominus$（$c^\ominus=1mol\cdot L^{-1}$）的溶液，严格地说是溶质的质量摩尔浓度为 $1mol\cdot kg^{-1}$的理想溶液。

必须注意，在标准态的规定中只规定了压力 $p^\ominus$，并没有规定温度。处于标准状态和不同温度下的体系的热力学函数有不同的值。一般的热力学函数值均为 298.15K（25℃）时的数值，若非 298.15K，必须特别指明。

2. 摩尔反应焓变 Δ_rH_m、标准摩尔反应焓变 $\Delta_rH_m^\ominus$ 及标准摩尔生成焓 $\Delta_fH_m^\ominus$

对于某化学反应，若反应进度为 ξ 时的反应焓变为 Δ_rH，则摩尔反应焓变 Δ_rH_m 为

$$\Delta_r H_m = \frac{\Delta_r H}{\xi} \tag{3-14}$$

式中：$\Delta_r H_m$的单位为 $J \cdot mol^{-1}$或 $kJ \cdot mol^{-1}$；下标“r”表示反应；下标“m”表示摩尔反应。因此，摩尔反应焓变 $\Delta_r H_m$为按所给定的化学反应计量方程式当反应进度 ξ 为单位反应进度时的反应焓变。

由于反应进度与具体化学反应计量方程式有关，因此计算一个化学反应的 $\Delta_r H_m$必须明确写出其化学反应计量方程式。

当化学反应处于温度 T 的标准状态时，该反应的摩尔反应焓变称为标准摩尔反应焓变，以 $\Delta_r H_m^{\ominus}(T)$ 表示，T 为反应的热力学温度。

为了得到单质或化合物的相对焓值，规定在温度 T 及标准态下，由指定的参考状态的单质生成单位物质的量的纯物质 B 时反应的焓变称为物质 B 在温度 T 时的标准摩尔生成焓，用 $\Delta_f H_m^{\ominus}(B,\beta,T)$表示，单位为 $kJ \cdot mol^{-1}$。符号中的下标“f”表示生成反应，括号中的“β”表示物质 B 的相态(如 g、l、s 等)。这里所谓的参考状态是指在温度 T 及标准态下单质的最稳定状态。同时，在书写反应方程式时，应使物质 B 为唯一生成物，且物质 B 的化学计量数 $\nu_B=1$。

例如，$H_2O(l)$的标准摩尔生成焓 $\Delta_f H_m^{\ominus}(H_2O,l)=-285.83kJ \cdot mol^{-1}$是下面反应的标准摩尔反应焓变：

$$H_2(g,298.15K,p^{\ominus})+1/2O_2(g,298.15K,p^{\ominus})=\!=\!=H_2O(l,298.15K,p^{\ominus})$$

$$\Delta_r H_m^{\ominus}=-285.83kJ \cdot mol^{-1}$$

根据标准摩尔生成焓的定义可知，指定的参考状态单质的标准摩尔生成焓等于零。因为从单质生成单质，体系根本没有发生反应，不存在反应热效应。当一种元素有两种或两种以上单质时，通常规定最稳定的单质为参考状态，其标准摩尔生成焓为零。例如，石墨和金刚石是碳的两种同素异形体，石墨是碳最稳定的单质，是 C 的参考状态；氢 $H_2(g)$，氮 $N_2(g)$，氧 $O_2(g)$，氯 $Cl_2(g)$，溴 $Br_2(l)$，硫 S(正交)，钠 Na(s)，铁 Fe(s)，磷 P(白磷)等是各相应单质的最稳定状态。

以 $CO_2(g)$在 298.15K 时的标准摩尔生成焓为例：

$$C(\text{石墨})+O_2(g)=\!=\!=CO_2(g) \qquad \Delta_f H_m^{\ominus}=-393.509kJ \cdot mol^{-1}$$

按定义，此生成反应的反应方程式的写法是唯一的，应从定义规定的生成产物 $CO_2(g)$的化学计量数必须为 1 反推稳定单质 C(石墨)和 $O_2(g)$的化学计量数。

对水溶液中进行的离子反应，常涉及水合离子标准摩尔生成焓。水合离子标准摩尔生成焓是指：在温度 T 及标准状态下由参考状态单质生成溶于大量水(形成无限稀薄溶液)的水合离子 B(aq)的标准摩尔反应焓变。量符号为 $\Delta_f H_m^{\ominus}(B,\infty,aq,T)$，单位为 $kJ \cdot mol^{-1}$。符号“∞”表示“在大量水中”或“无限稀薄水溶液中”，常常省略。同样，在书写反应方程式时，应使离子 B 为唯一生成物，且离子 B 的化学计量数 $\nu_B=1$，并规定水合氢离子的标准摩尔生成焓为零，即在 298.15K 标准状态时由单质 $H_2(g)$生成水合氢离子的标准摩尔反应焓变为零，即

$$1/2H_2(g)+aq=\!=\!=H^+(aq)+e^- \qquad \Delta_r H_m^{\ominus}=\Delta_f H_m^{\ominus}(H^+,\infty,aq,298.15K)=0kJ \cdot mol^{-1}$$

在 298.15K、100kPa 下，常见物质及水合离子的标准摩尔生成焓 $\Delta_f H_m^{\ominus}$ 数据见附录四。

3. 标准摩尔燃烧焓 $\Delta_c H_m^{\ominus}$

燃烧是一类重要的氧化还原反应。物质燃烧时往往放出大量的热。在温度 T 及标准态下 1mol 物质 B 完全燃烧时的标准摩尔反应焓变称为物质 B 的标准摩尔燃烧焓，简称燃烧焓，

用 $\Delta_c H_m^\ominus$ (B,相态,T)表示,单位为 $kJ \cdot mol^{-1}$。所谓完全燃烧(或完全氧化)是指物质 B 中的 C 变为 $CO_2(g)$,H 变为 $H_2O(l)$,S 变为 $SO_2(g)$,N 变为 $N_2(g)$,Cl 变为 HCl(aq)等。由于反应物已完全燃烧,所以反应后的产物显然不能燃烧。因此,标准摩尔燃烧焓的定义中隐含"完全燃烧反应中所有产物的标准摩尔燃烧焓为零"。由于有机化合物大多易燃、易氧化,标准摩尔燃烧焓在有机化学中应用较广。在计算化学反应焓变时,在缺少标准摩尔生成焓的数据时也可用标准摩尔燃烧焓进行计算。一些物质的标准摩尔燃烧焓见附录五。

例如,298.15K 下,甲醇 $CH_3OH(l)$ 的燃烧反应为

$$CH_3OH(l) + 3/2O_2(g) = CO_2(g) + 2H_2O(l)$$

$$\Delta_c H_m^\ominus (CH_3OH, l, 298.15K) = -726.64 kJ \cdot mol^{-1}$$

由标准摩尔燃烧焓的定义可得出:$\Delta_c H_m^\ominus (H_2O, l, 298.15K) = 0$,$\Delta_c H_m^\ominus (CO_2, g, 298.15K) = 0$。

有机化合物的标准摩尔燃烧焓具有重要意义,如石油、天然气及煤炭等的热值(燃烧热)是判断其质量好坏的一个重要指标,脂肪、蛋白质、糖、碳水化合物等的热值是评判其营养价值的重要指标。

4. 标准摩尔反应焓变 $\Delta_r H_m^\ominus$ 的计算

(1) 由热化学方程式的组合计算 $\Delta_r H_m^\ominus$。根据赫斯定律得出结论:多个化学反应计量式相加(或相减),所得化学反应计量式的 $\Delta_r H_m^\ominus (T)$ 等于原各化学反应计量式的 $\Delta_r H_m^\ominus (T)$ 之和(或之差)。

(2) 由标准摩尔生成焓计算 $\Delta_r H_m^\ominus$。在温度 T 及标准状态下,同一个化学反应的反应物和生成物存在如图 3-3 所示的关系,它们均可由等物质的量、同种类的参考状态单质生成。

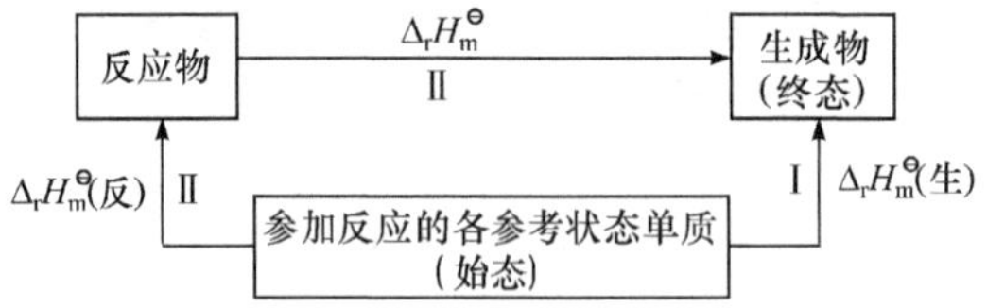

图 3-3　标准摩尔生成焓与标准摩尔反应焓变的关系

根据赫斯定律,若把参加反应的各参考状态单质定为始态,把反应的生成物定为终态,则途径Ⅰ和途径Ⅱ的反应焓变应相等,所以

$$\Delta_r H_m^\ominus + \Delta_r H_m^\ominus(\text{反}) = \Delta_r H_m^\ominus(\text{生})$$

即

$$\Delta_r H_m^\ominus + \sum_B (-\nu_B) \Delta_f H_m^\ominus(\text{反应物}) = \sum_B \nu_B \Delta_f H_m^\ominus(\text{生成物})$$

所以有

$$\Delta_r H_m^\ominus = -\sum_B (-\nu_B) \Delta_f H_m^\ominus(\text{反应物}) + \sum_B \nu_B \Delta_f H_m^\ominus(\text{生成物}) = \sum_B \nu_B \Delta_f H_m^\ominus(B)$$

因而,对于任一化学反应

$$0 = \sum_B \nu_B B$$

其标准摩尔反应焓变为

$$\Delta_r H_m^\ominus = \sum_B \nu_B \Delta_f H_m^\ominus(B) \tag{3-15}$$

例 3-4 计算下列反应的 $\Delta_r H_m^\ominus$

$$2Na_2O_2(s)+2H_2O(l)=\!=\!=4NaOH(s)+O_2(g)$$

解 查附录四得各物质的 $\Delta_f H_m^\ominus$ 如下：

	$Na_2O_2(s)$	$H_2O(l)$	$NaOH(s)$	$O_2(g)$
$\Delta_f H_m^\ominus/(kJ\cdot mol^{-1})$	−510.9	−285.83	−425.61	0

$$\Delta_r H_m^\ominus=\sum_B \nu_B \Delta_f H_m^\ominus(B)=[4\times(-425.61)+0]-[2\times(-510.9)+2\times(-285.83)]$$
$$=-109.0(kJ\cdot mol^{-1})$$

(3) 由标准摩尔燃烧焓计算 $\Delta_r H_m^\ominus$ 。有机化合物的生成热难以测定，而其燃烧热却比较容易通过实验测得，故经常用燃烧热计算这类化合物的反应热效应。运用与上面类似的方法可以推导出由反应物和生成物的标准摩尔燃烧焓计算标准摩尔反应焓变的公式：

$$\Delta_r H_m^\ominus=\sum_B(-\nu_B)\Delta_c H_m^\ominus(\text{反应物})-\sum_B(\nu_B)\Delta_c H_m^\ominus(\text{生成物})$$
$$=\sum_B(-\nu_B)\Delta_c H_m^\ominus(B) \tag{3-16}$$

注意式(3-15)与式(3-16)的差别，式(3-16)的计量数 ν_B 前有一负号，即标准摩尔反应焓变 $\Delta_r H_m^\ominus$ 为反应物的标准摩尔燃烧焓之和减去生成物的标准摩尔燃烧焓之和。

若体系的温度不是 298.15K，反应的焓变会有些改变，但一般变化不大，即反应的焓变基本不随温度而变，即

$$\Delta_r H_m^\ominus(T)\approx\Delta_r H_m^\ominus(298.15K) \tag{3-17}$$

例 3-5 甲烷在 298.15K、100kPa 下与 $O_2(g)$ 的燃烧反应如下，求甲烷的标准摩尔燃烧焓 $\Delta_c H_m^\ominus(CH_4,g)$。

$$CH_4(g)+2O_2(g)=\!=\!=CO_2(g)+2H_2O(l)$$

解 查附录得各物质的 $\Delta_f H_m^\ominus$ 如下：

	$CH_4(g)$	$O_2(g)$	$CO_2(g)$	$H_2O(l)$
$\Delta_f H_m^\ominus/(kJ\cdot mol^{-1})$	−74.81	0	−393.51	−285.83

由标准摩尔燃烧焓的定义，得

$$\Delta_c H_m^\ominus(CH_4,g)=\Delta_r H_m^\ominus=\sum_B \nu_B \Delta_f H_m^\ominus(B)$$
$$=\Delta_f H_m^\ominus(CO_2,g)+2\Delta_f H_m^\ominus(H_2O,l)-2\Delta_f H_m^\ominus(O_2,g)-\Delta_f H_m^\ominus(CH_4,g)$$
$$=(-393.51)+2\times(-285.83)-2\times0-(-74.81)=-890.36(kJ\cdot mol^{-1})$$

3.3 化学反应的方向

3.3.1 自发过程

在化学热力学的研究中，化学家常要考察物理变化和化学变化的方向性。然而，能量守恒对变化过程的方向并没有给出任何限制。自然界中任何宏观自动进行的变化过程都是具有方向性的。例如，水总是从高处流向低处，直至两处水位相等；热从高温物体传给低温物体，直至两者温度相等；电流总是从高电势流向低电势，直至电势差为零；铁在潮湿的空气中能被缓慢氧化变成铁锈等。这些不需要借助外力就能自动进行的过程称为自发过程，相应的化学反应称为自发反应。自发过程有如下特征：

(1) 自发过程不需要环境对体系做功就能自动进行，并借助一定的装置能对环境做功。

(2) 自发过程有一定的方向性，其逆过程是非自发的，两者都不能违反能量守恒定律。

(3) 有的自发过程开始时需要引发，一旦开始，自发过程将继续进行直达平衡，或者说自发过程的最大限度是体系的平衡态。

(4) 自发过程不受时间约束，与反应速率无关。

那么化学过程的自发性是由什么因素决定的呢？化学反应自发性的判据又是什么呢？热力学将帮助我们预测某一过程能否自发进行。

在 19 世纪 70 年代，法国化学家贝特洛(P. Berthelot)和丹麦化学家汤姆孙(J. Thomson)提出：自发的化学反应趋向于使体系释放出最多的热。即体系的焓减少($\Delta H<0$)，反应将能自发进行。这种以反应焓变作为判断反应方向的依据，简称焓判据。从能量的角度看，放热反应体系能量下降，放出的热量越多，体系能量降得越低，反应越完全。也就是说，体系有趋于最低能量状态的倾向，称为最低能量原理。例如

$$2Fe(s)+3/2O_2 \longrightarrow Fe_2O_3(s) \qquad \Delta_r H_m^\ominus=-824.2kJ\cdot mol^{-1}$$

$$H_2(g)+1/2O_2(g) \longrightarrow H_2O(l) \qquad \Delta_r H_m^\ominus=-285.83kJ\cdot mol^{-1}$$

$$HCl(g)+NH_3(g) \longrightarrow NH_4Cl(s) \qquad \Delta_r H_m^\ominus=-176.6kJ\cdot mol^{-1}$$

$$NO(g)+1/2O_2(g) \longrightarrow NO_2(g) \qquad \Delta_r H_m^\ominus=-57.07kJ\cdot mol^{-1}$$

上述放热反应均为自发反应。

贝特洛和汤姆所提出的最低能量原理是许多实验事实的概括，对多数放热反应，特别是在温度不高的情况下是完全实用的。然而，进一步的研究发现，不少吸热反应($\Delta H>0$)虽然使体系能量升高，也能自发进行。

例如，在 101.3kPa，大于 0℃时，冰能从环境吸收热量自动融化为水；碳酸钙在高温下吸收热量自发分解为氧化钙和二氧化碳；$NH_4Cl(s)$在水中能自发溶解，且是一个吸热过程……这些吸热反应($\Delta H>0$)在一定条件下均能自发进行，说明放热($\Delta H<0$)只是有助于反应自发进行的因素之一，而不是唯一因素。当温度升高时，另外一个因素将变得更为重要。在热力学中，决定反应自发性的另一个因素是状态函数熵。

3.3.2 混乱度和熵函数

1. 混乱度

在探寻自发变化判据的研究中，发现许多自发的吸热变化有混乱程度增加的趋向。如何将宏观的自发现象与体系的微观组成联系起来，确立一个新的物理量？例如，在冰的晶体中，H_2O 分子有规则地排列在冰的晶格结点上，也即 H_2O 分子的排列是有序的。当冰吸热融化时，液态水中 H_2O 分子运动较为自由，处于较为无序的状态，或者说较为混乱的状态。又如，$NH_4Cl(s)$的溶解，以及碳酸钙在高温下的分解等都有液相中的离子数或气相中分子数的增加，因而使体系的混乱度增大。体系这种从有序到无序的状态变化，其内部微观粒子排列的混乱程度增加了。体系内部微观粒子排列的混乱程度称为混乱度。人们发现，那些自发的吸热反应体系的混乱度都是增大的。自发过程与混乱度增大的内在联系这一客观规律在日常生活和工作中是随处可见的。因此，可以说体系趋向于取得最大的混乱度，体系混乱度增大有利于反应自发地进行。这一结论是生活经验和科学实验的总结。例如，下列自发反应

$$N_2O_5(s) \longrightarrow 2NO_2(g)+1/2O_2(g) \qquad \Delta_r H_m^\ominus=55.06kJ\cdot mol^{-1}$$

$$Ag_2CO_3(s) \xrightarrow{T>484.8K} Ag_2O(s)+CO_2(g) \qquad \Delta_r H_m^\ominus=81.24kJ\cdot mol^{-1}$$

显然，体系除了有趋于最低能量的趋势外，还有趋于最大混乱度的趋势，实际化学反应的自发性是这两种因素共同作用的结果。

2. 熵

如何定量地描述自发变化与混乱度之间的关系？为此，热力学上引入了一个新的状态函数熵，用以表征体系混乱度的大小，符号为 S，单位为 $J \cdot mol^{-1} \cdot K^{-1}$。若以 Ω 代表体系内部的微观状态数，则熵 S 与微观状态数 Ω 有如下关系：

$$S = k\ln\Omega \tag{3-18}$$

式中：k 为玻耳兹曼常量。由于在一定状态下，体系的微观状态数有确定值，所以熵也有定值，熵是状态函数。体系的混乱度越大，熵值就越大。

在 0K 时，体系内的一切热运动全部停止了，纯物质完美晶体的微观粒子排列是整齐有序的，其微观状态数 $\Omega=1$，此时体系的熵值 $S^*(B,0K)=0J \cdot mol^{-1} \cdot K^{-1}$，这就是热力学第三定律。其中"*"表示完美晶体。以此为基准，可以确定其他温度下物质的熵值。即以 $S^*(0K)=0J \cdot mol^{-1} \cdot K^{-1}$ 为始态，以温度为 T 时的指定状态 $S(B,T)$ 为终态，所算出的反应进度为 1mol 的物质 B 的熵变 $\Delta_r S_m(B)$ 即为物质 B 在该指定状态下的摩尔规定熵 $S_m(B,T)$（物质 B 的化学计量数 $\nu_B=1$）：

$$\Delta_r S_m(B) = S_m(B,T) - S_m^*(B,0K) = S_m(B,T)$$

3. 标准摩尔熵 $S_m^{\ominus}(B,T)$

在标准状态下物质 B 的摩尔规定熵称为标准摩尔熵，用 $S_m^{\ominus}(B,T)$ 表示，298.15K 时可简写为 $S_m^{\ominus}(B)$，单位为 $J \cdot mol^{-1} \cdot K^{-1}$。注意，在 298.15K 及标准状态下，参考状态的单质其标准摩尔熵 $S_m^{\ominus}(B)$ 并不等于零，这与标准状态时参考状态的单质其标准摩尔生成焓 $\Delta_f H_m^{\ominus}(B)=0kJ \cdot mol^{-1}$ 不同。

水合离子的标准摩尔熵是以 $S_m^{\ominus}(H^+,298.15K,aq)=0J \cdot mol^{-1} \cdot K^{-1}$ 为基准而求得的相对值，但是这并不影响化学反应熵变的计算结果。一些物质在 298.15K 的标准摩尔熵和一些常见水合离子的标准摩尔熵见附录四。

通过对熵的定义和物质标准摩尔熵值 $S_m^{\ominus}(B,T)$ 的分析，可得如下规律：

(1) 物质的熵值与体系的温度、压力有关。一般温度升高，熵值增大；压力增大，熵值减小（压力对液体和固体的熵值影响较小）。

(2) 熵与物质的聚集状态有关。同一种物质的熵值有 $S^{\ominus}(B,g,T) > S^{\ominus}(B,l,T) > S^{\ominus}(B,s,T)$。例如，$S_m^{\ominus}(H_2O,g,298K)=188.83J \cdot mol^{-1} \cdot K^{-1}$，$S_m^{\ominus}(H_2O,l,298K)=69.91J \cdot mol^{-1} \cdot K^{-1}$，$S_m^{\ominus}(H_2O,s,298K)=39.33J \cdot mol^{-1} \cdot K^{-1}$。

(3) 相同状态下，分子结构相似的物质，随相对分子质量的增大，熵值增大。例如，$S_m^{\ominus}(HF,g,298K)=173.8J \cdot mol^{-1} \cdot K^{-1}$，$S_m^{\ominus}(HCl,g,298K)=186.9J \cdot mol^{-1} \cdot K^{-1}$，$S_m^{\ominus}(HBr,g,298K)=198.7J \cdot mol^{-1} \cdot K^{-1}$，$S_m^{\ominus}(HI,g,298K)=206.6J \cdot mol^{-1} \cdot K^{-1}$。当物质的相对分子质量相近时，结构复杂的分子其熵值大于简单分子。例如，$S_m^{\ominus}(CH_3CH_2OH,g,298K)=282.7J \cdot mol^{-1} \cdot K^{-1}$，$S_m^{\ominus}(CH_3OCH_3,g,298K)=266.5J \cdot mol^{-1} \cdot K^{-1}$。

(4) 混合物或溶液的熵值往往比相应的纯物质的熵值大。

(5) 化学反应中，若物质种类增多，分子数增多，则体系的熵值增大。

4. 标准摩尔反应熵变 $\Delta_r S_m^{\ominus}(T)$

因熵是状态函数，故某过程的熵变只与体系的始态和终态有关，而与途径无关。正如同化学反应的焓变计算一样，赫斯定律同样适用于反应熵变的计算。利用标准摩尔熵的数据，标准摩尔反应熵变 $\Delta_r S_m^\ominus(T)$ 的计算与标准摩尔反应焓变 $\Delta_r H_m^\ominus(T)$ 的计算类似。对任一反应

$$0=\sum_B \nu_B B$$

其标准摩尔反应熵变为

$$\Delta_r S_m^\ominus=\sum_B \nu_B S_m^\ominus(B) \tag{3-19}$$

应当指出，虽然物质的标准摩尔熵随温度的升高而增大，但只要温度升高时没有引起物质聚集状态的变化，则每个生成物的标准摩尔熵乘以其化学计量数所得的总和随温度的升高而引起的增大，与每个反应物的标准摩尔熵乘以其化学计量数所得的总和随温度的升高而引起的增大通常相差不是很大。所以，反应的 $\Delta_r S_m^\ominus$ 与 $\Delta_r H_m^\ominus$ 相似，通常在近似计算中可忽略温度的影响，认为反应的熵变基本不随温度而变化，即

$$\Delta_r S_m^\ominus(T)\approx\Delta_r S_m^\ominus(298.15\text{K}) \tag{3-20}$$

例 3-6 试计算石灰石($CaCO_3$)热分解反应的 $\Delta_r S_m^\ominus(298.15\text{K})$ 和 $\Delta_r H_m^\ominus(298.15\text{K})$，并初步分析该反应的自发性。

解 写出化学反应方程式，从附录查出反应物和生成物的 $\Delta_f H_m^\ominus(298.15\text{K})$ 和 $S_m^\ominus(298.15\text{K})$ 的值。

	$CaCO_3(s)$	$=\!=\!=$	$CaO(s)$ +	$CO_2(g)$
$\Delta_f H_m^\ominus(298.15\text{K})/(\text{kJ}\cdot\text{mol}^{-1})$	−1206.92		−635.09	−393.509
$S_m^\ominus(298.15\text{K})/(\text{J}\cdot\text{mol}^{-1}\cdot\text{K}^{-1})$	92.9		39.75	213.74

根据式(3-15)得

$$\Delta_r H_m^\ominus=\sum_B \nu_B \Delta_f H_m^\ominus(B)=[(-635.09)+(-393.509)]-(-1206.92)=178.32(\text{kJ}\cdot\text{mol}^{-1})$$

根据式(3-19)得

$$\Delta_r S_m^\ominus=\sum_B \nu_B S_m^\ominus(B)=(39.75+213.74)-92.9=160.6(\text{J}\cdot\text{mol}^{-1}\cdot\text{K}^{-1})$$

反应的 $\Delta_r H_m^\ominus(298.15\text{K})$ 为正值，表明此反应是吸热反应。从体系倾向于取得最低的能量这一因素来看，吸热不利于反应自发进行。但反应的 $\Delta_r S_m^\ominus(298.15\text{K})$ 为正值，表明反应过程中体系的熵值增大。从体系倾向于取得最大的混乱度这一因素来看，熵值增大，有利于反应自发进行。因此，该反应的自发性究竟如何还需要进一步探讨。

3.3.3 热力学第二定律

热力学第二定律指出了宏观过程进行的条件和方向。同热力学第一定律一样，它也是大量经验事实的总结。至今没有发现违反第二定律的事实，因此被普遍接受，并得到了广泛应用。热力学第二定律有多种表述形式，其统计表达为：在孤立体系中发生的自发进行的反应必然伴随着熵的增加，或孤立体系的熵值总是趋向于极大值。这就是孤立体系中自发过程的热力学准则，称为熵增原理。可表示如下：

ΔS(孤立)>0　　自发过程

ΔS(孤立)$=0$　　平衡状态

ΔS(孤立)<0　　非自发过程

使孤立体系熵值增大的过程是自发进行的。但真正的孤立体系是不存在的，我们可以把体系和环境一起作为一个新的孤立体系考虑，熵增原理仍然适用，这样熵判据可改写为

ΔS(体系)+ΔS(环境)>0　自发过程

ΔS(体系)+ΔS(环境)=0　平衡状态

ΔS(体系)+ΔS(环境)<0　非自发过程

但用熵判据时,因环境很大,要测量或计算环境在变化过程中的熵变值是非常困难的,这就为应用熵判据带来很大的局限性。为此人们又寻找新的化学反应自发进行的判据。

3.3.4　吉布斯自由能及其应用

1. 吉布斯自由能和吉布斯自由能变

从以上讨论如何判断化学反应自发进行的方向来看,要考虑体系趋于最低能量和最大混乱度两个因素,即综合考虑反应的焓变 $\Delta_r H$ 和熵变 $\Delta_r S$ 两个因素。1878 年,美国物理化学家吉布斯(G. W. Gibbs)首先提出一个把焓和熵归并在一起的热力学函数——吉布斯自由能,并定义

$$G = H - TS \tag{3-21}$$

式中:吉布斯自由能 G 是状态函数 H、T 和 S 的组合,也是状态函数。吉布斯自由能也称吉布斯函数,单位为 kJ。

由于焓的绝对值无法确定,因而吉布斯自由能 G 的绝对值也无法确定,但体系在状态变化中,状态函数 G 的改变值 ΔG 可以确定,ΔG 称为吉布斯自由能变。在恒温恒压不做非体积功的状态变化过程中,吉布斯自由能变

$$\Delta G = G_2 - G_1 = \Delta H - T\Delta S \tag{3-22}$$

或写成

$$\Delta_r G_m = \Delta_r H_m - T\Delta_r S_m \tag{3-23}$$

式(3-23)称为吉布斯等温方程,是化学上最重要和最有用的方程之一。

2. 反应自发性的判断

根据化学热力学的推导可以得到,对于恒温恒压不做非体积功的一般反应,其自发性的判断标准(称为最小自由能原理)为:

$\Delta G<0$　自发过程,过程能向正方向进行

$\Delta G=0$　体系处于平衡状态

$\Delta G>0$　非自发过程,过程能向逆方向进行

从式(3-22)可以看出,ΔG 的值取决于 ΔH、ΔS 和 T,按 ΔH、ΔS 的符号及温度 T 对化学反应 ΔG 的影响,可归纳为表 3-1 的四种情况。必须指出,表 3-1 中的低温、高温仅相对而言,对反应应具体计算温度。

表 3-1　ΔH、ΔS、T 对 ΔG 的影响

类型	ΔH	ΔS	ΔG	反应情况
1	−	+	−	任何温度下反应均自发,如 $1/2H_2(g)+1/2F_2(g)$══$HF(g)$ $\Delta_r H_m^\ominus=-269kJ\cdot mol^{-1}$,$\Delta_r S_m^\ominus=+6.7J\cdot mol^{-1}\cdot K^{-1}$
2	+	−	+	任何温度下反应均非自发,如 $CO(g)$══$C(s)+1/2O_2(g)$ $\Delta_r H_m^\ominus=+110.5kJ\cdot mol^{-1}$,$\Delta_r S_m^\ominus=-89.7J\cdot mol^{-1}\cdot K^{-1}$

续表

类型	ΔH	ΔS	ΔG	反应情况
3	+	+	低温+ 高温−	低温非自发，高温自发，如 $CaCO_3(s) = CaO(s) + CO_2(g)$ $\Delta_r H_m^\ominus = +177.8kJ \cdot mol^{-1}$，$\Delta_r S_m^\ominus = +160.7J \cdot mol^{-1} \cdot K^{-1}$
4	−	−	低温− 高温+	低温自发，高温非自发，如 $HCl(g) + NH_3(g) = NH_4Cl(s)$ $\Delta_r H_m^\ominus = -176.9kJ \cdot mol^{-1}$，$\Delta_r S_m^\ominus = -284.6J \cdot mol^{-1} \cdot K^{-1}$

3. 标准摩尔生成吉布斯自由能与标准摩尔反应吉布斯自由能变

与标准摩尔生成焓 $\Delta_f H_m^\ominus$ 的定义类似，在温度 T 及标准态下，由参考状态的单质生成物质 B 的反应，其反应进度为 1mol 时的标准摩尔反应吉布斯自由能变 $\Delta_r G_m^\ominus$，即为物质 B 在温度 T 时的标准摩尔生成吉布斯自由能，用 $\Delta_f G_m^\ominus(B,\beta,T)$ 表示，单位为 $kJ \cdot mol^{-1}$。同样，在书写生成反应方程式时，物质 B 应为唯一生成物，且物质 B 的化学计量数 $\nu_B = 1$。

显然，根据物质 B 的标准摩尔生成吉布斯自由能 $\Delta_f G_m^\ominus(B,\beta,T)$ 的定义，在标准态下所有参考状态的单质其标准摩尔生成吉布斯自由能 $\Delta_f G_m^\ominus(B, 298.15K) = 0kJ \cdot mol^{-1}$。

同样，水合离子的标准摩尔生成吉布斯自由能 $\Delta_f G_m^\ominus(B, aq)$ 的定义，也是以水合氢离子的 $\Delta_f G_m^\ominus(H^+, aq, 298.15K)$ 等于零为基准而求得的相对值。常见物质的标准摩尔生成吉布斯自由能和一些常见水合离子的标准摩尔生成吉布斯自由能见附录四。

对任一化学反应

$$0 = \sum_B \nu_B B$$

其 $\Delta_r G_m^\ominus$ 可由物质 B 的 $\Delta_f G_m^\ominus(B, 298.15K)$ 计算：

$$\Delta_r G_m^\ominus = \sum_B \nu_B \Delta_f G_m^\ominus(B) \tag{3-24}$$

也可以从吉布斯自由能的定义计算：

$$\Delta_r G_m^\ominus(T) = \Delta_r H_m^\ominus(T) - T\Delta_r S_m^\ominus(T) \tag{3-25}$$

如

$$\Delta_r G_m^\ominus(298.15K) = \Delta_r H_m^\ominus(298.15K) - 298.15 \times \Delta_r S_m^\ominus(298.15K)$$

案例 3-1 自然界中可以观察到很多能够自发进行的变化或反应，如热量能自动从高温物体传给低温物体，直到二者温度相等；向一杯水中滴入几滴蓝墨水，蓝墨水会自发地逐渐扩散到整杯水中，逆向过程不能自发地进行；开口瓶中的氨气会扩散到整个室内与空气混合，这个过程是自发的，逆向不能自发进行；在潮湿的空气中铁会生锈。对于葡萄糖在体外的氧化反应

$$C_6H_{12}O_6(s) + 6O_2(g) \xrightarrow{?} 6CO_2(g) + 6H_2O(l)$$

该反应能自动向哪个方向进行？反应过程中的能量如何变化？

问题：(1) 在一定条件下如何判断化学反应能否自发进行？

(2) 若反应能够发生，它能完全进行到底吗？或反应能进行到怎样的程度？反应过程是吸热还是放热？1mol 葡萄糖完全氧化为 $CO_2(g)$和 $H_2O(l)$有多少能量变化？

(3) 改变温度、压力等外界条件，对化学反应会产生什么影响？

4. ΔG 与温度的关系

由标准摩尔生成吉布斯自由能 $\Delta_f G_m^\ominus$ 数据计算得到的标准摩尔吉布斯自由能变 $\Delta_r G_m^\ominus$，

可用来判断反应在标准态下能否自发进行。但能查到的标准摩尔生成吉布斯自由能一般都是 298.15K 时的数据，那么在其他温度时吉布斯自由能变怎样计算？为此需要了解温度对 ΔG 的影响。

必须指出，随着温度的升高，状态函数 H、S 和 G 都将发生变化。但在大多数情况下，当反应确定后，因温度改变而引起生成物所增加的焓、熵值与反应物所增加的焓、熵值相差不大，因此化学反应的焓变与熵变受温度的影响并不明显，即 $\Delta_r H_m^\ominus(T) \approx \Delta_r H_m^\ominus(298.15K)$，$\Delta_r S_m^\ominus(T) \approx \Delta_r S_m^\ominus(298.15K)$，根据式(3-25)可得吉布斯等温方程近似公式：

$$\Delta_r G_m^\ominus(T) \approx \Delta_r H_m^\ominus(298.15K) - T \times \Delta_r S_m^\ominus(298.15K) \tag{3-26}$$

由吉布斯等温方程近似公式(3-26)可得出下式，近似求转变温度 T_c：

$$T_c \approx \frac{\Delta_r H_m^\ominus(298.15K)}{\Delta_r S_m^\ominus(298.15K)} \tag{3-27}$$

应用式(3-26)和式(3-27)进行相关计算时，应注意 $\Delta_r H_m^\ominus$ 与 $\Delta_r S_m^\ominus$ 的单位换算。

例 3-7　试计算石灰石($CaCO_3$)热分解反应的 $\Delta_r G_m^\ominus(298.15K)$、$\Delta_r G_m^\ominus(1273K)$ 及转变温度 T_c，并分析该反应在标准态时的自发性。

解　写出化学反应方程式，从附录中查出各物质的 $\Delta_f G_m^\ominus(298.15K)$ 值，并写在相关化学式下面，即

	$CaCO_3(s)$ ══	$CaO(s)$ +	$CO_2(g)$
$\Delta_f G_m^\ominus(298.15K)/(kJ \cdot mol^{-1})$	−1128.79	−604.03	−394.359

(1) $\Delta_r G_m^\ominus(298.15K)$ 的计算。

方法Ⅰ：利用 $\Delta_f G_m^\ominus(298.15K)$ 的数据计算

$$\Delta_r G_m^\ominus(298.15K) = \sum_B \nu_B \Delta_f G_m^\ominus(298.15K)$$
$$= [(-604.03) + (-394.359)] - (-1128.79) = 130.40(kJ \cdot mol^{-1})$$

方法Ⅱ：利用 $\Delta_f H_m^\ominus(298.15K)$ 和 $S_m^\ominus(298.15K)$ 的数据计算。由例 3-6 的结果有

$$\Delta_r G_m^\ominus(298.15K) = \Delta_r H_m^\ominus(298.15K) - 298.15 \times \Delta_r S_m^\ominus(298.15K)$$
$$= 178.32 - 298.15 \times 160.6 \times 10^{-3} = 130.44(kJ \cdot mol^{-1})$$

(2) $\Delta_r G_m^\ominus(1273K)$ 的计算。

$$\Delta_r G_m^\ominus(1273K) \approx \Delta_r H_m^\ominus(298.15K) - 1273 \times \Delta_r S_m^\ominus(298.15K)$$
$$\approx 178.32 - 1273 \times 160.6 \times 10^{-3} = -26.11(kJ \cdot mol^{-1})$$

(3) 反应自发性的分析和 T_c 的估算。

在 298.15K 的标准态时，因 $\Delta_r G_m^\ominus(298.15K) > 0$，所以石灰石热分解反应非自发。

在 1273K 的标准态时，因 $\Delta_r G_m^\ominus(1273K) < 0$，所以石灰石热分解反应能自发进行。

石灰石分解反应属低温非自发、高温自发的吸热熵增反应，在标准态时自发分解的最低温度即转变温度可按式(3-27)求得：

$$T_c \approx \frac{\Delta_r H_m^\ominus}{\Delta_r S_m^\ominus} = \frac{178.32 \times 10^3}{160.6} = 1110(K)$$

必须指出，对恒温恒压下的化学反应，$\Delta_r G_m^\ominus$ 只能判断处于标准状态时的反应方向。若反应处于任意状态时，不能用 $\Delta_r G_m^\ominus$ 来判断，必须计算 $\Delta_r G_m$ 才能判断反应方向，这将在第 4 章中讨论。

案例 3-2　随着汽车数量的激增，汽车尾气的毒性引起了世界性的关注。当汽车行驶时，所排放的气体中有害成分有一氧化碳、碳氢化物、氮氧化物、硫氧化物、颗粒物等，它们是引起光化学烟雾的主要成分。CO 对人体的危害是因为它能与血液中携带氧的血红蛋白(Hb)形成稳定的配合物 COHb。CO 与血红蛋白的亲和力为氧的 230～270 倍，COHb 配合物一旦形成，就使血红蛋白丧失了输送氧的能力，导致组织低氧症。若血液中 50%的血红蛋白与 CO 结合可引起心肌坏死。

NO和血红蛋白的亲和力比CO大几百倍，与血红素结合而引起中毒。如果能让NO和CO在排放到大气前就反应生成N_2和CO_2，就可以大大降低对环境的污染。

问题：(1) 该反应能发生吗？

(2) 若能自发进行，反应进行的程度如何？会有多少NO和CO转化为N_2和CO_2？

(3) 我们知道每个化学反应发生时都会伴随吸收和放出热量的现象，那么反应过程中能量是如何变化的？

(4) 这个反应能自发进行，为什么没有看到反应发生？如果发生了是否就不用治理尾气了？这个反应进行得快还是慢？

习　题

1. 判断题。

(1) 稳定单质的 $\Delta_f G_m^\ominus$、$\Delta_f H_m^\ominus$ 和 $S_m^\ominus$ 均为零。

(2) 热力学温度为零时，所有元素的熵为零。

(3) 因为 $\Delta H = Q_p$，$\Delta U = Q_V$，所以 Q_p、Q_V 均是状态函数。

(4) 碳酸钙受热分解是 $\Delta_r S_m^\ominus > 0$ 的反应。

(5) 标准状态下，任何温度下均可自发进行的反应，必定是 $\Delta_r H_m^\ominus < 0$，$\Delta_r S_m^\ominus > 0$。

(6) “非自发反应”就是指“不可能”实现的反应。

(7) 热力学能是指储存一个物体或系统的原子或分子结构内的能量(如动能、键能、晶格能、表面能等)。

(8) 热力学标准状态是指温度为25℃和压力为100kPa的状态。

2. 选择题。

(1) 一瓶盛有 N_2 和 H_2 的混合气体，当选择 H_2 作为体系时，则环境为(　　)。

A. N_2、瓶子及瓶外其他物质　　B. 瓶子及瓶外其他物质

C. N_2 和瓶子　　D. N_2

(2) H_2 和 O_2 在绝热钢瓶中生成水，则(　　)。

A. $\Delta H = 0$　　B. $\Delta U = 0$　　C. $\Delta S = 0$　　D. $\Delta G = 0$

(3) 封闭体系的热力学能变化 $\Delta U_{体系}$ 和环境的热力学能变化 $\Delta U_{环境}$ 之间的关系为(　　)。

A. $|\Delta U_{体系}| = |\Delta U_{环境}|$　　B. $|\Delta U_{体系}| > |\Delta U_{环境}|$

C. $|\Delta U_{体系}| < |\Delta U_{环境}|$　　D. $\Delta U_{体系} = \Delta U_{环境}$

(4) 孤立体系中，下列说法正确的是(　　)。

A. $\Delta U = W_{体系} > 0$　　B. $\Delta U = W_{环境} > 0$　　C. $\Delta U = W_{体系}$　　D. $\Delta U = 0$

(5) 体系不做非体积功的恒压过程，吸收的热 Q_p 与体系焓变关系为(　　)。

A. $Q_p > \Delta H$　　B. $Q_p < \Delta H$　　C. $Q_p = \Delta H$　　D. $Q_p = \Delta U$

(6) 一个体系倾向于取得最大的混乱度，因为(　　)。

A. 变为混乱状态的途径多　　B. 变为有序状态的途径多

C. 变为混乱状态的途径少　　D. 变为有序状态必放热

(7) 相变 $H_2O(s) \longrightarrow H_2O(g)$ 的 ΔH 和 ΔS 为(　　)。

A. ΔH 为正，ΔS 为负　　B. ΔH 为负，ΔS 为正

C. 均为正值　　D. 均为负值

(8) 不受温度影响的放热自发反应的条件是(　　)。

A. 任何条件下　　B. 熵增过程　　C. 熵减过程　　D. 高温下

(9) 相同条件下，由相同反应物变为相同的产物，反应由两步完成与一步完成相比(　　)。

A. 放出热量多　　B. 热力学能增加

C. 熵增加　　　　D. 焓、熵、热力学能变化相等

(10) 标准状态下，下列反应熵值增加的是(　　)。

A. $2NH_4NO_3(s) = 2N_2(g) + 4H_2O(g) + O_2(g)$

B. $CO(g) + H_2O(g) = CO_2(g) + H_2(g)$

C. $3O_2(g) = 2O_3(g)$

D. $2NO(g) + O_2(g) = 2NO_2(g)$

(11) 已知 $H_2O(l)$ 的 $\Delta_f G_m^\ominus = -237.19kJ \cdot mol^{-1}$，水的分解反应 $2H_2O(l) = 2H_2(g) + O_2(g)$，在标准状态下，该反应的吉布斯自由能变是(　　)$kJ \cdot mol^{-1}$。

A. -237.19　　B. 237.19　　C. -474.38　　D. 474.38

(12) 反应 $B \longrightarrow A$ 和 $B \longrightarrow C$ 的热效应分别为 ΔH_1 和 ΔH_2，则反应 $A \longrightarrow C$ 的热效应 ΔH 应是(　　)。

A. $\Delta H_1 + \Delta H_2$　　B. $\Delta H_1 - \Delta H_2$　　C. $\Delta H_2 - \Delta H_1$　　D. $2\Delta H_1 - \Delta H_2$

(13) 赫斯定律认为化学反应的热效应与过程无关，这种说法之所以正确是因为反应处在(　　)。

A. 可逆条件下进行　　B. 恒压无其他功条件下进行

C. 恒容无其他功条件下进行　　D. 上述中 B、C 都对

(14) 下列物质中，最稳定的单质是(　)。

A. C(金刚石)　　B. $Br_2(l)$　　C. S(l)　　D. Hg(s)

3. 下列说法是否正确，请解释。

(1) 放热化学反应都能自动进行。

(2) 自动过程的熵值都会增加。

(3) 化学反应自发进行的条件是吉布斯自由能变($\Delta_r G_m$)小于零。

(4) 稳定单质的 $\Delta_f H_m^\ominus = 0$，$\Delta_f G_m^\ominus = 0$，所以其规定熵 $S_m^\ominus = 0$。

(5) 化学反应时，若产物分子数比反应物多，则反应的 $\Delta_r S_m^\ominus$ 一定为正值。

4. 某体系由状态 1 沿途径 A 变到状态 2 时从环境吸热 314.0J，同时对环境做功 117.0J。当体系由状态 2 沿另一途径 B 变到状态 1 时体系对环境做功 44.0J，此时体系吸收热量为多少？

5. 298K 时，在一定容器中，将 0.5g 苯 $C_6H_6(l)$ 完全燃烧生成 $CO_2(g)$ 和 $H_2O(l)$，放热 20.9kJ。试求 1mol 苯燃烧过程的 $\Delta_r U_m$ 和 $\Delta_r H_m$ 值。

6. 已知下列热化学反应：

$Fe_2O_3(s) + 3CO(g) = 2Fe(s) + 3CO_2(g)$　　$\Delta_r H_m^\ominus = -27.61kJ \cdot mol^{-1}$

$3Fe_2O_3(s) + CO(g) = 2Fe_3O_4(s) + CO_2(g)$　　$\Delta_r H_m^\ominus = -58.58kJ \cdot mol^{-1}$

$Fe_3O_4(s) + CO(g) = 3FeO(s) + CO_2(g)$　　$\Delta_r H_m^\ominus = +38.07kJ \cdot mol^{-1}$

则反应 $FeO(s) + CO(g) = Fe(s) + CO_2(g)$ 的 $\Delta_r H_m^\ominus$ 为多少？

7. 已知下列化学反应的反应热，求乙炔(C_2H_2，g)的生成热 $\Delta_f H_m^\ominus$。

(1) $C_2H_2(g) + 5/2O_2(g) = 2CO_2(g) + H_2O(g)$　　$\Delta_r H_m^\ominus = -1246.2kJ \cdot mol^{-1}$

(2) $C(s) + 2H_2O(g) = CO_2(g) + 2H_2(g)$　　$\Delta_r H_m^\ominus = 90.9kJ \cdot mol^{-1}$

(3) $2H_2O(g) = 2H_2(g) + O_2(g)$　　$\Delta_r H_m^\ominus = 483.6kJ \cdot mol^{-1}$

8. 利用附录的数据，计算下列反应的 $\Delta_r H_m^\ominus$。

(1) $Fe_3O_4(s) + 4H_2(g) = 3Fe(s) + 4H_2O(g)$

(2) $2NaOH(s) + CO_2(g) = Na_2CO_3(s) + H_2O(l)$

(3) $4NH_3(g) + 5O_2(g) = 4NO(g) + 6H_2O(g)$

(4) $CH_3COOH(l) + 2O_2(g) = 2CO_2(g) + 2H_2O(l)$

(5) $Fe(s) + Cu^{2+}(aq) = Fe^{2+}(aq) + Cu(s)$

(6) $AgCl(s)+Br^-(aq)$══$AgBr(s)+Cl^-(aq)$

9. 计算下列反应在 298.15K 时的 $\Delta_r H_m^\ominus$ 、$\Delta_r S_m^\ominus$ 和 $\Delta_r G_m^\ominus$,并判断哪些反应能自发向右进行。

(1) $2CO(g)+O_2(g)$══$2CO_2(g)$

(2) $4NH_3(g)+5O_2(g)$══$4NO(g)+6H_2O(g)$

(3) $Fe_2O_3(s)+3CO(g)$══$2Fe(s)+3CO_2(g)$

10. 通常制高纯镍的方法是将粗镍在 323K 与 CO 反应,生成的 $Ni(CO)_4$ 经提纯后在约 473K 分解得到纯镍

$$Ni(s)+4CO(g)\underset{473K}{\overset{323K}{\rightleftharpoons}}Ni(CO)_4(l)$$

已知反应的 $\Delta_r H_m^\ominus=-161kJ\cdot mol^{-1}$,$\Delta_r S_m^\ominus=-420J\cdot mol^{-1}\cdot K^{-1}$。试由热力学数据分析讨论该方法提纯镍的合理性。

11. 在 298K 及 $p^\ominus$ 下,C(金刚石)和 C(石墨)的 $S_m^\ominus$ 分别为 2.38 和 5.74$J\cdot mol^{-1}\cdot K^{-1}$,其 $\Delta_c H_m^\ominus$ 值依次为−395.4 和−393.51$kJ\cdot mol^{-1}$,求:

(1) 在 298K 及 $p^\ominus$ 下,石墨⟶金刚石的 $\Delta_r G_m^\ominus$ 值。

(2) 通过计算说明哪一种晶形较稳定。

12. 定性分析下列反应进行的温度条件。

(1) $2N_2(g)+O_2(g)\longrightarrow 2N_2O(g)$　　$\Delta_r H_m^\ominus=+163kJ\cdot mol^{-1}$

(2) $Ag(s)+0.5Cl_2(g)\longrightarrow AgCl(s)$　　$\Delta_r H_m^\ominus=-127kJ\cdot mol^{-1}$

(3) $HgO(s)\longrightarrow Hg(l)+0.5O_2(g)$　　$\Delta_r H_m^\ominus=+91kJ\cdot mol^{-1}$

(4) $H_2O_2(l)\longrightarrow H_2O(l)+0.5O_2(g)$　　$\Delta_r H_m^\ominus=-98kJ\cdot mol^{-1}$

13. 求反应 $CO(g)+NO(g)\longrightarrow CO_2(g)+0.5N_2(g)$ 的 $\Delta_r H_m^\ominus$ 和 $\Delta_r S_m^\ominus$,并用这些数据讨论利用该反应净化汽车尾气中 NO 和 CO 的可能性。

14. 利用热力学数据计算 298K 时反应:$MgCO_3(s)$══$MgO(s)+CO_2(g)$的 $\Delta_r H_m^\ominus$ 和 $\Delta_r S_m^\ominus$ 值,并判断上述反应在 298K 时能否自发进行。求出该反应自发进行的最低温度。

15. 碘钨灯泡是用石英(SiO_2)制作的。试用热力学数据论证:用玻璃取代石英的设想是不能实现的(灯泡内局部高温可达 623K,玻璃主要成分之一是 Na_2O,它能与碘蒸气发生反应生成 NaI)。

物质	$Na_2O(s)$	$I_2(g)$	$NaI(g)$	$O_2(g)$
$\Delta_f H_m^\ominus/(kJ\cdot mol^{-1})$	−414.22	62.44	−287.78	0
$S_m^\ominus/(J\cdot mol^{-1}\cdot K^{-1})$	75.06	260.58	98.53	205.03

16. 糖在人体的新陈代谢过程中发生如下反应:$C_{12}H_{22}O_{11}(s)+12O_2(g)$══$12CO_2(g)+11H_2O(l)$,根据热力学数据计算 $\Delta_r G_m^\ominus$(310K),若只有 30%自由能转化为有用功,则一食匙(约 3.8g)糖在体温 37℃时进行新陈代谢,可以得到多少有用功?

17. 已知下列数据

$\Delta_f H_m^\ominus$(Sn,白)=0　　$\Delta_f H_m^\ominus$(Sn,灰)=−2.1$kJ\cdot mol^{-1}$

$S_m^\ominus$(Sn,白)=51.5$J\cdot mol^{-1}\cdot K^{-1}$　　$S_m^\ominus$(Sn,灰)=44.3$J\cdot mol^{-1}\cdot K^{-1}$

求 Sn(白)与 Sn(灰)的相变温度。

第 4 章　化学反应速率和化学平衡

在化学反应的研究中，常常涉及三个方面的问题：一是该反应能否自发进行，即反应的方向性问题；二是在给定的条件下反应进行的完全程度，即化学平衡问题；三是实现这种转化需要多长时间，即化学反应速率问题。

前两个问题属于化学热力学的范畴，研究的是反应进行的可能性，即一个反应在一定条件下能否发生，若能发生，能进行到什么限度。化学热力学只研究化学反应体系在平衡状态时的特征，定量计算平衡体系的组成，找到控制化学平衡向人们所期望的方向进行并最大限度地提高转化率的方法。化学热力学不考虑变化过程中的细节，不考虑各种外在条件特别是时间对反应的影响。因此，化学热力学有很大的局限性，只能反映化学反应进行的趋势，而不能反映其实际进行的现实性，一些热力学上能够发生的反应现实中很难进行。例如，氢气和氧气生成水的反应，其 $\Delta_r G_m^\ominus = -237.13\text{kJ} \cdot \text{mol}^{-1}$，根据热力学判断，该反应在室温、标准状态下进行趋势非常大，而实际上氢气和氧气在常温常压下混合后无论放多久，也不会有水生成，但只要有小火星或升高温度，反应就会以爆炸的形式完成，或者有合适催化剂时反应也能在温和条件下完成。这些属于化学动力学研究的问题，即如何缩短反应时间，提高反应速率。

化学反应速率属于化学动力学范畴，所考虑的是时间因素和反应所经历的具体步骤（反应历程），从揭示反应物结构与反应性能的关系方面，去了解物质进行化学反应的内在依据。同时，还需考虑各种外界条件（浓度、压力、温度、催化剂）对反应速率的影响，以便能有效地掌握化学反应规律，创造条件，加快对工业生产有利的反应，减慢或阻止一些不利的化学反应的进行。

本章着重研究化学反应速率及其影响因素，研究化学平衡特征及平衡的移动。

4.1　化学反应速率

4.1.1　化学反应速率的概念

不同的化学反应，进行的快慢千差万别。溶液中的酸碱中和反应可瞬间完成，而有机合成反应需要较长的时间才能完成。即便是同一个反应，由于条件改变，快慢程度也会有很大的变化。为比较化学反应的快慢程度，引入化学反应速率的概念。一个化学反应开始后，反应物的数量（通常用物质的量表示）和生成物的数量随时间不断变化，故可把反应速率表示为单位时间内反应物或产物的物质的量的变化。但由于反应式中各物质的化学计量数往往各不相同，用不同物质的物质的量所表示的反应速率在数值上就不一致。目前，国际上普遍采用的定义是用反应进度 ξ 随时间的变化率来表示化学反应的速率 J，即

$$J = \frac{d\xi}{dt} \tag{4-1}$$

将式(3-2)代入式(4-1)，有

$$J = \frac{1}{\nu_B}\frac{dn_B}{dt} \tag{4-2}$$

因反应进度与反应的物种无关，故用反应式中任一物质表示的反应速率在数值上是一致的。若化学反应在恒容条件下进行，反应速率也可用单位体积中反应进度随时间的变化率来表示，称为基于浓度的反应速率，用符号 v 表示：

$$v = \frac{J}{V} = \frac{d\xi}{Vdt} = \frac{1}{\nu_B}\frac{dn_B}{Vdt} \tag{4-3}$$

$$v = \frac{1}{\nu_B}\frac{dc_B}{dt} \tag{4-4}$$

式(4-4)中，v 为恒容条件下的反应速率(简称反应速率)，单位为 $mol \cdot L^{-1} \cdot s^{-1}$。若反应速率比较慢，时间单位也可采用 min(分)、h(小时)或 a(年)等。

如果实验测得的是某一段时间间隔内某反应物或某产物的浓度变化，则可得到该时间间隔内的平均速率，即

$$\bar{v} = \frac{\Delta\xi}{V\Delta t} = \frac{1}{\nu_B}\frac{\Delta c_B}{\Delta t} \tag{4-5}$$

对于一般反应

$$aA + bB \longrightarrow dD + eE$$

$$\bar{v} = -\frac{1}{a}\frac{\Delta c_A}{\Delta t} = -\frac{1}{b}\frac{\Delta c_B}{\Delta t} = \frac{1}{d}\frac{\Delta c_D}{\Delta t} = \frac{1}{e}\frac{\Delta c_E}{\Delta t} \tag{4-6}$$

对于大多数化学反应而言，反应开始后，各物种的浓度在不断地变化着，化学反应速率也在不断改变，常用瞬时速率表示化学反应在某一时刻的速率，对上述反应，有

$$v = -\frac{1}{a}\frac{dc_A}{dt} = -\frac{1}{b}\frac{dc_B}{dt} = \frac{1}{d}\frac{dc_D}{dt} = \frac{1}{e}\frac{dc_E}{dt} \tag{4-7}$$

对气相反应，压力比浓度容易测量，故可用气体的分压代替浓度。

反应速率通常是通过实验测定的，实验中常用物理或化学分析方法测出反应物(或生成物)在不同时刻的浓度，然后用作图法，即可求得不同时刻的反应速率。从瞬时速率的定义可归纳出瞬时速率的求法：① 作浓度-时间曲线图；② 在指定时间的曲线位置上作切线；③ 求出切线的斜率(用作图法，量出线段长，求出比值)，则可计算出指定时刻的瞬时速率。

例 4-1　N_2O_5 的分解反应为 $2N_2O_5(g) \longrightarrow 4NO_2(g) + O_2(g)$，在 340K 测得的实验数据如下：

t/min	0	1	2	3	4	5
$c(N_2O_5)/(mol \cdot L^{-1})$	1.00	0.70	0.50	0.35	0.25	0.17

试计算该反应在 2min 内的平均速率和 1min 时的瞬时速率。

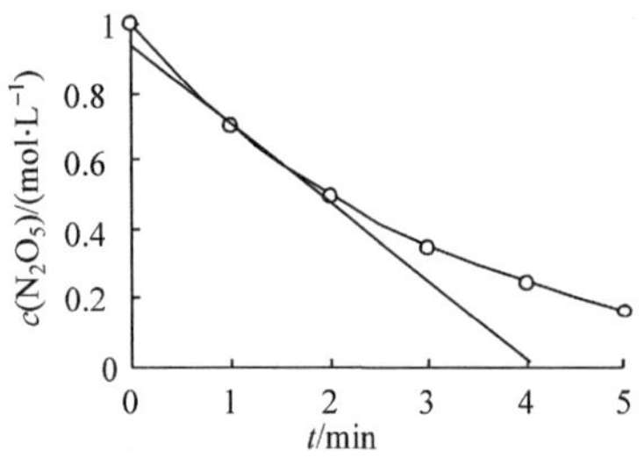

图 4-1　N_2O_5 分解的 c-t 曲线

解　以 $c(N_2O_5)$为纵坐标，t 为横坐标作图，得到 N_2O_5 浓度随时间变化的曲线(图 4-1)。从图 4-1 上可查出：$t = 2min$，$c(N_2O_5) = 0.50 mol \cdot L^{-1}$；$t = 0min$，$c(N_2O_5) = 1.00 mol \cdot L^{-1}$，则 2min 内的平均速率为

$$\bar{v} = -\frac{1}{2} \times \frac{0.50 - 1.00}{2 - 0} = 0.125(mol \cdot L^{-1} \cdot min^{-1})$$

在 c-t 曲线上任一点作切线，其斜率即为该时刻的 $\frac{dc}{dt}$。1min 时的斜率为

$$斜率=\frac{0.92-0}{0-4.2}=-0.22$$

1min 时的瞬时速率为

$$v=\frac{1}{\nu_B}\frac{dc}{dt}=-\frac{1}{2}\times(-0.22)=0.11(mol\cdot L^{-1}\cdot min^{-1})$$

4.1.2　反应速率理论简介

化学反应速率理论仍处于不断发展和逐步完善中，因为化学反应是一个比较复杂的过程，特别是温度、浓度、催化剂等影响因素很多，故很难归纳出一个适用于所有反应的理论。目前，人们所接受的反应速率理论有碰撞理论和过渡状态理论。这两种理论都是首先选定一个微观模型，用气体分子运动论（碰撞理论）或量子力学（过渡态理论）的方法，并经过统计平均，导出宏观动力学中速率系数的计算公式。这里简单介绍这两种速率理论的要点。

1. 碰撞理论简介

碰撞理论首先把反应分子看作自身没有性质的简单的硬球，发生化学反应的前提是这些硬球必须相互碰撞。反应速率与单位体积、单位时间内分子间的碰撞频率成正比，而碰撞频率决定于反应分子间的相对运动速度和单位体积内反应分子的数目。但是，并非每次碰撞都能发生反应，否则反应将在瞬间完成。例如，碘化氢的分解反应

$$2HI(g)\longrightarrow H_2(g)+I_2(g)$$

据理论计算，温度为 773K，浓度为 10^{-3} mol · L^{-1} 的 HI，若每次碰撞都能发生反应，反应速率可达 3.8×10^4 mol · L^{-1} · s^{-1}，但该条件下实际的反应速率为 6×10^{-9} mol · L^{-1} · s^{-1}，可见反应物分子间的大多数碰撞都没有发生反应。什么原因导致这样的现象呢？碰撞理论认为有下列两个原因。

第一是能量因素。碰撞理论把那些能够发生反应的碰撞称为有效碰撞。碰撞理论认为能发生有效碰撞的分子与普通分子的差异在于它们具有较高的能量。分子无限接近时，要克服斥力，这就要求分子具有足够的运动速度，即能量。具备足够的能量是有效碰撞的必要条件。碰撞理论把那些具有足够高的能量、能够发生有效碰撞的分子称为活化分子。

反应体系中，大量分子的能量彼此是参差不齐的。因气体分子运动的动能与其运动速度有关（$E_K=1/2mv^2$），故气体分子的能量分布类似于分子的速度分布（图 4-2）。图 4-2 中的横坐标为能量，纵坐标 $\Delta N/(N\Delta E)$ 表示具有能量在 $E\sim(E+\Delta E)$ 内单位能量区间的分子数 ΔN 与分子总数 N 的比值（分子分数）。E_K 为气体分子的平均能量，E_0 为活化分子的最低能量。曲线下的面积表示分子百分数总和为 100%，阴影部分的面积表示能量不小于 E_0 的分子百分数。

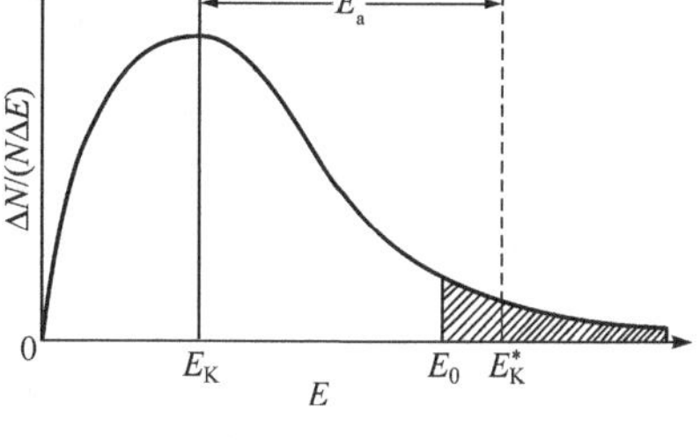

图 4-2　气体分子的能量分布示意图

活化能是使普通分子（具有平均能量的分子）转变成活化分子所需的能量。由于反应物分子的能量各不相同，活化分子的能量彼此也不同，只能从统计平均的角度来比较反应物分子和活化分子的能量。活化能可定义为：活化分子的平均能量（E_K^*）与反应物分子的平均能量（E_K）之差，用 E_a 表示，单位为 kJ · mol^{-1}。

$$E_a = E_K^* - E_K$$

在一定温度下，反应的活化能越大，其活化分子百分数越小，反应速率就越小；反之，反应的活化能越小，其活化分子百分数越大，反应速率就越大。

第二是方位因素（或概率因素）。由于反应物分子由原子组成，分子有一定的几何构型，分子内原子的排列有一定的方位。因此，碰撞理论认为，能量足够高的活化分子即使发生碰撞也不一定能发生化学反应，要想反应还必须要有适当的取向（方位）。例如，反应

$$NO_2(g) + CO(g) \Longrightarrow NO(g) + CO_2(g)$$

若分子碰撞时的几何方位不适宜，如图 4-3 所示，CO 中的 C 与 NO_2 中的 N 迎头相碰，尽管碰撞的分子有足够的能量，反应也不能发生。只有方位适宜，CO 中的 C 与 NO_2 中的 O 迎头相碰才是有效碰撞，可能导致反应的发生。反应物分子的构型越复杂，方位因素的影响越大。

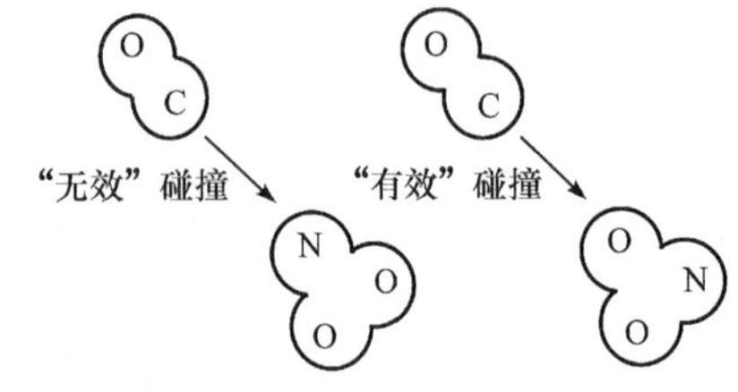

图 4-3　分子碰撞的不同取向

总之，根据碰撞理论，反应物分子必须有足够的能量，并以适宜的方位碰撞，才能发生反应。实际上，还有些分子即使有足够的能量又有正确的方位，但是在分子内传递能量的过程中，尚未破裂的化学键又与其他的分子碰撞而失去能量，从而无法形成有效碰撞。碰撞理论比较直观地描绘出了分子反应的过程，解释了一些简单反应的速率与活化能的关系，但没有从分子内部的结构及运动揭示活化能的意义，并且要依赖于计算技术和微观动力学实验技术的发展，因而具有一定的局限性。

2. 过渡状态理论简介

过渡状态理论又称为活化配合物理论。该理论认为化学反应不是只通过简单碰撞就生成产物，而是要经过一个由反应物分子以一定的构型而存在的过渡状态。当具有足够动能的分子彼此以适当的取向发生碰撞时，动能转变为分子间相互作用的势能，引起分子和原子内部结构的变化，使原来以化学键结合的原子间的作用力变弱，而直接碰撞的原子间作用力变强，形成了过渡状态的构型。以反应 $NO_2 + CO \longrightarrow NO + CO_2$ 为例：

$$NO_2(g) + CO(g) \longrightarrow O\text{—}N\cdots O\cdots C\text{—}O \longrightarrow NO(g) + CO_2(g)$$

反应中 CO(g) 和 NO_2(g) 的活化分子按适当的取向碰撞后，首先形成活化配合物 O—N···O···C—O，然后 N···O 键进一步减弱，O···C 键进一步加强，直至生成 NO(g) 和 CO_2(g)。同时，产物分子也会碰撞生成过渡态的活化配合物 O—N···O···C—O，其中 N···O 键增强，而 O···C 键减弱，重新生成反应物分子 CO(g) 和 NO_2(g)，此即逆反应。这也可以解释为什么化学反应中反应物分子不能彻底转变为产物。

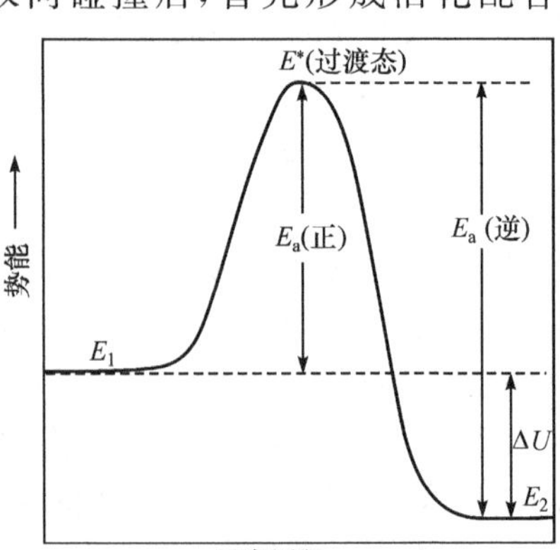

图 4-4　反应过程势能变化示意图

图 4-4 为反应过程势能变化的示意图，其中 E_1 表示反应物分子的平均势能，E_2 表示产物分子的平均势能，E^*表示过渡状态分子的平均势能。从图 4-4 中可知，反应物分子和生成物分子之间构成了一个势能垒。

要使反应发生，必须使反应物分子“爬上”这个势能垒。E^*势能越大，反应越困难，反应速率越小。E^*和E_1的能量差为正反应的活化能，E^*和E_2之差为逆反应的活化能，而E_1与E_2的能量差为反应体系的热力学能变ΔU。正反应活化能与逆反应活化能之差在数值上近似等于该反应的反应热ΔH。

过渡状态理论将反应中涉及的物质的微观结构和反应速率结合起来，这是比碰撞理论先进的一面。然而，在该理论中，许多反应的活化配合物的结构尚无法从实验上加以确定，加上计算方法过于复杂，使这一理论的应用受到限制。

4.1.3 影响反应速率的因素

案例 4-1 食品保质期是指预包装食品在标签指明的储存条件下保持品质的期限，一般来说每种产品的具体保质期都有自己的行业标准或国家标准规定。只要在销售流通环节没有明显的环境改变或存放方式不当，理论上在食品保质期内对食品是可以放心食用的。虽然在保质期内的食品都可以放心食用，但营养还是略有差别，离保质期越远，食品越新鲜，营养越丰富。药物也同样有其有效期。在保存期之后，食品会发生品质变化，产生大量致病细菌，如果食用，有可能导致食物中毒和急性传染病。所以，过了保存期的食物必须丢弃。

问题：为什么不同的食品或药物的保质期或有效期不同？影响化学反应速率快慢的因素有哪些？这些因素如何影响化学反应速率？

反应速率除取决于反应物质的本性外，外界条件对它也有重要的影响，主要包括浓度、温度和催化剂等。

1. 反应机理

化学反应速率理论假定的反应模型，是具有简单模型的反应物分子经过简单的碰撞直接变成产物的过程，而实际上，绝大多数的化学反应从反应物到产物之间的转化所经历的过程都比较复杂。在实验过程中，研究者往往检测到一些反应的中间产物，说明这些反应是分多步进行的。人们把反应物转变为生成物的具体途径、步骤称为反应机理(也称为反应历程)。根据反应机理的复杂程度，可把化学反应分为基元反应和非基元反应两大类。

所谓基元反应，是指由反应物分子(或离子、原子及自由基等)碰撞后直接发生作用并立即转变为产物的反应。基元反应是组成一切化学反应的基本单元。研究表明，只有少数化学反应是由反应物一步直接转化为生成物的基元反应。例如

(1) $SO_2Cl_2 \longrightarrow SO_2 + Cl_2$

(2) $2NO_2 \longrightarrow 2NO + O_2$

(3) $2NO + O_2 \longrightarrow 2NO_2$

大多数化学反应往往要经过若干个基元反应步骤才能使反应物最终转化为生成物。通常，把只含一个基元步骤的反应称为简单反应，把两个或两个以上的基元反应组合而成的总反应称为非基元反应或复杂反应。复杂反应是分多步进行的，可用实验方法检测到中间产物的存在。中间产物是反应过程中某一步反应产生的物种，它被后面一步或几步反应消耗掉，因而不出现在总反应方程式中。例如，反应

(4) $2NO + 2H_2 \longrightarrow N_2 + 2H_2O$

经研究发现，反应(4) 实际上要经过以下三步才完成：

(5) $2NO \longrightarrow N_2O_2$ (快)

(6) $N_2O_2 + H_2 \longrightarrow N_2O + H_2O$ （慢）

(7) $N_2O + H_2 \longrightarrow N_2 + H_2O$ （快）

因此，反应(4) 是经历(5)、(6)、(7) 三个基元反应步骤的复杂反应。由上例可知，组成复杂反应的基元反应速率有快有慢，最慢的一步基元反应是决定整个反应速率的步骤，称为速率决定步骤，即定速步骤。

2. 浓度对反应速率的影响——质量作用定律

大量的实验事实证明，在一定温度下，增加反应物浓度可增大反应速率。这是因为在一定温度下，对某一化学反应来说，反应物中活化分子百分数是一定的，增加反应物浓度，单位体积内活化分子总数增多，从而增加单位时间内的有效碰撞频率，因而反应速率增大。

在基元反应中或在非基元反应的基元步骤中，反应速率和反应物浓度之间有严格的数量关系。人们在大量实验的基础上总结出一条规律：基元反应的反应速率与各反应物浓度以化学计量方程式中该物质化学计量数的绝对值为指数的幂的乘积成正比，称为质量作用定律。因此，上述(1)、(2)、(3) 三个基元反应的反应速率可分别用下式表达

$$v_1 = k_1 c(SO_2Cl_2),\ v_2 = k_2 c^2(NO_2),\ v_3 = k_3 c^2(NO)c(O_2)$$

对任一基元反应

$$aA + bB = dD + eE$$

反应速率与反应物浓度之间的定量关系为

$$v = k c_A^a \cdot c_B^b \tag{4-8}$$

式(4-8)称为速率方程式。c_A和c_B分别表示反应物A和B的浓度，单位为$mol \cdot L^{-1}$。比例常数k为速率常数，其物理意义是反应物的浓度都等于单位浓度时的反应速率。不同的反应有不同的k值，同一反应的k值随温度、溶剂和催化剂等的不同而改变。

浓度的指数a或b分别称为物质A或B的反应级数，即该反应对A来说为a级，对B来说为b级。指数之和称为该反应的反应级数。例如，$a+b=1$，称为一级反应；$a+b=2$，称为二级反应；$a+b=3$，称为三级反应。反应级数反映了反应物浓度对反应速率的影响状况，反应级数绝对值越大，表示浓度对速率影响越大。反应级数由反应速率方程所决定，可能是正数、负数，也可能是整数、分数，有时会是零，也有些反应速率方程中浓度指数项无法加和，故不能确定其级数。一般情况下，四级及四级以上的反应很难检测到。

反应级数和反应分子数是两个截然不同的概念。反应级数表示化学反应速率与反应物浓度的关系，其数值是由实验测得的。反应分子数是为描述基元反应的微观化学变化而提出的概念，它是指参加基元反应的反应物分子数。反应分子数不能为零或分数，有单分子反应、双分子反应、三分子反应，更多的分子同时碰撞发生反应的概率极小。在基元反应中，反应级数等于反应分子数。

对于复杂反应，从反应方程式不能直接得到速率方程式。必须通过实验，由实验获得有关的数据后，通过数学处理求得反应级数，才能确定速率方程式。由实验确定反应级数的方法很多，这里介绍一种比较简单的方法——改变物质数量比例法。例如，对反应

$$aA + bB = dD + eE$$

可先假设其速率方程式为

$$v = k c_A^x \cdot c_B^y$$

通过实验确定x和y值以及k值。实验时在一组反应物中设法保持A的浓度不变，而将

B 的浓度加大一倍，若反应速率比原来加大一倍，则可确定 $y=1$。在另一组反应物中设法保持 B 的浓度不变，而将 A 的浓度加大一倍，若反应速率增加到原来的 4 倍，则可确定 $x=2$。再根据任意一组实验数据和已确定的 x、y 值，计算出 k 值。这种方法特别适用于较复杂的反应。

例 4-2 在 1073K 时，发生反应 $2NO(g)+2H_2(g) \longrightarrow N_2(g)+2H_2O(g)$。实验中，配制一系列不同组成的 NO 与 H_2 的混合物。先保持 $c(H_2)$ 不变，改变 $c(NO)$，在适当的时间间隔内，通过测定压力的变化，推算出各物种浓度的改变，并确定反应速率。然后保持 $c(NO)$ 不变，改变 $c(H_2)$，进而确定相应条件下的反应速率。实验数据见下表：

实验编号	$c(H_2)/(mol \cdot L^{-1})$	$c(NO)/(mol \cdot L^{-1})$	$v/(mol \cdot L^{-1} \cdot s^{-1})$
1	0.0060	0.0010	7.9×10^{-7}
2	0.0060	0.0020	3.2×10^{-6}
3	0.0060	0.0040	1.3×10^{-5}
4	0.0030	0.0040	6.4×10^{-6}
5	0.0015	0.0040	3.2×10^{-6}

试根据实验所得的数据，确定该反应的速率方程式。

解 由上表中数据可以看出，当 $c(H_2)$ 不变时，$c(NO)$ 增大至 2 倍，v 增大至 4 倍，说明 $v \propto c^2(NO)$；当 $c(NO)$ 不变时，$c(H_2)$ 减小一半，v 也减小一半，说明 $v \propto c(H_2)$。

因此，该反应的速率方程式为

$$v=k \cdot c^2(NO) \cdot c(H_2)$$

该反应对 NO 是二级反应，对 H_2 是一级反应，总反应级数为 3。

将表中任意一组数据代入上式，可求得反应的速率常数。现将第一组数据代入，得

$$k=\frac{v}{c^2(NO) \cdot c(H_2)}=\frac{7.9\times10^{-7}}{(1.0\times10^{-3})^2\times6.0\times10^{-3}}=1.3\times10^2(L^2 \cdot mol^{-2} \cdot s^{-1})$$

必要时可取多组 k 的平均值作为速率方程式中的速率常数。

因此，该反应的速率方程式为

$$v=1.3\times10^2 \cdot c^2(NO) \cdot c(H_2)$$

关于速率方程式，必须强调几点：

(1) 如果有固体和纯液体参加反应，因固体和纯液体本身为标准态，即单位浓度，故不必列入反应速率方程式。例如

$$C(s)+O_2(g) = CO_2(g) \qquad v=kc(O_2)$$

(2) 如果反应物中有气体参加，在速率方程式中可用气体分压代替浓度。上述反应的速率方程式也可写成 $v=k'p(O_2)$。

(3) 对于基元反应或复杂反应的基元步骤，可以根据质量作用定律写出速率方程，并确定反应级数。对于非基元反应(或复杂反应)，速率方程中的指数不等于各反应物的计量数，故不能用复杂反应的方程式直接书写速率方程，而必须由实验确定。

(4) 速率常数的单位取决于反应的级数。通常，速率的单位为 $mol \cdot L^{-1} \cdot s^{-1}$，则有

反应	速率方程	速率常数 k 的单位
零级反应	$v=k_0$	$mol \cdot L^{-1} \cdot s^{-1}$
一级反应	$v=k_1c$	s^{-1}

二级反应	$v=k_2c^2$	$L \cdot mol^{-1} \cdot s^{-1}$
三级反应	$v=k_3c^3$	$L^2 \cdot mol^{-2} \cdot s^{-1}$

3. 温度对反应速率的影响

温度对化学反应速率的影响特别显著。一般来说，升高温度会使化学反应速率增大。这是由于温度升高，分子运动加快，反应物分子间的碰撞频率增大，且升高温度活化分子百分数增大。

（1）范特霍夫规则。荷兰科学家范特霍夫(J. H. van't Hoff)根据实验事实总结出一条近似规则：对反应物浓度（或分压）不变的一般反应，温度每升高 10K，反应速率增加到原来的 2～4倍，即

$$\frac{v_{T+10}}{v_T}=\frac{k_{T+10}}{k_T}=2\sim 4 \tag{4-9}$$

该规则称为范特霍夫规则。在温度变化不大或不需精确数值时，可用范特霍夫规则粗略估算。

（2）阿伦尼乌斯方程式。1889 年，在大量实验事实的基础上，阿伦尼乌斯(S. A. Arrhenius)建立了速率常数与温度之间的定量关系式，称为阿伦尼乌斯方程，即

$$k=A\mathrm{e}^{-E_a/RT} \tag{4-10}$$

式中：A 为常数，称为指前因子，它与温度、浓度无关，不同反应的 A 值不同，其单位与 k 值相同；R 为摩尔气体常量；T 为热力学温度；e 为自然对数的底(e=2.718)；E_a为反应的活化能（单位为 $J \cdot mol^{-1}$），对某一给定反应，当反应温度区间变化不大时，E_a不随温度而变。由式(4-10)可见，k 与温度 T 成指数的关系，温度微小的变化将导致 k 值较大的变化。

对式(4-10)取对数，阿伦尼乌斯方程也可表示为

$$\ln k=-\frac{E_a}{RT}+\ln A \tag{4-11}$$

通常，在实验中测出一系列温度 T 时对应的速率常数 k，根据式(4-11)作 $\ln k$-$1/T$ 图，可得一直线，则由直线的截距可算出 A，由直线的斜率可求得活化能 E_a。

若已知反应的活化能为 E_a，则

在温度 T_1 时

$$\ln k_1=-\frac{E_a}{RT_1}+\ln A$$

在温度 T_2 时

$$\ln k_2=-\frac{E_a}{RT_2}+\ln A$$

上两式相减，得

$$\ln\frac{k_2}{k_1}=\frac{E_a}{R}\left(\frac{1}{T_1}-\frac{1}{T_2}\right)=\frac{E_a(T_2-T_1)}{RT_1T_2} \tag{4-12}$$

式(4-10)、式(4-11)及式(4-12)分别称为阿伦尼乌斯方程式的指数形式、对数形式。阿伦尼乌斯方程式是化学动力学中重要的研究内容之一，有许多重要的应用。可由已知两温度下的速率常数求算活化能；若活化能已知，也可由一温度下的速率常数，求算另一温度下的速率常数。

例 4-3 在 CCl_4 溶剂中，N_2O_5 分解反应为 $2N_2O_5(g) = 4NO_2(g) + O_2(g)$，在 298.15K 和 318.15K 时反应的速率常数分别为 $0.469\times10^{-4}s^{-1}$ 和 $6.29\times10^{-4}s^{-1}$，计算该反应的活化能 E_a。

解 因 $T_1=298.15K, k_1=0.469\times10^{-4}s^{-1}$；$T_2=318.15K, k_2=6.29\times10^{-4}s^{-1}$，由式(4-12)可得

$$E_a=\frac{RT_1T_2}{T_2-T_1}\ln\frac{k_2}{k_1}=\frac{8.314\times298.15\times318.15}{318.15-298.15}\times\ln\frac{6.29\times10^{-4}}{0.469\times10^{-4}}=1.02\times10^5(J\cdot mol^{-1})$$

例 4-4 膦 PH_3 与乙硼烷 B_2H_6 的反应为 $PH_3(g)+B_2H_6(g) = PH_3\text{-}BH_3(g)+BH_3(g)$，其活化能 $E_a=48.0kJ\cdot mol^{-1}$。若测得 298K 下反应的速率常数为 k_1，计算当速率常数为 $2k_1$ 时的反应温度。

解 $E_a=48.0kJ\cdot mol^{-1}, k_2=2k_1, T_1=298K$

$$\ln\frac{k_2}{k_1}=\frac{E_a}{R}\left(\frac{1}{T_1}-\frac{1}{T_2}\right)$$

$$\ln2=\frac{48.0\times10^3}{8.314}\times\left(\frac{1}{298}-\frac{1}{T_2}\right)$$

$$T_2=309K$$

由阿伦尼乌斯公式可见，反应速率常数不仅与温度有关，还与反应活化能有关。

(1) 对于同一反应，活化能 E_a 一定，温度越高，k 值越大，一般情况下，温度升高 10℃，k 值将增大 2～4 倍。

(2) 在同一温度下，活化能 E_a 大的反应，其 k 值小，反应速率慢；反之，活化能 E_a 小的反应，k 值大，反应速率快。

(3) 对于同一反应，在高温区，升高温度时，k 值增加的倍数小；在低温区，升高同样温度时，k 值增加的倍数大。

(4) 当升高温度的数值相同时，E_a 大的反应，k 值增加的倍数大，E_a 小的反应，k 值增加的倍数小。

例 4-5 某可逆反应，其 $E_{a,正}=80.0kJ\cdot mol^{-1}$，$E_{a,逆}=40.0kJ\cdot mol^{-1}$。

(1) 当温度从 380K 升高到 390K 时，$k_正$ 增大的倍数是 $k_逆$ 增大倍数的多少倍？

(2) $k_正$ 从 380K 升高到 390K 增大的倍数是从 880K 升高到 890K 增大倍数的多少倍？

(3) 在 400K 时，加入催化剂，正、逆反应的活化能都减少了 $20.0kJ\cdot mol^{-1}$，那么 $k_正$ 增大了多少倍？$k_逆$ 又如何？

解 (1) $\ln\frac{k_{正,390}}{k_{正,380}}=\frac{E_{a,正}}{R}\left(\frac{1}{T_{380}}-\frac{1}{T_{390}}\right)$ $\ln\frac{k_{逆,390}}{k_{逆,380}}=\frac{E_{a,逆}}{R}\left(\frac{1}{T_{380}}-\frac{1}{T_{390}}\right)$

两式相减得：

$$\ln\frac{k_{正,390}}{k_{正,380}}-\ln\frac{k_{逆,390}}{k_{逆,380}}=\frac{E_{a,正}-E_{a,逆}}{R}\left(\frac{1}{380}-\frac{1}{390}\right)=\frac{40.0\times1000}{8.314}\left(\frac{1}{380}-\frac{1}{390}\right)=0.325$$

则 $\frac{k_{正,390}}{k_{正,380}}\Big/\frac{k_{逆,390}}{k_{逆,380}}=1.38$ $\frac{k_{正,390}}{k_{正,380}}=1.38\frac{k_{逆,390}}{k_{逆,380}}$

(2) 从 380～390K 时，$\ln\frac{k_{正,390}}{k_{正,380}}=\frac{E_{a,正}}{R}\left(\frac{1}{T_{380}}-\frac{1}{T_{390}}\right)$

从 880～890K 时，$\ln\frac{k_{正,890}}{k_{正,880}}=\frac{E_{a,正}}{R}\left(\frac{1}{T_{880}}-\frac{1}{T_{890}}\right)$

两式相减得：

$$\ln\frac{k_{正,390}}{k_{正,380}}-\ln\frac{k_{正,890}}{k_{正,880}}=\frac{E_{a,正}}{R}\left(\frac{1}{T_{380}}-\frac{1}{T_{390}}\right)-\frac{E_{a,正}}{R}\left(\frac{1}{T_{880}}-\frac{1}{T_{890}}\right)$$

$$\ln\left(\frac{k_{正,390}}{k_{正,380}}\Big/\frac{k_{正,890}}{k_{正,880}}\right)=\frac{80.0\times1000}{8.314}\left[\left(\frac{1}{380}-\frac{1}{390}\right)-\left(\frac{1}{880}-\frac{1}{890}\right)\right]=0.526$$

$$\frac{k_{正,390}}{k_{正,380}}\Big/\frac{k_{正,890}}{k_{正,880}}=1.69 \qquad \frac{k_{正,390}}{k_{正,380}}=1.69\,\frac{k_{正,890}}{k_{正,880}}$$

(3) 由阿伦尼乌斯公式得

$$\ln k_{正}=\ln A-\frac{E_{a,正}}{RT} \qquad \ln k'_{正}=\ln A-\frac{E'_{a,正}}{RT}$$

两式相减得:

$$\ln k_{正}-\ln k'_{正}=\ln\frac{k_{正}}{k'_{正}}=\frac{-(E_{a,正}-E'_{a,正})}{RT}=\frac{-20.0\times1000}{8.314\times400}=-6.014$$

$k'_{正}/k_{正}=409$

同理可得:$k'_{逆}/k_{逆}=409$

4. 催化剂对反应速率的影响

案例 4-2 馒头在口腔中变甜与唾液的分泌及牙齿的咀嚼和舌的搅拌都有关系。馒头的主要成分是淀粉,在人体的消化道中能够消化淀粉的部位是口腔和小肠。唾液腺位于人体的消化道外,与口腔相连,其分泌的唾液经过导管流入口腔,唾液中含有唾液淀粉酶,能够将部分淀粉分解成麦芽糖,因此在口腔内充分咀嚼馒头和米饭会感觉甜,其中淀粉酶的催化起着至关重要的作用。

问题:什么是催化剂?催化剂有何特点?生物体内的酶催化有什么特征?

1) 催化剂和催化作用

什么是催化剂?按照国际纯粹与应用化学联合会(IUPAC)推荐的定义是:催化剂是一种只要少量存在就能显著改变化学反应速率,但不改变化学反应的平衡位置,而且在反应结束时,其自身的质量、组成和化学性质都保持不变的物质。能加快反应速率的催化剂称正催化剂,简称催化剂;减慢反应速率的催化剂称负催化剂,或阻化剂、抑制剂。催化剂对化学反应的作用称为催化作用。尽管催化剂在反应中并不消耗,但实际上它参与了化学反应,并改变了反应机理。催化反应都是复杂反应,催化剂在其中的一步基元反应中被消耗,在后面的基元反应中又再生。

2) 催化剂的主要特征

(1) 催化剂只能对热力学上可能发生的反应起加速作用。而对一个 $\Delta_r G_m>0$ 的反应,想用催化剂促使其反应进行是徒劳无益的。

(2) 催化剂只能改变反应机理,不能改变反应的始态和终态,即只能加速化学平衡的到达,不能改变化学平衡的状态或位置。催化剂之所以能改变反应速率,是由于参与了反应过程,改变了原来反应的途径,即改变了活化能,同时改变了正、逆反应速率。例如,反应

$$A+B \longrightarrow AB$$

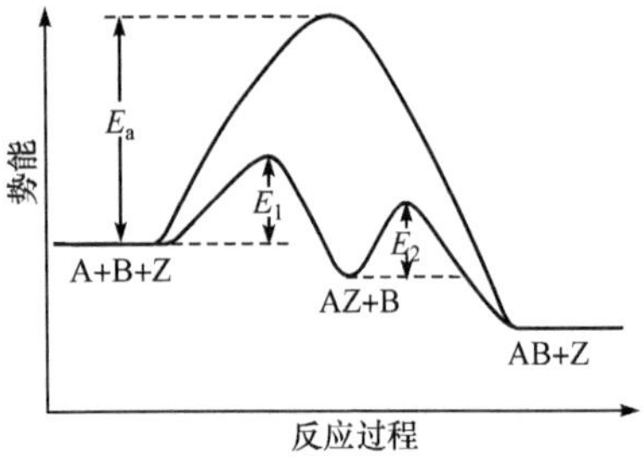

图 4-5　催化剂改变反应途径示意图

由图 4-5 可知,当有催化剂 Z 存在时,改变了反应的途径,使其分为两步

① $A+Z \longrightarrow AZ$　　　活化能为 E_1

② $AZ+B \longrightarrow AB+Z$　　　活化能为 E_2

由于 E_1、E_2 均小于 E_a,所以反应加快了。

催化剂加快反应速率往往是很惊人的。例如,在 503K 时分解 HI 气体,若无催化剂时,E_a 为184kJ · mol^{-1};以 Au 作催化剂时,E_a 降至 104.6kJ · mol^{-1}。由于 E_a 降低了 80kJ · mol^{-1},可使反应速率增大 1 亿多倍。

（3）催化剂有选择性。不同的反应常采用不同的催化剂，即一个反应有它特有的催化剂，一种催化剂只催化一个或一类反应。同种反应物如果能生成多种不同的产物时，选用不同的催化剂会有不同的产物生成。例如，根据乙醇催化反应的实验，用不同的催化剂将得到不同的产物。

$$C_2H_5OH\begin{cases}\xrightarrow[Cu]{473\sim523K}CH_3CHO+H_2\\ \xrightarrow[Al_2O_3\ 或ThO_2]{623\sim633K}C_2H_4+H_2O\\ \xrightarrow[H_2SO_4]{413.2K}(C_2H_5)_2O+H_2O\\ \xrightarrow[ZnO\cdot Cr_2O_3]{673.2\sim773.2K}CH_2=CH-CH=CH_2+H_2O+H_2\end{cases}$$

工业生产上常利用催化剂的选择性使所希望的化学反应加快，同时抑制某些副反应的发生。

（4）催化剂往往只能在特定条件下才能体现出它的活性，否则就失去活性或发生催化剂中毒。

3）均相催化与多相催化

催化剂与反应物同处于一个相中的催化反应称为均相催化反应，可以是气相，也可以是液相。例如，I^- 催化 H_2O_2 分解的反应，催化剂和反应物均处于液相中，则此催化反应称作均相催化，I^- 称作均相催化剂。催化剂与反应物不是处于同一物相的反应称为多相催化反应或非均相催化反应，反应物一般是气体或液体，催化剂多为固体，反应在固相催化剂表面的活性中心上进行。催化剂表面积越大，催化效率越高，反应速率越快。在化工生产中，为了增大反应物与催化剂之间的接触表面，常将催化剂的活性组分附着在多孔性的物质（载体）上，如硅藻土、高岭土、活性炭、硅胶等，这类催化剂称为负载型催化剂，它们比普通催化剂往往有更高的催化活性和选择性。

多相催化的重要应用实例之一是汽车尾气的催化转化。其主要目的是将尾气中的 NO 和 CO 转化为无毒的 N_2 和 CO_2，以减少对大气的污染，所用的催化剂为 Pt、Pd、Rh。

$$2NO(g)+2CO(g)\xrightarrow{Pt、Pd、Rh}N_2(g)+2CO_2(g)$$

Pt、Pd、Rh 都是贵重的稀有金属。这些金属催化剂以极小颗粒分散在蜂窝状的陶瓷载体上，其表面积很大，活性中心足够多（金属用量又尽可能少），以使尾气与催化剂充分地接触，提高其催化活性。

4）酶及其催化作用

几乎所有的生物反应都是被酶催化的。当前对酶的结构和酶反应机理的研究是生物化学最重要的研究领域之一。酶是一类结构和功能特殊的蛋白质。生物体内各种各样的生物化学变化几乎都要在不同的酶催化下才能进行。例如，食物中蛋白质的水解（消化），在体外需在强酸（或强碱）条件下煮沸相当长的时间，而在人体内正常体温下，在胃蛋白酶的作用下短时间内即可完成。酶催化作用有以下特点：

（1）高度的专一性。酶催化作用选择性很强，一种酶往往只对一种特定的反应有效。例如，淀粉酶只能水解淀粉，脲酶只能将尿素转化为 NH_3 和 CO_2。酶催化的选择性甚至达到原子水平，只要底物（在讨论酶催化作用时常将反应物称为底物）分子中有一个基团、一个双键、一个原子的增减或空间取向不同，某些酶就能将其区分开来，从而表现出对底物有无催化作用。

（2）高的催化效率。酶催化效率是通常的无机或有机催化剂的 $10^8\sim10^{12}$ 倍。其高效催化在于即使很少量的酶也能在短时间内大大降低反应的活化能。例如，1mol 乙醇脱氢酶在室温下 1s 内可使 720mol 乙醇转化为乙醛。而同样的反应，工业上用 Cu 作催化剂，在 200℃时 1mol Cu 只能催化 0.1～1mol 乙醇转化。酶在生物体内量非常少，一般以 μg 或 ng 计，其催化效率之高是无机物或有机物催化剂无法比拟的。

(3) 温和的催化条件。一般化工生产常用高温高压条件、强酸性或强碱性介质等，而酶催化反应条件温和，在生物体内进行，通常是常温常压下、中性或近中性介质中反应。例如，根瘤菌在常温常压下在田间土壤中固定空气中的氮，使之转化为氨态氮。

(4) 特殊的酸碱环境需求。酶有许多极性基团，溶液的 pH 对酶的活性影响很大。酶只在一定的 pH 范围内才表现出其活性。若溶液偏离最佳 pH，酶的活性就降低或完全消失。

随着生命科学、仿生科学的发展，有可能用模拟酶代替普通催化剂，这必将引发意义深远的技术革新。酶催化反应用于工业生产，可简化工艺流程、降低能耗、节省资源、减少污染。酿造工业利用酶催化反应生产酒、有机酸、抗生素等产品，已成为一项重要的产业。在脱硫、常温固氮和“三废”处理等方面，化学模拟合成酶的催化反应也将得到广泛的应用。但是，由于酶的结构和催化反应比较复杂，所以对酶催化的研究必然存在相当的难度。

4.2 化学平衡

在研究化学反应的过程中，人们不仅注意反应的方向和速率，而且要关注在指定条件下，反应物可转变为产物的最大限度，即化学平衡问题。化学平衡涉及绝大多数的化学反应以及相变化等，如酸碱平衡、沉淀溶解平衡、氧化还原平衡和配位解离平衡以及均相平衡、多相平衡。

4.2.1 可逆反应与化学平衡

1. 可逆反应

在工业生产中，人们总是希望原料(反应物)能更多地变成产物，但在一定的工艺条件下，反应进行到一定程度就会停止，体系的组成不再随时间而改变，即宏观上体系内部进行的化学变化已停止，这时体系达到化学平衡。达到平衡时，体系的组成如何是化学平衡研究的一个重要内容。

多数化学反应是正、逆两个方向都可以进行的反应。通常将从左到右进行的反应称为正反应，从右到左进行的反应称为逆反应。在一定条件下，把既能向正方向又能向逆方向进行的反应称为可逆反应。反应中用双箭头号表示反应的可逆性，如 $H_2(g)$与 $I_2(g)$的可逆反应写成：

$$H_2(g)+I_2(g)\rightleftharpoons 2HI(g)$$

一般来说，反应的可逆性是化学反应的普遍特征。由于正、逆反应共处于同一体系内，在密闭容器中可逆反应不能进行到底，即反应物不能全部转化为产物。只有极少数反应中反应物可以完全转化为产物，如金属锌浸在足量的稀硫酸中，过一段时间会发现锌消失了，完全转变为锌离子。

2. 化学平衡

在恒温恒压不做非体积功时，化学反应进行的方向可用反应的吉布斯自由能变 $\Delta_r G_m$ 判断。随着反应的进行，体系吉布斯自由能变在不断变化，直到最终体系的吉布斯自由能变不再改变，此时反应的 $\Delta_r G_m=0$，化学反应达到最大限度，体系内各物质的组成不再改变。我们称该体系达到了热力学平衡态，简称化学平衡。只要体系的温度和压力保持不变，同时没有物质加入体系或从体系中移走，这种平衡就一直持续下去。

例如，在四个密闭容器中分别加入不同数量的 $H_2(g)$、$I_2(g)$ 和 $HI(g)$，发生如下反应：

$$H_2(g)+I_2(g)\rightleftharpoons 2HI(g)$$

在 427℃恒温下不断测定 $H_2(g)$、$I_2(g)$ 和 $HI(g)$ 的分压，经一段时间后，$H_2(g)$、$I_2(g)$ 和 $HI(g)$ 三种气体的分压都不再改变，说明体系达到了平衡，见表 4-1。

表 4-1　$H_2(g)+I_2(g)\rightleftharpoons 2HI(g)$ 平衡体系各组分分压

编号	起始分压/kPa			平衡分压/kPa			$p^2(HI)/$
	$p(H_2)$	$p(I_2)$	$p(HI)$	$p(H_2)$	$p(I_2)$	$p(HI)$	$p(H_2)\cdot p(I_2)$
1	66.00	43.70	0	26.57	4.293	78.82	54.47
2	62.14	62.63	0	13.11	13.60	98.10	53.98
3	0	0	26.12	2.792	2.792	20.55	54.17
4	0	0	27.04	2.878	2.878	21.27	54.62

显然，不管反应正向从反应物开始，还是逆向从生成物开始，最后四个容器中的反应物和生成物的分压虽然各不相同，但都不再变化，此时体系达到了平衡，$\Delta_r G_m=0$。

化学反应达平衡时，从宏观上看，体系处于静止状态，平衡组成是一定的。从微观上看，正、逆反应仍在进行，只是二者的速率相等，即 $v_{正}=v_{逆}\neq 0$。因此，化学平衡是一种动态平衡。这种动态平衡可用同位素标记法的实验证实。自然界存在的碘全是无放射性的碘-127。在 $H_2(g)$、$I_2(g)$ 和 $HI(g)$ 的平衡混合物中，以少量的有放射性的碘-131 分子取代碘-127 分子，可立即检测出体系中含有放射性的碘化氢(HI-131)。同样，若用 HI-131 取代正常的 HI，也能立即检测出碘-131 分子的存在。从而可证实正、逆反应仍在进行中。

综上可知，化学平衡具有以下特征：

(1) 在适宜的条件下，可逆反应可以达到平衡状态。

(2) 化学平衡是动态平衡，从微观上看，正、逆反应仍在以相同的速率进行着(图 4-6)，只是净反应结果无变化。

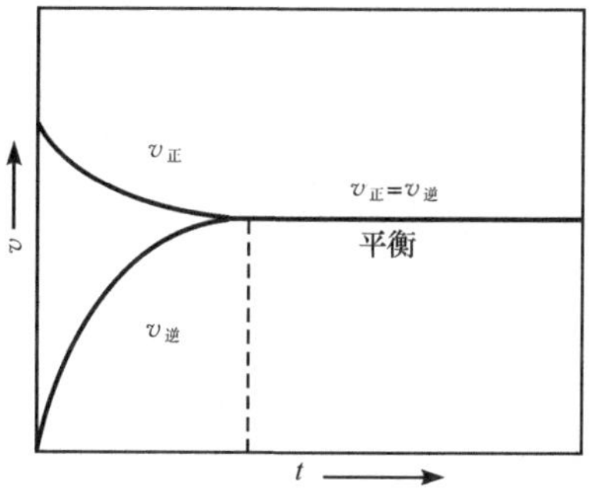

图 4-6　可逆反应速率变化示意图

(3) 当条件一定时，平衡组成不再随时间发生变化。

(4) 只要体系中各物种的组成相同(各种原子的总数各自保持不变)，不管反应从哪个方向开始，最终达到平衡时，体系组成相同，或称之为平衡组成与达到平衡的途径无关。

(5) 化学平衡是相对的，也是有条件的。一旦维持平衡的条件发生了变化(如温度、压力等的变化)，体系的宏观性质和物质的组成都将发生变化。原有的平衡将被破坏，代之以新的平衡。

4.2.2　实验平衡常数与标准平衡常数

1. 实验平衡常数

大量实验事实表明，在一定的反应条件下，任何一个可逆反应经过一定时间后，都会达到化学平衡。此时反应体系中以反应方程式中的化学计量数(ν_B)为幂指数的各物种的浓度(或分压)的乘积为一常数,如表 4-1 最后一列。由于该常数由实验测得,故称为实验平衡常数(或经验平衡常数),简称平衡常数,用 K_c 或 K_p 表示。

对于任一可逆反应

$$0=\sum_B \nu_B B$$

在一定温度下达平衡时,各组分浓度之间的关系为

$$K_c=\prod_B (c_B)^{\nu_B} \tag{4-13}$$

式中:K_c 称为浓度平衡常数;c_B 为物质 B 的平衡浓度。

对于气相反应,也可用平衡时气体的分压代替浓度,得到的平衡常数称为压力平衡常数 K_p,其表达式为

$$K_p=\prod_B (p_B)^{\nu_B} \tag{4-14}$$

对同一气相反应,平衡常数可用 K_c 表示,也可用 K_p 表示,但一般来说它们是不相等的,但它们表示的是同一平衡状态,因此二者是有固定联系的。例如,反应

$$aA(g)+bB(g) \rightleftharpoons dD(g)+eE(g)$$

其 K_p 表达式为

$$K_p=\frac{(p_D)^d\ (p_E)^e}{(p_A)^a\ (p_B)^b}$$

而一般情况下,实际气体接近于理想气体

$$p_i=c_iRT$$

所以

$$K_p=\frac{(c_D)^d\ (c_E)^e}{(c_A)^a\ (c_B)^b}(RT)^{(d+e)-(a+b)}$$

令 $\Delta n=(d+e)-(a+b)$,则

$$K_p=K_c(RT)^{\Delta n} \tag{4-15}$$

只有当 $\Delta n=0$ 时,才有 $K_p=K_c$。

由于平衡常数表达式中各组分的浓度(或分压)都有单位,所以实验平衡常数是有单位的,实验平衡常数的单位取决于化学计量方程式中生成物与反应物的状态及相应的化学计量数。例如,反应

$$2NO_2(g) \rightleftharpoons N_2O_4(g) \qquad K_p=p(N_2O_4)/p^2(NO_2)$$

单位为 Pa^{-1} 或 kPa^{-1}。

2. 标准平衡常数

对给定反应,在一定温度下达平衡时,若用有关组分的相对浓度 $c/c^\ominus$ 或相对分压 $p/p^\ominus$ 代替实验平衡常数表达式中的平衡浓度或平衡分压,得到的平衡常数称为标准平衡常数。由于相对浓度或相对分压的量纲为 1,所以标准平衡常数的量纲也为 1。例如,对气相反应

$$0=\sum_B \nu_B B(g)$$

$$K^\ominus=\prod_B (p_B/p^\ominus)^{\nu_B} \tag{4-16}$$

若为溶液中溶质的反应

$$0 = \sum_{\mathrm{B}} \nu_{\mathrm{B}} \mathrm{B(aq)}$$

$$K^{\ominus} = \prod_{\mathrm{B}} (c_{\mathrm{B}}/c^{\ominus})^{\nu_{\mathrm{B}}} \tag{4-17}$$

式中：$\prod_{\mathrm{B}} (p_{\mathrm{B}}/p^{\ominus})^{\nu_{\mathrm{B}}}$ 和 $\prod_{\mathrm{B}} (c_{\mathrm{B}}/c^{\ominus})^{\nu_{\mathrm{B}}}$ 为平衡时化学反应计量方程式中各反应组分 $(p_{\mathrm{B}}/p^{\ominus})^{\nu_{\mathrm{B}}}$ 和 $(c_{\mathrm{B}}/c^{\ominus})^{\nu_{\mathrm{B}}}$ 的连乘积(反应物的计量数 ν_{B} 为负值)。由于 $c^{\ominus} = 1\mathrm{mol \cdot L^{-1}}$，为简单起见，式(4-17)中 $c^{\ominus}$ 在与 $K^{\ominus}$ 有关的数值计算中常予以省略。

在热力学上进行讨论和计算时，用到标准平衡常数 $K^{\ominus}$ 的机会很多。通常无特殊说明，平衡常数均指标准平衡常数。

对于一个任意给定的反应，实验平衡常数和标准平衡常数 $K^{\ominus}$ 都只是温度的函数，与浓度无关。在一定温度下，$K^{\ominus}$ 是一个常数；温度改变，$K^{\ominus}$ 随之发生变化。标准平衡常数 $K^{\ominus}$ 的数值反映了化学反应进行的程度，$K^{\ominus}$ 值越大，表明反应进行得越彻底；反之，$K^{\ominus}$ 值越小，表明反应进行得越不完全。

3. 书写平衡常数表达式应注意的事项

(1) 表达式中各组分的浓度或分压应为平衡状态时的浓度或分压。

(2) 对于复相反应(指反应体系中存在两个以上相的反应)的标准平衡常数表达式，反应组分中的气相用相对分压($p_{\mathrm{B}}/p^{\ominus}$)表示，溶液中的溶质用相对浓度($c_{\mathrm{B}}/c^{\ominus}$)表示，纯固体、纯液体及稀溶液中的水，其浓度不写入平衡常数表达式中。例如，复相反应

$$\mathrm{CaCO_3(s) + 2H^+(aq) \xlongequal{\quad} Ca^{2+}(aq) + CO_2(g) + H_2O(l)}$$

其标准平衡常数表达式为

$$K^{\ominus} = \frac{[c(\mathrm{Ca^{2+}})/c^{\ominus}] \cdot [p(\mathrm{CO_2})/p^{\ominus}]}{[c(\mathrm{H^+})/c^{\ominus}]^2}$$

(3) 由于表达式以反应计量方程式中各物种的化学计量数 ν_{B} 为幂指数，所以 $K^{\ominus}$ 与化学反应方程式有关，同一化学反应，反应方程式计量关系不同，其 $K^{\ominus}$ 也不同。例如

$$\mathrm{H_2(g) + I_2(g) \rightleftharpoons 2HI(g)} \qquad K_1^{\ominus} = \frac{[p(\mathrm{HI})/p^{\ominus}]^2}{[p(\mathrm{H_2})/p^{\ominus}] \cdot [p(\mathrm{I_2})/p^{\ominus}]}$$

$$\mathrm{0.5H_2(g) + 0.5I_2(g) \rightleftharpoons HI(g)} \qquad K_2^{\ominus} = \frac{[p(\mathrm{HI})/p^{\ominus}]}{[p(\mathrm{H_2})/p^{\ominus}]^{0.5} \cdot [p(\mathrm{I_2})/p^{\ominus}]^{0.5}}$$

$$\mathrm{2HI(g) \rightleftharpoons H_2(g) + I_2(g)} \qquad K_3^{\ominus} = \frac{[p(\mathrm{H_2})/p^{\ominus}] \cdot [p(\mathrm{I_2})/p^{\ominus}]}{[p(\mathrm{HI})/p^{\ominus}]^2}$$

显然，它们之间的关系为

$$K_1^{\ominus} = (K_2^{\ominus})^2 = 1/K_3^{\ominus}$$

4.2.3 化学反应等温方程式

在第 3 章中，曾提到用 $\Delta_{\mathrm{r}} G_{\mathrm{m}}^{\ominus}$ 判断反应的方向，而在实际应用中各物质不可能都处于标准状态，故用 $\Delta_{\mathrm{r}} G_{\mathrm{m}}^{\ominus}$ 来判断反应自发性是有局限的。在标准状态下不能自发，不一定在非标准状态下也不能自发，而大多数反应在非标准状态下进行。因此，具有普遍实用意义的判据是 $\Delta_{\mathrm{r}} G_{\mathrm{m}}$。

从第 3 章的讨论可知，在恒温恒压不做非体积功条件下的化学反应方向判据为

$\Delta_r G_m < 0$　　正反应自发进行

$\Delta_r G_m = 0$　　体系处于平衡状态

$\Delta_r G_m > 0$　　逆反应自发进行

热力学研究证明，在恒温恒压、任意状态下化学反应的 $\Delta_r G_m$ 与其标准态 $\Delta_r G_m^\ominus$ 之间有如下关系：

$$\Delta_r G_m = \Delta_r G_m^\ominus + RT\ln Q \tag{4-18}$$

式(4-18)称为化学反应等温方程式，其中 Q 为反应商。

对于气相反应 $0 = \sum_B \nu_B B(g)$，定义某时刻的反应商 Q 为

$$Q = \prod_B (p'_B/p^\ominus)^{\nu_B} \tag{4-19}$$

对于稀溶液反应 $0 = \sum_B \nu_B B(aq)$，定义某时刻的反应商 Q 为

$$Q = \prod_B (c'_B/c^\ominus)^{\nu_B} \tag{4-20}$$

式中：p'_B、c'_B 分别表示反应进行到某一时刻的分压和浓度，可以是平衡态的，也可以是非平衡态的。反应达到平衡时的反应商 Q 和标准平衡常数 $K^\ominus$ 相等，即 $Q = K^\ominus$。

根据化学反应方向判据，当化学反应达到平衡时，反应的 $\Delta_r G_m = 0$，此时反应方程式中物质 B 的浓度或分压均为平衡态时的浓度或分压。因此，反应商 Q 即为 $K^\ominus$，$Q = K^\ominus$，故有

$$0 = \Delta_r G_m^\ominus + RT\ln K^\ominus$$

即

$$\Delta_r G_m^\ominus = -RT\ln K^\ominus \tag{4-21}$$

式(4-21)即为化学反应的标准平衡常数与化学反应的标准摩尔吉布斯自由能变之间的关系。因此，只要知道温度 T 时的 $\Delta_r G_m^\ominus$，就可计算该反应在温度 T 时的标准平衡常数 $K^\ominus$。$\Delta_r G_m^\ominus$ 可根据 $\Delta_r G_m^\ominus(T) \approx \Delta_r H_m^\ominus(298.15\text{K}) - T\Delta_r S_m^\ominus(298.15\text{K})$ 计算。所以，任一恒温恒压下的化学反应的标准平衡常数均可通过式(4-21)计算。

例 4-6　利用 298.15K 时各物质的标准摩尔生成焓和标准摩尔熵，计算反应 $2NO_2(g) = 2NO(g) + O_2(g)$ 在 500℃的标准摩尔吉布斯自由能变 $\Delta_r G_m^\ominus$ 和平衡常数 $K^\ominus$。

解

	$2NO_2(g)$	$=$	$2NO(g)$	$+$	$O_2(g)$
$\Delta_f H_m^\ominus/(\text{kJ}\cdot\text{mol}^{-1})$	33.18		90.25		0
$S_m^\ominus/(\text{J}\cdot\text{mol}^{-1}\cdot\text{K}^{-1})$	240.06		210.76		205.14

$$\begin{aligned}\Delta_r G_m^\ominus(773.15\text{K}) &\approx \Delta_r H_m^\ominus(298.15\text{K}) - T\Delta_r S_m^\ominus(298.15\text{K}) \\ &= (2\times 90.25 - 2\times 33.18) - 773.15\times(2\times 210.76 + 205.14 - 2\times 240.06)\div 1000 \\ &= 0.84(\text{kJ}\cdot\text{mol}^{-1})\end{aligned}$$

由 $\Delta_r G_m^\ominus(773.15) = -RT\ln K^\ominus$，得

$0.84\times 1000 = -8.314\times 773.15\ln K^\ominus$

$\ln K^\ominus = -0.13$　　$K^\ominus = 0.88$

从式(4-21)可以看出，在一定温度下，化学反应的 $\Delta_r G_m^\ominus$ 值越小，则 $K^\ominus$ 值越大，反应就进行得越完全；反之，若 $\Delta_r G_m^\ominus$ 值越大，则 $K^\ominus$ 值越小，反应进行的程度越小。因此，$\Delta_r G_m^\ominus$ 反映了标准状态时化学反应进行的完全程度。

将式(4-21)代入式(4-18)，得

$$\Delta_r G_m = -RT\ln K^{\ominus} + RT\ln Q$$

即

$$\Delta_r G_m = RT\ln \frac{Q}{K^{\ominus}} \tag{4-22}$$

式(4-22)是化学反应等温方程式的另一种表达形式，它表明恒温恒压下，化学反应的摩尔吉布斯自由能变 $\Delta_r G_m$ 与反应的标准平衡常数 $K^{\ominus}$ 及化学反应的反应商 Q 之间的关系。将 Q 与 $K^{\ominus}$ 进行比较，可以得出化学反应进行方向的判据：

$Q<K^{\ominus}$	$\Delta_r G_m<0$	正反应自发进行
$Q=K^{\ominus}$	$\Delta_r G_m=0$	体系处于平衡状态
$Q>K^{\ominus}$	$\Delta_r G_m>0$	逆反应自发进行

4.2.4　多重平衡规则

化学反应的平衡常数也可利用多重平衡规则计算获得。如果某反应可以由几个相同条件下的反应相加(或相减)得到，则该反应的平衡常数等于几个反应平衡常数之积(或商)。这种关系称为多重平衡规则。多重平衡规则证明如下：

设反应(1)、反应(2)和反应(3)在温度 T 时的标准平衡常数分别为 $K_1^{\ominus}$、$K_2^{\ominus}$ 和 $K_3^{\ominus}$，它们的标准摩尔吉布斯自由能变分别为 $\Delta_r G_{m1}^{\ominus}$、$\Delta_r G_{m2}^{\ominus}$ 和 $\Delta_r G_{m3}^{\ominus}$。若

反应(3) ＝反应(1) ＋ 反应(2)

则

$$\Delta_r G_{m3}^{\ominus} = \Delta_r G_{m1}^{\ominus} + \Delta_r G_{m2}^{\ominus}$$

$$-RT\ln K_3^{\ominus} = -RT\ln K_1^{\ominus} + (-RT\ln K_2^{\ominus})$$

$$\ln K_3^{\ominus} = \ln(K_1^{\ominus} \cdot K_2^{\ominus})$$

$$K_3^{\ominus} = K_1^{\ominus} \cdot K_2^{\ominus}$$

同理，如果反应(4) ＝反应(1) －反应(2)，则

$$\Delta_r G_{m4}^{\ominus} = \Delta_r G_{m1}^{\ominus} - \Delta_r G_{m2}^{\ominus}$$

$$\ln K_4^{\ominus} = \ln(K_1^{\ominus}/K_2^{\ominus})$$

$$K_4^{\ominus} = K_1^{\ominus}/K_2^{\ominus}$$

4.2.5　化学平衡移动

化学反应达到平衡时，宏观上反应不再进行，但是微观上正、逆反应仍在进行，且二者的速率相等。影响反应速率的外界因素，如浓度、压力和温度等对化学平衡同样会产生影响。当外界条件改变时，向某一方向进行的反应速率大于向相反方向进行的反应速率，平衡状态被破坏，直到正、逆反应的速率再次相等，此时体系的组成已发生了变化，建立起与新条件相适应的新的平衡。像这样因外界条件的改变使化学反应从一种平衡状态转变到另一种平衡状态的过程，称为化学平衡的移动。化学家和化学工程师们总是要控制条件，使化学反应向人们所期望的方向进行，从而得到更多的化工产品，减少副反应的发生和对环境的污染。因此，探讨化学平衡的移动规律是非常重要的。

1. 浓度对化学平衡的影响

对于一个在一定温度下已达到化学平衡的反应体系(此时 $Q=K^{\ominus}$)，若增加反应物的浓

度或降低生成物的浓度，Q 值将变小，即 $Q<K^{\ominus}$。此时体系不再处于平衡状态，反应要向正方向进行，直到 Q 重新等于 $K^{\ominus}$，体系又建立起新的平衡。反之，若在已达到化学平衡的反应体系中降低反应物的浓度或增大生成物的浓度，则 $Q>K^{\ominus}$，此时平衡向逆反应方向移动。

在考虑平衡问题时，应该注意：

(1) 在实际反应时，人们为了尽可能地充分利用某一种原料，往往使用过量的另一种原料(廉价、易得)与其反应，以使平衡尽可能向正反应方向移动，以提高前者的转化率。例如，在合成氨工业中，常常增大廉价易得的 N_2 用量，来增大 H_2 的转化率。

(2) 如果从平衡体系中不断降低生成物的浓度(或其分压)，则平衡不断向生成物方向移动，直至某反应物基本上被消耗完全，使可逆反应进行得比较完全。

(3) 如果体系中存在多个平衡，则必须应用多重平衡规则。

2. 压力对化学平衡的影响

对只有液体或固体参加的反应，改变压力对平衡的影响很小，可不予考虑。但对于有气态物质参与的平衡体系，体系的压力改变可能会对平衡产生影响。由于改变体系压力的方法不同，所以改变压力对化学平衡移动的影响要视具体情况而定。

(1) 部分物种分压的变化。若保持物种在恒温恒容下进行，只是增大(或减小)一种(或多种)反应物的分压，或者减小(或增大)一种(或多种)产物的分压，能使反应商减小(或增大)，导致平衡向正(或逆)方向移动。这种情况与上述浓度变化对化学平衡移动的影响是一致的。

(2) 体积改变引起压力变化。对于有气体参与的化学反应来说，反应体系体积的变化能导致体系总压和各物种分压的变化。

例如，对气相反应 $0=\sum_{B}\nu_{B}B(g)$，平衡时，$Q=\prod_{B}(p_{B}/p^{\ominus})^{\nu_{B(g)}}=K^{\ominus}$。恒温下将反应体系压缩至原体积的 $1/x$ ($x>1$)时，体系的总压力增大到原来的 x 倍，相应各组分的分压也同时增大到原来的 x 倍，此时反应商为

$$Q=\prod_{B}(xp_{B}/p^{\ominus})^{\nu_{B(g)}}=x^{\sum\nu_{B(g)}}\cdot K^{\ominus}$$

对 $\sum\nu_{B(g)}>0$ 的反应，即为气体分子数增加的反应，$x^{\sum\nu_{B(g)}}>1$。此时，$Q>K^{\ominus}$，平衡向逆方向移动，或者说平衡向气体分子数减少的方向移动。

对 $\sum\nu_{B(g)}<0$ 的反应，即为气体分子数减少的反应，$x^{\sum\nu_{B(g)}}<1$。此时，$Q<K^{\ominus}$，平衡向正方向移动，或者说平衡向气体分子数减少的方向移动。

若 $\sum\nu_{B(g)}=0$，即反应前后气体分子数不变，$x^{\sum\nu_{B(g)}}=1$，$Q=K^{\ominus}$，此时，平衡不发生移动。

相反，$\sum\nu_{B(g)}\neq0$，若反应体系膨胀，总压减小，各组分的分压也相同程度地减小，平衡向气体分子数增多的方向移动，即向增大压力的方向移动。总之，恒温压缩(或膨胀)只能使反应前后气体分子数不相等的平衡发生移动。

(3) 惰性气体的影响。惰性气体为体系中不参与化学反应的气态物质。若某一反应在有惰性气体存在下已经达到平衡，仿照(2) 中的情形，将反应体系在恒温下压缩，总压增大到 x 倍，各组分的分压也同时增大到同样倍数。由于惰性气体的分压不出现在 Q 和 $K^{\ominus}$ 的表达式中，只要 $\sum\nu_{B(g)}\neq0$，平衡同样向气体分子数减少的方向移动。

若反应在恒温恒容下进行，反应已经达到平衡时，引入惰性气体，体系的总压增大，但各物种的分压不变，$Q=K^{\ominus}$，平衡不移动。

若反应在恒温恒压下进行，反应已经达到平衡时，引入惰性气体，为了保持总压不变，可使体系的体积相应增大。此时，各组分气体分压相应减小，$\sum \nu_{B(g)} \neq 0$，$Q \neq K^{\ominus}$，平衡向气体分子数增多的方向移动。

综上所述，压力对平衡移动的影响关键在于各反应物和产物的分压是否改变，同时要考虑反应前后气体分子数是否改变。

3. 温度对化学平衡的影响

温度对化学平衡的影响与浓度、压力的影响有本质的区别。不论浓度的变化、压力的变化，还是体积的变化，它们对化学平衡的影响都是从改变 Q 而得以实现的。温度对化学平衡的影响却是因改变标准平衡常数而使 $Q \neq K^{\ominus}$，从而引起平衡的移动。

由

$$\Delta_r G_m^{\ominus} = -RT\ln K^{\ominus}$$

$$\Delta_r G_m^{\ominus} = \Delta_r H_m^{\ominus} - T\Delta_r S_m^{\ominus}$$

得

$$-RT\ln K^{\ominus} = \Delta_r H_m^{\ominus} - T\Delta_r S_m^{\ominus}$$

经整理，可得

$$\ln K^{\ominus} = -\frac{\Delta_r H_m^{\ominus}}{RT} + \frac{\Delta_r S_m^{\ominus}}{R} \tag{4-23}$$

在温度 T_1 时

$$\ln K_1^{\ominus} = -\frac{\Delta_r H_{m1}^{\ominus}}{RT_1} + \frac{\Delta_r S_{m1}^{\ominus}}{R}$$

在温度 T_2 时

$$\ln K_2^{\ominus} = -\frac{\Delta_r H_{m2}^{\ominus}}{RT_2} + \frac{\Delta_r S_{m2}^{\ominus}}{R}$$

两式相减（因 $\Delta_r S_m^{\ominus}$ 和 $\Delta_r H_m^{\ominus}$ 均受温度变化影响很小，一般可忽略，即 $\Delta_r S_{m1}^{\ominus} \approx \Delta_r S_{m2}^{\ominus} = \Delta_r S_m^{\ominus}$，$\Delta_r H_{m1}^{\ominus} \approx \Delta_r H_{m2}^{\ominus} = \Delta_r H_m^{\ominus}$），得

$$\ln\frac{K_2^{\ominus}}{K_1^{\ominus}} = \frac{\Delta_r H_m^{\ominus}}{R}\left(\frac{1}{T_1} - \frac{1}{T_2}\right) = \frac{\Delta_r H_m^{\ominus}}{R} \cdot \frac{T_2 - T_1}{T_1 T_2} \tag{4-24}$$

对于吸热反应，$\Delta_r H_m^{\ominus} > 0$，当 $T_2 > T_1$ 时，由式(4-24)可得，$K_2^{\ominus} > K_1^{\ominus}$，即平衡常数随温度的升高而增大，升高温度平衡向正反应方向移动。反之，当 $T_2 < T_1$ 时，$K_2^{\ominus} < K_1^{\ominus}$，平衡向逆反应方向移动。

对于放热反应，$\Delta_r H_m^{\ominus} < 0$，当 $T_2 > T_1$ 时，$K_2^{\ominus} < K_1^{\ominus}$，即平衡常数随温度的升高而减小，升高温度平衡向逆反应方向移动。而当 $T_2 < T_1$ 时，$K_2^{\ominus} > K_1^{\ominus}$，平衡向正反应方向移动。

总之，温度升高时平衡向吸热反应方向移动，温度降低时平衡向放热反应方向移动。

式(4-24)的意义还在于，在知道反应热 $\Delta_r H_m^{\ominus}$ 的前提下，以 T_1 温度下的 $K_1^{\ominus}$，可求 T_2 温度下的 $K_2^{\ominus}$；已知两温度下的标准平衡常数，可求反应热 $\Delta_r H_m^{\ominus}$。

温度对化学反应的影响要从热力学和动力学两个方面综合考虑。从动力学中阿伦尼乌斯方程式(4-10)来看，升温总是有利于加快反应的进行，不管是正反应还是逆反应，其速率都能

得到提高。而从热力学的角度看,升温只有利于吸热反应。因此,在实际工业生产中,既要保证较高的反应速率,还要保证高的平衡转化率。例如,在合成氨工业中,因为是放热反应,所以升温会使平衡常数变小,但常温下反应速率太慢,工业上还是采用高温反应,以保证单位时间内的产量。同时,可在反应尚未达到平衡时,将反应混合物调离反应区,使未反应的反应物和产物分离后再投入反应区以循环使用。这样,升温所造成的平衡转化率下降对实际产量影响不大。

4. 勒夏特列原理

早在1907年,在总结大量实验事实的基础上,勒夏特列(H. L. Le Chatelier)定性得出平衡移动的普遍原理(勒夏特列原理):如果改变平衡体系的条件之一(浓度、压力和温度),平衡就向能减弱这种改变的方向移动。

平衡移动原理不仅适用于化学平衡体系,也适用于其他建立平衡的体系。

应当指出,勒夏特列原理只适用于已处于平衡状态的体系,而不适用于未达到平衡状态的体系。若体系处于非平衡态且 $Q<K^{\ominus}$,则反应向正方向进行。若适当减少某种反应物的浓度或分压,同时仍维持 $Q<K^{\ominus}$,反应方向是不会因这种减少而改变的。

至于催化剂对反应的影响,由于催化剂对热力学参数 $\Delta_r H_m^{\ominus}$ 乃至 $\Delta_r G_m^{\ominus}$ 均无影响,故不影响化学平衡,不改变平衡的状态,只是缩短了化学平衡到达的时间。

4.2.6 有关化学平衡的计算

许多重要的工程实际过程都涉及化学平衡或需借助平衡产率以衡量实践过程的完善程度。因此,掌握有关化学平衡的计算十分重要。有关平衡的计算中,应特别注意:

(1) 写出配平的化学反应方程式,并注明物质的聚集状态(若物质有多种晶形,还应注明是哪一种)。这对查找标准热力学函数数据及进行运算,或正确书写 $K^{\ominus}$ 表达式都是十分必要的。

(2) 当涉及物质的初始量、变化量、平衡量时,关键是要搞清各物质的变化量之比即为反应式中各物质的化学计量数之比。

1. 平衡常数的确定

例 4-7 若将 1.00mol SO_2 和 1.00mol O_2 的混合气体,在 903K 和 100kPa 压力下缓缓通过 V_2O_5 催化剂,使生成 SO_3。反应达平衡时,测得混合物中剩余的氧气为 0.615mol。试计算反应的 $K^{\ominus}$。

解 反应中氧气转化的量=1.00−0.615=0.385(mol)

	$2SO_2(g)$	+ $O_2(g)$ ⇌	$2SO_3(g)$
n(起始)/mol	1.00	1.00	0
n(变化)/mol	−2×0.385	−0.385	+2×0.385
n(平衡)/mol	0.230	0.615	0.770

平衡时

$$n_{总}=0.230+0.615+0.770=1.615(\text{mol})$$

$$p_{总}=100\text{kPa}=p^{\ominus}$$

$$p(SO_2)=\frac{n(SO_2)}{n_{总}}\cdot p_{总}=\frac{0.230}{1.615}\cdot p^{\ominus} \qquad p(O_2)=\frac{n(O_2)}{n_{总}}\cdot p_{总}=\frac{0.615}{1.615}\cdot p^{\ominus}$$

$$p(SO_3) = \frac{n(SO_3)}{n_{总}} \cdot p_{总} = \frac{0.770}{1.615} \cdot p^{\ominus}$$

$$K^{\ominus} = \frac{[p(SO_3)/p^{\ominus}]^2}{[p(SO_2)/p^{\ominus}]^2 \cdot [p(O_2)/p^{\ominus}]} = \frac{\left(\frac{0.770p^{\ominus}}{1.615p^{\ominus}}\right)^2}{\left(\frac{0.230p^{\ominus}}{1.615p^{\ominus}}\right)^2 \times \frac{0.615p^{\ominus}}{1.615p^{\ominus}}} = 29.4$$

例 4-8 已知下列反应的平衡常数

(1) $HCN \rightleftharpoons H^+ + CN^-$　　$K_1^{\ominus} = 4.9 \times 10^{-10}$

(2) $NH_3 + H_2O \rightleftharpoons NH_4^+ + OH^-$　　$K_2^{\ominus} = 1.8 \times 10^{-5}$

(3) $H_2O \rightleftharpoons H^+ + OH^-$　　$K_w^{\ominus} = 1.0 \times 10^{-14}$

试计算反应 $NH_3 + HCN \rightleftharpoons NH_4^+ + CN^-$ 的平衡常数 $K^{\ominus}$。

解　式(1) ＋ 式(2) － 式(3)，得

$$NH_3 + HCN \rightleftharpoons NH_4^+ + CN^-$$

因此

$$K^{\ominus} = \frac{K_1^{\ominus} \cdot K_2^{\ominus}}{K_w^{\ominus}} = \frac{4.9 \times 10^{-10} \times 1.8 \times 10^{-5}}{1.0 \times 10^{-14}} = 0.88$$

例 4-9 计算反应 $HI(g) \rightleftharpoons 0.5H_2(g) + 0.5I_2(g)$ 在 320K 时的 $K^{\ominus}$。若此时体系中，$p(HI,g) = 40.5kPa$，$p(I_2,g) = p(H_2,g) = 1.01kPa$，判断此时的反应方向。

解　根据查表的数据，得

$$\Delta_r G_m^{\ominus}(320K) = \Delta_r H_m^{\ominus}(298.15K) - T\Delta_r S_m^{\ominus}(298.15K)$$
$$= (0.5 \times 62.438 - 26.48) - 320 \times (0.5 \times 260.69 + 0.5 \times 130.684 - 206.594) \times 10^{-3}$$
$$= 8.23(kJ \cdot mol^{-1})$$

由 $\Delta_r G_m^{\ominus} = -RT\ln K^{\ominus}$，得

$$\ln K^{\ominus} = -\Delta_r G_m^{\ominus}/RT = -8.23 \times 10^3/(8.314 \times 320) = -3.093$$

$$K^{\ominus} = 4.53 \times 10^{-2}$$

$$Q = \frac{[p(I_2,g)/p^{\ominus}]^{0.5} \cdot [p(H_2,g)/p^{\ominus}]^{0.5}}{[p(HI,g)/p^{\ominus}]} = \frac{1.01/100}{40.5/100} = 2.49 \times 10^{-2}$$

因 $Q < K^{\ominus}$，故反应正向自发进行。

或由

$$\Delta_r G_m = \Delta_r G_m^{\ominus} + RT\ln Q = 8.23 + 8.314 \times 10^{-3} \times 320 \times \ln(2.49 \times 10^{-2}) = -1.59(kJ \cdot mol^{-1}) < 0$$

正反应自发进行。

例 4-10 已知合成氨反应

$$N_2(g) + 3H_2(g) \rightleftharpoons 2NH_3(g) \qquad \Delta_r H_m^{\ominus} = -92.22kJ \cdot mol^{-1}$$

若 298K 时的 $K_1^{\ominus} = 6.0 \times 10^{-5}$，试计算 700K 时的平衡常数 $K_2^{\ominus}$。

解　根据式(4-24)，得

$$\ln \frac{K_2^{\ominus}}{K_1^{\ominus}} = \frac{\Delta_r H_m^{\ominus}}{R} \cdot \frac{T_2 - T_1}{T_1 T_2} = \frac{-92.22 \times 10^3}{8.314} \times \frac{700 - 298}{298 \times 700} = -21.38$$

则

$$K_2^{\ominus}/K_1^{\ominus} = 5.2 \times 10^{-10}$$
$$K_2^{\ominus} = 3.1 \times 10^{-14}$$

注意：此体系从室温 25℃升高到 427℃，其平衡常数约降为原来的$\frac{1}{2 \times 10^9}$。因此，可推断为了获得合成氨的高产率，从化学热力学考虑，需要尽可能低的温度。

2. 计算平衡组成或转化率

化学反应达到平衡时，体系中各物质的浓度不再随时间而改变，此时反应物已最大限度地转化为生成物。平衡常数具体反映出平衡时各组分相对浓度、相对分压之间的关系，通过平衡常数可计算化学反应进行的最大程度，即化学平衡组成。在化工生产中常用转化率(α)来衡量化学反应进行的程度。某反应物的转化率即指该反应物已转化为生成物的百分数，即

$$\alpha = \frac{\text{某反应物已转化的量}}{\text{某反应物的总量}} \times 100\% \tag{4-25}$$

化学反应达平衡时的转化率称平衡转化率。显然，平衡转化率是理论上该反应的最大转化率。而实际生产中，反应达到平衡需要一定时间，流动的生产过程往往体系还没有达到平衡反应物就离开了反应容器，所以实际的转化率要低于平衡转化率。实际转化率与反应进行的时间有关。工业上所说的转化率一般指实际转化率，而一般教材中所说的转化率是指平衡转化率。

例 4-11 $N_2O_4(g)$的分解反应为$N_2O_4(g) \rightleftharpoons 2NO_2(g)$，该反应在 298K 时的$K^\ominus=0.116$，试求该温度下体系平衡总压为 200kPa 时$N_2O_4(g)$的平衡转化率。

解 设起始时$N_2O_4(g)$的物质的量为 1mol，平衡转化率为α。

	$N_2O_4(g) \rightleftharpoons$	$2NO_2(g)$
n(起始)/mol	1	0
n(变化)/mol	$-\alpha$	$+2\alpha$
n(平衡)/mol	$1-\alpha$	2α

平衡时

$$n(\text{总})=(1-\alpha)+2\alpha=1+\alpha$$

$$p(\text{平衡})/\text{kPa} \qquad \frac{1-\alpha}{1+\alpha}\cdot p(\text{总}) \quad \frac{2\alpha}{1+\alpha}\cdot p(\text{总})$$

$$K^\ominus = \frac{[p(NO_2)/p^\ominus]^2}{p(N_2O_4)/p^\ominus} = \frac{\left[\frac{2\alpha}{1+\alpha}\cdot\frac{p(\text{总})}{p^\ominus}\right]^2}{\frac{1-\alpha}{1+\alpha}\cdot\frac{p(\text{总})}{p^\ominus}} = 0.116$$

解得

$$\alpha=0.120=12.0\%$$

例 4-12 在 523.15K 时，将 0.70mol $PCl_5(g)$置于 2.0L 密闭容器中，待其达到平衡

$$PCl_5(g) \rightleftharpoons PCl_3(g)+Cl_2(g)$$

经测定$PCl_5(g)$的物质的量为 0.20mol。

(1) 求该反应的标准平衡常数$K^\ominus$及$PCl_5(g)$的平衡转化率α。

(2) 在 523.15K 的恒定温度下，于上述平衡体系中再加入 0.10mol $PCl_5(g)$，求重新达到平衡后各物种的平衡分压。

解 (1)

	$PCl_5(g) \rightleftharpoons$	$PCl_3(g)+$	$Cl_2(g)$
n(起始)/mol	0.70	0	0
n(平衡)/mol	0.20	0.50	0.50

由$pV=nRT$，得平衡时各组分分压为

$$p(PCl_5)=0.20\times8.314\times523.15/2.0=4.3\times10^2(\text{kPa})$$

$$p(PCl_3)=0.50\times8.314\times523.15/2.0=1.1\times10^3(\text{kPa})$$

$$p(Cl_2)=p(PCl_3)=1.1\times10^3(\text{kPa})$$

$$K^\ominus = \frac{[p(PCl_3)/p^\ominus]\cdot[p(Cl_2)/p^\ominus]}{p(PCl_5)/p^\ominus} = \frac{(1.1\times10^3/100)^2}{4.3\times10^2/100} = 28$$

$$\alpha(PCl_5)=(0.50/0.70)\times100\%=71\%$$

(2)　　$PCl_5(g) \rightleftharpoons PCl_3(g) + Cl_2(g)$

	$PCl_5(g)$	$PCl_3(g)$	$Cl_2(g)$
n(起始)/mol	0.20+0.10	0.50	0.50
n(平衡)/mol	$0.30-x$	$0.50+x$	$0.50+x$

由
$$K^\ominus = \prod_B (p_B/p^\ominus)^{\nu_B}$$

即
$$28 = \frac{\left[\dfrac{(0.50+x)RT}{V}/p^\ominus\right]^2}{\dfrac{(0.30-x)RT}{V}/p^\ominus}$$

解之，得
$$x = 0.055(\text{mol})$$

$p(Cl_2) = p(PCl_3) = (0.50+x)RT/V = (0.50+0.055)\times 8.314\times 523.15/2.0 = 1.2\times 10^3(\text{kPa})$

$p(PCl_5) = (0.30-x)RT/V = (0.30-0.055)\times 8.314\times 523.15/2.0 = 5.3\times 10^2(\text{kPa})$

3. 计算热力学函数 $\Delta_r G_m^\ominus(T)$ 和 $\Delta_r H_m^\ominus$

若已知一化学反应在某温度下 $K^\ominus$ 的数值，由公式 $\Delta_r G_m^\ominus(T) = -RT\ln K^\ominus$ 可计算该反应在该温度下的 $\Delta_r G_m^\ominus(T)$；若已知一化学反应在温度 T_1、T_2 下的标准平衡常数分别为 $K_1^\ominus$、$K_2^\ominus$，由式(4-24)可以估算该化学反应的 $\Delta_r H_m^\ominus$。

例 4-13　已知反应 $CaCO_3(s) \rightleftharpoons CaO(s) + CO_2(g)$，973K 时 $K^\ominus = 3.00\times 10^{-2}$，1173K 时 $K^\ominus = 1.00$。

(1) 该反应是吸热反应还是放热反应？

(2) 该反应的 $\Delta_r H_m^\ominus$ 是多少？

解　(1) 因为该反应的 $K^\ominus$ 值随温度的升高而增大，所以该反应为吸热反应。

(2) 由
$$\ln\frac{K_2^\ominus}{K_1^\ominus} = \frac{\Delta_r H_m^\ominus}{R}\left(\frac{1}{T_1} - \frac{1}{T_2}\right)$$

得
$$\ln\frac{1.00}{3.00\times 10^{-2}} = \frac{\Delta_r H_m^\ominus}{8.314}\left(\frac{1}{973} - \frac{1}{1173}\right)$$

$$\Delta_r H_m^\ominus = 1.66\times 10^5\,\text{J}\cdot\text{mol}^{-1} = 166\text{kJ}\cdot\text{mol}^{-1}$$

由 $\Delta_r H_m^\ominus > 0$ 也可判断该反应为吸热反应。

习　　题

1. 区别下列概念。

(1) 化学反应速率、平均速率和瞬时速率

(2) 基元反应和复杂反应

(3) 反应速率常数和平衡常数

(4) 活化分子与活化能

(5) 反应级数与反应分子数

(6) 经验平衡常数与标准平衡常数

2. 选择题。

(1) $CO(g) + NO_2(g) = CO_2(g) + NO(g)$ 为基元反应，下列叙述正确的是(　　)。

A. CO 和 NO_2 分子一次碰撞即生成产物

B. CO 和 NO_2 分子碰撞后，经由中间物质，最后生成产物

C. CO 和 NO_2 活化分子一次碰撞即生成产物

D. CO 和 NO_2 活化分子碰撞后，经由中间物质，最后生成产物

(2) $Br_2(g)+2NO(g)=2NOBr(g)$，对 Br_2 为一级反应，对 NO 为二级反应，若反应物浓度均为 2mol·L^{-1}时，反应速率为 3.25×10^{-3} mol·L^{-1}·s^{-1}，则此时的反应速率常数为（　　）L^2·mol^{-2}·s^{-1}。

A. 2.10×10^2　　B. 3.26　　C. 4.06×10^{-4}　　D. 3.12×10^{-7}

(3) 在标准状态下，下列两个反应的速率（　　）。

① $2NO_2(g) \rightleftharpoons N_2O_4(g)$，$\Delta_r G_m^\ominus = -5.8$kJ·$mol^{-1}$

② $N_2(g)+3H_2(g) \rightleftharpoons 2NH_3(g)$，$\Delta_r G_m^\ominus = -16.7$kJ·$mol^{-1}$

A. 反应①较②快　　B. 反应②较①快　　C. 两个反应速率相等　　D. 无法判断

(4) $A+B \rightleftharpoons C+D$ 反应的 $K^\ominus=10^{-10}$，这意味着（　　）。

A. 正反应不可能进行，物质 C 不存在　　B. 反应向逆方向进行，物质 C 不存在

C. 正、逆反应的机会相当，物质 C 大量存在　　D. 正反应进行程度小，物质 C 的量少

(5) 某反应 $\Delta H^\ominus<0$，当温度由 T_1 升高到 T_2 时，平衡常数 $K_1^\ominus$ 和 $K_2^\ominus$ 之间的关系是（　　）。

A. $K_1^\ominus > K_2^\ominus$　　B. $K_1^\ominus < K_2^\ominus$　　C. $K_1^\ominus = K_2^\ominus$　　D. 以上都对

(6) 达到化学平衡的条件是（　　）。

A. 反应物与产物浓度相等　　B. 反应停止产生热

C. 反应级数大于 2　　D. 正向反应速率等于逆向反应速率

(7) 1mol 化合物 AB 与 1mol 化合物 CD，按下述方程式进行反应，$AB+CD \rightleftharpoons AD+CB$，平衡时每种反应物都有 3/4mol 转变为 AD 和 CB（体积没有变化），反应的平衡常数为（　　）。

A. 9/16　　B. 1/9　　C. 16/9　　D. 9

(8) $A(g)+B(g)=C(g)$ 为基元反应，该反应的级数为（　　）。

A. 一　　B. 二　　C. 三　　D. 0

(9) 某温度时 $H_2(g)+Br_2(g) \rightleftharpoons 2HBr(g)$ 的 $K^\ominus=4\times10^{-2}$，则反应 $HBr(g) \rightleftharpoons 1/2H_2(g)+1/2Br_2(g)$ 的 $K^\ominus$ 是（　　）。

A. $1/(4\times10^{-2})$　　B. $1/[(4\times10^{-2})^{1/2}]$　　C. $(4\times10^{-2})^{1/2}$　　D. 2×10^{-1}

(10) 某反应的速率常数的单位是 mol·L^{-1}·s^{-1}，该反应的反应级数为（　　）。

A. 0　　B. 1　　C. 2　　D. 3

(11) 升高温度，反应速率增大的主要原因是（　　）。

A. 降低反应的活化能　　B. 增加分子间碰撞的频率

C. 增大活化分子的百分数　　D. 平衡向吸热反应方向移动

(12) 反应 $A(s)+B(g) \longrightarrow C(g)$，$\Delta H<0$，欲增加正反应速率，下列措施中无用的是（　　）。

A. 增大 B 的分压　　B. 升温

C. 使用催化剂　　D. B 的分压不变，C 的分压减小

3. 反应 $C_2H_6 \longrightarrow C_2H_4+H_2$，开始阶段反应级数近似为 3/2 级，910K 时速率常数为 $1.13L^{0.5}$·$mol^{-0.5}$·s^{-1}，试计算 $C_2H_6(g)$的压力为 1.33×10^4 Pa 时的起始分解速率 v_0（以 C_2H_6 浓度的变化表示）。

4. 295K 时，反应 $2NO+Cl_2 \longrightarrow 2NOCl$，其反应物浓度与反应速率关系的数据如下：

$c(NO)/(mol\cdot L^{-1})$	$c(Cl_2)/(mol\cdot L^{-1})$	$v(Cl_2)/(mol\cdot L^{-1}\cdot s^{-1})$
0.100	0.100	8.0×10^{-3}
0.500	0.100	2.0×10^{-1}
0.100	0.500	4.0×10^{-2}

(1) 对不同的反应物反应级数各为多少？

(2) 写出反应的速率方程；

(3) 反应的速率常数为多少？

5. 如果一反应的活化能为 117.15kJ·mol^{-1}，在什么温度下反应的速率常数 k 的值是 400K 时速率常数

值的 2 倍？

6. $CO(CH_2COOH)_2$ 在水溶液中分解成丙酮和二氧化碳，分解反应的速率常数在 283K 时为 $1.08\times10^{-4}mol\cdot L^{-1}\cdot s^{-1}$，333K 时为 $5.48\times10^{-2}mol\cdot L^{-1}\cdot s^{-1}$，试计算在 303K 时分解反应的速率常数。

7. 反应 $2NO(g)+2H_2(g)\longrightarrow N_2(g)+2H_2O(g)$ 的反应速率表达式为 $v=k\cdot c^2(NO)\cdot c(H_2)$，试讨论下列各种条件变化时对初速率有何影响。

(1) NO 的浓度增加一倍；

(2) 有催化剂参加；

(3) 降低温度；

(4) 将反应器的容积增大一倍；

(5) 向反应体系中加入一定量的 N_2。

8. 在没有催化剂存在时，H_2O_2 的分解反应

$$H_2O_2(l)\longrightarrow H_2O(l)+0.5O_2(g)$$

的活化能为 $75kJ\cdot mol^{-1}$。当有铁催化剂存在时，该反应的活化能降低到 $54kJ\cdot mol^{-1}$。计算在 298K 时这两种反应速率的比值。

9. 写出下列反应的标准平衡常数 $K^\ominus$ 的表达式。

(1) $C(s)+H_2O(g)\rightleftharpoons CO(g)+H_2(g)$

(2) $CH_4(g)+2O_2(g)\rightleftharpoons CO_2(g)+2H_2O(g)$

(3) $NH_4Cl(s)\rightleftharpoons NH_3(g)+HCl(g)$

(4) $CaCO_3(s)\rightleftharpoons CaO(s)+CO_2(g)$

(5) $2MnO_4^-(aq)+5H_2O_2(aq)+6H^+(aq)\rightleftharpoons 2Mn^{2+}(aq)+5O_2(g)+8H_2O(l)$

10. 实验测得 SO_2 氧化为 SO_3 的反应，在 1000K 时各物质的平衡分压为：$p(SO_2)=27.7kPa$，$p(O_2)=40.7\ kPa$，$p(SO_3)=32.9kPa$。计算该温度下反应 $2SO_2(g)+O_2(g)=\!=\!=2SO_3(g)$ 的平衡常数 $K^\ominus$。

11. 合成氨反应 $N_2(g)+3H_2(g)\rightleftharpoons 2NH_3(g)$，在 30.4MPa、500℃时，$K^\ominus$ 为 7.8×10^{-5}，计算该温度时下列反应的 $K^\ominus$。

(1) $0.5N_2(g)+1.5H_2(g)\rightleftharpoons NH_3(g)$　　(2) $2NH_3(g)\rightleftharpoons N_2(g)+3H_2(g)$

12. 已知下列反应在 1123K 时的平衡常数 $K^\ominus$：

(1) $C(s)+CO_2(g)\rightleftharpoons 2CO(g)$　　$K_1^\ominus=1.3\times10^{14}$

(2) $CO(g)+Cl_2(g)\rightleftharpoons COCl_2(g)$　　$K_2^\ominus=6.0\times10^{-3}$

计算反应 $2COCl_2(g)\rightleftharpoons C(s)+CO_2(g)+2Cl_2(g)$ 在 1123K 时的平衡常数 $K^\ominus$。

13. 已知下列反应在 298K 时的标准平衡常数 $K^\ominus$：

(1) $SnO_2(s)+2H_2(g)\rightleftharpoons 2H_2O(g)+Sn(s)$　　$K_1^\ominus=21$

(2) $H_2O(g)+CO(g)\rightleftharpoons H_2(g)+CO_2(g)$　　$K_2^\ominus=0.034$

计算反应 $2CO(g)+SnO_2(s)\rightleftharpoons Sn(s)+2CO_2(g)$ 在 298K 时的标准平衡常数 $K^\ominus$。

14. 317K 时，反应 $N_2O_4(g)\rightleftharpoons 2NO_2(g)$ 的 $K^\ominus=1.00$。分别计算当体系总压为 400kPa 和 800kPa 时 $N_2O_4(g)$ 的平衡转化率，并解释计算结果。

15. 反应 $PCl_5(g)\rightleftharpoons PCl_3(g)+Cl_2(g)$ 在 760K 时的平衡常数 $K^\ominus$ 为 33.3。若将 50.0gPCl_5 注入容积为 3.00L 的密闭容器中，求平衡时 PCl_5 的分解百分数。此时容器中的压力是多少？

16. 根据勒夏特列原理，讨论下列反应：$2Cl_2(g)+2H_2O(g)\rightleftharpoons 4HCl(g)+O_2(g)$，$\Delta H>0$，将 Cl_2、$H_2O(g)$、HCl、O_2 四种气体混合后，反应达到平衡时，下面左边的操作条件改变对右边平衡数值有何影响？（操作条件没有注明的是指温度不变，体积不变）

(1) 增大容器体积	$n(H_2O,g)$	(2) 加 O_2	$n(H_2O,g)$
(3) 加 O_2	$n(O_2)$	(4) 加 O_2	$n(HCl)$
(5) 减小容器体积	$n(Cl_2)$	(6) 减小容器体积	$p(Cl_2)$
(7) 减小容器体积	$K^\ominus$	(8) 升高温度	$K^\ominus$

(9) 升高温度　　p(HCl)　　(10) 加氮气　　n(HCl)

(11) 加催化剂　　n(HCl)

17. 若在 295K 时反应 $NH_4HS(s) \rightleftharpoons NH_3(g) + H_2S(g)$ 的 $K^{\ominus}=0.070$。计算

(1) 若反应开始时只有 $NH_4HS(s)$，平衡时气体混合物的总压；

(2) 同样的实验中，NH_3 的最初分压为 25.3kPa 时，H_2S 的平衡分压是多少？

18. 在 308K 和总压 100kPa 时，N_2O_4 有 27.2%分解。

(1) 计算 $N_2O_4(g) \rightleftharpoons 2NO_2(g)$ 反应的 $K^{\ominus}$；

(2) 计算 308K、总压为 200kPa 时，N_2O_4 的解离百分数；

(3) 从计算结果说明压力对平衡移动的影响。

19. 将 NH_4Cl 固体放在抽空的容器中加热到 340℃时发生下列反应：$NH_4Cl(s) = NH_3(g) + HCl(g)$，当反应达到平衡时，容器中总压为 100kPa。

(1) 求平衡常数 $K^{\ominus}$；

(2) 若此反应为吸热反应，当降低体系温度时，平衡将向哪个方向移动？

20. 试计算反应 $CO_2(g) + 4H_2(g) \rightleftharpoons CH_4(g) + 2H_2O(g)$ 在 800K 时的平衡常数 $K^{\ominus}$。

21. 25℃ 时，反应 $2H_2O_2(g) \rightleftharpoons 2H_2O(g) + O_2(g)$ 的 $\Delta_r H_m^{\ominus}$ 为 $-210.9\text{kJ} \cdot \text{mol}^{-1}$，$\Delta_r S_m^{\ominus}$ 为 $131.8\text{J} \cdot \text{mol}^{-1} \cdot \text{K}^{-1}$。试计算该反应在 25℃和 100℃时的 $K^{\ominus}$，计算结果说明什么问题？

22. 反应 $HgO(s) \rightleftharpoons Hg(g) + 0.5O_2(g)$ 在 693K 达平衡时总压为 5.16×10^4 Pa，在 723K 达平衡时总压为 1.08×10^5 Pa，求 HgO(s)分解反应的 $\Delta_r H_m^{\ominus}$。

第 5 章　物质结构基础

物质种类繁多，性质各异，这种差异因物质的组成和结构不同所致。大多数物质由分子组成，而分子由原子组成。科学技术的发展使人们对原子核和电子等微观粒子的研究不断深入，从 1897 年汤姆孙(J. Thomson)发现了电子，打破原子不可再分的旧观念，1905 年爱因斯坦(A.Einstein)提出的光子学说，1911 年卢瑟福(E.Rutherford)的粒子散射实验，1913 年玻尔的原子模型的提出及 1926 年薛定谔(E.Schrödinger)的量子力学方程等，使人们对原子结构的认识有了突破性的进展，使原子弹的爆炸、核能的和平利用、人造卫星上天、信息高速公路的建立等成为现实。迄今人类已发现 118 种元素，正是这些元素的原子组成了千千万万种具有不同性质的物质。本章主要讨论原子核外电子的运动状态、核外电子排布、元素的基本性质，化学键和分子间力的形成和性质，以及晶体结构的基本知识。

5.1　原子核外电子的运动状态

5.1.1　氢原子光谱和玻尔理论

1803 年，道尔顿提出了他的原子论，认为原子是组成物质的最小微粒，不能再分割。经历了近 100 年，到 19 世纪末，科学上的许多重大发现(1895 年 X 射线的发现、1896 年放射性的发现、1897 年电子的发现等)有力地证明了原子是可以分割的，它由更小的并具有一定结构的微粒组成。1911 年，卢瑟福用 α 粒子轰击多种金属箔，证明原子内大部分是空的，中央有一个极小的核，它集中了原子的全部正电荷及原子的几乎全部质量，电子只占原子质量很小一部分，并绕原子核运动，这就是卢瑟福的核式模型。它证明了原子不是不可分割的最小微粒。后来，相继发现了作为原子核组成部分的质子和中子，并确定了原子核的质量数等于质子数和中子数之和。其中，质子数等于核外电子数，整个原子显电中性。

1. 氢原子光谱

氢原子光谱的研究对探索原子核外电子的状态起过不小的作用，也可以说是近代原子结构理论建立的开始。一只充有低压氢气的放电管通过高压电流，氢原子受激发后发出的光经过棱镜分光，就得到氢原子光谱，如图 5-1 所示 。氢原子光谱是由一系列不连续的谱线所组成，在可见光区(波长 λ＝400～760nm)可得到 4 条比较明显的谱线：H_α、H_β、H_γ、H_δ，其频率 ν 分别为$4.57\times10^{14}\,s^{-1}$、$6.17\times10^{14}\,s^{-1}$、$6.91\times10^{14}\,s^{-1}$、$7.31\times10^{14}\,s^{-1}$。1885 年，瑞士一中学物理教师巴耳末(J. J. Balmer)指出这些谱线符合下列公式：

$$\nu = 3.289\times10^{15}\left(\frac{1}{2^2}-\frac{1}{n^2}\right) \tag{5-1}$$

当 n＝3、4、5、6 时，可算出 ν 分别等于氢原子光谱中上述 4 条谱线的频率。随后，在紫外区和红外区又发现氢原子光谱的若干组谱线。1913 年，瑞典物理学家里德伯(J. R. Rydberg)提出了适合所有氢原子光谱的通式：

$$\nu = 3.289 \times 10^{15}\left(\frac{1}{n_1^2} - \frac{1}{n_2^2}\right) \tag{5-2}$$

式中：n_1 和 n_2 为正整数，且 $n_2 > n_1$，并指出巴耳末公式只是其中 $n_1 = 2$ 的一个特例。

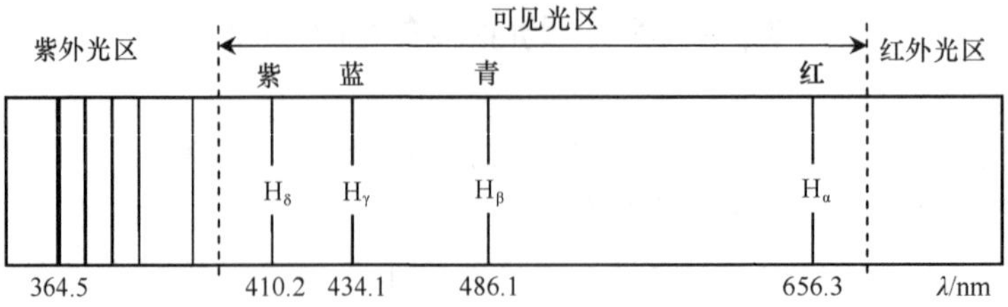

图 5-1　氢原子光谱

2. 玻尔理论

人们基于卢瑟福的核式模型，运用经典的电磁学理论解释原子光谱，发现与原子光谱的实验结果不符。根据经典电磁学理论，电子绕核高速运转，由于有很大的向心加速度，将不断向原子核靠近，最终将落入原子核内；与此同时，原子将连续不断地以电磁波形式辐射出能量，且辐射电磁波的频率也应是连续不断地改变，由此得到的原子光谱应该是连续的而不是线状的。但实际情况表明，除放射元素外，原子是稳定的，且各种原子所发射的光谱都是不连续的线状光谱。

1913 年，卢瑟福的学生，年仅 28 岁的丹麦原子物理学家玻尔接受了普朗克(M.Planck)的量子论和爱因斯坦的光子学说，发表了原子结构理论的三点假设：

(1) 定态假设。电子只能在一些符合量子化条件的圆形轨道上绕核旋转。

(2) 能级假设。电子在上述轨道上旋转时不释放能量，此时原子具有一定的能量称为定态。原子可以有许多能级，能量最低的能级称为基态，其余的称为激发态。

(3) 跃迁假设。电子从外界吸收辐射能时可从低能级跃迁到高能级，变成不稳定的激发态，并极易自动跃迁到低能级，这时以光的形式释放的能量为：$\Delta E = E_2 - E_1 = h\nu$。其中 E_1、E_2 是两个能级的能量，ν 是辐射频率。

玻尔理论提出能级的概念，由于能级是不连续的，即量子化的，造成氢原子光谱是不连续的线状光谱，成功地解释了经典物理学无法解释的氢原子光谱，把宏观的光谱现象和微观原子内部电子分层结构联系起来，推动了原子结构理论的发展。根据玻尔理论推测的氢原子半径和能量与实验数据非常吻合，是玻尔模型的一大成就。但是，玻尔理论不能解释多电子原子的光谱，也不能说明氢原子光谱的精细结构。其原因是该理论的基础仍是经典力学，只是在经典力学上人为地加了一些量子化条件。然而，微观粒子运动具有波粒二象性，不服从经典力学，因而玻尔理论必然被适用于微观粒子运动的量子力学理论代替。

5.1.2　微观粒子的波粒二象性和测不准原理

1. 波粒二象性

微观粒子的波粒二象性是指微观粒子既具有微粒性又具有波动性。波粒二象性是微观粒子运动的基本特性。对于电子这样的实物粒子，其粒子性早在发现电子时就已得到人们的公认，但电子具有波动性就不容易认识。1924 年，法国年轻物理学家德布罗意(L. de Broglie)在光具有波粒二象性的启发下，大胆地预言电子、中子、原子、分子等实物微粒也具有波粒二象

性，并指出光的波粒二象性的两个重要公式也适合于电子等实物粒子，即

$$E = h\nu \tag{5-3}$$

$$P = h/\lambda \tag{5-4}$$

式(5-3)、式(5-4)等号左边的能量 E、动量 P 是表示电子等实物微粒具有微粒性的物理量；等号右边的频率 ν 和波长 λ 是表示电子等实物微粒具有波动性的物理量，实物微粒的波粒二象性通过普朗克常量联系起来。

对于一个质量为 m、运动速度为 v 的实物微粒，其动量 $P=mv$，代入式(5-4)得

$$\lambda = \frac{h}{mv} \tag{5-5}$$

式(5-5)称德布罗意关系式。该式预示着实物微粒波(实物波)的波长可用微粒的质量和运动速度来描述，若实物微粒的 mv 值远大于 h 值时(如宏观物体)，则实物波的波长很短，通常可以忽略，因而不显示波动性；若实物微粒的 mv 值等于或小于 h 值，其波长不能忽略，即显示出波动性。

二象性是个普遍现象，不仅电子、质子、分子等微观粒子有二象性，宏观物体也有二象性，不过不够显著而已。

例 5-1　分别计算 $m=2.5\times10^{-2}$ kg、$v=300$ m · s^{-1} 的子弹和 $m_0=9.1\times10^{-31}$ kg、$v=1.5\times10^{6}$ m · s^{-1} 电子的波长，并加以比较。

解　按式(5-5)，子弹的波长为

$$\lambda_1 = \frac{6.6\times10^{-34}}{2.5\times10^{-2}\times300} = 8.8\times10^{-35}(\text{m}) = 8.8\times10^{-26}(\text{nm})$$

电子的波长为

$$\lambda_2 = \frac{6.6\times10^{-34}}{9.1\times10^{-31}\times1.5\times10^{6}} = 4.8\times10^{-10}(\text{m}) = 0.48(\text{nm})$$

计算结果表明子弹的波长很短，完全可以不予考虑，而电子的波长接近 X 射线的波长，显示波动性。

1927 年，戴维逊(C.J.Davisson)和革末(L.Germer)的电子衍射实验证明了德布罗意的假设是正确的。实验是使一束高速的电子流穿过薄晶片或金属粉末落在荧光屏上，如同光的衍射一样，可得到一系列明暗交替的环纹(图 5-2)。实验所得电子波的波长和式(5-5)计算值相符。

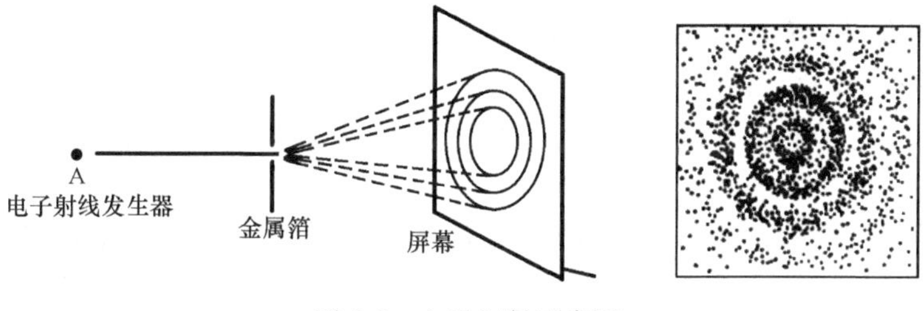

图 5-2　电子衍射示意图

电子衍射实验表明电子运动确实具有波动性，并有一定的波长和频率。其他微观粒子运动也都具有这一特征。正是由于微观粒子与宏观粒子不同，不遵循经典力学规律，而要用量子力学理论描述它的运动状态。

2. 测不准原理

电子等微观粒子因具有波粒二象性，不能用经典力学运动规律来确定其运动状态，1927 年，德国物理学家海森伯(W. Heisenberg)认为微观粒子的位置与动量之间的关系如下：

$$\Delta x \cdot \Delta p \geqslant \frac{h}{4\pi} \tag{5-6}$$

式(5-6)就是测不准关系式，其中 x 为微观粒子在空间某一方向的位置坐标，Δx 为确定粒子位置时的不准确量；Δp 为确定粒子动量时的不准确量；h 为普朗克常量。式(5-6)表明：不可能同时完全准确地测定位置和动量(速度)，即如果粒子位置测定得越准确，则相应的动量(速度)测定得越不准确，反之亦然，这就是测不准原理。

对于测不准原理，实际上反映微观粒子有波动性，它不服从由宏观物体运动规律所总结出来的经典力学，但不等于没有规律；相反，它说明微观粒子的运动是遵循更深刻的一种规律——量子力学。

例 5-2 分别计算质量为 10g 的子弹和电子的速度测不准情况。

解 (1) 对于 $m=10\text{g}$ 的子弹，它的位置可精确到 $\Delta x=0.01\text{cm}$，其速度测不准情况为

$$\Delta v \geqslant \frac{h}{4\pi m \cdot \Delta x} = \frac{6.62\times10^{-34}}{4\times3.14\times10\times10^{-3}\times0.01\times10^{-2}} = 5.2\times10^{-29}(\text{m}\cdot\text{s}^{-1})$$

常规步枪的速度为 $700\sim900\text{m}\cdot\text{s}^{-1}$，速度测不准量甚微，远远小于可测量的极限范围，说明测不准关系对宏观物体实际上不起作用。

(2) 对于微观粒子如电子，$m=9.11\times10^{-31}\text{kg}$，半径 r 约为 10^{-10}m，则 Δx 至少要达到 10^{-11}m 才相对准确，则其速度的测不准情况为

$$\Delta v \geqslant \frac{h}{4\pi m \cdot \Delta x} = \frac{6.62\times10^{-34}}{4\times3.14\times9.11\times10^{-31}\times10^{-11}} = 5.59\times10^{6}(\text{m}\cdot\text{s}^{-1})$$

电子的运动速度一般为 $10^4\sim10^7\text{m}\cdot\text{s}^{-1}$，其速度测不准量 Δv 太大，即比电子本征速度还大，说明确定电子位置的同时，其速度就测不准，即不可能同时测准电子的位置和速度。

5.1.3 波函数和原子轨道

对于微观粒子的运动，1926 年奥地利物理学家薛定谔根据德布罗意的观点，对经典光波方程进行改造，从而建立了描述核外电子运动的波动方程，即薛定谔方程。它是一个二阶偏微分方程式：

$$\frac{\partial^2\psi}{\partial x^2}+\frac{\partial^2\psi}{\partial y^2}+\frac{\partial^2\psi}{\partial z^2} = -\frac{8\pi^2 m}{h^2}(E-V)\psi \tag{5-7}$$

像牛顿力学方程是描述宏观物体运动状态、变化规律的基本方程一样，薛定谔方程是描述微观粒子运动状态、变化规律的基本方程。其中描述电子粒子性的物理量是电子的空间位置坐标(x,y,z)以及电子的质量(m)、总能量(E)和势能(V)，表征电子波动性的是波函数(ψ)，h 是普朗克常量。

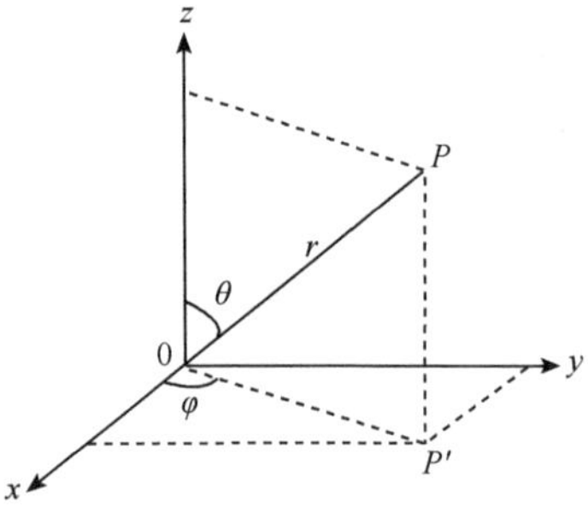

图 5-3 球坐标和直角坐标的关系

薛定谔方程的解并不是具体的数字，而是一个与坐标和三个参数 n、l、m 有关的函数式，可用直角坐标表示 $\psi_{n,l,m}(x,y,z)$，也可以变换为球坐标(r,θ,φ)，则表示为 $\psi_{n,l,m}(r,\theta,\varphi)$。$\psi$ 是含有变量的函数式，称为波函数，是描述核外电子运动状态的数学函数式。如图 5-3 所示，直角坐标系与球坐标系变量间的换算关系为

$$x = r\cdot\sin\theta\cdot\cos\varphi$$
$$y = r\cdot\sin\theta\cdot\sin\varphi$$
$$z = r\cdot\cos\theta$$

$$r=\sqrt{x^2+y^2+z^2}$$

波函数 $\psi(r,\theta,\varphi)$是变量 r、θ、φ 的函数，为了清楚和直观地了解波函数的图像，可以从 ψ 随 r(电子离核的距离)的变化和随角度 θ、φ 的变化两个方面来进行。即可将 $\psi(r,\theta,\varphi)$表示为两个函数的乘积：

$$\psi_{n,l,m}(r,\theta,\varphi)=R_{n,l}(r)\cdot Y_{l,m}(\theta,\varphi) \qquad (5\text{-}8)$$

式中：$R(r)$称为波函数的径向部分，它表明 θ、φ 一定时波函数 ψ 随 r 的变化关系；$Y(\theta,\varphi)$称为波函数的角度部分，它表明 r 一定时波函数 ψ 随 θ、φ 的变化关系。表 5-1 列出了氢原子的若干波函数及其径向和角度部分的函数。

表 5-1　氢原子的若干波函数及其径向和角度部分的函数(a_0为玻尔半径)

轨道	$\psi(r,\theta,\varphi)$	$R(r)$	$Y(\theta,\varphi)$
1s	$\sqrt{\frac{1}{\pi a_0^3}}\mathrm{e}^{-r/a_0}$	$2\sqrt{\frac{1}{a_0^3}}\mathrm{e}^{-r/a_0}$	$\sqrt{\frac{1}{4\pi}}$
2s	$\frac{1}{4}\sqrt{\frac{1}{2\pi a_0^3}}(2-\frac{r}{a_0})\mathrm{e}^{-r/2a_0}$	$\sqrt{\frac{1}{8a_0^3}}(2-\frac{r}{a_0})\mathrm{e}^{-r/2a_0}$	$\sqrt{\frac{1}{4\pi}}$
$2p_z$	$\frac{1}{4}\sqrt{\frac{1}{2\pi a_0^3}}(\frac{r}{a_0})\mathrm{e}^{-r/2a_0}\cos\theta$	$\sqrt{\frac{1}{24a_0^3}}(\frac{r}{a_0})\mathrm{e}^{-r/2a_0}$	$\sqrt{\frac{3}{4\pi}}\cos\theta$
$2p_x$	$\frac{1}{4}\sqrt{\frac{1}{2\pi a_0^3}}(\frac{r}{a_0})\mathrm{e}^{-r/2a_0}\sin\theta\cos\varphi$	$\sqrt{\frac{1}{24a_0^3}}(\frac{r}{a_0})\mathrm{e}^{-r/2a_0}$	$\sqrt{\frac{3}{4\pi}}\sin\theta\cos\varphi$
$2p_y$	$\frac{1}{4}\sqrt{\frac{1}{2\pi a_0^3}}(\frac{r}{a_0})\mathrm{e}^{-r/2a_0}\sin\theta\sin\varphi$	$\sqrt{\frac{1}{24a_0^3}}(\frac{r}{a_0})\mathrm{e}^{-r/2a_0}$	$\sqrt{\frac{3}{4\pi}}\sin\theta\sin\varphi$

在一定状态下(如基态)原子中的每个电子都有自己的波函数 ψ 和相应的能量 E，即一个波函数 ψ 代表电子的一种运动状态。波函数 ψ 又称为原子轨道，两者是同义词。需要注意的是，原子轨道只是一种形象的比喻，它和经典力学中的轨道或轨迹有本质的区别。经典力学中的轨道是指具有某种速度，可以确定运动物体任意时刻所处位置的轨道；量子力学中的原子轨道不是某种确定的轨道，而是原子中一个电子可能的空间运动状态，包含电子所具有的能量、离核的平均距离、概率密度分布等。

5.1.4　波函数和电子云的空间图形

1. 原子轨道的角度分布图

由于波函数 ψ 是空间坐标的函数，可以给出 ψ 在三维空间的图形。波函数的角度分布图又称原子轨道角度分布图，是表明 Y 值随 θ、φ 变化的图像，如图 5-4 所示。由于波函数的角度部分 $Y_{l,m}(\theta,\varphi)$只与 l 和 m 有关，因此只要 l 和 m 相同，其 $Y_{l,m}(\theta,\varphi)$函数式就相同，就有相同的原子轨道角度分布图。原子轨道角度部分图形中的"+"、"−"号，表明波函数角度部分的值在该区域为"+"值或"−"值。这种"+"、"−"号的存在科学地解释了由原子轨道重叠形成共价键且有方向性的原因之一。

需要强调的是，原子轨道的角度分布图并不是电子运动的具体轨道，它只反映波函数在空间不同方向上的变化情况。

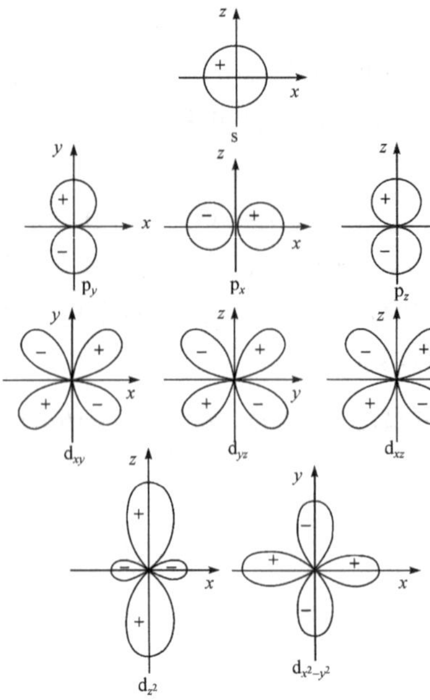

图 5-4　原子轨道角度分布图

2. 电子云的角度分布图

电子在核外空间某处单位微小体积内出现的概率称为概率密度，用波函数绝对值的平方 $|\psi|^2$ 表示。空间各点 $|\psi|^2$ 值的大小，反映了电子在各点附近单位微体积元中出现概率的大小，这是 $|\psi|^2$ 的物理意义。$|\psi|^2$ 值大，表明单位体积内电荷密度大；反之亦然。

常常形象地将电子的概率密度($|\psi|^2$)称作“电子云”(图 5-5)。需指出的是，电子云概念并不是说电子真的像云一样分散而不是一个粒子了，而只是电子行为具有统计性的一种形象说法。若用小黑点的疏密形象地表示概率密度的大小，则小黑点密的地方表示 $|\psi|^2$ 数值大，小黑点稀的地方表示 $|\psi|^2$ 数值小，这样就得到了电子云在空间的示意图像。

除了用小黑点表示电子云外，也常用电子云的界面图表示，如图 5-6 所示。电子云的界面是一等密度面，电子在此界面内的概率占 95%以上。

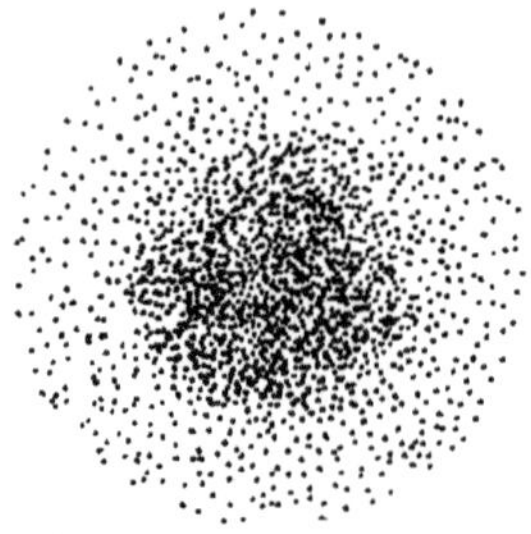
图 5-5　氢原子的 1s 电子云图

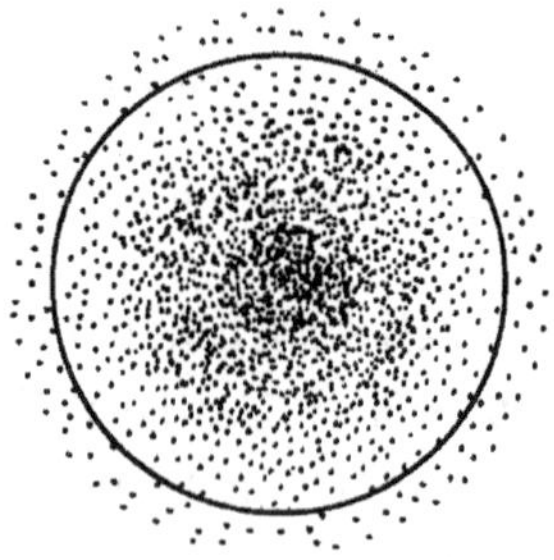
图 5-6　1s 电子云界面图

电子云的角度分布图是 Y^2 值随 θ、φ 变化的图像。图 5-7 表示 s、p、d 电子云的角度分布图。比较电子云的角度分布图与原子轨道的角度分布图发现，两种图形基本相似，但有两点不同：电子云的角度分布图比相应原子轨道的角度分布图要“瘦”一些；原子轨道有正、负号之分，电子云没有正、负号，这是因为 $|\psi|^2$ 的结果。

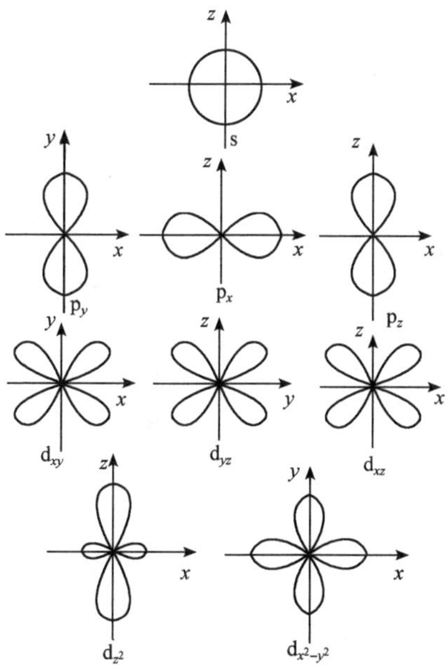

图 5-7 电子云角度分布图

3. 电子云的径向分布图

电子云的径向分布图是反映电子云随半径 r 变化的图形，它对了解原子的结构和性质及原子间的成键过程有重要意义。以 s 轨道为例，如图 5-8 所示，在一个离核半径为 r、厚度为 dr 的薄层球壳内电子出现的概率为

$$概率=概率密度\times体积=|\psi|^2 d\tau=|\psi|^2\times 4\pi r^2 dr=4\pi r^2|\psi|^2 dr$$

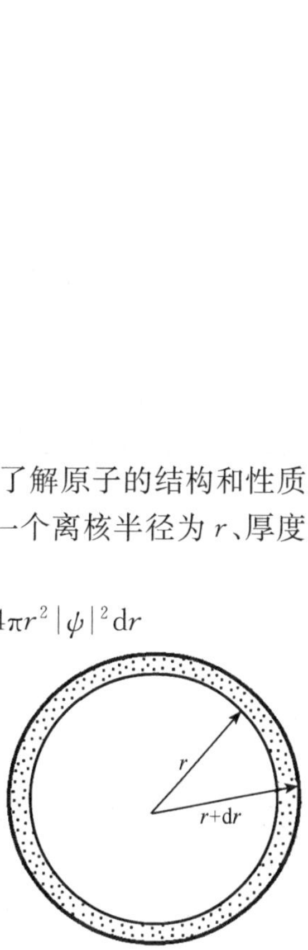

图 5-8 薄层球壳的剖面图

令 $D(r)=4\pi r^2|\psi|^2$，$D(r)$称为径向分布函数，其物理意义是：在半径为 r 的球面上单位厚度的球形薄壳内电子出现的概率。$D(r)$越大，表示电子在此单位厚度壳层出现的概率越大。以 $D(r)$为纵坐标，以 r 为横坐标作图，即得电子云的径向分布图。图 5-9 为氢原子的各种电子云径向分布示意图。

由图 5-9 可知，氢原子 1s 电子云径向分布图的最大球壳出现在 $r=52.9$pm 处，正好是玻尔理论中基态氢原子的半径，即玻尔半径 a_0。从量子力学的观点看，玻尔半径是出现概率最大的那个球壳离核的距离，但此处不是概率密度最大的地方。这里应该区分概率密度和概率两个含义不同的概念。在原子核附近，尽管概率密度很大，但 $r\to 0$，此处球壳体积 $d\tau\to 0$，故概率很小；在离核很远的地方，尽管 r 很大，球壳体积很大，但概率密度很小，所以电子出现的概率也很小；只有在半径 r 较大，同时概率密度也不太小的地方，电子出现的概率在该处球壳才会达到极值。

由图 5-9 可知，$D(r)$的主峰个数为 $n-l$。1s 有 1 个主峰，2s 有 2 个主峰，而 ns 有 n 个主峰，且 2s 的主峰比 1s 的主峰靠外，3s 的主峰比 2s 的主峰靠外。主峰越靠外，说明电子离核越远，轨道能量越高。由图还可发现，靠外层的轨道有小峰渗透到内层轨道，使轨道间产生相互渗透，出现能量交错。

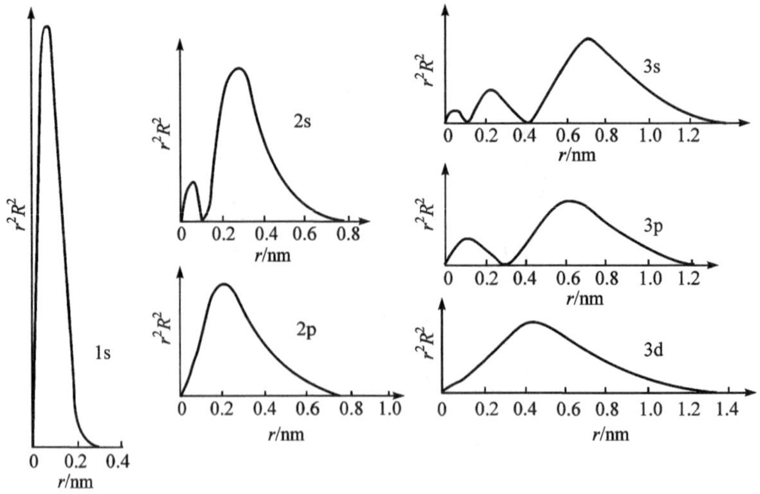

图 5-9　氢原子电子云径向分布图

5.1.5　四个量子数及其对原子核外电子运动状态的描述

原子中各电子在核外的运动状态，是指电子所在的电子层和原子轨道的能级、形状、伸展方向等，可用解薛定谔方程引入的三个参数即主量子数、角量子数和磁量子数加以描述。欲完整确定一个电子的运动状态，还有一个描述电子自旋运动特征的自旋量子数。

1. 主量子数(n)

主量子数又称能量量子数，它只能取 1、2、3 等正整数。

(1) 主量子数是决定电子能量的主要因素。对氢原子及单电子离子，其能量只由主量子数决定，n 值越大，电子所具能量越高。对多电子原子来说，主量子数是决定每个电子能量的主要因素，一般情况，n 值大，电子能量高。

(2) 主量子数表示电子离核的远近或电子层数。主量子数相同的电子，几乎在离核相同距离的空间范围内运动，因此可将主量子数相同的电子归并在一起称为一个电子层或能层(又称壳层)，$n=1$ 表示能量最低、离核最近的第一电子层，$n=2$ 表示能量次低、离核次近的第二电子层，其余类推。在光谱学上常用一套拉丁字母表示电子层，常用 K、L、M、N、O、P、Q 等符号分别表示 $n=1$、2、3、4、5、6、7 等电子层。

2. 角量子数(l)

电子绕核运动时，不仅有一定的能量，而且有一定的角动量，角动量由量子数 l 决定，故称 l 为角量子数，其取值为 $l=0,1,2,3,4,\cdots,(n-1)$。l 受 n 限制，最大不能超过 $n-1$。在光谱学上分别用符号 s、p、d、f、g 等表示。l 的物理意义如下：

(1) 表示电子的亚层或能级。由角量子数的取值可见，对应于一个 n 值，可能有几个 l 值，这表示同一电子层中包含有几个不同的亚层，不同亚层能量有所差异，故亚层又称为能级。例如，1s 态电子处于 1s 能级，2p 态电子处于 2p 能级，3d 态电子处于 3d 能级等。表 5-2 列出不同 n 值所对应的能级数。

(2) 表示原子轨道(或电子云)的形状。$l=0$ 时，相应电子状态称为 s 态，其原子轨道(或电子云)的形状为球形；$l=1$ 时，相应电子状态称为 p 态，其原子轨道形状为哑铃形；$l=2$，相应电子状态称为 d 态，其原子轨道形状为花瓣形。

(3) 多电子原子中 l 与 n 一起决定电子的能量。在多电子原子中，电子的能量不仅取决于主量子数 n，还与角量子数 l 有关。当 n 相同时，一般情况是 l 值越大能量越高，因此在描述多电子原子体系电子的能量状态时，需要 n 和 l 两个量子数。

表 5-2　电子层和能级

n	1	2		3			4			
电子层符号	K	L		M			N			
l	0	0	1	0	1	2	0	1	2	3
能级符号	1s	2s	2p	3s	3p	3d	4s	4p	4d	4f
电子层中能级数目	1	2		3			4			

3. 磁量子数(m)

在有磁场存在的情况下，线状光谱发生分裂，谱线分裂的数目取决于磁量子数 m。量子力学已证明，原子中电子绕核运动的轨道角动量在外磁场方向上的分量是量子化的并由量子数 m 决定，因此称 m 为磁量子数。磁量子数的取值为 $0, \pm1, \pm2, \cdots, \pm l$，$m$ 值受 l 值的限制，m 有 $(2l+1)$ 种状态。

磁量子数决定原子轨道或电子云在空间的伸展方向。m 的每一个数值表示具有某种空间方向的一个原子轨道。一个亚层中，m 有几个可能的取值，该亚层就只能有几个不同伸展方向的同类原子轨道。例如，$l=0$ 时，m 为 0，表示 s 亚层只有一个轨道，即 s 轨道；$l=1$ 时，m 有 $-1, 0, +1$ 三个取值，表示 p 亚层有三个分别以 x, y, z 轴为对称的 p_x, p_y, p_z 原子轨道，这三个轨道的伸展方向相互垂直；$l=2$ 时，m 有 $-2, -1, 0, +1, +2$ 五个取值，表示 d 亚层有五个不同伸展方向的 $d_{xy}, d_{yz}, d_{xz}, d_{z^2}, d_{x^2-y^2}$ 轨道。

$l=0$ 的轨道都称为 s 轨道，其中按 $n=1,2,3,4,\cdots$ 依次称为 1s，2s，3s，4s，…轨道。s 轨道内的电子称为 s 电子。

$l=1$、2、3 的轨道依次分别称为 p、d、f 轨道，其中按 n 值分别称为 np、nd、nf 轨道。p、d、f 轨道内的电子依次称为 p、d、f 电子。

在没有外加磁场情况下，l 相同、m 不同的原子轨道，即形状相同、空间取向不同的原子轨道，其能量是相同的。不同原子轨道具有相同能量的现象称为能量简并，能量相同的各原子轨道称为简并轨道或等价轨道。简并轨道的数目称简并度。例如，$l=1$ 的 p 态能级有三个简并轨道 p_x、p_y、p_z，简并度为 3。

亚层	p	d	f
等价轨道	3 个 p 轨道	5 个 d 轨道	7 个 f 轨道

在外加磁场作用下，等价轨道会发生分裂，其能量会有微小的差别。

4. 自旋量子数(m_s)

自旋量子数是描述核外电子的自旋状态的量子数。所谓自旋即绕电子自身旋转。它的取值只有两个($+1/2$ 和 $-1/2$)，分别代表电子的两种自旋方向，可示意为顺时针方向和逆时针方向，用符号 ↑ 和 ↓ 表示。自旋只有两个方向，因此决定了每个轨道最多只能容纳两个电子，且自旋方向相反。

综上所述,可用四个量子数确定电子的状态,根据四个量子数数值间的关系可算出各电子层中可能有的状态。现将量子数 n、l、m、m_s的取值规则及状态总数归纳于表5-3 中。

表 5-3　四个量子数和电子运动状态

<table>
<tr><th colspan="2">主量子数 n</th><th colspan="2">角量子数 l</th><th colspan="3">磁量子数 m</th><th colspan="2">自旋量子数 m_s</th><th rowspan="3">电子运动状态数</th></tr>
<tr><th rowspan="2">取值</th><th rowspan="2">电子层符号</th><th rowspan="2">取值</th><th rowspan="2">能级符号</th><th rowspan="2">取值</th><th colspan="2">原子轨道</th><th rowspan="2">取值</th><th rowspan="2">符号</th></tr>
<tr><th>符号</th><th>总数</th></tr>
<tr><td>1</td><td>K</td><td>0</td><td>1s</td><td>0</td><td>1s</td><td>1</td><td>±1/2</td><td>↑↓</td><td>2</td></tr>
<tr><td rowspan="4">2</td><td rowspan="4">L</td><td>0</td><td>2s</td><td>0</td><td>2s</td><td rowspan="4">4</td><td>±1/2</td><td>↑↓</td><td rowspan="4">8</td></tr>
<tr><td rowspan="3">1</td><td rowspan="3">2p</td><td rowspan="3">0
±1</td><td>$2p_z$</td><td>±1/2</td><td>↑↓</td></tr>
<tr><td>$2p_x$</td><td>±1/2</td><td>↑↓</td></tr>
<tr><td>$2p_y$</td><td>±1/2</td><td>↑↓</td></tr>
<tr><td rowspan="9">3</td><td rowspan="9">M</td><td>0</td><td>3s</td><td>0</td><td>3s</td><td rowspan="9">9</td><td>±1/2</td><td>↑↓</td><td rowspan="9">18</td></tr>
<tr><td rowspan="3">1</td><td rowspan="3">3p</td><td rowspan="3">0
±1</td><td>$3p_z$</td><td>±1/2</td><td>↑↓</td></tr>
<tr><td>$3p_x$</td><td>±1/2</td><td>↑↓</td></tr>
<tr><td>$3p_y$</td><td>±1/2</td><td>↑↓</td></tr>
<tr><td rowspan="5">2</td><td rowspan="5">3d</td><td rowspan="5">0
±1
±2</td><td>$3d_{z^2}$</td><td>±1/2</td><td>↑↓</td></tr>
<tr><td>$3d_{xz}$</td><td>±1/2</td><td>↑↓</td></tr>
<tr><td>$3d_{yz}$</td><td>±1/2</td><td>↑↓</td></tr>
<tr><td>$3d_{x^2-y^2}$</td><td>±1/2</td><td>↑↓</td></tr>
<tr><td>$3d_{xy}$</td><td>±1/2</td><td>↑↓</td></tr>
</table>

5.2　多电子原子结构

5.2.1　近似能级图

鲍林(L.C.Pauling)根据光谱实验数据和理论计算结果,总结出多电子原子中原子轨道的近似能级图(图 5-10),它反映了各能级相对能量高低的顺序。图 5-10 中用小圆圈代表原子轨道,能量相近的划为一组,称为能级组,按 1,2,3,…能级组的顺序,能量依次增高。

由图 5-10 可见,角量子数 l 相同的能级的能量高低由主量子数 n 决定,如 $E_{1s}<E_{2s}<E_{3s}<E_{4s}<\cdots$。主量子数 n 相同,角量子数 l 不同的能级,能量随 l 的增大而升高,如$E_{ns}<E_{np}<E_{nd}<E_{nf}$,该现象称为能级分裂。当主量子数 n 和角量子数 l 均不同时,出现能级交错现象,如 $E_{4s}<E_{3d}<E_{4p}<\cdots$。

我国化学家徐光宪教授由光谱实验数据归纳出判断能级高低的近似规则——$(n+0.7l)$规则(表 5-4),所得结果与鲍林的近似能级图一致。

必须指出,鲍林近似能级图仅反映了多电子原子中原子轨道能量的近似高低,不能认为所有元素原子的能级高低都是一成不变的。光谱实验和量子力学理论证明,随着元素原子序数的递增(核电荷增加),原子核对核外电子的吸引作用增强,轨道的能量有所下降。由于不同的轨道下降的程度不同,所以能级的相对次序有所改变。

5.2.2　核外电子排布的规律

人们根据原子光谱实验和量子力学理论,总结出原子中电子排布服从以下三个原则。

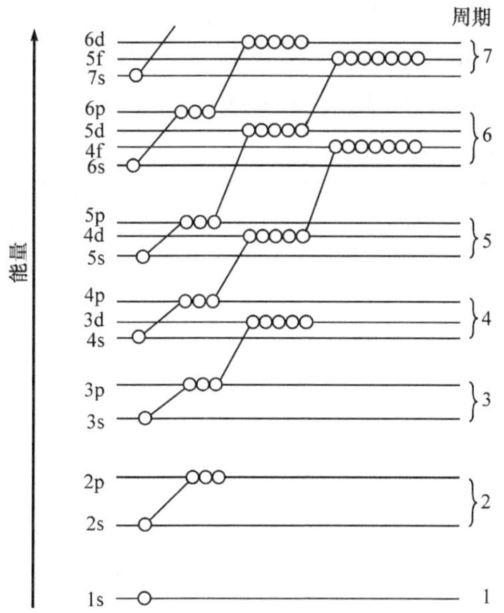

图 5-10　多电子原子的近似能级图

表 5-4　电子能级分组表

能级顺序	$n+0.7l$	能级组	组内轨道数
1s	1.0	Ⅰ	1
2s 2p	2.0 2.7	Ⅱ	4
3s 3p	3.0 3.7	Ⅲ	4
4s 3d 4p	4.0 4.4 4.7	Ⅳ	9
5s 4d 5p	5.0 5.4 5.7	Ⅴ	9
6s 4f 5d 6p	6.0 6.1 6.4 6.7	Ⅵ	16
7s 5f 6d 7p	7.0 7.1 7.4 7.7	Ⅶ	16

1. 泡利(W.E.Pauli)不相容原理

在同一原子中,不可能有运动状态完全相同(四个量子数完全相同)的电子存在。或者说,每个原子轨道最多只能容纳两个自旋相反的电子。

按照这个原理,s 轨道可容纳 2 个电子,p、d、f 轨道依次最多可容纳 6、10、14 个电子,并可推知每个电子层可容纳的最多电子数为 $2n^2$。

2. 能量最低原理

在不违背泡利不相容原理的前提下,电子首先填充能量最低的轨道,然后才依次占据能量稍高的轨道,即要使整个原子系统能量最低。

3. 洪德(F.Hund)规则

电子分布在等价轨道上时,尽量分占不同轨道,且自旋相同。例如,N 原子的 3 个 2p 电子分别占据 p_x、p_y、p_z 三个简并轨道,且自旋平行。根据洪德规则推断,当等价原子轨道处于全满(p^6,d^{10},f^{14})、半满(p^3,d^5,f^7)或全空(p^0,d^0,f^0)时,为最稳定状态。

5.2.3　核外电子排布和元素周期系

1. 核外电子的排布

根据电子排布遵循的三个原则,可将周期表中每个元素基态原子的核外电子排布出来,如 Sc($Z=21$)的电子层构型为 $1s^2 2s^2 2p^6 3s^2 3p^6 3d^1 4s^2$。这种用主量子数 n 的数值和角量子数 l 的符号表示的式子称为原子的核外电子排布式或电子层结构,右上角的数字是轨道中的电子数目。一般在写电子构型时，先按电子从低能级到高能级的次序填写，但为了清楚地看出每层电子的填入情况，将属于同一层的能级归在一起，这样更便于看出电子层结构。例如，Zn(30)：$1s^2 2s^2 2p^6 3s^2 3p^6 4s^2 3d^{10}$，将同一层的能级归在一起得到 Zn(30)：$\underline{1s^2}$，$\underline{2s^2 2p^6}$，$\underline{3s^2 3p^6 3d^{10}}$，$\underline{4s^2}$。表 5-5 为 1 号元素到 36 号元素的原子的电子层结构。

表 5-5　前 36 号元素的原子的电子层结构

周期	原子序数	元素符号	元素名称	电子层									
				K	L		M			N			
				1s	2s	2p	3s	3p	3d	4s	4p	4d	4f
1	1	H	氢	1									
	2	He	氦	2									
2	3	Li	锂	2	1								
	4	Be	铍	2	2								
	5	B	硼	2	2	1							
	6	C	碳	2	2	2							
	7	N	氮	2	2	3							
	8	O	氧	2	2	4							
	9	F	氟	2	2	5							
	10	Ne	氖	2	2	6							
3	11	Na	钠	2	2	6	1						
	12	Mg	镁	2	2	6	2						
	13	Al	铝	2	2	6	2	1					
	14	Si	硅	2	2	6	2	2					
	15	P	磷	2	2	6	2	3					
	16	S	硫	2	2	6	2	4					
	17	Cl	氯	2	2	6	2	5					
	18	Ar	氩	2	2	6	2	6					
4	19	K	钾	2	2	6	2	6		1			
	20	Ca	钙	2	2	6	2	6		2			
	21	Sc	钪	2	2	6	2	6	1	2			
	22	Ti	钛	2	2	6	2	6	2	2			
	23	V	钒	2	2	6	2	6	3	2			
	24	Cr	铬	2	2	6	2	6	5	1			
	25	Mn	锰	2	2	6	2	6	5	2			
	26	Fe	铁	2	2	6	2	6	6	2			
	27	Co	钴	2	2	6	2	6	7	2			
	28	Ni	镍	2	2	6	2	6	8	2			
	29	Cu	铜	2	2	6	2	6	10	1			
	30	Zn	锌	2	2	6	2	6	10	2			
	31	Ga	镓	2	2	6	2	6	10	2	1		
	32	Ge	锗	2	2	6	2	6	10	2	2		
	33	As	砷	2	2	6	2	6	10	2	3		
	34	Se	硒	2	2	6	2	6	10	2	4		
	35	Br	溴	2	2	6	2	6	10	2	5		
	36	Kr	氪	2	2	6	2	6	10	2	6		

为了表明这些电子的磁量子数和自旋量子数，也可用图 5-11 的图示表示，称为轨道排布式。用一短横线（也有用□或○）表示 n、l、m 确定的一个轨道，箭头符号↑、↓表示电子的两种自旋状态（$m_s=+1/2$，$m_s=-1/2$）。

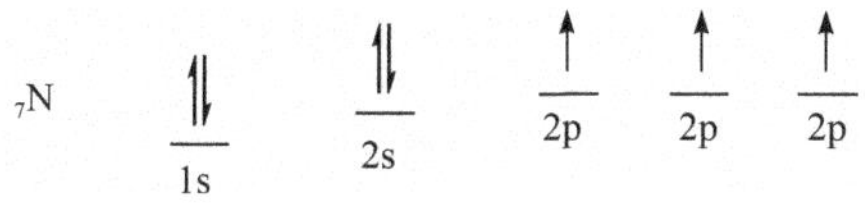

图 5-11　氮原子的轨道排布式

为避免电子排布式书写过繁，常把电子排布已达到稀有气体结构的内层，以稀有气体元素符号外加方括号（称原子实）表示。例如，钠原子的电子构型 $1s^2 2s^2 2p^6 3s^1$ 也可表示为 $[Ne]3s^1$。原子实以外的电子排布称外围电子构型或价电子构型。必须注意，虽然原子中电子是按近似能级图由低到高的顺序填充的，但在书写原子的电子构型时，外层电子构型应按 $(n-2)f$、$(n-1)d$、ns、np 的顺序书写。例如

$_{22}Ti$ 电子构型为 $[Ar]3d^2 4s^2$　　$_{29}Cu$ 电子构型为 $[Ar]3d^{10} 4s^1$

$_{64}Gd$ 电子构型为 $[Xe]4f^7 5d^1 6s^2$　　$_{82}Pb$ 电子构型为 $[Xe]4f^{14} 5d^{10} 6s^2 6p^2$

对绝大多数元素的原子来说，按电子排布规则得出的电子排布式与光谱实验的结果是一致的，然而有些副族元素，如 $_{74}W\{[Xe]5d^4 6s^2\}$ 等不能用上述规则予以完满解释，这种情况在第六、七周期元素中较多。应该说，这些原子的核外电子排布仍然是服从能量最低原理的，说明电子排布规则还有待发展完善，使它更符合实际。

当原子失去电子成为阳离子时，其电子是按 $np \rightarrow ns \rightarrow (n-1)d \rightarrow (n-2)f$ 的顺序失去电子的。例如，Fe^{2+} 的电子构型为 $[Ar]3d^6 4s^0$，而不是 $[Ar]3d^4 4s^2$。原因是同一元素的阳离子比原子的有效核电荷多，造成基态阳离子的轨道能级与基态原子的轨道能级有所不同。

2. 电子层结构与周期表

由表 5-5 清楚地看到，原子的价电子构型随着原子序数的增加而呈现周期性变化，原子的价电子构型的周期性变化又引起元素性质的周期性变化。元素性质周期性变化的规律称为元素周期律，反映元素周期律的元素排布称为元素周期表，亦称元素周期系。

近似能级图中，每个能级组对应于周期表中一个周期（表 5-6）。因此，能级组的划分是化学元素划分为周期的根本原因。由于每个能级组中所包含的能级数目不同，可填充的电子数目也不同，所以周期表划分为特短周期（第一周期）、短周期（第二、第三周期）、长周期（第四、第五周期）和特长周期（第六、第七周期），每个周期所含元素的数目相当于对应能级组中所能容纳的电子数。周期表中共有 7 个横行，每一横行称为一个周期。每一周期的元素，其价电子构型由 ns^1 开始，到 np^6 结束（第一周期由 $1s^1 \rightarrow 1s^2$），即由碱金属元素开始到稀有气体元素结束。

周期表中每个周期都重复着相似的电子结构，随着原子序数的增加，电子构型呈规律性地变化，这是元素性质呈现周期性变化的内在依据。在电子构型中，最外层电子（ns、np）和外围电子 $[(n-1)dns, (n-2)f(n-1)dns]$ 对元素的化学性质有重要影响。

表 5-6 各周期的元素数目

周期	元素数目	能级组	能级组所含能级	电子最大容量
1	2	1	1s	2
2	8	2	2s 2p	8
3	8	3	3s 3p	8
4	18	4	4s 3d 4p	18
5	18	5	5s 4d 5p	18
6	32	6	6s 4f 5d 6p	32
7	32	7	7s 5f 6d 7p	32

元素周期表中共有 18 个纵行，分为 7 个主族、7 个副族、1 个ⅧA 族（有时也称作零族）和 1 个Ⅷ族，主族和副族分别用ⅠA～ⅦA 和ⅠB～ⅦB 表示。按电子填充顺序，最后一个电子若填入最外层的 ns、np 轨道的称主族元素，最后一个电子填入次外层 $(n-1)$d 或倒数第三层 $(n-2)$f 的称副族元素。第Ⅷ族元素的外层电子构型是 $(n-1)d^{6\to10}ns^{0\to2}$，包括 3 个纵行。

外层电子在化学反应中是活泼的因素，通常称这些电子为价电子。主族元素的价电子是 ns 或 nsnp 能级中的电子；副族元素，除了外层的 ns 电子可参加化学反应外，$(n-1)$d 电子也可部分或全部参与化学反应，因此副族元素的价电子包括 $(n-1)$d、ns 能级。为区别于主族的价电子构型，常称副族元素的价电子构型为外围电子构型。ⅡB 族元素 $(n-1)$d 能级已填满 10 个电子，是稳定的全充满状态，$(n-1)d^{10}$ 中的电子虽不参与化学反应，但为了区别于ⅡA 的价电子构型，仍用 $(n-1)d^{10}ns^2$ 表示ⅡB 外围电子构型。

根据元素的价电子构型，把周期表中的元素分成五个区：

(1) s 区。价电子构型为 $ns^{1\sim2}$，包括ⅠA 和ⅡA。它们在化学反应中易失去电子形成+1 价或+2 价离子，为活泼金属。

(2) p 区。价电子构型为 $ns^2np^{1\sim6}$，包括ⅢA～ⅦA 及ⅧA 族。s 区和 p 区元素的共同特点是最后一个电子都填入最外电子层，最外层电子总数等于族数。

(3) d 区。价电子构型为 $(n-1)d^{1\sim8}ns^2$（少数例外，如 Cr $3d^54s^1$，Pd $4d^{10}5s^0$），包括ⅢB～ⅦB 和Ⅷ族。当价电子总数为 3～7 时，与相应的副族数对应；价电子总数为 8～10 时，为Ⅷ族。

(4) ds 区。价电子构型为 $(n-1)d^{10}ns^{1\sim2}$，包括ⅠB 和ⅡB。ds 区元素的族数等于最外层 ns 轨道上的电子数。

(5) f 区。价电子构型为 $(n-2)f^{1\sim14}(n-1)d^{0\sim2}ns^2$（有例外），包括镧系和锕系元素，位于周期表下方，f 区元素最后一个电子填充在 f 亚层。

5.3 元素基本性质的周期性

周期表中原子的电子结构呈现周期性的变化，元素的基本性质如原子半径、电离能、电子亲和能和电负性等也必然呈现周期性的变化。

5.3.1 原子半径

电子在原子内的运动呈概率分布，电子的运动无明确的边界，因此原子半径是根据相邻原子的核间距测出的。由于相邻原子间成键的情况不同，可给出不同的半径。两种或同种元素的两个原子以共价单键结合时，其核间距的一半称为共价半径。金属晶格中，金属原子核间距的一半称金属半径。在单质中，两个相邻原子在没有键合的情况下，仅借范德华(van der Waals)引力联系在一起，核间距离的一半称为范德华半径。各种原子半径的示意图如图 5-12 所示。主族元素的原子半径列于表 5-7 中。

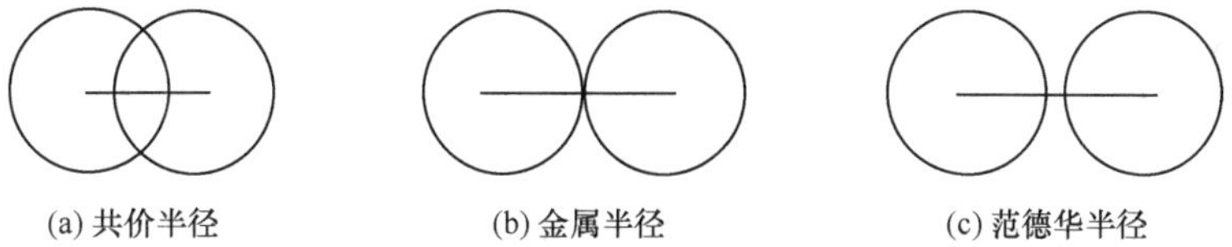

图 5-12　各种原子半径的示意图

表 5-7　主族元素的原子半径(单位：pm)

ⅠA	ⅡA	ⅢA	ⅣA	ⅤA	ⅥA	ⅦA
H — 28						
Li 152.0 133.6	Be 111.3 90	B 98 79.5	C 91.4 77.2	N 92 54.9	O — 60.4	F — 70.9
Na 185.8 153.9	Mg 159.9 136	Al 143.2 118	Si 117.6 112.6	P 110.5 94.7	S 103 94.4	Cl — 99.4
K 227.2 196.2	Ca 197.4 174	Ga 122.1 126	Ge 122.5 122	As 124.8 120	Se 116.1 107.6	Br — 114.2
Rb 247.5 216	Sr 215.2 191	In 162.6 144	Sn 140.5 141	Sb 145 140	Te 143.2 129.5	I — 133.3
Cs 265.5 235	Ba 217.4 198	Tl 170.4 148	Pb 175.0 147	Bi 154.8 146	Po 167.3 146	At — 145

注：第一行数据为金属半径；第二行数据为共价半径。

同一周期，从左到右原子半径逐渐减小。这是因为同一周期元素原子的电子层相同，有效核电荷逐渐增加，核对外层电子的引力依次加强，原子半径从左到右逐渐减小。主族元素有效核电荷增加比过渡元素显著，同一周期主族元素的原子半径减小的幅度较大。

同一主族，从上到下元素原子的电子层数渐增，电子间的斥力增大，因而半径逐渐增大。同一副族元素从上到下原子半径变化不明显，特别是第五、六周期的原子半径非常接近，这是受了镧系收缩的影响。例如

第四周期元素	Sc	Ti	V	Cr
r/pm	161	145	132	125
第五周期元素	Y	Zr	Nb	Mo
r/pm	181	160	143	136
第六周期元素	Lu	Hf	Ta	W

r/pm	173	159	143	137

镧系元素从左到右，原子半径大体上也是逐渐缩小的，只是幅度更小。镧系元素整个系列的原子半径缩小不明显的现象称为镧系收缩。镧系收缩的结果使第五、六周期的同族元素原子半径非常接近，它们的性质也非常相似，在自然界中常共生在一起，且难以分离，如 Zr 和 Hf、Nb 和 Ta、Mo 和 W 等。

5.3.2 电离能

在标准状态下，使基态气态中性原子失去一个电子形成带一个正电荷的气态正离子所需要的能量称为元素的第一电离能，用 I_1 表示，单位 kJ · mol^{-1}。从 +1 价气态正离子再失去一个电子形成 +2 价气态正离子时所需能量称为元素的第二电离能，用 I_2 表示。依此类推。失去第二个电子时要克服离子的过剩电荷的作用，故 $I_1 < I_2 < I_3 \cdots$。元素之间一般用第一电离能进行比较。主族元素原子的第一电离能列于表 5-8 中。

表 5-8 主族元素原子的第一电离能 （单位：kJ · mol^{-1}）

H 1312.0							He 2372.3
Li 520.3	Be 899.5	B 800.6	C 1086.4	N 1402.3	O 1314.0	F 1681.0	Ne 2080.7
Na 495.8	Mg 737.7	Al 577.6	Si 786.5	P 1011.8	S 999.6	Cl 1251.1	Ar 1520.5
K 418.9	Ca 589.8	Ga 578.8	Ge 762.2	As 944	Se 940.9	Br 1139.9	Kr 1350.7
Rb 403.0	Sr 549.5	In 558.3	Sn 708.6	Sb 831.6	Te 869.3	I 1008.4	Xe 1170.4
Cs 375.7	Ba 502.9	Tl 589.3	Pb 715.5	Bi 703.3	Po 812	At 916.7	Rn 1037.0

电离能的大小反映了原子失去电子的难易。电离能越小，原子越易失去电子，金属性就越强；反之，电离能越大，原子越难失去电子，金属性就越弱。从表 5-8 和图 5-13 可以看出，元素的电离能随原子序数的增加呈现周期性变化。

同一周期元素原子的第一电离能从左至右总的趋势是逐渐增大，某些元素具有全充满或半充满的电子层结构，稳定性高，其第一电离能比左右相邻元素都高，如第二周期中的 Be、N。对于主族元素，第一电离能增加的幅度大；副族元素从左至右，第一电离能稍有变化，个别处出现不规则变化，这是由于副族元素所增加的电子填入 $(n-1)$d 轨道，ns 和 $(n-1)$d 轨道间能量比较接近。

同一族中，元素原子的第一电离能从上至下总的趋势是减小，主族元素原子的第一电离能从上至下随原子半径的增大而明显减小，副族元素原子的第一电离能从上至下变化幅度小，第六周期元素的第一电离能比第五周期的同族元素略有增加。

5.3.3 电子亲和能

元素的气态原子在基态时获得一个电子成为气态的一价负离子所放出的能量称为电子亲和能，用 A 表示。例如

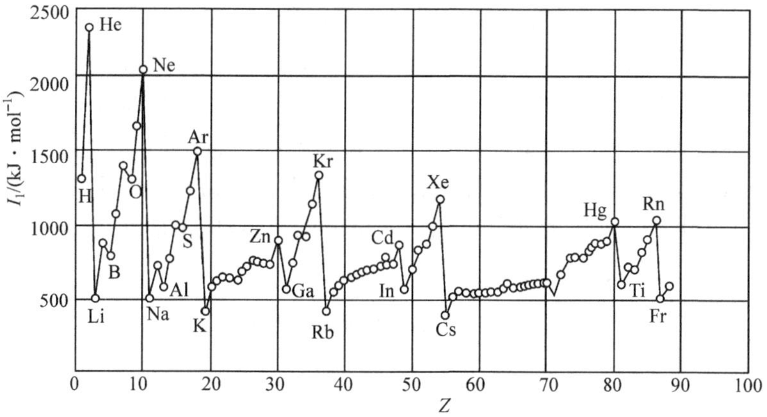

图 5-13　元素第一电离能的周期性

$$F(g) + e^- \longrightarrow F^-(g) \qquad A = -328\text{kJ} \cdot \text{mol}^{-1}$$

电子亲和能也有第一、第二电子亲和能之分，若不加注明，都是指第一电子亲和能。当负一价离子获得电子时，要克服负电荷之间的排斥力，因此要吸收能量。一些元素的电子亲和能列于表 5-9 中。

表 5-9　主族元素的电子亲和能 A(单位：kJ · mol^{-1})

H −72.7							He +48.2
Li −59.6	Be +48.2	B −26.7	C −121.9	N +6.75	O −141.0(844.2)	F −328.0	Ne +115.8
Na −52.9	Mg +38.6	Al −42.5	Si −133.6	P −72.1	S −200.4(531.6)	Cl −349.0	Ar +96.5
K −48.4	Ca +28.9	Ga −28.9	Ge −115.8	As −78.2	Se −195.0	Br −324.7	Kr +96.5
Rb −46.9	Sr +28.9	In −28.9	Sn −115.8	Sb −103.2	Te −190.2	I −295.1	Xe 77.2

注：括号内的数值为第二电子亲和能。

电子亲和能的大小反映了原子得电子的难易。非金属原子的第一电子亲和能总是负值，而金属原子的电子亲和能一般为较小负值或正值。

周期表中，电子亲和能的变化规律与电离能变化规律基本相同，即同一周期从左到右元素的电子亲和能的负值总趋势是逐渐增加的。卤素的电子亲和能呈现最大负值；碱土金属因为半径大，且具有 ns^2 电子层结构难以结合电子，电子亲和能为正值；稀有气体具有 8 电子稳定电子层结构，更难以结合电子，其电子亲和能为最大正值。同一主族中，从上到下，大部分呈现负值变小(代数值变大)的趋势，小部分呈现相反的趋势。比较特殊的是 N 原子的电子亲和能为正值，是由于它具有半满 p 亚层稳定电子层结构，加之原子半径小，电子间排斥力大，得电子困难。

5.3.4　电负性

电离能和电子亲和能都各自从某一方面反映了原子争夺电子的能力。在全面衡量原子争夺电子的能力时，只看一方面都是片面的，因此提出了电负性的概念。

元素的电负性是指元素原子在分子中吸引电子的能力。电负性大，表示原子吸引成键电子而形成负离子的倾向大；电负性小，表示原子吸引成键电子的能力弱，不易形成负离子，相反，成键电子易被其他原子夺去而形成正离子。总之，电负性综合反映原子得失电子的倾向，是元素金属性和非金属性的综合量度标准。一般地说，电负性 $\chi<2.0$ 的元素为金属元素，$\chi>2.0$的元素为非金属元素和惰性金属元素，大多数活泼金属元素的 $\chi<1.5$，活泼非金属元素的 $\chi>2.5$。电负性 2.0 可作为划分金属与非金属的分界，但不能作为划分的绝对界限。部分主族元素的电负性列于表 5-10 中。

表 5-10　部分主族元素的电负性

ⅠA	ⅡA	ⅢA	ⅣA	ⅤA	ⅥA	ⅦA
Li 1.0	Be 1.5	B 2.0	C 2.5	N 3.0	O 3.5	F 4.0
Na 0.9	Mg 1.2	Al 1.5	Si 1.8	P 2.1	S 2.5	Cl 3.0
K 0.8	Ca 1.0	Ga 1.6	Ge 1.8	As 2.0	Se 2.4	Br 2.8
Rb 0.8	Sr 1.0	In 1.7	Sn 1.8	Sb 1.9	Te 2.1	I 2.5
Cs 0.7	Ba 0.9	Tl 1.8	Pb 1.9	Bi 1.9	Po 2.0	At 2.2

随着原子序数的递增，电负性明显地呈周期性变化。同一周期自左至右，电负性增加（副族元素有些例外）；同一族自上至下，电负性依次减小，但副族元素后半部自上至下电负性略有增加。氟的电负性最大，因而非金属性最强；铯的电负性最小，因而金属性最强。

总之，元素的金属性和非金属性与元素电离能、电子亲和能、电负性有密切关系，元素的电负性、电离能、电子亲和能一般随元素金属性的增加而减小，随非金属性的增加而增大。

案例 5-1　元素周期律和周期表揭示了元素之间的内在联系，反映了元素性质与原子结构的关系。生产实践中，运用物质结构和性质的知识可以科学地选择使用原材料。

问题：元素周期律和周期表在生产实践中有何意义？

分析：哲学方面，元素周期律揭示元素原子核电荷数递增引起元素性质发生周期性变化的事实，有力地论证了量变引起质变的规律性。元素周期表是周期律的具体表现形式，反映了元素间的内在联系，打破了曾经认为元素是互相孤立的形而上学观点。通过元素周期律和周期表的学习，可以加深对物质世界对立统一规律的认识。

自然科学方面，周期表为发展物质结构理论提供了客观依据。原子的电子层结构与元素周期表密切相关，周期表为发展化学键理论、指导新元素的合成、预测新元素的结构和性质提供了线索。

工农业生产方面，周期表为人们寻找性质相似的新物质奠定了基础。农药多数是含 Cl、P、S、N、As 等元素的化合物；半导体材料是周期表中金属与非金属交界的元素，如 Ge、Si、Ga、Se 等；过渡元素对许多化学反应有良好的催化作用，这些元素的催化性能与其原子的 d 轨道没有充满有密切关系，如第Ⅷ族元素及其化合物是常用的催化剂；周期表中从ⅢB 到ⅥB 过渡元素，如钛、钽、钼、钨、铬，具有耐高温、耐腐蚀等特点，是制作特种合金的优良材料，是制造火箭、导弹、宇宙飞船、飞机、坦克等不可缺少的金属；熔点、离子半径、电负性相近的元素往往共生在一起，同处于一种矿石中。

5.4 离　子　键

自然界的各种化学元素(除稀有气体外)的原子,在通常情况下总是存在于化合物(或单质)分子中,分子是物质能独立存在并保持其化学性质的最小微粒,是参与化学反应的基本单元。物质的化学性质主要取决于分子的性质,而分子的性质又是由分子的内部结构所决定的。

分子内直接相邻的原子间强烈的相互作用称为化学键。化学键一般分为离子键、共价键和金属键。除了分子内原子间存在着较强的作用力——化学键外,分子之间还存在着比化学键弱得多的作用力——范德华力和氢键等,它影响着物质的物理性质,气体分子可凝固成液体或固体主要靠这种作用力。下面首先介绍离子键。

5.4.1 离子键的形成

1916年,慕尼黑大学物理学家柯赛尔(W. Kossel)首次提出了离子键(电价键)的概念。离子键理论认为:当活泼的金属原子和活泼的非金属原子在一定的反应条件下相遇时,因原子双方电负性相差较大而发生电子转移,活泼的金属原子失去最外层电子,形成稳定电子结构的带正电荷的离子;而活泼的非金属原子得到电子,形成稳定电子结构的带负电的离子。正、负离子之间通过静电引力而相互吸引,当它们充分接近时,离子的外层电子之间及核与核间又产生排斥力,当吸引力和排斥力平衡时,体系能量最低,正、负离子间便形成稳定的结合体。这种由正、负离子的静电引力而形成的化学键称为离子键。含有离子键的化合物称为离子化合物,相应的晶体称为离子晶体。

5.4.2 离子键的特点

离子键的主要特征是没有方向性和饱和性。离子电荷的分布可近似地认为是球形对称的,因此可在空间各个方向等同地吸引带异电荷的离子,这就决定了离子键无方向性。离子键无饱和性是指在离子晶体中,只要空间位置许可,每个离子总是尽可能多地吸引异电荷离子,使体系处于尽量低的能量状态。当然一个离子周围所能吸引的异号电荷的数目不是任意的,是由正、负离子半径比所决定的,这一比值越大时,其数目越多。例如,NaCl晶体中1个Na^+不仅能同时吸引6个最近的Cl^-,且较远的Cl^-只要作用力能达到也能被吸引;Cl^-对Na^+的吸引也是这样。离子晶体中无法分辨出一个个独立的“分子”。

离子键的离子性与成键元素的电负性有关。一般来说,电负性差值大于1.7时,可形成离子键。近代实验指出,即使是典型的离子型化合物,如CsF,铯离子与氟离子之间也不是纯粹的静电作用,仍有部分原子轨道重叠。铯离子与氟离子间有8%的共价性,有92%的离子性。当$\chi_A-\chi_B=1.7$时,键的离子性约为50%,因此可认为两元素电负性差值大于1.7可形成离子型化合物。

5.4.3 离子的特征

1. 离子半径

离子半径的大小决定正、负离子之间的距离,因而决定离子键的强弱。离子半径是根据晶体中相邻正、负离子的核间距(d)测出的,即把离子晶体中正、负离子视为相互接触的圆球,两原子核间的平均距离 d 可看作正、负离子的有效半径之和，即 $d=r^+ + r^-$。

d 值可通过晶体 X 射线分析测出，但要将 d 值划分为两个离子半径则需要进行推算。1927 年，戈尔德施密特(V.M.Goldschmidt)利用前人以光折射法所得的 F^- 和 O^{2-} 离子半径为基础进行推算，得到了近 100 种离子的戈尔德施密特半径；同年，鲍林从有效核电荷出发，推导出鲍林离子半径，其中一些离子半径见表 5-11。

表 5-11　鲍林离子半径(单位：pm)

离子	离子半径	离子	离子半径	离子	离子半径
H^-	208	NH_4^+	148	Sc^{3+}	81
F^-	136	Be^{2+}	31	Y^{3+}	93
Cl^-	181	Mg^{2+}	65	La^{3+}	115
Br^-	195	Ca^{2+}	99	Ga^{3+}	62
I^-	216	Sr^{2+}	113	In^{3+}	81
O^{2-}	140	Ba^{2+}	135	Tl^{3+}	95
S^{2-}	184	Ra^{2+}	140	Fe^{3+}	64
Se^{2-}	198	Zn^{2+}	74	Cr^{3+}	63
Te^{2-}	221	Cd^{2+}	97	C^{4+}	15
Li^+	60	Hg^{2+}	110	Si^{4+}	41
Na^+	95	Pb^{2+}	121	Ti^{4+}	68
K^+	133	Mn^{2+}	80	Zr^{4+}	80
Rb^+	148	Fe^{2+}	76	Ce^{4+}	101
Cs^+	169	Co^{2+}	74	Ge^{4+}	53
Cu^+	96	Ni^{2+}	69	Sn^{4+}	71
Ag^+	126	Cu^{2+}	72	Pb^{4+}	84
Au^+	137	B^{3+}	20		
Tl^+	140	Al^{3+}	50		

离子半径大致有以下变化规律：

(1) 同一元素负离子半径大于原子半径，正离子半径小于负离子半径及原子半径，正电荷越高，半径越小，如 $r(S^{2-})>r(S)$，$r(Fe^{3+})<r(Fe^{2+})<r(Fe)$。

(2) 同一周期的正离子半径随离子电荷增加而减小，负离子半径随离子电荷增加而增大，如 $r(Na^+)>r(Mg^{2+})>r(Al^{3+})$，$r(F^-)<r(O^{2-})$。

(3) 同族元素离子半径从上至下递增，如 $r(Li^+)<r(Na^+)<r(K^+)<r(Rb^+)<r(Cs^+)$，$r(F^-)<r(Cl^-)<r(Br^-)<r(I^-)$。

2. 离子的电荷

离子的电荷取决于相应原子得失电子数目，直接影响着离子化合物的熔沸点、硬度、溶解度等。一般来说，离子的电荷数越高，半径越小，离子间的静电作用越强，相应的化合物熔点、沸点就越高。例如，CaO 的熔点(2590℃)比 KF 的熔点(856℃)高。

3. 离子的电子构型

离子的电子构型是指离子的外层电子结构,简单负离子(如 F^-、Cl^-、S^{2-} 等)的外电子层都是稳定的稀有气体结构,因最外层有 8 个电子,故称 8 电子构型。但正离子的情况比较复杂,其电子构型有如下几种:①2 电子构型,如 Li^+、Be^{2+} 等;②8 电子构型,如 Na^+、Al^{3+} 等;③18 电子构型,如 Ag^+、Hg^{2+} 等;④18+2 电子构型,如 Sn^{2+}、Pb^{2+} 等(次外层为 18 个电子,最外层为 2 个电子);⑤9~17 电子构型,如 Fe^{2+}、Mn^{2+} 等,又称不饱和电子构型。

离子的电子构型对化合物性质有一定影响。例如,Na^+ 和 Cu^+ 电荷相同,离子半径也接近(分别为 95pm 和 96pm),但 NaCl 易溶于水,CuCl 不溶于水,这是由 Na^+ 和 Cu^+ 具有不同的电子构型所造成的。

5.4.4 晶格能

晶格能是指在标准状态下,气态正离子和气态负离子结合生成 1mol 离子晶体时所释放的能量,用 U 表示。例如,对 NaF 晶体而言,U 就是下列反应的焓变:

$$Na^+(g) + F^-(g) \longrightarrow NaF(s)$$

因上述反应的 ΔH 不能直接测定,德国化学家波恩(M. Born)和哈伯(F. Haber)设计了一个热化学循环,利用化学热力学数据,可间接地求算晶格能。这种方法称为波恩-哈伯循环法。例如,NaF 晶体的热力学循环如下:

$$
\begin{array}{ccc}
Na(s) + \frac{1}{2}F_2(g) & \xrightarrow{\Delta H} & NaF(s) \\
\downarrow S \quad \downarrow \frac{1}{2}D & & \uparrow \\
Na(g) \quad F(g) & & U \\
\downarrow I \quad \downarrow A & & \\
Na^+(g) + F^-(g) & \longrightarrow &
\end{array}
$$

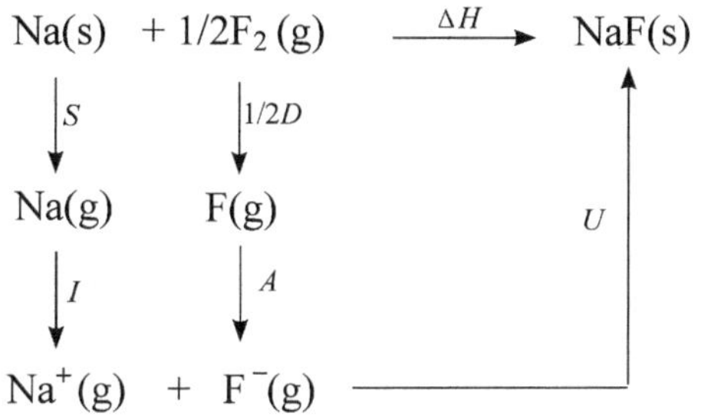

式中:S 为 Na 的升华热($108.8 kJ \cdot mol^{-1}$);I 为 Na 的电离能($495.8 kJ \cdot mol^{-1}$);D 为 F_2 的键能($141.8 kJ \cdot mol^{-1}$);A 为 F 的电子亲和能($-328.0 kJ \cdot mol^{-1}$);ΔH 为 NaF 的生成焓($-573.65 kJ \cdot mol^{-1}$);$U$ 为 NaF 的晶格能。

由赫斯定律可得

$$\Delta H = S + I + \frac{1}{2}D + A + U$$

$$U = \Delta H - S - I - \frac{1}{2}D - A \tag{5-9}$$

$$U = -573.65 - 108.8 - 495.8 - \frac{1}{2} \times 141.8 + 328.0$$

$$= -921.2 (kJ \cdot mol^{-1})$$

从上述计算可以看出,波恩-哈伯循环不仅可计算晶格能,还可计算键能、电离能、电子亲和能等。

晶格能的大小常用来比较离子键的强度和晶体的牢固程度。一般离子化合物的晶格能的绝对值越大,表明正、负离子间的结合力越强,晶体越牢固,晶体的熔、沸点越高,硬度越大。

5.5 共　价　键

5.5.1 键参数

用来表征化学键性质的物理量称为键参数。对共价分子而言，键参数常指键能、键长、键角和键的极性等。

1. 键能

用来描述化学键强弱的物理量。在 298K 的标准状态下，将 1mol 气态 AB 分子的键断开，生成气态原子所需要的能量称为键能。用符号 E_B表示，单位 kJ · mol^{-1}。

对于双原子分子，键能等于解离能，用符号 D 表示，单位 kJ · mol^{-1}。例如

$$H_2(g) \longrightarrow 2H(g) \qquad D_{H-H}=E_{H-H}=436kJ \cdot mol^{-1}$$

$$N_2(g) \longrightarrow 2N(g) \qquad D_{N\equiv N}=E_{N\equiv N}=941kJ \cdot mol^{-1}$$

对于多原子分子，键能等于全部解离能的平均值。例如

$$NH_3(g) \longrightarrow NH_2(g)+H(g) \qquad D_1=435kJ \cdot mol^{-1}$$

$$NH_2(g) \longrightarrow H(g)+NH(g) \qquad D_2=397kJ \cdot mol^{-1}$$

$$NH(g) \longrightarrow H(g)+N(g) \qquad D_3=339kJ \cdot mol^{-1}$$

NH_3 分子中，N—H 键的键能等于 3 个等价 N—H 键解离能的平均值，即 $E_{N-H}=(D_1+D_2+D_3)/3=391kJ \cdot mol^{-1}$。一般来说，键能越大，相应的共价键越牢固，组成的分子越稳定。

2. 键长

分子中两个成键原子核间的平均距离为键长，单位常用 pm。一般键越长，表明键能越小；键越短，键能越大，分子就越稳定。表 5-12 列出了一些化学键的键长和键能数据。

表 5-12　一些化学键的键长和键能数据

共价键	键长/pm	键能/(kJ · mol^{-1})	共价键	键长/pm	键能/(kJ · mol^{-1})
H—H	76	436	Cl—Cl	198.8	240
H—F	91.8	565	Br—Br	228.4	190
H—Cl	127.4	431	I—I	266.6	149
H—Br	140.8	362	C—C	154	346
H—I	160.8	295	C═C	134	602
F—F	141.8	155	C≡C	120	835

3. 键角

分子中键与键之间的夹角称为键角，它是反映分子空间结构的一个重要因素。常见分子的键角和几何构型见表 5-13。

表 5-13　某些分子的键角、键长和几何构型

分子式	键角/(°)	键长/pm	分子几何构型
H_2O	104.8	98	V 形
CO_2	180	121	直线形
NH_3	107.3	107	三角锥形
CH_4	109.5	109	正四面体形

4. 共价键的极性

共价键的极性取决于成键原子电负性的差值($\Delta\chi$)。相同原子形成的共价键,$\Delta\chi=0$,为非极性共价键,如 H_2、O_2、N_2、P_4、S_8 等分子中的化学键。不同原子间形成的共价键,$\Delta\chi>0$,为极性共价键。电负性相同的原子成键后,电子云在两核间均匀分布;电负性不同的原子形成共价键,电子云集中在电负性较大的原子一方,造成正、负电荷在两个原子间分布不均匀,电负性大的原子一端为负极,电负性小的原子一端为正极。显然,两原子的电负性差值越大,共价键的极性就越强,如表 5-14 所示。

表 5-14　共价键的极性与元素的电负性

H—X 键	HF	HCl	HBr	HI
X 电负性	4.0	3.0	2.8	2.5
电负性差值	1.9	0.9	0.7	0.4
键的极性	←—— 极性增大			

极性共价键是典型的共价键和典型的离子键之间的过渡键型,当两个原子的电负性差值大到一定程度,共价键则转变成离子键;从离子键角度看,即使在典型的离子键 CsF 中,也含有共价键的成分,随着两个原子的电负性差值变小,离子键中的共价键成分随之增大,当电负性差值小到一定程度,离子键则转变为共价键。

5.5.2　价键理论

离子键理论阐明了离子化合物中化学键的本质,但像 H_2、CH_4 等分子的形成用离子键理论是无法解释的。在柯赛尔提出离子键概念的同时,1916 年美国化学家路易斯(G.N.Lewis)提出了共价学说,建立了经典的共价键理论。他认为 H_2、O_2、N_2 中两个原子间是以共用电子对吸引两个相同的原子核,电子共用成对后每个原子都达到稳定的稀有气体的原子结构。经典共价键理论初步揭示了共价键不同于离子键的本质,对分子结构的认识前进了一步。然而,它不能说明原子间共用电子对如何导致生成稳定的分子及共价键的本质是什么等问题。1927 年,德国化学家海特勒(W. Heitler)和伦敦(F. London)首先把量子力学理论应用到分子结构中,后来鲍林等又发展了这一成果,建立了现代价键理论(valence bond theory),简称 VB 法,又称为电子配对法。

1. 氢分子的形成

海特勒和伦敦用量子力学处理氢分子结构的结果表明(图 5-14),当两个氢原子从远处接近时,相互作用逐渐增强,但原子间的相互作用与电子自旋状态有关。若电子自旋方向相同,

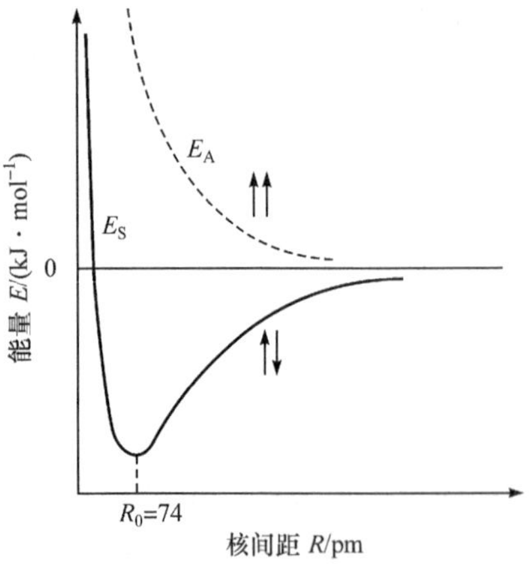

图 5-14　氢分子形成过程中的能量变化

在两原子的相互作用下，排斥始终占主导地位，体系能量 E_A 随 R 减小而升高，不能形成稳定 H_2 分子（H_2 处于排斥态）。若两电子自旋方向相反，在达到平衡距离 R_0 以前，原子间的相互作用主要是相互吸引，体系能量 E_S 随 R 减小而不断降低。在达到平衡距离 R_0 时，体系能量达最低点，之后，随 R 减小而迅速升高，此斥力会将 H 原子推回平衡位置。因此，两个 H 原子在平衡距离 R_0 附近振动，并形成稳定的 H_2 分子。

2. 价键理论基本要点

现代价键理论是处理氢分子方法的推广，其要点如下：

（1）若 A、B 两个原子各有一个未成对的电子且自旋相反，则当 A、B 原子相互靠近时可配对形成共价单键，如氢分子的形成；若 A、B 两原子有两个或三个未成对的电子，且自旋相反，可以形成共价双键或叁键（如 O═O、N≡N）。若 A 有两个未成对的电子，B 有一个未成对的电子，就形成 AB_2 型分子（如 H_2O）。

（2）形成分子时一个电子和另一个电子配对后就不能再和其他电子配对了，如氢分子中的两个电子已配对，再不能结合第三个电子，所以 H_3 不能存在。

（3）原子轨道最大重叠原理。成键的原子轨道重叠时必须符号相同，才能重叠增大电子云密度。除 s 轨道外，p、d、f 轨道都有方向性，故成键原子需按一定方向接近时才能得到最大程度的重叠，如图 5-15(a)，在图 5-15(b)中重叠部分抵消，图 5-15(c)重叠很少。

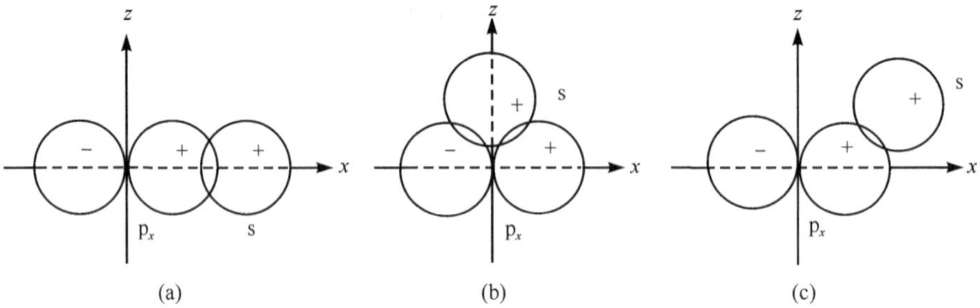

图 5-15　原子轨道最大重叠原理

3. 共价键的特性

（1）共价键的饱和性。共价键的饱和性是指每个原子成键的总数或以单键连接的原子数目是一定的。例如，H、O、N 的未成对电子数目分别为 1、2、3，它们形成分子时共价键的键数分别为 1、2、3。

（2）共价键的方向性。共价键的方向性是指每个原子与周围原子形成的共价键之间有一定的角度。原子轨道（除 s 轨道外）在空间有一定的取向，根据原子轨道最大重叠原理，在形成共价键时，原子间总是尽可能沿着原子轨道最大重叠方向成键。例如，H 原子的 1s 电子与 Cl 原子的一个未成对电子（假定处于 $3p_x$ 轨道）成键时，只有沿 x 轴的方向才能达到最大重叠程度而形成直线形分子。

4. 共价键的键型

按原子轨道重叠的方式不同，可将共价键分为以下两种：

(1) σ 键。成键原子轨道沿两核连线的方向以“头碰头”的方式重叠形成的共价键称为 σ 键。如图 5-16(a)所示，如 H_2 分子中的 s-s 重叠，HCl 分子中的 p_x-s 重叠，Cl_2 分子中 p_x-p_x 重叠等。

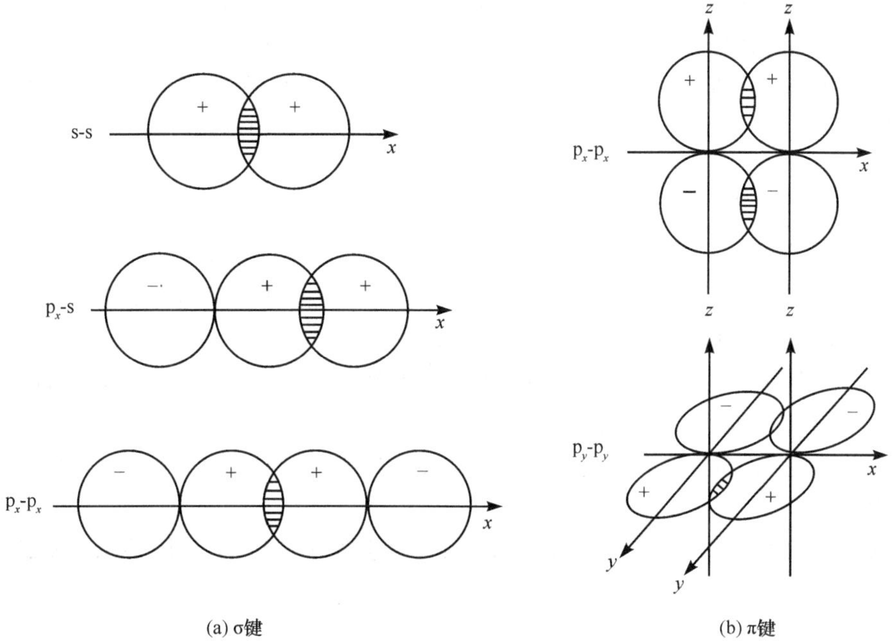

图 5-16　σ 键和 π 键形成示意图

(2) π 键。在共价双键和叁键中除有 σ 键外，还有 π 键。例如，N_2 分子中两个 N 原子的 p_x 轨道以“头碰头”的方式重叠，形成一个 σ 键，而 p_y 与 p_y、p_z 与 p_z 则只能分别以“肩并肩”的方式重叠，形成两个互相垂直的 π 键，如图 5-16(b)所示。成键原子轨道沿两核连线的方向以“肩并肩”的方式重叠形成的共价键称为 π 键。由于重叠的方式不同，π 键重叠的程度比 σ 键小，因而不如 σ 键稳定，在化学反应中容易被打开。

在形成共价键时，若共用电子对是由一个原子提供的，则称为共价配键或配位键，用→表示。例如，在 CO 分子中碳的最外层电子排布为 $2p_x^1\ 2p_y^1\ 2p_z^0$，氧的最外层电子排布为 $2p_x^1\ 2p_y^1\ 2p_z^2$，其中两原子的 $2p_x$-$2p_x$ 形成 σ 键，$2p_y$-$2p_y$ 形成 π 键，$2p_z^0$-$2p_z^2$ 形成配位键，并表示为C $\leftleftarrows$ O。

在配合物中，配离子的中心离子(或原子)提供与配位数相同数目的空轨道，接受配体的孤对电子而形成配位键。换句话说，配位键是通过中心离子(或原子)的空轨道与配体填充有孤对电子的价电子轨道相互重叠而成的。注意，正常的共价键和配位键的区别仅在于键的形成过程，键形成以后，两者就没有区别了。

5.5.3　杂化轨道理论

案例 5-2　C 原子的价电子排布为 $2s^2 2p^2$，只有 2p 轨道上有 2 个单电子，按照价键理论，当 C 原子与 H 原子成键时，只能形成 2 个共价键，即形成 CH_2 分子，且其键角应为 90°。但无 CH_2 分子存在，而形成的是有 4 个共价键的 CH_4 分子，4 个 C—H 键的键长完全相等，且 C—H 键间的夹角都为 109°28′，即形成了正四面体结构。

问题：CH_4 分子中，C 原子和 H 原子是如何成键的？

价键理论较好地阐明了共价键的形成过程、本质，并解释了共价键的方向性和饱和性，但在解释分子的空间构型时遇到了困难。例如，碳原子最外层只有两个未成对的电子，依照 VB 法只能与两个氢原子形成两个共价键，且这两个键应当是互相垂直的。但在甲烷分子中由 4 个等同的 C—H 键构成正四面体结构，碳原子位于中心，四面体的 4 个顶点为氢原子所占据，C—H 键间的夹角也不是 90°而是 109°28′。为了解释分子的空间构型，鲍林于 1931 年在 VB 法的基础上提出了杂化轨道理论，可将其看作是 VB 法的补充和发展。

1. 杂化轨道理论的基本要点

(1) 某原子成键时，在键合原子的作用下，若干个能级相近的原子轨道改变原来状态，混合起来重新组合成一组新轨道，这一过程称为杂化，所形成的新轨道称为杂化轨道。

(2) 杂化轨道的数目等于参加杂化的原子轨道数目。

(3) 原子轨道杂化时，一般使成对电子激发到空轨道上形成单电子，其激发时所需的能量完全由成键时放出的能量予以补偿。

(4) 杂化轨道成键时，要满足化学键间斥力最小原则，键与键之间斥力的大小取决于杂化轨道的夹角。

发生杂化的条件是：只有在形成分子的过程中才会发生杂化；只有同种原子能量相近的不同轨道才会发生杂化。发生杂化的一般步骤包括激发、杂化和轨道重叠。

2. 杂化轨道类型与分子的空间构型

由于参加杂化的原子轨道的种类和数目不同，可组成不同类型的杂化轨道。

(1) sp 杂化。由 1 个 ns 轨道和 1 个 np 轨道进行杂化，组成 2 个等同的 sp 杂化轨道，每个 sp 杂化轨道中含 1/2s 成分和 1/2p 成分，2 个 sp 杂化轨道间夹角为 180°，分子空间构型为直线形(图 5-17)。sp 杂化轨道的形状是一头大、一头小，而以较大的一头成键。

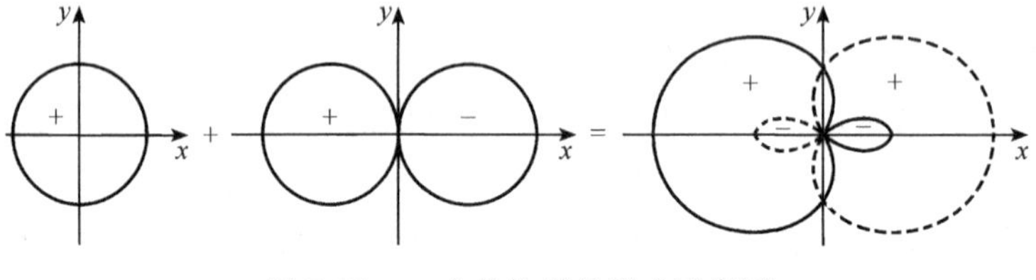

图 5-17　sp 杂化轨道的形成示意图

例如，$BeCl_2$ 分子形成时(图 5-18)，Be 原子的 $2s^2$ 中的一个电子在氯原子的影响下激发到 2p 轨道，并形成 2 个 sp 杂化轨道，再分别和 2 个氯原子的 3p 轨道重叠，形成有 2 个 σ 键的 $BeCl_2$ 分子，这一过程可简单表示为

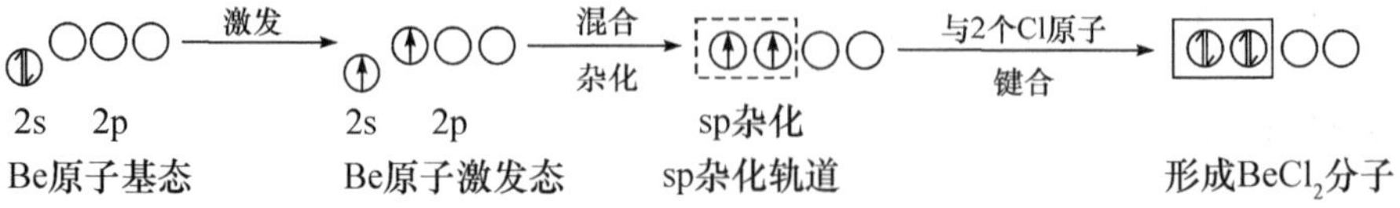

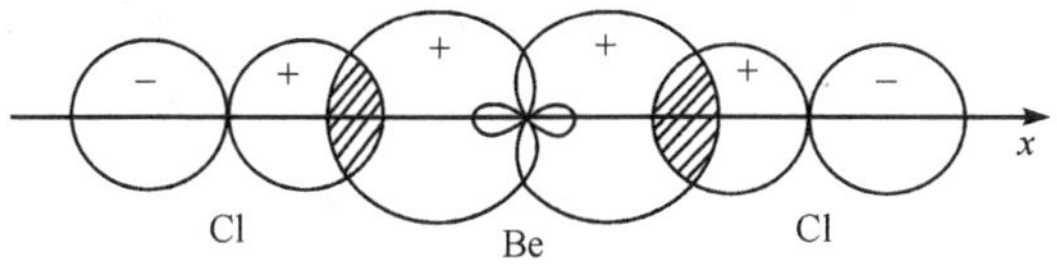

图 5-18　$BeCl_2$ 分子形成示意图

(2) sp^2杂化。由 1 个 ns 轨道和 2 个 np 轨道杂化组成 3 个等同的 sp^2 杂化轨道，每个 sp^2 杂化轨道含有 1/3s 成分和 2/3p 成分，杂化轨道间的夹角为 120°，分子空间构型为平面三角形。例如，硼的原子结构为 B$[1s^2 2s^2 2p_x^1]$，在氯原子的影响下，$2s^2$ 的 1 个电子激发到 2p 轨道，经杂化形成 3 个等同的 sp^2 杂化轨道，再和 3 个氯原子的 3p 轨道重叠形成有 3 个 σ 键的 BCl_3 分子，其形成过程可表示为

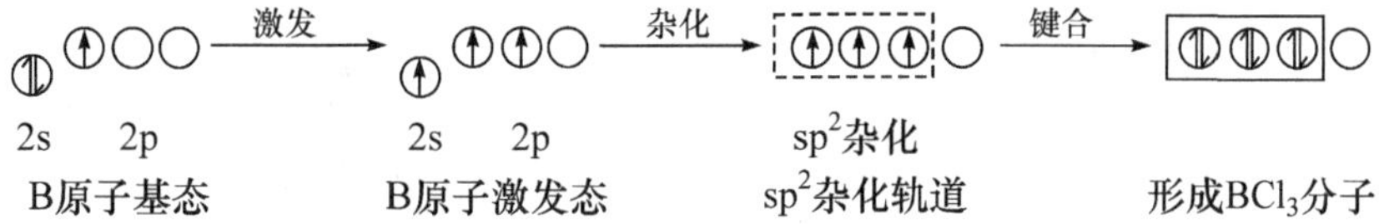

实验证明，BCl_3 是平面正三角形，B 原子位于中央，见图 5-19，3 个 Cl 原子位于三个顶点。3 个 B—Cl 键是等同的，∠ClBCl=120°。其他像 BF_3、BI_3 和 GaI_3 等都是平面正三角形结构。

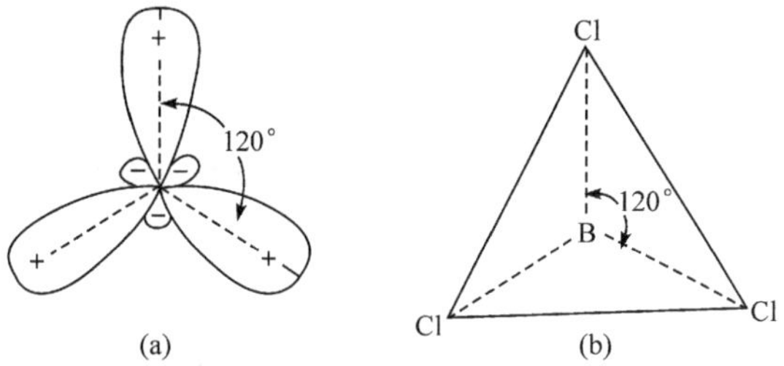

图 5-19　sp^2 杂化轨道和 BCl_3 的空间构型

(3) sp^3杂化。由 1 个 ns 轨道和 3 个 np 轨道杂化组成 4 个等同的 sp^3 杂化轨道，每个 sp^3 杂化轨道含 1/4s 成分和 3/4p 成分，轨道间的夹角为 109°28′，分子空间构型为正四面体形。例如，碳原子 2s 上的 1 个电子在氢原子的影响下激发到 2p 轨道上，形成 4 个等同的 sp^3 杂化轨道，再与 4 个氢原子的 1s 轨道重叠形成有 4 个 σ 键的 CH_4 分子，其形成过程可表示为

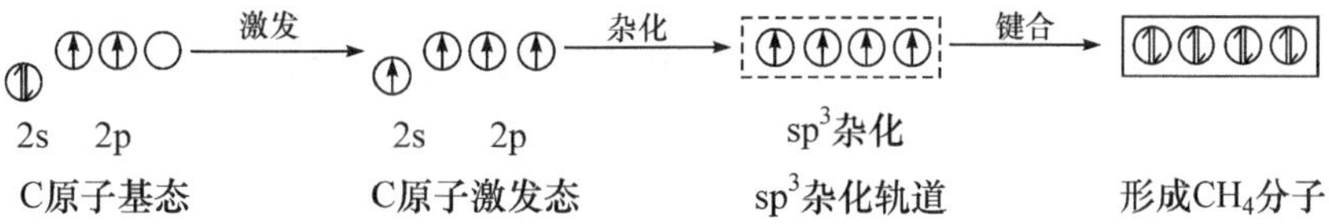

CH_4 的构型为正四面体，碳原子位于中心，四个顶点是氢原子，∠HCH=109°28′，与实验测定结果完全相符，如图 5-20 所示。

(4) 等性杂化和不等性杂化。前面提到的每种杂化轨道都是等同的(能量相等，成分相同)，这种杂化称为等性杂化。如果杂化轨道中有不参与成键的孤对电子存在，使杂化轨道不完全等同，则这种杂化称为不等性杂化。例如，氮原子的结构为 N$[1s^2 2s^2$

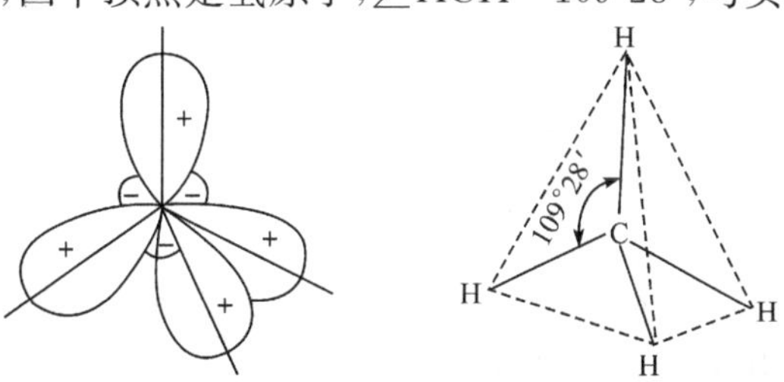

图 5-20　sp^3 杂化轨道和 CH_4 分子结构

$2p^3$]，在形成的 4 个 sp^3 杂化轨道中，有 1 个轨道被孤对电子占据，剩下 3 个含有 1 个电子的杂化轨道和 3 个氢原子 1s 轨道重叠形成 NH_3，其形成过程可表示为

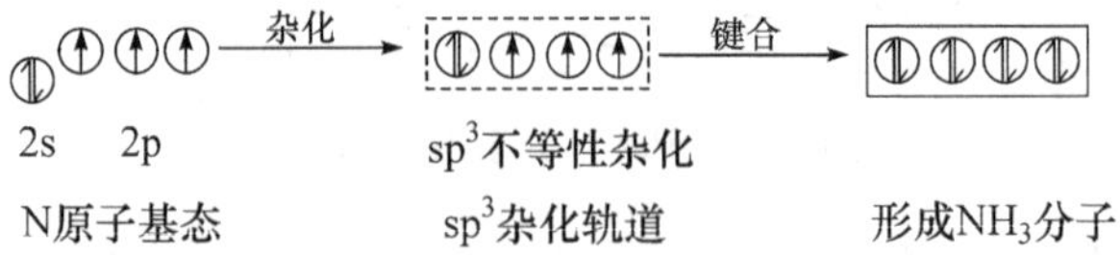

由于孤对电子云密集于 N 原子附近，因而含有较多的 s 成分，而其余的 3 个轨道含有较多的 p 成分。孤对电子对对成键电子对占据的轨道有压缩作用，使∠HNH 不是 109°28′而是 107°18′，见图 5-21(a)。再如，H_2O 分子形成时，氧原子的 2s 和 2p 轨道进行 sp^3 不等性杂化，有两个杂化轨道被孤对电子占据，因而对成键的两个杂化轨道压缩作用更大，使 H_2O 分子中∠HOH 不是 109°28′，而是 104°45′，见图 5-21(b)。

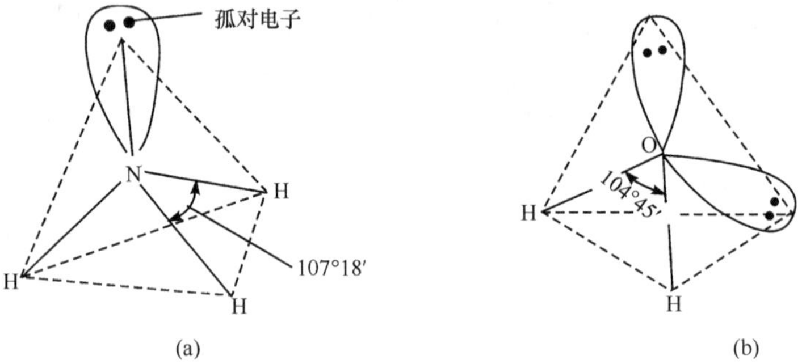

图 5-21　NH_3 分子和 H_2O 分子的空间结构

5.5.4　价层电子对互斥理论*

杂化轨道理论较好地解释了多原子分子的空间构型，它通过对原子轨道的杂化及杂化轨道中所含不同轨道成分的多少来解释分子的空间构型。20 世纪 60 年代初由吉利斯皮(R. J. Gillespe)与尼霍姆(R. S. Nyholm)总结西奇威克(N. V. Sidgwick)与鲍威尔(H. M. Powell)二人经验的基础上，提出了价层电子对互斥理论，简称 VSEPR 法。应用这一理论预测分子的空间构型，不但有效和方便，而且其结果和实验事实基本相符。

1. 价层电子对互斥理论的基本要点

(1) 分子或离子的空间构型取决于中心原子周围的价层电子对数(成键电子对和孤电子对)。

(2) 价层电子对之间尽可能远离以使斥力最小。价层电子对间斥力的大小与价层电子对的类型有关。价层电子对间的斥力大小一般规律如下：

孤对电子-孤对电子＞孤对电子-成键电子对＞成键电子对-成键电子对

此外，斥力还与是否形成 π 键以及中心原子和配位原子的电负性有关，它们都影响着分子与离子的空间构型。

2. 判断分子或离子空间构型的步骤

(1) 确定中心原子的价层电子对数，判断电子对的空间构型。中心原子的价层电子对数可用式(5-10)计算：

$$\text{价层电子对数}=\frac{\text{中心原子价电子数}+\text{配位原子提供价电子数}\pm\text{离子电荷数}}{2} \tag{5-10}$$

在计算配位原子提供的价电子数时，H 与卤素的每个原子各提供一个电子；氧族元素作配位原子时，提供的电子数为零，作中心原子时价电子数为 6；正离子应减去电荷数，负离子应加上电荷数；出现单电子，把单电子作电子对处理。

根据斥力最小原则，价层电子对数与电子对空间构型关系表示如下：

价层电子对数	2	3	4	5	6
电子对空间构型	直线形	平面三角形	四面体	三角双锥	八面体

(2) 确定中心原子的孤对电子数，推断分子的空间构型。若中心原子的价层电子对全部为成键电子（σ 键电子）而无孤对电子，则电子对的空间构型就是该分子的几何构型。若中心原子的价层电子对中有孤对电子，分子的空间构型不同于其电子对构型，需要进行具体分析。例如，NH_3 分子：

$$\text{N 的价层电子对数} = \frac{5 + 3 \times 1}{2} = 4$$

四对电子的空间构型为四面体，但 NH_3 分子中只有三对成键电子，孤对电子的存在使价层电子对间斥力不等，使 NH_3 分子的电子对空间构型偏离正四面体结构。由于孤对电子对邻近电子对斥力较大，NH_3 分子中的键角 $\angle HNH < 109°28'$，呈 $107°18'$。由于有一对孤对电子占据四面体的一个顶点，使 NH_3 分子的空间构型呈三角锥形。

需注意的是：π 键的形成以及中心原子和配位原子的电负性不同，对分子结构也有影响，主要是使其键角改变。

当在分子中有多重键存在时，它对其他成键电子有较大斥力，使其键角改变。例如，在 $COCl_2$ 分子中，$\angle ClCO = 124°21'$，而 $\angle ClCCl = 111°18'$，这是双键对两个 C—Cl 键所产生的斥力增加所致。

当中心原子相同，而配位原子不同时，其键角随配位原子电负性的增加而减小。例如，NH_3 分子中的键角为 $107°18'$，而 NF_3 分子中的键角为 $102°$。这是因为配位原子电负性大，吸引共用电子对的能力大而使其偏向于配位原子，使电子对间斥力减小，而键角也减小。当配位原子相同而中心原子不同时，其键角随中心原子的电负性减小而降低。例如，NH_3 分子中的键角为 $107°18'$，而 PH_3 分子中的键角为 $93°18'$，这是因为中心原子的电负性减小，共用电子对偏离中心原子，使电子对间斥力减小，而键角减小。

根据上述步骤可以确定大多数主族元素形成的化合物分子的构型，常见分子构型如表 5-15所示。

表 5-15　常见分子的构型

价层电子对数	分子类型	孤对电子数	分子空间构型		实例
2	AX_2	0	直线形	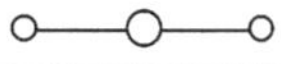	$BeCl_2$、CS_2
3	AX_3	0	三角形	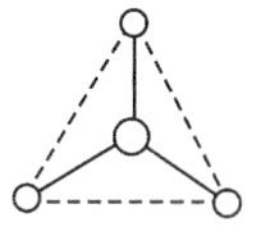	BF_3、SO_3
	AX_2	1	V 形（弯曲形）	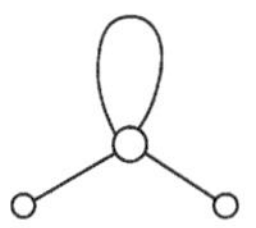	SO_2、NO_2

续表

价层电子对数	分子类型	孤对电子数	分子空间构型	实例
4	AX_4	0	四面体 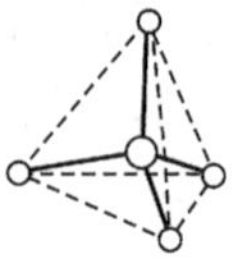	CH_4、SO_4^{2-}
	AX_3	1	三角锥形 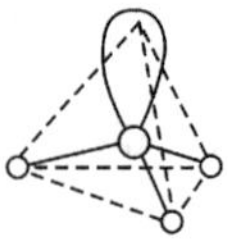	NH_3、SO_3^{2-}
	AX_2	2	V形(弯曲形) 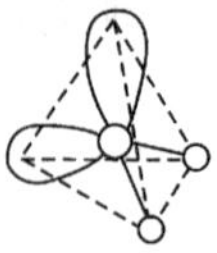	H_2O、H_2S
5	AX_5	0	三角双锥 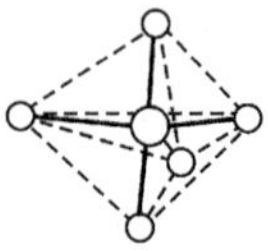	PCl_5、PF_5
	AX_4	1	变形四面体 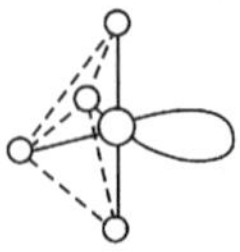	SF_4
	AX_3	2	T形 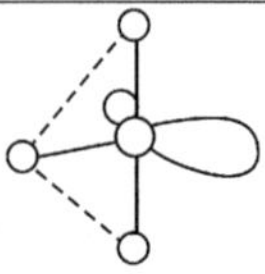	ClF_3、BrF_3
	AX_2	3	直线形 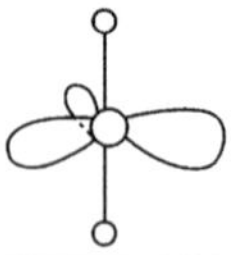	I_3^-、IF_2^-
6	AX_6	0	八面体 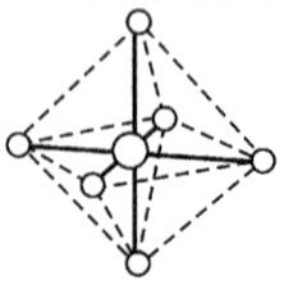	SF_6、$[AlF_6]^{3-}$
	AX_5	1	四方锥 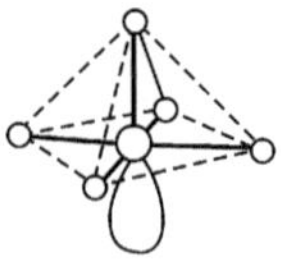	IF_5、BrF_5
	AX_4	2	平面四方形 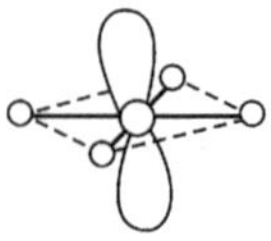	XeF_4、ICl_4^-

5.5.5　分子轨道理论*

价键理论(包括杂化轨道理论)能较好地说明共价键的形成,并能预测分子的空间构型,但也存在局限性。例如,VB 法只能定性地而不能定量地解释键的稳定性;对于简单的 O_2 分子而言,按 VB 法其结构为无单电子存在,但在磁性测量中发现,O_2 分子有两个未成对电子。又如,H_2^+、He_2^+、O_2^+ 等分子客观存在的事实,VB 法也不能解释。分子轨道理论(简称 MO 法)把分子作为一个整体来处理,较全面地反映分子内电子的运动状态,它可以解释一些价键理论无法解释的结构特征和性质。

1. 分子轨道理论的基本要点

(1) 原子进行组合形成分子时要形成一系列分子轨道(分子波函数 ψ_{MO}),作为一种近似处理,可以认为分子轨道由原子轨道线性组合而成。分子轨道的数目等于组成分子的各原子的原子轨道数目之和。例如,2 个氢原子的 1s 轨道组合得到氢分子的 2 个分子轨道为

$$\psi_1 = c_1\psi_{1s} + c_2\psi_{1s}$$

$$\psi_2 = c_1\psi_{1s} - c_2\psi_{1s}$$

其中 ψ_1 能量比 1s 轨道低,称为成键轨道;ψ_2 能量比 1s 轨道高,称为反键轨道;c_1、c_2 是常数。

(2) 原子轨道要有效地线性组合成分子轨道,必须遵循以下三个原则:

(i) 对称性匹配原则。只有对称性匹配的原子轨道才能有效地组合成分子轨道。图 5-22 表示两原子沿 x 轴相互接近时,s、p 轨道的几种重叠情况,其中(b)、(d)、(e)属于对称性匹配组合,(a)、(c)为对称性不匹配组合。后一类组合中,各有一半区域是同号重叠,另一半区域是异号重叠,两者正好抵消,净成键效应为零。

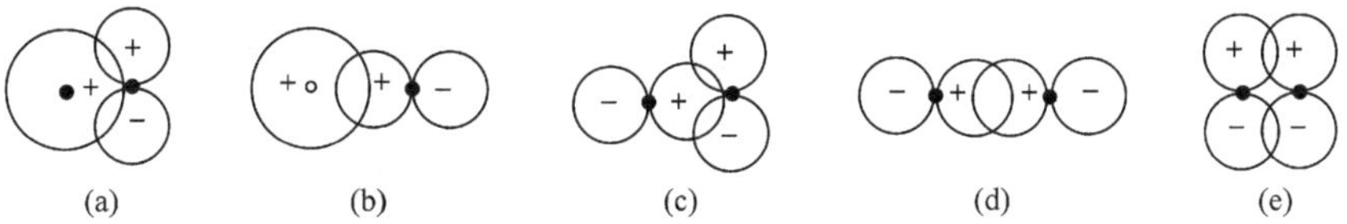

图 5-22　轨道对称性匹配示例

(ii) 能量相近原则。只有能量相近的原子轨道才能有效地组合成分子轨道。若两原子的原子轨道能量相差较大,则不能有效地组合成分子轨道,其能量越相近,组合成的分子轨道越有效。

(iii) 最大重叠原则。两原子轨道要有效地组合成分子轨道,必须尽可能多重叠,以使成键的分子轨道能量尽可能降低。

(3) 电子在分子轨道上的排布同样遵循原子轨道电子排布的三个原则,即泡利不相容原理、能量最低原理和洪德规则。

2. 分子轨道能级图

按照分子轨道对称性不同,把沿键轴方向形成的且对键轴呈圆柱形对称的分子轨道称为 σ 轨道。例如,以 x 轴为键轴的 s-s、s-p_x、p_x-p_x 等组成的分子轨道,填入 σ 和 σ^*轨道的电子为 σ 电子,构成 σ 键。键电子处在成键轨道上,将使体系的能量降低一定值,导致化学键的形成;键电子处在反键轨道上,将使体系能量升高一定值,不利于化学键的形成。另一类分子轨道称 π 轨道,它是对包括键轴的某一平面呈反对称的。例如,p_y-p_y、p_z-p_z 等组成的分子轨道分别对 xy 和 yz 平面呈反对称。

分子轨道的能量高低目前主要是从光谱数据测定的。第一、第二周期元素形成同核双原子分子时，其能级高低有两种情况，如图 5-23 所示。图 5-23 中分子轨道的符号上带“*”号的是反键轨道，不带“*”号的是成键轨道。如果原子的 2s 和 2p 轨道能量相差较大（如 O、F、Ne 原子），当两原子相互接近时，不会发生 2s 和 2p 轨道之间的相互作用，其分子轨道能级图如图 5-23(a)所示。如果原子的 2s 和 2p 轨道能量相差较小（如 B、C、N 原子），当两原子相互接近时，不但会发生 2s-2s 和 2p-2p 重叠，还会发生 2s-2p 重叠，因而改变了能级的顺序，其分子轨道能级图如图 5-23(b)所示。π_{2p_y} 和 π_{2p_z} 轨道的形状相同，能量相等，称为简并分子轨道，$\pi_{2p_y}^*$ 和 $\pi_{2p_z}^*$ 也是简并分子轨道。

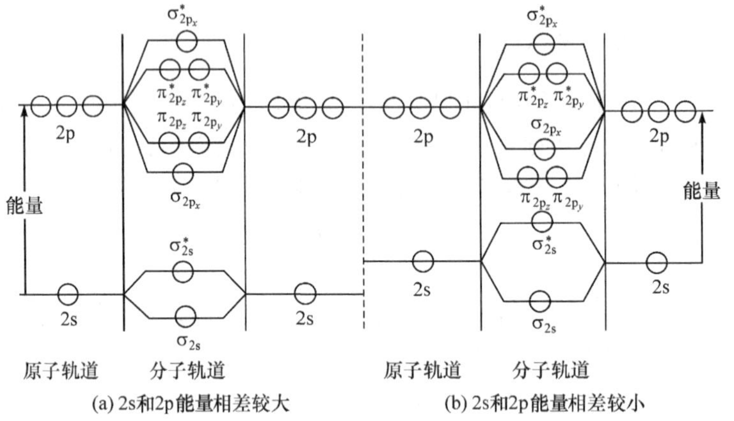

图 5-23　同核双原子分子的分子轨道能级图

3. 应用举例

(1) O_2 分子的结构。O_2 分子的 16 个电子按图 5-23(a)填充，其电子排布式为

$$O_2[KK(\sigma_{2s})^2(\sigma_{2s}^*)^2(\sigma_{2p_x})^2(\pi_{2p_y})^2(\pi_{2p_z})^2(\pi_{2p_y}^*)^1(\pi_{2p_z}^*)^1]$$

KK 表示两个 O 原子的 K 层电子。为表示形成键的强弱，分子轨道理论中引入键级概念。一般来说，键级越大，键越强，分子越稳定。键级的定义为

$$键级=\frac{成键电子数-反键电子数}{2} \tag{5-11}$$

对 O_2 分子而言，键级为(8－4)/2＝2，故 O_2 分子能稳定存在。从 O_2 分子的电子排布式可见，$(\sigma_{2s})^2$ 和 $(\sigma_{2s}^*)^2$ 对成键的贡献相互抵消，对 O_2 成键有贡献的除 $(\sigma_{2p_x})^2$ 外，$(\pi_{2p_y})^2$ 和 $(\pi_{2p_z})^2$ 降低的能量分别被 $(\pi_{2p_y}^*)^1$ 和 $(\pi_{2p_z}^*)^1$ 升高的能量抵消一半，所以 $(\pi_{2p_y})^2(\pi_{2p_y}^*)^1$ 和 $(\pi_{2p_z})^2(\pi_{2p_z}^*)^1$ 分别只相当于半个键，称为三电子 π 键。两个三电子 π 键相当于一个正常的 π 键。O_2 分子的结构可以简写为

$$:\!O\overset{\cdot\cdot\cdot}{\underset{\cdot\cdot\cdot}{-\!\!-\!\!-}}O\!:$$

式中：短线代表 σ 键，三点代表三电子 π 键。O_2 分子中，存在两个三电子 π 键，有两个成单电子，因此表现出顺磁性，与实验结果一致。

(2) N_2 分子的稳定性。N_2 分子的 14 个电子按图 5-23(b)填充，其电子排布式为

$$N_2[KK(\sigma_{2s})^2(\sigma_{2s}^*)^2(\pi_{2p_y})^2(\pi_{2p_z})^2(\sigma_{2p_x})^2]$$

键级为(8－2)/2＝3，N_2 分子较稳定。对成键有贡献的是 $(\pi_{2p_y})^2(\pi_{2p_z})^2(\sigma_{2p_x})^2$，即形成了两个 π 键和一个 σ 键，这与价键理论所得结果是一致的。

(3) H_2^+、He_2^+ 和 He_2 的形成。对 H_2^+ 来说，电子排布式为$(\sigma_{1s})^1$，一个电子进入成键轨道后，使体系能量降低，其键级为 0.5，故 H_2^+ 能存在，只是稳定性差。He_2^+ 的电子排布式为$(\sigma_{1s})^2(\sigma_{1s}^*)^1$，体系的能量也要降低，其键级为 0.5，故 He_2^+ 也可以存在，但键较弱而不太稳定。相反，He_2 分子的电子排布式为$(\sigma_{1s})^2(\sigma_{1s}^*)^2$，体系降低的能量与升高的能量相同，净体系无能量的变化，其键级为零，故 He_2 分子是不存在的。

5.6 范德华力和氢键

原子间靠化学键结合成分子，化学键的键能一般在 100～600kJ·mol^{-1}，而分子聚集成物质靠的是分子间作用力和氢键，该作用力的大小只有几到几十千焦每摩尔，比化学键小 1～2 个数量级。稀有气体、H_2、O_2、N_2、Cl_2、Br_2、CO_2 及 NH_3、H_2O 等分子能液化或凝固，说明存在分子间作用力。分子间作用力也称范德华(van der Waals)力，作用力的范围为 300～500pm，因为分子间作用力比化学键弱得多，所以通常不影响物质的化学性质，但它是决定物质的熔沸点、汽化热、熔化热、溶解度等物理性质的重要因素。这种作用力的大小与分子的结构有关，也与分子的极性有关。

5.6.1 分子的极性及量度

共价型分子是否有极性，取决于分子中正、负电荷的分布。任何分子都是由带正电荷的原子核和带负电荷的电子组成。像物体可以找到重心一样，分子中可以找到一个正电中心(正极)和一个负电中心(负极)，正、负电中心重合的分子称为非极性分子，正、负电中心不重合的分子称为极性分子。分子的极性与键的极性的关系有以下三种情况：

(1) 分子中的化学键均无极性，则分子一般无极性，如 Cl_2、F_2 等，但 O_3 分子例外。

(2) 分子中的化学键有极性，但分子的空间构型对称，键的极性互相抵消，则分子无极性，如 CO_2、BF_3 等。

(3) 分子中的化学键有极性，分子的空间构型不对称，键的极性不能抵消，则分子有极性，如 H_2O、SO_2 等。

分子极性的大小通常用偶极矩来衡量，极性分子的偶极矩 μ 等于正(或负)电中心的电量 q 与正、负电荷中心距离 d 的乘积：

$$\mu = qd \tag{5-12}$$

偶极矩是一个矢量，其方向由正到负，单位为 C·m(库·米)。若分子的 $\mu=0$，则为非极性分子，μ 越大表示分子的极性越强。表 5-16 列出了一些常见分子的偶极矩。

表 5-16 一些常见分子的偶极矩 (单位：10^{-30}C·m)

分子	偶极矩	分子	偶极矩	分子	偶极矩	分子	偶极矩
H_2	0	SO_2	5.33	CO	0.40	CH_4	0
N_2	0	H_2O	6.17	HCN	9.85	$SnCl_4$	0
CO_2	0	HCl	3.57	BF_3	0	H_2O_2	7.03
CS_2	0	HBr	2.67	BCl_3	0	$CHCl_3$	3.50
H_2S	3.67	HI	1.40	NH_3	4.90	C_2H_5OH	5.61

5.6.2 范德华力

范德华力一般包括以下三个部分：

（1）取向力。极性分子本身存在的偶极称为固有偶极或永久偶极。当两个极性分子互相靠近时，因同极相斥异极相吸，分子发生相对转动，结果分子按一定方向排列，处于异极相邻的状态。固有偶极之间的作用使极性分子有序排列的定向过程称为取向，这种固有偶极之间的作用力称为取向力，如图 5-24(a)所示。这种力只存在于极性分子之间，分子的偶极矩越大，取向力越大。

（2）诱导力。当极性分子和非极性分子相互靠近时，极性分子的偶极所产生的电场使非极性分子的电子云和原子核发生相对位移，正、负电荷中心由重合变为不重合，由此产生的偶极称为诱导偶极。诱导偶极与固有偶极之间的作用力称为诱导力，如图 5-24(b)所示。同样，极性分子与极性分子相互靠近时，彼此偶极相互影响，每个分子也会发生变形，产生诱导偶极，其结果是极性分子的偶极性增大。所以极性分子间不仅有取向力，也有诱导力。

（3）色散力。当非极性分子相互靠近时，由于非极性分子里的电子和原子核在不断运动的过程中，经常发生瞬间的相对位移，使分子里的正、负电荷中心瞬时不重合，产生瞬间偶极。两个非极性分子的瞬间偶极必然是异极相吸，这种瞬间偶极之间的作用力称为色散力，如图 5-24(c)所示。瞬间偶极虽然存在时间短，但它们是不断地产生，异极相邻的状态实际上是不断重复着，使分子间始终存在有色散力。色散力不仅存在于非极性分子间，也存在于一切原子、离子和分子之间。一般说来，分子的体积越大，其变形性越大，则色散力越大。

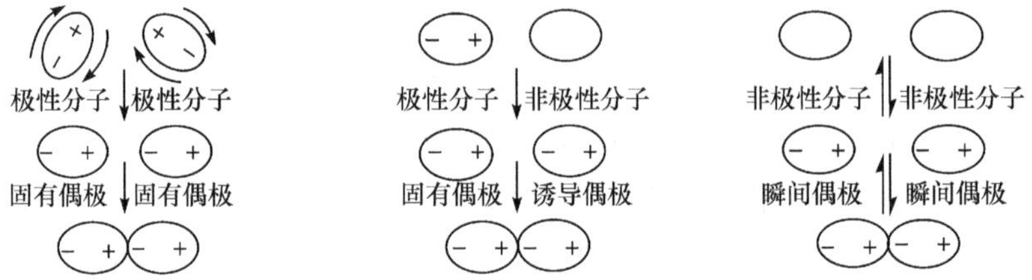

(a) 取向力　(b) 诱导力　(c) 色散力

图 5-24　范德华力

综上所述，极性分子之间由取向力、诱导力和色散力三部分组成，极性分子与非极性分子间只有诱导力和色散力，非极性分子之间仅有色散力。色散力在分子间存在是普遍的而且是主要的。一些分子的范德华力的分配见表 5-17。

表 5-17　一些分子的范德华力的分配　　（单位：$kJ \cdot mol^{-1}$）

分子	取向力	诱导力	色散力	总和
Ar	0.00	0.00	8.49	8.49
NH_3	13.30	1.55	14.73	29.58
H_2O	36.36	1.92	9.00	47.28
HCl	3.30	1.10	16.82	21.22
HBr	1.09	0.71	28.45	30.25
HI	0.59	0.31	60.54	61.44

从表 5-17 看出，三种力中色散力是主要的，诱导力所占成分最小，而取向力只有在极性很大的分子中才占有较大比重。

范德华力对物质的熔沸点、汽化热、熔化热、溶解度等有较大的影响。例如，卤素 F_2、Cl_2、

Br_2、I_2 的熔沸点随相对分子质量的增加而依次升高，是因为色散力随相对分子质量增大（分子体积增大）而增强。在生产上利用范德华力的地方很多。例如，工厂用空气氧化甲苯制备苯甲酸，尾气中未起反应的苯甲酸可用活性炭吸附回收，空气不被其吸附而放出。这是由于甲苯分子比 O_2、N_2 分子大得多，根据这一原理，防毒面具可滤去氯气等有害气体而让空气通过，从而达到防毒之目的。

5.6.3　氢键

氢键是指分子中和电负性大的原子"X"以共价键相结合的氢原子能与另一个电负性大的原子"Y"生成一种弱的键：X—H…Y。其中"—"为共价键，"…"为氢键。X、Y 一般为 F、O、N 等电负性大、半径小的原子。

为什么在 F、O 和 N 的含氢化合物中能形成氢键呢？现以 H_2O 分子为例加以说明。因为 O 的电负性很大（3.5），氢的电负性为 2.1，因而水分子中的共用电子对强烈地偏向氧原子，氢原子几乎只剩下"裸露"的原子核，这个原子核又很小，正电场很强，故能吸引另一个水分子中氧原子的孤对电子形成氢键。

氢键有分子间氢键和分子内氢键。两个或两个以上分子形成的氢键称为分子间氢键；同一个分子内形成的氢键称为分子内氢键。HF、NH_3、H_2O 分子均形成分子间氢键，如图 5-25(a)所示。分子内氢键常见于邻位有合适取代基的芳香族化合物，如邻羟基苯甲酸、邻硝基苯酚、邻苯二酚等。由于受环状结构中其他原子间键角的限制，分子内氢键的键角不是 180°，往往在 150°左右，如图 5-25(b)所示。

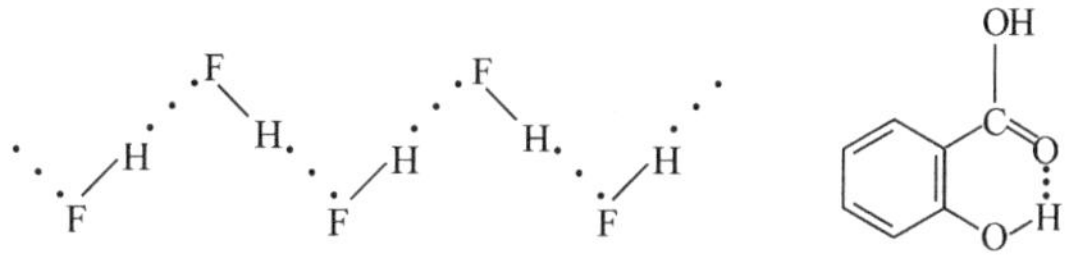

(a) 分子间氢键　　(b) 分子内氢键

图 5-25　分子间氢键和分子内氢键

氢键是一种特殊的分子间力，其特点为：①具有饱和性，X—H 只能与一个 Y 原子形成氢键；②具有方向性，Y 原子与 X—H 形成氢键时，应与 X—H 轴的方向一致，且三个原子尽可能处于同一直线上。氢键的强弱与 X、Y 原子的电负性有关，X、Y 的电负性越大，形成的氢键越强。

氢键的存在很广泛，许多化合物如水、醇、酚、酸、羧酸、氨、胺、氨基酸、蛋白质、碳水化合物中都存在氢键。氢键对物质性质的影响是多方面的。

(1) 对物质熔沸点的影响。分子间形成氢键使物质的熔沸点升高，如ⅤA、ⅥA、ⅦA 氢化物中的 NH_3、H_2O、HF，由于形成氢键，它们的熔沸点都高于同族氢化物的熔沸点，除 NH_3、H_2O、HF 外，其他氢化物的熔沸点随相对分子质量增大、分子间作用力增大而逐渐升高。ⅣA所有氢化物的熔沸点都随相对分子质量增大而升高，这是因为 CH_4 分子间不形成氢键。

分子内形成氢键常使其熔沸点低于同类化合物的熔沸点，如邻硝基苯酚的熔点是 45℃，间位和对位的分别为 96℃和 114℃。因为邻位的已形成分子内氢键，不能再形成分子间氢键，而物质熔化或沸腾时并不破坏分子内氢键，间位或对位由于形成分子间氢键，故熔沸点较高。

(2) 对水及冰密度的影响。水除了熔沸点显著高于同族外，还有另一个反常现象是它在 4℃时密度最大。这是因为在 4℃以上时，分子的热运动为主要倾向，使水的体积膨胀，密度减小;在 4℃以下,分子间的热运动降低,而形成氢键的倾向增加,形成分子间氢键越多,分子间的空隙也越大,当水结成冰时,全部都以氢键相连,形成空旷的结构。

(3) 对物质溶解度的影响。在极性溶剂中,如果溶质分子与溶剂分子之间形成氢键,则溶质的溶解度增大,如 HF、NH_3 极易溶于水,而 CH_4 却难溶于水。如果溶质分子形成分子内氢键,则在极性溶剂中的溶解度减小,而在非极性溶剂中的溶解度增大。

(4) 对蛋白质构型的影响。在多肽链中,由于可形成大量的氢键,蛋白质分子按螺旋方式卷曲成立体构型,形成蛋白质的二级结构。

(5) 对物质酸性的影响。分子内形成氢键,往往使酸性增强。

5.7 离子极化

分子间作用力的概念可推广到离子体系,因为离子间除了起主要作用的静电引力之外,诱导力也起着较重要的作用。正、负离子是带电体,它可产生电场。在该电场的作用下,周围带异号电荷的离子的电子云产生变形,这一现象称为离子的极化。离子极化的强弱取决于离子的极化力和变形性。

离子的极化力是指离子产生电场强度的大小(或使其他离子发生变形的能力)。离子极化力的强弱主要取决于:

(1) 离子的半径。离子半径越小,极化力越强。例如,H^+ 的半径特别小,有很强的极化能力。

(2) 离子的电荷。离子电荷数越高,极化力越强。

(3) 离子的电子构型。当离子的半径和电荷数相近时,极化力的大小取决于离子的电子构型,其极化力大小顺序为:18+2、18、2 电子构型>9~17 电子构型>8 电子构型。

离子的变形性是指离子在电场的作用下电子云发生变形的难易。离子变形性的大小主要取决于:

(1) 离子的半径。离子半径越大,变形性越大。

(2) 离子的电荷。负离子电荷数越高,变形性越大;正离子的电荷数越高,变形性越小。

(3) 离子的电子构型。当离子的半径和电荷数相近时,变形性的大小取决于离子的电子构型,其变形性大小顺序为:18+2、18、2 电子构型>9~17 电子构型>8 电子构型。

(4) 价电子层结构相同的离子,电子层越多,离子半径越大,变形性越大。

(5) 复杂阴离子的变形性较小,且复杂阴离子的中心原子氧化数越高,变形性越小。

一般而言,正离子半径小,负离子半径大,故正离子极化力大,变形性小;而负离子则正好相反,即负离子极化力小,变形性大。因此,在考虑离子相互极化时,一般只考虑在正离子产生的电场下,负离子发生变形的情况,即正离子使负离子极化。如果正离子也有一定的变形性(如 Ag^+、Hg^{2+} 等半径较大且为 18 电子构型的离子),它也可被负离子极化,极化后的正离子反过来又增强了对负离子的极化作用,这种加强了的极化作用称为附加极化作用。

正、负离子间相互极化,使负离子的电子云明显地向正离子方向移动,使原子轨道重叠部分增加,导致化学键的性质由离子键向共价键过渡。键型的改变使物质的性质亦发生变化,同样也使其晶体类型发生变化。例如,第三周期元素最高氧化态的氯化物 NaCl、$MgCl_2$、$AlCl_3$、$SiCl_4$、PCl_5,从 Na^+ 到 P^{5+} 离子半径递减,离子电荷增加,离子极化作用明显增强,导致化合物从 NaCl 的离子键向 PCl_5 典型的共价键过渡。晶体类型也由离子晶体(NaCl、$MgCl_2$)经混合型($AlCl_3$)过渡到分子晶体($SiCl_4$、PCl_5)。

离子极化会影响化合物的性质:

(1) 溶解度。离子极化作用的结果使化合物的键型从离子键向共价键过渡。根据相似相溶的原理,离子极化的结果必然导致化合物在水中的溶解度下降。例如,在卤化银中,溶解度按 AgF、AgCl、AgBr、AgI 依次递减。这是由于 Ag^+ 为 18 电子构型,极化力较强,而 F^- 离子半径小,不易变形,AgF 仍保持离子化合物,在水中易溶。随 Cl^-、Br^-、I^- 半径依次增大,变形性也随之增大,因而这三种卤化银共价性依次增加,溶解度依次降低。

(2) 熔沸点。在 NaCl、$MgCl_2$、$AlCl_3$ 化合物中,极化力 $Al^{3+}>Mg^{2+}>Na^+$,NaCl 仍保持典型离子化合物,而 $AlCl_3$ 接近于共价化合物,它们的熔点分别为 801℃、714℃和 192℃($AlCl_3$ 在 230kPa 下)。又如,在 $BeCl_2$、$MgCl_2$、$CaCl_2$、$SrCl_2$、$BaCl_2$ 等化合物中,由于 Be^{2+} 离子半径最小,又是 2 电子构型,所以极化能力强。它使 Cl^- 发生明显变形,因而 $BeCl_2$ 具有较低的熔沸点。Mg^{2+}、Ca^{2+}、Sr^{2+}、Ba^{2+} 随着半径逐渐增大,极化能力逐渐下降,共价成分依次下降,熔沸点逐渐升高。

(3) 颜色。在一般情况下,若组成化合物的正、负离子都无色,则该化合物也无色;若其中一种离子有色,则该化合物就呈该离子的颜色。例如,K^+ 无色,CrO_4^{2-} 黄色,故 K_2CrO_4 为黄色。但 Ag_2CrO_4 呈红色,这是因为 Ag^+ 的极化作用使电子从负离子向正离子的迁移更容易,导致物质的颜色出现变化。Ag^+ 和 I^- 均无色,AgI 却为黄色,这是 Ag^+ 具有较强的极化力,而 I^- 有较强的变形性,从而产生较强的极化作用所致。一般极化程度越大,化合物的颜色越深。

5.8　晶体结构简介

通常情况下,物质是大量原子、分子、离子等微粒的聚集体,主要以气态、液态和固态三种聚集状态存在,一定条件下它们可相互转化,其中固态最常见。固态物质可分为晶体和非晶体两大类。自然界中绝大多数固体是晶体,少部分固体属于非晶体。X 射线研究表明,所有晶体都是由在空间很有规律地排列的微粒(离子、原子、分子)组成。晶体结构的主要内容是研究晶体中微粒间的相互作用力和微粒在空间的排布及其对晶体性质的影响。

5.8.1　晶体的基本概念

1. 晶体的特征

晶体是由原子、分子或离子在空间按一定规律周期性重复排列构成的固体。晶体的这种周期性排列的基本结构特征使它具有下列共同性质:

(1) 晶体有规则的几何外形。例如,食盐晶体为立方体,明矾为正八面体。非晶体如玻璃、沥青、石蜡等没有规则、固定的几何外形,又称无定形物质。

(2) 晶体有确定的熔点。在一定条件下将晶体升温,只有达到确定的温度(熔点)晶体才开始熔化。在未完全熔化之前,虽然继续加热,但温度并不再升高,外界所供能量全部用于晶体由固态向液态的转变。而非晶体则不然,非晶体的熔化是由固态逐渐软化,最终变为可流动的熔体,从软化到完全变成熔体的过程中,温度不断升高,无固定的熔点。

(3) 晶体呈现各向异性。晶体的物理性质在各个方向上有所差异,如光学性质、热和电的传导性及力学性质等都是有方向性的,即晶体在不同方向上的性质各不相同。例如,当晶体受外力后,容易沿某几个平面开裂,这种现象为解理,开裂所对应的平面称为解理面。例如,云母极易沿一特定方向裂成极薄的薄片;食盐则沿相互垂直的平面解理成更小的立方体。晶体的这种性质称为各向异性,而非晶体则为各向同性。

2. 晶格和晶胞

组成晶体的微粒在晶体内部有规律地周期性排列，这是晶体的基本特征。应用 X 射线研究晶体结构表明，组成晶体的质点（分子、原子、离子）在空间呈规则排列，这些点群具有一定的几何形状，称为结晶格子，简称晶格。晶格上的点称为结点。

晶格中含有晶体结构的具有代表性的最小重复单位称为单元晶胞，简称晶胞。晶胞在三维空间周期性地无限重复就形成了晶体。因此，晶体的性质是由晶胞的大小、形状和质点以及它们之间的作用力决定的。

晶体有单晶和多晶之分。单晶是由一个晶核在各个方向上均衡生长起来的，这种晶体比较少见，但可通过人工培养。常见的晶体是由许多小的单晶体聚集而成的，这种晶体称多晶体。对于多晶体来说，由于组成它们的晶粒取向不同，可使它们的各向异性抵消，从而多晶体一般并不表现显著的各向异性。常见的金属以及许多粉末一般都是多晶体。

按照晶格上质点的种类和质点间作用力实质的不同，将晶体分为四种基本类型：离子晶体，晶格上的结点是正、负离子；原子晶体，晶格上的结点是原子；分子晶体，晶格上的结点是极性分子和非极性分子；金属晶体，晶格上的结点是金属原子或正离子。以上四种晶体的区别不仅是构成晶体质点的不同，更重要的是质点间的作用力有着显著的不同，其性质也有较大的区别。下面分别介绍各种晶体的结构特征和性质。

5.8.2 离子晶体及其特性

在晶格结点上交替排列着正、负离子，正、负离子间通过静电引力（离子键）结合在一起的一类晶体，称为离子晶体。例如，NaCl、CsCl 晶体就是典型的离子晶体。

1. 离子晶体的结构特征

离子晶体中不存在单个分子。例如，NaCl 晶体中，每个 Na^+ 周围有 6 个 Cl^-，而每个 Cl^- 周围同样也有 6 个 Na^+。通常将晶体中（或分子内）某一粒子相邻最近的其他粒子数目称为该粒子的配位数。因此，NaCl 晶体中 Na^+ 和 Cl^- 的配位数都是 6。其晶体中不存在单个的氯化钠分子，而只有 Na^+ 和 Cl^-，且数目比为 1∶1，整个晶体是一个无限的巨型“分子”，“NaCl”只表示组成的化学式，而不是分子式。

正、负离子的大小不同，离子半径比不同，其配位数就不同，离子晶体内正、负离子在空间的排布方式不同，相应地空间结构也就不同，因此得到不同类型的离子晶体。最常见的有四种类型离子晶体：NaCl 型（AB 型晶体）、CsCl 型（AB 型晶体）、ZnS 型（AB 型晶体）、CaF_2 型（AB_2 型晶体）。这里主要讨论 AB 型离子晶体结构。

(1) NaCl 型晶体。当正、负离子半径比 $r_+/r_-=0.414\sim0.732$ 时，即为 NaCl 型晶体，其晶胞形状是正立方体，又称面心立方晶格，如图 5-26(b)所示。对 NaCl 晶体，中心离子（Na^+ 或 Cl^-）处于立方体中心，在中心离子附近排列着 6 个异号离子，它们分布在晶胞立方体 6 个面的中心处，这些离子又分别被 6 个与它们异号的离子所包围，故每个离子的配位数为 6。

(2) CsCl 型晶体。当正、负离子半径比 $r_+/r_->0.732$ 时，即为 CsCl 型晶体，其晶胞形状也是正立方体，组成晶体的正离子（或负离子）处于立方体的中心，被立方体的 8 个异号离子所包围，又称简单立方晶格，如图 5-26(a)。对 CsCl 晶体来讲，每个离子的配位数为 8。

(3) ZnS 型晶体。当正、负离子半径比 $r_+/r_-<0.414$ 时，即为 ZnS 型晶体，其晶胞形状也是立方体，也属于面心立方晶格，见图 5-26(c)。对 ZnS 晶体而言，在立方体内有 4 个 S^{2-}，每个 S^{2-} 与最邻近的 4 个 Zn^{2+} 呈四面体，每个 Zn^{2+} 也与最邻近的 4 个 S^{2-} 呈四面体，故每个离子的配位数为 4。

AB 型离子晶体中，正、负离子半径比与配位数、晶体构型的关系（表 5-18）称为晶体的离子半径比规则。离子半径比规则只能严格地应用于离子晶体，而且是只有正、负离子间没有明显极化的条件下表 5-18 中的对应关系才成立。晶体构型有时还受外界条件的影响，如 CsCl 晶体，在常温下配位数为 8，高温下可转变成配位数为 6 的 NaCl 型晶体。这种化学组成相同、晶体构型不同的现象称为同质多晶现象。还有一些是化学组成不同,但晶形相同的物质,如 CsCl、CsBr 等都是 CsCl 型晶体,这种现象称类质同晶现象。

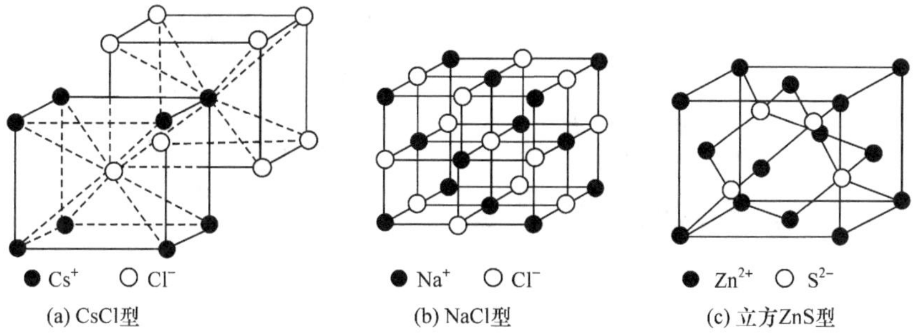

图 5-26　AB 型离子晶体的三种晶格类型

表 5-18　离子半径与配位数的关系

r_+/r_-	配位数	晶体构型	实例
0.225～0.414	4	ZnS 型	ZnS、ZnO、CuCl、BeS
0.414～0.732	6	NaCl 型	NaCl、KCl、CaO、BaO
0.732～1	8	CsCl 型	CsCl、CsBr、CsI、TiCl

2. 离子晶体的性质

离子晶体中离子键是一种很强的静电作用力,晶格能一般较大,需要较大的能量才能克服离子间的作用力。因此,离子晶体一般有较高的熔点、沸点和硬度,且其熔点、沸点、硬度随晶格能的增大而增加。

离子晶体中不存在自由电子,晶体中的离子受到较强的静电吸引,都被牢固地束缚在晶格的结点上,它只能在晶格结点上往复不停地振动,故离子晶体往往不导电,但当离子晶体溶于水或熔融状态下,正、负离子能自由运动而导电。许多离子晶体易溶于极性溶剂,难溶于非极性溶剂。离子晶体硬而脆,当晶体受外力作用时,若外力不能克服离子键力,晶体表现出硬的特征;若外力超过离子键力,则晶体表现出脆的特征。

5.8.3　原子晶体及其特性

在晶格的结点上排列着中性原子,原子间通过强大的共价键而形成的一类晶体称为原子晶体,如二氧化硅(SiO_2)、单质硅(Si)、金刚石(C)等。金刚石为典型的原子晶体,如图 5-27(a)所示。在金刚石晶体中,每个碳原子以 4 个 sp^3 杂化轨道与邻近的 4 个碳原子形成 4 个共价键,构成正四面体结构,这种正四面体在整个空间重复延伸就形成了三维网状结构的巨型分子。金刚石晶体中,每个碳原子的配位数为 4,原子对称、等距离排布,结合特强,故金刚石特硬,是天然物质中最硬的,经琢磨加工后成为名贵的金刚钻。石英 SiO_2 也是原子晶体,如图 5-27(b)所示,和金刚石具有相似的骨架结构。晶体中硅原子处于正四面体的中心,氧原子位于正四面体的顶角,每个氧原子和两个硅原子相连,硅和氧的配位数分别为 4 和 2。

原子晶体中,原子间彼此是通过共价键相互联系起来的,在空间无限扩展成为连续的骨架结构。因此,原子晶体中不存在单个分子,整个晶体是一个无限的巨型分子。例如,用 SiO_2 表示石英,用 C 表示金刚石,这些只代表其组成的化学式,而不是分子式。

一般来说,在原子晶体中,由于共用电子对所组成的共价键都很牢固,键能很大,它们都有很高的熔点,硬度很大。金刚石是最硬的固体,熔点高达 3576℃;SiC 俗称金刚砂,硬度仅次于金刚石,工业上可作研磨材料、耐火材料。原子晶体难溶于一切溶剂,常温下不导电,是电的绝缘体和热的不良导体,但 Si、SiC 等其性质介于金属与非金属之间,它们是优良的半导体材料。

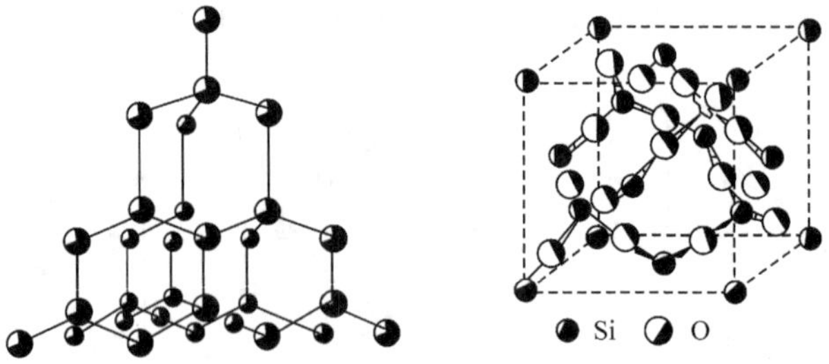

(a) 金刚石　　(b) SiO_2

图 5-27　金刚石和二氧化硅的晶体结构

5.8.4　分子晶体及其特性

在晶格的结点上排列着极性分子或非极性分子，分子间通过分子间力相结合(在某些极性分子间还存在氢键)的晶体，称为分子晶体。例如，干冰(固态 CO_2)、碘(I_2)都是典型的分子晶体。

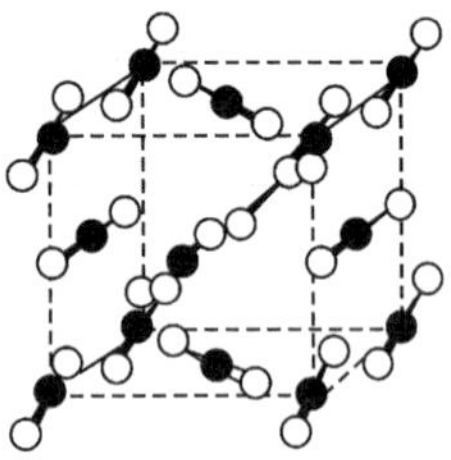

图 5-28　CO_2 分子晶体

分子晶体中，虽然分子内部各原子间以强的共价键相结合，但分子间却以较弱的范德华力相互作用，以干冰(图 5-28)为例，其分子内部是以 C═O 共价键结合，而在晶体中 CO_2 分子间只存在着色散力。由于分子内部的共价键强于结点上的分子之间的作用力，所以分子晶体与离子晶体和原子晶体不同，存在着独立的小分子，其化学式就是分子式。大多数共价型的非金属单质和化合物，如卤素单质(F_2、Cl_2、Br_2、I_2)、H_2、N_2、CO_2、H_2S、NH_3 及有机化合物晶体等都是分子晶体。稀有气体在固态时也是分子晶体，其晶格结点上排列的是稀有气体的单原子分子，结点之间以色散力相结合。在冰的晶体中，水分子之间通过氢键结合形成晶体，这类晶体又称氢键型晶体。

在分子晶体中，因分子间的相互作用力较弱，只要供给少量的能量，晶体就会被破坏，故分子晶体的熔点、沸点比较低，硬度较小，挥发性大，常温下以气体或液体存在，即使在常温下呈固态，其挥发性也很大，蒸气压高，常具有升华性质，如碘(I_2)、萘($C_{10}H_8$)等。分子晶体的熔点、沸点随范德华力的增大而升高，若分子间形成氢键，熔点、沸点会显著升高。分子间作用力微弱丝毫不意味着分子内原子间作用力小。例如，氢的低熔点(14K)、低沸点(40K)反映出范德华力微弱，但当氢熔化或沸腾时，氢原子间的共价键仍然完好无损，要打开 H—H 共价键需要很高的温度，甚至 2670K 时也只有 1%的氢分子解离成氢原子。

分子晶体结点上是电中性的分子，固态和熔融时都不导电，是电的不良导体，但某些极性分子所组成的晶体溶于水后能导电，如 HCl 分子、NH_3 分子等。绝大多数共价化合物都可形成分子晶体，只有很少的一部分共价化合物形成原子晶体，如 SiO_2、SiN 等。

5.8.5　金属晶体及其特性

周期表中有五分之四的元素是金属元素，除汞以外的其他金属室温下都是晶体，金属晶体的共同特征是：具有金属光泽，优良的导电、导热性，富有延展性等。金属的特性是由金属内部特有的化学键性质所决定的。

1. 金属晶格

X 射线衍射实验证明，金属在形成晶体时总是尽可能多地在金属原子周围排布更多的原子。因此，在金属晶体内都有较高的配位数，形成金属晶体时总是倾向于组成尽可能紧密的结构。如果把金属原子看作一个个等径圆球，则它们将以空间利用率(空间被晶格质点占满的百分数)最高的方式排列，形成最紧密的堆积，称密堆积结构。金属晶体的密堆积有六方密堆积(hcp)、面心立方密堆积(ccp)和体心立方堆积(bcc)(图

5-29)三种方式，形成的晶格为六方晶格、面心立方晶格和体心立方晶格。前两种晶格中，金属原子的配位数为 12，空间利用率 74%，为密堆积结构；而体心立方晶格中，金属原子的配位数为 8，空间利用率 68%，不是密堆积结构。一些金属所属的晶格类型如下：

六方密堆积晶格	La、Y、Mg、Zr、Hg、Cd、Ti、Co
面心立方密堆积晶格	Sr、Ca、Pb、Ag、Au、Al、Cu、Ni
体心立方晶格	K、Rb、Cs、Li、Na、Cr、Mo、W、Fe

由于面心立方密堆积与六方密堆积程度非常相似，这两种形式的稳定程度也很相近，因此像 Co、Ni 等元素在低温时为六方密堆积，较高温度下则为面心立方密堆积。

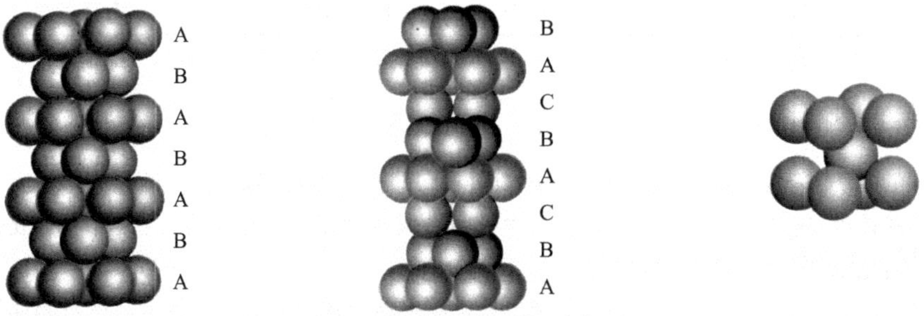

(a) 面心立方密堆积　　(b) 六方密堆积　　(c) 体心立方堆积

图 5-29　金属晶格

密堆积概念同样适用于其他类型的晶体，只要晶格结点上的原子、分子或离子是球形的，均能充分利用空间紧密堆积。例如，NaCl 离子晶体中负离子采取面心立方密堆积方式，正离子占据空隙位置，属于面心立方晶体。又如，CH_4 分子晶体因甲烷分子呈球形对称形成立方密堆积。

2. 金属键

金属晶格中，每个原子要被 8 个或 12 个相邻原子所包围，而金属原子只有少数价电子(多数只有 1 个或 2 个价电子)能用于成键，这样少的价电子不足以使金属原子间形成一般的共价键和离子键。为了说明金属原子间的连接，目前有两种主要的理论：金属键的改性共价键理论和金属键的能带理论。下面只简单介绍金属键的改性共价键理论。

金属原子半径比较大，原子核对价电子的吸引力比较弱，因此价电子容易从金属原子上脱落下来成为自由电子或非定域的自由电子，它们不再属于某一金属原子，而是在整个金属晶体中自由流动，为整个金属所共有，留下的正离子就浸泡在这些自由电子的海洋中，金属中自由电子与金属离子间的作用力称金属键。在金属晶体中的金属键可看成是许多原子共用许多电子的一种特殊形式的共价键，称为金属的改性共价键。

金属键不同于一般的共价键，不具有饱和性和方向性。在金属晶体中，每个原子将在空间允许的条件下与尽可能多数目的原子形成金属键。金属中自由电子可以吸收可见光，然后又把各种波长的光大部分发射出去，因而金属一般不透明且呈银白色。金属有良好导电和导热性也与自由电子有关。金属键不固定于两个质点之间，质点作相对滑动时不破坏金属的密堆积结构，这就是金属有延展性和良好的机械加工性能的原因。

以上介绍了四类晶体的内部结构及特征，现归纳于表 5-19，以供比较。

表 5-19　四类晶体的内部结构及性质特征

晶体类型	离子晶体	原子晶体	分子晶体		金属晶体
结点上的微粒	正、负离子	原子	极性分子	非极性分子	原子、正离子
结合力	离子键	共价键	范德华力、氢键	范德华力	金属键
熔点、沸点	高	很高	低	很低	有高有低

续表

晶体类型	离子晶体	原子晶体	分子晶体		金属晶体
硬度	硬	很硬	软	很软	硬度不一
机械性能	脆	很脆	弱	很弱	有延展性
导电、导热性	熔融态及其水溶液导电	非导体	固态、液态不导电，水溶液导电	非导体	良导体
溶解性	易溶于极性溶剂	不溶性	易溶于极性溶剂	易溶于非极性溶剂	不溶性
实例	NaCl、MgO	金刚石、SiC	HCl、NH_3	CO_2、I_2	W、Ag、Cu

5.8.6　混合型晶体

以上介绍的四类晶体其共同特点是每种晶体中质点间的作用力相同，即在一种晶体中只有一种作用力。除上述的四类晶体外，还有一些晶体中的质点间含有两种或两种以上的作用力，这类晶体称混合型晶体，属于这类晶体的有层状结构晶体和链状结构晶体。

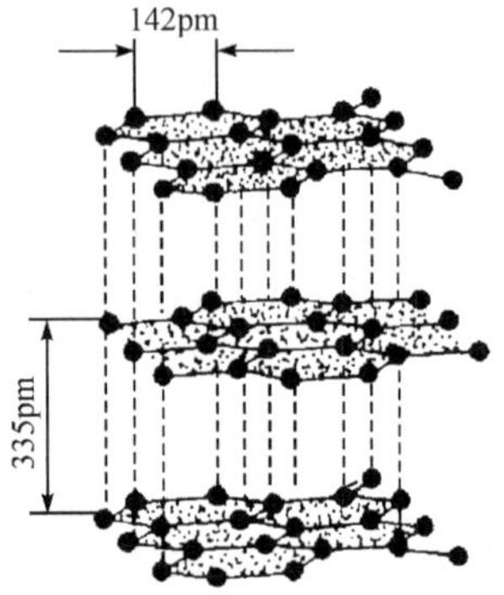

图 5-30　石墨的层状结构晶体

石墨是典型的层状结构晶体，如图 5-30 所示。在石墨晶体中，每个碳原子均以 sp^2 杂化轨道与同层相邻的 3 个碳原子形成 σ 键，构成平面正六角形的网状结构。该结构中 C—C 键长为 142pm，键角为 120°，因此石墨晶体具有层状结构。此外，每个碳原子还有一个垂直于该平面的未杂化的含一个电子的 2p 轨道，这些轨道相互平行形成离域的大 π 键。离域大 π 键上的电子在每一层平面上自由运动，类似于金属晶体中的金属键，因而石墨具有金属光泽，并具有良好的导电性。在石墨晶体中层与层之间的距离为 335pm，层与层之间以分子间力相联系。由于这种作用力较弱，层与层之间容易滑动和断裂。石墨晶体中既有共价键、金属键，还有范德华力，因此石墨是原子晶体、金属晶体、分子晶体的混合型晶体。

习　题

1. 用洪德规则推断氮原子有几个未成对电子。

2. 具有下列价电子构型的元素在周期表中属于哪一周期、哪一族？

(1) $(n-1)d^{10}ns^1$　　(2) ns^2np^6

3. 某元素的电子层结构为 $1s^2 2s^2 2p^6 3s^2 3p^6 3d^{10} 4s^1$。

(1) 这是什么元素？　(2) 它有多少能级、多少轨道？　(3) 它有几个未成对的电子？

4. 判断下列叙述是否正确，并说明理由。

(1) 一种元素原子最多能形成的共价单键数目，等于基态的该种元素原子中所含的未成对电子数。

(2) 由同种元素组成的分子均为非极性分子。

(3) 氢键就是氢和其他元素间形成的化学键。

(4) s 电子与 s 电子间形成的键是 σ 键，p 电子与 p 电子间形成的键是 π 键。

(5) sp^3 杂化轨道指的是 1s 轨道和 3p 轨道混合后形成的 4 个 sp^3 杂化轨道。

(6) 极性分子间作用力最大，所以极性分子熔点、沸点比非极性分子都高。

5. 选择题。

(1) 下列各组量子数合理的是(　　)。

A. 3,3,0,1/2　　B. 2,3,1,1/2　　C. 3,1,1,−1/2　　D. 2,0,1,−1/2

(2) 核外电子运动状态的描述较正确的是(　　)。

A. 电子绕原子核做圆周运动　B. 电子在离核一定距离的球面上运动

C. 电子在核外一定的空间范围内运动　D. 电子的运动和地球绕太阳运动一样

(3) 如果一个原子的主量子数是 3,则它(　　)。

A. 只有 s 电子　B. 只有 s 和 p 电子　C. 只有 s、p 和 d 电子　D. 只有 d 电子

(4) 下列电子构型属于原子的基态电子构型的是(　　)。

A. $1s^22s^12p^2$　B. $1s^22s^22p^23s^2$　C. $1s^22s^22p^63s^1$　D. $1s^22s^22p^23d^2$

(5) 下列电子构型的原子中(n=2、3、4)第一电离能最低的是(　　)。

A. ns^2np^3　B. ns^2np^4　C. ns^2np^5　D. ns^2np^6

(6) 在乙醇的水溶液中,分子间的作用力有(　　)。

A. 取向力、诱导力　B. 色散力、氢键　C. A、B 都有　D. A、B 都没有

(7) H_2O 的沸点是 100℃,H_2Se 的沸点是 −42℃,这可用下列哪一种理论来解释(　　)。

A. 共价键　B. 离子键　C. 氢键　D. 范德华力

(8) 根据杂化轨道理论,BF_3 分子和 NH_3 分子的空间构型(　　)。

A. 均为平面三角形　B. BF_3 为平面三角形,NH_3 为三角锥形

C. 均为三角锥形　D. BF_3 为三角锥形,NH_3 为平面三角形

(9) $CHCl_3$ 分子的杂化类型和分子空间构型分别为(　　)。

A. sp^3 杂化,四面体　B. sp^3 杂化,正四面体

C. sp^3 不等性杂化,正四面体　D. sp^3 不等性杂化,四面体

(10) 形成 π 键的条件是(　　)。

A. s 与 s 轨道重叠　B. s 与 p 轨道重叠

C. p 与 p 轨道"头碰头"重叠　D. p 与 p 轨道"肩并肩"重叠

6. 写出下列各原子序数的电子层构型,并指出元素在周期表中的周期、族、元素名称及元素符号。

(1) $Z=18$　(2) $Z=24$　(3) $Z=29$　(4) $Z=80$

7. 比较下列各组元素的原子性质,并说明理由。

(1) K 和 Ca 的原子半径。

(2) As 和 P 的第一电离能。

(3) Si 和 Al 的电负性。

(4) Mo 和 W 的原子半径。

8. 按原子半径的大小排列下列等电子离子,并说明理由。

F^-,O^{2-},Na^+,Mg^{2+},Al^{3+}

9. 比较 Si、Ge、As 三元素的下列性质。

(1) 金属性　(2) 电离能　(3) 电负性　(4) 原子半径

10. 对下列各组原子轨道填充合适的量子数。

(1) n=(　),$l=3$,$m=2$,$m_s=+1/2$　(2) $n=2$,l=(　),$m=1$,$m_s=-1/2$

(3) $n=4$,$l=0$,m=(　),$m_s=+1/2$　(4) $n=1$,$l=0$,$m=0$,m_s=(　)

11. 设第四周期有 A、B、C、D 4 种元素,其原子序数依次增大,价电子数分别为 1、2、2、7,次外层电子数 A 和 B 为 8,C 和 D 为 18,试问:

(1) A、B、C、D 的原子序数各为多少?

(2) 哪个是金属? 哪个是非金属?

(3) A 和 D 的简单离子是什么?

(4) B 和 D 两种元素形成何种化合物? 写出化学式。

12. 若元素最外层仅缺一个电子,该电子的量子数为 $n=4$,$l=0$,$m=0$,$m_s=+1/2$。问:

(1) 符合上述条件的元素可以有几个? 原子序数各为多少?

(2) 写出相应元素原子的电子结构，并指出在周期表中所处的区域和位置。

13. 用 s、p、d、f 符号表示下列各元素原子的电子结构，并指出它们各属于第几周期、第几族。

(1) $_{18}Ar$　(2) $_{26}Fe$　(3) $_{53}I$　(4) $_{29}Cu$

14. 已知四种元素的原子的外电子层结构分别为

A. $4s^2$　B. $3s^2 3p^5$　C. $3d^2 4s^2$　D. $5d^{10} 6s^2$

(1) 它们在周期表中各处于哪一周期？哪一族？哪一区？

(2) 它们的最高正氧化数各为多少？

(3) 比较电负性的相对大小。

15. 第四周期某元素，其原子失去 3 个电子，在 $l=2$ 的轨道内电子半充满，试推断该元素的原子序数，并指出该元素的名称。

16. 第五周期某元素，其原子失去 2 个电子，在 $l=2$ 的轨道内电子全充满，试推断该元素的原子序数、电子结构，并指出位于周期表中哪一族，是什么元素。

17. 已知 KI 的晶格能为 $-631.9kJ \cdot mol^{-1}$，钾的升华热为 $90.0kJ \cdot mol^{-1}$，钾的电离能为 $418.9kJ \cdot mol^{-1}$，碘的升华热为 $62.4kJ \cdot mol^{-1}$，碘的解离能为 $151kJ \cdot mol^{-1}$，碘的电子亲和能为 $-310.5kJ \cdot mol^{-1}$。求碘化钾的标准摩尔生成热。

18. 将下列各组中的化合物按键的极性由大到小排列。

(1) ZnO，ZnS　(2) HI，HCl，HBr，HF　(3) $SiCl_4$，CCl_4

(4) H_2Se，H_2Te，H_2S　(5) OF_2，SF_2　(6) NaF，HF，HCl，HI，I_2

19. NO_2、CO_2、SO_2 的键角分别为 132°、180°、120°，判断各分子中心原子的杂化轨道类型。

20. 根据价键理论写出 PCl_5 和 OF_2 的结构式。

21. 分子极性的大小由什么来衡量？下列分子中哪些是极性分子？哪些是非极性分子？

H_2S，CO_2，PH_3，CCl_4，SF_6，$CHCl_3$，$SnCl_2$，$HgCl_2$，CO，SO_2，SO_3，BCl_3，O_3，NF_3

22. 解释下列事实。

(1) 邻羟基苯甲酸的熔(沸)点低于对羟基苯甲酸的熔(沸)点。

(2) NH_3 极易溶于水，而 CH_4 难溶于水。

(3) 乙醚的相对分子质量(74)大于丙酮的相对分子质量(58)，但乙醚的沸点(34.6℃)比丙酮(56.5℃)低许多，而乙醇相对分子质量(46)更小，沸点(78.5℃)却更高。

(4) SiO_2 和 $SiCl_4$ 都是四面体构型，SiO_2 晶体有很高的熔点，而 $SiCl_4$ 的熔点则很低。

(5) Na 与 Si 都是第三周期元素，但在室温下 NaH 是固体，而 SiH_4 却是气体。

23. 指出下列各对原子间哪些能形成氢键，哪些能形成极性共价键或非极性共价键。

(1) Li，O　(2) Br，I　(3) Mg，I　(4) O，O　(5) C，O　(6) Si，O　(7) Na，F　(8) N，H

24. 试用杂化轨道理论说明：由 BF_3 转变为 BF_4^-，由 NH_3 转变为 NH_4^+，由 H_2O 转变为 H_3O^+ 时，分子的几何构型发生了变化。

25. 试排列下列晶体熔点高低顺序。

(1) CsCl，Au，CO_2，HCl　(2) NaCl，N_2，NH_3，Si

(3) KF，CaO，BaO，SiF_4，$SiCl_4$　(4) KCl，NaCl，CCl_4，$SiCl_4$

26. 判断下列各组分子间存在的分子间作用力。

(1) 苯和 CCl_4　(2) CH_3OH 和 H_2O　(3) CO_2 气体　(4) H_2O 分子

27. 说明邻羟基苯甲醛和对羟基苯甲醛两种化合物熔点、沸点的高低及其原因。

28. 根据下列分子偶极矩数据，判断分子的极性和几何构型。

$SiCl_4$($\mu=0$)；CH_3Cl($\mu=6.38\times10^{-30}C \cdot m$)；

SO_3($\mu=0$)；HCN($\mu=7.2\times10^{-30}C \cdot m$)；

BCl_3($\mu=0$)；PCl_3($\mu=2.6\times10^{-30}C \cdot m$)。

29. NaF、MgO 为等电子体，它们具有 NaCl 晶型，但 MgO 的硬度几乎是 NaF 的两倍，MgO 的熔点

(2800℃)比 NaF(993℃)高得多,为什么?

30. 试写出一具有离子键、共价键(含配位键)的化合物的结构简式。

31. 用价层电子对互斥理论判断下列分子或离子的空间构型。

NH_4^+,CO_3^{2-},BCl_3,PCl_5,PCl_3,$[SiF_6]^{2-}$,H_3O^+,XeF_4,SO_3,SO_2,NO_2,NO_2^-,SCl_2,SO_4^{2-},PO_4^{3-},NO_3^-,MnO_4^-,BrF_2^+,$[AlF_6]^{3-}$

32. 用分子轨道理论说明 He_2^+、Be_2、C_2、O_2^{2-}、O_2^-、O_2^+ 等能否存在及是否具有磁性。

33. 写出 N_2、N_2^+、N_2^- 的分子轨道排布式,并判断稳定性的大小。

34. 用离子极化说明下列问题。

(1) AgF、AgCl、AgBr、AgI 的溶解度依次降低,而颜色逐渐加深。

(2) Pb^{2+}、Hg^{2+}、I^- 均为无色离子,但 PbI_2 呈金黄色,HgI_2 呈朱红色。

(3) $FeCl_2$ 熔点为 670℃,$FeCl_3$ 熔点为 306℃。

(4) Na^+、Cu^+ 的半径分别为 95pm、96pm,但 NaCl 易溶于水,CuCl 难溶于水。

第 6 章　酸碱平衡与酸碱滴定法

无机化学反应多数是在水溶液中进行的，酸、碱及两性物质是参与这些反应的重要化学物质，酸碱平衡是水溶液中最重要的平衡体系，也是无机化学的四大平衡之一。本章应用化学平衡的原理，以酸碱质子理论为基础，讨论酸碱平衡及其影响因素、酸碱平衡中有关组分的浓度计算、缓冲溶液的性质和应用、酸碱滴定法的基本原理和有关应用等。

6.1　电解质溶液

6.1.1　解离度

凡在水溶液里或熔融状态下能导电的化合物称为电解质。不同电解质在水中的解离程度是不相同的，强电解质在水中几乎全部解离，弱电解质仅部分解离。弱电解质在水中的解离程度可用解离度来表示。解离度就是当弱电解质在溶液中达到解离平衡时，溶液中已经解离的电解质分子数占原来总分子数的百分比，用符号 α 表示，即

$$\alpha = \frac{\text{已解离的电解质分子数}}{\text{溶液中原有电解质的分子总数}} \times 100\% \tag{6-1}$$

例如，在 298.15K 时，0.1mol·L^{-1} HAc 溶液，每 1000 个乙酸分子大约有 13 个解离成 H^+ 和 Ac^-，故其解离度约为 1.3%。

解离度的大小主要取决于电解质的本性，同时与溶液的浓度、温度等因素有关。同一弱电解质，通常是溶液越稀，离子互相碰撞而结合成分子的机会越少，解离度就越大。例如，在 298.15K 时，0.1mol·L^{-1} HAc 的解离度为 1.3%，0.01mol·L^{-1} HAc 的解离度为 4.2%。温度对解离度也有一定影响，但在常温范围内影响不大。

6.1.2　活度与离子强度

强电解质在水中完全解离成离子，因离子间存在静电作用，使正离子处于周围负离子较多的氛围中(离子氛)，负离子周围也有正离子组成的“离子氛”。离子间这种相互牵制的关系使它们不能完全自由运动，从而使其表观解离度 $\alpha<100\%$。为了定量描述强电解质溶液中离子的相互作用，引入离子活度和活度系数概念。

强电解质溶液中能有效自由运动的离子浓度称为离子有效浓度，简称活度，通常用符号 a 表示。它和离子浓度 c 之间的关系为

$$a_i = \gamma \cdot c_i / c^{\ominus} \tag{6-2}$$

式中：γ 称为活度系数，一般 $\gamma<1$。γ 越小，离子间相互牵制作用越强，活度便越小。γ 反映了溶液中离子之间相互牵制作用的强弱。

为说明离子浓度和电荷对活度系数的影响，提出了离子强度(I)的概念，其定义为

$$I = \frac{1}{2}\sum c_i \cdot Z_i^2 \tag{6-3}$$

式中：c_i 为 i 离子的浓度，单位 mol·L^{-1}；Z_i 是 i 离子的电荷数。

德拜-休克尔(Debye-Huckel)从电学和分子运动论出发，提出了活度系数与离子强度的近似关系式：

$$\lg\gamma = -0.5115 Z_+ \cdot Z_- \sqrt{I} \tag{6-4}$$

这样就可以求已知浓度的电解质溶液的活度了。

例 6-1 求浓度为 0.010mol · L^{-1} NaCl 溶液的活度。

解 先根据式(6-3)求出溶液的离子强度：

$$I = \frac{1}{2}\sum c_i \cdot {Z_i}^2 = \frac{1}{2}(0.010 \times 1^2 + 0.010 \times 1^2) = 0.010$$

代入式(6-4)，有

$$\lg\gamma = -0.5115 \times 1 \times 1 \times \sqrt{0.010} = -0.051$$

$$\gamma = 0.89$$

所以

$$a_i = \gamma \cdot c_i / c^\ominus = 0.89 \times 0.010/1.0 = 0.0089$$

在实际应用中，若离子浓度不太大，或对计算结果要求不太苛刻时，常用浓度代替活度进行有关计算。

6.2 酸碱质子理论

6.2.1 酸碱的定义和共轭酸碱对

最早的酸碱定义是阿伦尼乌斯提出来的，其要点是：在溶液中解离出的正离子全部是 H^+ 的化合物是酸；解离出的负离子全部是 OH^- 的化合物是碱。酸碱中和反应的实质是 H^+ 和 OH^- 反应生成 H_2O。该理论能很好地解释一些电解质的解离行为，但存在一定的局限性，如它不能解释物质在非水溶液中的酸碱性，也不能说明 Na_2CO_3、NaAc、NH_3 等物质虽然解离不出 OH^-，而在反应中却似碱一样的事实。1923 年，布朗斯特(J. N. Brönsted)和劳里(T. M. Lowry)提出了酸碱质子理论。该理论认为：凡能给出质子(H^+)的物质(分子或离子)都是酸，凡能接受质子(H^+)的物质(分子或离子)都是碱。例如，HCl、HAc、HSO_4^- 和 NH_4^+ 等都是酸，因为它们都能给出质子；NH_3、NaOH、Ac^-、CO_3^{2-} 和 Cl^- 等都是碱，因为它们都能接受质子。

根据酸碱质子理论，酸和碱不是彼此孤立的，而是统一在一个质子的关系上。酸(又称质子酸)给出质子后余下的那部分就是碱(又称质子碱)；反之，碱接受质子后就变成了酸。其关系为

$$\text{酸} \rightleftharpoons \text{碱} + H^+$$

这种对应关系称为共轭酸碱对，右边的碱是左边的酸的共轭碱，左边的酸又是右边碱的共轭酸。例如

$$HCl \rightleftharpoons Cl^- + H^+$$

$$HAc \rightleftharpoons Ac^- + H^+$$

$$NH_4^+ \rightleftharpoons NH_3 + H^+$$

$$H_2PO_4^- \rightleftharpoons HPO_4^{2-} + H^+$$

$$HPO_4^{2-} \rightleftharpoons PO_4^{3-} + H^+$$

$$H_2CO_3 \rightleftharpoons HCO_3^- + H^+$$

$$HCO_3^- \rightleftharpoons CO_3^{2-} + H^+$$

从以上共轭酸碱对可看出，酸和碱可以是分子，也可以是正离子或负离子；有的物质在某个共轭酸碱对中是碱，而在另一共轭酸碱对中却是酸，如 HCO_3^-、HPO_4^{2-} 等；酸碱质子理论中没有盐的概念，酸碱解离理论中的盐都变成了离子酸和离子碱，如 NH_4Cl 中的 NH_4^+ 是酸，Cl^- 是碱。

案例 6-1 消防灭火会用到各种类型的灭火器，其中灭火剂的发展历史中酸碱物质材料发挥了不可磨灭的作用。例如，BC 干粉（主要成分 $NaHCO_3$、$KHCO_3$），ABC 干粉［主要成分 $NH_4H_2PO_4$、$(NH_4)_2HPO_4$、$(NH_4)_3PO_4$］，细水雾灭火剂（主要成分 H_2O），易安龙灭火剂（主要成分 KNO_3），烟烙尽灭火剂（主要成分 N_2、Ar、CO_2），EBM 气溶胶灭火剂（主要成分K_2O、K_2CO_3）等。

问题：(1) 根据酸碱质子理论判断灭火剂成分中哪些是酸，哪些是碱，哪些是两性物质，哪些既不是酸也不是碱。

(2) 这些物质在起灭火作用时的酸碱作用原理是什么？

6.2.2 酸碱反应的实质

根据酸碱质子理论，酸碱反应的实质就是两个共轭酸碱对之间质子传递的反应。例如

$$\underset{\text{酸}_1}{HCl} + \underset{\text{碱}_2}{NH_3} \rightleftharpoons \underset{\text{酸}_2}{NH_4^+} + \underset{\text{碱}_1}{Cl^-} \quad (H^+ \text{ 由 } HCl \text{ 传递给 } NH_3)$$

NH_3 和 HCl 的反应，无论在水溶液中、苯溶液中或气相中，其实质都是一样，即 HCl 是酸，放出质子给 NH_3，然后转变为它的共轭碱 Cl^-，NH_3 是碱，接受质子后转变为它的共轭酸 NH_4^+。强碱夺取了强酸放出的质子后，转化为较弱的共轭酸，而强酸转化为较弱的共轭碱，即为酸碱反应的方向。

酸碱质子理论不仅扩大了酸和碱的范围，还可把解离理论中的酸、碱、盐的离子平衡都包括在酸碱反应的范畴中。例如

解离反应

$$\underset{\text{酸}_1}{HCl} + \underset{\text{碱}_2}{H_2O} \rightleftharpoons \underset{\text{酸}_2}{H_3O^+} + \underset{\text{碱}_1}{Cl^-} \quad (H^+)$$

$$\underset{\text{酸}_1}{H_2O} + \underset{\text{碱}_2}{NH_3} \rightleftharpoons \underset{\text{酸}_2}{NH_4^+} + \underset{\text{碱}_1}{OH^-} \quad (H^+)$$

$$\underset{\text{酸}_1}{H_2O} + \underset{\text{碱}_2}{H_2O} \rightleftharpoons \underset{\text{酸}_2}{H_3O^+} + \underset{\text{碱}_1}{OH^-} \quad (H^+)$$

水解反应

$$\underset{\text{酸}_1}{H_2O} + \underset{\text{碱}_2}{Ac^-} \rightleftharpoons \underset{\text{酸}_2}{HAc} + \underset{\text{碱}_1}{OH^-} \quad (H^+)$$

$$\underset{\text{酸}_1}{NH_4^+} + \underset{\text{碱}_2}{H_2O} \overset{H^+}{\rightleftharpoons} \underset{\text{酸}_2}{H_3O^+} + \underset{\text{碱}_1}{NH_3}$$

可见，按酸碱质子理论的观点，解离反应就是水与分子酸碱的质子传递反应；水解反应就是水与离子酸碱的质子传递反应。

案例 6-2 蚊子是人类的一大敌害，叮在人身上时，分泌一种有毒物质注射到皮肤里，这种有毒物质能使皮肤产生麻痹和松弛，然后蚊子就大量地吸取血液。隔不了多久，人就会感到被蚊子叮过的地方很痒，并出现红肿。曾有位化学工作者被蚊子叮了几处，随即用氨水涂于患处，痒便止住了。

问题：(1) 他为什么用氨水止痒？

(2) 能否使用 NaOH？

分析：(1) 蚊子分泌的有毒物质是一种最低级的有机弱酸——甲酸，氨水是一种弱碱，当它浸入皮肤时，便与甲酸发生酸碱反应。

(2) 碱可以中和甲酸，止住痒痛，但不能使用 NaOH，因为它是强碱，会烧伤人体皮肤。

任一物质酸碱性的强弱除与该物质的本性有关外，还与反应的对象或溶剂有关。例如，把 HNO_3 溶于水，则 HNO_3 是强酸；溶于冰醋酸中，由于溶剂的酸性增强，则 HNO_3 的酸性大大降低；而溶于纯 H_2SO_4 中，则 HNO_3 是碱。

将不同强度的酸拉平到溶剂化质子水平的效应称为拉平效应，具有拉平效应的溶剂称为拉平溶剂。例如，在水中 HCl、H_2SO_4、HNO_3、$HClO_4$ 都是强酸，H_2O 是 HCl、H_2SO_4、HNO_3、$HClO_4$ 的拉平溶剂。但以冰醋酸作溶剂时，四种酸的强度有明显区别，酸度 $HClO_4 > H_2SO_4 > HCl > HNO_3$。

能区分酸或碱强度的效应称为区分效应，具有区分效应的溶剂称为区分溶剂。例如，在水中 HCl 是强酸，而 HAc 是弱酸，H_2O 是 HCl 和 HAc 的区分溶剂。但在液氨中，二者都是强酸，液氨是 HCl 和 HAc 的拉平溶剂。

6.3 酸碱平衡

6.3.1 水的解离与溶液的 pH

实验证明，纯水是一种极弱的电解质，它能按下式进行微弱的解离：

$$H_2O + H_2O \rightleftharpoons H_3O^+ + OH^-$$

可简写为

$$H_2O \rightleftharpoons H^+ + OH^-$$

在一定温度下，当达到解离平衡时，水中 H^+ 浓度与 OH^- 浓度的乘积是一个常数，即

$$c(H^+) \cdot c(OH^-) = K_w^\ominus \tag{6-5}$$

式中：$K_w^\ominus$ 为水的离子积常数，简称水的离子积。从纯水的导电实验测得在 298.15K 时，纯水中 $c(H^+) = c(OH^-) = 1.0\times10^{-7}\,mol\cdot L^{-1}$，水的离子积 $K_w^\ominus = 1.0\times10^{-14}$。由于水在解离时要吸收大量的热，故温度升高，水的解离度增大，离子积也随之增大。例如，333.15K 时，$K_w^\ominus = 9.6\times10^{-14}$；373.15K 时，$K_w^\ominus = 5.5\times10^{-13}$。但在常温时，$K_w^\ominus$ 的值一般可以认为是1.0×10^{-14}。

常温时，无论是中性、酸性还是碱性的水溶液里，H^+ 浓度和 OH^- 浓度的乘积都等于

1.0×10^{-14}。因此，在常温下，若

$c(H^+)>c(OH^-)$或$c(H^+)>1.0\times10^{-7}$ mol·L^{-1}　　溶液呈酸性

$c(H^+)=c(OH^-)=1.0\times10^{-7}$ mol·L^{-1}　　溶液呈中性

$c(H^+)<c(OH^-)$或$c(H^+)<1.0\times10^{-7}$ mol·L^{-1}　　溶液呈碱性

由于在生产实践中常用到一些H^+浓度很小的溶液，若直接用H^+浓度表示溶液的酸碱性很不方便，在化学上常用 pH 表示溶液的酸碱性，pH 等于H^+浓度的负对数，即

$$pH=-\lg c(H^+)$$

因此，pH<7，溶液呈酸性；pH=7，溶液呈中性；pH>7，溶液呈碱性。pH 越低，溶液的酸性越强。同样，$c(OH^-)$、$K_w^\ominus$的负对数也可以分别用 pOH 和 $pK_w^\ominus$ 来表示，因而在常温时有

$$pK_w^\ominus=pH+pOH=14.00 \tag{6-6}$$

案例 6-3　胃液是胃内分泌物的总称，包括水、电解质、脂类、蛋白质和多肽激素。纯净胃液为无色透明液体，pH=0.9～1.5，每日分泌量为1.5～2.5L，含固体物0.3%～0.5%，无机物主要为Na^+、K^+、H^+和Cl^-。胃分泌的酸是盐酸，有两种存在形式：一种为游离酸，另一种为结合酸，即与蛋白质结合的盐酸蛋白酸，在纯胃液中绝大部分是游离酸。胃酸有多种作用：①激活胃蛋白酶原，使其转变为有活性的胃蛋白酶，并为胃蛋白酶提供适宜的酸性环境；②分解食物中的结缔组织和肌纤维，使食物中的蛋白质变性，易于被消化；③杀死随食物入胃的细菌；④进入小肠可促进胰液和胆汁的分泌；⑤促进小肠对铁和钙的吸收。胃酸分泌过多，可对胃和十二指肠黏膜具有侵蚀作用，可能是消化性溃疡发病的原因之一。胃酸分泌过少，常可产生腹胀、腹泻等消化不良的症状。

问题：胃液中H^+浓度大约为多少？为什么常用乳酸钠、碳酸氢钠、氢氧化铝等作为治疗胃酸过多的药物？

6.3.2　弱酸与弱碱的解离平衡

1. 解离常数

根据酸碱质子理论，酸或碱的强弱取决于其给出质子或接受质子的能力大小。物质给出质子的能力越强，其酸性也就越强，反之就越弱。同样，物质接受质子的能力越强，其碱性就越强，反之也就越弱。一定温度下，酸给出质子或碱接受质子能力的大小可以用酸或碱的解离常数来衡量。

在一定温度下，弱电解质在水溶液中达到解离平衡时，解离所生成的各种离子浓度的乘积与溶液中未解离的分子的浓度之比是一个常数，称为解离平衡常数，简称解离常数($K_i^\ominus$)。弱酸的解离常数用$K_a^\ominus$表示，弱碱的解离常数用$K_b^\ominus$表示。

1）HAc 的解离平衡

$$HAc \rightleftharpoons H^+ + Ac^-$$

根据化学平衡定律，其平衡常数表达式为

$$K_a^\ominus=\frac{[c(H^+)/c^\ominus]\cdot[c(Ac^-)/c^\ominus]}{c(HAc)/c^\ominus} \tag{6-7}$$

与前述相类似，式(6-7)习惯上可简写为(下同)

$$K_a^\ominus=\frac{c(H^+)\cdot c(Ac^-)}{c(HAc)} \tag{6-8}$$

式中：$K_a^\ominus$为 HAc 的解离平衡常数。$K_a^\ominus$的大小反映了弱酸解离程度的强弱，$K_a^\ominus$越小，酸性越弱，反之亦然。$K_a^\ominus$与其他化学平衡常数一样，其数值大小与酸的浓度无关，仅取决于酸的本

性和体系的温度。但由于弱电解质的解离热效应较小，故 $K_a^\ominus$ 受温度的影响不大，常温范围内变化，通常不考虑温度对它的影响。常见弱酸弱碱的解离平衡常数见附录六。

案例 6-4　口服药物阿司匹林片时，解热镇痛效果良好；而将阿司匹林与碱性药物碳酸氢钠片同时服用，解热镇痛效果明显下降，甚至没有作用。

问题：阿司匹林片单独使用或与碱性药物碳酸氢钠同时服用，两种方案产生的药效为何不同？酸碱性药物的解离程度主要与哪些因素有关？

分析：酸性药物在酸性环境中或碱性药物在碱性环境中的解离度小，因而脂溶性较高，容易扩散，通过胃肠道黏膜吸收。反之，酸性药物在碱性环境中或碱性药物在酸性环境中的解离度大，脂溶性低，吸收减少。阿司匹林为弱酸性药物，在胃液及小肠吸收好，大部分以未解离的分子形式存在，吸收快，因而解热镇痛效果良好。但与碳酸氢钠同时服用时，阿司匹林的解离程度增大，吸收明显减少，所以解热镇痛效果下降甚至没有作用。

2）$NH_3 \cdot H_2O$ 的解离平衡

$NH_3 \cdot H_2O$ 是弱碱，解离方程式为

$$NH_3 \cdot H_2O \rightleftharpoons NH_4^+ + OH^-$$

$$K_b^\ominus = \frac{c(NH_4^+) \cdot c(OH^-)}{c(NH_3 \cdot H_2O)} \tag{6-9}$$

式中：$K_b^\ominus$ 是 $NH_3 \cdot H_2O$ 的解离常数。

3）多元酸碱的解离平衡

在水溶液中，一个分子能提供两个或两个以上 H^+ 的酸称为多元酸。多元酸在水中的解离是分步进行的，每一步都有相应的解离常数。以氢硫酸为例，H_2S 是二元弱酸，它的解离分两步进行。

第一步：$H_2S \rightleftharpoons H^+ + HS^-$　　$K_{a_1}^\ominus = \frac{c(H^+) \cdot c(HS^-)}{c(H_2S)} = 1.1 \times 10^{-7}$

第二步：$HS^- \rightleftharpoons H^+ + S^{2-}$　　$K_{a_2}^\ominus = \frac{c(H^+) \cdot c(S^{2-})}{c(HS^-)} = 1.3 \times 10^{-13}$

可见，$K_{a_1}^\ominus \gg K_{a_2}^\ominus$，即第二步解离比第一步解离弱得多，这是因为带两个负电荷的 S^{2-} 对 H^+ 的吸引比带一个负电荷的 HS^- 对 H^+ 的吸引要强得多；同时，第一步解离出来的 H^+ 对第二步解离产生很大的抑制作用（同离子效应）。因此，可以认为 H^+ 和 HS^- 的浓度近似相等，即 $c(H^+) \approx c(HS^-)$。

对多元酸，如果 $K_{a_1}^\ominus \gg K_{a_2}^\ominus$，溶液中的 H^+ 主要来自第一级解离，近似计算 $c(H^+)$ 时，可把它当一元弱酸来处理。对二元酸，其酸根阴离子的浓度在数值上近似等于 $K_{a_2}^\ominus$。

多元碱也可类似处理。

2. 共轭酸碱对中 $K_a^\ominus$ 与 $K_b^\ominus$ 的关系

在共轭酸碱对中，酸越强，其共轭碱就越弱；反之，碱越强，其共轭酸就越弱。共轭酸碱的强弱可分别用 $K_a^\ominus$ 和 $K_b^\ominus$ 表示。而共轭酸碱对中，$K_a^\ominus$ 和 $K_b^\ominus$ 之间必然有一定的关系。现以共轭酸碱对 $HAc\text{-}Ac^-$ 为例说明它们的关系：

$HAc + H_2O \rightleftharpoons H_3O^+ + Ac^-$　　$K_a^\ominus = \frac{c(H^+) \cdot c(Ac^-)}{c(HAc)}$

$Ac^- + H_2O \rightleftharpoons HAc + OH^-$　　$K_b^\ominus = \frac{c(HAc) \cdot c(OH^-)}{c(Ac^-)}$

$$K_a^\ominus \cdot K_b^\ominus = \frac{c(H^+) \cdot c(Ac^-)}{c(HAc)} \cdot \frac{c(HAc) \cdot c(OH^-)}{c(Ac^-)} = c(H^+) \cdot c(OH^-)$$

所以

$$K_a^\ominus \cdot K_b^\ominus = K_w^\ominus \tag{6-10}$$

一般地

$$H_3A \underset{K_{b_3}^\ominus}{\overset{K_{a_1}^\ominus}{\rightleftharpoons}} H_2A^- \underset{K_{b_2}^\ominus}{\overset{K_{a_2}^\ominus}{\rightleftharpoons}} HA^{2-} \underset{K_{b_1}^\ominus}{\overset{K_{a_3}^\ominus}{\rightleftharpoons}} A^{3-}$$

有

$$K_{a_1}^\ominus \cdot K_{b_3}^\ominus = K_{a_2}^\ominus \cdot K_{b_2}^\ominus = K_{a_3}^\ominus \cdot K_{b_1}^\ominus = K_w^\ominus$$

可见，知道 $K_a^\ominus$ 就可以计算出其共轭碱的 $K_b^\ominus$，知道 $K_b^\ominus$ 就可以计算出其共轭酸的 $K_a^\ominus$。

例 6-2 已知 $NH_3 \cdot H_2O$ 的 $K_b^\ominus = 1.76\times10^{-5}$，求 NH_4^+ 的 $K_a^\ominus$。

解

$$K_a^\ominus = \frac{K_w^\ominus}{K_b^\ominus} = \frac{1.00\times10^{-14}}{1.76\times10^{-5}} = 5.68\times10^{-10}$$

例 6-3 已知 H_2CO_3 的 $K_{a_1}^\ominus = 4.2\times10^{-7}$，$K_{a_2}^\ominus = 5.6\times10^{-11}$，求 CO_3^{2-} 的 $K_{b_1}^\ominus$ 和 $K_{b_2}^\ominus$。

解

$$K_{b_1}^\ominus = \frac{K_w^\ominus}{K_{a_2}^\ominus} = \frac{1.0\times10^{-14}}{5.6\times10^{-11}} = 1.8\times10^{-4}$$

$$K_{b_2}^\ominus = \frac{K_w^\ominus}{K_{a_1}^\ominus} = \frac{1.0\times10^{-14}}{4.2\times10^{-7}} = 2.4\times10^{-8}$$

6.3.3 影响酸碱平衡的因素

案例 6-5 某医院内科病房在给一病人静脉滴注阿莫西林-克拉维酸后，接着滴注乳酸环丙沙星注射液，当这两种药物在输液器中混合后，出现大量微黄色的针状结晶沉淀，而输液瓶中剩余的环丙沙星注射液仍澄清。经研究发现：阿莫西林-克拉维酸注射液的 pH 为 8.76，当 pH 降低至 6.59 时产生浑浊，pH 低于 4.13 即有微黄色的针状结晶析出。因此，阿莫西林-克拉维酸注射液与 pH 较低的药物环丙沙星（pH 为 4.5～5.5）、庆大霉素（pH 为 4.0～6.0）配伍时即出现沉淀。滴加 NaOH 溶液使溶液 pH 升高后，溶液变为澄清。

分析：人体的许多生理现象和病理现象与酸碱平衡和沉淀平衡有关。人体体液酸碱平衡是人体的三大基础平衡之一。占人体体重 70% 的体液有一定的酸碱度，并在较窄的范围内保持稳定，这种酸碱平衡是维持人体生命活动的重要基础。如果该平衡被破坏，就会影响生命的正常活动，发生酸中毒或碱中毒并导致各种疾病。临床上常用乳酸钠纠正代谢性酸中毒，用氯化铵治疗碱中毒。

药物的制备、分析和药理作用研究也常涉及酸碱反应和沉淀反应。许多药物本身就是酸或碱。为保证临床用药的安全性及有效性，应注意不同药物溶液的 pH 差异，避免因药物溶液 pH 改变造成不良后果。

1. 浓度——稀释定律

下面仍以乙酸为例讨论弱电解质解离常数 $K_i^\ominus$ 和解离度 α 的关系。

$$HAc \rightleftharpoons H^+ + Ac^-$$

	HAc	H^+	Ac^-
起始浓度/$(mol \cdot L^{-1})$	c	0	0
平衡浓度/$(mol \cdot L^{-1})$	$c - c\alpha$	$c\alpha$	$c\alpha$

$$K_a^\ominus = \frac{c(H^+) \cdot c(Ac^-)}{c(HAc)} = \frac{(c\alpha)^2}{c - c\alpha} = \frac{c\alpha^2}{1-\alpha}$$

因为弱电解质的解离度 α 很小，$1-\alpha \approx 1$，$K_a^\ominus \approx c \cdot \alpha^2$，所以

$$\alpha \approx \sqrt{\frac{K_a^\ominus}{c}} \tag{6-11}$$

写成通式

$$\alpha \approx \sqrt{\frac{K_i^\ominus}{c}} \tag{6-12}$$

式(6-12)表明：在一定温度下，弱电解质的解离度与解离常数的平方根成正比，与溶液浓度的平方根成反比，即浓度越稀，解离度越大。这个关系称为稀释定律。

由此可见，α 与 $K_i^\ominus$ 都可用来表示弱电解质的相对强弱。但 α 会随浓度的改变而改变，而 $K_i^\ominus$ 在一定温度下是常数，不随浓度而改变，故 $K_i^\ominus$ 具有更广泛的实用意义。

例 6-4　已知在 298.15K 时，0.10mol · L^{-1} $NH_3 \cdot H_2O$ 的解离度为 1.33%，求 $NH_3 \cdot H_2O$ 的解离常数。

解

$$K_b^\ominus \approx c \cdot \alpha^2 = 0.10 \times (1.33\%)^2 = 1.8 \times 10^{-5}$$

2. 同离子效应与盐效应

1) 同离子效应

取两支试管，各加入 10mL 1.0mol · L^{-1} HAc 溶液及甲基橙指示剂 2 滴，试管中的溶液呈红色，然后在试管 1 中加入少量固体 NaAc，边振荡边与试管 2 比较，结果发现试管 1 中溶液的红色逐渐褪去，最后变成黄色。

实验表明，试管 1 中的溶液因加入 NaAc 后酸度降低了。这是因为 HAc-NaAc 溶液中存在下列解离关系：

$$HAc \rightleftharpoons H^+ + Ac^-$$

$$NaAc \longrightarrow Na^+ + Ac^-$$

由于 NaAc 在溶液中是以 Na^+ 和 Ac^- 存在，溶液中 Ac^- 的浓度增加(生成物浓度增大)，使 HAc 的解离平衡向左移动，结果使溶液中 H^+ 的浓度减小，HAc 的解离度降低。

这种在弱电解质溶液中加入一种与该弱电解质具有相同离子的易溶强电解质后，使弱电解质的解离度降低的现象称为同离子效应。

例 6-5　求 0.10mol · L^{-1} HAc 溶液的解离度。如果在此溶液中加入 NaAc 晶体，使 NaAc 的浓度达到 0.10mol · L^{-1}，溶液中 HAc 的解离度又是多少？

解　(1) 加入 NaAc 前

$$\alpha = \sqrt{\frac{K_a^\ominus}{c}} = \sqrt{\frac{1.76 \times 10^{-5}}{0.10}} = 1.3\%$$

(2) 加入 NaAc 后，由于 NaAc 完全解离，所以溶液中 HAc 及 Ac^- 的起始浓度都是 0.10mol · L^{-1}，即

	$HAc \rightleftharpoons$	H^+	$+$ Ac^-
起始浓度/(mol · L^{-1})	0.10	0	0.10
平衡浓度/(mol · L^{-1})	$0.10-c(H^+)$	$c(H^+)$	$0.10+c(H^+)$

$$K_a^\ominus = \frac{c(H^+) \cdot [0.10 + c(H^+)]}{0.10 - c(H^+)} = 1.76 \times 10^{-5}$$

因为 $c(H^+) \ll 0.10$，所以

$$0.10 + c(H^+) \approx 0.10,\ 0.10 - c(H^+) \approx 0.10$$

则

$$\frac{c(H^+)\times 0.10}{0.10}=1.76\times10^{-5},c(H^+)=1.76\times10^{-5}\approx1.8\times10^{-5}(mol\cdot L^{-1})$$

所以

$$\alpha=\frac{c(H^+)}{c(HAc)}\times100\%=\frac{1.8\times10^{-5}}{0.10}\times100\%=0.018\%$$

计算结果表明，HAc 溶液中加入 NaAc 后，其解离度约为不加 NaAc 时的$\frac{1}{74}$。

例 6-6 在 0.10mol·L^{-1} HCl 溶液中通入 H_2S 至饱和，求溶液中 S^{2-} 的浓度。已知常温常压下饱和 H_2S 溶液的浓度为 0.1mol·L^{-1}。

解

$$H_2S \rightleftharpoons H^+ + HS^- \qquad K_{a_1}^{\ominus}=\frac{c(H^+)\cdot c(HS^-)}{c(H_2S)}=1.1\times10^{-7}$$

$$HS^- \rightleftharpoons H^+ + S^{2-} \qquad K_{a_2}^{\ominus}=\frac{c(H^+)\cdot c(S^{2-})}{c(HS^-)}=1.3\times10^{-13}$$

$$K_{a_1}^{\ominus}\cdot K_{a_2}^{\ominus}=\frac{c(H^+)\cdot c(HS^-)}{c(H_2S)}\times\frac{c(H^+)\cdot c(S^{2-})}{c(HS^-)}=\frac{c^2(H^+)\cdot c(S^{2-})}{c(H_2S)}=1.4\times10^{-20}$$

因 HCl 的存在，大大地抑制了 H_2S 的解离，故 $c(H^+)\approx c(HCl)=0.10$mol·L^{-1}，$c(H_2S)\approx$ 0.10mol·L^{-1}，代入上式得 $c(S^{2-})=1.4\times10^{-19}$mol·L^{-1}。

由例 6-6 可知，常温常压下，在饱和 H_2S 水溶液中，H^+ 和 S^{2-} 的关系为

$$c^2(H^+)\cdot c(S^{2-})=K_{a_1}^{\ominus}\cdot K_{a_2}^{\ominus}\cdot c(H_2S)=1.4\times10^{-21} \qquad (6\text{-}13)$$

由于许多金属硫化物是难溶电解质，在含有某些金属离子的溶液中通入 H_2S 至饱和，通过控制溶液的酸度，就可控制 S^{2-} 浓度的大小，从而使某些离子生成沉淀，而另一些离子不生成沉淀，使有关离子得到分离。详细讨论见第 7 章。

2）盐效应

如果在弱电解质溶液中加入不含相同离子的强电解质，如在 HAc 溶液中加入 NaCl 时，由于 NaCl 中的 Cl^- 和 Na^+ 与 HAc 解离出来的 H^+ 和 Ac^- 相互吸引，这样会降低 H^+ 和 Ac^- 结合成 HAc 的速率，使 HAc 的解离度略有增加。这种在弱电解质溶液中加入不含相同离子的易溶强电解质，可稍增大弱电解质解离度的现象称为盐效应。

事实上，在发生同离子效应的同时，也伴随着盐效应的发生，但与同离子效应相比，盐效应的影响很小，一般不考虑盐效应的影响。例如，在 1L 0.10mol·L^{-1} HAc 溶液中加入 0.10mol NaCl 时，HAc 的解离度仅从 1.3%增加到 1.8%。

3. 温度

对于分子酸碱，因解离反应的焓变较小，温度对解离平衡的影响较小，一般情况下不考虑温度的影响。但对离子酸碱的解离平衡，温度的影响则不能忽略。离子酸碱的解离反应也称为水解反应，它是中和反应的逆反应，中和反应是放热反应，则水解反应是吸热反应，且反应的焓变较大（绝对值），升高温度可促进水解反应的进行。例如

$$NH_4^+ + H_2O \rightleftharpoons H_3O^+ + NH_3$$

$$[Fe(H_2O)_6]^{3+} + H_2O \rightleftharpoons [Fe(H_2O)_5(OH)]^{2+} + H_3O^+$$

$$CO_3^{2-} + H_2O \rightleftharpoons HCO_3^- + OH^-$$

$$HCO_3^- + H_2O \rightleftharpoons H_2CO_3 + OH^-$$

洗涤物品时，加热 Na_2CO_3 溶液，使其水解度增大，溶液中的 OH^- 浓度增大，去污能力增

强。又如，将 $FeCl_3$ 溶于水配成稀溶液，溶液呈浅黄色，加热煮沸一段时间后，就会析出红棕色的 $Fe(OH)_3$ 沉淀。

$$[Fe(H_2O)_6]^{3+} \rightleftharpoons Fe(OH)_3 \downarrow + 3H_3O^+$$

为了简便起见，反应一般在室温下进行，即不考虑温度变化的影响。

6.3.4　分布系数与分布曲线

在弱电解质的平衡体系中，常常有多种存在形式，它们的浓度随溶液 H^+ 浓度的变化而变化。溶液中各种存在形式的平衡浓度之和称为总浓度或分析浓度。某一存在型体的平衡浓度占总浓度的分数称为该型体的分布系数，用 δ 表示。分布系数 δ 与溶液 pH 的关系曲线称为分布曲线。讨论分布曲线将有助于深入理解酸碱平衡和酸碱滴定的过程。

1. 一元酸

以 HAc 为例，设其总浓度为 c，溶液中只有 HAc 和 Ac^- 两种存在型体，其平衡浓度分别为 $c(HAc)$ 和 $c(Ac^-)$，即 $c = c(HAc) + c(Ac^-)$，对应的分布系数分别为 $\delta(HAc)$ 和 $\delta(Ac^-)$，则

$$\delta(HAc) = \frac{c(HAc)}{c} = \frac{c(HAc)}{c(HAc)+c(Ac^-)} = \frac{1}{1+\dfrac{c(Ac^-)}{c(HAc)}} = \frac{1}{1+\dfrac{K_a^\ominus}{c(H^+)}} = \frac{c(H^+)}{c(H^+)+K_a^\ominus} \tag{6-14}$$

$$\delta(Ac^-) = \frac{c(Ac^-)}{c} = \frac{c(Ac^-)}{c(HAc)+c(Ac^-)} = \frac{1}{\dfrac{c(HAc)}{c(Ac^-)}+1} = \frac{1}{\dfrac{c(H^+)}{K_a^\ominus}+1} = \frac{K_a^\ominus}{c(H^+)+K_a^\ominus} \tag{6-15}$$

$$\delta(HAc) + \delta(Ac^-) = 1 \tag{6-16}$$

显然，分布系数只与解离常数及 pH 有关，与分析浓度无关。以 pH 为横坐标，以各存在型体的分布系数 δ 为纵坐标，可得如图 6-1 所示的分布曲线。

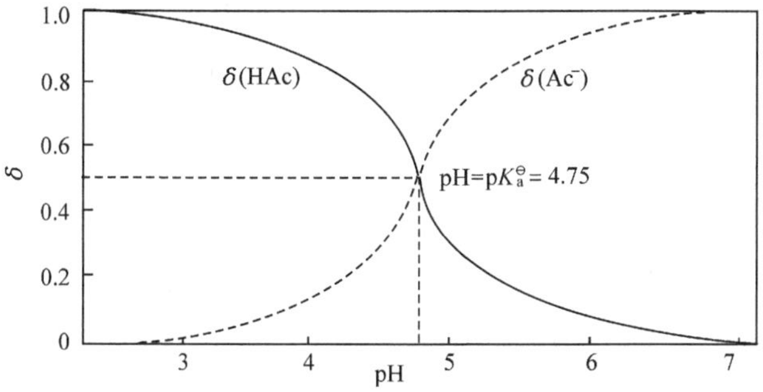

图 6-1　HAc-Ac^- 分布系数与溶液 pH 的关系曲线

从图 6-1 可知，$\delta(Ac^-)$随 pH 增加而增大，$\delta(HAc)$随 pH 增加而减小。当 $pH = pK_a^\ominus = 4.75$ 时，$\delta(HAc) = \delta(Ac^-) = 0.50$，即溶液中 HAc 和 Ac^- 两种型体各占一半；当 $pH > pK_a^\ominus$ 时，$\delta(Ac^-) > \delta(HAc)$，溶液中以 Ac^- 为主要存在型体；而当 $pH < pK_a^\ominus$ 时，$\delta(HAc) > \delta(Ac^-)$，溶液中以 HAc 为主要存在型体。

2. 多元酸

以 $H_2C_2O_4$ 为例，它在溶液中有 $H_2C_2O_4$、$HC_2O_4^-$、$C_2O_4^{2-}$ 三种存在型体，可按一元酸类似的方法进行推导，其分布系数分别为

$$\delta(H_2C_2O_4)=\frac{c(H_2C_2O_4)}{c}=\frac{c^2(H^+)}{c^2(H^+)+c(H^+)K_{a_1}^{\ominus}+K_{a_1}^{\ominus}\cdot K_{a_2}^{\ominus}} \tag{6-17}$$

$$\delta(HC_2O_4^-)=\frac{c(HC_2O_4^-)}{c}=\frac{c(H^+)K_{a_1}^{\ominus}}{c^2(H^+)+c(H^+)K_{a_1}^{\ominus}+K_{a_1}^{\ominus}\cdot K_{a_2}^{\ominus}} \tag{6-18}$$

$$\delta(C_2O_4^{2-})=\frac{c(C_2O_4^{2-})}{c}=\frac{K_{a_1}^{\ominus}\cdot K_{a_2}^{\ominus}}{c^2(H^+)+c(H^+)K_{a_1}^{\ominus}+K_{a_1}^{\ominus}\cdot K_{a_2}^{\ominus}} \tag{6-19}$$

图 6-2 为草酸三种存在型体的分布曲线。因草酸的 $pK_{a_1}^{\ominus}$ 和 $pK_{a_2}^{\ominus}$ 比较接近，使得 pH＝2.2～3.2 时，明显出现三种型体同时存在的情况。pH＝2.71 时，虽然 $\delta(HC_2O_4^-)=0.938$，达到了最大值，但仍然含有 $H_2C_2O_4$ 和 $C_2O_4^{2-}$，它们的分布系数各为 0.031。

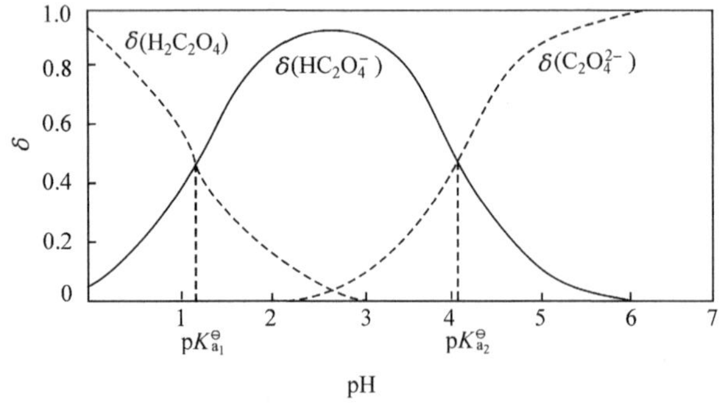

图 6-2　草酸三种型体的分布系数与溶液 pH 的关系曲线

用类似的方法可得到其他多元酸的分布系数。H_3PO_4 的分布曲线如图 6-3 所示。从图 6-3 中可以看出，每一共轭酸碱对的分布曲线都相交于 $\delta=0.5$ 处，此时 pH 分别与 $pK_{a_1}^{\ominus}$(2.12)、$pK_{a_2}^{\ominus}$(7.20)和 $pK_{a_3}^{\ominus}$(12.66)相对应。因 H_3PO_4 的各级解离常数相差较大，当 pH＝4.7 时，$\delta(H_2PO_4^-)=0.994$，$\delta(H_3PO_4)=0.003$，$\delta(HPO_4^{2-})=0.003$，$\delta(PO_4^{3-})=0$，表示 $H_2PO_4^-$ 占绝对优势，而 H_3PO_4 和 HPO_4^{2-} 所占比例甚微，PO_4^{3-} 所占比例几乎为零。同样，当 pH＝9.8 时，$\delta(HPO_4^{2-})=0.995$，占绝对优势。依据这些特点，在后面讨论的酸碱滴定中将用来进行分步滴定。

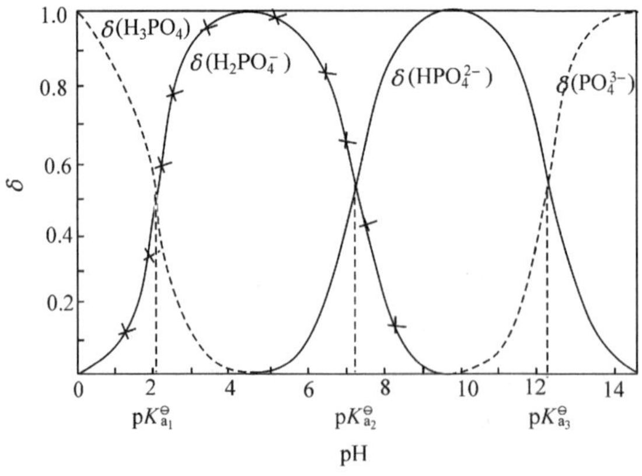

图 6-3　磷酸各种型体的分布系数与溶液 pH 的关系曲线

6.3.5　物料平衡、电荷平衡和质子条件*

1. 物料平衡

物料平衡是指在一个化学平衡体系中，某种组分的浓度等于该组分各种存在型体平衡浓度的总和，用 MBE 表示。例如，$0.1\text{mol}\cdot\text{L}^{-1}$ HAc 溶液的 MBE 为

$$c(\text{HAc})+c(\text{Ac}^-)=c_0(\text{HAc})=0.1\text{mol}\cdot\text{L}^{-1}$$

2. 电荷平衡

电荷平衡用 EBE 表示。其依据是电解质水溶液是电中性的，正离子的总电荷数等于负离子的总电荷数，即单位体积内正电荷的物质的量与负电荷的物质的量相等。同时，在电荷平衡中应包括水本身解离生成的 H_3O^+ 和 OH^-。例如，Na_2CO_3 溶液中有下列反应：

$$Na_2CO_3 = 2Na^+ + CO_3^{2-}$$

$$CO_3^{2-} + H_2O \rightleftharpoons HCO_3^- + OH^-$$

$$HCO_3^- + H_2O \rightleftharpoons H_2CO_3 + OH^-$$

$$H_2O + H_2O \rightleftharpoons H_3O^+ + OH^-$$

溶液中存在的正离子有 Na^+、H_3O^+，负离子有 CO_3^{2-}、HCO_3^-、OH^-，其 EBE 为

$$c(Na^+)+c(H_3O^+)=2c(CO_3^{2-})+c(HCO_3^-)+c(OH^-)$$

3. 质子条件

酸碱反应中，质子转移的平衡关系式称为质子条件（以 PBE 表示）。酸碱反应达到平衡时，酸失去的质子数应等于碱得到的质子数。书写 PBE 的方法如下：

（1）选取质子参考水准物质（零水准）。它是参与质子转移的大量存在于溶液中的物质，或为起始物，或为反应产物。

（2）以质子参考水准物质为基准，将体系中其他酸碱物质与它相比较，找出哪些碱得质子，哪些酸失质子，得失的质子数各是多少。

（3）根据得失质子数相等的原则，写出 PBE。

例 6-7　分别写出 HA、NH_4HCO_3、Na_3AsO_4、$NaNH_4HPO_4$ 水溶液的质子条件。

解　HA 水溶液中，与质子转移有关的大量物质是 HA 和 H_2O，其解离平衡如下：

$$HA+H_2O \rightleftharpoons A^- + H_3O^+$$

$$H_2O+H_2O \rightleftharpoons H_3O^+ + OH^-$$

选 HA 和 H_2O 为质子参考水准物质，由解离平衡可知，得质子后的组分为 H_3O^+，失质子后的组分为 A^- 和 OH^-。根据得失质子数相等的原则，故其 PBE 为

$$c(H^+)=c(A^-)+c(OH^-)$$

为简化起见，可用下列图示表示质子参考水准物质及得失质子情况。

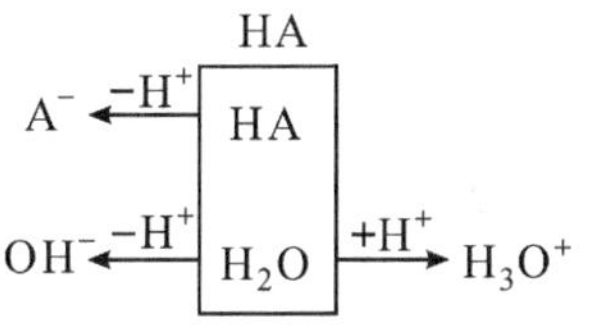

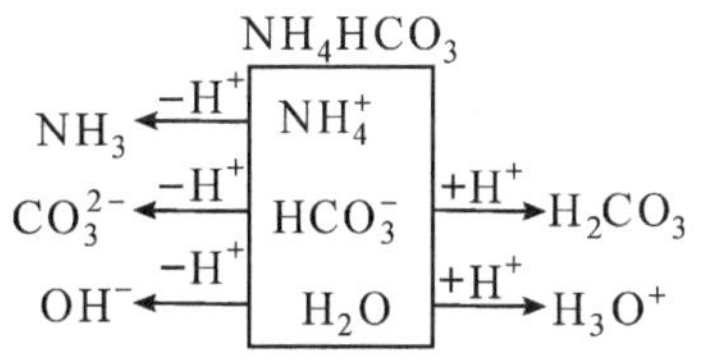

NH_4HCO_3 的 PBE 为

$$c(H_2CO_3)+c(H^+)=c(NH_3)+c(CO_3^{2-})+c(OH^-)$$

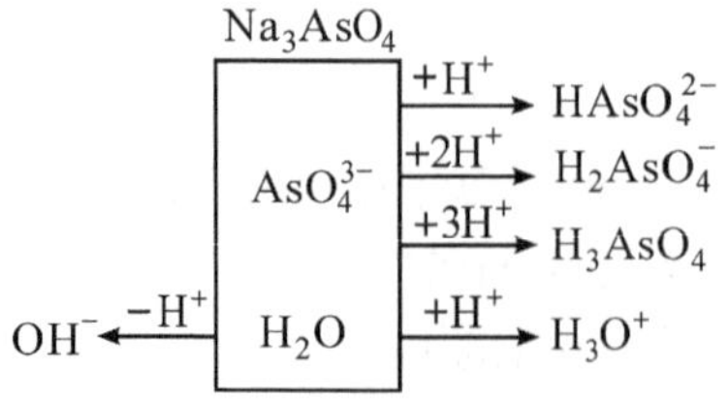

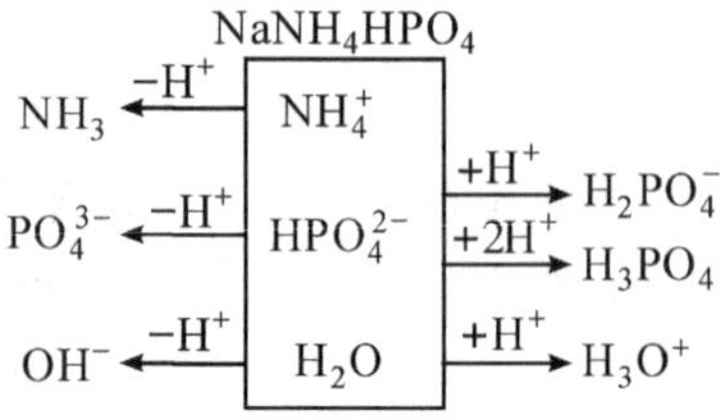

Na_3AsO_4 的 PBE 为

$$c(H^+)+c(HAsO_4^{2-})+2c(H_2AsO_4^-)+3c(H_3AsO_4)=c(OH^-)$$

$NaNH_4HPO_4$ 的 PBE 为

$$c(H^+)+c(H_2PO_4^-)+2c(H_3PO_4)=c(NH_3)+c(PO_4^{3-})+c(OH^-)$$

6.3.6 酸碱溶液 pH 的计算

1. 一元弱酸弱碱(含离子酸碱)

设有某一元弱酸 HA 溶液,总浓度为 $c\,\text{mol}\cdot\text{L}^{-1}$,则

$$HA \rightleftharpoons H^+ + A^-$$

	HA	H^+	A^-
起始浓度/$(\text{mol}\cdot\text{L}^{-1})$	c	0	0
平衡浓度/$(\text{mol}\cdot\text{L}^{-1})$	$c-c(H^+)$	$c(H^+)$	$c(A^-)$

$$K_a^\ominus=\frac{c(H^+)\cdot c(A^-)}{c(HA)}=\frac{c(H^+)\cdot c(A^-)}{c-c(H^+)}$$

因为 $c(H^+)=c(A^-)$,所以

$$K_a^\ominus=\frac{c^2(H^+)}{c-c(H^+)} \tag{6-20}$$

经整理,得

$$c^2(H^+)+K_a^\ominus\cdot c(H^+)-c\cdot K_a^\ominus=0$$

$$c(H^+)=\frac{-K_a^\ominus+\sqrt{(K_a^\ominus)^2+4c\cdot K_a^\ominus}}{2} \tag{6-21}$$

由于上述推导过程没有考虑水的解离,故式(6-21)是计算弱酸溶液 H^+ 浓度的近似公式。

当 $c/K_a^\ominus \geqslant 400$ 或 $\alpha \leqslant 5\%$ 时,$c-c(H^+)$ 可认为近似等于原来弱酸的浓度,即 $c-c(H^+)\approx c$,式(6-20)可简化成

$$c(H^+)=\sqrt{c\cdot K_a^\ominus} \tag{6-22}$$

式(6-22)是计算一元弱酸溶液 H^+ 浓度的最简公式。

若按质子条件处理,可以推导出计算一元弱酸溶液 H^+ 浓度的精确公式。HA 的 PBE 为

$$c(H^+)=c(A^-)+c(OH^-)$$

由 $K_a^\ominus=\dfrac{c(H^+)\cdot c(A^-)}{c(HA)}$,得

$$c(A^-)=K_a^\ominus\cdot\frac{c(HA)}{c(H^+)}$$

由 $c(H^+)\cdot c(OH^-)=K_w^\ominus$,得

$$c(OH^-)=\frac{K_w^\ominus}{c(H^+)}$$

代入 PBE 的表达式，有

$$c(H^+)=K_a^\ominus\cdot\frac{c(HA)}{c(H^+)}+\frac{K_w^\ominus}{c(H^+)}$$

即

$$c^2(H^+)=K_a^\ominus\cdot c(HA)+K_w^\ominus$$

$$c(H^+)=\sqrt{K_a^\ominus\cdot c(HA)+K_w^\ominus} \tag{6-23}$$

由 MBE 关系式 $c=c(HA)+c(A^-)$，有

$$\frac{c(HA)}{c}=\frac{c(HA)}{c(HA)+c(A^-)}=\frac{1}{1+\frac{c(A^-)}{c(HA)}}=\frac{1}{1+\frac{K_a^\ominus}{c(H^+)}}=\frac{c(H^+)}{c(H^+)+K_a^\ominus}$$

所以

$$c^2(H^+)=K_a^\ominus\cdot c(HA)+K_w^\ominus=K_a^\ominus\cdot\frac{c\cdot c(H^+)}{c(H^+)+K_a^\ominus}+K_w^\ominus$$

即

$$c^3(H^+)+K_a^\ominus\cdot c^2(H^+)-(c\cdot K_a^\ominus+K_w^\ominus)c(H^+)-K_a^\ominus K_w^\ominus=0 \tag{6-24}$$

式(6-23)和式(6-24)是计算一元弱酸溶液 H^+ 浓度的精确公式，它同时考虑了 HA 的解离和溶剂水的解离对溶液酸度的影响，但求解过程复杂，在实际工作中也没有必要。只要弱酸不是太弱，溶液的浓度不是太稀，一般用式(6-21)和式(6-22)进行计算。

同理可得，一元弱碱溶液 OH^- 浓度的计算公式：

当 $c/K_b^\ominus<400$ 或 $\alpha>5\%$ 时，用近似公式

$$c(OH^-)=\frac{-K_b^\ominus+\sqrt{(K_b^\ominus)^2+4c\cdot K_b^\ominus}}{2} \tag{6-25}$$

当 $c/K_b^\ominus\geqslant400$ 或 $\alpha\leqslant5\%$ 时，用最简式

$$c(OH^-)=\sqrt{c\cdot K_b^\ominus} \tag{6-26}$$

例 6-8　求 $0.010\text{mol}\cdot L^{-1}$ HAc 溶液的 pH。

解　因 $\frac{c}{K_a^\ominus}=\frac{0.010}{1.76\times10^{-5}}=568>400$，故可用最简式(6-22)计算：

$$c(H^+)=\sqrt{c\cdot K_a^\ominus}=\sqrt{0.010\times1.76\times10^{-5}}=4.2\times10^{-4}(\text{mol}\cdot L^{-1})$$

$$pH=-\lg c(H^+)=-\lg(4.2\times10^{-4})=3.38$$

例 6-9　求 $0.050\text{mol}\cdot L^{-1}$ NH_4Cl 溶液的 pH。

解　因 NH_4^+ 是 NH_3 的共轭酸，已知 NH_3 的 $K_b^\ominus=1.76\times10^{-5}$，则 NH_4^+ 的

$$K_a^\ominus=\frac{K_w^\ominus}{K_b^\ominus}=\frac{10^{-14}}{1.76\times10^{-5}}=5.68\times10^{-10}$$

因 $\frac{c}{K_a^\ominus}=\frac{0.050}{5.68\times10^{-10}}=8.8\times10^7>400$，故可用最简式(6-22)计算：

$$c(H^+)=\sqrt{c\cdot K_a^\ominus}=\sqrt{0.050\times5.68\times10^{-10}}=5.3\times10^{-6}(\text{mol}\cdot L^{-1})$$

$$pH=-\lg c(H^+)=-\lg(5.3\times10^{-6})=5.27$$

例 6-10　求 $0.10\text{mol}\cdot L^{-1}$ NaAc 溶液的 pH。

解　因 Ac^- 是 HAc 的共轭碱，由 HAc 的 $K_a^\ominus=1.76\times10^{-5}$，可得 Ac^- 的

$$K_b^\ominus = \frac{K_w^\ominus}{K_a^\ominus} = \frac{10^{-14}}{1.76 \times 10^{-5}} = 5.68 \times 10^{-10}$$

因 $\frac{c}{K_b^\ominus} = \frac{0.10}{5.68 \times 10^{-10}} = 1.76 \times 10^8 > 400$，故可用最简式(6-26)计算：

$$c(OH^-) = \sqrt{c \cdot K_b^\ominus} = \sqrt{0.10 \times 5.68 \times 10^{-10}} = 7.5 \times 10^{-6}(mol \cdot L^{-1})$$

$$pOH = -\lg c(OH^-) = -\lg(7.5 \times 10^{-6}) = 5.12$$

$$pH = 14.00 - 5.12 = 8.88$$

2. 多元弱酸弱碱

例 6-11 在室温和 101.3kPa 下，H_2S 饱和溶液的浓度约为 0.10mol·L^{-1}(H_2S)，试计算 H_2S 饱和溶液中 H^+、HS^- 和 S^{2-} 的浓度。

解 因为 $K_{a_1}^\ominus = 1.1 \times 10^{-7}$，$K_{a_2}^\ominus = 1.3 \times 10^{-13}$，$K_{a_1}^\ominus \gg K_{a_2}^\ominus$，所以可以忽略第二级解离。

又因为 $c/K_{a_1}^\ominus > 400$，所以可用最简式(6-26)计算

$$c(H^+) = \sqrt{c \cdot K_{a_1}^\ominus} = \sqrt{0.10 \times 1.1 \times 10^{-7}} = 1.0 \times 10^{-4}(mol \cdot L^{-1})$$

$$c(HS^-) \approx c(H^+) = 1.0 \times 10^{-4}(mol \cdot L^{-1})$$

$$c(S^{2-}) \approx K_{a_2}^\ominus = 1.3 \times 10^{-13}(mol \cdot L^{-1})$$

例 6-12 计算 0.10mol·L^{-1} Na_2CO_3 溶液的 pH。

解 根据例 6-3 的结果有 $K_{b_1}^\ominus \gg K_{b_2}^\ominus$，故可当作一元碱处理。

又因 $c/K_{b_1}^\ominus = 560 > 400$，所以可用最简式(6-26)计算

$$c(OH^-) = \sqrt{c \cdot K_{b_1}^\ominus} = 4.2 \times 10^{-3}(mol \cdot L^{-1})$$

$$pH = 14.00 - pOH = 11.62$$

3. 两性电解质*

在溶液中既能失质子又能得质子的物质如 $NaHCO_3$、NaH_2PO_4、Na_2HPO_4 等(以往称酸式盐)和 NH_4Ac(弱酸弱碱盐)都是两性物质。由于其精确计算式比较复杂，在要求计算结果不是很准确时一般使用最简式。

例如 NaHA、NaH_2A，其最简式为

$$c(H^+) = \sqrt{K_{a_1}^\ominus \cdot K_{a_2}^\ominus} \tag{6-27}$$

例如 Na_2HA，其最简式为

$$c(H^+) = \sqrt{K_{a_2}^\ominus \cdot K_{a_3}^\ominus} \tag{6-28}$$

例如 NH_4Ac，其最简式为

$$c(H^+) = \sqrt{K_a^\ominus \cdot K_a^{\ominus\prime}} = \sqrt{K_a^\ominus(HAc) \cdot \frac{K_w^\ominus}{K_b^\ominus(NH_3 \cdot H_2O)}} \tag{6-29}$$

例 6-13 分别计算 0.03mol·L^{-1} NaH_2PO_4 和 2.00×10^{-2} mol·L^{-1} Na_2HPO_4 溶液的 pH。

解 已知 H_3PO_4 的 $K_{a_1}^\ominus = 7.52 \times 10^{-3}$，$K_{a_2}^\ominus = 6.23 \times 10^{-8}$，$K_{a_3}^\ominus = 2.20 \times 10^{-13}$，$NaH_2PO_4$ 和 Na_2HPO_4 均是两性电解质，根据式(6-27)和式(6-28)，对 NaH_2PO_4 有

$$c(H^+) = \sqrt{K_{a_1}^\ominus \cdot K_{a_2}^\ominus} = \sqrt{7.52 \times 10^{-3} \times 6.23 \times 10^{-8}} = 2.16 \times 10^{-5}(mol \cdot L^{-1})$$

$$pH = -\lg c(H^+) = -\lg(2.16 \times 10^{-5}) = 4.66$$

对 Na_2HPO_4 有

$$c(H^+) = \sqrt{K_{a_2}^\ominus \cdot K_{a_3}^\ominus} = \sqrt{6.23 \times 10^{-8} \times 2.20 \times 10^{-13}} = 1.17 \times 10^{-10}(mol \cdot L^{-1})$$

$$pH = -\lg c(H^+) = -\lg(1.17\times10^{-10}) = 9.93$$

例 6-14 计算 0.10mol·L^{-1}NH_4Ac 溶液的 pH。

解 NH_4Ac 是两性电解质，由式(6-29)有

$$c(H^+) = \sqrt{K_a^\ominus(HAc)\cdot\frac{K_w^\ominus}{K_b^\ominus(NH_3\cdot H_2O)}} = \sqrt{1.76\times10^{-5}\times\frac{1.00\times10^{-14}}{1.76\times10^{-5}}} = 1.00\times10^{-7}(mol\cdot L^{-1})$$

$$pH = -\lg c(H^+) = -\lg(1.00\times10^{-7}) = 7.00$$

6.4 缓冲溶液

一般的水溶液容易受外加酸、碱或稀释的影响而改变其原有的 pH。前面讨论的在弱酸或弱碱溶液中加入与该弱电解质具有相同离子的易溶强电解质，产生同离子效应，而所得的混合溶液还具有一种重要的性质，即这种溶液能够抵抗外加少量酸、碱或适量稀释，而其本身的 pH 不发生明显改变，称为缓冲溶液。缓冲溶液所具有的这种性质称为缓冲性。

缓冲溶液在生命活动中具有重要的意义。因为动植物的生长发育都需要保持一定的 pH。例如，人类血液的 pH 必须在 7.35～7.45，稍有偏离就会生病甚至死亡。在化学上也常常需要用缓冲溶液，使某些反应在一定的 pH 范围内进行。

6.4.1 缓冲溶液的缓冲原理与缓冲 pH

1. 缓冲溶液的组成与缓冲原理

缓冲溶液之所以具有缓冲性，是因为在这种溶液中既含有足够量的能够抵抗外加酸的成分即抗酸成分，又含有足够量的抵抗外加碱的成分即抗碱成分。通常把抗酸成分和抗碱成分称为缓冲对。根据缓冲组分的不同，缓冲溶液主要有以下三种类型。

(1) 弱酸及其共轭碱，如 HAc-NaAc 缓冲溶液、H_2CO_3-$NaHCO_3$ 缓冲溶液。

(2) 弱碱及其共轭酸，如 $NH_3\cdot H_2O$-NH_4Cl 缓冲溶液。

(3) 多元酸的两性物质组成的共轭酸碱对，如 NaH_2PO_4-Na_2HPO_4 缓冲溶液。

下面以 HAc-NaAc 缓冲溶液为例说明其缓冲原理。HAc 是弱电解质，在溶液中只能部分解离，而 NaAc 是强电解质，在溶液中是以离子形式存在的，即

(1) $HAc \rightleftharpoons H^+ + Ac^-$

(2) $NaAc \xlongequal{} Na^+ + Ac^-$

由于 NaAc 在溶液中完全解离，所以溶液中有大量的 Ac^- 存在。而 HAc 本身是一种弱电解质，再加上 NaAc 引起的同离子效应，故在 HAc-NaAc 缓冲溶液中，HAc 和 Ac^- 的浓度都较高，而 H^+ 浓度相对较小。

如果向该缓冲溶液中加入少量的酸，因溶液中存在大量的 Ac^-，会与所加酸中的 H^+ 结合，生成 HAc，即平衡(1) 向左移动，结果溶液中 H^+ 的浓度不会明显增加，溶液的 pH 保持稳定，只是 Ac^- 浓度有所减小，HAc 浓度有所增加。在该缓冲溶液中 Ac^- 是抗酸成分。

如果向该缓冲溶液中加入少量的碱，所加碱中的 OH^- 就会与溶液中 H^+ 结合生成难解离的 H_2O。当溶液中的 H^+ 浓度稍有降低，大量存在的 HAc 就会解离出相应的 H^+ 来补充，溶液的 pH 几乎也没有升高。HAc 是该缓冲溶液的抗碱成分。

当适当稀释时，其中 H^+ 浓度虽然降低了，但 Ac^- 的浓度也同时降低了，结果同离子效应

减弱，使 HAc 的解离度增加，由 HAc 解离产生的 H^+ 可维持溶液的 pH 基本不变。

2. 缓冲 pH

缓冲溶液本身具有的 pH 称为缓冲 pH。不同的缓冲溶液具有不同的 pH。仍以 HAc-NaAc 缓冲溶液为例，设在该缓冲溶液中的 HAc 浓度为 c_a，NaAc 的浓度为 c_b，则

$$\mathrm{HAc} \rightleftharpoons \mathrm{H^+} + \mathrm{Ac^-}$$

	HAc	H^+	Ac^-
起始浓度/$(mol \cdot L^{-1})$	c_a	0	c_b
平衡浓度/$(mol \cdot L^{-1})$	$c_a - c(H^+)$	$c(H^+)$	$c_b + c(H^+)$

$$K_a^{\ominus} = \frac{c(H^+) \cdot [c_b + c(H^+)]}{c_a - c(H^+)}$$

因为一般弱酸解离度本身不大，再加上同离子效应，其解离度就更小，所以 $c_b + c(H^+) \approx c_b$，$c_a - c(H^+) \approx c_a$，代入上式，得

$$K_a^{\ominus} = \frac{c(H^+) \cdot c_b}{c_a}$$

即

$$c(H^+) = K_a^{\ominus} \cdot \frac{c_a}{c_b}$$

两边取负对数，得

$$\mathrm{pH} = \mathrm{p}K_a^{\ominus} - \lg \frac{c_a}{c_b} \tag{6-30}$$

式(6-30)是弱酸及其共轭碱所组成的缓冲溶液的 pH 计算公式，其中 c_a 为弱酸的浓度，c_b 为其共轭碱的浓度，c_a/c_b 称为缓冲比。

同理，对弱碱及其共轭酸所组成的缓冲溶液可以导出：

$$\mathrm{pOH} = \mathrm{p}K_b^{\ominus} - \lg \frac{c_b}{c_a} \tag{6-31}$$

$$\mathrm{pH} = \mathrm{p}K_w^{\ominus} - \mathrm{p}K_b^{\ominus} + \lg \frac{c_b}{c_a} \tag{6-32}$$

式中：c_b 为弱碱的浓度；c_a 为其共轭酸的浓度；c_b/c_a 为缓冲比。

例 6-15 在 90mL HAc-NaAc 缓冲溶液中（HAc 和 NaAc 的浓度皆为 $0.10 mol \cdot L^{-1}$）加入 10mL $0.010 mol \cdot L^{-1}$ HCl 后，求溶液的 pH，并比较加 HCl 前后溶液 pH 的变化。

解 加 HCl 前 $\mathrm{pH} = \mathrm{p}K_a^{\ominus} - \lg \frac{c_a}{c_b} = 4.75 - \lg \frac{0.10}{0.10} = 4.75$

加 HCl 后，它与 NaAc 反应，生成 HAc。

$$c_a = \frac{0.10 \times 90 + 0.010 \times 10}{90 + 10} = 0.091(mol \cdot L^{-1})$$

$$c_b = \frac{0.10 \times 90 - 0.010 \times 10}{90 + 10} = 0.089(mol \cdot L^{-1})$$

$$\mathrm{pH} = 4.75 - \lg \frac{0.091}{0.089} = 4.74$$

由此可见，在此缓冲溶液中加入 HCl 后，溶液的 pH 仅降低了 0.01pH 单位。

6.4.2　缓冲容量和缓冲范围

缓冲溶液的缓冲能力是有限的，当加入酸或碱量较多时，缓冲溶液就失去缓冲能力。缓冲能力的大小由缓冲容量来衡量。缓冲容量是指使1L缓冲溶液的pH改变1个单位时所需外加的酸或碱的物质的量。缓冲容量的大小与缓冲溶液的总浓度及其缓冲比有关。总浓度越大，缓冲容量越大。当缓冲溶液的总浓度一定时，缓冲比（c_a/c_b或c_b/c_a）越接近1，则缓冲容量越大；等于1时，缓冲容量最大，缓冲能力最强。通常缓冲比控制在0.1～10较为合适，超出此范围则认为失去缓冲作用。由式(6-30)和式(6-31)可知，缓冲溶液的缓冲能力一般在$pH=pK_a^\ominus \pm 1$或$pOH=pK_b^\ominus \pm 1$的范围内，该范围称为缓冲范围。不同缓冲对组成的缓冲溶液，由于$pK_a^\ominus$或$pK_b^\ominus$不同，其缓冲范围也不同。

6.4.3　缓冲溶液的选择和配制

在实际工作中，经常要用到一定pH的缓冲溶液。因此，在学习了缓冲溶液有关原理的基础上，必须掌握缓冲溶液的配制方法。缓冲溶液的选择和配制可按下列步骤进行。

首先选择合适的缓冲对。缓冲对的选择原则是：所要配制的缓冲溶液的pH（或pOH）要等于或接近所选缓冲对中弱酸的$pK_a^\ominus$（或弱碱的$pK_b^\ominus$）。例如，配制pH=5的酸性缓冲溶液，可选HAc-NaAc，因为$pK_a^\ominus(HAc)=4.75$，与要配制的缓冲溶液pH接近。又如，要配制pH=9的碱性缓冲溶液，可选$NH_3 \cdot H_2O$-NH_4Cl，因为pH=9时，pOH=5，而$NH_3 \cdot H_2O$的$pK_b^\ominus=4.75$，与要配制的缓冲溶液的pOH接近。

其次选择合适的浓度。为了使缓冲溶液具有足够的抗酸、抗碱成分，以便获得适当的缓冲容量，缓冲组分的浓度应适当地控制得稍大一些，一般选择在$0.01\sim0.5mol \cdot L^{-1}$。

最后是配制。缓冲溶液的配制方法较多，下面介绍三种方法：

(1) 把两个缓冲组分都配成相同浓度的溶液，然后按一定的体积比混合。

例6-16　如何配制pH=5.00的缓冲溶液1000mL？

解　缓冲溶液的pH=5.00，而HAc的$pK_a^\ominus=4.75$，彼此接近，因此可选HAc-NaAc缓冲对。先把它们分别配成一定浓度的溶液，如$0.10mol \cdot L^{-1}$，然后按一定的体积比混合。

设应取HAc溶液V_amL，NaAc溶液V_bmL，混匀后，HAc、NaAc的浓度分别为

$$c_a=\frac{0.10V_a}{1000}, \quad c_b=\frac{0.10V_b}{1000}$$

故

$$\frac{c_a}{c_b}=\frac{V_a}{V_b}$$

因为

$$pH=pK_a^\ominus-\lg\frac{c_a}{c_b}=pK_a^\ominus-\lg\frac{V_a}{V_b}$$

即

$$\lg\frac{V_a}{V_b}=pK_a^\ominus-pH=4.75-5.00=-0.25$$

所以

$$\frac{V_a}{V_b}=0.56$$

又因为$V_a+V_b=1000$，解之得

$$V_a=359, V_b=641$$

取 0.10mol·L^{-1} HAc 溶液 359mL 与 0.10mol·L^{-1} NaAc 溶液 641mL 混合均匀，即配成 pH=5.00 的缓冲溶液 1000mL。

(2) 在一定量的弱酸(或弱碱)中加入一定量的强碱(或强酸)，通过中和反应生成其共轭碱(或共轭酸)和剩余的弱酸(或弱碱)组成缓冲溶液。

例 6-17 要配制 pH=5.00 的缓冲溶液，需要在 100mL 0.10mol·L^{-1} HAc 溶液中加入0.10mol·L^{-1} NaOH 多少毫升？

解 设应加入 NaOH x (mL)，则溶液的总体积为$(100+x)$(mL)

	HAc	+ NaOH	══ NaAc	+ H_2O
反应前的物质的量/mmol	100×0.10	0.10x	0	
反应后的物质的量/mmol	100×0.10−0.10x	0	0.10x	

$$c_a=\frac{100\times0.10-0.10x}{V_{总}}=\frac{10-0.10x}{V_{总}},\quad c_b=\frac{0.10x}{V_{总}}$$

根据 $pH = pK_a^{\ominus} - \lg\frac{c_a}{c_b}$，将各值代入后，得

$$5.00 = 4.75 - \lg\frac{10-0.10x}{0.10x}$$

$$\lg\frac{10-0.10x}{0.10x} = -0.25$$

解之，得

$$x=64$$

所以，在 100mL 0.10mol·L^{-1} HAc 溶液中加入 64mL 0.10mol·L^{-1} NaOH 溶液，便可制得 pH=5.00 的缓冲溶液。

(3) 在一定量的弱酸(或弱碱)溶液中加入对应的固体共轭碱(或共轭酸)。

例 6-18 欲配制 pH=9.00 的缓冲溶液，应在 500mL 0.10mol·L^{-1} $NH_3\cdot H_2O$ 溶液中加入固体 NH_4Cl 多少克？假设加入固体后溶液总体积不变。

解 查表得，$NH_3\cdot H_2O$ 的 $pK_b^{\ominus}=4.75$，NH_4Cl 的摩尔质量为 53.5g·mol^{-1}。因为

$$pH = pK_w^{\ominus} - pK_b^{\ominus} + \lg\frac{c_b}{c_a}$$

所以

$$\lg\frac{c_b}{c_a} = pH + pK_b^{\ominus} - pK_w^{\ominus} = 9.00 + 4.75 - 14.00 = -0.25$$

$$\frac{c_b}{c_a} = 0.56$$

$$c_a = \frac{0.10}{0.56} = 0.18(\mathrm{mol\cdot L^{-1}})$$

所以应加固体 NH_4Cl 的质量为

$$m = c_a \times \frac{V}{1000} \times M(NH_4Cl) = 0.18 \times \frac{500}{1000} \times 53.5 = 4.8(\mathrm{g})$$

即应在 500mL 0.10mol·L^{-1} $NH_3\cdot H_2O$ 溶液中加入固体 NH_4Cl 4.8g。

应当指出：上面各个实例都是应用近似公式的计算结果，若要配制 pH 很精确的标准缓冲溶液，可查阅有关书籍和手册。

缓冲溶液在工业、农业、生物学、医学、化学等方面都有很重要的用途。许多化学反应必须

在一定的 pH 范围才能进行。生物体在代谢过程中不断产生酸和碱，但各种液体仍能维持在一定的 pH 范围内，就是因为生物体内存在着多种缓冲体系。

案例 6-6　人类在生命活动中，总要不断地摄入或排出许多酸性或碱性物质，人体的血液是一种含有多种物质的混合液体。一个健康人血液的 pH 能够稳定地维持在 7.35～7.45，如果小于 7.35 称为酸中毒，大于 7.45 称为碱中毒。当发生肾功能障碍、肺功能衰退或腹泻、高烧等疾病时，就会造成酸中毒或碱中毒，严重时会危及生命。

问题：正常人血液的 pH 为什么能维持在 7.35～7.45?

人体血液的酸碱度能保持恒定（pH＝7.4±0.05）的主要原因是依靠各种排泄器官将过多的酸、碱物质排出体外，但也因血液具有多种缓冲体系，以保持其本身和机体的酸碱平衡。在人体血液中主要的缓冲体系有 H_2CO_3-HCO_3^-、$H_2PO_4^-$-HPO_4^{2-}、蛋白质-蛋白质盐等。若人体血液 pH 改变超过 0.4 单位，就会有生命危险。

在土壤中，由于含有 H_2CO_3-$NaHCO_3$ 和 NaH_2PO_4-Na_2HPO_4 以及其他有机酸及其共轭碱组成的复杂的缓冲体系，能维持一定的 pH，从而保证了植物的正常生长。

6.5　定量分析概述

6.5.1　定量分析的任务和方法

1. 定量分析的任务、作用

分析化学是研究和获得物质的化学组成和结构信息的科学，它是化学学科的一个重要分支。根据分析的目的、任务、对象和方法不同，分析方法存在多种分类。根据分析的目的和任务可分为定性分析、定量分析和结构分析。定性分析的任务是检出和鉴定物质由哪些组分（元素、离子、原子团、官能团或化合物）组成。定量分析的任务是测定物质中各组分的相对含量。结构分析的任务是研究物质的分子结构或晶体结构。一般的分析工作中，定性分析应先于定量分析，因为只有知道试样中含有什么成分后才能选择最适当的定量分析方法。但是，经常遇到的试样中含有哪些组分已由前人的分析确定了，我们的主要任务是测定这些组分的含量。因此，本课程以学习定量分析为主。

分析化学几乎与国民经济的所有部门都有重要关系，在生产和科学研究中有着十分重要的作用。工业生产中，通过对原料、中间产品和产品质量进行分析，可以控制生产流程，改进生产技术，提高产品质量；环保、农业、林业、牧业方面，土壤肥力的测定，水质的化验，农药残留量的分析，污染状况的监测，肥料、农药、饲料和农产品品质的评定，畜禽的科学饲养和临床诊断等，都广泛地用到分析化学的理论和技术。在尖端科学和国防建设中，如原子能材料、半导体材料、超纯物质、航天技术等的研究都要应用分析化学。因此，人们常将分析化学称为生产、科研的"眼睛"。材料、环境、生物类学科的许多专业基础课和专业课程的学习，都要涉及分析化学的理论知识和实验技术。因此，必须重视定量分析化学的学习。

定量分析是一门实践性很强的学科，必须在理论联系实际的基础上加强基本实验技术的培养训练，自觉养成严谨的科学态度和良好的工作习惯，建立准确的"量"的概念，提高分析问题和解决问题的能力，提高综合素质，为今后的学习和工作打下坚实的基础。

2. 定量分析方法的分类

定量分析方法可根据分析对象、试样用量、测定原理等的不同进行分类。

(1) 根据分析对象的化学属性分为无机分析和有机分析。无机分析是以无机物为分析对象,有机分析是以有机物为分析对象。

(2) 根据分析时所需试样用量分为常量分析、半微量分析、微量分析和痕量分析(表 6-1)。

表 6-1 各种分析方法的试样用量

分类名称	所需试样质量/mg	所需试样体积/mL
常量分析	>100	>10
半微量分析	10~100	1~10
微量分析	0.1~10	0.01~1
痕量分析	<0.1	<0.01

(3) 依据所分析的组分在试样中的相对含量分为常量组分分析(>1%)、微量组分分析(0.01%~1%)和痕量组分分析(<0.01%)。

(4) 根据分析时所依据的测定原理和操作方式分为化学分析和仪器分析。

化学分析法是以物质所发生的化学反应为基础的分析方法,主要有重量分析法和滴定分析法。重量分析法和滴定分析法通常用于常量组分的测定,即待测组分的含量一般在 1%以上。重量分析法是通过化学反应及一系列操作步骤,使待测组分分离出来或转化为另一种化合物,再通过称量而求得待测组分的含量,该法准确度高,但分析操作烦琐。滴定分析法操作简便、快捷,测定结果的准确度较高,所用仪器设备简单,是重要的例行分析手段之一。因此,滴定分析法在生产实践和科学实验中都有很大的实用价值。

仪器分析法是以物质的物理性质和物理化学性质为基础的分析方法。据测定原理的不同,仪器分析法一般分为以下几大类:光学分析法(如吸收光谱分析法、发射光谱分析法、荧光光谱分析法等)、电化学分析法(如电势分析法、电解和库仑分析法、伏安和极谱分析法等)、色谱分析法(如液相色谱法、气相色谱法等)和其他仪器分析法(如质谱法、放射性滴定法、活化分析法等)。仪器分析法具有快速、操作简便、灵敏度高的特点,适用于微量和痕量组分的测定。

随着科学技术的高速发展,仪器分析也不断得到更新和发展,在不断发展各种新的分析仪器的同时,又开拓了多种仪器联合使用的联机分析法。特别是电子技术和计算机的发展和应用,仪器分析正向自动化、数字化、计算机化和遥测的方向发展,仪器分析已成为分析工作的重要手段。化学分析历史悠久,是分析化学的基础,尤其是滴定分析,操作简便、快速,所需设备简单,且具有足够的准确度。因而,它仍是一类有很大实用价值的分析方法。

6.5.2 定量分析的一般程序

定量分析的程序一般包括采样、前处理、测定、数据处理等过程,但随分析对象及测定项目的不同,分析程序各有差异。

1. 采样

从大量的分析对象中抽出一小部分作为分析材料的过程称为采样或取样。所采取的分析材料称为试样或样品。采集的试样必须具有代表性和均匀性,否则分析得再精确也是徒劳的。

采样的具体方法依分析对象的种类、性质、均匀程度、数量的多少以及分析项目的不同而异,但总的原则是一致的,即按照不同地区、不同部位、不同大小的试样,首先是多点采样,原始样取好之后，再逐步缩分为实验室所需的量。固体试样缩分的方法是将粉碎好的试样堆成圆锥形，经顶部中间用十字形分割为四等份，弃去对角的两份，即缩减为 1/2。如法继续缩分至所需的量，称为四分法，如图6-4所示。采好的试样要贴好标签后盛装，标签上注明采样的地点、时间、采集人及其他必要的说明。

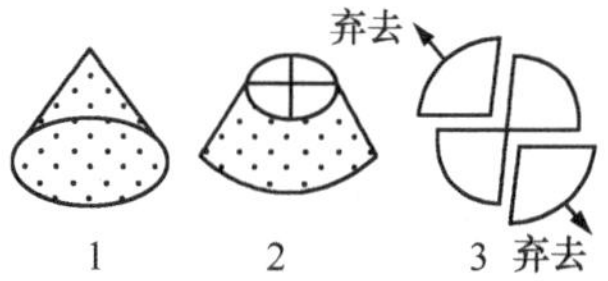

图 6-4　四分法

2. 前处理

进行分析时，首先要选择一定的分析方法，然后在分析天平上称取一定量的试样，放入适当的容器内进行前处理，以便使待测成分转变为可测定的状态。

前处理的方法随试样性质和分析方法而不同。依试样的溶解性质，可用湿法或干法处理。湿法即用水、某种试剂溶液浸提试样中的被测组分，或用酸、混合酸（如王水、硫酸与硝酸、高氯酸与氢氟酸等）消解处理。干法则在坩埚内与熔剂（如 Na_2CO_3、K_2CO_3、$KHSO_4$、$K_2S_2O_7$ 等）进行熔融，然后再用湿法处理。

试样溶解后，有的将溶液全部进行分析，有的则把它定量地稀释到一定的体积，然后再定量取其一定体积进行分析。

3. 测定

根据分析对象和要求，选用合适的分析方法测定待测组分。实际工作中，试样组成往往比较复杂，测定时互相干扰，因此必须考虑消除干扰的问题。消除干扰的方法较多，其中掩蔽法最常用。掩蔽法是不经分离而只采用化学处理以消除干扰的方法，常用的有配位掩蔽法、沉淀掩蔽法和氧化还原掩蔽法等。具体的测定方法将在后面的章节中详细介绍。

4. 数据处理

根据所取试样的量、测定时所得数据和分析过程中所依据的化学反应中各物质的量之间的关系，可计算出试样中被测组分的相对含量。具体的计算方法将在后面章节中结合具体的问题予以讲述。

6.5.3　滴定分析的方法和滴定方式

1. 几个基本概念

滴定分析是指将已知准确浓度的溶液从滴定管滴加到被测物质的溶液中，直到所加试剂与被测物质按化学计量关系完全反应为止，然后根据所加溶液的浓度和体积，求出被测物质的含量。

已知准确浓度的溶液称为标准溶液，也称滴定剂。将标准溶液从滴定管逐滴加到被测物质的溶液中的操作称为滴定。当所加入的标准溶液与被测物质按化学计量关系完全反应时所处的状态称为化学计量点，简称计量点。计量点时，由于大多数反应并没有明显的外观变化，需要在被测溶液中加入适当的指示剂，它可以在计量点附近发生明显的颜色变化。指示剂发生颜色变化的转折点称为滴定终点。在实际分析中，指示剂通常是在计量点附近变色，而不一定恰好在计量点时变色，故计量点和滴定终点不一定完全吻合。这种由于计量点和滴定终点不相吻合而造成的分析误差，称为滴定误差或终点误差。

滴定分析主要用于测定常量成分，有时也可以测定微量成分。利用滴定分析可以测定很多物质，在工农业生产和科学研究上都有广泛的应用。

2. 滴定分析的方法

根据滴定时所发生的化学反应类型，滴定分析的方法可分为以下四类：

(1) 酸碱滴定法(中和滴定法)。它是以中和反应为基础的滴定分析方法。例如，食醋中总酸量的测定就可用酸碱滴定法。

(2) 沉淀滴定法。它是利用生成沉淀的反应进行的滴定分析方法。例如，自来水中 Cl^- 含量的测定就可用沉淀滴定法。

(3) 氧化还原滴定法。它是以氧化还原反应为基础的滴定分析方法。例如，$CuSO_4$、H_2O_2 和有机质含量的测定，都可用氧化还原滴定法。

(4) 配位滴定法。它是利用配位反应进行的滴定分析方法。例如，水中 Ca^{2+}、Mg^{2+} 含量的测定就常用配位滴定法。

案例 6-7　无机化学有四大平衡，应用于化学分析有对应的四大滴定分析法。测定试剂 $CaC_2O_4 \cdot 2H_2O$ 中的 Ca 含量可用哪些滴定分析方法?

分析：试剂 $CaC_2O_4 \cdot 2H_2O$ 中的 Ca 含量可用 Ca^{2+} 与配位剂反应生成配合物的性质，采用 EDTA 配位滴定法测定；也可以利用 $C_2O_4^{2-}$ 的还原性，采用氧化还原滴定中的 $KMnO_4$ 法测定。

3. 滴定分析对滴定反应的要求

能够在溶液中进行的化学反应很多，但并不是所有的反应都可用于滴定分析，能够用于滴定分析的化学反应(滴定反应)必须具备下列条件：

(1) 反应要按化学计量关系定量地进行。被测物与标准溶液间的反应必须按一定反应方程式进行，无副反应，否则就失去了计算的依据。通常要求反应的完全程度要达到 99.9%以上。

(2) 反应要迅速进行。滴定反应应在瞬间完成，对速度较慢的反应，有时可通过加热或加入催化剂等方法来加速反应。

(3) 有简便可靠的确定终点的方法，如有适当的指示剂。

4. 滴定方式

案例 6-8　食醋的主要成分是乙酸，其含量可以用 NaOH 标准溶液直接滴定；化肥硫酸铵中氮的含量却不能用 NaOH 标准溶液直接滴定；酸碱滴定法测定鸡蛋壳中 $CaCO_3$ 的含量时，则需要先加入过量的 HCl 标准溶液，然后用 NaOH 标准溶液滴定剩余的 HCl。

问题：滴定分析中有哪些滴定方式? 滴定方式应如何选择?

(1) 直接滴定法。凡能同时满足上述要求的滴定反应，都可用标准溶液直接滴定被测物质。例如，用 HCl 滴定 NaOH，用 $K_2Cr_2O_7$ 滴定 Fe^{2+} 等。直接滴定法是最基本的滴定方式。如果反应不能完全符合上述要求时，可采用下述几种滴定方式。

(2) 返滴定法。当反应较慢或被测物是固体时，可先准确加入过量的标准溶液，待反应完成后，再用另一种标准溶液滴定剩余的第一种标准溶液。例如，$CaCO_3$ 是固体，不能用 HCl 标准溶液直接滴定，但可先加入过量的 HCl 标准溶液，然后用 NaOH 标准溶液滴定剩余的 HCl，根据 HCl 和 NaOH 这两种标准溶液的用量计算 $CaCO_3$ 的含量。

(3) 置换滴定法。当反应不能按一定的化学方程式进行，有副反应发生时，可先用适当的试剂与被测物质反应，置换出另一种生成物，然后再用标准溶液滴定这种生成物，这种滴定方式称为置换滴定法。例如，$Na_2S_2O_3$ 不能直接滴定 $K_2Cr_2O_7$，因为会发生副反应，无法定量计算，但可以先在 $K_2Cr_2O_7$ 酸性溶液中加入过量的 KI，置换出定量 I_2，然后用 $Na_2S_2O_3$ 标准溶液滴定 I_2，根据 $Na_2S_2O_3$ 与 $K_2Cr_2O_7$ 间的计量关系求出 $K_2Cr_2O_7$ 的含量。

(4) 间接滴定法。当被测物质不能与给定标准溶液反应，但可以和另外一种能与标准溶液直接作用的物质反应时，就可采用间接滴定法。例如，Ca^{2+} 不能与 $KMnO_4$ 标准溶液反应，可先在被测溶液中加入 $C_2O_4^{2-}$，使它与 Ca^{2+} 反应生成 CaC_2O_4 沉淀，然后把沉淀过滤出来，洗涤干净后溶于 H_2SO_4 溶液中，最后用 $KMnO_4$ 标准溶液滴定生成的 $H_2C_2O_4$，从而间接求出 Ca^{2+} 的含量。

6.5.4 滴定分析的标准溶液和基准物质

1. 标准溶液的浓度表示方法

(1) 物质的量浓度。符号 c_B或 c(B)，其中 B 表示基本单元。关于物质的量浓度的定义和有关计算，第 2 章已作介绍，这里不再重述。

(2) 滴定度。滴定度(T)有两种表示方法：一种是以每毫升标准溶液中含有的标准物质的质量表示，符号为 T_s，s 为标准物质的化学式。例如，$T(NaOH)=0.004000g \cdot mL^{-1}$ 表示 1.00mL 标准溶液中含有 0.004000g NaOH。另一种是以与每毫升标准溶液相当的被测物质的质量表示，符号为 $T_{x/s}$，x 为被测物质的化学式。例如，$T(Fe/K_2Cr_2O_7)=0.005585g \cdot mL^{-1}$表示 1.00mL $K_2Cr_2O_7$ 标准溶液相当于 0.005585g Fe。在生产实践中对分析对象固定的分析，为简化计算，常采用滴定度的表示方法。物质的量浓度和滴定度之间可进行换算。

若滴定反应表示为

$$\underset{(滴定剂)}{aA} + \underset{(被测物)}{bB} = \underset{(生成物)}{P}$$

$T_{B/A}$表示 1.00mL A 溶液相当于 B 的质量(g)，即

$$T_{B/A}=c_A \times \frac{1}{1000} \times M_B \times \frac{b}{a} \tag{6-33}$$

例 6-19 计算 $0.1000mol \cdot L^{-1}$ HCl 标准溶液对 Na_2CO_3 的滴定度。

解 因为 1mol HCl 只能与 1mol(1/2 Na_2CO_3)完全反应，所以

$$T(Na_2CO_3/HCl)=c(HCl)\times\frac{1}{1000}\times M(Na_2CO_3)\times\frac{1}{2}=0.1000\times\frac{1}{1000}\times 105.99\times\frac{1}{2}$$
$$=0.005300(g \cdot mL^{-1})$$

2. 标准溶液的配制与标定

定量分析中标准溶液的配制有两种方法：一是直接配制法；二是间接配制法。

1) 直接配制法

准确称取一定量的纯物质，溶解后定量转移到一定体积的容量瓶中，用纯水稀释至刻度。根据所称取的纯物质的质量和定容时的体积，就可计算出该标准溶液的准确浓度。直接配制标准溶液或标定标准溶液的纯物质称为基准物质。基准物质必须符合下列要求：

(1) 纯度高。一般要求纯度在 99.9%以上。

(2) 组成恒定。物质的组成应与化学式相符，若含结晶水，结晶水的含量也应与化学式相符，如硼砂 $Na_2B_4O_7 \cdot 10H_2O$。

(3) 稳定性好。在配制和储存中不会发生变化。例如，烘干时不分解，称量时不吸湿、不

吸收空气中的CO_2，在空气中不被氧化等。

(4) 最好有较大的相对分子质量。因为相对分子质量大的物质称取的量较多，称量相对误差较小。

2) 间接配制法

很多试剂不符合基准物质的条件，不能直接配制成标准溶液，只能用间接法配制，即先配制成接近所需浓度的溶液，然后用基准物质或另外一种标准溶液来精确测定它的准确浓度。这种精确测定标准溶液浓度的过程称为标定，故间接配制法又称为标定法。定量分析中，很多标准溶液只能用标定法配制，如 HCl、NaOH 溶液等。标定一般至少要做两三次平行测定，相对平均偏差控制在 0.1%～0.2%。

6.5.5 滴定分析的计算

滴定分析的计算包括配制溶液、确定浓度和计算分析结果等方面。计算的主要依据是“等物质的量规则”，即在计量点时所消耗的标准溶液和被测物质的物质的量相等。应注意，使用这个规则时，一定要按照反应中的化学计量关系正确地选择基本单元。

例 6-20 用 $0.1058mol \cdot L^{-1}$ HCl 溶液滴定 0.2035g 不纯的 K_2CO_3，完全中和时消耗 HCl 26.84mL，求样品中 K_2CO_3 的质量分数。

解

$$2HCl + K_2CO_3 = 2KCl + CO_2 + H_2O$$

根据等物质的量规则 $n(HCl)=n(1/2K_2CO_3)$，有

$$w(K_2CO_3) = \frac{n(1/2K_2CO_3) \cdot M(1/2K_2CO_3)}{W_{样}} \times 100\% = \frac{c(HCl) \cdot \frac{V(HCl)}{1000} \cdot M(1/2K_2CO_3)}{W_{样}} \times 100\%$$

$$= \frac{0.1058 \times \frac{26.84}{1000} \times \frac{138.21}{2}}{0.2035} \times 100\% = 96.42\%$$

例 6-21 标定 $0.10mol \cdot L^{-1}$ NaOH 溶液的准确浓度，如选用邻苯二甲酸氢钾($KHC_8H_4O_4$)作基准物质，今欲把所用 NaOH 溶液的体积控制在 25mL 左右，应称取该基准物质多少克？

解

$$NaOH + KHC_8H_4O_4 = KNaC_8H_4O_4 + H_2O$$

根据等物质的量规则 $n(NaOH)=n(KHC_8H_4O_4)$，有

$$c(NaOH) \cdot \frac{V(NaOH)}{1000} = \frac{m}{M(KHC_8H_4O_4)}$$

$$m = c(NaOH) \cdot \frac{V(NaOH)}{1000} \cdot M(KHC_8H_4O_4)$$

$$= 0.10 \times \frac{25}{1000} \times 204.2 \approx 0.51(g)$$

所以应称取邻苯二甲酸氢钾约 0.51g。

6.6 酸碱滴定法

酸碱滴定法是以酸碱中和反应为基础的滴定分析法，该法一般是用强酸或强碱作标准溶液测定被测物质。一般的酸、碱及能与酸、碱直接或间接反应的物质，大多数可用酸碱滴定法测定。酸碱滴定法在实际工作中的应用非常广泛，是一种最基本的滴定分析方法。

6.6.1　酸碱指示剂

由于酸碱反应一般没有外观变化，常用的方法是在被测溶液中加入适当的指示剂，根据指示剂的颜色变化指示滴定终点。酸碱滴定法中所应用的指示剂称为酸碱指示剂。

1. 变色原理

酸碱指示剂一般是有机弱酸、有机弱碱或两性物质。以有机弱酸型酸碱指示剂为例说明酸碱指示剂的变色原理。有机弱酸型酸碱指示剂可用符号 HIn 表示，它在水中存在如下解离平衡：

$$\underset{（酸式色）}{\mathrm{HIn}} \rightleftharpoons \mathrm{H^+} + \underset{（碱式色）}{\mathrm{In^-}}$$

其中未解离的分子和解离后所生成的离子具有不同的颜色，分别称酸式色和碱式色，当溶液的 pH 发生变化时，上述平衡发生移动，从而使指示剂的颜色发生改变。

例如，酚酞是一种有机弱酸($K_a^{\ominus}=6\times10^{-10}$)，在溶液中的解离平衡可用下式表示：

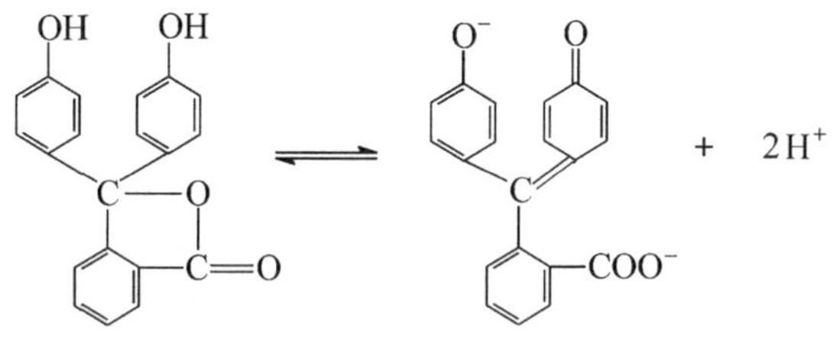

无色（内酯式、酸式色）　　　红色（醌式、碱式色）

在酸性溶液中，平衡向左移动，主要以未解离的分子形式存在，呈无色；在碱性溶液中，平衡向右移动，主要以醌基结构的阴离子存在，呈红色。可见，指示剂结构的改变是颜色变化的依据，溶液 pH 的改变是颜色变化的条件。

2. 变色范围

对有机弱酸型酸碱指示剂 HIn，其解离常数 $K^{\ominus}(\mathrm{HIn})$ 可简写为

$$K^{\ominus}(\mathrm{HIn})=\frac{c(\mathrm{H^+})\cdot c(\mathrm{In^-})}{c(\mathrm{HIn})}$$

移项得

$$\frac{c(\mathrm{HIn})}{c(\mathrm{In^-})}=\frac{c(\mathrm{H^+})}{K^{\ominus}(\mathrm{HIn})} \tag{6-34}$$

即

$$\mathrm{pH}=\mathrm{p}K^{\ominus}(\mathrm{HIn})-\lg\frac{c(\mathrm{HIn})}{c(\mathrm{In^-})} \tag{6-35}$$

在一定温度下，$K^{\ominus}(\mathrm{HIn})$ 是一个常数，故指示剂酸式色与碱式色浓度之比 $[c(\mathrm{HIn})/c(\mathrm{In^-})]$ 取决于溶液中 $c(\mathrm{H^+})$ 的变化。当 $\mathrm{pH}=\mathrm{p}K^{\ominus}(\mathrm{HIn})$ 时，$c(\mathrm{HIn})=c(\mathrm{In^-})$，溶液呈酸式色和碱式色的混合色，$\mathrm{pH}=\mathrm{p}K^{\ominus}(\mathrm{HIn})$ 称为酸碱指示剂的理论变色点。例如，酚酞指示剂的理论变色点是 pH=9.1。

实验观察表明，当 $\frac{c(\mathrm{HIn})}{c(\mathrm{In}^-)}\geqslant 10$，即 $\mathrm{pH}\leqslant \mathrm{p}K^{\ominus}(\mathrm{HIn})-1$ 时，人眼只能看到酸式色；当 $\frac{c(\mathrm{HIn})}{c(\mathrm{In}^-)}\leqslant \frac{1}{10}$，即 $\mathrm{pH}\geqslant \mathrm{p}K^{\ominus}(\mathrm{HIn})+1$ 时，人眼只能看到碱式色。因此，当 pH 由 $\mathrm{p}K^{\ominus}(\mathrm{HIn})-1$ 变到 $\mathrm{p}K^{\ominus}(\mathrm{HIn})+1$ 时，人眼就能明显地看到由酸式色变为碱式色。所以，$\mathrm{pH}=\mathrm{p}K^{\ominus}(\mathrm{HIn})\pm 1$ 称为酸碱指示剂的理论变色范围。

因人眼对不同颜色的敏感程度不同，指示剂的变色范围不一定刚好是 $\mathrm{p}K^{\ominus}(\mathrm{HIn})\pm 1$，通常在 $\mathrm{p}K^{\ominus}(\mathrm{HIn})\pm 1$ 附近。例如，酚酞的 $\mathrm{p}K^{\ominus}(\mathrm{HIn})=9.1$，理论变色范围应该是 8.1～10.1，但实际变色范围是 8.0～10.0，这是因为人眼对红色比较敏感。表 6-2 列出了常用的酸碱指示剂。

表 6-2 常用酸碱指示剂

指示剂	变色范围(pH)	$\mathrm{p}K^{\ominus}(\mathrm{HIn})$	酸色	碱色	配制方法	用量/(滴/10mL)
百里酚蓝(第一次变色)	1.2～2.8	1.6	红	黄	0.1%的 20%乙醇溶液	1～2
甲基黄	2.9～4.0	3.2	红	黄	0.1%的 90%乙醇溶液	1
甲基橙	3.1～4.4	3.4	红	黄	0.1%或 0.05%水溶液	1
溴酚蓝	3.0～4.6	4.1	黄	紫	0.1%的 20%乙醇溶液或其钠盐水溶液	1
溴甲酚绿	3.8～5.4	4.9	黄	蓝	0.1%水溶液	1～2
甲基红	4.4～6.2	5.0	红	黄	0.1%的 60%乙醇溶液或其钠盐水溶液	1
溴百里酚蓝	6.2～7.6	7.3	黄	蓝	0.1%的 20%乙醇溶液或其钠盐水溶液	1～2
中性红	6.8～8.0	7.4	红	黄橙	0.1%的 60%乙醇溶液	1～2
苯酚红	6.8～8.4	8.0	黄	红	0.1%的 60%乙醇溶液或其钠盐水溶液	1
百里酚蓝(第二次变色)	8.0～9.6	8.9	黄	蓝	0.1%的 60%乙醇溶液	1～2
酚酞	8.0～10.0	9.1	无色	红	0.1%的 90%乙醇溶液	1
百里酚酞	9.4～10.6	10	无色	蓝	0.1%的 90%乙醇溶液	1～2

3. 混合指示剂

指示剂的变色范围越窄越好，这样有利于提高测定结果的准确度。但单一指示剂的变色范围都比较宽，变色不够敏锐，且变色过程还有过渡颜色。混合指示剂克服了单一指示剂的缺点，具有变色范围窄、变色敏锐等优点，其配方有如下两类。

一类是在指示剂中加入一种不随 pH 变化而改变颜色的染料。例如，在甲基橙中加入靛蓝二磺酸钠(蓝色染料)，靛蓝在溶液中不因 pH 改变而变色，在 pH=4.1 时，甲基橙显过渡色(橙色)，它与蓝色混合后，使溶液呈浅灰色(接近无色)；在 pH<3.1 时，甲基橙的酸式色(红色)与蓝色混合后，使溶液呈紫色；在 pH>4.4 时，甲基橙的碱式色(黄色)与蓝色混合后，使溶液呈绿色。因此，滴定到终点时，溶液由紫变灰或由绿变灰，颜色变化十分明显。

另一类是由两种或两种以上的指示剂混合而成。例如，溴甲酚绿和甲基红混合指示剂，其变色点 pH=5.1，正好在两种指示剂的变色范围内，都显中间色，溴甲酚绿的绿色与甲基红的橙红色混合，溶液呈灰色。在 pH<5.1 时，其酸式色为酒红色；在 pH>5.1 时，其碱式色为绿色，变色极为明显。常见的混合指示剂列于表 6-3。

表 6-3　几种常用的混合指示剂

指示剂溶液的组成	变色点 pH	酸色	碱色	备注
1 份 0.1%甲基黄乙醇溶液 1 份 0.1%次甲基蓝乙醇溶液	3.2	蓝紫	绿	pH 3.4 绿色 pH 3.2 蓝紫色
1 份 0.1%甲基橙水溶液 1 份 0.25%靛蓝二磺酸水溶液	4.1	紫	黄绿	
1 份 0.1%溴甲酚绿钠盐水溶液 1 份 0.02%甲基橙水溶液	4.3	橙	蓝绿	pH 3.5 黄色，pH 4.05 绿色 pH 4.8 浅绿色
3 份 0.1%溴甲酚绿乙醇溶液 1 份 0.2%甲基红乙醇溶液	5.1	酒红	绿	
1 份 0.1%溴甲酚绿钠盐水溶液 1 份 0.1%绿酚红钠盐水溶液	6.1	黄绿	蓝紫	pH 5.4 蓝绿色，pH 5.8 蓝色 pH 6.0 蓝带紫，pH 6.2 蓝紫色
1 份 0.1%中性红乙醇溶液 1 份 0.1%次甲基蓝乙醇溶液	7.0	蓝紫	绿	pH 7.0 紫蓝色
1 份 0.1%甲酚红钠盐水溶液 3 份 0.1%百里酚蓝钠盐水溶液	8.3	黄	紫	pH 8.2 玫瑰红 pH 8.4 清晰的紫色
1 份 0.1%百里酚蓝 50%乙醇溶液 3 份 0.1%酚酞 50%乙醇溶液	9.0	黄	紫	从黄到绿再到紫
1 份 0.1%酚酞乙醇溶液 1 份 0.1%百里酚酞乙醇溶液	9.9	无	紫	pH 9.6 玫瑰红 pH 10 紫红色
1 份 0.1%百里酚酞乙醇溶液 1 份 0.1%茜素黄 R 乙醇溶液	10.2	黄	紫	

6.6.2　滴定曲线与指示剂的选择

酸碱滴定过程中，随着标准溶液的加入，被测溶液的 pH 不断发生变化。如果用酸标准溶液滴定碱，被测溶液的 pH 逐渐降低；相反，如果用碱滴定酸，被测溶液的 pH 逐渐升高。把酸碱滴定中被测溶液的 pH 变化规律用图像来表示，就可得到一条曲线，该曲线称为酸碱滴定曲线。酸碱滴定曲线在酸碱滴定中很有用，它可帮助我们选择酸碱指示剂。

1. 一元酸碱的滴定

1）强酸与强碱的滴定

（1）强酸与强碱的滴定曲线和滴定突跃。强酸与强碱滴定过程中，溶液 pH 的变化规律可用酸度计测定，也可通过理论计算求出。下面以 $0.1000mol \cdot L^{-1}$ NaOH 标准溶液滴定 20.00mL $0.1000mol \cdot L^{-1}$ HCl 溶液为例，为了便于讨论，我们把滴定过程分为四个阶段。

（i）滴定前。因为 HCl 是强酸，在溶液中完全解离，故 $c(H^+)=0.1000mol \cdot L^{-1}$，pH=1.00。

（ii）滴定开始到计量点前。从滴定开始到计量点前的任一时刻，溶液中的 $c(H^+)$取决于溶液中剩余 HCl 的浓度。设 c_1、V_1 分别表示 HCl 的浓度和体积，c_2、V_2 分别表示 NaOH 的

浓度和加入的 NaOH 的体积，则

$$c(H^+)=\frac{c_1 \cdot V_1 - c_2 \cdot V_2}{V_1+V_2}=\frac{20.00-V_2}{20.00+V_2}\times 0.1000$$

当加入 18.00mL NaOH 溶液(90%的 HCl 被中和)时

$$c(H^+)=\frac{20.00-18.00}{20.00+18.00}\times 0.1000=5.26\times 10^{-3}(mol \cdot L^{-1}),pH=2.28$$

当加入 19.98mL NaOH 溶液(99.9%的 HCl 被中和)时

$$c(H^+)=\frac{20.00-19.98}{20.00+19.98}\times 0.1000=5.00\times 10^{-5}(mol \cdot L^{-1}),pH=4.30$$

(iii) 计量点时。NaOH 与 HCl 已经完全中和，生成的 NaCl 不水解，溶液呈中性，pH=7.00。

(iv) 计量点后。NaOH 过量，故溶液的 pH 取决于过量的 NaOH 的浓度。

$$c(OH^-)=\frac{c_2 \cdot V_2 - c_1 \cdot V_1}{V_1+V_2}=\frac{V_2-20.00}{20.00+V_2}\times 0.1000$$

当加入 20.02mL NaOH 溶液(过量 0.1%)时

$$c(OH^-)=\frac{20.02-20.00}{20.00+20.02}\times 0.1000=5.00\times 10^{-5}(mol \cdot L^{-1}),pOH=4.30,pH=9.70$$

当加入 22.00mL NaOH 溶液(过量 10%)时

$$c(OH^-)=\frac{22.00-20.00}{20.00+22.00}\times 0.1000=4.76\times 10^{-3}(mol \cdot L^{-1}),pOH=2.32,pH=11.68$$

用上述方法计算出滴定过程中溶液的 pH，结果列于表 6-4。以加入 NaOH 标准溶液的体积为横坐标，以溶液 pH 为纵坐标作图，得到强碱滴定强酸的滴定曲线，如图 6-5 所示。

从上述计算和图 6-5 可看出，从滴定开始到加入 19.98mL NaOH 溶液时，溶液 pH 从 1.00 增加到 4.30，只改变了 3.3 个 pH 单位，pH 变化比较缓慢，曲线平坦。但在计量点附近，从加入 19.98mL 到 20.02mL NaOH 溶液，只加了 0.04mL(相当于 1 滴)NaOH 溶液，溶液 pH 却从 4.30 增加到 9.70，pH 增加了 5.4 个单位，这一段滴定曲线几乎与 pH 轴平行。之后，过量的 NaOH 对溶液 pH 的影响越来越小，曲线又变得平坦。

表 6-4　0.1000mol · L^{-1} NaOH 溶液滴定 20.00mL 0.1000mol · L^{-1} HCl 溶液的 pH 变化

NaOH 加入量		剩余 HCl/mL	过量 NaOH/mL	pH	
mL	%				
0.00	0.00	20.00		1.00	
18.00	90.00	2.00		2.28	
19.80	99.00	0.20		3.30	
19.98	99.90	0.02		4.30	突跃范围
20.00	100.0	0.00		7.00	
20.02	100.1		0.02	9.70	
20.20	101.0		0.20	10.70	
22.00	110.0		2.00	11.68	
30.00	150.0		10.00	12.30	
40.00	200.0		20.00	12.52	

这种在化学计量点前后±0.1%范围内溶液 pH 的急剧变化称为滴定突跃，滴定突跃所在

的 pH 范围称为滴定突跃范围。

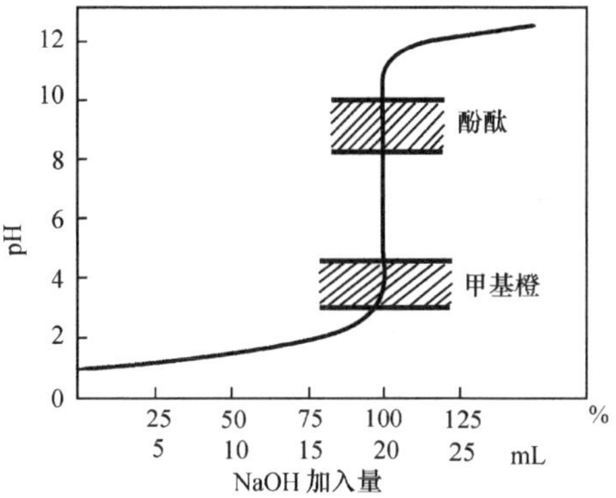

图 6-5　$0.1000mol \cdot L^{-1}$NaOH 滴定 $0.1000mol \cdot L^{-1}$ HCl 的滴定曲线

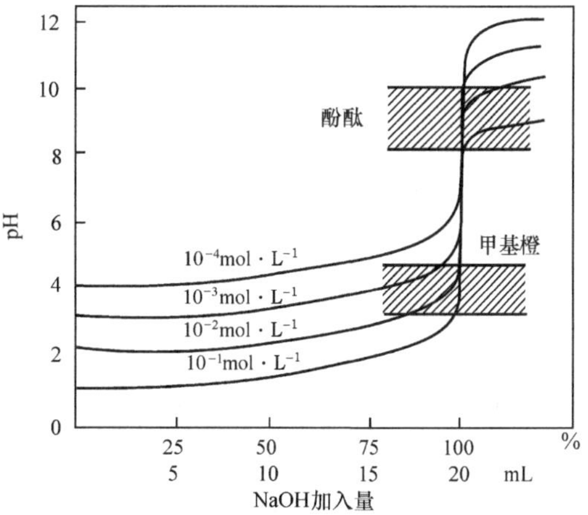

图 6-6　不同浓度 NaOH 滴定不同浓度 HCl 的滴定曲线

(2) 选择酸碱指示剂的原则。酸碱滴定中，最理想的指示剂应该是恰好在计量点时变色，但这种指示剂实际上很难找到，而且也没有必要。因为在计量点附近溶液 pH 有一个突跃，只要指示剂在突跃范围内变色，其终点误差都不会大于 0.1%。因此，酸碱指示剂的选择原则是：凡是变色范围全部或部分落在滴定突跃范围内的指示剂都可以选用。

强酸与强碱的滴定，其突跃范围较大，甲基红和酚酞都是合适的指示剂。甲基橙的变色范围几乎在突跃范围外，用它作指示剂进行滴定时，必须加以控制，使误差不超过 0.2%。

(3) 浓度对突跃范围的影响。酸碱滴定突跃范围的大小与滴定剂和被测物质的浓度有关，浓度越大，突跃范围就越大(图 6-6)。例如，用 $0.1mol \cdot L^{-1}$ NaOH 滴定 $0.1mol \cdot L^{-1}$ HCl，突跃范围是 4.3～9.7；用 $0.01mol \cdot L^{-1}$ NaOH 滴定 $0.01mol \cdot L^{-1}$ HCl，突跃范围是 5.3～8.7。可见，当酸碱浓度降到原来的 1/10，突跃范围就减少了 2 个 pH 单位。浓度太小，突跃不明显，不容易找到合适的指示剂。浓度越大，突跃范围就越大，可供选择的指示剂多，但浓度太大，样品和试剂的消耗量大，造成浪费，并且滴定误差也大。因此，在酸碱滴定中，标准溶液的浓度一般选择在 $0.01 \sim 1mol \cdot L^{-1}$。

2) 强碱滴定一元弱酸

强碱滴定一元弱酸的基本反应为

$$OH^- + HA \xlongequal{} H_2O + A^-$$

以 $0.1000mol \cdot L^{-1}$NaOH 滴定 20.00mL $0.1000mol \cdot L^{-1}$HAc 为例。滴定过程同样分四个阶段。

(1) 滴定前。溶液组成为 $0.1000mol \cdot L^{-1}$HAc 溶液

$$c(H^+) = \sqrt{c \cdot K_a^\ominus} = \sqrt{0.1000 \times 1.76 \times 10^{-5}} = 1.33 \times 10^{-3}(mol \cdot L^{-1}), pH = 2.88$$

(2) 滴定开始到计量点前。HAc 过量，溶液 pH 由剩余的 HAc 和生成的 NaAc 组成的缓冲溶液决定。

$$pH = pK_a^\ominus - \lg\frac{c_a}{c_b} = pK_a^\ominus - \lg\frac{[0.1000 \times 20.00 - 0.1000 \times V(NaOH)]/V}{0.1000 \times V(NaOH)/V}$$

$$= 4.75 - \lg\frac{20.00 - V(NaOH)}{V(NaOH)}$$

当加入 19.98mL NaOH 溶液(99.9%的 HAc 被中和)时

$$pH = 4.75 - \lg\frac{20.00 - 19.98}{19.98} = 7.75$$

(3) 计量点时。NaOH 与 HAc 已完全中和,生成共轭碱 Ac^-。

$$c(OH^-) = \sqrt{c \cdot K_b^\ominus} = \sqrt{c \cdot \frac{K_w^\ominus}{K_a^\ominus}} = \sqrt{\frac{0.1000}{2} \times \frac{10^{-14}}{1.76 \times 10^{-5}}} = 5.33 \times 10^{-6} (mol \cdot L^{-1})$$

$$pOH = 5.27, pH = 8.73$$

(4) 计量点后。溶液的组成为 Ac^- 和过量的 NaOH。因 NaOH 抑制了 Ac^- 在水中的解离,故溶液的 pH 取决于过量的 NaOH,与强碱滴定强酸的情况相同。

当加入 20.02mL NaOH 溶液(过量 0.1%)时

$$c(OH^-) = \frac{20.02 - 20.00}{20.00 + 20.02} \times 0.1000 = 5.00 \times 10^{-5} (mol \cdot L^{-1}), pOH = 4.30, pH = 9.70$$

滴定过程的 pH 变化列于表 6-5,绘制成曲线如图 6-7 所示。

表 6-5　0.1000mol · L^{-1} NaOH 溶液滴定 20.00mL 0.1000mol · L^{-1} HAc 溶液的 pH 变化

NaOH 加入量		剩余 HAc/mL	过量 NaOH/mL	pH	
mL	%				
0.00	0.00	20.00		2.88	
18.00	90.00	2.00		5.70	
19.80	99.00	0.20		6.74	
19.98	99.90	0.02		7.75	突跃范围
20.00	100.0	0.00		8.73	突跃范围
20.02	100.1		0.02	9.70	突跃范围
20.20	101.0		0.20	10.70	
22.00	110.0		2.00	11.68	
40.00	200.0		20.00	12.52	

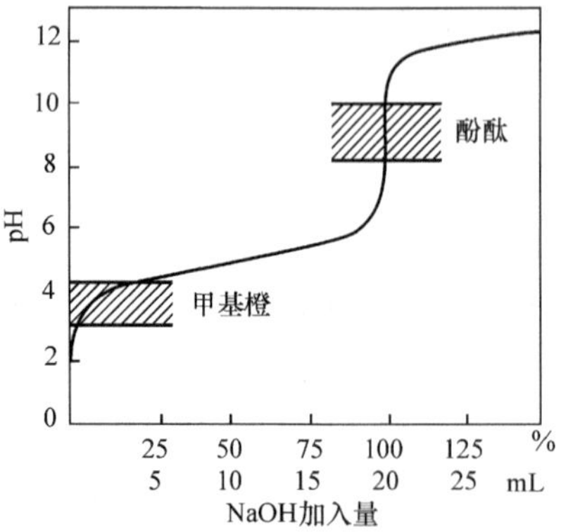

图 6-7　0.1000mol · L^{-1} NaOH 滴定 0.1000mol · L^{-1} HAc 的滴定曲线

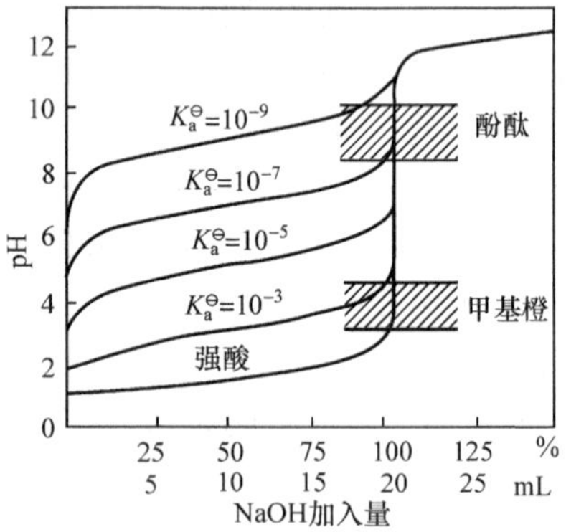

图 6-8　0.1000mol · L^{-1} NaOH 滴定 0.1000mol · L^{-1} 各种强度酸的滴定曲线

从表 6-5 和图 6-7 可以看出,滴定前,0.1000mol · L^{-1} HAc 溶液 pH 为 2.88,比 0.1000mol · L^{-1} HCl 溶液 pH(1.00)大 1.88 个 pH 单位。开始滴定之后到计量点之前,由于溶液为缓冲体系,缓冲容量由小到大,然后又变小,故这段曲线坡度由大变小再变大。因产物

Ac^- 是弱碱，使计量点时溶液 pH 在碱性范围内。计量点后溶液 pH 变化同强碱滴定强酸相似。

该滴定曲线的突跃范围是 pH＝7.75～9.70，突跃范围比较小。因此，可供选择的指示剂较少。显然，酚酞是合适的指示剂。

此外，从图 6-8 可看出，强碱滴定弱酸突跃范围的大小还与被滴定的弱酸强弱程度有关。当浓度一定时，$K_a^\ominus$ 越大，突跃范围越大。当溶液浓度为 0.10mol · L^{-1} 时，若 $K_a^\ominus < 10^{-7}$，即 $c \cdot K_a^\ominus < 10^{-8}$，便无明显的突跃，不能利用指示剂在水溶液中进行准确滴定。因此，通常把 $c \cdot K_a^\ominus \geqslant 10^{-8}$ 作为弱酸能被强碱准确滴定的判据。例如，HCN 的 $K_a^\ominus = 4.9 \times 10^{-10}$，即使其浓度为 1.0mol · L^{-1}，也不能按通常的办法准确滴定。

3）强酸滴定一元弱碱

以 0.1000mol · L^{-1} HCl 滴定 20.00mL 0.1000mol · L^{-1} $NH_3 \cdot H_2O$ 为例，滴定曲线如图 6-9 所示。这类滴定曲线与强碱滴定弱酸相似，但 pH 的变化相反，而且突跃发生在酸性范围内（pH＝6.25～4.30），突跃范围也比较小，只能选择甲基红、溴甲酚绿等在酸性范围内变色的指示剂。同样，强酸滴定弱碱的滴定突跃范围的大小也与弱碱的强弱程度有关，当浓度一定时，$K_b^\ominus$ 越小，突跃范围就越小。当 $c \cdot K_b^\ominus < 10^{-8}$ 时，便无明显突跃；只有当 $c \cdot K_b^\ominus \geqslant 10^{-8}$ 时，弱碱才能被强酸直接准确地滴定。

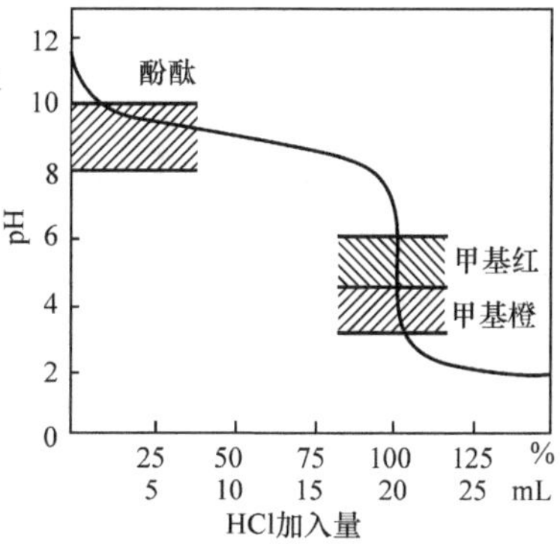

图 6-9　0.1000mol · L^{-1} HCl 滴定 0.1000mol · L^{-1} $NH_3 \cdot H_2O$ 的滴定曲线

从以上各种类型的滴定曲线可以看出，用强碱滴定弱酸时，在酸性范围内没有突跃，用强酸滴定弱碱时，在碱性范围内没有突跃。因此，若用弱酸滴定弱碱，或者用弱碱滴定弱酸，则计量点附近就没有突跃，不能用指示剂指示终点。正因为如此，在酸碱滴定中，都用强酸或强碱作标准溶液，而不用弱酸或弱碱。

2. 多元酸碱的滴定

1）多元酸的滴定

用强碱滴定多元酸情况比较复杂。多元酸分步解离，它与强碱的中和反应也是分步进行的。但是，各级解离出的 H^+ 是否都可以准确滴定，是否二元酸的滴定就有两个突跃，三元酸的滴定就有三个突跃，这与酸的浓度和各级解离常数的大小密切相关。以二元酸为例：

（1）若 $c \cdot K_{a_1}^\ominus < 10^{-8}$，则该级解离的 H^+ 不能被强碱直接准确地滴定。

（2）若 $c \cdot K_{a_1}^\ominus \geqslant 10^{-8}$，$c \cdot K_{a_2}^\ominus < 10^{-8}$，$\dfrac{K_{a_1}^\ominus}{K_{a_2}^\ominus} > 10^4$，则第一级解离出的 H^+ 可直接准确滴定，但第二级解离出的 H^+ 不能被滴定。因此，只能在第一计量点附近形成一个突跃。

（3）若 $c \cdot K_{a_1}^\ominus \geqslant 10^{-8}$，$c \cdot K_{a_2}^\ominus \geqslant 10^{-8}$，$\dfrac{K_{a_1}^\ominus}{K_{a_2}^\ominus} > 10^4$，则两级解离出的 H^+ 都可被强碱直接准确滴定，分别在第一、第二计量点附近形成两个突跃，即两级解离出的 H^+ 可分步滴定。

（4）若 $c \cdot K_{a_1}^\ominus \geqslant 10^{-8}$，$c \cdot K_{a_2}^\ominus \geqslant 10^{-8}$，$\dfrac{K_{a_1}^\ominus}{K_{a_2}^\ominus} < 10^4$，则两级解离出的 H^+ 都可被强碱直接准确滴定，但只能在第二计量点附近形成一个突跃，即两级解离出的 H^+ 一次被滴定，不能分步滴定。

其他多元酸的情况可依此类推。

例如，用 0.1mol · L^{-1} NaOH 滴定 0.1mol · L^{-1} H_3PO_4，由 H_3PO_4 的解离常数 $K_{a_1}^{\ominus}=7.5\times10^{-3}$，$K_{a_2}^{\ominus}=6.2\times10^{-8}$，$K_{a_3}^{\ominus}=2.2\times10^{-13}$，有

$$c\cdot K_{a_1}^{\ominus}=0.1\times7.5\times10^{-3}=7.5\times10^{-4}>10^{-8}$$

$$c\cdot K_{a_2}^{\ominus}=(0.1/2)\times6.2\times10^{-8}=0.31\times10^{-8}\approx 10^{-8}$$

$$c\cdot K_{a_3}^{\ominus}=(0.1/3)\times2.2\times10^{-13}=7.3\times10^{-15}<10^{-8}$$

$$\frac{K_{a_1}^{\ominus}}{K_{a_2}^{\ominus}}=1.2\times10^{5}>10^{4}\qquad \frac{K_{a_2}^{\ominus}}{K_{a_3}^{\ominus}}=2.8\times10^{6}>10^{4}$$

所以，H_3PO_4 的第一、第二级解离出的 H^+ 可被准确滴定，但第三级解离出的 H^+ 不能被准确滴定。滴定时，在第一、第二计量点都有突跃，可分步滴定。

因多元酸碱的滴定过程 pH 变化用计算法较复杂，可用电势法测定其 pH 变化绘制滴定曲线。在实际工作中，一般只需计算计量点时的 pH，选择在计量点附近变色的指示剂即可。

根据式(6-27)和式(6-28)可以求出，第一计量点溶液的 pH≈4.7，可选用甲基红或溴甲酚绿作指示剂；第二计量点溶液的 pH≈9.7，可选用酚酞或百里酚酞作指示剂，其滴定曲线如图 6-10 所示。

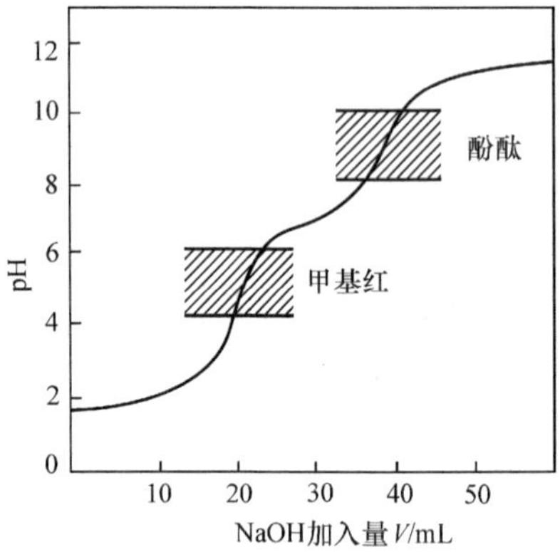

图 6-10　0.1mol · L^{-1} NaOH 滴定 0.1mol · L^{-1} H_3PO_4 的滴定曲线

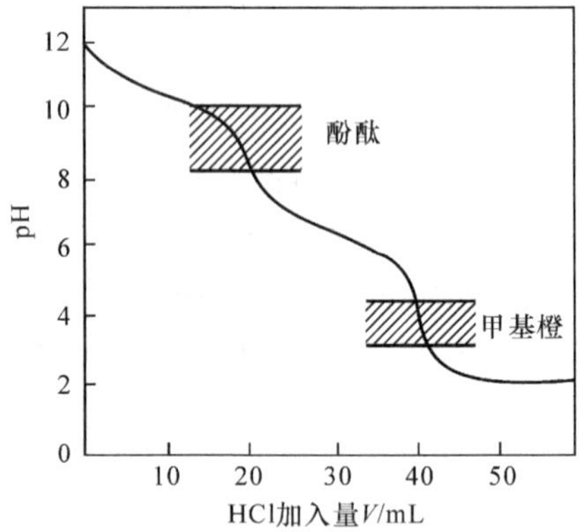

图 6-11　0.1mol · L^{-1} HCl 滴定 0.1mol · L^{-1} Na_2CO_3 的滴定曲线

2) 多元碱的滴定

这里所说的多元碱实际上就是解离理论中的多元弱酸盐。它能否被强酸滴定，滴定过程中有几个突跃，可参照多元酸的滴定进行判断。例如，用 HCl 滴定 Na_2CO_3，反应分两步进行：

$$CO_3^{2-}+H^+\rightleftharpoons HCO_3^- \qquad K_{b_1}^{\ominus}=1.8\times10^{-4}$$

$$HCO_3^-+H^+\rightleftharpoons CO_2+H_2O \qquad K_{b_2}^{\ominus}=2.4\times10^{-8}$$

滴定曲线如图 6-11 所示。曲线上有两个突跃，第一个突跃相当于第一步反应的完成，由式(6-27)可求出第一计量点时溶液的 pH≈8.31。其突跃范围较小，虽可用酚酞作指示剂，但误差较大。第二个突跃相当于第二步反应的完成，第二计量点时溶液是 CO_2 的饱和溶液(0.04mol · L^{-1})。

$$c(H^+)=\sqrt{K_{a_1}^{\ominus}\cdot c}=\sqrt{4.3\times10^{-7}\times0.04}=1.3\times10^{-4}(\text{mol}\cdot L^{-1})$$

pH=3.89，可用甲基橙作指示剂，但由于 CO_2 的存在，终点不明显。如果在滴定至刚变橙色时，将溶液加热煮沸 1min 以排出 CO_2，这时溶液变为黄色，冷却后再滴入少量的 HCl 至

溶液刚变为橙色，终点较明显。

对于一些极弱的酸或碱，尽管不能直接准确滴定，但可采用其他方法进行滴定，如

(1) 利用配位反应。例如，H_3BO_3 的 $pK_a^\ominus=9.24$，不能用 NaOH 溶液直接准确滴定。可加入甘油或甘露醇，H_3BO_3 能与它们形成较强的多元醇配位酸，如形成的甘露醇酸 $pK_a^\ominus=4.26$，就可以酚酞为指示剂用 NaOH 溶液直接滴定。

(2) 利用沉淀反应。例如，H_3PO_4 的 pK_{a_3} 很小，无法准确滴定到第 3 个计量点。可在溶液中加入钙盐，生成 $Ca_3(PO_4)_2$ 沉淀而定量置换出 H^+。

$$3Ca^{2+}+2HPO_4^{2-} = Ca_3(PO_4)_2\downarrow+2H^+$$

(3) 利用离子交换作用。利用离子交换剂与溶液中离子的交换作用滴定极弱酸 NH_4Cl、极弱碱 NaF 等。例如，将溶液经强酸性阳离子交换树脂处理，交换反应为

$$R—SO_3H^+ + NaF = R—SO_3Na^+ + HF$$

置换出的 HF 就可以用 NaOH 溶液直接滴定。

综上所述，从各种类型的酸碱滴定曲线可知，所有酸碱滴定有两个共同点，即在计量点附近形成突跃、均要使用指示剂。突跃范围的大小主要取决于酸碱溶液的本性即 $K_a^\ominus$ 和 $K_b^\ominus$ 的大小、酸碱溶液的浓度及溶液的温度。实际工作中一般先计算出计量点的 pH，选择在计量点附近变色的指示剂即可。

6.6.3　酸碱标准溶液的配制与标定

1. 酸碱标准溶液的配制

在酸碱滴定中，用以配制标准溶液的酸有 HCl 和 H_2SO_4 (HNO_3 有氧化性，一般不用)，碱有 NaOH、KOH 和 $Ba(OH)_2$，NaOH 最常用。如果需要不含 CO_3^{2-} 的碱标准溶液，用 $Ba(OH)_2$。标准溶液的浓度一般在 $0.01\sim1mol\cdot L^{-1}$，常用的浓度是 $0.1mol\cdot L^{-1}$。由于浓 HCl 易挥发，浓 H_2SO_4 吸湿性强，NaOH 易吸收水及空气中 CO_2，所以都不能用直接法配制。只能先配成近似浓度的溶液，然后通过比较滴定和标定确定其准确浓度。

2. 酸碱标准溶液的比较滴定

酸碱标准溶液的比较滴定就是用酸标准溶液滴定碱标准溶液，或是用碱标准溶液滴定酸标准溶液的操作过程。以 HCl 标准溶液滴定 NaOH 标准溶液为例，当反应达到计量点时

$$c(HCl)\cdot V(HCl)=c(NaOH)\cdot V(NaOH)$$

移项得

$$\frac{c(HCl)}{c(NaOH)}=\frac{V(NaOH)}{V(HCl)}$$

进行酸碱比较滴定的目的在于测定计量点时两者的体积比，即等于浓度比的倒数，只要标定出其中任何一种溶液的浓度，由比较滴定的结果就可算出另一种溶液的浓度。

3. 酸碱标准溶液的标定

1) $0.1mol\cdot L^{-1}$ HCl 溶液的标定

方法一：用无水 Na_2CO_3 标定

无水 Na_2CO_3 在使用前应在烘箱中于 180℃恒温干燥 2～3h，然后放在干燥器中冷却备用。标定时，先用差减法称取一定质量的 Na_2CO_3，加适量纯水溶解后，用 HCl 标准溶液滴定。

其反应式如下:
$$Na_2CO_3 + 2HCl =\!=\!= CO_2 + 2NaCl + H_2O$$

计量点时,溶液 pH≈3.89,可用甲基橙(或甲基橙-靛蓝二磺酸钠混合指示剂)作指示剂。根据等物质的量规则,$n(HCl) = n(1/2Na_2CO_3)$,有

$$c(HCl) = \frac{m(Na_2CO_3)}{M(1/2Na_2CO_3) \cdot V(HCl)} \times 1000$$

式中:$V(HCl)$ 的单位是 mL。

方法二:用硼砂标定

硼砂($Na_2B_4O_7 \cdot 10H_2O$)容易提纯,不易吸湿,比较稳定,摩尔质量较大,常作为标定 HCl 溶液的基准物质,其反应式如下:

$$Na_2B_4O_7 \cdot 10H_2O + 2HCl =\!=\!= 4H_3BO_3 + 2NaCl + 5H_2O$$

计量点时,由于生成的 H_3BO_3 是弱酸($K_a^{\ominus} = 7.3 \times 10^{-10}$),溶液 pH≈5.1,可用甲基红作指示剂。

$$c(HCl) = \frac{m(Na_2B_4O_7 \cdot 10H_2O)}{M(1/2\,Na_2B_4O_7 \cdot 10H_2O) \cdot V(HCl)} \times 1000$$

2) $0.1 \text{mol} \cdot L^{-1}$ NaOH 溶液的标定

标定 NaOH 溶液的基准物质常用的有草酸($H_2C_2O_4 \cdot 2H_2O$)和邻苯二甲酸氢钾($KHC_8H_4O_4$)等。

草酸是一种二元弱酸($K_{a_1}^{\ominus} = 5.9 \times 10^{-2}$, $K_{a_2}^{\ominus} = 6.4 \times 10^{-5}$),标定 NaOH 的反应式如下:

$$H_2C_2O_4 + 2NaOH =\!=\!= Na_2C_2O_4 + 2H_2O$$

计量点时,溶液 pH≈8.4,可用酚酞作指示剂。

$$c(NaOH) = \frac{m(H_2C_2O_4 \cdot 2H_2O)}{M(1/2H_2C_2O_4 \cdot 2H_2O) \cdot V(NaOH)} \times 1000$$

邻苯二甲酸氢钾与 NaOH 的反应式如下:

$$\text{C}_6\text{H}_4(\text{COOH})(\text{COOK}) + \text{NaOH} =\!=\!= \text{C}_6\text{H}_4(\text{COONa})(\text{COOK}) + \text{H}_2\text{O}$$

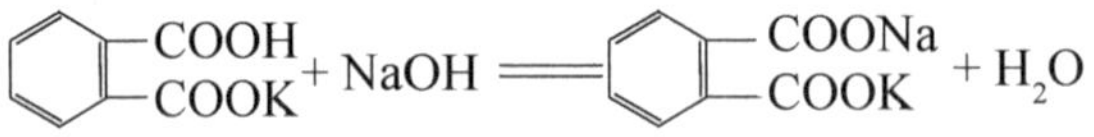

计量点时,溶液 pH≈9.1,可用酚酞作指示剂。

$$c(NaOH) = \frac{m(KHC_8H_4O_4)}{M(KHC_8H_4O_4) \cdot V(NaOH)} \times 1000$$

4. CO_2 对酸碱滴定的影响

酸碱滴定中,CO_2 的来源很多,如水中溶解的 CO_2、标准碱液或配制碱液的试剂本身吸收了 CO_2、滴定过程中溶液不断吸收空气中的 CO_2 等。它对滴定的影响是多方面的,其中最重要的是 CO_2 可能参与同碱的反应。由于 CO_2 溶于水后达到平衡时,每种存在形式的分布系数随溶液 pH 不同而不同,因而终点时溶液 pH 不同,CO_2 带来的误差大小就不一样。显然,终点时 pH 越低,CO_2 的影响越小。如果终点时溶液 pH 小于 5,则 CO_2 的影响可忽略不计。

强酸强碱之间的相互滴定,如 HCl 与 NaOH,在它们浓度不太低的情况下,选甲基橙作指示剂,终点时 pH≈4,这时 CO_2 基本不与碱作用,而碱标准溶液中的 CO_3^{2-} 也基本转变为 CO_2,即 CO_2 的影响可以忽略。当强酸强碱浓度很低时,因突跃减小,再用甲基橙作指示剂可能不太合适,应选用甲基红,但此时 CO_2 的影响较大。在这种情况下,通常应煮沸溶液,除去

水中溶解的 CO_2，并重新配制不含 CO_3^{2-} 的标准溶液。对弱酸的滴定，终点落在碱性范围内，CO_2 的影响较大。但采用同一指示剂在同一条件下进行标定和测定，则 CO_2 的影响可部分抵消。对于其他各类酸碱滴定过程中 CO_2 的影响，可根据 CO_2 的性质进行判断。

6.6.4 酸碱滴定法应用示例

1. 食醋总酸度的测定

食醋的主要成分是乙酸(HAc)，此外还含有少量其他有机酸(如乳酸等)。用 NaOH 标准溶液滴定时，凡是 $K_a^\ominus > 10^{-7}$ 的弱酸均可被滴定，故测出的是总酸量，全部以含量最多的 HAc 来表示。这属于强碱滴定弱酸，突跃范围偏碱性，计量点 pH≈8.7，可用酚酞作指示剂。

食醋中含 HAc 3%～5%，浓度较大，必须稀释后再滴定。由于 CO_2 可被 NaOH 滴定成 $NaHCO_3$，多消耗 NaOH，使测定结果偏高。因此，要获得准确的分析结果，必须用不含 CO_2 的蒸馏水稀释食醋原液，并用不含 Na_2CO_3 的 NaOH 标准溶液滴定。有的食醋颜色较深，经稀释甚至用活性炭脱色后，颜色仍然比较明显，则终点无法判断，可采用电势滴定法测定。

2. 铵盐含氮量的测定

案例 6-9　对化肥 $(NH_4)_2SO_4$，根据酸碱质子理论，NH_4^+ 是一种一元弱酸，其解离常数 $K_a^\ominus = K_w^\ominus / K_{b,NH_3}^\ominus = 5.7 \times 10^{-10}$，因此氮的含量不能用 NaOH 标准溶液直接滴定。实际工作中，常采用甲醛法测定其含氮量。

问题：甲醛法测定铵盐的含氮量属于何种滴定方式？铵盐及甲醛中常有游离酸存在，测定前是否需要除去，分别怎样除去？该方法能否用于 NH_4HCO_3 含氮量的测定？

(1) 甲醛法。甲醛与铵盐作用时，可生成等物质的量的酸，其反应式如下：

$$4NH_4^+ + 6HCHO = (CH_2)_6N_4 + 4H^+ + 6H_2O$$

上述反应生成的酸可用 NaOH 标准溶液滴定。因生成的六亚甲基四胺是一种弱碱($K_b^\ominus = 1.4 \times 10^{-9}$)，计量点时溶液 pH≈8.9，可选用酚酞作指示剂，终点溶液由无色到微红色。

甲醛中常含有少量因空气氧化而生成的甲酸，在使用前必须以酚酞作指示剂用 NaOH 中和，否则将产生正误差。铵盐试样中若有游离酸存在，也要事先以甲基红作指示剂中和并扣除。甲醛法操作简便、快速，但一般只适用于单纯含 NH_4^+ 的样品(如 NH_4Cl 等)的测定。

(2) 蒸馏法。在含铵盐的试样中加入浓 NaOH 溶液，经蒸馏装置把生成的 NH_3 蒸馏出来

$$NH_4^+ + OH^- \xlongequal{\triangle} NH_3\uparrow + H_2O$$

再用已知过量的 HCl 标准溶液吸收所放出的 NH_3，然后用 NaOH 标准溶液回滴剩余的 HCl。也可用硼酸溶液吸收蒸馏出来的 NH_3，其反应式为

$$NH_3 + H_3BO_3 = NH_4H_2BO_3$$

生成的 $NH_4H_2BO_3$ 可用 HCl 标准溶液滴定，其反应式为

$$NH_4H_2BO_3 + HCl = NH_4Cl + H_3BO_3$$

计量点时溶液中有 NH_4Cl 和 H_3BO_3，pH≈5，可用甲基红或甲基红-溴甲酚绿混合指示剂指示终点。

用硼酸吸收 NH_3 的主要优点是：仅需一种标准溶液，且硼酸的浓度不必准确(常用 2%的溶液)，只要用量足够过量即可。但要注意，用硼酸吸收时，温度不能超过 40℃，否则 NH_3 易

逸失，导致 NH_3 的吸收不完全，造成负误差。

蒸馏法不受样品中一般杂质的干扰，比较准确，但操作比较烦琐。

案例 6-10　2008 年，因食用三鹿婴儿奶粉而患肾结石的报道铺天盖地袭来，罪魁祸首三聚氰胺也因此浮出水面。在乳制品中添加三聚氰胺（化学式为 $C_3H_6N_6$，含氮量高达 66.64%）假性蛋白，能使蛋白质含量检测结果合格。

问题：为什么三聚氰胺可以在蛋白质含量测定中以假乱真？

分析：凯氏定氮法是测定蛋白质含量的经典方法，将蛋白质样品与浓硫酸、K_2SO_4 和催化剂（如 $CuSO_4$）混合加热消化，使蛋白质完全分解，有机氮转变成 $(NH_4)_2SO_4$，然后在碱性条件下将铵盐转化为氨，并加热使其随水蒸气蒸馏出来，用过量硼酸溶液吸收，以溴甲酚绿-甲基红作指示剂，用 HCl 标准溶液滴定，便可计算出样品的含氮量。由于各类蛋白质的含氮量比较恒定，故由含氮量乘以 6.25 就得到蛋白质的含量。凯氏定氮法本质上是测定化合物或混合物中总氮量的一种方法，一些不法分子向奶粉等蛋白食品中加入三聚氰胺，从而提高含氮量欺骗消费者。

3. 混合碱的测定——双指示剂法

混合碱通常是指 NaOH 与 Na_2CO_3 或 Na_2CO_3 与 $NaHCO_3$ 的混合物。双指示剂法是在同一溶液中先后用两种不同的指示剂指示两个不同的终点。NaOH 和 Na_2CO_3 混合物的测定可用双指示剂法，即先用酚酞指示第一计量点，再用甲基橙指示第二计量点。当用 HCl 标准溶液滴定到第一计量点时，NaOH 已全部中和生成了 NaCl 和 H_2O，而 Na_2CO_3 只被滴定成 $NaHCO_3$，设该过程所消耗 HCl 的总体积为 V_1 mL。继续用 HCl 标准溶液滴定时，第一计量点所生成的 $NaHCO_3$ 与 HCl 反应，生成 CO_2 和 H_2O，设此过程所消耗 HCl 标准溶液的体积为 V_2 mL，则 NaOH 所消耗的 HCl 体积为 (V_1-V_2) mL，Na_2CO_3 消耗的 HCl 总体积为 $2V_2$ mL，如图 6-12 所示。

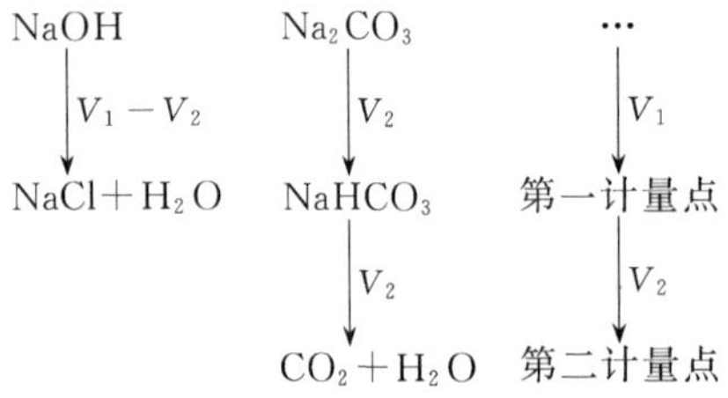

图 6-12　HCl 滴定 NaOH 和 Na_2CO_3 示意图

NaOH 和 Na_2CO_3 的质量分数可按下列公式计算：

$$w(NaOH)=\frac{c(HCl)\cdot\frac{V_1-V_2}{1000}\cdot M(NaOH)}{m_{样}}\times100\%$$

$$w(Na_2CO_3)=\frac{c(HCl)\cdot\frac{2V_2}{1000}\cdot M(1/2Na_2CO_3)}{m_{样}}\times100\%$$

Na_2CO_3 与 $NaHCO_3$ 混合物的测定与上述方法类似。用双指示剂法不仅可测定混合碱各成分的含量，还可以根据 V_1 和 V_2 的大小判断样品的组成，即

$V_1\neq0, V_2=0$	NaOH
$V_1=0, V_2\neq0$	$NaHCO_3$
$V_1=V_2\neq0$	Na_2CO_3
$V_1>V_2>0$	NaOH+Na_2CO_3
$V_2>V_1>0$	Na_2CO_3+$NaHCO_3$

双指示剂法虽然操作简便，但误差较大。

4. SiO_2 含量的测定

硅酸盐中 SiO_2 含量的测定常采用重量法，因其测定太费时，工业分析中可采用氟硅酸钾容量法。将硅酸盐用 NaOH 或 KOH 熔融，使其转化为可溶性硅酸盐（如 K_2SiO_3），K_2SiO_3 在强酸条件下，同时加有过量 K^+、Cl^-、F^- 等离子会生成难溶的 K_2SiF_6 沉淀。将该沉淀过滤，用 KCl-乙醇溶液洗涤沉淀（可减少沉淀溶解），沉淀上未洗净的酸可用 NaOH 溶液中和。然后将沉淀加入沸水使其水解，用碱标准溶液滴定水解产生的 HF，通过化学反应式中各计量关系可计算出 SiO_2 在试样中的含量，有关反应式为

$$2K^+ + SiO_3^{2-} + 6F^- + 6H^+ = K_2SiF_6\downarrow + 3H_2O$$

$$K_2SiF_6 + 3H_2O = 2KF + H_2SiO_3 + 4HF$$

例 6-22　已知试样含 Na_3PO_4 和 Na_2HPO_4 混合物，以及其他不与酸作用的物质。称取试样 1.8000g，溶解后用酚酞指示终点，消耗 0.4842mol · L^{-1} HCl 标准溶液 11.80mL。同样质量的试样，甲基红指示终点，消耗 HCl 标准溶液 30.12mL。求试样中各组分的质量分数。

解　酚酞指示终点发生的反应为

$$Na_3PO_4 + HCl = Na_2HPO_4 + NaCl$$

$$w(Na_3PO_4) = \frac{c(HCl)\cdot V_1\cdot M(Na_3PO_4)}{m_{样}} = \frac{0.4842\times 11.80\times 10^{-3}\times 163.94}{1.8000} = 0.5204$$

甲基红指示终点发生的反应为

$$Na_3PO_4 + HCl = Na_2HPO_4 + NaCl$$

$$Na_2HPO_4 + HCl = NaH_2PO_4 + NaCl$$

$$w(Na_2HPO_4) = \frac{c(HCl)\cdot (V_2 - 2V_1)\cdot M(Na_2HPO_4)}{m_{样}}$$

$$= \frac{0.4842\times (30.12 - 2\times 11.80)\times 10^{-3}\times 141.96}{1.8000} = 0.2490$$

习　题

1. 选择题。

(1) 将 0.1mol · L^{-1} HA($K_a^\ominus = 1\times 10^{-5}$)和 0.1mol · L^{-1} NaA 溶液等体积混合，再稀释一倍，则溶液的 pH 是(　　)。

A. 5　　B. 10　　C. 6　　D. 4

(2) 配制澄清的氯化亚锡溶液的方法是(　　)。

A. 用水溶解　　B. 用水溶解并加热　　C. 用盐酸溶解后加水　　D. 用水溶解后加酸

(3) 同温度下，0.02mol · L^{-1} HAc 溶液比 0.2mol · L^{-1} HAc 溶液(　　)。

A. $K_a^\ominus$ 大　　B. 解离度 α 大　　C. H^+ 浓度大　　D. pH 小

(4) 下列各组缓冲溶液中，缓冲容量最大的是(　　)。

A. 0.5mol · L^{-1} NH_3 和 0.1mol · L^{-1} NH_4Cl　　B. 0.1mol · L^{-1} NH_3 和 0.5mol · L^{-1} NH_4Cl

C. 0.1mol · L^{-1} NH_3 和 0.1mol · L^{-1} NH_4Cl　　D. 0.3mol · L^{-1} NH_3 和 0.3mol · L^{-1} NH_4Cl

(5) 下列弱酸或弱碱中哪种最适合配制 pH=9.0 的缓冲溶液(　　)。

A. 羟氨(NH_2OH) $K_b^\ominus = 1\times 10^{-9}$　　B. 氨水 $K_b^\ominus = 1\times 10^{-5}$

C. 甲酸 $K_a^\ominus = 1\times 10^{-4}$　　D. 乙酸 $K_a^\ominus = 1\times 10^{-5}$

(6) 温度一定时，在纯水中加入酸后溶液的(　　)。

A. $c(H^+)\cdot c(OH^-)$变大　　B. $c(H^+)\cdot c(OH^-)$变小

C. $c(H^+)\cdot c(OH^-)$不变　D. $c(H^+)=c(OH^-)$

(7) 如果 0.1mol·L^{-1} HCN 溶液中 0.01%的 HCN 是解离的，那么 HCN 的解离常数是(　)。

A. 10^{-2}　B. 10^{-3}　C. 10^{-7}　D. 10^{-9}

(8) 在 HAc 稀溶液中，加入少量 NaAc 晶体，结果是溶液(　)。

A. pH 增大　B. pH 减小　C. H^+ 浓度增大　D. H^+ 浓度不变

(9) 各种类型的一元酸碱滴定，其计量点的位置均在(　)。

A. pH=7　B. pH>7　C. pH<7　D. 突跃范围中点

(10) 称取纯一元弱酸 HA 1.250g 溶于水中并稀释至 50.0mL，用 0.100mol·L^{-1} NaOH 滴定，消耗 NaOH 50.0mL 到计量点，该弱酸的相对分子质量为(　)。

A. 200　B. 300　C. 150　D. 250

(11) 用 0.10mol·L^{-1} HCl 滴定 0.16g 纯 Na_2CO_3(106g·mol^{-1})，至甲基橙终点约需 HCl 溶液(　)mL。

A. 10　B. 20　C. 30　D. 40

(12) 下列物质中，两性离子是(　)。

A. CO_3^{2-}　B. SO_4^{2-}　C. HPO_4^{2-}　D. PO_4^{3-}

(13) 选择酸碱指示剂时，不需考虑下面的哪一因素(　)。

A. 计量点 pH　B. 指示剂的变色范围　C. 滴定方向　D. 指示剂的摩尔质量

2. 判断题。

(1) 酸性缓冲液(HAc-NaAc)可以抵抗少量外来酸对 pH 的影响，而不能抵抗少量外来碱的影响。

(2) 弱酸浓度越稀，α 值越大，故 pH 越低。

(3) 酸碱指示剂在酸性溶液中呈现酸色，在碱性溶液中呈现碱色。

(4) 把 pH=3 和 pH=5 的两稀酸溶液等体积混合后，混合液的 pH 应等于 4。

(5) 将氨稀释 1 倍，溶液中的 OH^- 浓度就减少到原来的二分之一。

3. 计算下列溶液的 H^+ 或 OH^- 浓度及 pH。

(1) 0.010mol·L^{-1} HCl　(2) 0.010mol·L^{-1} $NH_3\cdot H_2O$

4. 0.40mol·L^{-1} $NH_3\cdot H_2O$ 50mL 与 0.20mol·L^{-1} HCl 50mL 混合，求溶液的 pH。

5. 已知 298K 时某一元弱酸的浓度为 0.010mol·L^{-1}，测得其 pH 为 4.00，求 $K_a^\ominus$ 和 α。

6. 有一弱酸 HA，在 c=0.015mol·L^{-1}时有 0.1%解离，要使有 1.0%的 HA 解离，该酸浓度是多少？

7. 于 50mL 0.10mol·L^{-1} HAc 溶液中加入 25mL 0.10mol·L^{-1} KOH 溶液，溶液 pH 为多少？若加 50mL 0.10mol·L^{-1} KOH 溶液，溶液 pH 为多少？

8. 欲配制 1L pH=5.00、HAc 浓度为 0.20mol·L^{-1}的缓冲溶液，需 1.0mol·L^{-1} HAc 和 NaAc 溶液各多少毫升？

9. 今有三种酸：$(CH_3)_2AsO_2H$、$ClCH_2COOH$、CH_3COOH，它们的解离常数分别为 6.4×10^{-7}、1.4×10^{-3}、1.76×10^{-5}。

(1) 欲配制 pH=6.50 的缓冲溶液，用哪种酸最好？

(2) 欲配制 1.00L 这种缓冲溶液，需要这种酸和 NaOH 各多少克？(已知其中酸及其共轭碱的总浓度为 1.00mol·L^{-1})

10. 在 100mL 0.10mol·L^{-1} $NH_3\cdot H_2O$ 中加入 1.07g NH_4Cl(s)，溶液的 pH 为多少？在此溶液中再加入 100mL 水，pH 有何变化？

11. 有一份 0.20mol·L^{-1} HCl 溶液

(1) 欲改变其酸度到 pH=4.0，应加入 HAc 还是 NaAc？为什么？

(2) 若向该溶液中加入等体积的 2.0mol·L^{-1} NaAc 溶液，溶液的 pH 是多少？

(3) 若向该溶液中加入等体积的 2.0mol·L^{-1} HAc 溶液，溶液的 pH 是多少？

(4) 若向该溶液中加入等体积的 2.0mol·L^{-1} NaOH 溶液，溶液的 pH 是多少？

12. 根据酸碱质子理论说明下列分子或离子中哪些是酸，哪些是碱，哪些既是酸又是碱。

HS^-　CO_3^{2-}　$H_2PO_4^-$　NH_3　H_2S　NO_2^-　HCl　Ac^-　OH^-　H_2O

13. 配制 0.20mol · L^{-1} H_2SO_4 和 0.20mol · L^{-1} NaOH 各 500mL，需用 98%浓 H_2SO_4（相对密度 1.84）和固体 NaOH 各多少？

14. 写出下列化合物水溶液的 PBE。

(1) Na_2S　(2) H_3PO_4　(3) NH_4Ac　(4) $NH_4H_2PO_4$

15. 下列滴定能否进行？如能进行，计算化学计量点的 pH，并指出选用何种指示剂。

(1) 0.1mol · L^{-1} HCl 滴定 0.1mol · L^{-1} NaAc

(2) 0.1mol · L^{-1} HCl 滴定 0.1mol · L^{-1} NaCN

(3) 0.1mol · L^{-1} NaOH 滴定 0.1mol · L^{-1} HCOOH

16. 下列多元酸碱能否直接准确滴定？如能滴定，有几个突跃？如何选择指示剂？

(1) H_3AsO_4　(2) 草酸　(3) 柠檬酸

17. 某一元弱酸(HA)试样 1.250g，溶于 50.00mL 水中，需 41.20mL 0.0900mol · L^{-1} NaOH 溶液滴至终点。已知加入 8.24mL NaOH 时溶液的 pH=4.30。

(1) 求弱酸的摩尔质量。

(2) 计算弱酸的解离常数 $K_a^\ominus$。

(3) 求计量点时的 pH，并选择合适的指示剂指示终点。

18. 在 0.2815g 含 $CaCO_3$ 和中性杂质的石灰石样品中，加入 20.00mL 0.1175mol · L^{-1} HCl 溶液，然后用 5.60mL NaOH 溶液滴定剩余的 HCl。已知 1.00mL NaOH 溶液相当于 0.9750mL HCl 溶液。计算石灰石中钙的质量分数。

19. 0.2318g 蛋白质样品消解后加碱蒸馏，用 4% H_3BO_3 溶液吸收蒸馏出的 NH_3，然后用 21.60mL 0.1200mol · L^{-1} HCl 溶液滴定至终点。计算样品中 N 的质量分数。

20. 含有 $NaHCO_3$ 和 Na_2CO_3 及中性杂质的样品 1.200g，溶于水后，用 15.00mL 0.5000mol · L^{-1} HCl 溶液滴定至酚酞终点，继续滴定至甲基橙终点，又用去 HCl 22.00mL。计算样品中 $NaHCO_3$ 和 Na_2CO_3 的质量分数。

21. 含有 NaOH、Na_2CO_3 及中性杂质的试样 0.2000g，用 0.1000mol · L^{-1} HCl 溶液 22.20mL 滴定至酚酞终点，继续用 HCl 滴定至甲基橙终点，又用去 12.20mL。求试样中 NaOH 和 Na_2CO_3 的质量分数。

22. 称取仅含 Na_2CO_3 和 K_2CO_3 的试样 1.000g，溶于水后以甲基橙作指示剂，耗去 0.5000mol · L^{-1} HCl 溶液 30.00mL。计算试样中 Na_2CO_3 和 K_2CO_3 的质量分数。

23. 有浓 H_3PO_4 试样 2.000g，用水稀释定容为 250mL，取 25.00mL 以 0.1000mol · L^{-1} NaOH 溶液 19.80mL 滴定至甲基红变橙黄色。计算试样中的 H_3PO_4 的质量分数。

24. 有一试样可能含有 Na_3PO_4、Na_2HPO_4、NaH_2PO_4 和惰性物质，也可能是 H_3PO_4、NaH_2PO_4、Na_2HPO_4 和惰性物质的混合物。称取该试样 0.5000g，用水溶解，甲基红为指示剂，以 0.2000mol · L^{-1} NaOH 溶液滴定，用去 10.50mL。同样质量试样以酚酞为指示剂，用 NaOH 溶液滴定至终点需 30.40mL。计算样品的组成及各组分的质量分数。

25. 称取不纯弱酸 HA 试样 1.600g，溶解后稀释至 60.00mL，以 0.2500mol · L^{-1} NaOH 溶液滴定。已知当 HA 被中和一半时，溶液 pH=5.00；中和至等量点时，溶液 pH=9.00。计算试样中 HA 的质量分数。(HA 相对分子质量 82.00，试样中无其他酸性物质)

26. 某硅酸盐试样 0.1000g，经融熔分解沉淀出 K_2SiF_6，经过滤、洗净、水解后产生的 HF 用 0.1200mol · L^{-1} NaOH 标准溶液滴定，以酚酞为指示剂，共消耗 30.00mL NaOH 溶液。计算试样中 SiO_2 的质量分数。

第 7 章　沉淀溶解平衡与沉淀滴定法

化学平衡中不仅存在单相体系平衡，而且存在多相体系的平衡。难溶电解质的饱和水溶液中存在着难溶电解质固体与相应的各水合离子间的平衡，属于多相离子平衡，也称为沉淀溶解平衡，是无机化学中的四大平衡之一。利用沉淀溶解平衡，可对一些物质进行分离、提纯，并可通过控制条件使沉淀发生转化。沉淀溶解平衡是定量分析中沉淀滴定法和重量分析法的主要依据。本章将讨论沉淀溶解平衡的规律，以溶度积规则为依据，分析沉淀的生成、溶解、转化及分步沉淀等问题，并对沉淀滴定法和重量分析法作简要介绍。

7.1　沉淀溶解平衡

7.1.1　溶度积

任何难溶电解质在水溶液中总是或多或少地溶解，绝对不溶的物质是不存在的。例如，将氯化银晶体投入水中，晶体表面的 Ag^+ 和 Cl^- 在水分子的作用下，不断从固体表面溶入水中，形成水合离子，此即溶解过程。由于水合离子的热运动，当碰到固体表面时又会沉积于固体表面，此即沉淀过程。这两个是相反的过程，可表示如下：

$$AgCl(s) \underset{沉淀}{\overset{溶解}{\rightleftharpoons}} Ag^+(aq) + Cl^-(aq)$$

当溶解的速率和沉淀的速率相等时，体系达到平衡状态，此时的溶液为饱和溶液，溶液中有关离子的浓度不再随时间而变化。根据化学平衡原理，有

$$K_{sp}^{\ominus}(AgCl) = [c(Ag^+)/c^{\ominus}] \cdot [c(Cl^-)/c^{\ominus}]$$

式中：$K_{sp}^{\ominus}(AgCl)$ 称为 AgCl 的溶度积常数，简称溶度积。

若难溶电解质为 A_mB_n 型，在一定温度下其饱和溶液中的沉淀溶解平衡为

$$A_mB_n(s) \rightleftharpoons mA^{n+}(aq) + nB^{m-}(aq)$$

则溶度积常数的表达式为

$$K_{sp}^{\ominus} = [c(A^{n+})/c^{\ominus}]^m \cdot [c(B^{m-})/c^{\ominus}]^n \tag{7-1}$$

为书写方便，式(7-1)可以简写为

$$K_{sp}^{\ominus} = c^m(A^{n+}) \cdot c^n(B^{m-}) \tag{7-2}$$

因此，溶度积可定义为：在一定温度下，难溶电解质的饱和溶液中，有关离子浓度（以计量系数为乘幂）的乘积为一常数，称为溶度积常数。$K_{sp}^{\ominus}$ 的大小主要取决于难溶电解质的本性，也与温度有关，而与离子浓度改变无关。在一定温度下，$K_{sp}^{\ominus}$ 的大小可反映物质的溶解能力和生成沉淀的难易。$K_{sp}^{\ominus}$ 值越大，表明该物质在水中溶解的趋势越大，生成沉淀的趋势越小；反之亦然。常见难溶电解质的溶度积常数见附录七。

7.1.2　溶度积与溶解度的相互换算

溶解度和溶度积都反映了物质溶解能力的大小，二者之间必然存在着联系，单位统一为 $mol \cdot L^{-1}$ 时，可相互换算。

对任一难溶电解质 $A_mB_n(s)$，设在一定温度下其饱和溶液中的溶解度为 $s\,mol\cdot L^{-1}$，则 s 与 $K_{sp}^{\ominus}$ 的关系为

$$K_{sp}^{\ominus}=c^m(A^{n+})\cdot c^n(B^{m-})=(ms)^m\cdot(ns)^n=m^m\cdot n^n\cdot s^{m+n}$$

$$s=\sqrt[m+n]{\frac{K_{sp}^{\ominus}}{m^m\cdot n^n}} \tag{7-3}$$

例 7-1 25℃时，AgBr 在水中的溶解度为 $1.33\times10^{-4}g\cdot L^{-1}$，求该温度下 AgBr 的溶度积。

解 查得 AgBr 的摩尔质量为 $187.8g\cdot mol^{-1}$，则

$$s=\frac{1.33\times10^{-4}}{187.8}=7.08\times10^{-7}(mol\cdot L^{-1})$$

$$AgBr(s)\rightleftharpoons Ag^+(aq)+Br^-(aq)$$

平衡浓度/$(mol\cdot L^{-1})$　　　s　　s

$$K_{sp}^{\ominus}=c(Ag^+)\cdot c(Br^-)=s^2=(7.08\times10^{-7})^2=5.01\times10^{-13}$$

例 7-2 25℃时，AgCl 的 $K_{sp}^{\ominus}$ 为 1.8×10^{-10}，Ag_2CO_3 的 $K_{sp}^{\ominus}$ 为 8.1×10^{-12}，求 AgCl 和 Ag_2CO_3 的溶解度。

解 设 AgCl 的溶解度为 $x\,mol\cdot L^{-1}$，则

$$K_{sp}^{\ominus}(AgCl)=c(Ag^+)\cdot c(Cl^-)=x^2$$

$$x=\sqrt{K_{sp}^{\ominus}(AgCl)}=\sqrt{1.8\times10^{-10}}=1.3\times10^{-5}(mol\cdot L^{-1})$$

设 Ag_2CO_3 的溶解度为 $y\,mol\cdot L^{-1}$，则

$$K_{sp}^{\ominus}(Ag_2CO_3)=c^2(Ag^+)\cdot c(CO_3^{2-})=(2y)^2\cdot y=4y^3$$

$$y=\sqrt[3]{\frac{K_{sp}^{\ominus}(Ag_2CO_3)}{4}}=\sqrt[3]{\frac{8.1\times10^{-12}}{4}}=1.3\times10^{-4}(mol\cdot L^{-1})$$

从例 7-2 可知，AgCl 比 Ag_2CO_3 的溶度积大，但 AgCl 比 Ag_2CO_3 的溶解度反而小。由此可见，溶度积大的难溶电解质其溶解度不一定也大，这与其类型有关。例如，属同种类型(如 AgCl、AgBr、AgI 都属 AB 型)时，可直接用 $K_{sp}^{\ominus}$ 大小比较它们溶解度的大小，当属不同类型(如 AgCl 是 AB 型，Ag_2CO_3 是 A_2B 型)时，其溶解度的相对大小须经计算才能进行比较。

需要注意的是，上述换算方法仅适用于溶液中不发生副反应或副反应程度不大的难溶电解质。

7.1.3 溶度积规则

某难溶电解质的溶液中，有关离子浓度幂次方的乘积称为离子积，用符号 Q_i 表示，即

$$A_mB_n(s)\rightleftharpoons mA^{n+}(aq)+nB^{m-}(aq)$$

$$Q_i=c^m(A^{n+})\cdot c^n(B^{m-}) \tag{7-4}$$

Q_i 和 $K_{sp}^{\ominus}$ 的表达式完全一样，但 Q_i 表示任意情况下的有关离子浓度幂次方的乘积，其数值不定；而 $K_{sp}^{\ominus}$ 仅表示达沉淀溶解平衡时有关离子浓度幂次方的乘积，二者有本质区别。在任何给定的难溶电解质的溶液中，Q_i 与 $K_{sp}^{\ominus}$ 进行比较有三种情况：

(1) $Q_i<K_{sp}^{\ominus}$ 时，为不饱和溶液，无沉淀析出。若体系中有固体存在，固体将溶解，直至饱和。$Q_i<K_{sp}^{\ominus}$ 是沉淀溶解的必要条件。

(2) $Q_i=K_{sp}^{\ominus}$ 时，是饱和溶液，处于动态平衡状态。

(3) $Q_i>K_{sp}^{\ominus}$ 时，为过饱和溶液，有沉淀析出，直至饱和。$Q_i>K_{sp}^{\ominus}$ 是沉淀生成的必要条件。

以上三条称为溶度积规则，它是难溶电解质多相离子平衡移动规律的总结。据此可判断体系中是否有沉淀生成或溶解，也可通过控制离子的浓度使沉淀生成或使沉淀溶解。

使用溶度积规则时应注意以下几点：

(1) 原则上只要 $Q_i > K_{sp}^{\ominus}$ 就应该有沉淀产生，但只有当溶液中约含 10^{-5} g·L^{-1} 固体时，人眼才能观察到浑浊现象，故实际观察到有沉淀产生所需的构晶离子浓度往往比理论计算稍高些。

(2) 有时由于生成过饱和溶液而不产生沉淀，这种情况下可以通过加入晶种或摩擦器壁等方式破坏其过饱和，促使析出沉淀或结晶。

(3) 若沉淀过程中发生副反应，使构晶离子的有效浓度发生改变，或者说使难溶物质的实际溶解性能发生相应的改变，从而可能导致无沉淀产生。

7.1.4　影响溶解度的因素

(1) 本性。难溶电解质的本性是决定其溶解度大小的主要因素。

(2) 温度。大多数难溶电解质的溶解过程是吸热过程，故温度升高将使其溶解度增大；反之亦然。

(3) 同离子效应和盐效应。和弱电解质溶液的解离平衡一样，在难溶电解质的沉淀溶解平衡体系中，加入相同离子、不同离子都会引起多相离子平衡的移动，改变难溶电解质的溶解度。根据溶度积规则，若向 $BaSO_4$ 饱和溶液中加入 $BaCl_2$ 溶液，由于 Ba^{2+} 浓度增大，$Q_i > K_{sp}^{\ominus}(BaSO_4)$，因此溶液中有沉淀析出，从而使 $BaSO_4$ 的溶解度降低。同样，若加入 Na_2SO_4，也会产生相同效果。这种加入含有相同离子的可溶性强电解质，而引起难溶电解质溶解度降低的现象称为同离子效应。

例 7-3　计算 $BaSO_4$ 在 0.10mol·L^{-1} Na_2SO_4 溶液中的溶解度。

解　设 $BaSO_4$ 在 0.10mol·L^{-1} Na_2SO_4 溶液中的溶解度为 x mol·L^{-1}，则

$$BaSO_4(s) \rightleftharpoons Ba^{2+}(aq) + SO_4^{2-}(aq)$$

平衡时/(mol·L^{-1})　　x　　$x+0.10$

$$K_{sp}^{\ominus}(BaSO_4) = c(Ba^{2+}) \cdot c(SO_4^{2-}) = x \cdot (x+0.10) = 1.1\times10^{-10}$$

由于 $BaSO_4$ 溶解度很小，$x \ll 0.10$，故 $x+0.10 \approx 0.10$，则

$$0.10x = 1.1\times10^{-10}$$

$$x = 1.1\times10^{-9}(\text{mol}\cdot\text{L}^{-1})$$

在 0.10mol·L^{-1} Na_2SO_4 溶液中，$BaSO_4$ 的溶解度(1.1×10^{-9} mol·L^{-1})比在纯水中的溶解度(1.0×10^{-5} mol·L^{-1})小近万倍。

由此可知，同离子效应可使难溶电解质的溶解度大大降低。利用该原理，在分析化学中使用沉淀剂分离溶液中的某种离子，并用含相同离子的强电解质溶液洗涤所得的沉淀，借以减少因溶解而引起的损失。

如果向难溶电解质的饱和溶液中加入不含相同离子的易溶强电解质，将会使难溶电解质的溶解度有所增大，这种现象称为盐效应。产生同离子效应的同时也伴随有盐效应，但盐效应比同离子效应小得多，所以在一般计算中将盐效应忽略。表 7-1 列出了 $PbSO_4$ 在 Na_2SO_4 溶液中的溶解度变化。

表 7-1　$PbSO_4$ 在 Na_2SO_4 溶液中的溶解度(实验值)

Na_2SO_4浓度/(mol · L^{-1})	0.00	0.01	0.04	0.10	0.35
$PbSO_4$溶解度/(mol · L^{-1})	1.5×10^{-4}	1.6×10^{-5}	1.3×10^{-5}	1.6×10^{-5}	2.3×10^{-4}

从表 7-1 可以看出，当 Na_2SO_4浓度在 0.01～0.04mol · L^{-1}时，同离子效应占主导作用，$PbSO_4$溶解度较水中的溶解度低；当 Na_2SO_4浓度大于 0.04mol · L^{-1}时，盐效应的作用开始抵消同离子效应，起一定的主导作用，$PbSO_4$ 溶解度反而增大。一般当强电解质浓度大于 0.05mol · L^{-1}时，盐效应才会较为显著，特别是存在非同离子的其他电解质，否则一般可以忽略盐效应的影响。

此外，酸效应、配位效应及溶剂等因素均对沉淀的溶解度有影响。

7.2　溶度积规则的应用

7.2.1　沉淀的生成

案例 7-1　采用石灰水保存鲜蛋是一种巧妙的化学保鲜方法，简单易行，防腐效果好，一般可以保存 3 个月左右不会变质。石灰很便宜，防腐费用低。既适合大量保存，也适合家庭少量保存。

问题：为什么石灰水能保存鲜蛋？为什么不像皮蛋那样凝固蛋白质？

分析：石灰水是 $Ca(OH)_2$的水溶液，是一种中强碱，杀菌能力强，蛋壳上的细菌只要遇到它就会一命呜呼。鲜蛋浸在石灰水中，$Ca(OH)_2$能与蛋里呼吸出来的 CO_2发生如下反应：

$$Ca(OH)_2 + CO_2 = CaCO_3\downarrow + H_2O$$

该反应一般发生在蛋壳的气孔处，随后使蛋壳的气孔堵塞，使蛋壳密封更为严实。因气孔堵塞，碱无法向蛋内渗透，因此蛋白质不会像皮蛋那样发生蛋白质的凝固。同时，蛋内的水分和 CO_2也不能向外蒸发，留在蛋内的 CO_2还可起到抑制蛋内生化反应和阻止微生物的作用。这种内外隔绝和防腐作用，自然可使蛋类保存很久。

根据溶度积规则，在难溶电解质的溶液中，若 $Q_i > K_{sp}^{\ominus}$就会生成沉淀，这是生成沉淀的必要条件。

1. 单一离子的沉淀

例 7-4　50mL 含 Ba^{2+}浓度为 0.010mol · L^{-1}的溶液与 30mL 浓度为 0.020mol · L^{-1}的 Na_2SO_4 溶液混合。问：(1) 是否会产生 $BaSO_4$ 沉淀？(2) 反应后溶液中的 Ba^{2+}浓度为多少？

解　(1) 混合后各离子浓度为

$$c(Ba^{2+}) = (0.010\times50)/80 = 6.2\times10^{-3}\ (mol\cdot L^{-1})$$

$$c(SO_4^{2-}) = (0.020\times30)/80 = 7.5\times10^{-3}\ (mol\cdot L^{-1})$$

$$Q_i = c(Ba^{2+})\cdot c(SO_4^{2-}) = 6.2\times10^{-3}\times7.5\times10^{-3} = 4.7\times10^{-5}$$

$Q_i > K_{sp}^{\ominus}(BaSO_4) = 1.1\times10^{-10}$，应有 $BaSO_4$ 沉淀生成。

(2) 设平衡时溶液中的 Ba^{2+}浓度为 $x$mol · L^{-1}，则

$$BaSO_4(s) \rightleftharpoons Ba^{2+}(aq) + SO_4^{2-}(aq)$$

起始浓度/(mol · L^{-1})	6.2×10^{-3}	7.5×10^{-3}
平衡浓度/(mol · L^{-1})	x	$7.5\times10^{-3}-(6.2\times10^{-3}-x)=1.3\times10^{-3}+x$

由 $K_{sp}^{\ominus}(BaSO_4) = c(Ba^{2+})\cdot c(SO_4^{2-}) = 1.1\times10^{-10}$，有

$$x\,(1.3\times10^{-3}+x) = 1.1\times10^{-10}$$

由于 $K_{sp}^{\ominus}(BaSO_4)$很小，即 x 很小，$1.3\times10^{-3}+x\approx1.3\times10^{-3}$，代入上式，解得

$$x=8.5\times10^{-8}(mol\cdot L^{-1})$$

即平衡时溶液中 Ba^{2+} 浓度为 $8.5\times10^{-8}mol\cdot L^{-1}$。

因没有绝对不溶于水的物质，故任何一种沉淀的析出实际上都不能绝对完全。溶液中沉淀溶解平衡总是存在的，即溶液中总会有极少量的待沉淀的离子残留。一般认为，当残留在溶液中的某种离子浓度小于 $10^{-5}mol\cdot L^{-1}$时，就可认为这种离子沉淀完全了。

用沉淀反应分离溶液中的某种离子时，要使离子沉淀完全，一般应采取以下几种措施：

(1) 选择适当的沉淀剂，使沉淀的溶解度尽可能小。例如，Ca^{2+} 可以沉淀为 $CaSO_4$ 和 CaC_2O_4，它们的 $K_{sp}^{\ominus}$分别为 9.1×10^{-6}和 4.0×10^{-9}，都属同类型的难溶电解质。因此，常选用 $C_2O_4^{2-}$ 作为 Ca^{2+} 的沉淀剂，从而使 Ca^{2+} 沉淀得更加完全。

(2) 加入适当过量的沉淀剂。这实际上是根据同离子效应，加入过量的沉淀剂使沉淀更加完全。但沉淀剂的用量不是越多越好，否则就会引起其他效应(盐效应、配位效应等)。

(3) 对某些离子沉淀时，还必须控制溶液 pH，才能确保沉淀完全。在化学试剂生产中，控制 Fe^{3+} 的含量是衡量产品质量的重要标志之一，要除去 Fe^{3+}，一般要通过控制溶液 pH，使 Fe^{3+} 生成 $Fe(OH)_3$ 沉淀。

案例 7-2 湿法冶金过程中，矿石原料经酸溶后所得的滤液因含有较多的可溶性杂质，常需要对料液进行净化除杂处理。现有一种 $CoCl_2(1.0mol\cdot L^{-1})$料液里含有 $FeCl_2(0.10mol\cdot L^{-1})$杂质，拟用廉价的氨水将其沉淀除去。

问题：(1) 能否直接用氨水将 Fe^{2+} 除去而 Co^{2+} 不受损失？

(2) 若不能，可以用什么方法达到上述要求？pH 应如何控制？

分析：(1) 由于 $K_{sp}^{\ominus}[Co(OH)_2] = 1.6\times10^{-15}$，$K_{sp}^{\ominus}[Fe(OH)_2] = 8.0\times10^{-16}$，二者溶度积差别不大，当 $Fe(OH)_2$沉淀完全时，$c(OH^-) = 8.9\times10^{-6}mol\cdot L^{-1}$，此时会生成 $Co(OH)_2$沉淀而造成 Co^{2+} 大量损失，因此不能直接用氨水将 Fe^{2+} 除去而 Co^{2+} 不受损失。

(2) 工业上可先用双氧水将 Fe^{2+} 氧化成 Fe^{3+}，再加氨水控制 pH，使其生成 $Fe(OH)_3$沉淀而除去。因 $K_{sp}^{\ominus}[Fe(OH)_3] = 4.0\times10^{-38}$，当 Fe^{3+} 沉淀完全时，$c(OH^-) = 1.6\times10^{-11}mol\cdot L^{-1}$，即 pH = 3.20。$1.0mol\cdot L^{-1}Co^{2+}$ 开始沉淀时，$c(OH^-) = 4.0\times10^{-8}mol\cdot L^{-1}$，即 pH = 6.60。因此，控制溶液 pH 在 3.20～6.60 即可。

例 7-5 假如溶液中 Fe^{3+} 的浓度为 $0.10mol\cdot L^{-1}$，开始生成 $Fe(OH)_3$ 沉淀的 pH 是多少？沉淀完全时的 pH 又是多少？已知 $K_{sp}^{\ominus}[Fe(OH)_3]=4.0\times10^{-38}$。

解 $Fe(OH)_3(s)\rightleftharpoons Fe^{3+}(aq)+3OH^-(aq)$ $\qquad K_{sp}^{\ominus}[Fe(OH)_3]=c(Fe^{3+})\cdot c^3(OH^-)$

(1) 开始沉淀时所需 OH^- 的浓度为

$$c(OH^-)=\sqrt[3]{\frac{K_{sp}^{\ominus}[Fe(OH)_3]}{c(Fe^{3+})}}=\sqrt[3]{\frac{4.0\times10^{-38}}{0.10}}=7.4\times10^{-13}(mol\cdot L^{-1})$$

即

$$pOH=-\lg c(OH^-)=-\lg(7.4\times10^{-13})=12.13,pH=14-pOH=1.87$$

(2) 沉淀完全时，$c(Fe^{3+})=10^{-5}mol\cdot L^{-1}$，则此时的 $c(OH^-)$为

$$c(OH^-)=\sqrt[3]{\frac{K_{sp}^{\ominus}[Fe(OH)_3]}{c(Fe^{3+})}}=\sqrt[3]{\frac{4.0\times10^{-38}}{10^{-5}}}=1.6\times10^{-11}(mol\cdot L^{-1})$$

即

$$pOH=-\lg c(OH^-)=-\lg(1.6\times10^{-11})=10.80,pH=14-pOH=3.20$$

所以，$0.10mol\cdot L^{-1}Fe^{3+}$ 开始沉淀的 pH 是 1.87，沉淀完全时的 pH 是 3.20。

例 7-5 还说明了，氢氧化物开始沉淀和沉淀完全可以是酸性环境，不同氢氧化物的 $K_{sp}^{\ominus}$ 不同，组成也不同，它们沉淀完全所需的 pH 也不同。因此，通过控制溶液的 pH 可达到分离某些金属离子的目的。

另外，很多金属硫化物是难溶电解质，不同难溶金属硫化物的 $K_{sp}^{\ominus}$ 不同，在 H_2S 的饱和溶液中，S^{2-} 的浓度可通过控制溶液的 pH 来调节，从而使溶液中的某些金属离子达到分离或提纯的目的。

在 MS 型金属硫化物沉淀的生成过程中同时存在两个平衡：

$$M^{2+}(aq)+S^{2-}(aq)\rightleftharpoons MS(s) \qquad H_2S(aq)\rightleftharpoons 2H^{+}(aq)+S^{2-}(aq)$$

将两个反应方程式相加得：

$$M^{2+}(aq)+H_2S(aq)\rightleftharpoons MS(s)+2H^{+}(aq)$$

该反应的反应商为：

$$Q=\frac{c^2(H^+)}{c(M^{2+})\cdot c(H_2S)}$$

当该反应达到平衡时，反应的平衡常数与反应商之间存在如下关系：

$$Q=K^{\ominus}=\frac{c^2(H^+)}{c(M^{2+})\cdot c(H_2S)}=\frac{c^2(H^+)}{c(M^{2+})\cdot c(H_2S)}\cdot\frac{c(S^{2-})}{c(S^{2-})}=\frac{K_{a_1}^{\ominus}\cdot K_{a_2}^{\ominus}}{K_{sp}^{\ominus}(MS)}$$

要有沉淀产生，也就是反应向右进行，需反应商 $Q<K^{\ominus}$，即

$$\frac{c^2(H^+)}{c(M^{2+})\cdot c(H_2S)}<\frac{K_{a_1}^{\ominus}\cdot K_{a_2}^{\ominus}}{K_{sp}^{\ominus}(MS)}$$

故应控制的 H^+ 最大浓度为

$$c(H^+)_{max}<\sqrt{\frac{K_{a_1}^{\ominus}\cdot K_{a_2}^{\ominus}\cdot c(H_2S)\cdot c(M^{2+})}{K_{sp}^{\ominus}(MS)}}$$

若要使 M^{2+} 沉淀完全，应维持的 H^+ 最大浓度为：

$$c(H^+)_{max}\leqslant\sqrt{\frac{K_{a_1}^{\ominus}\cdot K_{a_2}^{\ominus}\cdot c(H_2S)\times 1.0\times 10^{-5}}{K_{sp}^{\ominus}(MS)}}$$

由以上公式可求出 MS 型金属硫化物开始沉淀和沉淀完全时的 pH。对于不同的难溶金属硫化物来说，如果金属离子浓度相同，则溶度积越小的金属硫化物，沉淀开始析出时所需的 H^+ 浓度越大（pH 越小），沉淀完全时所需的 H^+ 浓度也越大。

例 7-6 室温下，在 0.10mol · L^{-1} $ZnCl_2$ 溶液中通入 H_2S 至饱和，计算要防止 ZnS 沉淀产生所需要的最低 H^+ 浓度。已知 H_2S 的 $K_{a_1}^{\ominus}=1.1\times10^{-7}$，$K_{a_2}^{\ominus}=1.3\times10^{-13}$，ZnS 的 $K_{sp}^{\ominus}=2.5\times10^{-22}$。

解　这是一个多重平衡体系，总的反应方程式为

$$Zn^{2+}(aq)+H_2S(aq)\rightleftharpoons ZnS(s)+2H^{+}(aq)$$

总平衡常数与各种平衡常数的关系为

$$K^{\ominus}=\frac{c^2(H^+)}{c(Zn^{2+})\cdot c(H_2S)}=\frac{c^2(H^+)}{c(Zn^{2+})\cdot c(H_2S)}\times\frac{c(S^{2-})}{c(S^{2-})}=\frac{K_{a_1}^{\ominus}\cdot K_{a_2}^{\ominus}}{K_{sp}^{\ominus}}$$

$$=\frac{1.1\times10^{-7}\times1.3\times10^{-13}}{2.5\times10^{-22}}=57.2$$

$$c(H^+)=\sqrt{K^{\ominus}\cdot c(Zn^{2+})\cdot c(H_2S)}=\sqrt{57.2\times0.10\times0.10}=0.76(mol\cdot L^{-1})$$

故当 $c(H^+)>0.76mol\cdot L^{-1}$ 时，可防止 ZnS 沉淀产生。

例 7-7 在 0.10mol · L^{-1} $FeCl_3$ 溶液中，加入等体积含有 0.20mol · L^{-1} $NH_3\cdot H_2O$ 和2.0mol · L^{-1}

NH_4Cl 的混合溶液，有无 $Fe(OH)_3$ 沉淀生成？

解　因等体积混合，浓度减半，即

$$c(Fe^{3+}) = 0.050\text{mol}\cdot L^{-1},\ c(NH_3\cdot H_2O) = 0.10\text{mol}\cdot L^{-1},\ c(NH_4Cl) = 1.0\text{mol}\cdot L^{-1}$$

$NH_3 \cdot H_2O$ 和 NH_4Cl 组成缓冲溶液，其 OH^- 浓度为

$$c(OH^-) = K_b^{\ominus}(NH_3\cdot H_2O)\cdot\frac{c(NH_3\cdot H_2O)}{c(NH_4Cl)} = 1.76\times10^{-5}\times\frac{0.10}{1.0} = 1.76\times10^{-6}(\text{mol}\cdot L^{-1})$$

$$Q_i = c(Fe^{3+})\cdot c^3(OH^-) = 0.050\times(1.76\times10^{-6})^3 = 2.7\times10^{-19} > K_{sp}^{\ominus}[Fe(OH)_3] = 4.0\times10^{-38}$$

所以溶液中有 $Fe(OH)_3$ 沉淀生成。

案例 7-3　鸡蛋煮熟后，小心地将壳、蛋白剥去，现出蛋黄，再将蛋黄剖开，可发现蛋黄表面和内部的颜色不一样，蛋黄内部是橘红色，而蛋黄表面有一薄层暗绿色物质。

问题：暗绿色物质是什么？它是怎么形成的？

分析：在煮鸡蛋的过程中，蛋清里少量的含硫蛋白质发生分解，产生 S^{2-}。而蛋黄里含有 Fe^{2+}，受热后这两种离子在它们的交界面也就是蛋黄的表面发生化学反应，生成暗绿色的硫化亚铁 FeS，即 $Fe^{2+} + S^{2-} \xlongequal{} FeS\downarrow$。每个蛋生成的 FeS 量很少，不会对人体产生不良影响。

2. 分步沉淀

生产和实践中常常会遇到溶液中同时存在多种离子，当加入某种沉淀剂时，往往可以和这几种离子作用生成难溶化合物。那么，如何控制条件，使这几种离子分别沉淀出来，从而达到分离的目的？

例如，浓度均为 $0.10\text{mol}\cdot L^{-1}$ Cl^- 和 CrO_4^{2-} 的溶液中，逐滴加入 $AgNO_3$ 溶液，首先生成白色的 AgCl 沉淀，加到一定量时才出现砖红色的 Ag_2CrO_4 沉淀。这种由于难溶电解质溶度积不同，加入同一种沉淀剂后混合离子按先后顺序沉淀下来的现象称为分步沉淀。

例 7-8　计算溶液中的 Cl^- 和 CrO_4^{2-}（浓度均为 $0.10\text{mol}\cdot L^{-1}$）开始沉淀时各自所需 Ag^+ 的最低浓度。

解　设 AgCl、Ag_2CrO_4 开始沉淀时所需 Ag^+ 浓度分别为 c_1、c_2 $\text{mol}\cdot L^{-1}$，则

$$c_1 = \frac{K_{sp}^{\ominus}(AgCl)}{c(Cl^-)} = \frac{1.8\times10^{-10}}{0.10} = 1.8\times10^{-9}(\text{mol}\cdot L^{-1})$$

$$c_2 = \sqrt{\frac{K_{sp}^{\ominus}(Ag_2CrO_4)}{c(CrO_4^{2-})}} = \sqrt{\frac{1.1\times10^{-12}}{0.10}} = 3.3\times10^{-6}(\text{mol}\cdot L^{-1})$$

由于 $c_1 < c_2$，即沉淀 Cl^- 所需 Ag^+ 的浓度比沉淀 CrO_4^{2-} 所需 Ag^+ 的浓度小得多。当滴加 $AgNO_3$ 溶液时，溶液中 Cl^- 与 Ag^+ 的离子积首先达到 AgCl 的溶度积，故先析出 AgCl 白色沉淀。随 AgCl 不断析出，溶液中 Cl^- 浓度不断降低，所需 Ag^+ 浓度不断增大，当 Ag^+ 达到或超过 $3.3\times10^{-6}\text{mol}\cdot L^{-1}$ 时，CrO_4^{2-} 才开始沉淀。分步沉淀的顺序并不完全取决于溶度积，还与混合溶液中各离子的浓度有关。当两难溶电解质的溶度积数值相差不大时，适当改变有关离子的浓度可使沉淀顺序发生改变。

当 Ag^+ 达到 $3.3\times10^{-6}\text{mol}\cdot L^{-1}$ 时，此时溶液中残余的 Cl^- 浓度为

$$c(Cl^-) = \frac{K_{sp}^{\ominus}(AgCl)}{c(Ag^+)} = \frac{1.8\times10^{-10}}{3.3\times10^{-6}} = 5.5\times10^{-5}(\text{mol}\cdot L^{-1})$$

计算结果表明，当 CrO_4^{2-} 开始沉淀时，Cl^- 已基本沉淀完全。

总之，当溶液中同时存在几种离子时，离子积 Q_i 最先达到溶度积 $K_{sp}^{\ominus}$ 的难溶电解质首先沉淀，这是分步沉淀的基本原则。只要掌握了这一原则，就可根据具体情况适当地控制条件，

从而达到分离离子的目的。

例 7-9　在 0.10mol·L^{-1} Co^{2+} 溶液中含有少量 Cu^{2+}，试确定用 H_2S 饱和溶液沉淀除去 Cu^{2+} 的条件。

解　开始析出 CoS 沉淀所需 S^{2-} 的最低浓度为

$$c(S^{2-})=\frac{K_{sp}^{\ominus}(CoS)}{c(Co^{2+})}=\frac{4.0\times10^{-21}}{0.10}=4.0\times10^{-20}(mol\cdot L^{-1})$$

利用式(6-13)，$c^2(H^+)\cdot c(S^{2-})=1.4\times10^{-21}$，有

$$c(H^+)=\sqrt{\frac{1.4\times10^{-21}}{c(S^{2-})}}=\sqrt{\frac{1.4\times10^{-21}}{4.0\times10^{-20}}}=0.19(mol\cdot L^{-1})$$

Cu^{2+} 完全沉淀时所需 S^{2-} 的浓度为

$$c(S^{2-})=\frac{K_{sp}^{\ominus}(CuS)}{c(Cu^{2+})}=\frac{6.3\times10^{-36}}{1.0\times10^{-5}}=6.3\times10^{-31}(mol\cdot L^{-1})$$

$$c'(H^+)=\sqrt{\frac{1.4\times10^{-21}}{c(S^{2-})}}=\sqrt{\frac{1.4\times10^{-21}}{6.3\times10^{-31}}}=4.7\times10^{4}(mol\cdot L^{-1})$$

因此，在 0.10mol·L^{-1} Co^{2+} 溶液中，控制溶液的 H^+ 浓度在 0.19～4.7×10^4 mol·L^{-1} 就可以用硫化物分步沉淀将 Cu^{2+} 杂质除去。实际工作中只需控制溶液 H^+ 浓度大于 0.19mol·L^{-1} 即可。

7.2.2　沉淀的溶解

案例 7-4　水壶用久了底部和壶壁会结成一层水垢。水垢是碳酸钙、碳酸镁、硫酸钙等难溶盐所结成的白色或米黄色的一层硬块。自然界中，地表水或地下水一般是硬水，也就是说水中溶有碳酸氢钙、碳酸氢镁等，它们受热后易分解成碳酸钙和碳酸镁，生成的碳酸钙和碳酸镁沉淀在水壶底部或壁上，日积月累沉淀层不断增厚，形成水垢。水垢结在烧开水的壶底，会影响水壶的传热效率，延长烧水时间。特别是工业锅炉，如不定期除垢，因水垢增厚导致传热不均，会引起锅炉爆炸。

问题：如何除去家用水壶里的水垢？

分析：家用水壶除垢方法比较简单，用食醋浸泡一夜，水垢便会松弛，稍加敲打，水垢便可以除去。因食醋的主要成分是乙酸，解离出部分 H^+，可使部分碳酸盐变成酸式碳酸盐，破坏水垢的结构。

根据溶度积规则，沉淀溶解的必要条件是使 $Q_i<K_{sp}^{\ominus}$。因此，只要降低溶液中某种离子的浓度，就可使沉淀溶解。常见的方法有以下几种。

1. 生成弱电解质或微溶气体

例如，$Mg(OH)_2$ 等难溶氢氧化物能溶于酸或铵盐中，即

$$\begin{array}{rl}Mg(OH)_2(s)\rightleftharpoons & Mg^{2+}(aq)+2OH^-(aq)\\ & \qquad\qquad\quad +\\ 2HCl\longrightarrow & 2Cl^- + 2H^+\\ & \qquad\quad \Updownarrow\\ & \qquad\quad 2H_2O\end{array}$$

总反应

$$Mg(OH)_2(s)+2H^+\rightleftharpoons Mg^{2+}+2H_2O$$

$$\begin{array}{rl}Mg(OH)_2(s)\rightleftharpoons & Mg^{2+}(aq)+2OH^-(aq)\\ & \qquad\qquad\quad +\\ 2NH_4Cl\longrightarrow & 2Cl^- + 2NH_4^+\\ & \qquad\quad \Updownarrow\\ & \qquad\quad 2NH_3\cdot H_2O\end{array}$$

总反应 $$Mg(OH)_2(s)+2NH_4^+ \rightleftharpoons Mg^{2+}+2NH_3\cdot H_2O$$

由于反应生成弱电解质 H_2O 或 $NH_3\cdot H_2O$，从而大大降低了 OH^- 的浓度，使 $Mg(OH)_2$ 的 $Q_i<K_{sp}^{\ominus}$，沉淀溶解。只要加入足够量的酸或铵盐，可使沉淀全部溶解。对于 $Al(OH)_3$、$Fe(OH)_3$ 等溶解度很小的氢氧化物，则难溶于铵盐而只能溶于酸中。

碳酸盐、亚硫酸盐和某些硫化物等难溶盐溶于强酸，生成微溶气体而使沉淀溶解。例如

$$\begin{array}{l}
CaCO_3(s) \rightleftharpoons Ca^{2+}(aq)+CO_3^{2-}(aq) \\
\qquad\qquad\qquad\qquad\qquad\qquad + \\
\qquad 2HCl \longrightarrow 2Cl^- + 2H^+ \\
\qquad\qquad\qquad\qquad\qquad\qquad \Updownarrow \\
\qquad\qquad\qquad\qquad\qquad H_2CO_3 \longrightarrow H_2O+CO_2\uparrow
\end{array}$$

总反应 $$CaCO_3(s)+2H^+ \rightleftharpoons Ca^{2+}+H_2O+CO_2\uparrow$$

由于 CO_3^{2-} 与 H^+ 结合生成 H_2CO_3，并分解为 H_2O 和 CO_2，从而降低了 CO_3^{2-} 的浓度，使 $CaCO_3$ 的 $Q_i<K_{sp}^{\ominus}$。

例 7-10 今有 $Mg(OH)_2$ 和 $Fe(OH)_3$ 各 0.10mol，需要多大浓度的铵盐才能使它们溶解？

解
$$Mg(OH)_2(s)+2NH_4^+ \rightleftharpoons Mg^{2+}+2NH_3\cdot H_2O$$

$$K^{\ominus}=\frac{c(Mg^{2+})\cdot c^2(NH_3\cdot H_2O)}{c^2(NH_4^+)}=\frac{c(Mg^{2+})\cdot c^2(NH_3\cdot H_2O)}{c^2(NH_4^+)}\times\frac{c^2(OH^-)}{c^2(OH^-)}$$

$$=\frac{K_{sp}^{\ominus}[Mg(OH)_2]}{[K_b^{\ominus}(NH_3\cdot H_2O)]^2}=\frac{1.8\times10^{-11}}{(1.76\times10^{-5})^2}=0.058$$

$$c(NH_4^+)=\sqrt{\frac{c(Mg^{2+})\cdot c^2(NH_3\cdot H_2O)}{K^{\ominus}}}=\sqrt{\frac{0.10\times0.20^2}{0.058}}=0.26(mol\cdot L^{-1})$$

故溶解 $Mg(OH)_2$ 沉淀需铵盐的最低浓度为

$$0.20+0.26=0.46(mol\cdot L^{-1})$$

$$Fe(OH)_3(s)+3NH_4^+ \rightleftharpoons Fe^{3+}+3NH_3\cdot H_2O$$

$$K^{\ominus\prime}=\frac{c(Fe^{3+})\cdot c^3(NH_3\cdot H_2O)}{c^3(NH_4^+)}=\frac{K_{sp}^{\ominus}[Fe(OH)_3]}{[K_b^{\ominus}(NH_3\cdot H_2O)]^3}=\frac{4.0\times10^{-38}}{(1.76\times10^{-5})^3}=7.3\times10^{-24}$$

$$c(NH_4^+)=\sqrt[3]{\frac{c(Fe^{3+})\cdot c^3(NH_3\cdot H_2O)}{K^{\ominus\prime}}}=\sqrt[3]{\frac{0.10\times(0.30)^3}{7.3\times10^{-24}}}=7.2\times10^6(mol\cdot L^{-1})$$

计算结果表明 $Fe(OH)_3$ 沉淀不溶于铵盐。

案例 7-5 因 X 射线不能透过钡原子，故临床上可用钡盐作为 X 射线造影剂。硫酸钡的密度大，能阻挡 X 射线通过。用于消化道检查的钡餐是药用硫酸钡，它不溶于水和脂质，不会被胃肠道黏膜吸收，因此对人基本无毒性。钡餐造影即消化道钡剂造影，是指用硫酸钡作为造影剂，在 X 射线照射下显示消化道有无病变的一种检查方法。钡餐造影是用口服的途径摄入造影剂，可对整个消化道尤其是上消化道进行清晰的放射性检查。因为 Ba^{2+} 对人体有毒，所以不能使用可溶性钡盐作为造影剂。

问题：难溶的 $BaCO_3$ 能否作为钡餐造影，为什么？如何制备 $BaSO_4$？

2. 发生氧化还原反应

加入氧化剂或还原剂使某离子发生氧化还原反应，使沉淀溶解。例如，加入稀 HNO_3 将 CuS 中的 S^{2-} 氧化成 S，从而降低 S^{2-} 的浓度，使溶液中 Cu^{2+} 和 S^{2-} 的离子积小于其溶度积，CuS 溶解。

$$3CuS(s)+8HNO_3 = 3Cu(NO_3)_3+3S+2NO\uparrow+4H_2O$$

3. 生成配合物

加入适当的配位剂与某一离子生成稳定的配合物，使沉淀溶解。例如，AgCl 沉淀溶于氨水中。

$$\begin{array}{c}AgCl(s) \rightleftharpoons Ag^+(aq)+Cl^-(aq)\\ +\\ 2NH_3\\ \Updownarrow\\ [Ag(NH_3)_2]^+\end{array}$$

总反应

$$AgCl(s)+2NH_3 \rightleftharpoons [Ag(NH_3)_2]^+ + Cl^-$$

7.2.3 沉淀的转化

在含有 $PbSO_4$ 沉淀的溶液中，加入 Na_2S 溶液后，可观察到沉淀由白色转变为黑色，其反应式为

$$\begin{array}{c}PbSO_4(s) \rightleftharpoons Pb^{2+}(aq)+SO_4^{2-}(aq)\\ +\\ Na_2S = S^{2-}+2Na^+\\ \Updownarrow\\ PbS\downarrow\end{array}$$

总反应

$$PbSO_4(s)+S^{2-} \rightleftharpoons PbS\downarrow+SO_4^{2-}$$

上述反应之所以能发生，是因为生成了更难溶的 PbS 沉淀，降低了溶液中的 Pb^{2+} 浓度，破坏了 $PbSO_4$ 的沉淀溶解平衡，使 $PbSO_4$ 沉淀转化为 PbS 沉淀。像这种由一种难溶电解质借助于某一试剂的作用，转变为另一难溶电解质的过程称为沉淀的转化。

例 7-11 0.20mol $BaSO_4$，用 1.0L 饱和碳酸钠溶液（$1.6mol \cdot L^{-1}$）处理。问处理一次能转化多少摩尔 $BaSO_4$？需处理多少次才能将 $BaSO_4$ 沉淀完全转化为 $BaCO_3$ 沉淀？

解 设平衡时溶液中 SO_4^{2-} 浓度为 $x mol \cdot L^{-1}$，则

$$BaSO_4+CO_3^{2-} \rightleftharpoons BaCO_3+SO_4^{2-}$$

平衡浓度/($mol \cdot L^{-1}$)　　$1.6-x$　　　　x

$$K^\ominus=\frac{c(SO_4^{2-})}{c(CO_3^{2-})}=\frac{c(SO_4^{2-})}{c(CO_3^{2-})}\cdot\frac{c(Ba^{2+})}{c(Ba^{2+})}=\frac{K_{sp}^\ominus(BaSO_4)}{K_{sp}^\ominus(BaCO_3)}=\frac{1.1\times10^{-10}}{5.1\times10^{-9}}=2.2\times10^{-2}$$

$$\frac{c(SO_4^{2-})}{c(CO_3^{2-})}=\frac{x}{1.6-x}=2.2\times10^{-2} \qquad x=0.034(mol)$$

将 0.20mol $BaSO_4$ 全部转变为 $BaCO_3$ 需处理的次数 $n=0.20/0.034=5.9$

用饱和碳酸钠溶液处理 $BaSO_4$ 沉淀 6 次就能完全转化为 $BaCO_3$ 沉淀。

7.3 沉淀滴定法*

7.3.1 概述

沉淀滴定法是以沉淀反应为基础的一种滴定分析方法。产生沉淀的反应虽然很多，但大

多数沉淀反应由于不能满足定量分析的要求而不能用于沉淀滴定。目前，应用于沉淀滴定法最多的是生成难溶性银盐的反应：

$$Ag^+ + X^- \longrightarrow AgX\downarrow \text{（X 代表 } Cl^-、Br^-、I^-、CN^-、SCN^- \text{等）}$$

这种以生成难溶性银盐为基础的沉淀滴定法称为银量法。根据所选指示剂的不同，银量法可分为莫尔法(Mohr)、福尔哈德法(Volhard)、法扬斯法(Fajans)、碘-淀粉指示剂法等。

案例 7-6 自来水消毒一般采用漂白粉，现在多数用氯气或 ClO_2。实际上，氯气先与水反应生成 HClO，HClO 具有氧化杀菌作用。ClO_2 具有很强的氧化性，消毒效率比氯气高。自来水中 Cl^- 的含量比天然水体要高，可用沉淀滴定法测定自来水中 Cl^- 的含量。

问题：什么是银量法？银量法如何确定滴定终点？自来水中 Cl^- 的含量常用何种银量法测定？

7.3.2 银量法终点的确定

1. 莫尔法

1) 基本原理

莫尔法是以铬酸钾作指示剂的银量法。在中性或弱碱性溶液中，以铬酸钾作指示剂，用 $AgNO_3$ 标准溶液直接滴定 Cl^- 时，由于 AgCl 的溶解度小于 Ag_2CrO_4 的溶解度，首先析出 AgCl 白色沉淀，当 Cl^- 被 Ag^+ 定量沉淀完全后，稍过量的 Ag^+ 与 CrO_4^{2-} 形成砖红色沉淀，从而指示滴定终点。滴定反应如下：

计量点前　$Ag^+ + Cl^- \rightleftharpoons AgCl\downarrow$（白）　　$K_{sp}^\ominus(AgCl) = 1.8\times10^{-10}$

计量点时　$2Ag^+ + CrO_4^{2-} \rightleftharpoons Ag_2CrO_4\downarrow$（砖红）　　$K_{sp}^\ominus(Ag_2CrO_4) = 1.1\times10^{-12}$

2) 滴定条件

(1) 指示剂用量。莫尔法是以 Ag_2CrO_4 砖红色沉淀的出现判断滴定终点，若 K_2CrO_4 的浓度过大，终点将提前出现，若浓度过小，滴定终点将拖后，均影响滴定的准确度。经计算，AgCl 沉淀生成的同时也形成 Ag_2CrO_4 砖红色沉淀所需 CrO_4^{2-} 浓度为 $6.1\times10^{-3}mol\cdot L^{-1}$，但此浓度时溶液黄色较深，妨碍终点观察。实验证明，K_2CrO_4 的浓度以 $0.005mol\cdot L^{-1}$ 为宜。

(2) 溶液 pH。莫尔法只适用于中性或弱碱性(pH=6.5～10.5)条件下的滴定，因在酸性溶液中 Ag_2CrO_4 溶解

$$Ag_2CrO_4 + H^+ \rightleftharpoons 2Ag^+ + HCrO_4^-$$

$$2HCrO_4^- \rightleftharpoons Cr_2O_7^{2-} + H_2O$$

在强碱性溶液中，Ag^+ 会生成 Ag_2O 沉淀

$$Ag^+ + OH^- \rightleftharpoons AgOH\downarrow \qquad 2AgOH \longrightarrow Ag_2O\downarrow + H_2O$$

如果待测液碱性太强，可加入 HNO_3 中和，酸性太强可加入硼砂或碳酸氢钠中和。

3)应用范围

莫尔法只适用于测定 Cl^- 和 Br^-。测定时溶液中不能有 Pb^{2+}、Ba^{2+}、Hg^{2+} 等与 CrO_4^{2-} 生成沉淀的阳离子，以及 PO_4^{3-}、AsO_4^{3-}、S^{2-} 等与 Ag^+ 生成沉淀的阴离子存在，否则干扰测定。因 AgCl 和 AgBr 分别对 Cl^- 和 Br^- 有显著的吸附作用，故滴定过程中要充分振荡溶液，才不会影响测定的准确性。莫尔法不能测定 I^- 和 SCN^-，因为 AgI 或 AgSCN 沉淀对 I^- 或 SCN^- 的吸附太强，导致终点提前。

需要注意的是，不能用含 Cl^- 的溶液滴定 Ag^+，因为加入 K_2CrO_4 指示剂后会析出 Ag_2CrO_4 沉淀，滴定过程中 Ag_2CrO_4 转化为 AgCl 较慢，滴定误差较大。

2. 福尔哈德法

1)基本原理

福尔哈德法是用铁铵矾 $NH_4Fe(SO_4)_2$ 作指示剂，以 NH_4SCN 或 KSCN 标准溶液滴定含有 Ag^+ 的试液，反应如下：

$$Ag^+ + SCN^- \rightleftharpoons AgSCN\downarrow(白) \qquad K_{sp}^{\ominus}(AgSCN)=1.0\times10^{-12}$$

$$Fe^{3+} + SCN^- \rightleftharpoons [Fe(SCN)]^{2+}(红) \quad K_f^{\ominus}=2\times10^2$$

滴定过程中，先析出白色的 AgSCN 沉淀，到达计量点时，再滴入稍过量的 SCN^-，立即与溶液中的 Fe^{3+} 作用，生成红色的配离子 $[Fe(SCN)]^{2+}$，指示滴定终点的到达。此法测定 Cl^-、Br^-、I^- 和 SCN^- 时，先在被测溶液中加入已知过量的 $AgNO_3$ 标准溶液，然后加入铁铵矾指示剂，以 NH_4SCN 标准溶液滴定剩余的 Ag^+。

测定 I^- 时，必须先加入过量 Ag^+，使 I^- 沉淀完全，然后加入指示剂，否则 Fe^{3+} 与 I^- 发生氧化还原反应，影响测定结果。

$$2Fe^{3+} + 2I^- \rightleftharpoons 2Fe^{2+} + I_2$$

测定 Cl^- 时，加入 $AgNO_3$ 标准溶液后，应将 AgCl 沉淀滤出，然后再滴定滤液，或者加入硝基苯掩蔽，否则得不到准确结果。因 AgCl 溶解度比 AgSCN 大，会发生下列反应：

$$AgCl(s) + SCN^- \rightleftharpoons AgSCN\downarrow + Cl^-$$

使 AgCl 沉淀转化为 AgSCN 沉淀，引起很大的滴定误差。

2)测定条件

(1) 指示剂用量。实验证明，要能观察到红色，$[Fe(SCN)]^{2+}$ 最低浓度为 $6.0\times10^{-6}mol\cdot L^{-1}$，根据配位平衡计算，此时 Fe^{3+} 的浓度约为 $0.03mol\cdot L^{-1}$。实际上，Fe^{3+} 的浓度太大，溶液呈较深的黄色，影响终点的观察。通常 Fe^{3+} 的浓度为 $0.015mol\cdot L^{-1}$。

(2) 溶液酸度。溶液 H^+ 浓度应控制在 $0.1\sim1mol\cdot L^{-1}$，否则 Fe^{3+} 发生水解。

3) 应用范围

福尔哈德法在酸性溶液中滴定，免除了许多离子的干扰，其适用范围广泛。不仅可测定 Ag^+、Cl^-、Br^-、I^-、SCN^-，还可测定 PO_4^{3-} 和 AsO_4^{3-}。在农业上也常用此法测定有机氯农药，如滴滴涕等。凡是能与 SCN^- 作用的铜盐、汞盐以及对 Cl^-、Br^-、I^- 等测定有干扰的离子应预先除去，能与 Fe^{3+} 发生氧化还原作用的还原剂也应除去。

3. 法扬斯法

法扬斯法是以吸附指示剂指示终点的银量法。吸附指示剂是一类有机染料，其阴离子被胶体微粒吸附后引起的颜色变化可指示滴定终点。以 $AgNO_3$ 标准溶液滴定 Cl^-、荧光黄作指示剂为例，说明吸附指示剂的作用原理。荧光黄是一种有机弱酸，常用 HFIn 表示。它在溶液中解离的阴离子 FIn^- 呈黄绿色：

$$HFIn \rightleftharpoons H^+ + FIn^-(黄绿色)$$

计量点前，溶液中 Cl^- 过量，AgCl 沉淀胶粒吸附 Cl^-，使胶粒带负电荷，故不能吸附荧光黄阴离子。计量点后，溶液中 Ag^+ 过量，AgCl 沉淀胶粒吸附 Ag^+，使胶粒带正电荷，这时荧光黄阴离子被吸附形成荧光黄银化合物，使沉淀表面呈粉红色，从而指示滴定终点。

计量点前　　$AgCl\cdot Cl^- + FIn^-$(黄绿色)

计量点后　　$AgCl\cdot Ag^+ + FIn^- \xrightarrow{吸附} AgCl\cdot Ag^+\cdot FIn^-$(粉红色)

如果用 NaCl 滴定 Ag^+，则指示剂的颜色变化正好相反。吸附指示剂因颜色的变化发生在沉淀表面，为使终点时颜色变化明显，应尽量使沉淀的比表面大一些，故常加入一些保护胶体（如糊精），以阻止卤化银凝聚，使其保持胶体状态。此外，溶液的酸度要适当，以保证指示剂呈阴离子状态。

4. 碘-淀粉指示剂法

淀粉遇碘配离子（I_3^-）变蓝，且其浓度越高，显色灵敏度越高。利用此显色原理，用 $AgNO_3$ 标准溶液测定 KI 含量时，滴定前加入碘-淀粉指示剂，此时溶液呈蓝色，随后用 $AgNO_3$ 溶液滴定，当溶液中游离 I^- 被滴定后，滴入的少量 $AgNO_3$ 便与蓝色配合物中的 I^- 作用生成 AgI 沉淀，蓝色随之褪去，从而指示滴定的终点。反应式如下：

滴定前 $$I^- + I_2\text{-淀粉} \longrightarrow \underset{(\text{蓝色})}{I_3^-\text{-淀粉}}$$
（无色）（蓝色）

滴定中 $$Ag^+ + I^- \rightleftharpoons\!=\!= AgI\downarrow$$

终点时 $$Ag^+ + I_3^-\text{-淀粉} \longrightarrow AgI\downarrow + I_2\text{-淀粉}$$
（蓝色）（无色）

滴定一般在中性或弱酸性（pH＝2～7）介质中进行。碱性介质中，Ag^+ 会发生水解，I_2 则明显发生歧化反应；溶液 pH＜2 时，淀粉易水解成糊精，遇 I_2 显红色，变色灵敏度降低。

7.3.3 银量法的应用

1. 标准溶液的配制和标定

$AgNO_3$ 标准溶液的配制和标定。将优级纯或分析纯的 $AgNO_3$ 在 110℃下烘 1～2h，可用直接法配制。一般纯度的 $AgNO_3$ 用间接法配制，用基准 NaCl 标定。由于 NaCl 易吸潮，使用前应在 500℃左右的温度下干燥。应使用与测定样品同样的方法标定溶液，以消除系统误差。$AgNO_3$ 见光易分解，固体和配制后的标准溶液都应储存在棕色瓶内。

NH_4SCN 标准溶液的配制和标定。NH_4SCN 试剂往往含有杂质，并且容易吸潮，只能用间接法配制，再以 $AgNO_3$ 标准溶液进行滴定。

2. 应用实例

（1）莫尔法测定可溶性氯化物中氯的含量。准确称取可溶性氯化物 mg，溶解后定容成 250mL 的溶液。准确移取 25.00mL 该溶液于锥形瓶中，再加入 5%K_2CrO_4 指示剂 1mL，以 $AgNO_3$ 标准溶液滴定至刚显砖红色，强烈振荡后也不褪色为终点。可溶性氯化物中氯的含量可按下式计算：

$$w(\text{Cl}) = \frac{c(\text{AgNO}_3) \times V(\text{AgNO}_3) \times 10^{-3} \times M(\text{Cl})}{m} \times \frac{250}{25} \times 100\%$$

（2）福尔哈德法测定银合金中银的含量。将 mg 银合金溶于 HNO_3 制成溶液，并煮沸除去氮氧化物后，加入 1mL $NH_4Fe(SO_4)_2$ 作指示剂，以 NH_4SCN 标准溶液滴定至终点。银合金中银的含量可按下式计算：

$$w(\text{Ag}) = \frac{c(\text{NH}_4\text{SCN}) \times V(\text{NH}_4\text{SCN}) \times 10^{-3} \times M(\text{Ag})}{m} \times 100\%$$

7.4　重量分析法简介*

7.4.1　概述

重量分析法是通过称量物质的质量进行分析的方法。根据被测组分与其他组分的不同分离方法，重量分析可分为沉淀法、挥发法、电解法等，其中沉淀法最为重要，应用最多。沉淀重量分析法的分析过程是：将试样分解制成试液后，在一定条件下加入适当的沉淀剂，使被测组分沉淀析出，所得沉淀称为沉淀形式。沉淀经过滤、洗涤，在一定温度下烘干或灼烧，使沉淀形式转化为称量形式，然后称量，根据称量形式的化学组成和质量，便可计算出被测组分的含量。沉淀形式与称量形式可以相同，也可以不同。例如

试液		沉淀剂		沉淀形式		称量形式
SO_4^{2-}	+	Ba^{2+}	$\longrightarrow$	$\boxed{BaSO_4}$	$\xrightarrow[过滤]{洗涤} \xrightarrow[灼烧]{}$	$\boxed{BaSO_4}$
Ca^{2+}	+	$C_2O_4^{2-}$	$\longrightarrow$	$\boxed{CaC_2O_4 \cdot H_2O}$	$\xrightarrow[过滤]{洗涤} \xrightarrow[灼烧]{}$	$\boxed{CaO}$

由于重量分析法直接用分析天平称量而获得分析结果，不需要标准试样或基准物质进行比较，故其测定准确度高。对于常量组分的测定，其相对误差为 0.1%～0.2%。但重量分析法操作烦琐而费时，不适用于生产中的控制分析，也不适用于微量或痕量组分测定。目前，重量分析主要用于含量不太低的硅、硫、磷、钨、钼、镍、锆、铌和钽等元素的精确测定。

为了保证测定有足够的准确度和便于操作，重量分析中对沉淀形式的要求是：①沉淀溶解度要小，这样才不致因沉淀溶解的损失而影响测定的准确度；②沉淀形式要便于过滤和洗涤；③沉淀力求纯净，尽量避免混杂沉淀剂或其他杂质；④沉淀应容易全部转化为称量形式。

重量分析中对称量形式的要求是：①称量形式必须有确定的化学组成；②称量形式必须稳定，不受空气中水分、二氧化碳和氧气等的影响；③称量形式的相对分子质量要大，以减小称量误差，提高测定的准确度。

在重量分析法中，当沉淀的溶解损失小于 $10^{-5}\,mol \cdot L^{-1}$，通常被认为沉淀完全。沉淀剂最好是易挥发的物质，这样干燥灼烧时便可将它从沉淀中除去。沉淀剂应有较高的选择性，即沉淀剂最好只能与被测成分生成沉淀，而与试样中的其他成分不起作用，这样就可在有其他杂质离子存在下直接进行沉淀。总的来说，无机沉淀剂的选择性较差，其沉淀溶解度较大，吸附杂质较多，而选用有机沉淀剂不但沉淀的溶解度一般很小，称量形式的相对分子质量大，过量的沉淀剂较易除去，因此有机沉淀剂在分析化学中获得广泛的应用。

沉淀剂的用量影响沉淀的完全程度。为使沉淀完全，根据同离子效应，必须加入过量沉淀剂以降低沉淀的溶解度。但是，若沉淀剂过多，反而因盐效应、酸效应或配位效应等而使溶解度增大。因此，必须避免使用太过量的沉淀剂。一般挥发性沉淀剂以过量 50%～100%为宜，对非挥发性的沉淀剂一般则以过量 20%～30%为宜。

7.4.2　影响沉淀纯度的因素

一种沉淀从溶液析出时，溶液中的某些其他组分可通过共沉淀和后沉淀等方式混入沉淀中而影响沉淀的纯度，进而影响分析结果的准确度。在一定条件下，某些物质本身并不能单独析出沉淀，但当溶液中另一种物质形成沉淀时，它便随同生成的沉淀一起析出，这种现象称为共沉淀。产生共沉淀的原因主要有表面吸附、与沉淀物质生成混晶、被沉淀物吸留和包夹。某

些组分析出沉淀之后，另一种本来难于析出沉淀的组分在该沉淀的表面慢慢析出，这种现象称为后沉淀。可采取以下措施提高沉淀的纯度：

(1) 选择适当的分析程序。

(2) 选择适当的沉淀剂。要求沉淀剂对沉淀的离子有选择性，沉淀溶解度小，晶形良好。

(3) 降低易被吸附离子的浓度。例如，$BaSO_4$ 沉淀易吸附 Fe^{3+}，沉淀前应将 Fe^{3+} 还原为不易被吸附的 Fe^{2+} 或用酒石酸加以掩蔽。

(4) 选择适当的沉淀条件，包括溶液的浓度、温度、试剂加入顺序和速率、陈化情况等。

(5) 选择合适的洗涤剂。洗涤剂在沉淀烘干或灼烧时易挥发除去。

(6) 再沉淀。将沉淀过滤洗涤后重新溶解，使杂质进入溶液后再进行沉淀。

7.4.3 沉淀的形成与沉淀的条件

1. 沉淀的形成过程

沉淀的形成过程可简单表示如下：

构晶离子 $\xrightarrow{\text{成核作用}}$ 晶核 $\xrightarrow{\text{成长过程}}$ 沉淀微粒 $\xrightarrow[\text{聚集}]{\text{定向排列}}$ 晶形沉淀 / 非晶形沉淀

在一定条件下，将沉淀剂加入试液中，形成沉淀的有关离子浓度的乘积超过其溶度积时，离子通过相互碰撞聚集成微小的晶核，晶核形成后，溶液中的构晶离子向晶核表面扩散，并沉积在晶核上，晶核便逐渐长大成沉淀微粒。

2. 沉淀的条件

1) 晶形沉淀的沉淀条件

(1) 适当稀的溶液中进行沉淀。此时溶液的过饱和度小，聚集速率小，易得到大颗粒的、易于过滤和洗涤的晶形沉淀。当然也不能太稀，以免沉淀溶解损失太大。

(2) 不断搅拌下，慢慢滴加稀的沉淀剂，防止局部过饱和度太大。

(3) 热溶液中进行沉淀。加热可增大沉淀溶解度，减少溶液过饱和度和聚集速率，有利于得到大颗粒沉淀，也有利于减少吸附杂质的量。但热溶液中析出沉淀后，应放冷后再进行过滤，以减少沉淀溶解损失。

(4) 必须陈化。沉淀完毕后，将沉淀与母液一起放置一段时间，这一过程称为陈化。陈化可使小晶粒溶解，大晶粒进一步长大，同时使原来吸留或包夹的杂质重新进入溶液，从而减少杂质吸附。加热和搅拌可加快陈化的进行。一些在室温下需陈化几小时或十几小时的沉淀在加热和搅拌下，陈化时间可缩短为 $1\sim 2h$ 或更短。

2) 非晶形沉淀的沉淀条件

(1) 沉淀应在较浓的溶液中进行，加入沉淀剂的速率不必太慢。此时离子水化程度较小，生成的沉淀较紧密，含水量少，易沉，易于过滤和洗涤。但此时沉淀吸附杂质的量有可能增加，因而常在沉淀完毕后加入较大量的热水并充分搅拌，使部分杂质解吸而重新转入溶液。

(2) 热溶液中进行沉淀。此时离子水化程度低，有利于得到结构紧密的沉淀。加热还可促使沉淀凝聚，防止生成胶体，以及减少沉淀表面对杂质的吸附。

(3) 加入适当的强电解质，通常为挥发性铵盐。这样可防止胶体溶液形成，促使沉淀微粒凝聚。通常沉淀的洗涤液中也加入适量强电解质，以防洗涤时沉淀发生胶溶现象。

(4) 不必陈化。沉淀完全后，应趁热过滤，以防非晶形沉淀久置逐渐失去水分，凝聚得更紧密而使杂质难以洗尽。

3)均相沉淀法

均相沉淀法中，加入试剂后先形成均匀的溶液，然后通过缓慢的化学反应过程得到沉淀。例如，通过加热，或逐渐改变溶液的 pH，或加入其他试剂，使溶液内部逐渐产生沉淀剂，然后均匀地沉淀。这样可获得颗粒较大、结构紧密、纯净、易于过滤的晶形沉淀。例如，沉淀 Ca^{2+} 时，在含 Ca^{2+} 的酸性溶液中加入草酸，因溶液酸度较高，$C_2O_4^{2-}$ 浓度较低，不能析出 CaC_2O_4 沉淀。若在溶液中加入尿素，并加热到 90℃左右，尿素水解产生的 NH_3 中和溶液中的 H^+，使 pH 逐渐升高，$C_2O_4^{2-}$ 浓度不断增大，CaC_2O_4 均匀缓慢生成，由此得到的 CaC_2O_4 沉淀颗粒大而纯净。

7.4.4　沉淀的过滤、洗涤、烘干或灼烧

沉淀常用滤纸或玻璃砂芯滤器过滤。对于需要灼烧的沉淀，应根据沉淀的性状用紧密程度不同的滤纸。一般非晶形沉淀应用疏松的快速滤纸过滤，粗粒的晶形沉淀可用较紧密的中速滤纸，较细粒的晶形沉淀应用最紧密的慢速滤纸，以防沉淀穿过滤纸。

洗涤沉淀是为了洗去沉淀表面吸附的杂质和混杂在沉淀中的母液。洗涤时要尽量减少沉淀的溶解损失和避免形成胶体。选择洗液的原则是：对于溶解度很小而又不易形成胶体的沉淀，可用蒸馏水洗涤；对于溶解度较大的晶形沉淀，可用沉淀剂洗涤，但沉淀剂必须在烘干或灼烧时易挥发或易分解除去。用热的洗液洗涤，则过滤较快，且能防止形成胶体，但溶解度随温度升高而增大较快的沉淀不能用热液洗涤。洗涤必须连续进行一次完成，不能将沉淀干涸放置太久，尤其是一些非晶形沉淀，放置凝聚后不易洗净。洗涤沉淀时，既要将沉淀洗净，又不能增加沉淀的溶解损失，用适当少的洗液分多次洗涤，每次加入洗液前使前次洗液尽量流尽，以提高洗涤效果。

烘干是为了除去沉淀中的水分和可挥发物质，使沉淀形式转化为组成固定的称量形式。灼烧沉淀除有上述作用外，有时还可以使沉淀形式在较高的温度下分解成组成固定的称量形式。灼烧温度一般在 800℃以上，常用瓷坩埚放置沉淀，若需要用氢氟酸处理，则用铂坩埚。用滤纸包好沉淀，放入已灼烧至恒量的坩埚中，再加热烘干、焦化、灼烧至恒量。

7.4.5　重量分析法中的计算

在沉淀重量分析中，被测组分 A 转化为称量形式 D 的化学计量关系可表示如下：

$$\underset{\text{被测组分}}{a\mathrm{A}} + \underset{\text{沉淀剂}}{b\mathrm{B}} \longrightarrow \underset{\text{沉淀形式}}{c\mathrm{C}} \longrightarrow \underset{\text{称量形式}}{d\mathrm{D}}$$

$$m_{\mathrm{A}}=\frac{aM_{\mathrm{A}}}{dM_{\mathrm{D}}}m_{\mathrm{D}}=Fm_{\mathrm{D}} \tag{7-5}$$

式中：m_{D}和 m_{A}分别为称量形式 D 和被测组分 A 的质量；M_{D}和 M_{A}分别是称量形式 D 和被测组分 A 的摩尔质量；F 为换算因数或化学因数。重量分析中，被测组分的含量常用质量分数表示。假设试样质量为 m_{s}，则被测组分 A 的质量分数为

$$w_{\mathrm{A}}=\frac{m_{\mathrm{A}}}{m_{\mathrm{s}}}=\frac{F\cdot m_{\mathrm{D}}}{m_{\mathrm{s}}} \tag{7-6}$$

例 7-12　测定某试样含铁量，称样 0.1666g，将样品溶解后，用氨水将其沉淀为 $Fe_2O_3\cdot nH_2O$，再高温

灼烧为 Fe_2O_3，称得其质量为 0.1370g，求 $w(Fe)$ 和 $w(Fe_3O_4)$。

解

$$2Fe \longrightarrow Fe_2O_3$$

$$w(Fe)=\frac{F_1\cdot m(Fe_2O_3)}{m_s}=\frac{\dfrac{2M(Fe)}{M(Fe_2O_3)}\cdot m(Fe_2O_3)}{m_s}=\frac{\dfrac{2\times 55.85}{159.7}\times 0.1370}{0.1666}=0.5752$$

$$2Fe_3O_4 \longrightarrow 3Fe_2O_3$$

$$w(Fe_3O_4)=\frac{F_2\cdot m(Fe_2O_3)}{m_s}=\frac{\dfrac{2M(Fe_3O_4)}{3M(Fe_2O_3)}\cdot m(Fe_2O_3)}{m_s}=\frac{\dfrac{2\times 231.5}{3\times 159.7}\times 0.1370}{0.1666}=0.7947$$

沉淀重量分析法中，一般晶形沉淀灼烧后得 0.2～0.5g 为宜，非晶形沉淀灼烧后得 0.1g 左右为宜。沉淀过多，难以过滤和洗涤；沉淀过少，则因溶解损失引起的误差将增大。

例 7-13 以 Fe_2O_3 为称量形式测定含铁铵矾约 60%的铁铵矾样品，实验时应称取样品多少克？

解

$$2NH_4Fe(SO_4)_2\cdot 12H_2O \longrightarrow Fe_2O_3$$

$$m_s=\frac{F\cdot m(Fe_2O_3)}{60\%}=\frac{\dfrac{2M[NH_4Fe(SO_4)_2\cdot 12H_2O]}{M(Fe_2O_3)}\cdot m(Fe_2O_3)}{60\%}=\frac{\dfrac{2\times 482.2}{159.7}\times 0.1}{60\%}=1(g)$$

故实验时应称取样品 1g。

习　　题

1. 根据溶度积规则，解释下列事实。

(1) $CaCO_3$ 沉淀能溶于 HCl 溶液。

(2) AgCl 不溶于强酸，但可溶于氨水。

(3) 淡黄色的 AgBr 沉淀在 Na_2S 溶液中转变为黑色 Ag_2S 沉淀。

2. 什么是分步沉淀？在浓度均为 $0.1mol\cdot L^{-1}$ NaCl 和 KI 混合溶液中，逐滴加入 $AgNO_3$ 溶液，首先生成沉淀的是什么物质？

3. 下列情况对分析结果有无影响？偏高还是偏低？为什么？

(1) pH≈4 时，莫尔法滴定 Cl^-。

(2) 福尔哈德法测定 Cl^- 时，溶液中未加硝基苯。

4. 选择题。

(1) 难溶电解质 AB_2 的 $s=1.0\times10^{-3}mol\cdot L^{-1}$，其 $K_{sp}^{\ominus}$ 是(　　)。

A. 1.0×10^{-6}　　B. 1.0×10^{-9}　　C. 4.0×10^{-6}　　D. 4.0×10^{-9}

(2) 某难溶电解质的 s 和 $K_{sp}^{\ominus}$ 的关系是 $K_{sp}^{\ominus}=4s^3$，它的分子式可能是(　　)。

A. AB　　B. A_2B_3　　C. A_3B_2　　D. A_2B

(3) 在饱和 $BaSO_4$ 溶液中，加入适量 NaCl，则 $BaSO_4$ 的溶解度(　　)。

A. 增大　　B. 不变　　C. 减小　　D. 无法确定

(4) 已知 $K_{sp}^{\ominus}[Mg(OH)_2]=1.2\times10^{-11}$，$Mg(OH)_2$ 在 $0.01mol\cdot L^{-1}$ NaOH 溶液中的 Mg^{2+} 浓度是(　　)$mol\cdot L^{-1}$。

A. 1.2×10^{-9}　　B. 4.2×10^{-6}　　C. 1.2×10^{-7}　　D. 1.0×10^{-4}

5. 常温下 Ag_2CO_3 在水中的溶解度为 $3.49\times10^{-2}g\cdot L^{-1}$，求：

(1) Ag_2CO_3 的溶度积。

(2) 在 $0.10mol\cdot L^{-1}K_2CO_3$ 溶液中的溶解度($g\cdot L^{-1}$)。

6. 根据 $Mg(OH)_2$ 的溶度积，计算：

(1) $Mg(OH)_2$ 在水中的溶解度($mol\cdot L^{-1}$)。

(2) $Mg(OH)_2$ 饱和溶液中 Mg^{2+} 的浓度及溶液的 pH 分别是多少？

(3) $Mg(OH)_2$ 在 0.010mol·L^{-1} $MgCl_2$ 溶液中的溶解度(mol·L^{-1})。

7. 10mL 0.001mol·L^{-1} $BaCl_2$ 溶液与 10mL 0.002mol·L^{-1} H_2SO_4 溶液混合后，有无 $BaSO_4$ 沉淀生成？

8. 100mL 0.20mol·L^{-1} $Na_2C_2O_4$ 溶液与 150mL 0.30mol·L^{-1} $BaCl_2$ 溶液混合，求 Ba^{2+}、$C_2O_4^{2-}$ 的浓度。

9. 某溶液含有 Pb^{2+} 和 Ba^{2+}，其浓度分别为 0.010mol·L^{-1} 和 0.10mol·L^{-1}，加入 K_2CrO_4 溶液后，哪种离子先沉淀？

10. 已知 CaF_2 的 $K_{sp}^{\ominus}=2.7\times10^{-11}$，求它在：(1) 纯水中；(2) 0.10mol·L^{-1} NaF 溶液中；(3) 0.20mol·L^{-1} $CaCl_2$ 溶液中的溶解度。

11. $Ni(OH)_2$ 饱和溶液的 pH=9.20，求其 $K_{sp}^{\ominus}$。

12. 某溶液中含有 Ca^{2+}、Ba^{2+}，其浓度均为 0.10mol·L^{-1}，缓慢加入 Na_2SO_4，开始生成的是何沉淀？开始沉淀时 SO_4^{2-} 浓度是多少？可否用此方法分离 Ca^{2+}、Ba^{2+}？$CaSO_4$ 开始沉淀的瞬间，Ba^{2+} 浓度是多少？

13. 含 Zn^{2+} 和 Mn^{2+} 浓度均为 0.10mol·L^{-1} 的溶液，通入 H_2S 至饱和，溶液的 pH 应控制在什么范围可以使二者完全分离？

14. 在 0.10mol·L^{-1} $FeCl_2$ 溶液中通入 H_2S 至饱和，欲使 Fe^{2+} 不生成 FeS 沉淀，溶液中的 pH 最高应为多少？

15. 仅含有 NaCl 和 KCl 的试样 0.1200g，用 0.1000mol·L^{-1} $AgNO_3$ 标准溶液滴定，用去 $AgNO_3$ 20.00mL。试求试样中 NaCl 和 KCl 的质量分数。

16. 0.1850g 纯 KCl 与 24.85mL $AgNO_3$ 溶液能定量反应完全，求 $AgNO_3$ 的物质的量浓度。

17. 将 0.1121mol·L^{-1} $AgNO_3$ 溶液 30.00mL 加入到含有氯化物试样 0.2266g 的溶液中，然后用 0.1158mol·L^{-1} NH_4SCN 溶液滴定过量的 Ag^+，用去 NH_4SCN 溶液 0.50mL。试计算试样中氯的质量分数。

18. 溶解 0.5000g 不纯的 $SrCl_2$，其中除 Cl^- 外，不含其他能与 Ag^+ 产生沉淀的物质，溶解后加入 1.734g 纯 $AgNO_3$，过量的 $AgNO_3$ 用 0.2800mol·L^{-1} NH_4SCN 标准溶液滴定，用去 25.50mL。试计算试样中 $SrCl_2$ 的质量分数。

19. 计算下列化学因数。

	测定物	称量形式
(1)	MgO	$Mg_2P_2O_7$
(2)	P_2O_5	$(NH_4)_3PO_4\cdot12MoO_3$
(3)	Al_2O_3	$Al(C_9H_6ON)_3$
(4)	Cr_2O_3	$PbCrO_4$

20. 称取含磷矿石 0.4530g，溶解，以 $MgNH_4PO_4$ 形式沉淀后，灼烧后得到 $Mg_2P_2O_7$ 0.2825g，计算试样中 P 和 P_2O_5 的质量分数。

21. 称取含硫的纯有机化合物 1.0000g，首先用 Na_2O_2 熔融，使其中的硫定量转化为 Na_2SO_4，然后溶于水，用 $BaCl_2$ 溶液处理，定量转化为 $BaSO_4$ 1.0890g。计算：

(1) 有机化合物中硫的质量分数。

(2) 若有机化合物摩尔质量为 214.33g·mol^{-1}，求该有机化合物分子中硫原子的个数。

第 8 章　氧化还原平衡与氧化还原滴定法

化学反应可分成两大类：一类是反应过程中反应物之间没有电子转移，为非氧化还原反应，如酸碱反应、沉淀反应及配位反应等；另一类是反应过程中反应物之间发生了电子转移，某些元素的氧化数发生了改变，为氧化还原反应。氧化还原反应是一类普遍存在并且非常重要的化学反应，燃烧反应、光合作用、动植物体内的代谢过程、土壤中某些元素存在状态的转化、金属冶炼、基本化工原料和成品的生产等都涉及氧化还原反应。将氧化还原反应设计成原电池，电池中自发的氧化还原反应的化学能转化成电能；相反，在电解池中，电能使非自发的氧化还原反应进行，并将电能转化为化学能。本章以原电池作为讨论氧化还原反应的物理模型，讨论标准电极电势的概念、影响电极电势的因素、氧化剂和还原剂的相对强弱、氧化还原反应的方向和程度，以及氧化还原滴定分析方法和应用。

8.1　氧化还原反应

8.1.1　氧化数

人们对氧化还原反应的认识经历了一个过程。最初把一种物质与氧化合的反应称为氧化，把含氧的物质失去氧的反应称为还原。随着对化学反应的进一步研究，人们认识到还原反应实际上是得电子的过程，氧化反应是失电子的过程。但按有无电子的得失或偏移判断是否属于氧化还原反应，有时会遇到困难。因为有些化合物特别是结构复杂的化合物，其电子结构式不易给出，因而很难确定它在反应中是否有电子的得失或偏移。为描述原子带电状态的改变，表明元素被氧化的程度，提出了氧化态的概念。元素的氧化态是用一定的数值表示的。表示元素氧化态的代数值称为元素的氧化数，也称为氧化值。

1970 年，IUPAC 较严格地定义了氧化数的概念：氧化数是某元素一个原子的表观电荷数，这个表观电荷数可由假设每个键中的电子指定给电负性更大的原子而求得。根据此定义，确定氧化数的规则如下：

（1）单质中元素的氧化数为零，如 H_2、O_2 等物质中元素的氧化数为零。

（2）中性分子中各元素氧化数的代数和等于零，单原子离子中元素氧化数等于离子所带电荷数，复杂离子中各元素氧化数的代数和等于离子的电荷数。

（3）某些元素在化合物中的氧化数：通常氢在化合物中的氧化数为＋1，但在活泼金属（ⅠA 和ⅡA）氢化物中的氧化数为－1；通常氧的氧化数为－2，但在过氧化物如 H_2O_2 中为－1，在超氧化物如 NaO_2 中为 $-\dfrac{1}{2}$，在臭氧化物如 KO_3 中为 $-\dfrac{1}{3}$，在氟氧化物如 O_2F_2 和 OF_2 中分别为＋1 和＋2；氟的氧化数皆为－1；碱金属的氧化数皆为＋1，碱土金属的氧化数皆为＋2。

根据以上规则，可确定化合物中任一元素的氧化数。

例 8-1　求硫代硫酸钠 $Na_2S_2O_3$ 和连四硫酸根 $S_4O_6^{2-}$ 中 S 的氧化数。

解　设 $Na_2S_2O_3$ 中 S 的氧化数为 x_1，$S_4O_6^{2-}$ 中 S 的氧化数为 x_2，根据氧化数规则有

$$(+1)\times 2+2x_1+(-2)\times 3=0$$

$$4x_2+(-2)\times 6=-2$$

解得

$$x_1=+2 \qquad x_2=+2.5$$

8.1.2　氧化还原反应基本概念

在反应过程中，氧化数发生变化的化学反应称为氧化还原反应。元素氧化数升高的变化称为氧化，氧化数降低的变化称为还原。而在氧化还原反应中氧化与还原是同时发生的，且元素氧化数升高的总数必等于氧化数降低的总数。

1. 氧化剂和还原剂

在氧化还原反应中，若某物质的组成原子或离子氧化数升高，称此物质为还原剂，还原剂使另一物质还原，其本身在反应中被氧化，它的反应产物称氧化产物；反之，称为氧化剂，氧化剂使另一物质氧化，其本身在反应中被还原，它的反应产物称还原产物。例如

$$\underset{(氧化剂)}{2K\overset{+7}{Mn}O_4}+\underset{(还原剂)}{5H_2\overset{-1}{O}_2}+3H_2SO_4 = \underset{(还原产物)}{2\overset{+2}{Mn}SO_4}+K_2SO_4+\underset{(氧化产物)}{5\overset{0}{O}_2\uparrow}+8H_2O$$

分子式上面的数字代表各相应元素的氧化数。上述反应中，$KMnO_4$ 是氧化剂，Mn 的氧化数从+7 降到+2，它本身被还原，使 H_2O_2 被氧化；H_2O_2 是还原剂，O 的氧化数从−1 升到 0，它本身被氧化，使 $KMnO_4$ 被还原。虽然 H_2SO_4 也参加了反应，但没有氧化数变化，通常把这类物质称为介质。

氧化剂和还原剂是同一物质的氧化还原反应，称为自身氧化还原反应。例如

$$2KClO_3 = 2KCl+3O_2\uparrow$$

某物质中同一元素同一氧化态的原子部分被氧化、部分被还原的反应称为歧化反应，它是自身氧化还原反应的一种特殊类型。例如

$$Cl_2+H_2O = HClO+HCl \qquad 歧化反应$$

$$4HNO_3 = 4NO_2\uparrow+O_2\uparrow+2H_2O \qquad 非歧化反应$$

2. 氧化还原电对和半反应

在氧化还原反应中，表示氧化还原过程的方程式分别称为氧化反应和还原反应，统称为半反应。例如

$$氧化反应 \qquad Zn-2e^- \rightleftharpoons Zn^{2+}$$

$$还原反应 \qquad Cu^{2+}+2e^- \rightleftharpoons Cu$$

半反应中，氧化数较高的那种物质称为氧化态(如 Zn^{2+}、Cu^{2+})；氧化数较低的那种物质称为还原态(如 Zn、Cu)。半反应中的氧化态和还原态是彼此依存、相互转化的，这种共轭的氧化还原体系称为氧化还原电对，用“氧化态/还原态”表示，如 Cu^{2+}/Cu、Zn^{2+}/Zn。一个电对就代表一个半反应，半反应可用下列通式表示：

$$氧化态+ne^- \rightleftharpoons 还原态$$

每个氧化还原反应是由两个半反应组成的。

案例 8-1　人们看到专业的侍酒师倒葡萄酒时会先将葡萄酒倒进一个容器内进行醒酒。红葡萄酒在晶莹剔透的醒酒器中颜色会显得更加艳丽，给人以视觉享受。

问题：为什么要对葡萄酒进行醒酒？

分析：醒酒是指通过加速葡萄酒氧化的过程让葡萄酒释放其原有的芳香，同时柔化葡萄酒中的单宁，改善其口感。许多葡萄酒中含有 SO_2，它有杀菌、澄清、抗氧化、增酸、溶解等作用，在保护酒的天然水果特性的同时防止酒老化。葡萄酒在酵母发酵过程中也会产生一定量的 SO_2。醒酒就是让酒中的 SO_2 迅速扩散，葡萄酒与空气接触产生氧化作用，其目的是让葡萄酒变得更柔和，当酒斟入酒杯后，可使气味逐渐散溢于整个酒杯，让品饮人轻松地闻到酒所散发的气味。

8.1.3 氧化还原反应方程式的配平

1. 氧化数法

氧化数法是根据反应中氧化剂的氧化数降低的总数和还原剂的氧化数升高的总数相等的原则配平反应方程式。

例 8-2 配平 Cu_2S 与 HNO_3 反应的化学方程式。

解 (1) 根据事实写出主要反应物和产物的化学式，并将氧化数有变化的注明在相应元素符号的上方。

$$\overset{+1}{Cu_2}\overset{-2}{S} + H\overset{+5}{N}O_3 \longrightarrow \overset{+2}{Cu}(NO_3)_2 + H_2\overset{+6}{S}O_4 + \overset{+2}{N}O\uparrow$$

(2) 按最小公倍数原则，对还原剂的氧化数升高值和氧化剂的氧化数降低值各乘以适当系数，使两者绝对值相等。

$$\begin{array}{lll|l} \text{氧化数升高值：} & \left.\begin{array}{ll} Cu & 2\times[(+2)-(+1)]=+2 \\ S & (+6)-(-2)=+8 \end{array}\right\} & =+10 & \times 3=+30 \\ \text{氧化数降低值：} & N \quad (+2)-(+5)=-3 & & \times 10=-30 \end{array}$$

(3) 将系数分别写入还原剂和氧化剂的化学式前边，并配平氧化数有变化的元素原子个数。

$$3Cu_2S+10HNO_3 \longrightarrow 6Cu(NO_3)_2+3H_2SO_4+10NO\uparrow$$

(4) 配平其他元素的原子数，必要时加上适当数目的酸、碱及水分子。上式右边有 12 个未被还原的 NO_3^-，因而左边要增加 12 个 HNO_3，即

$$3Cu_2S+22HNO_3 \longrightarrow 6Cu(NO_3)_2+3H_2SO_4+10NO\uparrow$$

再检查氢和氧原子个数，显然在反应式右边应配上 $8H_2O$，两边各元素的原子数目相等后，把箭头改为等号，即

$$3Cu_2S+22HNO_3 = 6Cu(NO_3)_2+3H_2SO_4+10NO\uparrow+8H_2O$$

2. 离子-电子法

离子-电子法是根据反应中氧化剂和还原剂得失电子总数相等的原则配平反应方程式。

例 8-3 写出并配平酸性介质中高锰酸钾与草酸反应的方程式。

解 (1) 写出未配平的离子方程式

$$MnO_4^- + H_2C_2O_4 \longrightarrow Mn^{2+} + CO_2\uparrow$$

(2) 将反应改为两个半反应

$$\text{氧化反应} \qquad H_2C_2O_4 \longrightarrow CO_2$$

$$\text{还原反应} \qquad MnO_4^- \longrightarrow Mn^{2+}$$

(3) 配平半反应的原子数和电荷数

$$H_2C_2O_4 \longrightarrow 2CO_2\uparrow + 2H^+ + 2e^-$$

$$MnO_4^- + 8H^+ + 5e^- \longrightarrow Mn^{2+} + 4H_2O$$

(4) 根据氧化剂和还原剂得失电子总数相等的原则，合并两个半反应，消去式中的电子，即得配平的反应式

$$2MnO_4^- + 5H_2C_2O_4 + 6H^+ = 2Mn^{2+} + 10CO_2\uparrow + 8H_2O$$

配平半反应式时，如果氧化剂或还原剂与其产物内所含的氧原子数目不同，可根据介质的酸碱性，分别在半反应式中加 H^+、OH^- 和 H_2O，利用水的解离平衡使两边的氢和氧原子数相等。表 8-1 为一种经验规则，表中[O]表示氧原子。

表 8-1　配平氧原子的经验规则

介质种类	反应物中	
	多一个氧原子[O]	少一个氧原子[O]
酸性介质	$+2H^+ \xrightarrow{\text{结合[O]}} +H_2O$	$+H_2O \xrightarrow{\text{提供[O]}} +2H^+$
碱性介质	$+H_2O \xrightarrow{\text{结合[O]}} +2OH^-$	$+2OH^- \xrightarrow{\text{提供[O]}} +H_2O$
中性介质	$+H_2O \xrightarrow{\text{结合[O]}} +2OH^-$	$+H_2O \xrightarrow{\text{提供[O]}} +2H^+$

例 8-4　用离子-电子法配平 $KMnO_4$ 与 Na_2SO_3 反应的方程式(中性溶液中)。

解　(1) 写出离子方程式

$$MnO_4^- + SO_3^{2-} \longrightarrow MnO_2 + SO_4^{2-}$$

(2) 将反应改为两个半反应，并配平原子个数和电荷数

$$MnO_4^- + 2H_2O + 3e^- \longrightarrow MnO_2 + 4OH^-$$

$$SO_3^{2-} + 2OH^- \longrightarrow SO_4^{2-} + H_2O + 2e^-$$

(3) 合并两个半反应，消去式中的电子，即得配平的反应式

$$2MnO_4^- + 3SO_3^{2-} + H_2O = 2MnO_2 + 3SO_4^{2-} + 2OH^-$$

8.2　原电池及电极电势

8.2.1　原电池

一切氧化还原反应均为电子从还原剂转移给氧化剂的过程。例如，将 Zn 片放到 $CuSO_4$ 溶液中，即发生如下的氧化还原反应：

$$\overset{2e^-\ (\text{Zn}\rightarrow\text{Cu}^{2+})}{Zn + Cu^{2+} = Zn^{2+} + Cu}$$

上述反应虽然发生了电子从 Zn 转移到 Cu^{2+} 的过程，但没有形成有秩序的电子流，反应的化学能没有转变为电能，而变成了热能释放出来，导致溶液的温度升高。若把 Zn 片和 $ZnSO_4$ 溶液、Cu 片和 $CuSO_4$ 溶液分别放在两个容器内，两溶液以盐桥(由饱和 KCl 溶液和琼脂装入 U 形管中制成，其作用是连通两个半电池，保持溶液的电荷平衡，使反应能持续进行)连通，金属片之间用导线接通，并串联一个检流计，如图 8-1 所示。当线路接通后，会看到检流计的指针立刻发生偏转，说明导线上有电流通过。从指针偏转的方向判断，电流是由 Cu 极流向 Zn 极或者电子是由 Zn 极流向 Cu 极。与此同时，还可观察到 Zn 片慢慢溶解，Cu 片上有金属铜析出，说明发生了上述相同的氧化还原反应。这种把化学能转变为电能的装置称为原电池。原电池是由两个半电池组成，每个半电池称为一个电极，原电池中根据电子流动的方向来确定正、负极。向外电路输出电子的一极

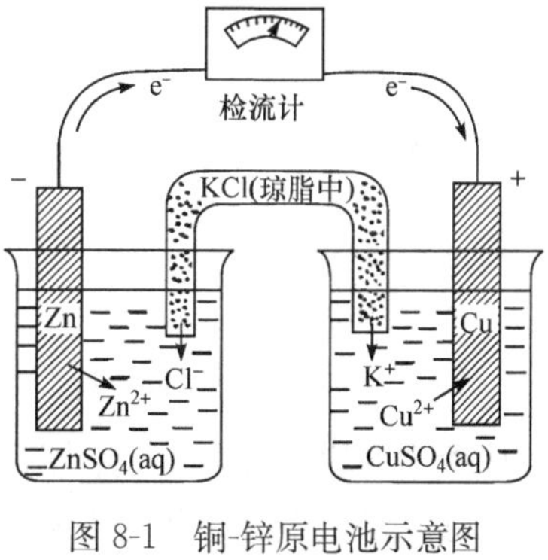

图 8-1　铜-锌原电池示意图

为负极，如 Zn 极，负极发生氧化反应；从外电路接受电子的一极为正极，如 Cu 极，正极发生还原反应。将两电极反应合并，即得电池反应。例如，Cu-Zn 原电池中分别发生了如下反应：

负极（氧化反应）　$Zn-2e^- \rightleftharpoons Zn^{2+}$

正极（还原反应）　$Cu^{2+}+2e^- \rightleftharpoons Cu$

电池反应（氧化还原反应）　$Zn+Cu^{2+} = Zn^{2+}+Cu$

Cu-Zn 原电池中所进行的电池反应，和 Zn 置换 Cu^{2+} 的化学反应是一样的。只是在原电池装置中，氧化剂和还原剂不直接接触，氧化反应和还原反应同时分别在两个不同的区域内进行，电子不是直接从还原剂转移给氧化剂，而是经导线传递，这正是原电池利用氧化还原反应产生电流的原因。

案例 8-2 铁船在大海中航行时，铁易被腐蚀，常在船底焊接锌块，可减缓船体腐蚀。

问题：锌和铁都是金属，为什么在新装铁船的船底焊接锌块可以防止铁船的船底生锈？

分析：铁船底部焊接锌块，锌块会先与海水产生化学反应，从而起到保护铁的作用，这种方法称为牺牲阳极的阴极保护法，又称为牺牲阳极保护法，是一种防止金属腐蚀的方法之一。将还原性较强的金属作为保护极，与被保护金属相连构成原电池，还原性较强的金属作为原电池的负极（腐蚀电池的阳极）发生氧化反应而消耗，被保护的金属作为原电池的正极（腐蚀电池的阴极）就可以避免腐蚀。

为了应用方便，常用电池符号表示一个原电池的组成，如铜-锌原电池可表示如下：

$$(-)Zn(s) \mid ZnSO_4(1mol \cdot L^{-1}) \parallel CuSO_4(1mol \cdot L^{-1}) \mid Cu(s)(+)$$

电池符号书写有如下规定：

(1) 一般把负极写在左边，正极写在右边。

(2) 用"｜"表示物质间有一界面，不存在界面用","表示，用"‖"表示盐桥。

(3) 用化学式表示电池物质的组成，并注明物质的状态，气体要注明其分压，溶液要注明其浓度。如不注明，一般指 $1mol \cdot L^{-1}$ 或 100kPa。

(4) 对于某些电极的电对自身不是金属导电体时，则需外加一个能导电而又不参与电极反应的惰性电极，通常用铂作惰性电极。

例 8-5 写出下列电池反应对应的半反应及原电池符号。

(1) $2Fe^{3+}+2I^- = 2Fe^{2+}+I_2$

(2) $Zn+2H^+ = Zn^{2+}+H_2\uparrow$

(3) $2Fe^{2+}(0.10mol \cdot L^{-1})+Cl_2(100kPa) = 2Fe^{3+}(0.10mol \cdot L^{-1})+2Cl^-(2.0mol \cdot L^{-1})$

解 (1) 负极（氧化反应）　$2I^- -2e^- \rightleftharpoons I_2$

正极（还原反应）　$Fe^{3+}+e^- \rightleftharpoons Fe^{2+}$

$(-)Pt|I_2(s)|I^-(c_1) \parallel Fe^{2+}(c_2),Fe^{3+}(c_3)|Pt(+)$

(2) 负极（氧化反应）　$Zn-2e^- \rightleftharpoons Zn^{2+}$

正极（还原反应）　$2H^+ +2e^- \rightleftharpoons H_2$

$(-)Zn(s)|Zn^{2+}(c_1) \parallel H^+(c_2)|H_2[p(H_2)]|Pt(+)$

(3) 负极（氧化反应）　$Fe^{2+}-e^- \rightleftharpoons Fe^{3+}$

正极（还原反应）　$Cl_2+2e^- \rightleftharpoons 2Cl^-$

$(-)Pt|Fe^{2+}(0.10mol \cdot L^{-1}),Fe^{3+}(0.10mol \cdot L^{-1}) \parallel Cl^-(2.0mol \cdot L^{-1})|Cl_2(100kPa)|Pt(+)$

从理论上说，任何一个氧化还原反应都可设计成原电池，但实际操作有时会遇到很大的困难。原电池将化学能转化为电能，一方面具有实用价值，另一方面还揭示了化学现象与电现象的关系，为电化学的形成打下基础。

8.2.2　电极电势

1. 电极电势的产生

用导线连接铜锌原电池的两个电极有电流产生的事实表明，两电极间存在一定的电势差，如同水的流动是由于存在水位差一样。何谓电极电势？不同电极的电极电势为何不同？

1889 年，德国化学家能斯特(W.Nernst)提出了双电层理论，可用来说明金属和其盐溶液之间的电势差，以及原电池产生电流的机理。金属晶体是由金属原子、金属离子和自由电子组成。当把金属放入其盐溶液中时，在金属与其盐溶液的接触面上就会发生两个相反的过程：①金属表面的离子由于自身的热运动及溶剂的吸引，会脱离金属表面，以水合离子的形式进入溶液，电子留在金属表面上；②溶液中的金属水合离子受金属表面自由电子的吸引，重新得到电子，沉积在金属表面上。金属与其盐溶液之间存在如下动态平衡：

$$M(s) \underset{\text{沉积}}{\overset{\text{溶解}}{\rightleftharpoons}} M^{n+}(aq) + ne^-$$

若金属溶解的趋势大于离子沉积的趋势，则达到平衡时，金属和其盐溶液的界面上形成了金属表面带负电荷、溶液带正电荷的双电层结构，如图 8-2 所示。相反，若离子沉积的趋势大于金属溶解的趋势，达到平衡时，金属和溶液的界面上形成了金属表面带正电、溶液带负电的双电层结构。由于双电层的存在，金属与溶液之间产生了电势差，这个电势差称为金属的电极电势，用符号 E 表示，单位为 V(伏)。电极电势的大小主要取决于电极材料的本性，同时还与溶液浓度、温度、介质等因素有关。

2. 标准氢电极和标准电极电势

电极处于标准状态时的电极电势称为标准电极电势，符号 $E^\ominus$。电极的标准态是指组成电极的物质的浓度为 $1mol \cdot L^{-1}$，气体的分压为 100kPa，液体或固体为纯净状态。温度通常为 298.15K，可见标准电极电势仅取决于电极的本性。因电极电势的绝对值无法测定，故电化学中选择了一个比较电极电势大小的标准，即标准氢电极。

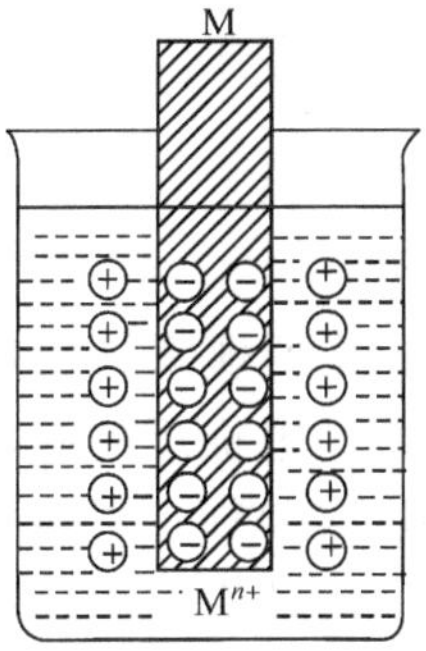

图 8-2　双电层示意图

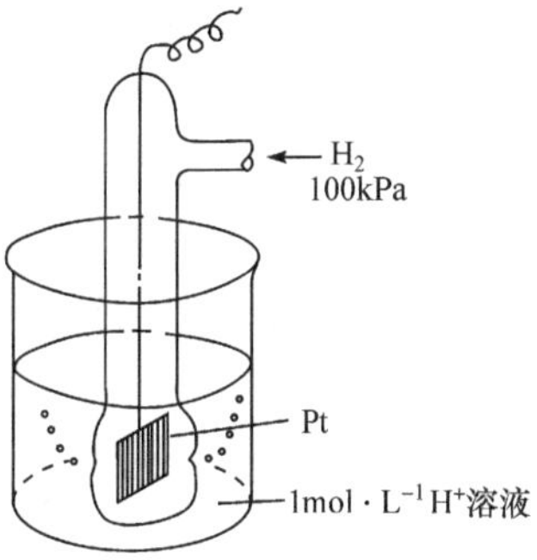

图 8-3　标准氢电极

标准氢电极的装置如图 8-3 所示，将镀有铂黑的铂片插入氢离子浓度为 $1mol \cdot L^{-1}$ 的硫酸溶液中，在 298.15K 时不断通入压力为 100kPa 的纯氢气流，使铂黑吸附氢气达到饱和，这时溶液中的氢离子与铂黑所吸附的氢气建立了如下的动态平衡：

$$2H^+ + 2e^- \rightleftharpoons H_2(g)$$

标准压力的氢气饱和了的铂片和 H^+ 浓度为 $1mol \cdot L^{-1}$ 溶液间的电势差就是标准氢电极的电极电势，电化学上规定为零，即

$$E^{\ominus}(H^+/H_2) = 0.00V$$

在原电池中，当无电流通过时两电极之间的电势差称为电池电动势，用 ε 表示；当两电极均处于标准状态时称为标准电动势，用 $\varepsilon^{\ominus}$ 表示，即

$$\varepsilon = E_+ - E_- \tag{8-1}$$

$$\varepsilon^{\ominus} = E_+^{\ominus} - E_-^{\ominus} \tag{8-2}$$

标准电极电势的测定按以下步骤进行：①将待测的标准电极与标准氢电极组成原电池；②用电势差计测定原电池的电动势；③用检流计确定原电池的正负极。

如果将标准锌电极与标准氢电极组成原电池，测其电动势 $\varepsilon^{\ominus} = 0.763V$ 。由电流的方向可知，锌为负极，标准氢电极为正极，由 $\varepsilon^{\ominus} = E^{\ominus}(H^+/H_2) - E^{\ominus}(Zn^{2+}/Zn)$，得

$$E^{\ominus}(Zn^{2+}/Zn) = 0.00 - 0.763 = -0.763(V)$$

运用同样方法，理论上可测得各种电极的标准电极电势，但有些电极与水剧烈反应，不能直接测得，可通过热力学数据间接求得。常见电极的标准电极电势列于附录八。标准电极电势表给人们研究氧化还原反应带来很大的方便，使用标准电极电势表时应注意下面几点：

(1) 为便于比较和统一，电极反应常写成：氧化型 $+ ne^- \rightleftharpoons$ 还原型，氧化型与氧化态，还原型与还原态略有不同。例如，电极反应 $MnO_4^- + 8H^+ + 5e^- \rightleftharpoons Mn^{2+} + 4H_2O$，$MnO_4^-$ 为氧化态，$MnO_4^- + 8H^+$ 为氧化型，即氧化型包括氧化态和介质；Mn^{2+} 为还原态，$Mn^{2+} + 4H_2O$ 为还原型，还原型包括还原态和介质产物。

(2) $E^{\ominus}$ 值越小，电对中的氧化态物质得电子倾向越小，是越弱的氧化剂，而其还原态物质越易失去电子，是越强的还原剂。$E^{\ominus}$ 值越大，电对中的氧化态物质越易获得电子，是越强的氧化剂，而其还原态物质越难失去电子，是越弱的还原剂。较强的氧化剂可与较强的还原剂反应，故位于表左下方的氧化剂可氧化右上方的还原剂。也就是说，$E^{\ominus}$ 值较大的电对中的氧化态物质能和 $E^{\ominus}$ 值较小的电对中的还原态物质反应。

(3) 电极电势是强度性质，无加和性。因此，$E^{\ominus}$ 值与电极反应的书写形式和物质的计量系数无关，仅取决于电极的本性。例如

$$Br_2(l) + 2e^- \rightleftharpoons 2Br^- \qquad E^{\ominus} = +1.065V$$

$$2Br^- - 2e^- \rightleftharpoons Br_2(l) \qquad E^{\ominus} = +1.065V$$

$$2Br_2(l) + 4e^- \rightleftharpoons 4Br^- \qquad E^{\ominus} = +1.065V$$

(4) 使用电极电势时一定要注明相应的电对。例如，$E^{\ominus}(Fe^{3+}/Fe^{2+}) = +0.771V$，而 $E^{\ominus}(Fe^{2+}/Fe) = -0.44V$，二者相差很大，如不注明，容易混淆。

(5) 标准电极电势表分为酸表和碱表，使用时遵照以下几种规则分别查用酸表和碱表。电极反应中，无论在反应物还是在产物中出现 H^+，皆查酸表。电极反应中，无论在反应物还是在产物中出现 OH^-，皆查碱表。电极反应中无 H^+ 或 OH^- 出现时，可从存在的状态分析。例如，电对 Fe^{3+}/Fe^{2+}，Fe^{3+} 和 Fe^{2+} 都只能在酸性溶液中存在，故查酸表；电对 ZnO_2^{2-}/Zn 应查碱表。

(6) $E^{\ominus}$ 是水溶液体系的标准电极电势。对于非标准态、非水溶液体系，不能用 $E^{\ominus}$ 比较物质的氧化还原能力。

8.2.3 电动势与吉布斯自由能变的关系

根据热力学原理，恒温恒压下反应体系吉布斯自由能变等于体系所做的最大有用功，即

$\Delta G = W_{max}$。将一个能自发进行的氧化还原反应设计成一个原电池，在恒温恒压条件下就可实现从化学能到电能的转变，电池所做的最大有用功即为电功。电功（$W_{电}$）等于电动势 ε 与通过外电路的电量 Q 的乘积，即 $W_{电} = -\varepsilon \cdot Q$，而 $Q = nF$，$\varepsilon = E_+ - E_-$，所以

$$W_{电} = -nF\varepsilon = -nF(E_+ - E_-) \tag{8-3}$$

$$\Delta_r G_m = -\varepsilon \cdot Q = -nF(E_+ - E_-) \tag{8-4}$$

式中：F 为法拉第（M.Faraday）常量，$F = 96485 C \cdot mol^{-1}$ 或 $96485 J \cdot mol^{-1} \cdot V^{-1}$；$n$ 为电池反应中转移的电子数。在标准态下：

$$\Delta_r G_m^\ominus = -nF\varepsilon^\ominus = -nF(E_+^\ominus - E_-^\ominus) \tag{8-5}$$

由式(8-5)可看出，若已知电池反应的 $\Delta_r G_m^\ominus$，则可计算出该电池的标准电动势，这就为理论上确定电极电势提供了依据，同时可利用测定原电池电动势的方法确定某些离子的 $\Delta_f G_m^\ominus$。

例 8-6　若把下列反应设计成电池，求电池的电动势 $\varepsilon^\ominus$ 及 $\Delta_r G_m^\ominus$。

$$Cr_2O_7^{2-} + 6Cl^- + 14H^+ = 2Cr^{3+} + 3Cl_2 + 7H_2O$$

解　正极的电极反应　$Cr_2O_7^{2-} + 14H^+ + 6e^- \longrightarrow 2Cr^{3+} + 7H_2O$　$E_+^\ominus = 1.33V$

负极的电极反应　$2Cl^- - 2e^- \longrightarrow Cl_2$　$E_-^\ominus = 1.36V$

$$\varepsilon^\ominus = E_+^\ominus - E_-^\ominus = 1.33 - 1.36 = -0.03(V)$$

$$\Delta_r G_m^\ominus = -nF\varepsilon^\ominus = -6 \times 96485 \times (-0.03) = 1.7 \times 10^4 (J \cdot mol^{-1})$$

例 8-7　利用热力学函数数据计算 $E^\ominus(Zn^{2+}/Zn)$。

解　将电对 Zn^{2+}/Zn 与另一电对（最好选择 H^+/H_2）组成原电池。电池反应式为

	Zn	+	$2H^+ \longrightarrow$	Zn^{2+}	+	H_2
$\Delta_f G_m^\ominus/(kJ \cdot mol^{-1})$	0		0	−147		0

则 $\Delta_r G_m^\ominus = -147 kJ \cdot mol^{-1}$，由 $\Delta_r G_m^\ominus = -nF(E_+^\ominus - E_-^\ominus) = -nF[E^\ominus(H^+/H_2) - E^\ominus(Zn^{2+}/Zn)]$，得

$$E^\ominus(Zn^{2+}/Zn) = E^\ominus(H^+/H_2) + \frac{\Delta_r G_m^\ominus}{nF} = 0.000 + \frac{-147 \times 10^3}{2 \times 96485} = -0.762\ (V)$$

可见，电极电势可利用热力学函数求得，并非一定要用测量原电池电动势的方法得到。

8.2.4　影响电极电势的因素——能斯特方程式

1. 能斯特方程式

标准电极电势是在标准状态下测定的，通常参考温度为 298.15K。如果条件改变——温度、浓度、压力改变，则电对的电极电势也将随之发生改变。德国化学家能斯特将影响电极电势大小的诸因素如电极物质的本性、溶液中相关物质的浓度或分压、介质和温度等因素概括为一公式，称为能斯特方程式。

对于任意电极反应

$$a\ 氧化型 + ne^- \rightleftharpoons b\ 还原型$$

能斯特方程式为

$$E = E^\ominus + \frac{RT}{nF}\ln\frac{[c(氧化型)/c^\ominus]^a}{[c(还原型)/c^\ominus]^b} \tag{8-6}$$

式中：E 为电极在任意状态时的电极电势；$E^\ominus$ 为电极在标准状态时的电极电势；R 为摩尔气体常量，$8.314 J \cdot mol^{-1} \cdot K^{-1}$；$n$ 为电极反应中转移的电子数；F 为法拉第常量，$96485 C \cdot mol^{-1}$；T 为热力学温度；a、b 分别为电极反应中氧化型、还原型有关物质的计量系数。

当温度为 298.15K 时，将各常数值代入式(8-6)，其相应的浓度对电极电势影响的能斯特方程式为

$$E = E^{\ominus} + \frac{0.0592}{n}\lg\frac{c^{a}(\text{氧化型})}{c^{b}(\text{还原型})} \tag{8-7}$$

应用能斯特方程式时需注意几点：

(1) 若电对中某一物质是固体、纯液体或稀溶液中的 H_2O，它们的浓度为常数，不写入能斯特方程式中。例如

$$Cu^{2+} + 2e^{-} \rightleftharpoons Cu \qquad E(Cu^{2+}/Cu) = E^{\ominus}(Cu^{2+}/Cu) + \frac{0.0592}{2}\lg c(Cu^{2+})$$

$$MnO_4^{-} + 8H^{+} + 5e^{-} \rightleftharpoons Mn^{2+} + 4H_2O$$

$$E(MnO_4^{-}/Mn^{2+}) = E^{\ominus}(MnO_4^{-}/Mn^{2+}) + \frac{0.0592}{5}\lg\frac{c(MnO_4^{-})\cdot c^{8}(H^{+})}{c(Mn^{2+})}$$

(2) 若电对中某一物质是气体，其浓度用相对分压代替。例如

$$2H^{+} + 2e^{-} \rightleftharpoons H_2(g) \qquad E(H^{+}/H_2) = E^{\ominus}(H^{+}/H_2) + \frac{0.0592}{2}\lg\frac{c^{2}(H^{+})}{p(H_2)/p^{\ominus}}$$

(3) 若电极反应中，除氧化型、还原型物质外，还有参加电极反应的其他物质如 H^{+}、OH^{-} 存在，则应把这些物质的浓度也表示在能斯特方程式中。

2. 浓度对电极电势的影响

对一个指定的电极来说，由式(8-6)和式(8-7)可看出，氧化型物质的浓度越大，则 E 值越大，即电对中氧化态物质的氧化性越强，而相应的还原态物质是弱还原剂。相反，还原型物质的浓度越大，则 E 值越小，电对中的还原态物质是强还原剂，而相应的氧化态物质是弱氧化剂。电对中的氧化态或还原态物质的浓度或分压常因有弱电解质、沉淀物或配合物等的生成而发生显著改变，使电极电势受到影响。

例 8-8 $Fe^{3+} + e^{-} \rightleftharpoons Fe^{2+}$，$E^{\ominus} = +0.771V$，求 $c(Fe^{2+}) = 0.0001mol \cdot L^{-1}$ 时的 $E(Fe^{3+}/Fe^{2+})$。

解 $E(Fe^{3+}/Fe^{2+}) = E^{\ominus}(Fe^{3+}/Fe^{2+}) + 0.0592\lg\frac{c(Fe^{3+})}{c(Fe^{2+})} = 0.771 + 0.0592\lg\frac{1}{0.0001} = 1.01(V)$

例 8-9 已知电极反应 $Ag^{+} + e^{-} \rightleftharpoons Ag$，$E^{\ominus} = 0.80V$，现向该电极中加入 KI，使其生成 AgI 沉淀，达到平衡时，使 $c(I^{-}) = 1.0mol \cdot L^{-1}$，求此时的 $E(Ag^{+}/Ag)$。已知 $K_{sp}^{\ominus}(AgI) = 8.3 \times 10^{-17}$。

解 因 $Ag^{+} + I^{-} \rightleftharpoons AgI(s)$，当 $c(I^{-}) = 1.0mol \cdot L^{-1}$ 时，则 Ag^{+} 的浓度降为

$$c(Ag^{+}) = \frac{K_{sp}^{\ominus}(AgI)}{c(I^{-})} = \frac{8.3 \times 10^{-17}}{1.0} = 8.3 \times 10^{-17}(mol \cdot L^{-1})$$

$$E(Ag^{+}/Ag) = E^{\ominus}(Ag^{+}/Ag) + 0.0592\lg c(Ag^{+}) = 0.80 + 0.0592\lg(8.3 \times 10^{-17}) = -0.15(V)$$

从例 8-9 可以看出，因 I^{-} 加入，氧化型 Ag^{+} 的浓度大大降低，从而使电极电势 E 值降低很多。可见，当加入的沉淀剂与氧化型物质反应时，生成沉淀的 $K_{sp}^{\ominus}$ 值越小，电极电势 E 值降低得越多；加入的沉淀剂与还原型物质发生反应时，生成沉淀的 $K_{sp}^{\ominus}$ 值越小，则电极电势 E 值升高得越多。

同理，氧化还原反应体系中配合物的形成也会引起氧化型或还原型物质的浓度改变，从而导致电极电势值发生改变。若电对的氧化型生成配合物，使氧化型的浓度降低，则电极电势变小；若电对的还原型生成配合物，使还原型的浓度降低，则电极电势变大；若电对的氧化型和还原型同时生成配合物，电极电势的变化与氧化型和还原型的配合物的稳定常数(见第 9 章)

有关。

3. 酸度对电极电势的影响

许多物质的氧化还原能力与溶液的酸度有关，如酸性溶液中 Cr^{3+} 很稳定，而在碱性介质中 Cr(Ⅲ)却很容易被氧化为 Cr(Ⅵ)。再如，NO_3^- 的氧化能力随酸度增大而增强，浓 HNO_3 是极强的氧化剂，而 KNO_3 水溶液则没有明显的氧化性，这些现象说明溶液的酸度对物质的氧化还原能力有影响。如果有 H^+ 或 OH^- 参加反应，由能斯特方程式可知，改变介质的酸度，电极电势必随之改变，从而改变电对物质的氧化还原能力。

例 8-10　已知 $MnO_4^- + 8H^+ + 5e^- \rightleftharpoons Mn^{2+} + 4H_2O$，$E^\ominus(MnO_4^-/Mn^{2+}) = 1.51V$，当 $c(H^+) = 1.0\times10^{-3}mol\cdot L^{-1}$ 和 $c(H^+)=10mol\cdot L^{-1}$ 时，各自的 E 值是多少？（设其他物质均处于标准态）

解　与电极反应对应的能斯特方程式为

$$E(MnO_4^-/Mn^{2+}) = E^\ominus(MnO_4^-/Mn^{2+}) + \frac{0.0592}{5}\lg\frac{c(MnO_4^-)\cdot c^8(H^+)}{c(Mn^{2+})}$$

其他物质均处于标准态，则有

$$E(MnO_4^-/Mn^{2+}) = E^\ominus(MnO_4^-/Mn^{2+}) + \frac{0.0592}{5}\lg\frac{c^8(H^+)\times 1}{1}$$

当 $c(H^+)=1.0\times10^{-3}mol\cdot L^{-1}$ 时

$$E(MnO_4^-/Mn^{2+}) = 1.51 + \frac{0.0592}{5}\lg(1.0\times10^{-3})^8 = 1.22(V)$$

当 $c(H^+)=10mol\cdot L^{-1}$ 时

$$E(MnO_4^-/Mn^{2+}) = 1.51 + \frac{0.0592}{5}\lg10^8 = 1.60(V)$$

计算结果表明，MnO_4^- 的氧化能力随 H^+ 浓度的增大而明显增大。因此，在实验室及工业生产中用作氧化剂的盐类等物质，总是将它们溶于强酸性介质中制成溶液备用。

8.3　电极电势的应用

8.3.1　比较氧化剂和还原剂的相对强弱

$E^\ominus$ 值的大小代表电对物质得失电子能力的大小，可用于判断标准态下氧化剂、还原剂氧化还原能力的相对强弱。$E^\ominus$ 值大，电对中氧化态物质的氧化能力强，是强氧化剂；而对应的还原态物质的还原能力弱，是弱还原剂。$E^\ominus$ 值小，电对中还原态物质的还原能力强，是强还原剂；而对应氧化态物质的氧化能力弱，是弱氧化剂。

例 8-11　比较标准态下，下列电对物质氧化还原能力的相对大小。

$$E^\ominus(Cl_2/Cl^-) = 1.36V \quad E^\ominus(Br_2/Br^-) = 1.07V \quad E^\ominus(I_2/I^-) = 0.535V$$

解　比较上述电对的 $E^\ominus$ 值大小可知，氧化态物质的氧化能力相对大小为：$Cl_2 > Br_2 > I_2$，还原态物质的还原能力相对大小为：$I^- > Br^- > Cl^-$。

值得注意的是，$E^\ominus$ 值的大小只可用于判断标准态下氧化剂、还原剂氧化还原能力的相对强弱。若电对处于非标准状态，应根据能斯特方程式计算出 E 值，然后用 E 值大小判断物质的氧化性和还原性的强弱。

电对氧化型氧化能力强，其对应的还原型的还原能力就弱，这种共轭关系如同酸碱的共轭关系一样。通常实验室用的强氧化剂其电对的 $E^\ominus$ 值往往大于 1，如 $KMnO_4$、$K_2Cr_2O_7$、

H_2O_2 等；常用的强还原剂其电对的 $E^\ominus$ 值往往小于零或稍大于零，如 Zn、Fe、Sn^{2+} 等。当然，氧化剂、还原剂的强弱是相对的，并没有严格的界限。

生产实践和科学实验中，往往需要对混合体系中某一组分进行选择性氧化或还原，而体系中其他组分不发生氧化或还原反应，这时只有根据氧化剂、还原剂的相对强弱，选择适当的氧化剂或还原剂才能达到目的。

例 8-12 有一种含 Br^-、I^- 的混合液，选择一种氧化剂只氧化 I^- 为 I_2，而不氧化 Br^-，问应选择 $FeCl_3$ 还是 $K_2Cr_2O_7$？

解 有关电对的标准电极电势值为

$$E^\ominus(Br_2/Br^-) = 1.07V,\ E^\ominus(I_2/I^-) = 0.535V,$$
$$E^\ominus(Fe^{3+}/Fe^{2+}) = 0.77V,\ E^\ominus(Cr_2O_7^{2-}/Cr^{3+}) = 1.33V$$

因 $E^\ominus(Cr_2O_7^{2-}/Cr^{3+}) > E^\ominus(Br_2/Br^-)$，$E^\ominus(Cr_2O_7^{2-}/Cr^{3+}) > E^\ominus(I_2/I^-)$，$Cr_2O_7^{2-}$ 既能氧化 Br^- 又能氧化 I^-，故 $K_2Cr_2O_7$ 不能选用。而 $E^\ominus(Br_2/Br^-) > E^\ominus(Fe^{3+}/Fe^{2+}) > E^\ominus(I_2/I^-)$，$Fe^{3+}$ 不能氧化 Br^- 但能氧化 I^-，故应选择 $FeCl_3$ 作氧化剂。

8.3.2 判断氧化还原反应进行的方向、次序

恒温恒压下，氧化还原反应进行的方向可由反应的吉布斯自由能变来判断。

根据 $\Delta_r G_m = -nF\varepsilon = -nF(E_+ - E_-)$，有：①当 $\varepsilon > 0$，即 $E_+ > E_-$ 时，则 $\Delta_r G_m < 0$，反应正向自发进行；②当 $\varepsilon = 0$，即 $E_+ = E_-$ 时，则 $\Delta_r G_m = 0$，反应处于平衡状态；③当 $\varepsilon < 0$，即 $E_+ < E_-$ 时，则 $\Delta_r G_m > 0$，反应逆向自发进行。

当各物质均处于标准状态时，用标准电动势或标准电极电势判断。

因此，在氧化还原反应组成的原电池中，使反应物中的氧化剂对应的电对作正极，还原剂对应的电对作负极，比较两电极的电极电势值的大小即可判断氧化还原反应的方向。

例 8-13 在标准状态下，判断反应 $2Fe^{3+} + Cu = 2Fe^{2+} + Cu^{2+}$ 进行的方向。

解 正极 $Fe^{3+} + e^- \rightleftharpoons Fe^{2+}$ $\quad E^\ominus(Fe^{3+}/Fe^{2+}) = 0.771V$

负极 $Cu^{2+} + 2e^- \rightleftharpoons Cu$ $\quad E^\ominus(Cu^{2+}/Cu) = 0.337V$

$E^\ominus(Fe^{3+}/Fe^{2+}) > E^\ominus(Cu^{2+}/Cu)$，即 $E^\ominus_+ > E^\ominus_-$，故该反应能正向自发进行。

例 8-14 判断反应 $Pb^{2+} + Sn \rightleftharpoons Pb + Sn^{2+}$ 在标准状态时及 $c(Pb^{2+}) = 0.1mol \cdot L^{-1}$、$c(Sn^{2+}) = 2mol \cdot L^{-1}$ 时的反应方向。

解 查表得 $\quad E^\ominus(Pb^{2+}/Pb) = -0.13V \quad E^\ominus(Sn^{2+}/Sn) = -0.14V$

(1) 在标准状态时

$$\varepsilon^\ominus = E^\ominus_+ - E^\ominus_- = E^\ominus(Pb^{2+}/Pb) - E^\ominus(Sn^{2+}/Sn) = (-0.13) - (-0.14)$$
$$= 0.01(V) > 0$$

故在标准状态时上述反应可向右进行，但不很完全。

(2) 当 $c(Pb^{2+}) = 0.1mol \cdot L^{-1}$、$c(Sn^{2+}) = 2mol \cdot L^{-1}$ 时

$$E(Pb^{2+}/Pb) = E^\ominus(Pb^{2+}/Pb) + \frac{0.0592}{2}\lg c(Pb^{2+}) = -0.13 + \frac{0.0592}{2}\lg 0.1$$
$$= -0.16(V)$$

$$E(Sn^{2+}/Sn) = E^\ominus(Sn^{2+}/Sn) + \frac{0.0592}{2}\lg c(Sn^{2+}) = -0.14 + \frac{0.0592}{2}\lg 2$$
$$= -0.13(V)$$

$$\varepsilon = E_+ - E_- = E(Pb^{2+}/Pb) - E(Sn^{2+}/Sn) = (-0.16) - (-0.13)$$
$$= -0.03(V) < 0$$

即反应向左进行，和标准状态时反应方向相反。

由于电极电势 E 的大小不仅与 $E^{\ominus}$ 有关，还与参加反应的物质的浓度、酸度有关。因此，如果有关物质的浓度不是 $1\text{mol}\cdot L^{-1}$ 时，则须按能斯特方程分别计算出氧化剂电对和还原剂电对的电极电势，再根据 ε 值的大小判断反应进行的方向。

在实践中常会遇到这样一种情况，在某一水溶液中同时存在多种离子，这些都能和所加入的还原剂或氧化剂发生氧化还原反应。例如

(1) $Fe^{2+}(aq)+Zn(s)=\!=\!=Fe(s)+Zn^{2+}(aq)$

(2) $Cu^{2+}(aq)+Zn(s)=\!=\!=Cu(s)+Zn^{2+}(aq)$

上述两种离子是同时被 Zn 还原，还是按一定次序先后被还原呢？从标准电极电势数据看：

$E^{\ominus}(Zn^{2+}/Zn)=-0.763V$，$E^{\ominus}(Fe^{2+}/Fe)=-0.440V$，$E^{\ominus}(Cu^{2+}/Cu)=0.337V$

Fe^{2+}、Cu^{2+} 都能被 Zn 还原。计算 $\varepsilon_2^{\ominus}=E^{\ominus}(Cu^{2+}/Cu)-E^{\ominus}(Zn^{2+}/Zn)$，$\varepsilon_1^{\ominus}=E^{\ominus}(Fe^{2+}/Fe)-E^{\ominus}(Zn^{2+}/Zn)$，因为 $\varepsilon_2^{\ominus}>\varepsilon_1^{\ominus}$，所以应是 Cu^{2+} 首先被还原。随着 Cu^{2+} 被还原，Cu^{2+} 浓度不断下降，从而导致 $E(Cu^{2+}/Cu)$ 不断减小。当下式成立时

$$E(Cu^{2+}/Cu)=E^{\ominus}(Cu^{2+}/Cu)+\frac{0.0592}{2}\lg c(Cu^{2+})=E^{\ominus}(Fe^{2+}/Fe)$$

Fe^{2+}、Cu^{2+} 将同时被 Zn 还原。可以计算出此时 Cu^{2+} 的浓度：

$$\lg c(Cu^{2+})=\frac{2}{0.0592}[E^{\ominus}(Fe^{2+}/Fe)-E^{\ominus}(Cu^{2+}/Cu)]=\frac{2}{0.0592}(-0.440-0.337)$$

$$c(Cu^{2+})=5.6\times10^{-27}\,\text{mol}\cdot L^{-1}$$

可以看出，当 Fe^{2+} 开始被 Zn 还原时，Cu^{2+} 实际上已被还原完全。

由以上实例分析可知，在一定条件下，氧化还原反应首先发生在电极电势差最大的两个电对之间。当体系中各氧化剂(或还原剂)所对应电对的电极电势相差很大时，控制所加入的还原剂(或氧化剂)的用量，可达到分离体系中各氧化剂(或还原剂)的目的。例如，在盐化工生产中，从卤水中提取 Br_2、I_2 时，就是用 Cl_2 作氧化剂先后氧化卤水中的 Br^- 和 I^-，并控制 Cl_2 的用量以达到分离 Br_2 和 I_2 的目的。

8.3.3 判断反应进行的程度

氧化还原反应进行的程度可用平衡常数表示。电化学最重要的研究成果之一是原电池的电动势、反应的吉布斯自由能变和标准平衡常数之间的关系。根据

$$\Delta_r G_m^{\ominus}=-nF\varepsilon^{\ominus}=-nF(E_+^{\ominus}-E_-^{\ominus})$$

$$\Delta_r G_m^{\ominus}=-RT\ln K^{\ominus}$$

可得

$$\ln K^{\ominus}=\frac{nF\varepsilon^{\ominus}}{RT}=\frac{nF(E_+^{\ominus}-E_-^{\ominus})}{RT}\tag{8-8}$$

298.15K 时

$$\lg K^{\ominus}=\frac{n\varepsilon^{\ominus}}{0.0592}\tag{8-9}$$

根据式(8-9)，知道了原电池的标准电动势 $\varepsilon^{\ominus}$ 和电池反应中转移的电子数 n，便可计算出氧化还原反应的平衡常数。$\varepsilon^{\ominus}$ 值越大，$K^{\ominus}$ 值越大，反应进行的趋势越大，达平衡时完成的程

度越大。不过 $\varepsilon^{\ominus}$ 和 $K^{\ominus}$ 的大小只能反映氧化还原反应的自发倾向和完成程度，并不涉及反应速率。

例 8-15 计算下列反应 $Fe^{2+}(aq)+Ag^{+}(aq)=\!=\!=Ag(s)+Fe^{3+}(aq)$ 的平衡常数。

解 查表得 $E^{\ominus}(Fe^{3+}/Fe^{2+})=0.771V$，$E^{\ominus}(Ag^{+}/Ag)=0.799V$。

因 $n=1$，故

$$\lg K^{\ominus}=\frac{n\times[E^{\ominus}(Ag^{+}/Ag)-E^{\ominus}(Fe^{3+}/Fe^{2+})]}{0.0592}=\frac{1\times(0.799-0.771)}{0.0592}=0.473$$

$$K^{\ominus}=2.97$$

8.3.4 测定非氧化还原反应的平衡常数

由式(8-9)可知，根据氧化还原反应的标准平衡常数与原电池的标准电动势之间的定量关系，可以用测定原电池电动势的方法推算弱酸的解离常数、水的离子积、难溶电解质的溶度积和配离子的稳定常数等。例如，用化学分析方法很难直接测定难溶物质在溶液中的离子浓度，故很难用离子浓度计算 $K_{sp}^{\ominus}$，但可以通过测定电池的电动势计算 $K_{sp}^{\ominus}$。

例 8-16 已知 298K 时下列电极反应的 $E^{\ominus}$：

$$Ag^{+}(aq)+e^{-}\rightleftharpoons Ag(s) \qquad E^{\ominus}=0.7995V$$

$$AgCl(s)+e^{-}\rightleftharpoons Ag(s)+Cl^{-}(aq) \qquad E^{\ominus}=0.2223V$$

试求 AgCl 的溶度积常数。

解 设计一个原电池

$$(-)Ag|AgCl(s)|Cl^{-}(1.0mol\cdot L^{-1})\parallel Ag^{+}(1.0mol\cdot L^{-1})|Ag(+)$$

电极反应
$$Ag^{+}(aq)+e^{-}\rightleftharpoons Ag(s)$$
$$Ag(s)+Cl^{-}(aq)\rightleftharpoons AgCl(s)+e^{-}$$

电池反应
$$Ag^{+}(aq)+Cl^{-}(aq)\rightleftharpoons AgCl(s)$$

$$\varepsilon^{\ominus}=E^{\ominus}(Ag^{+}/Ag)-E^{\ominus}(AgCl/Ag)=0.7995-0.2223=0.5772(V)$$

$$\lg K^{\ominus}=\frac{n\varepsilon^{\ominus}}{0.0592} \qquad K^{\ominus}=\frac{1}{K_{sp}^{\ominus}} \qquad n=1$$

$$-\lg K_{sp}^{\ominus}=\frac{1\times 0.5772}{0.0592}=9.75$$

$$K_{sp}^{\ominus}=1.8\times10^{-10}$$

在例 8-16 中，电池反应并非氧化还原反应，但其电池确实有电流产生。其电极电势差是由两个半电池中 Ag^{+} 浓度不同引起的。这样的原电池称为浓差电池。不少难溶电解质的 $K_{sp}^{\ominus}$ 就是用这种方法测定的。

8.4 元素电势图及应用

同一元素的不同氧化态物质的氧化或还原能力是不同的。为了突出表示同一元素各不同氧化态物质的氧化还原能力及它们之间的相互关系，拉蒂莫尔(W. M. Latimer)建议把同一元素的不同氧化态物质按照从左到右其氧化数降低的顺序排列，并将各不同氧化数物种之间用直线连接起来，在直线上标明两种氧化数物种所组成的电对的标准电极电势。例如

$$E_{A}^{\ominus}/V \quad H_5IO_6\xrightarrow{+1.70}IO_3^{-}\xrightarrow{+1.14}HIO\xrightarrow{+1.45}I_2\xrightarrow{+0.54}I^{-}$$

（HIO 与 I^{-} 之间连线标注：+0.99）

$$E_B^{\ominus}/V \quad H_3IO_6^{2-} \xrightarrow{+0.70} IO_3^- \xrightarrow{+0.14} IO^- \xrightarrow{+0.45} I_2 \xrightarrow{+0.54} I^-$$

这种表示元素各氧化态物质之间电极电势变化的关系图，称为元素电势图。它清楚地表明了同种元素不同氧化态物质氧化还原能力的相对大小。其中 $E_A^{\ominus}$ 表示 pH＝0 时的标准电极电势，$E_B^{\ominus}$ 表示 pH＝14 时的标准电极电势。

元素电势图对了解元素的单质及化合物的性质是很有用的，现举例说明。

8.4.1　判断歧化反应能否进行

同一元素不同氧化态的三种物质可组成两个电对，按氧化态由高到低排列如下：

$$A \xrightarrow{E^{\ominus}(左)} B \xrightarrow{E^{\ominus}(右)} C$$

若 $E^{\ominus}(右) > E^{\ominus}(左)$，B既是氧化剂又是还原剂，即B可发生歧化反应生成A和C。

若 $E^{\ominus}(左) > E^{\ominus}(右)$，则B不能发生歧化反应，而是A与C反应生成B。

例 8-17　从下列元素电势图判断 MnO_4^{2-} 能否发生歧化反应，若能发生，写出反应方程式。

$$MnO_4^- \xrightarrow{0.56} MnO_4^{2-} \xrightarrow{2.26} MnO_2$$

解　从电势图可知，$E(右) > E(左)$，所以 MnO_4^{2-} 可发生歧化反应

$$3MnO_4^{2-}(aq) + 4H^+(aq) = 2MnO_4^-(aq) + MnO_2(s) + 2H_2O(l)$$

8.4.2　计算标准电极电势

根据元素电势图，可从已知某些电对的标准电极电势很简便地计算出另一电对的标准电极电势。假设有一元素电势图：

$$\underbrace{A \xrightarrow[n_1]{E_1^{\ominus}} B \xrightarrow[n_2]{E_2^{\ominus}} C \xrightarrow[n_3]{E_3^{\ominus}} D}_{E_x^{\ominus},\ n_x}$$

相应的电极反应可表示为

$$\begin{array}{ll} A + n_1e^- \rightleftharpoons B & E_1^{\ominus},\ \Delta_rG_{m1}^{\ominus} = -n_1FE_1^{\ominus} \\ B + n_2e^- \rightleftharpoons C & E_2^{\ominus},\ \Delta_rG_{m2}^{\ominus} = -n_2FE_2^{\ominus} \\ +)\ C + n_3e^- \rightleftharpoons D & E_3^{\ominus},\ \Delta_rG_{m3}^{\ominus} = -n_3FE_3^{\ominus} \\ \hline A + n_xe^- \rightleftharpoons D & E_x^{\ominus},\ \Delta_rG_{mx}^{\ominus} = -n_xFE_x^{\ominus} \end{array}$$

$$\Delta_rG_{mx}^{\ominus} = \Delta_rG_{m1}^{\ominus} + \Delta_rG_{m2}^{\ominus} + \Delta_rG_{m3}^{\ominus}$$

$$-n_xFE_x^{\ominus} = (-n_1FE_1^{\ominus}) + (-n_2FE_2^{\ominus}) + (-n_3FE_3^{\ominus})$$

$$E_x^{\ominus} = \frac{n_1E_1^{\ominus} + n_2E_2^{\ominus} + n_3E_3^{\ominus}}{n_x} \tag{8-10}$$

根据元素电势图，可以很简便地计算出欲求电对的 $E_x^{\ominus}$ 值。

因为从元素电势图上能简便地计算出电对的 $E^{\ominus}$ 值，所以在电势图上没有必要把所有电对的 $E^{\ominus}$ 值都表示出来，只要在电势图上把最基本最常用电对的 $E^{\ominus}$ 值表示出来即可。

8.4.3　了解元素的氧化还原性

根据元素电势图可全面地描绘出某一元素的一些氧化还原特性。例如，金属铁在酸性介质中的元素电势图为

$$Fe^{3+} \xrightarrow{0.771} Fe^{2+} \xrightarrow{-0.440} Fe$$

利用此电势图可预测金属铁在酸性介质中的一些氧化还原特性。因 $E^{\ominus}(Fe^{2+}/Fe)$ 为负值，而 $E^{\ominus}(Fe^{3+}/Fe^{2+})$ 为正值，故在稀盐酸或稀硫酸等非氧化性酸中 Fe 主要被氧化为 Fe^{2+} 而非 Fe^{3+}：

$$Fe + 2H^{+}(aq) = Fe^{2+} + H_2$$

但是在酸性介质中 Fe^{2+} 是不稳定的，易被空气中的氧所氧化。因为

$$Fe^{3+} + e^{-} \rightleftharpoons Fe^{2+} \qquad E^{\ominus}(Fe^{3+}/Fe^{2+}) = 0.771V$$

$$O_2 + 4H^{+} + 4e^{-} \rightleftharpoons 2H_2O \qquad E^{\ominus}(O_2/H_2O) = 1.229V$$

所以

$$4Fe^{2+} + O_2 + 4H^{+} = 4Fe^{3+} + 2H_2O$$

由于 $E^{\ominus}(Fe^{2+}/Fe) < E^{\ominus}(Fe^{3+}/Fe^{2+})$，故 Fe^{2+} 不会发生歧化反应，却可以发生

$$Fe + 2Fe^{3+} = 3Fe^{2+}$$

因此，在 Fe^{2+} 溶液中加入少量金属铁，能避免 Fe^{2+} 被空气中的氧气氧化为 Fe^{3+}。由此可见，在酸性介质中 Fe 最稳定的氧化态是 Fe^{3+}。

8.5　氧化还原滴定法

8.5.1　概述

1. 方法特点和分类

氧化还原滴定法是以氧化还原反应为基础的滴定分析方法。利用氧化还原滴定法可以直接或间接测定许多具有氧化性或还原性的物质，某些非变价元素（如 Ca^{2+}、Sr^{2+}、Ba^{2+} 等）也可用氧化还原滴定法间接测定。

氧化还原反应是电子转移的反应，比较复杂。电子转移往往分步进行，反应速率比较慢，也可能因不同的反应条件而产生副反应或生成不同的产物。因此，在氧化还原滴定中必须创造和控制适当的反应条件，加快反应速率，防止副反应发生，以利于分析反应的定量进行。

氧化还原滴定中常用强氧化剂和较强的还原剂作为标准溶液。根据所用标准溶液的不同，氧化还原滴定法可分为高锰酸钾法、重铬酸钾法、碘量法、铈量法、溴酸钾法等。本章介绍最常用的前三种方法。

2. 条件电极电势和条件平衡常数

严格地说，式(8-6)中氧化型和还原型的浓度应以活度表示，而标准电极电势是指在一定温度下（通常为 298.15K），氧化还原半反应中各组分都处于标准状态，即离子或分子的活度等于 1（若反应有气体参加，则分压等于 100kPa）时的电极电势。

在应用能斯特方程式时，还应考虑离子强度和氧化型或还原型的存在形式对电极电势的影响。通常知道的是溶液中的浓度而不是活度，为简化起见，往往忽略溶液中离子强度的影响，以浓度代替活度来进行计算，但溶液的离子强度较大时，其影响不可忽略。另外，当氧化型或还原型与溶液中其他组分发生副反应（如形成沉淀和配合物）时，电对的氧化型和还原型的存在形式也往往随着改变，从而引起电极电势的较大变化。此时，用能斯特方程式计算有关电对的电极电势时，如果采用该电对的标准电极电势，则计算的结果与实际情况就会相差较大。

例如，计算 HCl 溶液中 Fe^{3+}/Fe^{2+} 体系的电极电势时，由能斯特方程式得到

$$E(Fe^{3+}/Fe^{2+})=E^{\ominus}(Fe^{3+}/Fe^{2+})+0.0592\lg\frac{a(Fe^{3+})}{a(Fe^{2+})}$$

$$=E^{\ominus}(Fe^{3+}/Fe^{2+})+0.0592\lg\frac{\gamma(Fe^{3+})\cdot c(Fe^{3+})}{\gamma(Fe^{2+})\cdot c(Fe^{2+})} \quad (8\text{-}11)$$

Fe^{3+} 易与 H_2O、Cl^- 等发生如下副反应：

$$Fe^{3+}+H_2O \longrightarrow FeOH^{2+}+H^+ \xrightarrow{H_2O} Fe(OH)_2^+ \cdots$$

$$Fe^{3+}+Cl^- \rightleftharpoons FeCl^{2+} \xrightarrow{Cl^-} FeCl_2^+ \cdots$$

Fe^{2+} 也可发生类似的副反应。因此，除 Fe^{3+}、Fe^{2+} 外，还有 $FeOH^{2+}$、$FeCl^{2+}$、$FeCl_6^{3-}$ 及 $FeCl^+$ 等存在形式，若用 $c'(Fe^{3+})$ 表示溶液中 Fe^{3+} 的总浓度，$c(Fe^{3+})$ 为 Fe^{3+} 的平衡浓度，则

$$c'(Fe^{3+})=c(Fe^{3+})+c(FeOH^{2+})+c(FeCl^{2+})+\cdots$$

定义 $\alpha(Fe^{3+})$ 为 Fe^{3+} 的副反应系数：

$$\alpha(Fe^{3+})=\frac{c'(Fe^{3+})}{c(Fe^{3+})} \quad (8\text{-}12)$$

同样，定义 $\alpha(Fe^{2+})$ 为 Fe^{2+} 的副反应系数：

$$\alpha(Fe^{2+})=\frac{c'(Fe^{2+})}{c(Fe^{2+})} \quad (8\text{-}13)$$

将式(8-12)和式(8-13)代入式(8-11)，得

$$E(Fe^{3+}/Fe^{2+})=E^{\ominus}(Fe^{3+}/Fe^{2+})+0.0592\lg\frac{\gamma(Fe^{3+})\cdot\alpha(Fe^{2+})\cdot c'(Fe^{3+})}{\gamma(Fe^{2+})\cdot\alpha(Fe^{3+})\cdot c'(Fe^{2+})} \quad (8\text{-}14)$$

式(8-14)是考虑了上述两个因素后的能斯特方程式的表示式。但当溶液的离子强度很大，且副反应很多时，γ 和 α 值不易求得，故式(8-14)的应用很复杂。为此，将式(8-14)改写为

$$E(Fe^{3+}/Fe^{2+})=E^{\ominus}(Fe^{3+}/Fe^{2+})+0.0592\lg\frac{\gamma(Fe^{3+})\cdot\alpha(Fe^{2+})}{\gamma(Fe^{2+})\cdot\alpha(Fe^{3+})}+0.0592\lg\frac{c'(Fe^{3+})}{c'(Fe^{2+})} \quad (8\text{-}15)$$

当 $c'(Fe^{3+})=c'(Fe^{2+})=1mol\cdot L^{-1}$ 或 $c'(Fe^{3+})/c'(Fe^{2+})=1$ 时

$$E(Fe^{3+}/Fe^{2+})=E^{\ominus}(Fe^{3+}/Fe^{2+})+0.0592\lg\frac{\gamma(Fe^{3+})\cdot\alpha(Fe^{2+})}{\gamma(Fe^{2+})\cdot\alpha(Fe^{3+})}$$

上式中 γ 及 α 在特定条件下是一固定值，因而上式应为一常数，以 $E^{\ominus\prime}$ 表示：

$$E^{\ominus\prime}(Fe^{3+}/Fe^{2+})=E^{\ominus}(Fe^{3+}/Fe^{2+})+0.0592\lg\frac{\gamma(Fe^{3+})\cdot\alpha(Fe^{2+})}{\gamma(Fe^{2+})\cdot\alpha(Fe^{3+})}$$

$E^{\ominus\prime}$ 称为条件电极电势，它是在特定条件下，氧化型和还原型的总浓度均为 $1mol\cdot L^{-1}$ 或它们的浓度比为 1 时的电极电势，在条件不变时为一常数，此时式(8-15)可写作

$$E(Fe^{3+}/Fe^{2+})=E^{\ominus\prime}(Fe^{3+}/Fe^{2+})+0.0592\lg\frac{c'(Fe^{3+})}{c'(Fe^{2+})} \quad (8\text{-}16)$$

对于电极反应

$$Ox+ne^- \rightleftharpoons Red$$

298.15K 时一般通式为

$$E=E^{\ominus\prime}+\frac{0.0592}{n}\lg\frac{c'(Ox)}{c'(Red)} \quad (8\text{-}17)$$

式中：$c'(Ox)$和$c'(Red)$分别为氧化型和还原型的总浓度。

条件电极电势的大小反映了在外界因素影响下，氧化还原电对的实际氧化还原能力。因此，应用条件电极电势比用标准电极电势能更准确判断氧化还原反应的方向、次序和反应完成的程度。附录九列出了部分氧化还原半反应的条件电极电势。在有关氧化还原反应的计算中，用条件电极电势是较为合理的。但因条件电极电势的数据目前还较少，如没有相同条件下的条件电势，可用条件相近的条件电势数据；对于没有条件电势的氧化还原电对，则只能采用标准电极电势。

例 8-18　计算 KI 浓度为 $1mol \cdot L^{-1}$时 Cu^{2+}/Cu^{+} 电对的条件电极电势(忽略离子强度的影响)，并判断反应 $2Cu^{2+}(aq)+4I^{-}(aq) \longrightarrow 2CuI\downarrow + I_2(s)$进行的方向。

解　已知 $E^{\ominus}(Cu^{2+}/Cu^{+})=0.159V$，$E^{\ominus}(I_2/I^{-})=0.535V$，$K_{sp}^{\ominus}(CuI)=1.1\times10^{-12}$。

$$E(Cu^{2+}/Cu^{+})=E^{\ominus}(Cu^{2+}/Cu^{+})+0.0592\lg\frac{c(Cu^{2+})}{c(Cu^{+})}$$

$$=E^{\ominus}(Cu^{2+}/Cu^{+})+0.0592\lg\frac{c(Cu^{2+})\cdot c(I^{-})}{K_{sp}^{\ominus}(CuI)}$$

$$=E^{\ominus}(Cu^{2+}/Cu^{+})+0.0592\lg c(Cu^{2+})+0.0592\lg\frac{c(I^{-})}{K_{sp}^{\ominus}(CuI)}$$

若 Cu^{2+} 未发生副反应，令 $c(Cu^{2+})=c(I^{-})=1mol\cdot L^{-1}$，则

$$E^{\ominus\prime}(Cu^{2+}/Cu^{+})=E^{\ominus}(Cu^{2+}/Cu^{+})+0.0592\lg\frac{1}{K_{sp}^{\ominus}(CuI)}=0.159-0.0592\lg(1.1\times10^{-12})=0.867(V)$$

此时 $E^{\ominus\prime}(Cu^{2+}/Cu^{+})>E^{\ominus}(I_2/I^{-})$，故 Cu^{2+} 能氧化 I^{-}。说明当 KI 浓度为 $1mol\cdot L^{-1}$时，Cu^{2+}/Cu^{+} 电对的条件电极电势增大了。

由氧化还原电对各自的条件电极电势，可得到氧化还原反应的条件平衡常数 $K^{\ominus\prime}$。对氧化还原反应：

$$n_2Ox_1+n_1Red_2 \rightleftharpoons n_2Red_1+n_1Ox_2$$

则

$$\lg K^{\ominus\prime}=\frac{n\cdot(E_{+}^{\ominus\prime}-E_{-}^{\ominus\prime})}{0.0592}=\frac{n\cdot\varepsilon^{\ominus\prime}}{0.0592} \tag{8-18}$$

由式(8-18)可见，氧化还原反应进行的程度与条件电动势 $\varepsilon^{\ominus\prime}$有关，也即与反应的条件(溶液的离子强度、pH 及溶液中是否存在与氧化态、还原态有关的副反应等)有关。

当把上述氧化还原反应应用于滴定分析时，要使反应完全程度达到 99.9%以上，此时

$$\left[\frac{c'(Red_1)}{c'(Ox_1)}\right]^{n_2}\geqslant\left[\frac{99.9}{0.1}\right]^{n_2}\approx10^{3n_2}$$

同理

$$\left[\frac{c'(Ox_2)}{c'(Red_2)}\right]^{n_1}\geqslant10^{3n_1}$$

如 $n_1=n_2=1$ 时，代入式(8-18)，得

$$\lg K^{\ominus\prime}=\lg\left[\frac{c'(Red_1)}{c'(Ox_1)}\cdot\frac{c'(Ox_2)}{c'(Red_2)}\right]=\frac{n_1\cdot n_2\cdot(E_1^{\ominus\prime}-E_2^{\ominus\prime})}{0.0592}\geqslant\lg(10^3\times10^3)=6$$

所以

$$E_1^{\ominus\prime}-E_2^{\ominus\prime}=0.0592\times6\approx0.355(V)$$

一般来说，两个电对的条件电极电势之差大于 0.355V，这样的反应才能定量完成，才能用

于滴定分析。因此，可以从选择电对和控制介质条件来改变两个电对的条件电极电势之差值，使其满足上述要求。

3. 影响氧化还原反应速率的因素

前面讨论了标准电极电势及条件电极电势，由此可判断氧化还原反应进行的方向、次序和程度，但这只是说明了氧化还原反应进行的可能性，不能指出反应速率的快慢。由于氧化还原反应的机理较复杂，各种反应的反应速率差别很大，有的反应速率较快，有的反应速率较慢，而有的反应虽然从理论上看是可以进行的，但实际上几乎察觉不到反应的进行。例如

$$O_2 + 4H^+ + 4e^- \rightleftharpoons 2H_2O \qquad E^\ominus(O_2/H_2O) = 1.229V$$

$$2H^+ + 2e^- \rightleftharpoons H_2 \qquad E^\ominus(H^+/H_2) = 0.000V$$

从标准电极电势来看，可以发生下列反应：

$$2H_2 + O_2 \rightleftharpoons 2H_2O$$

实际上，常温常压下几乎察觉不到反应的进行，只有在点火或有催化剂存在的条件下，反应才能很快进行。因此，对于氧化还原反应，不仅要从反应的平衡常数判断反应的可能性，还要从反应速率考虑反应的现实性。滴定分析要求反应能快速进行，所以必须考虑氧化还原反应的速率。

氧化还原反应是电子转移反应，电子的转移往往会遇到阻力，如溶液中的溶剂分子和各种配体的阻碍、物质之间的静电作用力等。发生氧化还原反应后，因价态发生变化，不仅使原子或离子的电子层结构发生变化，且化学键的性质和物质组成也会发生变化。例如，$Cr_2O_7^{2-}$ 被还原为 Cr^{3+} 时，从原来带负电荷的含氧酸根离子转化为简单的带正电荷的水合离子，结构发生了很大的改变，这可能是造成氧化还原反应速率缓慢的一种主要原因。

(1) 浓度。根据质量作用定律，反应速率与反应物浓度的乘积成正比。许多氧化还原反应是分步进行的，整个反应的速率由最慢的一步决定，所以不能笼统地按总的氧化还原反应方程式中各反应物的计量数来判断其浓度对反应速率的影响程度。但一般说来，增加反应物浓度可加速反应进行。例如，用 $K_2Cr_2O_7$ 标定 $Na_2S_2O_3$ 溶液，反应如下：

$$Cr_2O_7^{2-} + 6I^- + 14H^+ \xlongequal{} 2Cr^{3+} + 3I_2 + 7H_2O \qquad (慢)$$

$$I_2 + 2S_2O_3^{2-} \xlongequal{} 2I^- + S_4O_6^{2-} \qquad (快)$$

以淀粉为指示剂，用 $Na_2S_2O_3$ 溶液滴定到 I_2 与淀粉生成的蓝色消失为止。但因有 Cr^{3+} 存在，干扰终点颜色的观察，故最好在稀溶液中滴定。但也不能过早稀释溶液，因第一步反应较慢，必须在较浓的 $Cr_2O_7^{2-}$ 溶液中使反应较快进行。经一段时间第一步反应进行完全后，再将溶液稀释，以 $Na_2S_2O_3$ 滴定。对于有 H^+ 参加的反应，提高酸度也能加速反应。例如，$K_2Cr_2O_7$ 与 KI 的反应速率较慢，提高 I^- 和 H^+ 的浓度可加速反应。

(2) 温度。温度对反应速率的影响是比较复杂的。对大多数反应来说，升高温度可提高反应速率。例如，在酸性溶液中，MnO_4^- 和 $C_2O_4^{2-}$ 的反应：

$$2MnO_4^- + 5C_2O_4^{2-} + 16H^+ \xlongequal{} 2Mn^{2+} + 10CO_2 + 8H_2O$$

在室温下反应速率很慢，加热能加快此反应的进行。但温度不能过高，因 $H_2C_2O_4$ 在高温时会分解，通常将溶液加热至 75～85℃。在增加温度加快反应速率时，还应注意其他一些不利因素。例如，I_2 有挥发性，加热溶液会引起挥发损失；有些物质如 Fe^{2+}、Sn^{2+} 等加热时会促进它们被空气中的 O_2 所氧化。

(3) 催化剂。催化剂对反应速率有很大的影响。例如，在酸性介质中，用过二硫酸铵氧化

Mn^{2+}的反应：

$$5S_2O_8^{2-}+2Mn^{2+}+8H_2O \longrightarrow 2MnO_4^-+10SO_4^{2-}+16H^+$$

必须有 Ag^+ 作催化剂反应才能迅速进行。又如，MnO_4^- 与 $C_2O_4^{2-}$ 的反应，Mn^{2+}的存在能催化反应迅速进行。因 Mn^{2+}是反应的生成物之一，故这种反应称为自动催化反应。尽管加热到 75～85℃，反应进行得仍较为缓慢，MnO_4^- 褪色很慢。但反应开始后，溶液中产生了 Mn^{2+}，使以后的反应大为加速。

(4) 诱导作用。在氧化还原反应中，有的氧化还原反应能促进另一种氧化还原反应的进行，这种现象称为诱导作用。例如，下列反应一般情况下进行较缓慢：

$$2MnO_4^-+10Cl^-+16H^+ \longrightarrow 2Mn^{2+}+5Cl_2+8H_2O$$

但当有 Fe^{2+}存在时，Fe^{2+}与 MnO_4^- 之间的氧化还原反应可以加速此反应的进行：

$$MnO_4^-+5Fe^{2+}+8H^+ \longrightarrow Mn^{2+}+5Fe^{3+}+4H_2O$$

Fe^{2+}与 MnO_4^- 之间的反应称为诱导反应，MnO_4^- 与 Cl^- 的反应称为受诱反应。Fe^{2+}称为诱导体，MnO_4^- 称为作用体，Cl^-称为受诱体。

诱导反应与催化反应不同。催化反应中，催化剂参加反应后恢复其原来的状态。而诱导反应中，诱导体参加反应后变成了其他物质。诱导作用的发生是由于反应过程中形成的不稳定中间产物具有更强的氧化能力。例如，$KMnO_4$ 氧化 Fe^{2+}诱导了 Cl^-的氧化，是由于 MnO_4^- 氧化 Fe^{2+}的过程中形成了一系列锰的中间产物 Mn(Ⅵ)、Mn(Ⅴ)、Mn(Ⅳ)、Mn(Ⅲ)等，它们能与 Cl^-起反应，因而出现诱导作用。如果在溶液中加入过量的 Mn^{2+}，Mn^{2+}能使 Mn(Ⅶ)迅速转变为 Mn(Ⅲ)，而此时又因溶液中有大量 Mn^{2+}，降低了 Mn(Ⅲ)/Mn(Ⅱ)电对的电极电势，从而使 Mn(Ⅲ)只能与 Fe^{2+}起反应而不与 Cl^-起反应，这样可防止 Cl^-对 MnO_4^- 的还原反应。

8.5.2　氧化还原滴定曲线

前面讨论的酸碱滴定曲线是以溶液 pH 变化为特征的曲线，在化学计量点附近溶液 pH 发生突跃。而在氧化还原滴定中，随着滴定剂的加入，溶液的电极电势 E 也不断发生变化，在化学计量点附近溶液的电极电势 E 也将会产生突跃。氧化还原滴定曲线就是以 E 为纵坐标，加入滴定剂的体积或滴定分数为横坐标作出的曲线。E 值的大小可通过实验方法测得，也可用能斯特方程式进行计算。

图 8-4 是以 $0.1000mol \cdot L^{-1}$ $Ce(SO_4)_2$ 溶液在 $1mol \cdot L^{-1}$ H_2SO_4 溶液中滴定 Fe^{2+}溶液的滴定曲线。滴定反应为

$$Ce^{4+}+Fe^{2+} \longrightarrow Ce^{3+}+Fe^{3+}$$

滴定前，溶液中只有 Fe^{2+}，因此无法利用能斯特方程式计算溶液的电极电势。

滴定开始后，溶液中存在两个电对，根据能斯特方程式，两个电对的电极电势分别为

$$E(Fe^{3+}/Fe^{2+})=E^{\ominus\prime}(Fe^{3+}/Fe^{2+})+0.0592\lg\frac{c(Fe^{3+})}{c(Fe^{2+})}$$

$$E(Ce^{4+}/Ce^{3+})=E^{\ominus\prime}(Ce^{4+}/Ce^{3+})+0.0592\lg\frac{c(Ce^{4+})}{c(Ce^{3+})}$$

其中

$$E^{\ominus\prime}(Fe^{3+}/Fe^{2+})=0.68V, E^{\ominus\prime}(Ce^{4+}/Ce^{3+})=1.44V$$

在滴定过程中，每加入一定量滴定剂，反应达到一个新的平衡，此时两个电对的电极电势

相等。因此,溶液中各平衡点的电势可选用便于计算的任何一个电对计算。

化学计量点前,溶液中存在过量的 Fe^{2+},滴定过程中电极电势的变化可根据 Fe^{3+}/Fe^{2+} 电对计算,此时 $E(Fe^{3+}/Fe^{2+})$ 随溶液中 $c(Fe^{3+})/c(Fe^{2+})$ 的改变而变化。当 Fe^{2+} 剩余 0.1%时:

$$E = E^{\ominus\prime}(Fe^{3+}/Fe^{2+}) + 0.0592\lg\frac{c(Fe^{3+})}{c(Fe^{2+})} = 0.68 + 0.0592\lg\frac{99.9}{0.1} = 0.86(V)$$

化学计量点时两电对的电极电势相等,故可通过两个电对的浓度关系来计算。令化学计量点时的电势为 E_{sp},则

$$E_{sp} = E^{\ominus\prime}(Fe^{3+}/Fe^{2+}) + \frac{0.0592}{n_2}\lg\frac{c(Fe^{3+})}{c(Fe^{2+})}$$

$$= E^{\ominus\prime}(Ce^{4+}/Ce^{3+}) + \frac{0.0592}{n_1}\lg\frac{c(Ce^{4+})}{c(Ce^{3+})}$$

又令 $E_1^{\ominus\prime} = E^{\ominus\prime}(Ce^{4+}/Ce^{3+})$, $E_2^{\ominus\prime} = E^{\ominus\prime}(Fe^{3+}/Fe^{2+})$,可得

$$n_1E_{sp} = n_1E_1^{\ominus\prime} + 0.0592\lg\frac{c(Ce^{4+})}{c(Ce^{3+})}$$

$$n_2E_{sp} = n_2E_2^{\ominus\prime} + 0.0592\lg\frac{c(Fe^{3+})}{c(Fe^{2+})}$$

将上面两式相加,得

$$(n_1 + n_2)E_{sp} = n_1E_1^{\ominus\prime} + n_2E_2^{\ominus\prime} + 0.0592\lg\frac{c(Ce^{4+})\cdot c(Fe^{3+})}{c(Ce^{3+})\cdot c(Fe^{2+})}$$

根据滴定反应式,当加入 Ce^{4+} 的物质的量与 Fe^{2+} 的物质的量相等时,$c(Ce^{4+}) = c(Fe^{2+})$,$c(Ce^{3+}) = c(Fe^{3+})$,此时

$$\lg\frac{c(Ce^{4+})\cdot c(Fe^{3+})}{c(Ce^{3+})\cdot c(Fe^{2+})} = 0$$

故

$$E_{sp} = \frac{n_1E_1^{\ominus\prime} + n_2E_2^{\ominus\prime}}{n_1 + n_2} \tag{8-19}$$

式(8-19)为化学计量点电极电势的计算式,适用于电对的氧化型和还原型的系数相等的氧化还原滴定。

对于 $Ce(SO_4)_2$ 溶液滴定 Fe^{2+},化学计量点时的电极电势为

$$E_{sp} = \frac{E^{\ominus\prime}(Ce^{4+}/Ce^{3+}) + E^{\ominus\prime}(Fe^{3+}/Fe^{2+})}{2} = \frac{1.44 + 0.68}{2} = 1.06(V)$$

化学计量点后,加入了过量的 Ce^{4+},故可用 Ce^{4+}/Ce^{3+} 电对来计算,当 Ce^{4+} 过量 0.1%时

$$E = E^{\ominus\prime}(Ce^{4+}/Ce^{3+}) + 0.0592\lg\frac{c(Ce^{4+})}{c(Ce^{3+})} = 1.44 + 0.0592\lg\frac{0.1}{100} = 1.26(V)$$

由上面的计算可知,从化学计量点前 Fe^{2+} 剩余 0.1%到化学计量点后 Ce^{4+} 过量 0.1%,溶液的电极电势由 0.86V 增加至 1.26V,改变了 0.40V,这个变化称为滴定电势突跃(图 8-4)。电势突跃的大小和氧化剂与还原剂两电对的条件电极电势的差值有关。条件电极电势相差越大,突跃越大;反之较小。电势突跃范围是选择氧化还原指示剂的依据。

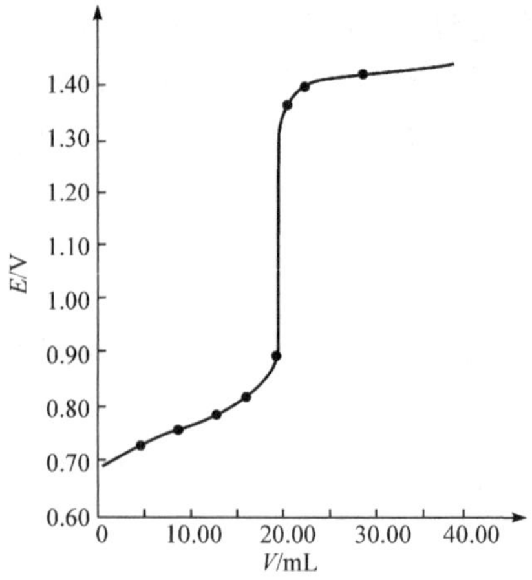

图 8-4　Ce^{4+}溶液滴定 Fe^{2+}溶液的滴定曲线

8.5.3　氧化还原滴定法中的指示剂

氧化还原滴定中可用电势法确定滴定终点，但更常用指示剂来指示终点。氧化还原滴定中所使用的指示剂有以下三种。

1. 自身指示剂

有些滴定剂本身有很深的颜色，而滴定产物无色或颜色很浅，则滴定时就无需另加指示剂。例如，MnO_4^- 具有很深的紫红色，用它来滴定 Fe^{2+} 或 $C_2O_4^{2-}$ 溶液时，反应的产物 Mn^{2+}、Fe^{3+}、CO_2 颜色都很浅甚至无色，滴定到计量点后，稍过量的 MnO_4^- 就能使溶液呈现浅粉红色。这种以滴定剂本身的颜色变化就能指示滴定终点的物质称为自身指示剂。

2. 特殊指示剂

有些物质本身并不具有氧化还原性，但它能与滴定剂或被测物或反应产物产生很深的特殊颜色，因而可指示滴定终点。例如，淀粉在有 I^- 存在时与碘生成深蓝色的配合物，此反应极为灵敏。因此，碘量法中常用淀粉作指示剂，根据蓝色的出现或褪去判断终点的到达。

3. 氧化还原指示剂

这类指示剂本身是氧化剂或还原剂，其氧化态与还原态有不同的颜色。滴定过程中，因被氧化或被还原而发生颜色变化，从而指示终点。若以 InOx 和 InRed 分别表示指示剂的氧化态和还原态，滴定中指示剂的电极反应可表示为

$$\mathrm{InOx} + n\mathrm{e}^- \rightleftharpoons \mathrm{InRed}$$

（氧化态颜色）　（还原态颜色）

由能斯特方程式得

$$E(\mathrm{In}) = E^{\ominus\prime}(\mathrm{In}) + \frac{0.0592}{n}\lg\frac{c(\mathrm{InOx})}{c(\mathrm{InRed})}$$

与酸碱指示剂相似，氧化还原指示剂颜色的改变也存在一定的变色范围。当 $c(\mathrm{InOx}) = c(\mathrm{InRed})$ 时，溶液呈中间色，$E(\mathrm{In}) = E^{\ominus\prime}(\mathrm{In})$，此时溶液的电极电势等于指示剂的条件电极电势或标准电极电势，称为指示剂的变色点。当 $c(\mathrm{InOx})/c(\mathrm{InRed}) \geqslant 10$ 时，溶液呈指示剂

氧化态的颜色；当 $c(\mathrm{InOx})/c(\mathrm{InRed}) \leqslant 1/10$ 时，溶液呈指示剂还原态的颜色。氧化还原指示剂的变色范围为

$$E(\mathrm{In}) = E^{\ominus\prime}(\mathrm{In}) \pm \frac{0.0592}{n} \tag{8-20}$$

氧化还原指示剂的选择原则与酸碱指示剂类似，即使指示剂变色的电势范围全部或部分落在滴定曲线突跃范围内。表 8-2 列出了一些氧化还原指示剂的条件电势及颜色变化。

表 8-2　几种氧化还原指示剂的条件电势及颜色变化

指示剂	$E^{\ominus\prime}(\mathrm{In})$	颜色变化	
	$c(H^+)=1\mathrm{mol\cdot L^{-1}}$	氧化态	还原态
亚甲基蓝	0.36	蓝	无色
二苯胺	0.76	紫	无色
二苯胺磺酸钠	0.84	紫红	无色
邻苯氨基苯甲酸	0.89	紫红	无色
邻二氮菲-亚铁	1.06	浅蓝	红
硝基邻二氮菲-亚铁	1.25	浅蓝	紫红

8.5.4　氧化还原预处理

1. 预处理氧化剂或还原剂的选择

所选择的预处理剂必须符合以下条件：①反应速率快；②必须将欲测组分定量氧化或还原；③反应具有一定的选择性；④过量的预处理剂易于除去。

除去过量预处理剂的方法如下：①加热分解，如 $(NH_4)_2S_2O_8$、H_2O_2，可加热煮沸分解除去；②过滤，如 $NaBiO_3$ 不溶于水，可过滤除去；③利用化学反应，如用 $HgCl_2$ 可除去过量的 $SnCl_2$，其反应为

$$SnCl_2 + 2HgCl_2 = SnCl_4 + Hg_2Cl_2$$

Hg_2Cl_2 沉淀不被一般滴定剂氧化，不必过滤除去。

2. 常用的预氧化剂和预还原剂

常用的预氧化剂和预还原剂列于表 8-3 及表 8-4 中。

表 8-3　预氧化时常用的氧化剂

氧化剂	反应条件	主要作用	除去方法
$NaBiO_3$ $NaBiO_3(s)+6H^++2e^- = Bi^{3+}+Na^++3H_2O$ $E^{\ominus}=1.80V$	室温，HNO_3 介质 H_2SO_4 介质	$Mn^{2+} \longrightarrow MnO_4^-$ $Ce^{3+} \longrightarrow Ce^{4+}$	过滤
$(NH_4)_2S_2O_8$ $S_2O_8^{2-}+2e^- = 2SO_4^{2-}$ $E^{\ominus}=2.01V$	酸性 Ag^+ 作催化剂	$Ce^{3+} \longrightarrow Ce^{4+}$ $Mn^{2+} \longrightarrow MnO_4^-$ $Cr^{3+} \longrightarrow Cr_2O_7^{2-}$ $VO^{2+} \longrightarrow VO_3^-$	煮沸分解

续表

氧化剂	反应条件	主要作用	除去方法
H_2O_2 $HO_2^- + H_2O + 2e^- \rightleftharpoons 3OH^-$ $E^\ominus = 0.88V$	NaOH 介质 HCO_3^- 介质 碱性介质	$Cr^{3+} \longrightarrow CrO_4^{2-}$ $Co^{2+} \longrightarrow Co^{3+}$ $Mn^{2+} \longrightarrow Mn^{4+}$	煮沸分解，加少量 Ni^{2+} 或 I^- 作催化剂，加速 H_2O_2 分解
高锰酸盐	焦磷酸盐和氟化物 Cr^{3+} 存在时	$Ce^{3+} \longrightarrow Ce^{4+}$ $V^{4+} \longrightarrow V^{5+}$	叠氮化钠或亚硝酸钠
高氯酸	热、浓 $HClO_4$	$V^{4+} \longrightarrow V^{5+}$ $Cr^{3+} \longrightarrow Cr_2O_7^{2-}$	迅速冷却至室温，用水稀释

表 8-4 预还原时常用的还原剂

还原剂	反应条件	主要作用	除去方法
SO_2 $SO_4^{2-} + 4H^+ + 2e^- \rightleftharpoons SO_2 + 2H_2O$ $E^\ominus = 0.200V$	$1mol \cdot L^{-1} H_2SO_4$ （有 SCN^- 共存，加速反应）	$Fe^{3+} \longrightarrow Fe^{2+}$ $As^{5+} \longrightarrow As^{3+}$ $Sb^{5+} \longrightarrow Sb^{3+}$ $Cu^{2+} \longrightarrow Cu^{+}$	煮沸，通 CO_2
$SnCl_2$ $Sn^{4+} + 2e^- \rightleftharpoons Sn^{2+}$ $E^\ominus = 0.151V$	酸性，加热	$Fe^{3+} \longrightarrow Fe^{2+}$ $Mo^{6+} \longrightarrow Mo^{5+}$ $As^{5+} \longrightarrow As^{3+}$	快速加入过量的 $HgCl_2$ $Sn^{2+} + 2HgCl_2 \longrightarrow Sn^{4+} + Hg_2Cl_2 + 2Cl^-$
锌-汞齐还原剂	H_2SO_4 介质	$Cr^{3+} \longrightarrow Cr^{2+}$ $Fe^{3+} \longrightarrow Fe^{2+}$ $Ti^{4+} \longrightarrow Ti^{3+}$ $V^{5+} \longrightarrow V^{2+}$	

3. 有机物的去除

试样中存在的有机物常常干扰氧化还原滴定，应在滴定前除去。常用方法有干法灰化和湿法消化等。干法灰化是在高温下使有机物氧化破坏。湿法消化是加入氧化性酸如 HNO_3、H_2SO_4 或 $HClO_4$ 等把有机物分解除去。

8.5.5 高锰酸钾法

案例 8-3 临床上常用 $KMnO_4$ 作消毒剂，如 0.02%～0.05%的 $KMnO_4$ 溶液常用于冲洗黏膜、腔道和伤口，0.1%的 $KMnO_4$ 溶液可用于有机磷中毒时洗胃等。在日常生活中，一定浓度的 $KMnO_4$ 溶液可用于饮食用具、器皿、蔬菜、水果等的消毒；在医药化工中，可用于生产维生素 C、糊精等；在轻化工业中用作纤维、油脂的漂白和脱色，具有广泛的用途。

问题：(1) 临床上使用 $KMnO_4$ 作消毒剂，是利用它的什么性质？

(2) 应如何保存 $KMnO_4$ 溶液？

(3) 在滴定分析中，如何配制和标定高锰酸钾溶液？

1. 概述

高锰酸钾法是以 $KMnO_4$ 标准溶液为滴定剂的氧化还原滴定法。高锰酸钾是一种强氧化剂，其氧化能力与溶液的酸度有关。在强酸性溶液中，可定量氧化一些还原性物质，MnO_4^- 被

还原为 Mn^{2+}。

$$MnO_4^- + 8H^+ + 5e^- \rightleftharpoons Mn^{2+} + 4H_2O \qquad E^\ominus(MnO_4^-/Mn^{2+}) = 1.51V$$

在中性、弱酸性、弱碱性溶液中，MnO_4^- 与还原剂作用，则会生成褐色的水合二氧化锰($MnO_2 \cdot H_2O$)沉淀。

$$MnO_4^- + 2H_2O + 3e^- \rightleftharpoons MnO_2 + 4OH^- \qquad E^\ominus(MnO_4^-/MnO_2) = 0.59V$$

由于 $KMnO_4$ 在强酸性溶液中的氧化能力强，且生成的 Mn^{2+} 接近无色，便于终点观察，所以高锰酸钾滴定多在强酸性溶液中进行，所用强酸是 H_2SO_4，酸度不足时易生成 MnO_2 沉淀。若用 HCl，Cl^- 有干扰，而 HNO_3 溶液有强氧化性，乙酸又太弱，都不适合高锰酸钾滴定。

高锰酸钾法的优点是：氧化能力强，不需另加指示剂，应用范围广。$KMnO_4$ 法可直接测定许多还原性物质如 Fe^{2+}、$C_2O_4^{2-}$、H_2O_2、NO_2^-、Sn(Ⅱ)等，也可用间接法测定非变价离子如 Ca^{2+}、Sr^{2+}、Ba^{2+} 等，用返滴定法测定 PbO_2、MnO_2 等。但高锰酸钾法的选择性较差，不能用直接法配制高锰酸钾标准溶液，且标准溶液不够稳定。

2. 高锰酸钾标准溶液的配制和标定

纯的 $KMnO_4$ 溶液是相当稳定的，但一般 $KMnO_4$ 试剂中常含有少量 MnO_2 和其他杂质，而且蒸馏水中也含有微量还原性物质，它们可与 MnO_4^- 反应而析出 $MnO_2 \cdot H_2O$ 沉淀，并进一步促进 $KMnO_4$ 溶液的分解。因此，$KMnO_4$ 标准溶液不能用直接法配制，通常先配成近似浓度的溶液，配好后加热微沸 1h 左右，然后需放置 2～3d，使溶液中可能存在的还原性物质完全氧化，过滤除去 MnO_2 沉淀，并保存于棕色瓶中，存放在阴暗处以待标定。

标定 $KMnO_4$ 溶液的基准物质有 $H_2C_2O_4 \cdot 2H_2O$、$Na_2C_2O_4$、$(NH_4)_2C_2O_4$、As_2O_3 和纯铁丝等，其中 $Na_2C_2O_4$ 较为常用。在 H_2SO_4 溶液中，MnO_4^- 与 $C_2O_4^{2-}$ 的反应如下：

$$2MnO_4^- + 5C_2O_4^{2-} + 16H^+ = 2Mn^{2+} + 10CO_2\uparrow + 8H_2O$$

该反应为自动催化反应，为了使该反应能定量进行，应注意以下几个条件：

(1) 温度。室温下该反应的速率缓慢，常将溶液加热到 75～85℃时趁热滴定，滴定完毕时，溶液的温度也不应低于 60℃。但温度也不宜过高，若高于 90℃，会使部分 $H_2C_2O_4$ 发生分解，使 $KMnO_4$ 用量减少，标定结果偏高。

$$H_2C_2O_4 = CO_2\uparrow + CO\uparrow + H_2O$$

(2) 酸度。为了使滴定反应能够定量进行，溶液应保持足够的酸度。一般在开始滴定时，溶液的酸度为 0.5～1mol·L^{-1} H^+，滴定终了时酸度为 0.2～0.5mol·L^{-1} H^+。酸度不足时，容易生成 $MnO_2 \cdot H_2O$ 沉淀；酸度过高时，又会促使 $H_2C_2O_4$ 分解。

(3) 滴定速率。开始滴定时，因反应速率慢，滴定不宜太快，滴入的第一滴 $KMnO_4$ 溶液褪色后，因生成了催化剂 Mn^{2+}，反应逐渐加快。随后的滴定速率可快些，但仍需逐滴加入，否则滴入的 $KMnO_4$ 来不及与 $Na_2C_2O_4$ 发生反应，$KMnO_4$ 就分解了，从而使结果偏低。

$$4MnO_4^- + 12H^+ = 4Mn^{2+} + 5O_2\uparrow + 6H_2O$$

(4) 滴定终点。用 $KMnO_4$ 溶液滴定至终点后，溶液出现的浅红色不能持久，因为空气中的还原性气体和灰尘都能与 MnO_4^- 缓慢作用，使 MnO_4^- 还原，溶液的浅红色逐渐消失。因此，滴定时溶液中出现的浅红色在 30s 内不褪色，便可认定已达滴定终点。

用 $Na_2C_2O_4$ 作基准物质标定 $KMnO_4$ 溶液时，可按下式计算 $KMnO_4$ 溶液的浓度：

$$c(1/5KMnO_4) = \frac{m(Na_2C_2O_4)}{M(1/2Na_2C_2O_4) \cdot V(KMnO_4) \times 10^{-3}}$$

3. 应用示例

高锰酸钾法的应用范围很广，可用不同的滴定方式测定有关物质的含量。

(1) 直接滴定法。许多还原性物质，如 Fe^{2+}、Sn^{2+}、Sb^{3+}、As^{3+}、H_2O_2、$C_2O_4^{2-}$、NO_2^- 等，都可用高锰酸钾法直接滴定。

案例 8-4 过氧化氢俗称双氧水，分医用、军用和工业用三种。日常消毒的是医用双氧水，医用双氧水可杀灭肠道致病菌、化脓性球菌，一般用于体表面消毒。医疗上常用 3% 的双氧水进行伤口或中耳炎消毒。双氧水具有氧化作用，擦拭到创伤面，会有灼烧感、表面被氧化成白色，过 3～5min 就恢复原来的肤色。当它与皮肤、口腔和黏膜的伤口、脓液或污物相遇时，立即分解生成氧原子。这种尚未结合成氧分子的氧原子具有很强的氧化能力，与细菌接触时，能破坏细菌菌体，杀死细菌。杀灭细菌后剩余的物质是无任何毒害、无任何刺激作用的水，不会形成二次污染。因此，双氧水是伤口消毒理想的消毒剂，但不能用浓度大的双氧水进行伤口消毒，以防灼伤皮肤及患处。

问题：如何用高锰酸钾法测定双氧水的含量？

分析：高锰酸钾在酸性溶液中能定量地氧化过氧化氢，其反应式为

$$2MnO_4^- + 5H_2O_2 + 6H^+ \xlongequal{} 2Mn^{2+} + 5O_2\uparrow + 8H_2O$$

滴定开始时反应比较慢，待有少量 Mn^{2+} 生成后，因 Mn^{2+} 的催化作用，反应速率加快。根据等物质的量规则有 $n(1/5MnO_4^-) = n(1/2H_2O_2)$，$H_2O_2$ 的含量可按下式计算：

$$\rho(H_2O_2) = \frac{c(1/5KMnO_4) \cdot V(KMnO_4) \cdot M(1/2H_2O_2)}{V_{样}}(g/L)$$

(2) 返滴定法。一些氧化性物质，如 CrO_4^{2-}、ClO_3^-、BrO_3^-、MnO_2、PbO_2 等，可加入一定的已知过量的还原剂（如 $Na_2C_2O_4$、$FeSO_4$ 等）将氧化性物质全部还原，剩余的还原剂再用 $KMnO_4$ 溶液返滴定。实际工作中常用于测定地表水、饮用水及轻度污染水样中的化学耗氧量（COD）。

案例 8-5 化学耗氧量 COD(chemical oxygen demand)是以化学方法测量水样中需要被氧化的还原性物质的量，它是环境监测分析的主要项目之一。水样在一定条件下，以氧化 1L 水样中还原性物质所消耗的氧化剂的量为指标，折算成每升水样全部被氧化后，需要氧的毫克数，以 $mg \cdot L^{-1}$ 表示。COD 反映了水中受还原性物质污染的程度。还原性物质包括有机物、亚硝酸盐、亚铁盐和硫化物等，但多数水体主要受有机物污染，因此 COD 也可作为衡量水体受有机物污染程度的一项重要指标。在河流污染和工业废水性质的研究及废水处理厂的运行管理中，它是一个重要的而且能较快测定的有机物污染参数。

问题：有哪些滴定分析方法可以测定 COD？其原理是什么？

分析：COD 常用氧化还原滴定法测定。一般测量 COD 所用的氧化剂为高锰酸钾或重铬酸钾，使用不同的氧化剂得出的数值也不同，因此需要注明检测方法。$KMnO_4$ 法是测定较清洁水体 COD 最常用的方法，其测定值一般用 COD_{Mn} 表示。基本操作步骤：准确量取一定量待测水样，在酸性（H_2SO_4）条件下准确加入过量的 $KMnO_4$ 标准溶液，加热将水样中的还原性物质充分氧化后，再准确加入过量的 $Na_2C_2O_4$ 标准溶液，最后用 $KMnO_4$ 标准溶液滴定过量的 $Na_2C_2O_4$，从而计算出 COD_{Mn}。若水体中 Cl^- 含量较高，则采用碱性 $KMnO_4$ 法测定。若测定污染严重的生活污水和工业废水的 COD，则用 $K_2Cr_2O_7$ 法，结果用 COD_{Cr} 表示。

(3) 间接滴定法。某些不具有氧化性或还原性的物质，可以用间接法进行测定。例如，测定 Ca^{2+} 时，先将 Ca^{2+} 定量沉淀为 CaC_2O_4，再将沉淀过滤、洗净，并用稀硫酸溶解，最后用

$KMnO_4$标准溶液滴定溶液中的 $C_2O_4^{2-}$，从而间接求得 Ca^{2+} 的含量。有关反应式如下：

$$Ca^{2+} + C_2O_4^{2-} = CaC_2O_4 \downarrow$$

$$CaC_2O_4 + 2H^+ = H_2C_2O_4 + Ca^{2+}$$

$$2MnO_4^- + 5H_2C_2O_4 + 6H^+ = 2Mn^{2+} + 10CO_2 \uparrow + 8H_2O$$

根据等物质的量规则有 $n\,(1/5KMnO_4) = n\,(1/2Ca^{2+})$，试样中钙含量为

$$w(Ca) = \frac{c(1/5KMnO_4) \cdot \frac{V(KMnO_4)}{1000} \cdot M(1/2Ca)}{m_{样}} \times 100\%$$

8.5.6　重铬酸钾法

1. 概述

重铬酸钾法是以 $K_2Cr_2O_7$ 为标准溶液的氧化还原滴定法。在酸性溶液中，$K_2Cr_2O_7$ 与还原剂作用被还原为 Cr^{3+}，半反应为

$$Cr_2O_7^{2-} + 14H^+ + 6e^- \rightleftharpoons 2Cr^{3+} + 7H_2O \qquad E^{\ominus}(Cr_2O_7^{2-}/Cr^{3+}) = 1.33V$$

从标准电极电势来看，$K_2Cr_2O_7$ 的氧化能力不如 $KMnO_4$ 强，应用范围也不如 $KMnO_4$ 法广泛。但与 $KMnO_4$ 法相比，具有以下优点：①$K_2Cr_2O_7$ 容易提纯，可直接配制标准溶液；②$K_2Cr_2O_7$标准溶液非常稳定，可以长期保存；③室温下 $K_2Cr_2O_7$ 不与 Cl^- 作用，故可在 HCl 溶液中滴定 Fe^{2+}，但当 HCl 浓度太大或将溶液煮沸时，$K_2Cr_2O_7$ 也能部分被 Cl^- 还原。

在重铬酸钾法中，虽然橙色的 $Cr_2O_7^{2-}$ 被还原后转化为绿色的 Cr^{3+}，但由于 $Cr_2O_7^{2-}$ 的颜色不是很深，不能根据自身的颜色变化确定终点，需另加氧化还原指示剂，一般采用二苯胺磺酸钠作指示剂。重铬酸钾法常用于铁和土壤有机质的测定。需要注意的是，使用 $K_2Cr_2O_7$ 时应注意废液处理，避免造成环境污染。

2. 应用示例

亚铁盐中亚铁含量的测定可用 $K_2Cr_2O_7$ 标准溶液滴定，在酸性溶液中反应式为

$$Cr_2O_7^{2-} + 6Fe^{2+} + 14H^+ = 2Cr^{3+} + 6Fe^{3+} + 7H_2O$$

准确称取试样在酸性条件下溶解后，加入适量的 H_3PO_4，并加入二苯胺磺酸钠指示剂，用 $K_2Cr_2O_7$ 标准溶液滴定至终点。加入 H_3PO_4 的目的是使 Fe^{3+} 生成无色而稳定的 $[Fe(PO_4)_2]^{3-}$ 配离子，降低 Fe^{3+}/Fe^{2+} 电对的电势，从而使指示剂的变色范围落在滴定的突跃范围内。根据等物质的量规则，$n\,(1/6K_2Cr_2O_7) = n\,(Fe^{2+})$，亚铁含量的计算公式如下：

$$w(Fe) = \frac{c(1/6K_2Cr_2O_7) \cdot \frac{V(K_2Cr_2O_7)}{1000} \cdot M(Fe)}{m_{样}} \times 100\%$$

案例 8-6　检查司机酒后驾车有很多种方法，比较普遍的是：交警在检查司机有没有酒后驾驶时，会拿着一个仪器，让司机往里呼气，交警将仪器振荡后就知道结果了。

问题：交警所用仪器检测方法的原理是什么？

分析：$K_2Cr_2O_7$是一种橙红色具有强氧化性的化合物，当它被还原成 Cr^{3+} 时颜色变为绿色。若司机酒后驾车，交警让司机对填充了吸附硅胶颗粒的装置吹气，被检验的气体成分是 C_2H_5OH。若发现硅胶变色达到一定程度，可证明司机是酒后驾车。酒精测定仪中加入硫酸的目的：一是以下反应要在酸性溶液中进行，二是防止 $Cr_2O_7^{2-}$ 转化为黄色的 CrO_4^{2-}，反应化学方程式为

$$2Cr_2O_7^{2-}+3CH_3CH_2OH+16H^+\rightleftharpoons 4Cr^{3+}+3CH_3COOH+11H_2O$$

8.5.7 碘量法

1. 概述

碘量法是以 I_2 的氧化性和 I^- 的还原性为基础的滴定分析方法，其电极反应式为

$$I_2+2e^-\rightleftharpoons 2I^- \qquad E^\ominus(I_2/I^-)=0.535V$$

由标准电极电势数据可知，I_2 是较弱的氧化剂，它只能与较强的还原剂作用，而 I^- 是一种中等强度的还原剂，能与许多氧化剂作用。因此，碘量法可分为直接法和间接法两种。

1）直接碘量法

直接碘量法又称碘滴定法，是用 I_2 标准溶液直接滴定还原性物质，可用于测定 $S_2O_3^{2-}$、SO_3^{2-}、Sn^{2+}、维生素 C 等还原性较强的物质的含量。

2）间接碘量法

间接碘量法又称滴定碘法，是利用 I^- 作还原剂，在一定条件下与氧化性物质作用，定量地析出 I_2，然后用 $Na_2S_2O_3$ 标准溶液滴定 I_2，从而间接测定氧化性物质的含量。例如，可测定 MnO_4^-、$Cr_2O_7^{2-}$、Cu^{2+}、IO_3^-、BrO_3^-、H_2O_2 等氧化性物质的含量。间接碘量法比直接碘量法应用更为广泛。

碘量法常用淀粉作指示剂，淀粉与 I_2 结合而形成蓝色包合物，灵敏度很高，即使在 $10^{-5}mol\cdot L^{-1}$的 I_2 溶液中也能看出。实践证明，直链淀粉遇 I_2 变蓝必须有 I^- 存在，并且 I^- 浓度越高，显色越灵敏。淀粉溶液必须是新鲜配制的，否则会腐败分解，显色不敏锐。另外，在间接碘量法中，淀粉指示剂应在滴定临近终点时加入，否则大量的 I_2 与淀粉结合，不易与 $Na_2S_2O_3$ 反应，给滴定带来误差。

3）滴定条件

碘量法的反应条件和滴定条件很重要，滴定时应注意以下问题，才能获得准确的结果。

(1) 控制溶液的酸度。$Na_2S_2O_3$ 与 I_2 的反应必须在中性或弱酸性溶液中进行。因为在碱性溶液中会发生如下的副反应：

$$S_2O_3^{2-}+4I_2+10OH^-=2SO_4^{2-}+8I^-+5H_2O$$

$$3I_2+6OH^-=IO_3^-+5I^-+3H_2O$$

在强酸性溶液中，$Na_2S_2O_3$ 会分解，同时 I^- 易被空气中的 O_2 氧化：

$$S_2O_3^{2-}+2H^+=SO_2+S\downarrow+H_2O$$

$$4I^-+4H^++O_2=2I_2+2H_2O$$

(2) 防止碘的挥发和碘离子的氧化。碘量法的误差来源主要有两个：I_2 易挥发；I^- 容易被空气中的 O_2 氧化。因此，为了保证滴定的准确度，应采取一些措施。

为防止 I_2 挥发，应加入过量的 KI，使 I_2 形成 I_3^- 配离子，增大 I_2 在水中的溶解度；反应温度不宜过高，一般在室温下进行；间接碘量法最好在碘量瓶中进行，反应完全后立即滴定，且勿剧烈振动。为了防止 I^- 被空气中的 O_2 氧化，溶液酸度不宜过高，光及 Cu^{2+}、NO_2^- 等能催化 I^- 被空气中的 O_2 氧化，应将析出 I_2 的反应瓶置于暗处并预先除去干扰离子。

2. 标准溶液的配制和标定

(1) $Na_2S_2O_3$ 溶液的配制和标定。结晶的 $Na_2S_2O_3\cdot 5H_2O$ 一般含有少量 S、Na_2SO_3、Na_2CO_3、NaCl 等杂质，且 $Na_2S_2O_3$ 溶液不稳定，易与水中的 CO_2、空气中的氧气作用，以及被

微生物分解而使浓度发生变化,故不能用直接法配制标准溶液。因此,配制 $Na_2S_2O_3$ 标准溶液时应先煮沸蒸馏水,除去水中的 CO_2 及杀灭微生物,并加入少量 Na_2CO_3 使溶液呈微碱性,以防止 $Na_2S_2O_3$ 分解。日光能促使 $Na_2S_2O_3$ 分解, $Na_2S_2O_3$ 溶液应储存于棕色瓶中,放置暗处,经一两周后再标定。长期保存的溶液在使用时应重新标定。

标定 $Na_2S_2O_3$ 溶液常用 $K_2Cr_2O_7$、$KBrO_3$、KIO_3 等作基准物质,用间接碘量法进行标定。例如,在酸性溶液中有过量 KI 存在下,一定量的 $KBrO_3$ 与 KI 反应产生等物质的量的 I_2

$$BrO_3^- + 6H^+ + 6I^- = Br^- + 3I_2 + 3H_2O$$

用 $Na_2S_2O_3$ 标准溶液滴定析出的 I_2。

$$I_2 + 2S_2O_3^{2-} = 2I^- + S_4O_6^{2-}$$

根据 $KBrO_3$ 的质量及 $Na_2S_2O_3$ 的用量计算 $Na_2S_2O_3$ 物质的量浓度

$$c(Na_2S_2O_3) = \frac{m(KBrO_3)}{M(1/6\ KBrO_3) \cdot V(Na_2S_2O_3) \times 10^{-3}}$$

(2) I_2 溶液的配制和标定。用升华法制得的纯 I_2 可直接配制 I_2 的标准溶液;市售的 I_2 含有杂质,采用间接法配制 I_2 标准溶液。I_2 在水中的溶解度很小,且易挥发,通常将它溶解在较浓的 KI 溶液中形成 I_3^-,以提高其溶解度。碘见光遇热时浓度会发生变化,故应装在棕色瓶中,并置于暗处保存。储存和使用 I_2 溶液时应避免与橡皮等有机物质接触。

标定 I_2 溶液的浓度可用升华法精制的 As_2O_3(俗称砒霜,剧毒!)作基准物质,但一般用已经标定好的 $Na_2S_2O_3$ 标准溶液标定。根据等物质的量规则,$n(1/2\ I_2) = n(Na_2S_2O_3)$,有

$$c(1/2\ I_2) = \frac{c(Na_2S_2O_3) \cdot V(Na_2S_2O_3)}{V(I_2)}$$

3. 应用示例

1) 直接碘量法测定维生素 C

维生素 $C(V_C)$ 又称抗坏血酸,其分子式 $C_6H_8O_6$ 中的烯二醇基有还原性,能被定量氧化为二酮基:

$$C_6H_8O_6 + I_2 = C_6H_6O_6 + 2HI$$

$C_6H_8O_6$ 的还原能力很强,在空气中极易被氧化,特别是在碱性条件下。因此,滴定时应加入一定量的乙酸使溶液呈弱酸性。根据反应式,有

$$w(V_C) = \frac{c(I_2) \cdot V(I_2) \cdot \dfrac{M(C_6H_8O_6)}{1000}}{m_\text{样}} \times 100\%$$

2) 间接碘量法测定胆矾中的铜

胆矾($CuSO_4 \cdot 5H_2O$)是农药波尔多液的主要原料,测定铜的含量时加入过量 KI,使 Cu^{2+} 与 KI 作用生成难溶的 CuI,并析出等物质的量的 I_2,再用 $Na_2S_2O_3$ 标准溶液滴定析出的 I_2。

$$2Cu^{2+} + 4I^- = 2CuI \downarrow + I_2$$
$$I_2 + 2S_2O_3^{2-} = 2I^- + S_4O_6^{2-}$$

由于 CuI 溶解度相对较大,且对 I_2 的吸附较强,滴定终点不明显。为此,在计量点前加入 KSCN,使 CuI 转化为更难溶的 CuSCN 沉淀。

$$CuI(s) + SCN^- = CuSCN \downarrow + I^-$$

所得的 CuSCN 很难吸附碘,使反应终点变色比较明显。但 KSCN 只能在接近终点时加入,否则 SCN^- 直接还原 Cu^{2+},使结果偏低。

$$6Cu^{2+}+7SCN^-+4H_2O \xlongequal{} 6CuSCN\downarrow+SO_4^{2-}+HCN+7H^+$$

为了防止 Cu^{2+} 的水解，反应必须在酸性溶液中（pH＝3.5～4）进行，因 Cu^{2+} 容易与 Cl^- 形成配离子，故酸化时常用 H_2SO_4 或 HAc 而不用 HCl。

由于 Fe^{3+} 容易氧化 I^- 生成 I_2，使结果偏高。若试样中含有 Fe^{3+} 时，应分离除去或加入 NaF 使 Fe^{3+} 形成配离子 $[FeF_6]^{3-}$ 而掩蔽，以消除干扰。

$$w(Cu)=\frac{c(Na_2S_2O_3)\cdot\frac{V(Na_2S_2O_3)}{1000}\cdot M(Cu)}{m_{样}}\times100\%$$

8.5.8 氧化还原滴定结果的计算

氧化还原滴定有关计算的主要依据是氧化还原反应中被测物质与滴定剂间的化学计量关系，即等物质的量规则。

例 8-19 用 25.00mL $KMnO_4$ 溶液恰好能氧化一定量的 $KHC_2O_4\cdot H_2O$，而等量的 $KHC_2O_4\cdot H_2O$ 又恰好能被 20.00mL 0.2000mol·L^{-1}KOH 溶液中和。求 $KMnO_4$ 溶液的浓度。

解 由反应式

$$2MnO_4^-+5C_2O_4^{2-}+16H^+ \xlongequal{} 2Mn^{2+}+10CO_2\uparrow+8H_2O$$

可知等物质的量关系为 $n(1/5KMnO_4)=n(1/2C_2O_4^{2-})$，故

$$c(1/5KMnO_4)\cdot V(KMnO_4)=\frac{m(KHC_2O_4\cdot H_2O)}{M(1/2KHC_2O_4\cdot H_2O)}$$

即

$$m(KHC_2O_4\cdot H_2O)=c(1/5KMnO_4)\cdot V(KMnO_4)\cdot M(1/2KHC_2O_4\cdot H_2O)$$

在酸碱反应中

$$n(KOH)=n(HC_2O_4^-)$$

$$c(KOH)\cdot V(KOH)=\frac{m(KHC_2O_4\cdot H_2O)}{M(KHC_2O_4\cdot H_2O)}$$

即

$$m(KHC_2O_4\cdot H_2O)=c(KOH)\cdot V(KOH)\cdot M(KHC_2O_4\cdot H_2O)$$

已知两次作用的 $KHC_2O_4\cdot H_2O$ 的质量相同，因 $V(KMnO_4)=25.00mL$，$V(KOH)=20.00mL$，$c(KOH)=0.2000mol\cdot L^{-1}$，所以

$$c(1/5KMnO_4)\cdot V(KMnO_4)\cdot M(1/2KHC_2O_4\cdot H_2O)=c(KOH)\cdot V(KOH)\cdot M(KHC_2O_4\cdot H_2O)$$

即

$$c(1/5KMnO_4)\times25.00\times\frac{1}{2}\times M(KHC_2O_4\cdot H_2O)=0.2000\times20.00\times M(KHC_2O_4\cdot H_2O)$$

$$c(1/5KMnO_4)=0.3200mol\cdot L^{-1}$$

$$c(KMnO_4)=1/5c(1/5KMnO_4)=0.06400mol\cdot L^{-1}$$

例 8-20 有一 $K_2Cr_2O_7$ 标准溶液的浓度为 0.01683mol·L^{-1}，求其对 Fe 和 Fe_2O_3 的滴定度。称取含铁矿样 0.2801g，溶解后将溶液中的 Fe^{3+} 还原为 Fe^{2+}，然后用上述 $K_2Cr_2O_7$ 标准溶液滴定，用去 25.60mL。求试样的含铁量，分别以 $w(Fe)$ 和 $w(Fe_2O_3)$ 表示。

解 $K_2Cr_2O_7$ 滴定 Fe^{2+} 的反应为

$$Cr_2O_7^{2-}+6Fe^{2+}+14H^+ \xlongequal{} 2Cr^{3+}+6Fe^{3+}+7H_2O$$

等物质的量关系为

$$n(1/6K_2Cr_2O_7)=n(Fe),\ n(1/6K_2Cr_2O_7)=n(1/2Fe_2O_3)$$

$$T(Fe/K_2Cr_2O_7)=c(1/6K_2Cr_2O_7)\cdot\frac{1.00}{1000}\cdot M(Fe)$$

$$= 6 \times 0.01683 \times \frac{1.00}{1000} \times 55.85$$

$$= 5.640 \times 10^{-3}(\mathrm{g \cdot mL^{-1}})$$

$$T(\mathrm{Fe_2O_3/K_2Cr_2O_7}) = c(1/6\mathrm{K_2Cr_2O_7}) \cdot \frac{1.00}{1000} \cdot M(1/2\mathrm{Fe_2O_3})$$

$$= 6 \times 0.01683 \times \frac{1.00}{1000} \times \frac{1}{2} \times 159.69 = 8.063 \times 10^{-3}(\mathrm{g \cdot mL^{-1}})$$

故

$$w(\mathrm{Fe}) = \frac{T(\mathrm{Fe/K_2Cr_2O_7}) \cdot V(\mathrm{K_2Cr_2O_7})}{m} = \frac{5.640 \times 10^{-3} \times 25.60}{0.2801} = 0.5155$$

$$w(\mathrm{Fe_2O_3}) = \frac{T(\mathrm{Fe_2O_3/K_2Cr_2O_7}) \cdot V(\mathrm{K_2Cr_2O_7})}{m} = \frac{8.063 \times 10^{-3} \times 25.60}{0.2801} = 0.7369$$

例 8-21　以 KIO_3 为基准物，用间接碘量法标定 $0.1000\mathrm{mol \cdot L^{-1}}$ $Na_2S_2O_3$ 溶液的浓度。若滴定时欲将消耗的 $Na_2S_2O_3$ 溶液的体积控制在 25mL 左右，应当取 KIO_3 多少克？

解　反应式为

$$\mathrm{IO_3^- + 5I^- + 6H^+ \!=\!=\!= 3I_2 + 3H_2O}$$

$$\mathrm{I_2 + 2S_2O_3^{2-} \!=\!=\!= 2I^- + S_4O_6^{2-}}$$

由上式得化学计量关系是

$$\mathrm{IO_3^- \sim 3I_2 \sim 6S_2O_3^{2-}}$$

因此，等物质的量关系为 $n(1/6\mathrm{KIO_3}) = n(\mathrm{Na_2S_2O_3})$，即

$$\frac{m(\mathrm{KIO_3})}{M(1/6\,\mathrm{KIO_3})} = c(\mathrm{Na_2S_2O_3}) \cdot \frac{V(\mathrm{Na_2S_2O_3})}{1000}$$

$$m(\mathrm{KIO_3}) = c(\mathrm{Na_2S_2O_3}) \cdot \frac{V(\mathrm{Na_2S_2O_3})}{1000} \cdot M(1/6\,\mathrm{KIO_3}) = 0.1000 \times \frac{25}{1000} \times \frac{1}{6} \times 214.00 = 0.09(\mathrm{g})$$

消耗 25mL 左右该浓度的 $Na_2S_2O_3$ 溶液，应称取 KIO_3 0.09g 左右。

8.6　氧化还原反应的应用*

8.6.1　生命科学中的应用

氧化还原反应在自然界中是普遍存在的。它对于生物体尤其是人体和生命活动具有重要的意义。食物中的糖类、脂肪和蛋白质在体内与氧发生生物氧化，以满足生命活动如肌肉收缩、神经传导和物质代谢等的能量需要。例如，葡萄糖发生的氧化反应

$$\mathrm{C_6H_{12}O_6(s) + 6O_2(g) \!=\!=\!= 6CO_2(g) + 6H_2O(l)}$$

虽然反应的原理与体外的氧化（如燃烧）相同，但反应过程要复杂得多。生物氧化是在体温条件下、近中性的含水环境中、在一系列酶催化下进行的，反应过程中释放的大部分能量以合成三磷酸腺苷（ATP）这种高能磷酸化合物，并将能量储存起来。一旦肌体活动需要时，再由 ATP 通过水解提供能量。可见，氧化还原反应在生物代谢过程中非常重要。

8.6.2　消毒与灭菌

在环境保护和卫生方面，许多氧化性物质（如 H_2O_2、$KMnO_4$、Cl_2、O_3 等）常作为净化剂和消毒杀菌剂。

高锰酸钾在医药上和日常生活中广泛用于灭菌消毒。例如，用 0.1%$KMnO_4$ 水溶液浸泡苹果、杨梅、樱桃等果品，5min 后就可杀死附着外表的细菌，防止肠道感染，并能把残留在果皮

外的各种农药杀虫剂氧化。生的黄瓜、番茄、红萝卜等用上法处理，还可杀死附在瓜果上的蛔虫等寄生虫卵。医药上用以消炎、止痒、除臭和防止感染。用 5% $KMnO_4$ 溶液可治疗烫伤。

臭氧有强氧化性，在环境保护方面用于废气和废水的净化，并用于饮用水的消毒，取代氯气处理饮水。

8.6.3 氧化还原反应与土壤肥力

土壤中某些元素存在状态的转化离不开氧化还原反应。例如，在地壳表面的大气中，氮气约占总体积的 78%。但植物一般不能直接利用大气中游离的 N_2，通常通过根部吸收氮的化合物如铵盐、硝酸盐等，以供生长所需的营养。大自然中的某些微生物具有将空气中的氮气转化为氨的功能。这一自然固氮的过程便是一个氧化还原过程。再如，铁是植物所必需的营养元素，土壤中的铁绝大多数以无机形态存在。一般来讲，固体状态的铁不能被利用，但氢氧化铁在酸性溶液中其溶解度随溶液的酸度增加而增大，且易被还原为低价铁，低价铁化合物的溶解度比较大，因而增加了土壤的肥力。

习　题

1. 选择题。

(1) 在反应 $4P+3KOH+3H_2O \longrightarrow 3KH_2PO_2+PH_3$ 中，磷(　　)。

A. 仅被还原　B. 仅被氧化　C. 两者都有　D. 两者都没有

(2) 能够影响电极电势值的因素是(　　)。

A. 氧化型浓度　B. 还原型浓度　C. 温度　D. 以上都有

(3) 用 0.1mol·L^{-1} Sn^{2+} 和 0.01mol·L^{-1} Sn^{4+} 组成的电极，其电极电势是(　　)。

A. $E^{\ominus}+0.0592/2$　B. $E^{\ominus}+0.0592$　C. $E^{\ominus}-0.0592$　D. $E^{\ominus}-0.0592/2$

(4) 下列反应属于歧化反应的是(　　)。

A. $2KClO_3 = 2KCl+3O_2$　B. $NH_4NO_3 = N_2O+2H_2O$

C. $NaOH+HCl = NaCl+H_2O$　D. $2Na_2O_2+2CO_2 = 2Na_2CO_3+O_2$

(5) 已知 $Fe^{3+}+e^- \rightleftharpoons Fe^{2+}$，$E^{\ominus}=0.771V$，当 Fe^{3+}/Fe^{2+} 电对的 $E=0.750V$ 时，则溶液中必定是(　　)。

A. $c(Fe^{3+})<1$　B. $c(Fe^{2+})<1$

C. $c(Fe^{2+})/c(Fe^{3+})<1$　D. $c(Fe^{3+})/c(Fe^{2+})<1$

(6) 由氧化还原反应 $Cu+2Ag^+ = Cu^{2+}+2Ag$ 组成的电池，若用 E_1、E_2 分别表示 Cu^{2+}/Cu 和 Ag^+/Ag 电对的电极电势，则电池电动势 ε 为(　　)。

A. E_1-E_2　B. E_1-2E_2　C. E_2-E_1　D. $2E_2-E_1$

(7) 对于电对 $Cr_2O_7^{2-}/Cr^{3+}$，溶液 pH 上升，则其(　　)。

A. 电极电势下降　B. 电极电势上升　C. 电极电势不变　D. $E^{\ominus}(Cr_2O_7^{2-}/Cr^{3+})$下降

(8) 已知 $E^{\ominus}(Fe^{3+}/Fe^{2+})>E^{\ominus}(I_2/I^-)>E^{\ominus}(Sn^{4+}/Sn^{2+})$，下列物质能共存的是(　　)。

A. Fe^{3+} 和 Sn^{2+}　B. Fe^{2+} 和 I_2　C. Fe^{3+} 和 I^-　D. I_2 和 Sn^{2+}

(9) 下列银盐中，氧化能力最强的是(　　)。

A. AgCl　B. AgBr　C. AgI　D. $AgNO_3$

2. 指出下列物质中画线元素的氧化数。

$\underline{Cl_2}O$　$\underline{Cl_2}O_7$　$\underline{S_8}$　$\underline{S_4}O_6^{2-}$　$\underline{Mn_3}O_4$　$Al\underline{N}$　$\underline{S}F_6$　$\underline{Cr_2}O_7^{2-}$　$K_2\underline{Pt}Cl_6$

3. 用氧化数法配平下列反应式。

(1) $KOH + Br_2 \longrightarrow KBrO_3 + KBr + H_2O$

(2) $KMnO_4 + KI + H_2SO_4 \longrightarrow I_2 + MnSO_4 + K_2SO_4 + H_2O$

(3) $HNO_2 \longrightarrow HNO_3 + NO + H_2O$

(4) $H_2O_2 + Cr_2O_7^{2-} \longrightarrow Cr^{3+} + O_2$

(5) $CuS + NO_3^- \longrightarrow Cu^{2+} + SO_4^{2-} + NO$

4. 用离子-电子法配平下列反应式。

(1) $P_4 + HNO_3 \longrightarrow H_3PO_4 + NO$

(2) $Cr(OH)_3 + ClO^- \longrightarrow CrO_4^{2-} + Cl^-$

(3) $H_2O_2 + PbS \longrightarrow PbSO_4 + H_2O$

(4) $MnO_4^- + C_3H_7OH \longrightarrow Mn^{2+} + C_2H_5COOH$

(5) $H_2O_2 + Cr(OH)_4^- \longrightarrow CrO_4^{2-} + H_2O$

5. 有一电池

$(-)Pt \mid H_2(50.0kPa) \mid H^+(0.50mol \cdot L^{-1}) \parallel Sn^{4+}(0.70mol \cdot L^{-1}), Sn^{2+}(0.50mol \cdot L^{-1}) \mid Pt(+)$

(1) 写出电极反应。

(2) 写出电池反应。

(3) 计算电池的电动势 ε。

(4) 当 $\varepsilon=0$ 时，保持 $p(H_2)$、$c(H^+)$不变的情况下，$c(Sn^{2+})/c(Sn^{4+})$是多少？

6. 铜丝插入 $CuSO_4$ 溶液，银丝插入 $AgNO_3$ 溶液，组成原电池。(1) 写出原电池符号；(2) 写出电极反应和电池反应；(3) 计算电池的标准电动势。加氨水于 $AgNO_3$ 溶液中，电池的电动势如何变化？

7. 将一未知电极电势的半电池与饱和甘汞电极组成一原电池，后者为负极。此原电池的电动势为 0.170V。试计算该半电池对标准氢电极的电极电势。(已知饱和甘汞电极的电极电势为 0.2415V)

8. 回答下列问题。

(1) 能否用铁制容器盛放 $CuSO_4$ 溶液？

(2) 配制 $SnCl_2$ 溶液时，为了防止 Sn^{2+} 被空气中的氧气氧化，通常在溶液中加少许 Sn 粒，为什么？

(3) 金属铁能还原 Cu^{2+}，而 $FeCl_3$ 溶液又能使金属铜溶解？为什么？

9. 在下列常见的氧化剂中，如果使 $c(H^+)$增加，哪些的氧化性增强？哪些不变？

(1) Cl_2　(2) $Cr_2O_7^{2-}$　(3) Fe^{3+}　(4) MnO_4^-

10. 下列反应(未配平)在标准状态下能否按指定方向自发进行？

(1) $Br^- + Fe^{3+} \longrightarrow Br_2 + Fe^{2+}$

(2) $Cr^{3+} + I_2 + H_2O \longrightarrow Cr_2O_7^{2-} + I^- + H^+$

(3) $Sn^{4+} + Fe^{2+} \longrightarrow Sn^{2+} + Fe^{3+}$

11. 计算电池反应：$2Al + 3Ni^{2+} = 2Al^{3+} + 3Ni$，其中当 $c(Ni^{2+}) = 0.8mol \cdot L^{-1}$，$c(Al^{3+}) = 0.02mol \cdot L^{-1}$ 时的电池电动势。

12. 在 pH=6 时，下列反应能否自发进行？(设其他物质均处于标准状态)

(1) $Cr_2O_7^{2-} + Br^- + H^+ \longrightarrow Cr^{3+} + Br_2 + H_2O$

(2) $MnO_4^- + Cl^- + H^+ \longrightarrow Mn^{2+} + Cl_2 + H_2O$

13. 求下列电池反应在 298.15K 时的 ε 和 Δ_rG_m 值，说明反应是否能从左向右自发进行。

$$Cu(s) + 2H^+(0.01mol \cdot L^{-1}) \longrightarrow Cu^{2+}(0.1mol \cdot L^{-1}) + H_2(0.9 \times 10^5 Pa)$$

14. 根据标准电极电势表：

(1) 选择一种合适的氧化剂，使 Sn^{2+}、Fe^{2+} 分别氧化成 Sn^{4+} 和 Fe^{3+}，而不能使 Cl^- 氧化成 Cl_2。

(2) 选择一种合适的还原剂，使 Cu^{2+}、Ag^+ 分别还原成 Cu 和 Ag，而不能使 Fe^{2+} 还原。

15. 现有下列物质：$FeCl_2$，$SnCl_2$，H_2，KI，Li，Mg，Al，它们都能用作还原剂。试根据标准电极电势表，把这些物质按还原性的大小顺序排列，并写出它们在酸性介质中的氧化产物。

16. 计算 298.15K 时下列电池的电动势，写出电池反应，并求其平衡常数。

(1) $(-)Pb \mid Pb^{2+}(0.10mol \cdot L^{-1}) \parallel Cu^{2+}(0.50mol \cdot L^{-1}) \mid Cu(+)$

(2) $(-)Sn \mid Sn^{2+}(0.05mol \cdot L^{-1}) \parallel H^{+}(1.00mol \cdot L^{-1}) \mid H_2(100kPa) \mid Pt(+)$

17. 为了测定溶度积，设计了下列原电池

$$(-)Pb \mid PbSO_4 \mid SO_4^{2-}(1.00mol \cdot L^{-1}) \parallel Sn^{2+}(1.00mol \cdot L^{-1}) \mid Sn(+)$$

在 298K 时测得电池电动势 $\varepsilon^{\ominus}=0.22V$，求 $PbSO_4$ 的溶度积常数。

18. 已知 $E^{\ominus}(S/H_2S)=0.142V$，$E^{\ominus}(Fe^{3+}/Fe^{2+})=0.771V$。若向 $0.10mol \cdot L^{-1}$ Fe^{3+} 溶液和 $0.25mol \cdot L^{-1}$ HCl 混合液中通入 H_2S 气体使之达到饱和，求平衡时溶液中 Fe^{3+} 的浓度。

19. 若下列原电池的 $\varepsilon=0.50V$，则 H^{+} 浓度是多少？

$$Pt \mid H_2(100kPa) \mid H^{+}[c(H^{+})] \parallel Cu^{2+}(1.0mol \cdot L^{-1}) \mid Cu$$

20. 测得下列电池在 298.15K 时的 $\varepsilon=0.17V$，求 HAc 的解离常数。

$$Pt \mid H_2(100kPa) \mid HAc(0.10mol \cdot L^{-1}) \parallel 标准氢电极$$

21. 应用下列溴元素的标准电势图

$E_B^{\ominus}/V$

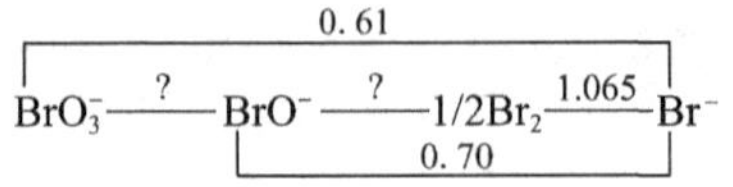
0.61
BrO3-
?
BrO-
?
1/2Br2
1.065
Br-
0.70

(1) 求 $E^{\ominus}(BrO^{-}/Br_2)$ 和 $E^{\ominus}(BrO_3^{-}/BrO^{-})$。

(2) 判断 BrO^{-} 能否发生歧化反应，若能则写出反应式。

22. 根据标准电极电势，判断下列反应能否发生歧化反应。

(1) $2Cu^{+} \rightleftharpoons Cu+Cu^{2+}$

(2) $Hg_2^{2+} \rightleftharpoons Hg+Hg^{2+}$

(3) $I_2+2OH^{-} \rightleftharpoons IO^{-}+I^{-}+H_2O$

(4) $H_2O+I_2 \rightleftharpoons HIO+I^{-}+H^{+}$

23. 有一 $K_2Cr_2O_7$ 溶液，每升含 9.806g $K_2Cr_2O_7$，$c(1/6K_2Cr_2O_7)$是多少？在酸性溶液中 30.00mL 此 $K_2Cr_2O_7$ 溶液可氧化多少毫升 $0.1000mol \cdot L^{-1}$ $FeSO_4$ 溶液？

24. 取 0.1500g $Na_2C_2O_4$ 溶解后用 $KMnO_4$ 溶液滴定，用去 20.00mL 到达终点，求 $c(1/5KMnO_4)$。

25. 一份 50.00mL H_2SO_4 与 $KMnO_4$ 的混合液，需用 40.00mL $0.1000mol \cdot L^{-1}$ NaOH 溶液中和，另一份 50.00mL 的混合液，则需用 25.00mL $0.1000mol \cdot L^{-1}$ $FeSO_4$ 溶液将 $KMnO_4$ 还原。每升混合液中含有 H_2SO_4 和 $KMnO_4$ 各多少克？

26. 不纯的碘化钾试样 0.5180g，用 0.1940g $K_2Cr_2O_7$(过量)处理后，将溶液煮沸除去析出的碘，然后用过量的纯 KI 处理，这时析出的碘需用 10.00mL $0.1000mol \cdot L^{-1}$ $Na_2S_2O_3$ 溶液滴定，计算试样中 KI 的质量分数。

27. 称取 0.1000g 红丹(Pb_3O_4)样品，用 HCl 溶解后再加入 K_2CrO_4，使其定量沉淀为 $PbCrO_4$，将沉淀过滤、洗涤后溶于酸并加入过量的 KI，析出的 I_2 以淀粉为指示剂，用 $0.1000mol \cdot L^{-1}$ $Na_2S_2O_3$ 溶液滴定，用去 12.00mL。求试样中 Pb_3O_4 的质量分数。

28. 在硫酸介质中，向含有 0.9826g MnO_2 试样的溶液中加入 35.00mL $0.2000mol \cdot L^{-1}$ $Na_2C_2O_4$ 标准溶液，待其充分反应后，用 $0.04826mol \cdot L^{-1}$ $KMnO_4$ 标准溶液 19.25mL 滴定剩余的 $C_2O_4^{2-}$。计算试样中 MnO_2 的质量分数。

29. 准确称取酒精样品 5.000g，置于 1L 容量瓶中，用水稀释至刻度。取 25.00mL 加入稀硫酸酸化，再加入 $0.02000mol \cdot L^{-1}$ $K_2Cr_2O_7$ 标准溶液 50.00mL，发生下列化学反应：

$$3C_2H_5OH+2Cr_2O_7^{2-}+16H^{+}=\!=\!=4Cr^{3+}+3CH_3COOH+11H_2O$$

待反应完全后，加入 $0.1253mol \cdot L^{-1}$ Fe^{2+} 溶液 20.00mL，再用 $0.02000mol \cdot L^{-1}$ $K_2Cr_2O_7$ 标准溶液回滴剩余的 Fe^{2+}，消耗 $K_2Cr_2O_7$ 7.46mL。计算样品中 C_2H_5OH 的质量分数。

第 9 章　配位平衡与配位滴定法

配位化合物简称配合物，是一类组成比较复杂的化合物，其存在和应用都很广泛。生物体内的金属元素多以配合物的形式存在。例如，叶绿素是镁的配合物，植物的光合作用靠它来完成。又如，动物血液中的血红蛋白是铁的配合物，起输送氧气的作用；动物体内的各种酶几乎都是以金属配合物形式存在。1893 年，瑞士青年化学家维尔纳(A. Werner)在总结前人研究成果的基础上提出了配位理论，从而奠定了配位化学的基础。20 世纪以后，随着对原子结构和化学键理论研究的发展，配合物已远远超出无机化学的范畴，成为一门极具活力的新兴学科——配位化学，它是目前化学学科中最为活跃的研究领域之一。本章主要介绍配合物的基本概念，用价键理论说明配位键的本质、配离子的形成和空间构型，并介绍配离子的稳定常数及配位解离平衡，讨论配位滴定法及其应用。

9.1　配合物的基本概念

9.1.1　配合物及其组成

案例 9-1　铜氨纤维具有透气、清爽、抗静电、悬垂性佳四大功能，其最吸引人的特性为吸湿、放湿性，是透气、清爽的纤维。铜氨纤维产品的性能近似于丝绸，极具悬垂感。作为面料它手感柔软，光泽柔和，符合环保服饰潮流，特别适用于与羊毛、合成纤维混纺或纯纺，做高档针织物。利用铜氨溶液具有溶解纤维的能力，将棉纤维溶解在铜氨溶液中，配成纺丝液，然后从很细的喷丝嘴中将纺丝液喷注于稀酸中，纤维素则以细长且具有蚕丝光泽的细丝从稀酸中沉淀出来，再进行染色、调图等，便得到质地高档、色泽艳丽的铜氨纤维。

问题：铜氨溶液的主要化学成分是什么？如何制备？

配合物种类繁多，组成较复杂，目前还没有一个严格的定义，只能和简单化合物的对比，找到一个粗略定义。例如，在硫酸铜溶液中加入氨水，开始时有蓝色 $Cu_2(OH)_2SO_4$ 沉淀生成，继续加过量氨水时，蓝色沉淀溶解变成深蓝色溶液。总反应为

$$CuSO_4 + 4NH_3 = [Cu(NH_3)_4]SO_4\text{(深蓝色)}$$

此溶液中，除 SO_4^{2-} 和复杂离子 $[Cu(NH_3)_4]^{2+}$ 外，几乎检测不出 Cu^{2+} 的存在。再如，在 $HgCl_2$ 溶液中加入 KI，开始有红色 HgI_2 沉淀，继续加过量 KI 时，沉淀消失变成无色溶液。反应式为

$$HgCl_2 + 2KI = HgI_2\downarrow + 2KCl$$

$$HgI_2 + 2KI = K_2[HgI_4]$$

像 $[Cu(NH_3)_4]SO_4$ 和 $K_2[HgI_4]$ 这类较复杂的化合物就是配合物。配合物的定义可归纳为：由可给出孤对电子或多个不定域电子的一定数目的离子或分子(称为配体)和具有接受孤对电子或多个不定域电子的原子或离子(统称中心离子)，按一定的组成和空间构型而形成的化合物称为配合物。

在 $[Cu(NH_3)_4]SO_4$ 中，Cu^{2+} 占据中心位置，称为中心离子(或形成体)；中心离子 Cu^{2+} 的周围以配位键结合着 4 个 NH_3 分子，称为配体；中心离子与配体构成配合物的内界(配离子)，

通常把内界写在方括号内；SO_4^{2-} 称为外界，内界与外界之间是离子键，在水中全部解离。又如，在亚铁氰化钾中，Fe^{2+} 占据中心位置，中心离子 Fe^{2+} 的周围以配位键结合了 6 个 CN^-，形成配合物的内界，方括号以外的 4 个 K^+ 是外界。这些关系可图示如下：

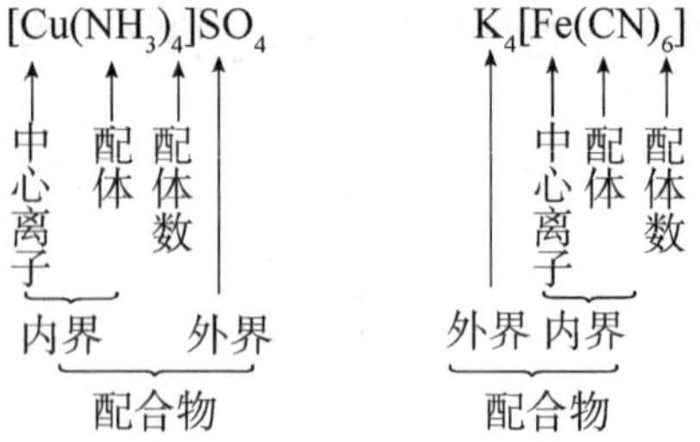

1. 中心离子

中心离子是配合物的核心，它一般是阳离子，也有电中性原子，如$[Ni(CO)_4]$中的 Ni 原子。中心离子绝大多数为金属离子特别是过渡金属离子，少数高氧化值的非金属元素也可作中心离子，如$[BF_4]^-$、$[SiF_6]^{2-}$中的 B(Ⅲ)、Si(Ⅳ)等。

2. 配体和配位原子

配合物中同中心离子直接结合的阴离子或中性分子称配体；配体中具有孤对电子并与中心离子形成配位键的原子称为配位原子，配位原子通常是电负性较大的非金属原子，如 N、O、S、C 和卤素等原子。一些常见的配体和配位原子列于表 9-1 中。

表 9-1　一些常见的配体和配位原子

配体实例	配位原子	配体实例	配位原子
NH_3、RNH_2、NCS^-、NO_2^-	N	H_2S、SCN^-、$S_2O_3^{2-}$等	S
H_2O、OH^-、$RCOO^-$、ONO^-、ROH、ROR、	O	F^-、Cl^-、Br^-、I^-等	X
CN^-、CO 等	C		

只含有一个配位原子的配体称为单基配体，如 X^-、NH_3、H_2O、CN^-等。含有两个或两个以上配位原子的配体称为多基配体，如乙二胺 $H_2NCH_2CH_2NH_2$(简写为 en)、草酸根等，其配位情况示意图如下(箭头是配位键的指向)：

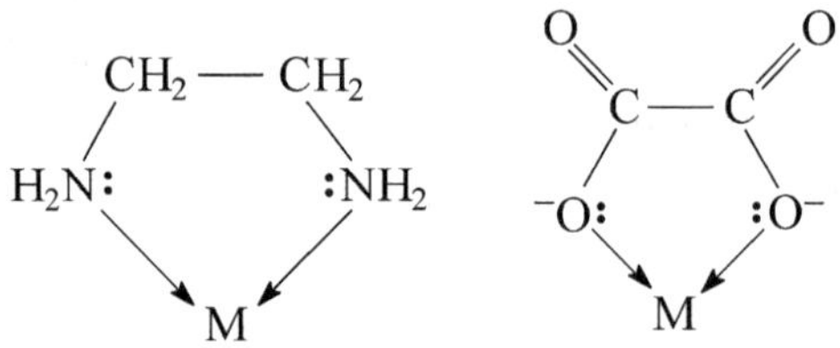

3. 配位数

配合物中直接与中心离子形成配位键的配位原子的总数称为该中心离子的配位数。一般简单配合物的配体是单基配体，中心离子配位数即是内界中配体的总数。例如，配合物$[Co(NH_3)_6]^{3+}$，中心离子 Co^{3+} 与 6 个 NH_3 分子中的 N 原子配位，其配位数为 6。在配合物$[Zn(en)_2]SO_4$中，中心离子 Zn^{2+} 与 2 个乙二胺分子结合，而每个乙二胺分子中有 2 个 N 原子配位，故 Zn^{2+} 的配位数为 4。因此，应注意配位数与配体数的区别。

形成配合物时，影响中心离子配位数的因素是多方面的，主要取决于中心离子(原子)和配体的性质，如电荷、电子层结构、离子半径以及它们之间相互影响的情况；成键时的温度和浓度等外部条件也会影响中心离子的配位数。一般有以下规律：

(1) 对同一配体，中心离子的电荷越高，吸引配体孤对电子的能力越强，配位数就大，如 $[Cu(NH_3)_2]^+$ 和 $[Cu(NH_3)_4]^{2+}$；中心离子的半径越大，周围可容纳的配体数目越多，配位数越大，如 $[AlF_6]^{3-}$ 和 $[BF_4]^-$。

(2) 对同一中心离子，配体的半径越大，中心离子周围可容纳的配体数越少，配位数越小，如 $[AlF_6]^{3-}$ 和 $[AlCl_4]^-$；配体的负电荷越高，则在增加中心离子与配体之间引力的同时，也使配体之间的相互排斥力增强，总的结果使配位数减小，如 $[Zn(NH_3)_6]^{2+}$ 和 $[Zn(CN)_4]^{2-}$。

(3) 增大配体的浓度，利于形成高配位数的配合物；温度升高，常使配位数减小。例如，Fe^{3+} 与 SCN^- 配位时，随着 SCN^- 浓度增加，可形成配位数为 1～6 的配离子。

在一定范围的外界条件下，某一中心离子往往有一个特征配位数。多数金属离子的特征配位数是 2、4 和 6。配位数为 2 的如 Ag^+、Cu^+ 等，配位数为 4 的如 Cu^{2+}、Zn^{2+}、Ni^{2+}、Hg^{2+}、Cd^{2+}、Pt^{2+} 等，配位数为 6 的如 Fe^{3+}、Fe^{2+}、Al^{3+}、Pt^{4+}、Cr^{3+}、Co^{3+} 等。

4. 配离子的电荷数

配离子的电荷等于中心离子和配体电荷的代数和。在 $[Co(NH_3)_6]^{3+}$、$[Cu(en)_2]^{2+}$ 中，配体都是中性分子，所以配离子的电荷等于中心离子的电荷。在 $[Fe(CN)_6]^{4-}$ 中，中心离子 Fe^{2+} 的电荷为＋2，6 个 CN^- 的电荷为－6，故配离子的电荷为－4。

9.1.2　配合物的命名

案例 9-2　配位化学是无机化学中发展最快的一个分支，也是众多学科的交叉点，在元素分离和提取、催化领域、工业水处理、染料工业、医药工业、食品工业等有广泛的应用。顺铂是 1965 年美国科学家罗森伯格(Rosenborg)等首次发现的，是第一个具有抗癌活性的金属配合物。顺铂可抑制癌细胞的 DNA 复制过程，并损伤其细胞膜结构，有较强的广谱抗癌作用。临床用于卵巢癌、前列腺癌、睾丸癌、肺癌、鼻咽癌、食道癌、恶性淋巴瘤、乳腺癌、头颈部鳞癌、甲状腺癌及成骨肉瘤等多种实体肿瘤，均能显示疗效。它具有抗癌谱广、作用强、与多种抗肿瘤药有协同作用且无交叉耐药等特点，是当前联合化疗中最常用的药物之一。

问题：顺铂的化学式是什么？怎样用系统命名法命名？

对整个配合物的命名与一般无机化合物的命名相同，称为某化某、某酸某和某某酸等。配离子的组成较复杂，有其特定的命名原则，搞清楚配离子的名称后，再按一般无机酸、碱和盐的命名方法写出配合物的名称。

配离子按下列顺序依次命名：阴离子配体→中性分子配体→“合”→中心离子(用罗马数字标明氧化数)。氧化数无变化的中心离子可不注明氧化数。若有几种阴离子配体，命名顺序是：简单离子→复杂离子→有机酸根离子；同类配体按配位原子元素符号英文字母顺序排列。各配体的个数用数字一、二、三……写在该种配体名称的前面。不同配体之间以“·”隔开。下面列举一些配合物命名实例：

配阴离子配合物：称“某酸某”或“某某酸”。

$K_4[Fe(CN)_6]$	六氰合铁(Ⅱ)酸钾
$K_3[Fe(CN)_6]$	六氰合铁(Ⅲ)酸钾

$NH_4[Cr(SCN)_4(NH_3)_2]$	四硫氰·二氨合铬(Ⅲ)酸铵
$Na_2[Zn(OH)_4]$	四羟基合锌酸钠
$H[AuCl_4]$	四氯合金(Ⅲ)酸

配阳离子配合物：称“某化某”或“某酸某”。

$[Cu(NH_3)_4]SO_4$	硫酸四氨合铜(Ⅱ)
$[Co(NH_3)_6]Br_3$	溴化六氨合钴(Ⅲ)
$[CoCl_2(NH_3)_3(H_2O)]Cl$	氯化二氯·三氨·水合钴(Ⅲ)
$[PtCl(NO_2)(NH_3)_4]CO_3$	碳酸氯·硝基·四氨合铂(Ⅳ)
$[Pt(NO_2)(NH_3)(NH_2OH)(Py)]Cl$	氯化硝基·氨·羟胺·吡啶合铂(Ⅱ)

中性分子配合物：

$[PtCl_2(NH_3)_2]$	二氯·二氨合铂(Ⅱ)
$[Ni(CO)_4]$	四羰基合镍

一些配体和某些容易混淆的配体名称如下：—OH(羟基)，—SH(巯基)，CO(羰基)，$—NO_2$(硝基)，—ONO(亚硝酸根)，—SCN(硫氰酸根)，—NCS(异硫氰酸根)。

除系统命名法外，有些配合物至今还沿用习惯命名。例如，$K_4[Fe(CN)_6]$称黄血盐或亚铁氰化钾，$K_3[Fe(CN)_6]$称赤血盐或铁氰化钾，$[Ag(NH_3)_2]^+$称银氨配离子。

9.1.3　配合物的类型

1. 简单配合物

由单基配体与一个中心离子形成的配合物为简单配合物。

2. 螯合物

螯合物是由中心离子与多基配体形成的环状结构配合物，也称为内配合物。例如，Cu^{2+}与乙二胺 $H_2NCH_2CH_2NH_2$ 形成螯合物。

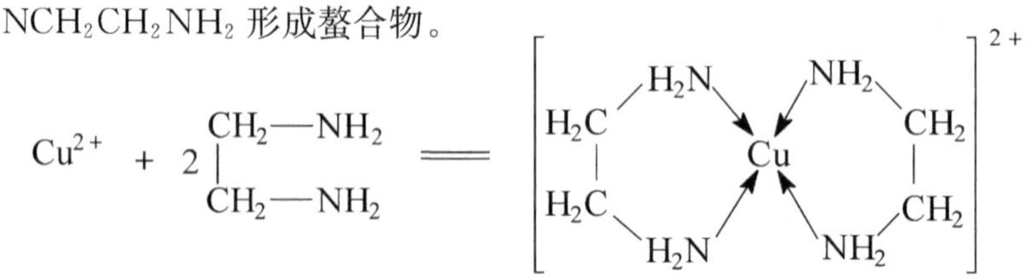

螯合物结构中的环称为螯环，能形成螯环的配体称为螯合剂，如乙二胺(en)、草酸根、乙二胺四乙酸(EDTA)、氨基酸等均可作螯合剂。螯合物中，中心离子与螯合剂分子或离子的数目之比称为螯合比。上述螯合物的螯合比为 1∶2。螯合物的环上有几个原子称为几元环，上述螯合物含有两个五元环。

金属螯合物与具有相同配位原子的非螯合型配合物相比，具有特殊的稳定性。这种特殊的稳定性是由于环状结构形成而产生的，我们把这种由于螯环的形成而使螯合物具有特殊的稳定性称为螯合效应。例如，中心离子、配位原子和配位数都相同的两种配离子$[Cu(NH_3)_4]^{2+}$、$[Cu(en)_2]^{2+}$，其 $K_f^{\ominus}$分别为 2.08×10^{13} 和 1.0×10^{20}。螯合物的稳定性与环的大小和多少有关，一般来说以五元环、六元环最稳定；一种配体与中心离子形成的螯合物其环数目越多越稳定。例如，Ca^{2+}与 EDTA 形成的螯合物中有 5 个五元环结构(图 9-1)，因此很稳定。

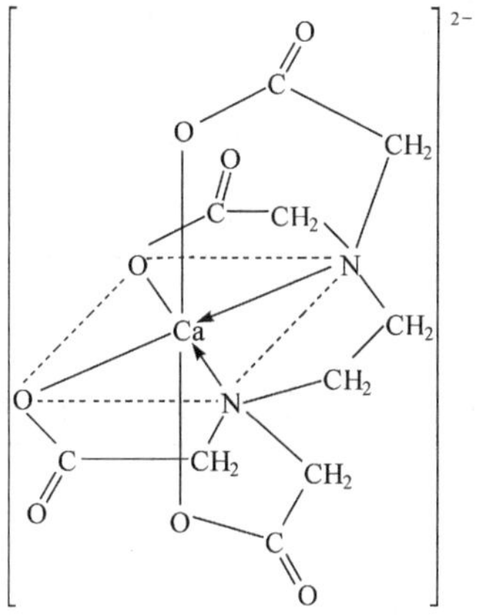

图 9-1 Ca^{2+}与 EDTA 形成的螯合物结构

3. 特殊配合物

多核配合物：配合物分子中含有两个或以上中心离子的配合物。若多核配合物中的中心离子相同则为同多核配合物，不同时则为异多核配合物，见图 9-2。

羰基配合物：CO 分子与某些 d 区元素形成的配合物。

有机金属配合物：金属直接与碳形成配位键的配合物。

非经典配合物：指配体除了可以提供孤对电子或 π 电子之外还可以接受中心离子的电子对形成反馈 π 键的一类配合物。常见的如 π-配合物，以 π 电子与中心离子作用而形成的化合物，它没有特定的配位原子，可提供 π 电子的分子、离子或基团有烯烃、炔烃、芳香基团等，如蔡氏盐 $K[Pt(C_2H_4)Cl_3]\cdot H_2O$、二茂铁(图 9-3)。

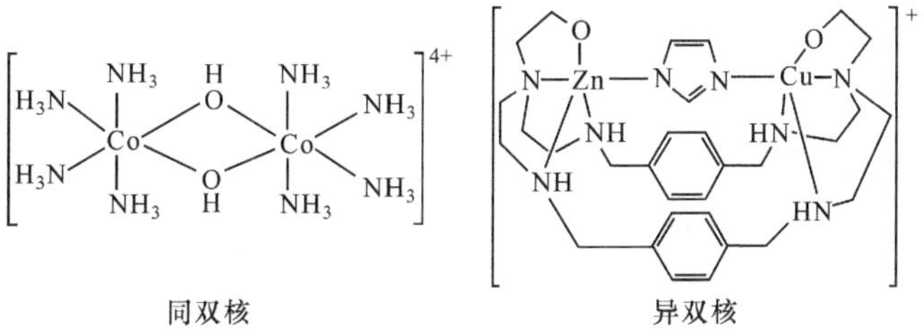

图 9-2 多核配合物

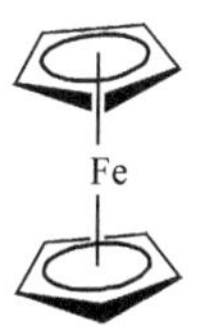

图 9-3 二茂铁的结构

9.2 配合物的价键理论

配合物的化学键理论主要有价键理论、晶体场理论、配位场理论、分子轨道理论等，这里只介绍价键理论。

9.2.1 价键理论的要点

(1) 配合物的中心离子或原子与配体的结合是通过配位键实现的。形成配位键的条件是中心离子 M 必须具有空的价电子轨道，配体 L 中至少有一个原子含有孤对电子。配合物形成时，配体 L 提供的孤对电子进入中心离子 M 的空价电子轨道而形成配位键 L→M。显然，配位键具有方向性。由于一个空的杂化轨道只能接受配体提供的一对孤对电子，故配位键又具有饱和性。配位键仍属于共价键的范畴，且是 σ 键，只不过成键两原子共用的电子对是由配体单方面提供而已。

（2）为了形成稳定的配合物，中心离子所提供的空轨道必须首先进行杂化，形成数目相同的新的等性杂化轨道。常见的杂化轨道为 sp、sp^3、dsp^2、sp^3d^2 和 d^2sp^3 等。

（3）配离子的空间结构、中心离子的配位数及配离子的稳定性主要取决于形成配位键时所用杂化轨道的类型，见表 9-2。

表 9-2　配合物的杂化类型与空间构型

配位数	杂化类型	空间构型	实例
2	sp	直线形	$[Ag(NH_3)_2]^+$、$[Cu(NH_3)_2]^+$、$[Ag(CN)_2]^-$
3	sp^2	平面三角形	$[CuCl_3]^{2-}$、$[HgI_3]^-$
4	sp^3	四面体	$[Zn(NH_3)_4]^{2+}$、$[Ni(NH_3)_4]^{2+}$、$[BF_4]^-$
4	dsp^2	平面正方形	$[Cu(NH_3)_4]^{2+}$、$[Pt(NH_3)_2Cl_2]$
5	dsp^3	三角双锥	$[Fe(CO)_5]$、$[Ni(CN)_5]^{3-}$、$[CuCl_5]^{3-}$
6	sp^3d^2	八面体	$[FeF_6]^{3-}$、$[Fe(H_2O)_6]^{2+}$、$[Ti(H_2O)_6]^{3+}$
6	d^2sp^3	八面体	$[Fe(CN)_6]^{3-}$、$[Cr(NH_3)_6]^{3+}$、$[Co(NH_3)_6]^{3+}$

9.2.2　价键理论的应用

（1）配位数为 2 的配离子。例如，$[Ag(NH_3)_2]^+$ 中心离子 Ag^+ 的核外电子排布为 $[Kr]4d^{10}$，4d 轨道全满，5s 和 5p 轨道全空，当它与 NH_3 配位时，采取 sp 杂化，2 个 NH_3 配体分别沿杂化轨道伸展的方向靠近中心离子，并将孤对电子填入其中，形成 2 个 σ 配位键，$[Ag(NH_3)_2]^+$ 的空间构型为直线形。形成过程示意图如下：

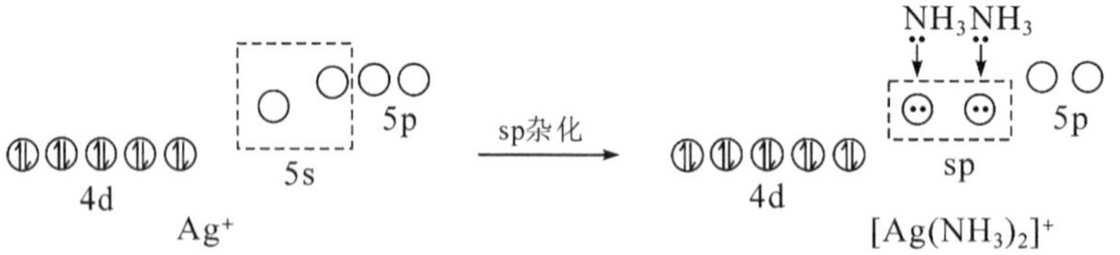

（2）配位数为 4 的配离子。配位数为 4 的配离子所采用的杂化轨道类型及相应空间构型有两种情况。例如，$[Zn(NH_3)_4]^{2+}$ 中 Zn^{2+} 的价电子构型为 $3d^{10}4s^04p^0$，当 Zn^{2+} 与 NH_3 配位时，1 个 4s 和 3 个 4p 轨道进行杂化，形成 4 个能量相同的 sp^3 杂化轨道，4 个 NH_3 分子沿杂化轨道伸展的方向将 4 对孤对电子填入，形成 σ 配位键，$[Zn(NH_3)_4]^{2+}$ 的空间构型为正四面体。形成过程示意图如下：

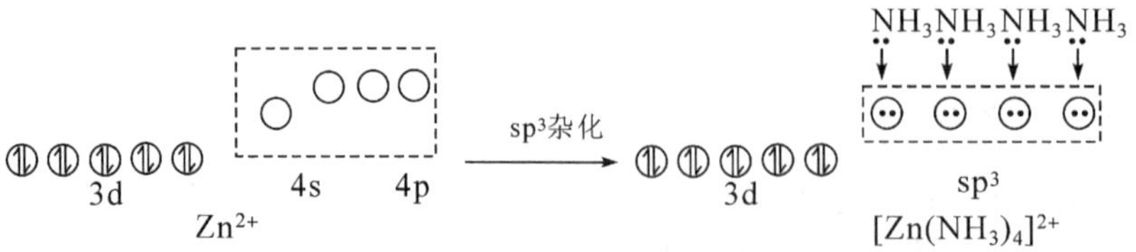

又如，$[Cu(NH_3)_4]^{2+}$ 中 Cu^{2+} 价电子构型为 $3d^94s^04p^0$，当 Cu^{2+} 靠近 NH_3 时，在配体的作用下，1 个成单的 3d 电子被激发跃迁到 4p 轨道，空出的 1 个 3d 轨道与 4s、4p 空轨道进行杂

化，形成 4 个等同的 dsp^2 杂化轨道，分别接受配体提供的 4 对孤对电子，$[Cu(NH_3)_4]^{2+}$ 的空间构型为平面正方形。形成过程示意图如下：

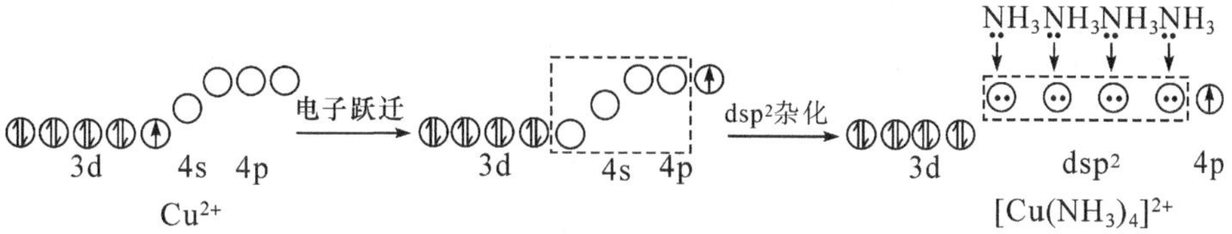

(3) 配位数为 6 的配离子。Fe^{3+} 价电子构型为 $3d^5 4s^0 4p^0 4d^0$。Fe^{3+} 与 F^- 配位形成 $[FeF_6]^{3-}$ 时，其内层电子结构不受配体的影响，以外层空间的 1 个 4s、3 个 4p 及 2 个 4d 轨道进行杂化，形成 6 个等同的 sp^3d^2 杂化轨道，分别接受 6 个 F^- 的孤对电子，形成稳定的配位键。而当 Fe^{3+} 与 CN^- 配位形成 $[Fe(CN)_6]^{3-}$ 配离子时，Fe^{3+} 的 d 电子由于受到 CN^- 强烈的排斥作用而发生重排，5 个 d 电子挤压成对以空出 2 个 3d 轨道，采取 d^2sp^3 杂化轨道接受 6 个 CN^- 的孤对电子成键。形成过程示意图如下：

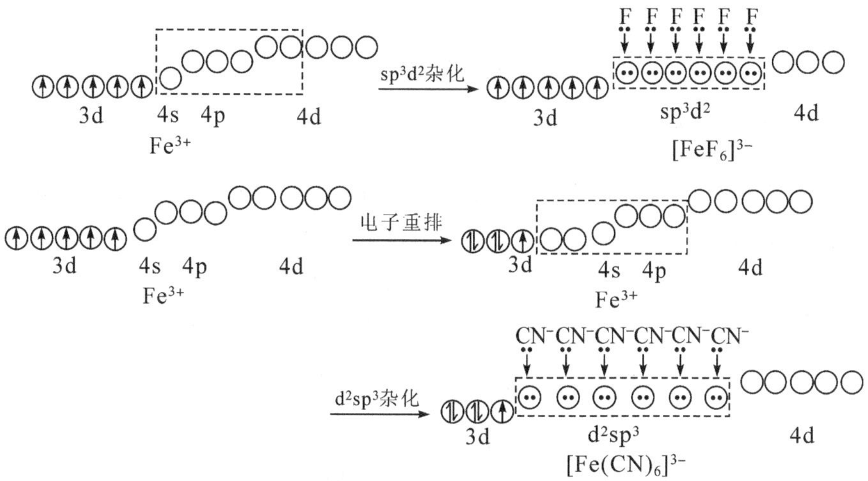

在形成配合物时，如果中心离子(或原子)的内层电子结构不受配体的影响，而是以外层空间轨道进行杂化，这样形成的配合物称为外轨型配合物，又称高自旋配合物，即采用 sp、sp^3、sp^3d^2 等杂化轨道成键的配合物，如 $[Zn(NH_3)_4]^{2+}$、$[FeF_6]^{3-}$ 等。如果中心离子的内层电子结构受到配体的影响发生重排，形成杂化轨道时涉及内层空间轨道，这样形成的配合物称为内轨型配合物，也称低自旋配合物，即采用 dsp^2 或 d^2sp^3 等杂化轨道成键的配合物，如 $[Cu(NH_3)_4]^{2+}$、$[Ni(CN)_4]^{2-}$、$[Fe(CN)_6]^{3-}$ 等。一般内轨型配合物比外轨型配合物的稳定性大得多，这是因为配体提供的孤对电子深入中心离子的内层轨道，从而形成的配位键强得多，使配合物稳定性高得多。

中心离子究竟是用外层空间轨道进行杂化形成外轨型配合物，还是内部电子进行重排，腾出部分内层轨道参与杂化形成内轨型配合物，取决于中心离子的价层结构和配位原子的电负性。若中心离子 d 轨道为全充满，配位原子的电负性无论是大还是小，都只能形成外轨型配合物。若中心离子 d 轨道未充满，形成哪种配合物取决于配位原子的电负性。一般认为，当配位原子的电负性很大，不易授出电子对时，中心离子的价层轨道不发生变化，含有这类配位原子的配体(如卤素、H_2O 等)与中心离子配位时，形成外轨型配合物；当配位原子电负性较小，易授出孤对电子时，对中心离子的价层轨道影响较大，可使 d 电子发生重排，含有这类配位原子的配体(如 CN^-、NO_2^- 等)与中心离子配位,通常形成内轨型配合物。

此外,配合物是内轨型还是外轨型,可根据磁矩 μ 判断。在过渡金属配合物中,如果有成单电子,物质本身有磁性,在外加磁场中表现出顺磁性;若无成单电子,其物质本身无磁性,在外加磁场中表现出反磁性。配合物磁性的大小以磁矩 μ 表示,它与成单电子数 n 有如下关系:

$$\mu \approx \sqrt{n(n+2)} \tag{9-1}$$

实验测得 $[FeF_6]^{3-}$ 和 $[Fe(CN)_6]^{3-}$ 的磁矩分别为 5.92B.M. 和 1.73B.M.,代入式(9-1),可求得 n 分别为 5 和 1,表明 Fe^{3+} 与 6 个 F^- 配位时,5 个 3d 电子未发生重排,故采用 sp^3d^2 杂化轨道成键,为外轨型配合物;而 Fe^{3+} 与 CN^- 配位时,5 个自旋平行的 3d 电子发生重排,变为只有 1 个单电子,发生 d^2sp^3 杂化,形成内轨型配合物。

配合物的价键理论直观地说明了配合物的形成、配位数、空间结构及稳定性等,但仍有不足,如不能解释过渡金属的配合物大多数都有一定的颜色,也不能说明同一过渡系的金属从 $d^0 \sim d^{10}$ 所形成的配合物稳定性的变化规律等。

9.3　配离子的配位解离平衡

9.3.1　配离子的稳定常数

将氨水加到 $CuSO_4$ 溶液中生成深蓝色的 $[Cu(NH_3)_4]^{2+}$,这类反应称为配位反应。若在 $[Cu(NH_3)_4]^{2+}$ 溶液中再加入 Na_2S 溶液,便有黑色 CuS 沉淀生成,证明 $[Cu(NH_3)_4]^{2+}$ 溶液中还有少量 Cu^{2+} 存在。这说明 Cu^{2+} 和 NH_3 配位的同时还存在着 $[Cu(NH_3)_4]^{2+}$ 的解离反应。配位反应和解离反应的速率相等时达到平衡状态,称为配位解离平衡。

$$Cu^{2+} + 4NH_3 \underset{\text{解离}}{\overset{\text{配位}}{\rightleftharpoons}} [Cu(NH_3)_4]^{2+}$$

$$K_f^\ominus = \frac{c\{[Cu(NH_3)_4]^{2+}\}/c^\ominus}{[c(Cu^{2+})/c^\ominus] \cdot [c(NH_3)/c^\ominus]^4}$$

简写为

$$K_f^\ominus = \frac{c\{[Cu(NH_3)_4]^{2+}\}}{c(Cu^{2+}) \cdot c^4(NH_3)}$$

对任意配位解离平衡:

$$M + nL \rightleftharpoons ML_n$$

$$K_f^\ominus = \frac{c(ML_n)}{c(M) \cdot c^n(L)} \tag{9-2}$$

该平衡常数称为配离子的配位解离平衡常数。其数值越大,表明生成配离子的倾向越大,而解离的倾向越小,配离子越稳定,故常把它称为配离子的稳定常数,一般用 $K_f^\ominus$ 表示。不同配离子的 $K_f^\ominus$ 值不同。一些常见配离子的稳定常数见附录十。

同类型的配离子即配体数目相同的配离子,当不存在其他副反应时,可直接根据 $K_f^\ominus$ 值比较配离子稳定性的大小。例如,$[Ag(CN)_2]^-$($K_f^\ominus = 1.26 \times 10^{21}$)比 $[Ag(NH_3)_2]^+$($K_f^\ominus = 1.6 \times 10^7$)稳定得多。对不同类型的配离子不能简单利用 $K_f^\ominus$ 值比较它们的稳定性,要通过计算同浓度时溶液里中心离子的浓度来比较。例如,$[Cu(en)_2]^{2+}$($K_f^\ominus = 1.0 \times 10^{20}$)和 $[CuY]^{2-}$

($K_f^\ominus=6.31\times10^{18}$)，似乎前者比后者稳定，而事实恰好相反。

在溶液中，配离子的生成一般是分步进行的，因此溶液中存在一系列的配位平衡，每一步都有相应的稳定常数，称为逐级稳定常数。例如

$$Ag^+ + NH_3 \rightleftharpoons [Ag(NH_3)]^+ \qquad K_1^\ominus=\frac{c\{[Ag(NH_3)]^+\}}{c(Ag^+)\cdot c(NH_3)}$$

$$[Ag(NH_3)]^+ + NH_3 \rightleftharpoons [Ag(NH_3)_2]^+ \qquad K_2^\ominus=\frac{c\{[Ag(NH_3)_2]^+\}}{c\{[Ag(NH_3)]^+\}\cdot c(NH_3)}$$

一些配离子的逐级稳定常数的对数值见表 9-3。配离子的稳定常数 $K_f^\ominus$ 是逐级稳定常数的连乘积，即

$$K_f^\ominus=K_1^\ominus\cdot K_2^\ominus\cdot K_3^\ominus\cdot\cdots\cdot K_n^\ominus \tag{9-3}$$

逐级稳定常数依次相乘，可得到各级累积常数

$$\begin{aligned}\beta_1&=K_1^\ominus\\ \beta_2&=K_1^\ominus\cdot K_2^\ominus\\ \beta_3&=K_1^\ominus\cdot K_2^\ominus\cdot K_3^\ominus\\ \beta_n&=K_1^\ominus\cdot K_2^\ominus\cdot K_3^\ominus\cdot\cdots\cdot K_n^\ominus\end{aligned} \tag{9-4}$$

表 9-3　一些配离子的逐级稳定常数的对数值

配离子	$\lg K_1^\ominus$	$\lg K_2^\ominus$	$\lg K_3^\ominus$	$\lg K_4^\ominus$	$\lg K_5^\ominus$	$\lg K_6^\ominus$
$[Ag(NH_3)_2]^+$	3.24	3.81				
$[Zn(NH_3)_4]^{2+}$	2.37	2.44	2.50	2.15		
$[Cu(NH_3)_4]^{2+}$	4.31	3.67	3.04	2.30		
$[Ni(NH_3)_6]^{2+}$	2.80	2.24	1.73	1.19	0.75	0.03
$[AlF_6]^{3-}$	6.10	5.05	3.85	2.75	1.62	0.47

根据化学平衡的原理，利用配离子的稳定常数 $K_f^\ominus$ 可以进行有关计算。

例 9-1　在 1.0mL 0.04mol · L^{-1} $AgNO_3$ 溶液中加入 1.0mL 2.00mol · L^{-1} $NH_3\cdot H_2O$，计算平衡时溶液中的 Ag^+ 浓度。

解　查表得 $K_f^\ominus\{[Ag(NH_3)_2]^+\}=1.6\times10^7$。由于等体积混合，浓度减半

$$c(AgNO_3)=0.02\text{mol}\cdot L^{-1},c(NH_3)=1.00\text{mol}\cdot L^{-1}$$

设平衡时 $c(Ag^+)=x\,\text{mol}\cdot L^{-1}$，则

	Ag^+	+ $2NH_3$	$\rightleftharpoons$ $[Ag(NH_3)_2]^+$	
起始浓度/(mol · L^{-1})	0.02	1.00	0	
平衡浓度/(mol · L^{-1})	x	$1-2(0.02-x)$	$0.02-x$	(因为 x 较小)
		≈0.96	≈0.02	

由 $K_f^\ominus=\dfrac{c\{[Ag(NH_3)_2]^+\}}{c(Ag^+)\cdot c^2(NH_3)}$，有

$$c(Ag^+)=\frac{c\{[Ag(NH_3)_2]^+\}}{K_f^\ominus\cdot c^2(NH_3)}=\frac{0.02}{1.6\times10^7\times(0.96)^2}=1.4\times10^{-9}(\text{mol}\cdot L^{-1})$$

例 9-2　25℃时，在 0.005mol · L^{-1} $AgNO_3$ 溶液中通入氨气，使平衡溶液中氨浓度为 1mol · L^{-1}，求溶液中 Ag^+ 的浓度。此时若在 10mL 这样的溶液中加入 1mL 1mol · L^{-1} NaCl 溶液，有无 AgCl 沉淀生成？

解 (1) 已知 $K_f^\ominus\{[Ag(NH_3)_2]^+\}=1.6\times10^7$，氨气通入溶液后，与 $AgNO_3$ 反应生成$[Ag(NH_3)_2]^+$配离

子，因氨过量，且$[Ag(NH_3)_2]^+$较稳定，故达平衡时未配位的Ag^+浓度很小。

设平衡时$c(Ag^+)=x\,mol \cdot L^{-1}$，则

$$Ag^+(aq)+2NH_3(aq) \rightleftharpoons [Ag(NH_3)_2]^+(aq)$$

平衡浓度/$(mol \cdot L^{-1})$　　x　　1　　$0.005-x$

因 $K_f^{\ominus}\{[Ag(NH_3)_2]^+\}=\dfrac{c\{[Ag(NH_3)_2]^+\}}{c(Ag^+)\cdot c^2(NH_3)}=1.6\times10^7$，即

$$\frac{0.005-x}{x\cdot 1^2}=1.6\times10^7$$

由于$K_f^{\ominus}$较大，x很小，$0.005-x\approx0.005$，所以

$$x=3.1\times10^{-10}\,mol\cdot L^{-1}$$

即平衡时$c(Ag^+)=3.1\times10^{-10}\,mol\cdot L^{-1}$。

(2) 在10mL上述溶液中加入1mL $1mol\cdot L^{-1}$ NaCl溶液，则

$$c(Ag^+)=(3.1\times10^{-10}\times10)/11=2.8\times10^{-10}(mol\cdot L^{-1})$$

$$c(Cl^-)=(1\times1)/11=0.091(mol\cdot L^{-1})$$

因$c(Ag^+)\cdot c(Cl^-)=2.8\times10^{-10}\times0.091=2.5\times10^{-11}<K_{sp}^{\ominus}(AgCl)=1.77\times10^{-10}$，故无AgCl沉淀生成。

9.3.2 配位平衡移动

我们不仅要考虑配合物的生成，有时还要考虑它的破坏。要使配离子被破坏，通常选择一种化学试剂使其与配离子中的某一组分发生反应，从而破坏配离子。

1. 配位平衡与酸碱平衡

由于许多配体本身是弱碱，如F^-、CN^-、SCN^-、NH_3等，所以溶液酸度的改变有可能使配位平衡移动。当溶液H^+浓度增加时，H^+便和配体结合成弱电解质分子或离子，从而导致配体浓度降低，使配位平衡向解离方向移动，此时溶液中配位平衡与酸碱平衡同时存在，是配位平衡与酸碱平衡之间的竞争反应。例如

$$Fe^{3+}+6F^- \rightleftharpoons [FeF_6]^{3-}$$
$$+$$
$$6H^+ \rightleftharpoons 6HF$$

总反应为

$$[FeF_6]^{3-}+6H^+ \rightleftharpoons Fe^{3+}+6HF$$

竞争平衡常数为

$$K_j^{\ominus}=\frac{c(Fe^{3+})\cdot c^6(HF)}{c\{[FeF_6]^{3-}\}\cdot c^6(H^+)}=\frac{c(Fe^{3+})\cdot c^6(HF)}{c\{[FeF_6]^{3-}\}\cdot c^6(H^+)}\times\frac{c^6(F^-)}{c^6(F^-)}=\frac{1}{K_f^{\ominus}\cdot[K_a^{\ominus}(HF)]^6}$$

再如

$$Ag^+ +2NH_3 \rightleftharpoons [Ag(NH_3)_2]^+$$
$$+$$
$$2H^+ \rightleftharpoons 2NH_4^+$$

总反应为

$$[Ag(NH_3)_2]^+ +2H^+ \rightleftharpoons Ag^+ +2NH_4^+$$

相反，当溶液中H^+浓度降低到一定程度时，金属离子便发生水解，OH^-浓度达到一定数值时，会生成氢氧化物沉淀，也使配位平衡向解离方向移动。因此，要使配离子在溶液中稳定

存在，溶液的酸度必须控制在一定范围内。

2. 配位平衡与沉淀溶解平衡

加入沉淀剂与配离子的中心离子生成难溶物质。例如，在含有$[Cu(NH_3)_4]^{2+}$的溶液中加入Na_2S溶液，配位剂NH_3和沉淀剂S^{2-}均要争夺Cu^{2+}，S^{2-}争夺Cu^{2+}的能力更强，因而有CuS沉淀生成，$[Cu(NH_3)_4]^{2+}$解离，是配位平衡与沉淀溶解平衡之间的竞争反应。用反应式表示为

$$\begin{array}{l} Cu^{2+} + 4NH_3 \rightleftharpoons [Cu(NH_3)_4]^{2+} \\ + \\ S^{2-} \rightleftharpoons CuS\downarrow \end{array}$$

总反应为

$$[Cu(NH_3)_4]^{2+} + S^{2-} \rightleftharpoons CuS\downarrow + 4NH_3$$

同样，也能利用配位平衡使沉淀溶解。例如

$$\begin{array}{l} Ag^{+} + Cl^{-} \rightleftharpoons AgCl(s) \\ + \\ 2NH_3 \rightleftharpoons [Ag(NH_3)_2]^{+} \end{array}$$

总反应为

$$AgCl(s) + 2NH_3 \rightleftharpoons [Ag(NH_3)_2]^{+} + Cl^{-}$$

竞争平衡常数为

$$K_j^{\ominus} = \frac{c\{[Ag(NH_3)_2]^{+}\} \cdot c(Cl^{-})}{c^2(NH_3)} = \frac{c\{[Ag(NH_3)_2]^{+}\} \cdot c(Cl^{-})}{c^2(NH_3)} \times \frac{c(Ag^{+})}{c(Ag^{+})}$$
$$= K_f^{\ominus}\{[Ag(NH_3)_2]^{+}\} \cdot K_{sp}^{\ominus}(AgCl)$$

由此可知，难溶物的$K_{sp}^{\ominus}$和配离子的$K_f^{\ominus}$越大，表示难溶物越易溶解；反之，$K_{sp}^{\ominus}$和$K_f^{\ominus}$越小，表示配离子越易被破坏。

如果在上述$[Ag(NH_3)_2]^{+}$配离子溶液中再加入少量KBr溶液，则会看到淡黄色AgBr沉淀；向AgBr沉淀中再加入$Na_2S_2O_3$溶液，沉淀又会溶解而生成无色的$[Ag(S_2O_3)_2]^{3-}$配离子溶液；继续向溶液中加入KI溶液，又会看到生成一种黄色的AgI沉淀；如果此时再向AgI沉淀中加入KCN溶液，黄色的AgI沉淀又溶解而生成无色的$[Ag(CN)_2]^{-}$配离子；最后加入Na_2S溶液得到黑色的Ag_2S沉淀。

究竟发生配位反应还是沉淀反应，取决于配位剂的配位能力和沉淀剂的沉淀能力大小及它们的浓度。配位能力或沉淀能力的大小主要看稳定常数和溶度积常数的大小。如果配位剂的配位能力大于沉淀剂沉淀能力，则沉淀溶解而生成配离子。反之，如果沉淀剂的沉淀能力大于配位剂的配位能力，则配离子被破坏，而产生沉淀。

例 9-3 欲使 0.10mol 的 AgCl 完全溶解，最少需要 1L 多少浓度的氨水？

解 查表得$K_{sp}^{\ominus}(AgCl)=1.8\times10^{-10}$，$K_f^{\ominus}\{[Ag(NH_3)_2]^{+}\}=1.6\times10^{7}$。

设平衡时NH_3的浓度为$x\,mol\cdot L^{-1}$，而平衡时$c\{[Ag(NH_3)_2]^{+}\}=c(Cl^{-})=0.10mol\cdot L^{-1}$，有

$$AgCl(s) + 2NH_3 \rightleftharpoons [Ag(NH_3)_2]^{+} + Cl^{-}$$

平衡浓度/$(mol\cdot L^{-1})$	x	0.10	0.10

$$K_j^{\ominus} = \frac{c\{[Ag(NH_3)_2]^{+}\} \cdot c(Cl^{-})}{c^2(NH_3)} = K_f^{\ominus}\{[Ag(NH_3)_2]^{+}\} \cdot K_{sp}^{\ominus}(AgCl)$$

即

$$\frac{0.10 \times 0.10}{x^2(NH_3)} = 1.6 \times 10^7 \times 1.8 \times 10^{-10}$$

$$x(NH_3) = \sqrt{\frac{0.10 \times 0.10}{1.6 \times 10^7 \times 1.8 \times 10^{-10}}} = 1.9(mol \cdot L^{-1})$$

氨水的起始浓度为 $1.9+2\times0.10=2.1(mol \cdot L^{-1})$

所以，至少需用 1L $2.1mol \cdot L^{-1}$的氨水。

例 9-4 有一含有 $0.10mol \cdot L^{-1}$ 自由 NH_3、$0.01mol \cdot L^{-1}$ NH_4Cl 和 $0.15mol \cdot L^{-1}[Cu(NH_3)_4]^{2+}$ 的溶液，溶液中是否有 $Cu(OH)_2$ 沉淀生成?

解 查表得 $K_f^\ominus\{[Cu(NH_3)_4]^{2+}\} = 2.08 \times 10^{13}$，$K_{sp}^\ominus[Cu(OH)_2] = 2.2 \times 10^{-20}$，$K_b^\ominus(NH_3) = 1.76 \times 10^{-5}$。

判断是否有 $Cu(OH)_2$ 沉淀生成，先计算出 $c(Cu^{2+})$、$c(OH^-)$，然后再根据溶度积规则判断。

由 $K_f^\ominus = \dfrac{c\{[Cu(NH_3)_4]^{2+}\}}{c(Cu^{2+}) \cdot c^4(NH_3)}$，有

$$c(Cu^{2+}) = \frac{c\{[Cu(NH_3)_4]^{2+}\}}{K_f^\ominus \cdot c^4(NH_3)} = \frac{0.15}{2.08 \times 10^{13} \times (0.10)^4} = 7.2 \times 10^{-11}(mol \cdot L^{-1})$$

溶液中存在 NH_3-NH_4Cl 缓冲对，OH^- 浓度应按缓冲溶液计算，则

$$c(OH^-) = \frac{K_b^\ominus \cdot c(NH_3)}{c(NH_4Cl)} = \frac{1.76 \times 10^{-5} \times 0.10}{0.01} = 1.8 \times 10^{-4}(mol \cdot L^{-1})$$

因为

$$Q_i = c(Cu^{2+}) \cdot c^2(OH^-) = 7.2 \times 10^{-11} \times (1.8 \times 10^{-4})^2$$
$$= 2.3 \times 10^{-18} > K_{sp}^\ominus[Cu(OH)_2] = 2.2 \times 10^{-20}$$

所以溶液中有 $Cu(OH)_2$ 沉淀生成。

3. 配位平衡与氧化还原平衡

配位反应的发生可使溶液中金属离子的浓度降低，从而改变金属离子的氧化能力和氧化还原反应的方向，或者阻止某些氧化还原反应的发生，或者使通常不能发生的氧化还原反应得以进行。例如，Fe^{3+} 可氧化 I^-，若在该溶液中加入 F^-，由于生成较稳定的$[FeF_6]^{3-}$配离子，Fe^{3+} 浓度大大降低，使电对 Fe^{3+}/Fe^{2+} 的电极电势大大降低，从而降低了 Fe^{3+} 的氧化能力，增强了 Fe^{2+} 的还原能力，下列反应可自动向右进行，这时溶液中同时存在氧化还原平衡和配位平衡的竞争反应。

$$\begin{aligned} Fe^{2+} + 1/2I_2 &\rightleftharpoons Fe^{3+} + I^- \\ &\qquad + \\ &\quad\; 6F^- \rightleftharpoons [FeF_6]^{3-} \end{aligned}$$

总反应式为

$$Fe^{2+} + 1/2I_2 + 6F^- \rightleftharpoons [FeF_6]^{3-} + I^-$$

例 9-5 计算$[FeF_6]^{3-} + e^- \rightleftharpoons Fe^{2+} + 6F^-$ 的标准电极电势。

解 查表得　$K_f^\ominus\{[FeF_6]^{3-}\} = 1.0 \times 10^{16}$，$E^\ominus(Fe^{3+}/Fe^{2+}) = 0.77V$。

电极反应$[FeF_6]^{3-} + e^- \rightleftharpoons Fe^{2+} + 6F^-$ 与 $Fe^{3+} + e^- \rightleftharpoons Fe^{2+}$ 本质是一样的，当前者处于标准态时，相当于后者是非标准态，故

$$E^\ominus\{[FeF_6]^{3-}/Fe^{2+}\} = E(Fe^{3+}/Fe^{2+}) = E^\ominus(Fe^{3+}/Fe^{2+}) + 0.0592\lg\frac{c(Fe^{3+})}{c(Fe^{2+})}$$

因 $K_f^\ominus\{[FeF_6]^{3-}\} = \dfrac{c\{[FeF_6]^{3-}\}}{c(Fe^{3+}) \cdot c^6(F^-)}$，$c(Fe^{3+}) = \dfrac{c\{[FeF_6]^{3-}\}}{K_f^\ominus\{[FeF_6]^{3-}\} \cdot c^6(F^-)}$，又因标准态时

$c\{[FeF_6]^{3-}\} = c(Fe^{2+}) = c(F^-) = 1mol \cdot L^{-1}$，所以

$$E^{\ominus}\{[FeF_6]^{3-}/Fe^{2+}\} = E(Fe^{3+}/Fe^{2+}) = E^{\ominus}(Fe^{3+}/Fe^{2+}) + 0.0592\lg \frac{\dfrac{c\{[FeF_6]^{3-}\}}{K_f^{\ominus}\{[FeF_6]^{3-}\} \cdot c^6(F^-)}}{c(Fe^{2+})}$$

$$= 0.77 + 0.0592\lg \frac{1}{1.0 \times 10^{16}} = -0.18(V)$$

4. 配位平衡之间的转化

若在一种配合物的溶液中加入另一种能与中心离子生成更稳定的配合物的配位剂，则发生配合物之间的转化作用。例如，在$[Ag(NH_3)_2]^+$溶液中加入 KCN

$$Ag^+ + 2NH_3 \rightleftharpoons [Ag(NH_3)_2]^+ \quad (K_f^{\ominus} = 1.6 \times 10^7)$$
$$+$$
$$2CN^- \rightleftharpoons [Ag(CN)_2]^- \quad (K_f^{\ominus} = 1.3 \times 10^{21})$$

总反应为

$$[Ag(NH_3)_2]^+ + 2CN^- \rightleftharpoons [Ag(CN)_2]^- + 2NH_3$$

$$K_j^{\ominus} = \frac{c\{[Ag(CN)_2]^-\} \cdot [c(NH_3)]^2}{c\{[Ag(NH_3)_2]^+\} \cdot [c(CN^-)]^2} = \frac{c\{[Ag(CN)_2]^-\} \cdot [c(NH_3)]^2}{c\{[Ag(NH_3)_2]^+\} \cdot [c(CN^-)]^2} \times \frac{c(Ag^+)}{c(Ag^+)}$$

$$= \frac{K_f^{\ominus}\{[Ag(CN)_2]^-\}}{K_f^{\ominus}\{[Ag(NH_3)_2]^+\}} = \frac{1.3 \times 10^{21}}{1.6 \times 10^7} = 8.1 \times 10^{13}$$

竞争平衡常数 $K_j^{\ominus}$ 值很大，说明反应向生成$[Ag(CN)_2]^-$的方向进行的趋势很大。因此，在含有$[Ag(NH_3)_2]^+$的溶液中加入足量的 CN^- 时，$[Ag(NH_3)_2]^+$ 被破坏而生成$[Ag(CN)_2]^-$。可见，较不稳定的配合物容易转化成较稳定的配合物；反之，若要使较稳定的配合物转化为较不稳定的配合物就很难实现。又如

$$Fe^{3+} + xSCN^- \rightleftharpoons [Fe(SCN)_x]^{3-x} \quad (x = 1,2,3,4,5,6)$$
$$+$$
$$6F^- \rightleftharpoons [FeF_6]^{3-}$$

总反应为

$$\underset{\text{(血红色)}}{[Fe(SCN)_x]^{3-x}} + 6F^- \rightleftharpoons \underset{\text{(无色)}}{[FeF_6]^{3-}} + xSCN^-$$

9.4　配位滴定法

9.4.1　配位滴定法概述

配位滴定法是以配位反应为基础的滴定分析方法。它是用配位剂作为标准溶液直接或间接滴定被测物质。滴定过程中通常需要选用适当的指示剂指示滴定终点。

配位剂分无机配位剂和有机配位剂两类。由于许多无机配位剂与金属离子形成的配合物稳定性不高，反应过程比较复杂或找不到适当的指示剂，所以一般不能用于配位滴定。20 世纪 40 年代以来，很多有机配位剂特别是氨羧配位剂(表 9-4)用于配位滴定后，配位滴定得到了迅速发展，已成为应用最广的滴定分析方法之一。

表 9-4　常用的氨羧配位剂

名称	结构式	缩写
氨基三乙酸	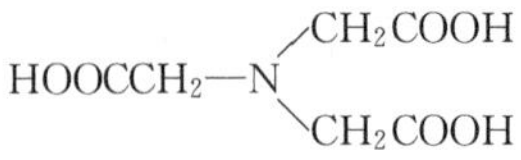	NTA
乙二胺四乙酸	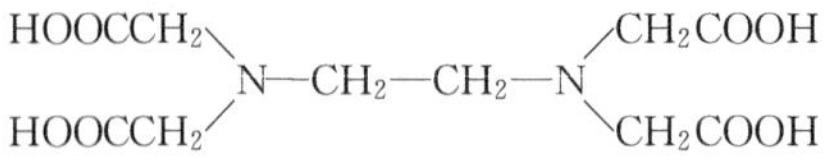	EDTA
1,2-二胺基环己烷四乙酸	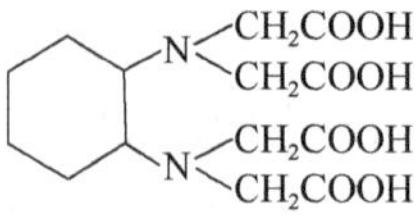	DCTA
乙二醇二乙醚二胺四乙酸	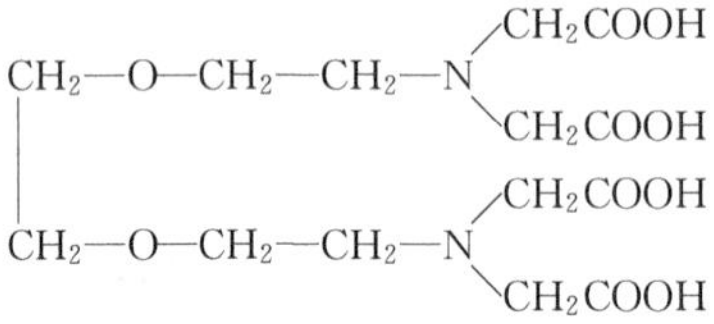	EGTA
乙二胺四丙酸	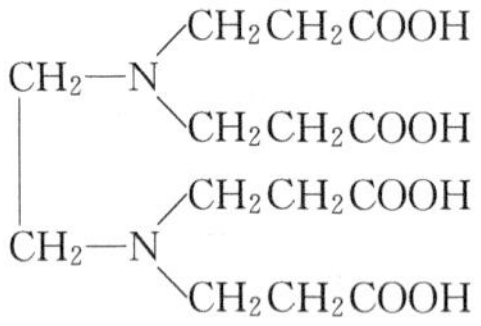	EDTP

在表 9-5 氨羧配位剂中，乙二胺四乙酸最常用。乙二胺四乙酸(EDTA)分子中含有 2 个氨基氮和 4 个羧基氧共 6 个配位原子，可以和很多金属离子形成十分稳定的螯合物。用它作标准溶液，可滴定几十种金属离子，现在所说的配位滴定一般是指 EDTA 滴定。

9.4.2　EDTA 配位滴定法的基本原理

从结构式可以看出，EDTA 是四元酸，通常用符号 H_4Y 表示。它可接受 2 个质子，相当于六元酸，用 H_6Y^{2+} 表示，在水中有六级解离平衡：

$$H_6Y^{2+} \rightleftharpoons H^+ + H_5Y^+ \qquad K_{a_1}^{\ominus}=0.13$$

$$H_5Y^+ \rightleftharpoons H^+ + H_4Y \qquad K_{a_2}^{\ominus}=3.0\times10^{-2}$$

$$H_4Y \rightleftharpoons H^+ + H_3Y^- \qquad K_{a_3}^{\ominus}=1.0\times10^{-2}$$

$$H_3Y^- \rightleftharpoons H^+ + H_2Y^{2-} \qquad K_{a_4}^{\ominus}=2.1\times10^{-3}$$

$$H_2Y^{2-} \rightleftharpoons H^+ + HY^{3-} \qquad K_{a_5}^{\ominus}=6.9\times10^{-7}$$

$$HY^{3-} \rightleftharpoons H^+ + Y^{4-} \qquad K_{a_6}^{\ominus}=5.5\times10^{-11}$$

由于分 6 步解离，EDTA 在溶液中存在 H_6Y^{2+}、H_5Y^+、H_4Y、H_3Y^-、H_2Y^{2-}、HY^{3-} 和 Y^{4-} 七种型体(表 9-5)。很明显，加碱可促进它的解离，故溶液 pH 越高，其解离度越大，当 pH >10.3 时，EDTA 几乎完全解离，以 Y^{4-} 形式存在。

EDTA 微溶于水(室温下溶解度为 0.02g/100g H_2O)，难溶于酸和一般有机溶剂，但易溶于氨水和 NaOH 溶液，并生成相应的盐。实践中一般用含有 2 分子结晶水的 EDTA 二钠盐(用符号 $Na_2H_2Y \cdot 2H_2O$ 表示)，习惯上仍简称 EDTA。室温下它在水中的溶解度约为 11g/100g H_2O，浓度约为 $0.3mol \cdot L^{-1}$，是应用最广的配位滴定剂。

表 9-5 不同 pH 下 EDTA 的主要存在型体

pH	<0.9	0.9~1.6	1.6~2.0	2.0~2.7	2.7~6.2	6.2~10.3	>10.3
EDTA 的主要存在型体	H_6Y^{2+}	H_5Y^+	H_4Y	H_3Y^-	H_2Y^{2-}	HY^{3-}	Y^{4-}

EDTA 具有很强的配位能力,它与金属离子的配位反应有以下特点:

(1) 普遍性。EDTA 几乎能与所有的金属离子(碱金属离子除外)发生配位反应,生成稳定的螯合物。

(2) 组成一定。一般情况下,EDTA 与金属离子形成的配合物是 1∶1 的螯合物。这给分析结果的计算带来很大的方便。

$$M^{2+} + H_2Y^{2-} \rightleftharpoons MY^{2-} + 2H^+$$

$$M^{3+} + H_2Y^{2-} \rightleftharpoons MY^- + 2H^+$$

$$M^{4+} + H_2Y^{2-} \rightleftharpoons MY + 2H^+$$

(3) 稳定性高。EDTA 与金属离子所形成的配合物一般具有 5 个五元环结构,故稳定常数大,稳定性高。常见的 EDTA 配合物的 $K_f^\ominus$ 见附录十。

(4) 可溶性。EDTA 与金属离子形成的配合物一般可溶于水,使滴定能在水溶液中进行。

此外,EDTA 与无色金属离子配位一般生成无色配合物,与有色金属离子则生成颜色更深的配合物。例如,Cu^{2+} 显浅蓝色,而 CuY^{2-} 显深蓝色;Ni^{2+} 显浅绿色,而 NiY^{2-} 显蓝绿色。

9.4.3 副反应系数和条件稳定常数

配位滴定中所涉及的化学平衡体系是比较复杂的。除了被测金属离子与 EDTA 的主反应外,还存在许多副反应,使形成的配合物不稳定,它们之间的平衡关系可用下式表示:

$$
\begin{array}{c}
\text{主反应} \quad\quad\quad\;\; M \quad\quad + \quad\quad Y \quad\quad \rightleftharpoons \quad\quad MY \\
\text{副反应} \quad\; {}^{OH^-}\!\diagdown\;{}^{L}\!\diagup \quad\quad {}^{H^+}\!\diagdown\;{}^{N}\!\diagup \quad\quad\quad\;\; {}^{H^+}\!\diagdown\;{}^{OH^-}\!\diagup \\
\quad\quad M(OH) \;\; ML \quad\; HY \quad\quad NY \quad\quad\quad\; MHY \;\; M(OH)Y \\
\quad\quad \vdots \quad\quad\;\; \vdots \quad\quad \vdots \\
\quad\quad M(OH)_n \; ML_n \; H_6Y
\end{array}
$$

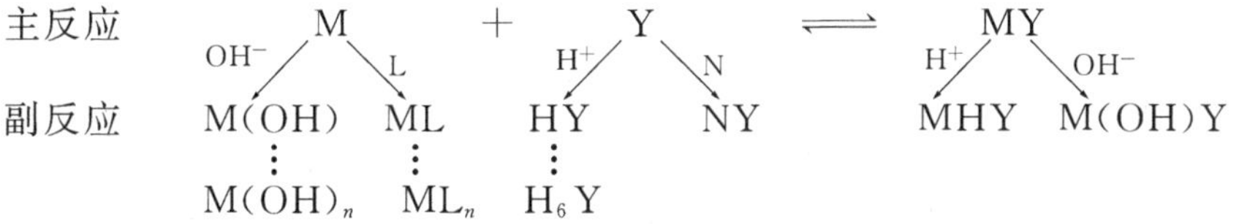

如果反应的产物 MY 发生副反应,生成酸式配合物 MHY 或碱式配合物 M(OH)Y,这对滴定反应是有利的,但这类副反应的程度很小,一般忽略不计。金属离子 M 和配位剂 Y 的副反应都不利于滴定反应。其中起主要作用的是由 H^+ 引起的酸效应和 L 引起的配位效应,现分别讨论如下。

1. 酸效应和酸效应系数

在 EDTA 的各种型体中,只有 Y^{4-} 可与金属离子进行直接配位。随着酸度的增加,Y^{4-} 的分布系数减小,EDTA 的配位能力减小。这种由于 H^+ 的存在而使 Y^{4-} 参加主反应能力降低的现象称为酸效应。酸效应的大小用酸效应系数 $\alpha[Y(H)]$ 衡量,它是 EDTA 各种存在型体的总浓度 $c'(Y)$ 与直接参与主反应的 Y^{4-} 的平衡浓度 $c(Y^{4-})$ 之比,即为 Y^{4-} 的分布系数的倒数,故

$$\alpha[Y(H)] = \frac{c'(Y)}{c(Y^{4-})} = \frac{c(Y^{4-}) + c(HY^{3-}) + c(H_2Y^{2-}) + \cdots + c(H_6Y^{2+})}{c(Y^{4-})}$$

$$= 1 + \frac{c(HY^{3-})}{c(Y^{4-})} + \frac{c(H_2Y^{2-})}{c(Y^{4-})} + \cdots + \frac{c(H_6Y^{2+})}{c(Y^{4-})}$$

$$=1+\frac{c(H^+)}{K^\ominus_{a_6}}+\frac{c^2(H^+)}{K^\ominus_{a_5}\cdot K^\ominus_{a_6}}+\cdots+\frac{c^6(H^+)}{K^\ominus_{a_1}\cdot K^\ominus_{a_2}\cdot K^\ominus_{a_3}\cdot K^\ominus_{a_4}\cdot K^\ominus_{a_5}\cdot K^\ominus_{a_6}} \tag{9-5}$$

从式(9-5)可知，随着溶液酸度升高，酸效应系数增大，由酸效应引起的副反应也越大，EDTA 与金属离子的配位能力就越小。表 9-6 列出了 EDTA 在不同 pH 条件时的酸效应系数。

表 9-6　EDTA 在不同 pH 条件时的酸效应系数

pH	$\lg\alpha[Y(H)]$	pH	$\lg\alpha[Y(H)]$	pH	$\lg\alpha[Y(H)]$	pH	$\lg\alpha[Y(H)]$
0.0	23.64	3.8	8.85	7.4	2.88	11.0	0.07
0.4	21.32	4.0	8.44	7.8	2.47	11.5	0.02
0.8	19.08	4.4	7.64	8.0	2.27	11.6	0.02
1.0	18.01	4.8	6.84	8.4	1.87	11.7	0.02
1.4	16.02	5.0	6.45	8.8	1.48	11.8	0.01
1.8	14.27	5.4	5.69	9.0	1.28	11.9	0.01
2.0	13.51	5.8	4.98	9.4	0.92	12.0	0.01
2.4	12.19	6.0	4.65	9.8	0.59	12.1	0.01
2.8	11.09	6.4	4.06	10.0	0.45	12.2	0.005
3.0	10.60	6.8	3.55	10.4	0.24	13.0	0.0008
3.4	9.70	7.0	3.32	10.8	0.11	13.9	0.0001

2. 配位效应和配位效应系数

如果滴定体系中存在其他的配位剂 L，这些配位剂可能来自指示剂、掩蔽剂或缓冲剂，它们也能和金属离子发生配位反应。配位剂 L 与金属离子的配位反应使金属离子参加主反应能力降低，这种现象称为配位效应。配位效应的大小用配位效应系数 $\alpha[M(L)]$表示，它是金属离子 M 的各种存在型体的总浓度 $c'(M)$与游离金属离子浓度 $c(M)$之比，即$c(M)$的分布系数的倒数，故

$$\alpha[M(L)]=\frac{c'(M)}{c(M)}=\frac{c(M)+c(ML_1)+c(ML_2)+\cdots+c(ML_n)}{c(M)}$$

$$=1+\frac{c(ML_1)}{c(M)}+\frac{c(ML_2)}{c(M)}+\cdots+\frac{c(ML_n)}{c(M)}$$

$$=1+c(L)\beta_1+c^2(L)\beta_2+\cdots+c^n(L)\beta_n \tag{9-6}$$

例 9-6　在 0.020mol·L^{-1} Zn^{2+}溶液中，加入 pH=10.0 的氨性缓冲溶液，使溶液中游离 NH_3 的浓度为 0.10mol·L^{-1}。计算溶液中游离 Zn^{2+} 的浓度。已知$[Zn(NH_3)_4]^{2+}$ 的各级累积稳定常数为 $\lg\beta_1=2.37$，$\lg\beta_2=4.81$，$\lg\beta_3=7.31$，$\lg\beta_4=9.46$。

解　$\alpha[Zn(NH_3)]=1+\beta_1c(NH_3)+\beta_2c^2(NH_3)+\beta_3c^3(NH_3)+\beta_4c^4(NH_3)=10^{5.46}$

$$c(Zn^{2+})=\frac{c'(Zn)}{\alpha[Zn(NH_3)]}=\frac{0.020}{10^{5.46}}=6.9\times10^{-8}(mol\cdot L^{-1})$$

3. 配合物的条件稳定常数

在配位滴定中，因副反应的存在，配合物的实际稳定性下降，配合物的稳定常数不能真实

反映主反应进行的程度。应该用未与滴定剂 Y^{4-} 配位的金属离子 M 的各种存在型体的总浓度 $c'(M)$ 代替 $c(M)$，用未参与配位反应的 EDTA 各种存在型体的总浓度 $c'(Y)$ 代替 $c(Y)$，MY 的总浓度为 $c'(MY)$，这样配合物的稳定性可表示为

$$K_f^{\ominus\prime}(MY)=\frac{c'(MY)}{c'(M)\cdot c'(Y)}=\frac{\alpha(MY)\cdot c(MY)}{\alpha[M(L)]\cdot c(M)\cdot\alpha[Y(H)]\cdot c(Y)}$$

$$=\frac{\alpha(MY)}{\alpha[M(L)]\cdot\alpha[Y(H)]}\cdot K_f^{\ominus}(MY) \tag{9-7}$$

式中：$\alpha(MY)$ 为 MY 的混合配位效应副反应系数，一般情况下可以忽略，则

$$\lg K_f^{\ominus\prime}(MY)=\lg K_f^{\ominus}(MY)-\lg\alpha[M(L)]-\lg\alpha[Y(H)] \tag{9-8}$$

当溶液中不存在其他配体时，式(9-8)可简化为

$$\lg K_f^{\ominus\prime}(MY)=\lg K_f^{\ominus}(MY)-\lg\alpha[Y(H)] \tag{9-9}$$

$K_f^{\ominus\prime}(MY)$ 在一定条件下是一常数，称为配合物的条件稳定常数。显然，副反应系数越大，$K_f^{\ominus\prime}(MY)$ 越小。这说明酸效应和配位效应越大，配合物的实际稳定性越小。

例 9-7　计算在 pH=2 和 pH=5 时，ZnY^{2-} 的条件稳定常数。

解　查表得，$\lg K_f^{\ominus}(ZnY^{2-})=16.50$

pH=2.0 时，$\lg\alpha[Y(H)]=13.51$，有

$\lg K_f^{\ominus\prime}(ZnY^{2-})=\lg K_f^{\ominus}(ZnY^{2-})-\lg\alpha[Y(H)]=16.50-13.51=2.99$，$K_f^{\ominus\prime}(ZnY^{2-})=9.8\times10^{2}$

pH=5.0 时，$\lg\alpha[Y(H)]=6.45$，有

$\lg K_f^{\ominus\prime}(ZnY^{2-})=\lg K_f^{\ominus}(ZnY^{2-})-\lg\alpha[Y(H)]=16.50-6.45=10.05$，$K_f^{\ominus\prime}(ZnY^{2-})=1.1\times10^{10}$

9.4.4　配位滴定曲线

1. EDTA 的配位滴定曲线

配位滴定中，随着滴定剂 EDTA 的不断加入，金属离子配合物的生成使溶液中金属离子 M 的浓度逐渐减小，在化学计量点附近，pM 发生急剧变化。若以 pM 为纵坐标，以加入标准溶液的体积或滴定分数为横坐标作图，则可得到配位滴定曲线。

以 pH=10 时 $0.01000mol\cdot L^{-1}$ EDTA 标准溶液滴定 $0.01000mol\cdot L^{-1}$ Ca^{2+} 溶液为例，讨论滴定过程中金属离子浓度的变化情况。查表可知，$\lg K_f^{\ominus}(CaY^{2-})=10.7$，$\lg\alpha[Y(H)]=0.45$。所以

$$\lg K_f^{\ominus\prime}(CaY^{2-})=\lg K_f^{\ominus}(CaY^{2-})-\lg\alpha[Y(H)]=10.7-0.45=10.25$$

即

$$K_f^{\ominus\prime}(CaY^{2-})=1.8\times10^{10}$$

(1) 滴定前。$c(Ca^{2+})=0.01000mol\cdot L^{-1}$，pCa=2.00。

(2) 滴定开始至化学计量点前。以剩余 Ca^{2+} 浓度计算 pCa。当加入 EDTA 标准溶液 19.98mL(被滴定 99.9%)时

$$c(Ca^{2+})=0.01000\times\frac{0.02}{20.00+19.98}=5.0\times10^{-6}(mol\cdot L^{-1})\text{，pCa}=5.30$$

(3) 化学计量点时。由于 CaY^{2-} 配合物比较稳定，所以化学计量点时 Ca^{2+} 与加入的 EDTA 标准溶液几乎全部配位成 CaY^{2-} 配合物，即

$$c(CaY^{2-})=0.01000\times\frac{20.00}{20.00+20.00}=5.0\times10^{-3}(mol\cdot L^{-1})$$

化学计量点时 $c(Ca^{2+})=c(Y^{4-})$，故

$$K_f^{\ominus\prime}(CaY^{2-})=\frac{c(CaY^{2-})}{c(Ca^{2+})\cdot c(Y^{4-})}=\frac{c(CaY^{2-})}{c^2(Ca^{2+})}$$

$$c(Ca^{2+})=\sqrt{\frac{c(CaY^{2-})}{K_f^{\ominus\prime}(CaY^{2-})}}=\sqrt{\frac{0.005000}{1.8\times10^{10}}}=5.3\times10^{-7}(mol\cdot L^{-1}),pCa=6.28$$

(4) 化学计量点后。当加入的滴定剂为 20.02mL 时，EDTA 过量 0.02mL，其浓度为

$$c(Y^{4-})=0.01000\times\frac{20.02-20.00}{20.00+20.02}=5.0\times10^{-6}(mol\cdot L^{-1})$$

$$c(CaY^{2-})=0.01000\times\frac{20.00}{20.00+20.02}=5.0\times10^{-3}(mol\cdot L^{-1})$$

$$c(Ca^{2+})=\frac{c(CaY^{2-})}{K_f^{\ominus\prime}(CaY^{2-})\cdot c(Y^{4-})}=\frac{5.0\times10^{-3}}{1.8\times10^{10}\times5.0\times10^{-6}}$$

$$=5.6\times10^{-8}(mol\cdot L^{-1}),pCa=7.25$$

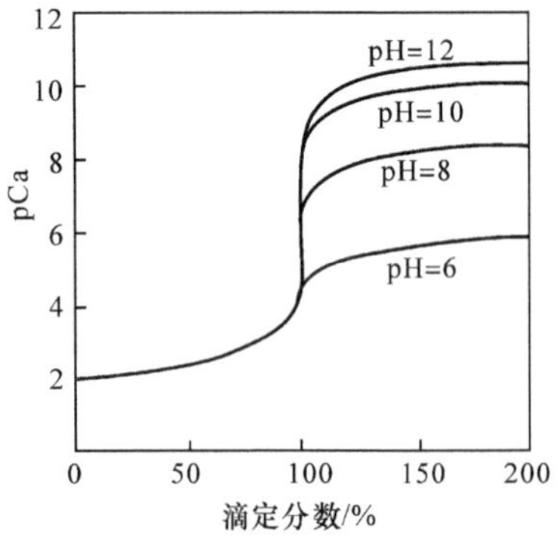

图 9-4 EDTA 滴定 Ca^{2+} 的滴定曲线

以 pCa 为纵坐标，加入 EDTA 标准溶液的百分数(或体积)为横坐标作图，即得到 EDTA 标准溶液滴定 Ca^{2+} 的滴定曲线。同理得到不同 pH 条件下的滴定曲线，如图 9-4 所示。

从图 9-4 可知，计量点附近溶液的 pCa 有一个突跃。滴定曲线突跃范围随溶液 pH 变化而变化，这是由于 CaY^{2-} 配合物的条件稳定常数随 pH 而改变。pH 越大，滴定突跃越大；pH 越小，滴定突跃越小。当 pH=6 时，滴定曲线就几乎看不出突跃了。

从图 9-5 可以看出，MY 配合物的条件稳定常数越大，滴定曲线上的突跃范围也越大。决定条件稳定常数大小的因素首先是其稳定常数，溶液的酸度、其他配位剂的配位作用等也有很大影响。酸效应、配位效应越大，则条件稳定常数就越小。此外，金属离子的起始浓度对滴定突跃也有影响，被测金属离子的初始浓度越高，滴定突跃就越大(图 9-6)。因此，金属离子能被准确滴定的条件为：$c(M)=0.01mol\cdot L^{-1}$时，$K_f^{\ominus\prime}(MY)\geqslant10^8$，或者

$$c(M)\cdot K_f^{\ominus\prime}(MY)\geqslant10^6 \tag{9-10}$$

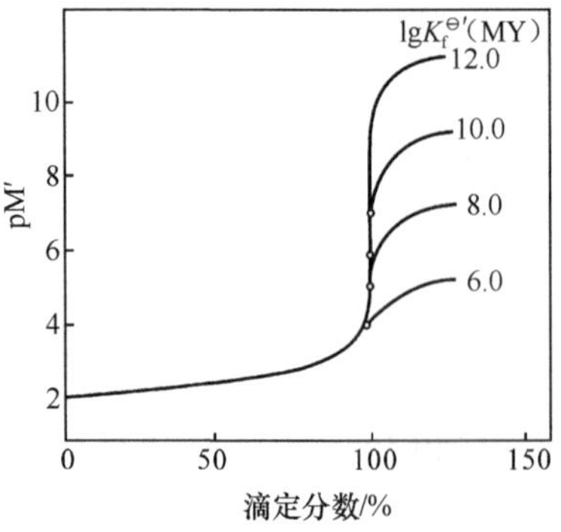

图 9-5 $\lg K_f^{\ominus\prime}(MY)$对滴定曲线的影响

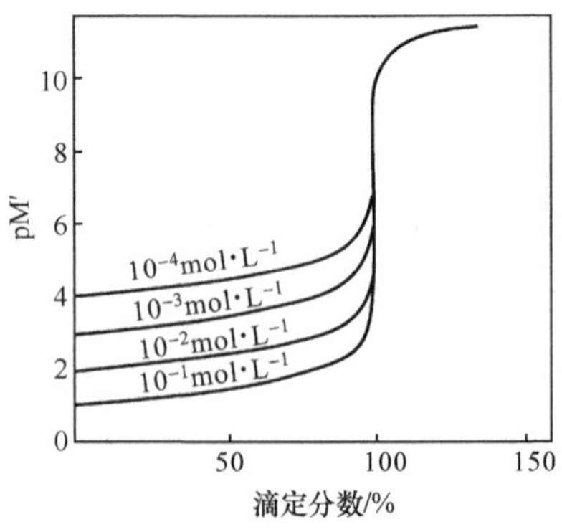

图 9-6 金属离子浓度对滴定曲线的影响

2. 酸度对 EDTA 配位滴定的影响

由于不同金属离子的 EDTA 配合物的稳定性不同，所以滴定时所允许的最低 pH(金属离子能被准确滴定所允许的 pH)也不相同。金属离子能被准确滴定，$K_f^{\ominus\prime}(MY) \geqslant 10^8$，即

$$\lg K_f^{\ominus\prime}(MY) = \lg K_f^{\ominus}(MY) - \lg\alpha[Y(H)] \geqslant 8$$

$$\lg\alpha[Y(H)] \leqslant \lg K_f^{\ominus}(MY) - 8 \tag{9-11}$$

根据式(9-11)和表 9-6，可以计算出各种金属离子 EDTA 配位滴定所允许的最低 pH。显然，$K_f^{\ominus}$ 越大，滴定时所允许的最低 pH 越小，即酸度越高。将各种金属离子的 $\lg K_f^{\ominus}$ 与其滴定时允许的最低 pH 作图，得到的曲线称为 EDTA 的酸效应曲线，如图 9-7 所示。应用这种酸效应曲线，可以方便地解决如下几个问题：

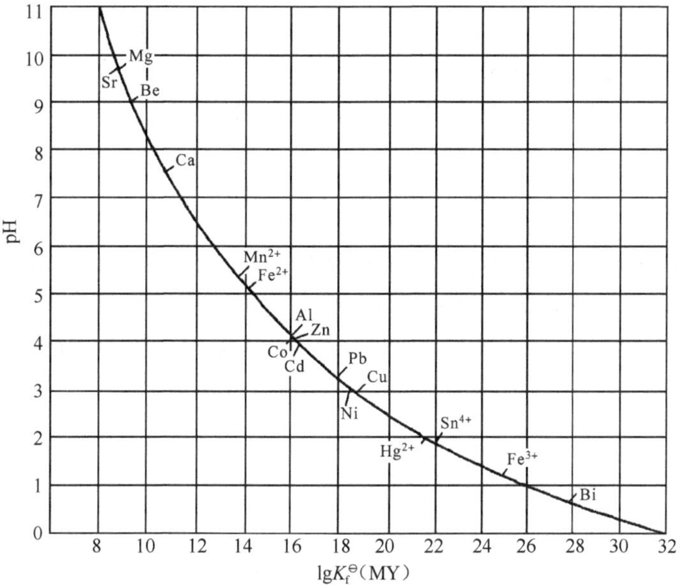

图 9-7　EDTA 的酸效应曲线

(1) 确定单独滴定某一金属离子时所允许的最低 pH。例如，EDTA 滴定 Fe^{3+} 时，pH 应大于 1；滴定 Zn^{2+} 时，pH 应大于 4。由此可见，EDTA 配合物的稳定性较高的金属离子可在较高酸度下进行滴定。

(2) 判断在某一 pH 下测定某种离子，什么离子有干扰。例如，在 pH＝5～6 滴定 Zn^{2+} 时，若存在 Fe^{2+}、Cu^{2+}、Mg^{2+} 等离子，Fe^{2+}、Cu^{2+} 有干扰，而 Mg^{2+} 无干扰，即在酸效应曲线中滴定 pH 下方的离子都有干扰，而上方的离子没有干扰。

(3) 判断当有几种金属离子共存时，能否通过控制溶液酸度进行选择滴定或连续滴定。例如，当 Fe^{3+}、Zn^{2+} 和 Mg^{2+} 共存时，因它们在酸效应曲线上相距较远，可先在 pH＝1～2 时滴定 Fe^{3+}，然后在 pH＝5～6 时滴定 Zn^{2+}，最后再调节溶液 pH＝10 左右滴定 Mg^{2+}。

需要说明的是：酸效应曲线给出的是配位滴定所允许的最低 pH(最高酸度)，在实践中，为了使配位反应更完全，通常采用的 pH 要比最低 pH 略高，但也不能过高，否则金属离子可能水解，甚至生成氢氧化物沉淀，即存在最高 pH(可由溶度积计算)。例如，用 EDTA 滴定 Mg^{2+} 时所允许的最低 pH＝9.7，实际采用 pH＝10，若 pH＞12 则生成 $Mg(OH)_2$ 沉淀，不能

滴定。

另外，在配位滴定中，既要考虑滴定前溶液的酸度，又要考虑滴定过程中溶液酸度的变化。因为在 EDTA 与金属离子反应时，不断有 H^+ 释放出来，使溶液酸度增加，所以配位滴定中常用缓冲溶液控制溶液酸度。一般在 pH<2 或 pH>12 的溶液中滴定时，可直接用强酸或强碱控制。

9.4.5 金属指示剂

配位滴定和其他滴定分析方法一样，需要用指示剂来指示终点。配位滴定中的指示剂是用来指示溶液里金属离子浓度的变化情况，所以称为金属离子指示剂，简称金属指示剂。

1. 金属指示剂的变色原理

金属指示剂本身是一种有机配位剂，它能与金属离子生成与指示剂本身的颜色明显不同的有色配合物。当加指示剂于被测金属离子溶液中时，它与部分金属离子配位，此时溶液呈现该配合物的颜色。若以 M 表示金属离子，In 表示指示剂的阴离子(略去电荷)，其反应可表示如下：

$$\mathrm{M} + \underset{(\text{甲色})}{\mathrm{In}} \rightleftharpoons \underset{(\text{乙色})}{\mathrm{MIn}}$$

滴定开始后，随着 EDTA 的不断滴入，溶液中大部分处于游离状态的金属离子与 EDTA 配位，至计量点时，由于金属离子与指示剂的配合物(MIn)稳定性比金属离子与 EDTA 的配合物(MY)稳定性差，所以 EDTA 能从 MIn 配合物中夺取 M 而使 In 游离出来，即

$$\underset{(\text{乙色})}{\mathrm{MIn}} + \mathrm{Y} \rightleftharpoons \mathrm{MY} + \underset{(\text{甲色})}{\mathrm{In}}$$

此时，溶液由乙色转变成甲色而指示终点到达。

2. 金属指示剂应具备的条件

金属离子的显色剂很多，但只有具备下列条件才能用作配位滴定的金属指示剂。

(1) 在滴定 pH 条件下，MIn 与 In 的颜色应有显著的不同，这样终点的颜色变化才明显。

(2)MIn 的稳定性要适当[一般要求 $K_f^\ominus(\mathrm{MIn})>10^4$]，且其稳定性小于 MY[一般要求 $\lg K_f^\ominus(\mathrm{MY})-\lg K_f^\ominus(\mathrm{MIn})\geq 2$]。如果稳定性太低，它的解离度太大，造成终点提前，或颜色变化不明显，终点难以确定。相反，如果稳定性过高，计量点时 EDTA 很难夺取 MIn 中的 M 而使 In 游离出来，终点时颜色不变化或颜色变化不明显。

(3)MIn 应是水溶性的，指示剂的稳定性好，与金属离子的配位反应灵敏性好，并具有一定的选择性。

3. 金属指示剂在使用中存在的问题

(1) 指示剂的封闭现象。某些离子能与指示剂形成非常稳定的配合物，以致在到达计量点后，滴入过量的 EDTA 也不能夺取 MIn 中的 M 而使 In 游离出来，故看不到终点的颜色变化，这种现象称为指示剂的封闭现象。例如，Fe^{3+}、Al^{3+}、Cu^{2+}、Co^{2+}、Ni^{2+} 等离子对铬黑 T 指示剂和钙指示剂有封闭作用，可用 KCN 掩蔽 Cu^{2+}、Co^{2+}、Ni^{2+} 和三乙醇胺掩蔽 Fe^{3+}、Al^{3+}。如发生封闭作用的离子是被测离子，一般利用返滴定法消除干扰。例如，Al^{3+} 对二甲酚橙有封闭作用，测定 Al^{3+} 时可先加入过量的 EDTA 标准溶液，使 Al^{3+} 与 EDTA 完全配位后，再调

节溶液 pH＝5～6，用 Zn^{2+} 标准溶液返滴定，即可克服 Al^{3+} 对二甲酚橙的封闭作用。

（2）指示剂的僵化现象。有些金属离子与指示剂形成的配合物溶解度小，使 EDTA 与 MIn 之间的交换反应慢，造成终点不明显或拖后，这种现象称为指示剂的僵化现象。可加入适当的有机溶剂促进难溶物的溶解，或将溶液适当加热以加快置换速率而消除僵化。

（3）指示剂的氧化变质现象。金属指示剂多数是有共轭双键体系的有机物，容易被日光、空气、氧化剂等分解或氧化；有些指示剂在水中不稳定，日久会分解。因此，常将指示剂配成固体混合物或加入还原性物质，或者临用时配制。

4. 常用的金属指示剂

目前使用的金属指示剂有 300 多种。下面介绍几种最常用的金属指示剂。

（1）铬黑 T。其化学名称是 1-(1-羟基-2-萘偶氮)-6-硝基-2-萘酚-4-磺酸钠，简称 EBT，属于二酚羟基偶氮类染料，其结构式如下：

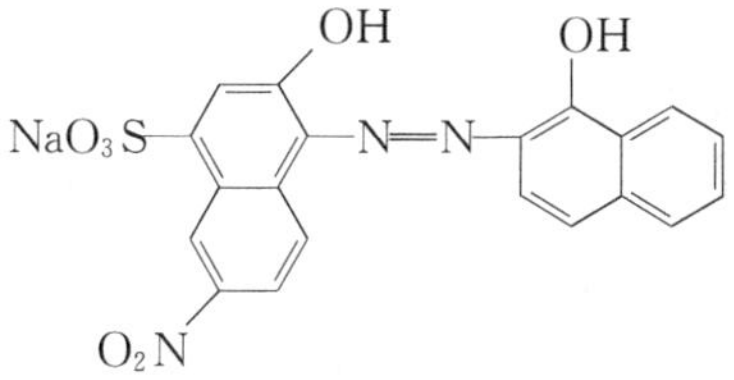

铬黑 T 是黑褐色粉末，带有金属光泽。溶液中随着 pH 不同而以不同型体存在，因而呈现出不同的颜色。当 pH＜6 时显红色，当 7＜pH＜11 时显蓝色，当 pH＞12 时显橙色。铬黑 T 能与许多二价金属离子如 Ca^{2+}、Mg^{2+}、Hg^{2+}、Mn^{2+}、Zn^{2+}、Cd^{2+}、Pb^{2+} 等形成红色的配合物，所以铬黑 T 只能在 pH＝7～11 的条件下使用，才有明显的颜色变化（红色$\longrightarrow$蓝色）。在实际工作中常选择在 pH＝9～10 的酸度下使用铬黑 T，其道理就在于此。

虽然固体的铬黑 T 比较稳定，但其水溶液或醇溶液均不稳定，仅能保存数天。铬黑 T 在酸性溶液中容易聚合成高分子，在碱性溶液中易被氧化褪色。因此，常把铬黑 T 与纯净的惰性盐如 NaCl 按 1∶100 的比例混合均匀，研细，密闭保存于干燥器中备用。

（2）钙指示剂。其化学名称是 1-(2-羟基-4-磺基-1-萘偶氮)-2-羟基-3-萘甲酸，简称 NN 或钙红，也属于偶氮类染料，其结构式如下：

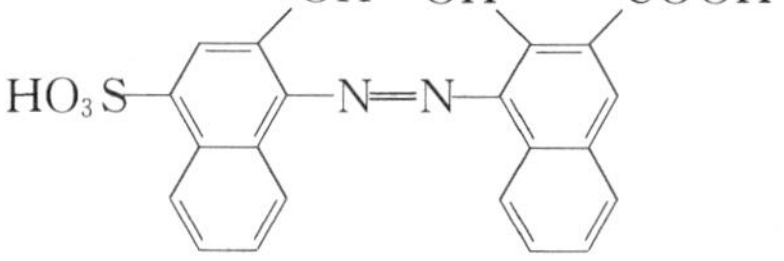

钙指示剂的水溶液也随溶液 pH 不同而呈不同的颜色：pH＜7 时显红色，pH＝8～13.5 时显蓝色，pH＞13.5 时显橙色。由于在 pH＝12～13 时，它与 Ca^{2+} 形成红色配合物，所以常用作在 pH＝12～13 的酸度下测定钙含量时的指示剂，终点溶液由红色变成蓝色。Fe^{3+}、Al^{3+} 等对 NN 有封闭。

钙指示剂纯品为紫黑色粉末，很稳定，但其水溶液或乙醇溶液均不稳定。因此，一般取固体试剂与 NaCl 按 1∶100 的比例混合均匀，研细，密闭保存于干燥器中备用。

（3）二甲酚橙（XO）。pH＞6.3 时呈红色，pH＜6.3 时呈黄色，其金属离子配合物呈红紫色。因此，它只能在 pH＜6.3 的酸性溶液中使用。常配成 0.2%～0.5%水溶液，可保存 2～3 周。pH＝5～6 时，与 Pb^{2+}、Zn^{2+}、Cd^{2+}、Hg^{2+}、Ti^{3+} 等形成红色配合物，本身呈亮黄色。

Fe^{3+}、Al^{3+}、Ni^{2+}、Cu^{2+}、Ti^{4+}等对 XO 有封闭作用，其中 Fe^{3+} 和 Ti^{4+} 可用抗坏血酸还原，Al^{3+} 可用氟化物、Ni^{2+} 可用邻二氮菲掩蔽。

(4) PAN。适用酸度为 pH＝2～12，在适宜酸度下与 Th^{4+}、Bi^{3+}、Cu^{2+}、Ni^{2+}、Pb^{2+}、Cd^{2+}、Zn^{2+}、Mn^{2+}、Fe^{2+} 等形成紫红色配合物，本身呈黄色。红色配合物水溶性较差、易僵化。

(5) 磺基水杨酸。该指示剂适用酸度为 pH＝1.5～2.5，在此范围内与 Fe^{3+} 生成紫红色配合物，指示剂本身为无色。

9.4.6 提高配位滴定选择性的方法

因 EDTA 能与多数金属离子形成较稳定的配合物，故用 EDTA 进行配位滴定时受到其他离子干扰的机会比较多。多种金属离子共存时，如何减免其他离子对被测离子的干扰，以提高配位滴定的选择性便成为配位滴定中要解决的一个重要问题。常用方法有以下几种：

1. 控制溶液的酸度

通过调节溶液 pH，可改变被测离子和干扰离子与 EDTA 所形成配合物的稳定性，从而消除干扰，利用酸效应曲线可方便地解决这些问题。例如，测定样品中 $ZnSO_4$ 含量时，既可在 pH＝5～6 时以二甲酚橙作指示剂，又可在 pH＝10 时以铬黑 T 作指示剂；若样品中有 $MgSO_4$ 存在，则应在 pH＝5～6 时测定 Zn^{2+}，因 pH＝10 时 Mg^{2+} 对 Zn^{2+} 的测定有干扰。

2. 加入掩蔽剂

当有几种金属离子共存时，加入一种能与干扰离子形成稳定配合物的试剂(称为掩蔽剂)，往往可以较好地消除干扰。例如，测定水中 Ca^{2+}、Mg^{2+} 含量时，Fe^{3+} 和 Al^{3+} 的干扰可加入三乙醇胺，使 Fe^{3+} 和 Al^{3+} 形成稳定配合物而被掩蔽。配位掩蔽法不仅应用于配位滴定，也广泛应用于提高其他滴定反应的选择性。常用的掩蔽剂有 NH_4F、KCN、三乙醇胺和酒石酸等。此外，还可用氧化还原和沉淀掩蔽剂消除干扰。

3. 解蔽作用

在掩蔽的基础上，加入一种适当的试剂，把已掩蔽的离子重新释放出来，再对它进行测定，称为解蔽作用。例如，当 Zn^{2+} 和 Mg^{2+} 共存时，可先在 pH＝10 的缓冲溶液中加入 KCN，使 Zn^{2+} 形成$[Zn(CN)_4]^{2-}$而掩蔽，用 EDTA 滴定 Mg^{2+} 后，再加入甲醛破坏$[Zn(CN)_4]^{2-}$，然后用 EDTA 继续滴定释放出来的 Zn^{2+}。

$$[Zn(CN)_4]^{2-}+4HCHO+4H_2O \longrightarrow Zn^{2+}+4HOCH_2CN+4OH^-$$

案例 9-3 除碱金属外，大多数无机盐中金属离子的含量可以用 EDTA 配位滴定法测定，此外像芒硝中的 SO_4^{2-}、磷酸盐中的 PO_4^{3-} 等还可以通过 EDTA 间接滴定法测定其含量。EDTA 配位滴定法在化学分析中是用途最广的滴定分析法之一。

问题：(1) EDTA 标准溶液如何配制？

(2) 标定 EDTA 的基准物质有哪些，如何选择？

分析：配位滴定中使用的 EDTA 是乙二胺四乙酸二钠，采用优级纯试剂和高纯水可以直接配制，但通常用间接法配制 EDTA 标准溶液。标定 EDTA 溶液的基准物质常用 Zn、ZnO、$CaCO_3$、$MgSO_4 \cdot 7H_2O$ 等，常选用与被测组分相同的物质作基准物质，以减小滴定误差。EDTA 溶液若用于测定待测物中 CaO、MgO 的含量，则宜用 $CaCO_3$ 为基准物质。EDTA 若用于测定 Pb^{2+}、Bi^{3+}、

$ZnSO_4$ 等，则宜用 ZnO 或金属锌为基准物质。

9.4.7 配位滴定法的应用示例

1. 水中钙镁及总硬度的测定——直接滴定法

案例 9-4 水中 Ca^{2+}、Mg^{2+} 含量越高，水的硬度越大，水的硬度是水质的一个重要指标。水的硬度过高，会使人的肠胃功能紊乱，出现腹胀、排气多、腹泻等症状，因此饮用水的质量标准对水的硬度有明确的规定。此外，工农业用水特别是锅炉用水对水的硬度也有严格要求。

问题：(1) EDTA 滴定 Ca^{2+}、Mg^{2+} 总量的条件、指示剂、终点颜色变化是什么？

(2) EDTA 滴定 Ca^{2+} 的条件、指示剂、终点颜色变化是什么？如何消除 Mg^{2+} 的干扰？

用 EDTA 进行水中钙镁及总硬度测定，可先测定钙量，再测定钙镁的总量，用钙镁总量减去钙的含量即得镁的含量，再由钙镁总量换算成相应的硬度单位，即为水的总硬度。

钙含量的测定：在水样中加入 NaOH 至 pH≥12，此时水中的 Mg^{2+} 生成 $Mg(OH)_2$ 沉淀，不干扰 Ca^{2+} 的滴定。再加入少量钙指示剂，溶液中部分 Ca^{2+} 与指示剂配位生成配合物，使溶液呈红色。当滴定开始后，不断滴入的 EDTA 首先与游离 Ca^{2+} 配位，至计量点时，夺取与钙指示剂结合的 Ca^{2+}，使指示剂游离出来，溶液由红色变为纯蓝色，从而指示终点的到达。

钙、镁总量的测定：在 pH＝10 时，于水样中加入铬黑 T 指示剂(如溶液中有使指示剂封闭的金属离子存在，可在加入指示剂前加入 KCN 或三乙醇胺等，以防止指示剂的封闭)，然后用 EDTA 标准溶液滴定。由于铬黑 T 与 EDTA 分别都能与 Ca^{2+}、Mg^{2+} 生成配合物，其稳定次序为

$$CaY > MgY > MgIn > CaIn$$

由此可知，当加入铬黑 T 后，它首先与 Mg^{2+} 结合，生成红色的配合物(MgIn)。当滴入 EDTA 时，首先与其配位的是游离的 Ca^{2+}，其次是游离的 Mg^{2+}，最后夺取与铬黑 T 配位的 Mg^{2+}，使铬黑 T 的阴离子游离出来，此时溶液由红色变为蓝色，从而指示终点的到达。

当水样中 Mg^{2+} 极少时，加入的铬黑 T 除了与 Mg^{2+} 配位外还与 Ca^{2+} 配位，但 Ca^{2+} 与铬黑 T 的显色灵敏度比 Mg^{2+} 低得多，所以当水中含 Mg^{2+} 极少时，用铬黑 T 作指示剂往往得不到敏锐的终点。要克服此缺点，可在 EDTA 标准溶液中加入适量的 Mg^{2+}(要在 EDTA 标定之前加入，这样并不影响 EDTA 与被测离子之间滴定的定量关系)，或者在缓冲溶液中加入一定量的 Mg-EDTA 盐。

溶液中如有 Fe^{3+}、Al^{3+} 等干扰离子，可用三乙醇胺掩蔽。如存在 Cu^{2+}、Pb^{2+}、Zn^{2+} 等干扰离子，可用 KCN、Na_2S 等掩蔽。

水硬度的表示法有多种，但常用德国度(符号°H)表示。这种方法是将水中所含的钙镁离子都折合为 CaO 计算，然后以每升水含 10mg CaO 为 1 德国度。

水中钙镁离子含量和总硬度由下式计算：

$$钙含量(mg \cdot L^{-1}) = \frac{c(EDTA) \cdot V_1 \cdot M(Ca)}{V_水} \times 1000$$

$$镁含量(mg \cdot L^{-1}) = \frac{c(EDTA)(V_2 - V_1) \cdot M(Mg)}{V_水} \times 1000$$

$$总硬度(°H) = \frac{c(EDTA) \cdot V_2 \cdot M(CaO)}{V_水} \times 100$$

式中：c(EDTA)为 EDTA 标准溶液的物质的量浓度；V_1、V_2 分别为滴定同体积水样中的钙含

量和钙镁总量时消耗 EDTA 标准溶液的体积，mL；$V_{水}$为水样的体积，mL。

2. 铝盐的测定——返滴定法

由于铝盐与 EDTA 配位反应较慢，常加入过量的 EDTA，然后用 Zn^{2+} 标准溶液返滴定过量的 EDTA。Ba^{2+} 的测定也常采用此法。

3. Ag^{+} 的测定——置换滴定法

Ag^{+} 与 EDTA 配合物稳定性不高，常加入过量的$[Ni(CN)_4]^{2-}$，定量置换出 Ni^{2+}，然后用 EDTA 标准溶液滴定。

$$2Ag^{+} + [Ni(CN)_4]^{2-} \xlongequal{} 2[Ag(CN)_2]^{-} + Ni^{2+}$$

4. 硫酸盐的测定——间接滴定法

SO_4^{2-} 是非金属离子，不能和 EDTA 直接配位，因此不能用直接法滴定。但可加入过量的已知准确浓度的 $BaCl_2$ 溶液，使 SO_4^{2-} 与 Ba^{2+} 生成 $BaSO_4$ 沉淀，再用 EDTA 标准溶液滴定剩余的 Ba^{2+}，从而间接测定试样中 SO_4^{2-} 的含量。

9.5 配合物的应用*

配合物应用广泛，如工业上生产染料、湿法冶金、电镀等领域都要用到它，农业生产中的肥料、农药生产也要用到配合物，在分析化学、生物化学、催化动力学、电化学、医学等领域中也有重要应用。

9.5.1 化学领域中的应用

配体作为试剂参与的反应几乎涉及分析化学的所有领域，它可用作显色剂、沉淀剂、萃取剂、滴定剂、掩蔽剂等。配合物在元素分离和分析中的应用主要利用其溶解度、颜色以及稳定性等差异。若水相中含有多种金属离子，其中只有一种能与有机配位剂形成稳定配合物，并可溶于有机溶剂，这样该离子就可被萃取出来。例如，用双硫腙-CCl_4 可从 pH 为 1～2 的 Hg^{2+}、Sn^{2+}、Zn^{2+}、Cd^{2+}溶液中萃取出 Hg^{2+}。利用沉淀反应分离某些离子，如在 Zn^{2+}、Al^{3+}溶液中加入氨水，Zn^{2+}可生成$[Zn(NH_3)_4]^{2+}$配离子，而 Al^{3+} 只能生成 $Al(OH)_3$ 沉淀，从而使二者分离。又如，锆和铪由于它们性质很相似，一般方法很难将它们完全分离，可用 KF 作为配位剂，使 Zr(Ⅳ)和 Hf(Ⅳ)分别生成 K_2ZrF_6 和 K_2HfF_6，因 K_2HfF_6 的溶解度比 K_2ZrF_6 高两倍，故可将它们分离。不少配位剂与金属离子的反应具有很高的灵敏性和专属性，且能生成具有特征颜色的配合物，故常用作鉴定某种离子的特征试剂。例如，丁二酮肟作为 Ni^{2+} 的特征试剂，与 Ni^{2+} 生成红色螯合物沉淀；在 Fe^{3+} 溶液中加入 KSCN，生成血红色$[Fe(SCN)_x]^{3-x}$，可鉴定 Fe^{3+}。在定量分析上，利用金属离子与配位剂生成稳定配合物的反应来测定某些组分的含量；分光光度法中，配位剂常作为显色剂。

9.5.2 工农业领域中的应用

案例 9-5 金属表面处理的电镀工艺中，要求电镀液是含有镀层金属离子浓度恒定的稀溶液。若游离的金属离子浓度过高，因还原反应速率太快而引起镀件表面毛糙且易脱落；反之，若游离金属离子浓度过低，虽然可得到光亮表面却达不到应有的厚度。因此，要求电镀液能源源不断地提供浓度恒定的游离金属离子。

问题：对于电镀铜，如何配制游离铜离子浓度恒定的电镀液？

分析：电镀工业中，为了得到良好的镀层，常在电镀液中加入适当的配位剂，使金属离子转化为较难还原的配离子，减慢金属晶体的形成速度，从而得到光滑、均匀、致密的镀层。以前工业中，使用含氰的电镀液，即在 Cu^{2+} 的浓溶液中加入 KCN，CN^- 有很强的配位能力，能与 Cu^{2+} 生成稳定性很高的$[Cu(CN)_4]^{2-}$配离子。该电镀液具有 Cu^{2+} 总浓度很高而游离 Cu^{2+} 浓度很低的特点，电镀进行过程中，随着溶液中游离 Cu^{2+} 浓度的不断减小，$[Cu(CN)_4]^{2-}$ 配离子不断解离，维持溶液中 Cu^{2+} 浓度基本不变，从而很好地满足电镀工艺的要求。这种溶液也称为金属离子的缓冲溶液，但氰化物有剧毒，现在工业中已普遍使用无氰电镀。电镀铜中，一般使用焦磷酸盐代替剧毒的 KCN。

电镀工业中，镀锌时常用氨三乙酸-氯化铵电镀液，镀铜时用焦磷酸钾作配位剂，镀锡时用焦磷酸钾和柠檬酸钠作配位剂。冶金工业上，如利用 Au 在 CN^- 存在下氧化成水溶性$[Au(CN)_2]^-$，将 Au 直接从金矿中浸取出来，然后在浸出液中加入锌粉即可还原成金。配合物还应用于环境治理、硬水软化等。

土壤中，磷常和铁、铝等金属离子形成难溶的 $AlPO_4$、$FePO_4$，而不能被植物吸收利用。应提倡多施农家肥，其中某些成分如腐殖酸可与 Al^{3+}、Fe^{3+} 作用生成螯合物，使 PO_4^{3-} 被释放出来，土壤中可溶性磷增多，从而提高土壤的肥力。动植物体内微量元素的摄取和运转也离不开配合物。例如，以氨基酸铜、氨基酸锌作铜和锌的饲料添加剂，动物肝脏内铜、锌的含量就比用硫酸铜、硫酸锌时高得多。

9.5.3　生物科学和医学领域中的应用

配位化学与生物科学的交叉和渗透形成了一门新兴的边缘学科——生物无机化学，它主要研究各种无机元素在生物体内的存在形式、作用机理和生理功能等。配合物在生物体的代谢过程中起着十分重要的作用，如运载氧的肌红蛋白和血红蛋白都含有血红素，而血红素是 Fe^{2+} 的卟啉配合物；维生素 B_{12} 是钴的配合物，它参与蛋白质和核酸的合成，是造血过程的生物催化剂，缺乏时会引起恶性贫血症；叶绿素是镁的配合物，缺镁时光合作用和植物细胞的电子传递不能正常进行。

在医药上，二巯基丙醇(BAL)是一种很好的解毒药，它可与砷、汞及某些重金属形成螯合物而解毒；柠檬酸钠可与血液中的 Ca^{2+} 形成螯合物，避免血液的凝结，是一种常用的血液抗凝剂。$[PtCl_2(NH_3)_2]$(简称顺铂)是常用的一种抗癌药。

植物固氮酶是由铁钼组成的蛋白质配合物，通过它的催化作用可在常温常压下将空气中的氮转化为氨，近年来化学模拟固氮酶的研究已成为基础科学研究的一个重要课题。分子氮配合物如$[Ru(NH_3)_5(N_2)]Cl_2$等的研究，可望实现温和条件下的化学模拟固氮。二氧化碳配合物研究的深入将使化学模拟光合作用得以实现。某些配合物在一定条件下可能促使水在太阳光作用下感光分解为 H_2 和 O_2，这将为人类提供取之不尽的新能源。

习　题

1. 命名下列配位化合物，并指出中心离子、配体、配位原子、配位数、配离子的电荷数。

(1) $[Co(NH_3)_6]Cl_2$　　(2) $[Co(NH_3)_5Cl]Cl_2$

(3) $(NH_4)_2[FeCl_5(H_2O)]$　　(4) $K_2[Zn(OH)_4]$

(5) $[Pt(NH_3)_2Cl_2]$　　(6) $Na_3[Co(NO_2)_6]$

2. 写出下列配合物的化学式。

(1) 硫酸四氨合铜(Ⅱ)　　(2) 六氯合铂(Ⅳ)酸钾

(3) 氯化二氯・三氨・一水合钴(Ⅲ)　　(4) 四硫氰・二氨合钴(Ⅲ)酸铵

3. 选择题。

(1) 中心离子配位数是指(　　)。

A. 配体的个数　　B. 多齿配体的个数

C. 配体的原子总数　　D. 配位原子的总数

(2) 下列各配体中能作为螯合剂的是(　　)。

A. F^-　　B. H_2O　　C. NH_3　　D. $C_2O_4^{2-}$

(3) 配合物$[Cu(NH_3)_2(en)]^{2+}$中，铜元素的氧化数和配位数为(　　)。

A. +2 和 3　　B. +2 和 4　　C. 0 和 3　　D. 0 和 4

(4) 在 $H[AuCl_4]$溶液中，除 H_2O、H^+外，其相对含量最大的是(　　)。

A. Cl^-　　B. $AuCl_3$　　C. $[AuCl_4]^-$　　D. Au^{3+}

(5) 某配合物实验式为 $NiCl_2 \cdot 5H_2O$，其溶液加过量 $AgNO_3$时，1mol 该物质能产生 AgCl 1mol，则该配合物的内界是(　　)。

A. $[Ni(H_2O)_4Cl_2]$　　B. $[Ni(H_2O)_5Cl]^+$　　C. $[Ni(H_2O)_4]^{2+}$　　D. $[Ni(H_2O)_2Cl_2]$

4. 无水 $CrCl_3$ 和氨能形成两种配合物，组成相当于 $CrCl_3 \cdot 6NH_3$ 及 $CrCl_3 \cdot 5NH_3$。$AgNO_3$ 从第一种配合物水溶液中能将几乎所有的氯沉淀为 AgCl，而从第二种配合物水溶液中仅能沉淀出组成中含氯量的 2/3。从上述事实确定两种配合物的结构式。

5. 在 $ZnSO_4$ 溶液中慢慢加入 NaOH 溶液，可生成白色 $Zn(OH)_2$ 沉淀。把沉淀分成三份，分别加入 HCl 溶液、过量 NaOH 溶液及氨水，沉淀都能溶解。写出三个反应式。

6. 将 KSCN 加入 $NH_4Fe(SO_4)_2 \cdot 12H_2O$ 溶液中，溶液呈血红色，但加到 $K_3[Fe(CN)_6]$溶液中并不出现红色，这是为什么？

7. EDTA 与金属离子配位的特点是什么？为什么它具有这些特点？

8. 解释下列各名词。

(1) 螯合效应　(2) 酸效应　(3) 金属指示剂　(4) 解蔽作用

9. 根据价键理论，指出下列配离子的成键轨道类型(注明内轨型或外轨型)和空间结构。

$[Cd(NH_3)_4]^{2+}$($\mu=0$)　　$[Ag(NH_3)_2]^+$($\mu=0$)　　$[Ni(H_2O)_6]^{2+}$($\mu=2.8$B. M.)

$[Co(CNS)_4]^{2-}$($\mu=3.9$B. M.)　　$[Ni(CN)_4]^{2-}$($\mu=0$)　　$[Fe(CN)_6]^{3-}$($\mu=1.73$B. M.)

10. 为什么配位滴定要求控制在一定的 pH 条件下进行？

11. 在 $0.50mol \cdot L^{-1}$ $[AlF_6]^{3-}$溶液中含有 $0.10mol \cdot L^{-1}$游离 F^-，求溶液中 Al^{3+}的浓度。

12. 在 1L $0.010mol \cdot L^{-1}$ Pb^{2+}的溶液中加入 0.50mol EDTA 及 0.0010mol Na_2S，溶液中是否有 PbS 沉淀生成？

13. 在 $0.10mol \cdot L^{-1}$ $[Ag(NH_3)_2]^+$溶液中含有浓度为 $1.0mol \cdot L^{-1}$的氨水，试计算 Ag^+的浓度。

14. 在 25℃时，1L $6.0mol \cdot L^{-1}$氨水可溶解多少克 AgCl？

15. 利用有关溶度积和稳定常数，求下列反应的平衡常数。

(1) $CuS + 4NH_3 \rightleftharpoons [Cu(NH_3)_4]^{2+} + S^{2-}$

(2) $CuCl_2^- \rightleftharpoons CuCl + Cl^-$

16. 已知 $Hg^{2+} + 4I^- \rightleftharpoons [HgI_4]^{2-}$ 的 $K_f^\ominus = 6.76 \times 10^{29}$，电对 $E^\ominus(Hg^{2+}/Hg) = 0.854V$，试计算 $E^\ominus\{[HgI_4]^{2-}/Hg\}$。

17. 如果在 $0.10mol \cdot L^{-1}$ $[Ag(CN)_2]^-$溶液中加入 KCN 固体，使 CN^-的浓度为 $0.10mol \cdot L^{-1}$，然后再加入：(1)KI 固体，使 I^-的浓度为 $0.10mol \cdot L^{-1}$；(2) Na_2S 固体，使 S^{2-}的浓度为 $0.10mol \cdot L^{-1}$。是否都产生沉淀？

18. 称取过磷酸钙试样 0.4120g，经处理后，把其中的磷沉淀为 $MgNH_4PO_4$。将沉淀过滤、洗涤后，再溶解，然后在适当条件下，用 $0.02000mol \cdot L^{-1}$ EDTA 标准溶液滴定其中的 Mg^{2+}，其消耗体积为 50.00mL。求试样中 P_2O_5 的质量分数。

19. 在 pH=10 的条件下，以铬黑 T 作指示剂，滴定 50.00mL 水样中的 Ca^{2+}、Mg^{2+} 总量，共用去 $0.01000mol \cdot L^{-1}$ EDTA 标准溶液 9.86mL。此水样的总硬度是多少度？

20. 试剂厂生产的无水 $ZnCl_2$，采用 EDTA 配位滴定法测定产品中 $ZnCl_2$ 的含量。先准确称取样品 0.2500g，溶于水后，控制溶液酸度在 pH=6 的情况下，以二甲酚橙为指示剂，用 $0.1024mol \cdot L^{-1}$ EDTA 滴定溶液中的 Zn^{2+}，用去 17.90mL。求样品中 $ZnCl_2$ 的质量分数。

21. 有一铜锌合金试样，称 0.5000g 溶解后定容成 100mL，取 25.00mL，调 pH=6.0，以 PAN 为指示剂，用 0.05000mol · L^{-1} EDTA 滴定 Cu^{2+}、Zn^{2+}，用去 EDTA 37.30mL。另取 25.00mL 试液，调 pH=10.0，加入 KCN，Cu^{2+}、Zn^{2+} 被掩蔽，再加甲醛以解蔽 Zn^{2+}，消耗相同浓度的 EDTA 13.40mL。计算试样中 Cu^{2+}、Zn^{2+} 质量分数。

22. 在 pH=12 时，用钙指示剂以 EDTA 进行石灰石中 CaO 含量测定。称取 0.4086g 试样在 250mL 容量瓶中定容后，吸取 25.00mL 试液，以 EDTA 滴定，用去 0.02043mol · L^{-1} EDTA 溶液 17.50mL。求该石灰石中 CaO 的质量分数。

23. 取 100.0mL 水样，调节 pH=10，用铬黑 T 作指示剂，用去 0.0100mol · L^{-1} EDTA 25.40mL；另取一份 100.0mL 水样，调节 pH=12，用钙指示剂，用去 EDTA 14.25mL，求每升水样中含 CaO、MgO 的质量。

24. 测定无机盐中 SO_4^{2-} 的含量，称取试样 3.000g，溶解后，用容量瓶稀释至 250mL，用移液管吸取 25.00mL 试液加入 25.00mL0.05000mol · L^{-1} $BaCl_2$ 溶液中，过滤后，用 0.05000mol · L^{-1} EDTA 17.50mL 滴定剩余的 Ba^{2+}。求 SO_4^{2-} 的质量分数。

25. 设计方案使 Zn^{2+}、Mg^{2+} 实现分别测定。

26. 有含 Fe^{3+}、Al^{3+}、Zn^{2+}（其浓度均为 10^{-2}mol · L^{-1}）的溶液，试设计一个以配位滴定方法测定上述离子的方案。要求：写明测定的理论根据、主要步骤、主要条件、试剂及指示剂。

第 10 章　吸光光度分析法

吸光光度分析法是一种应用广泛的微量组分分析方法，是基于物质对光的选择性吸收而建立起来的分析方法。根据物质对不同波长范围的光的吸收，吸光光度分析法可分为可见光吸光光度分析法、紫外吸光光度分析法、红外吸收光谱法等。分析化学中常将紫外-可见光吸光光度分析法简称为吸光光度分析法。本章仅重点介绍可见光吸光光度分析法。

10.1　吸光光度分析法的基本原理

10.1.1　吸光光度分析法的特点

吸光光度分析法简称光度法，是一类历史悠久、应用广泛的分析方法，其主要特点如下：

(1) 灵敏度较高。常用于测定试样中 $10^{-3}\%\sim1\%$的微量组分，甚至可测定 $10^{-6}\%\sim10^{-4}\%$的痕量组分。

(2) 准确度较高。一般吸光光度分析法相对误差为 2%～5%，若使用精密分光光度计，相对误差为 1%～2%。其准确度虽不如滴定分析法高，但对微量或痕量组分的测定已基本满足要求。

(3) 选择性好。该法的选择性虽比不上某些仪器分析法，如原子吸收光谱法，但远优于化学分析法。只要创造适宜的分析条件，可在多组分共存的溶液中不经分离而测定欲测组分。

(4) 设备简单，操作简便、快速。与其他各种仪器分析方法相比，紫外和可见吸光光度分析法所用的仪器比较简单、价格便宜，分析操作比较简便，分析速度也较快。

(5) 应用广泛。该法不仅可测定大多数无机离子，也可测定许多有机物；不仅可用于定量分析，也可用于某些有机物的定性分析；甚至可用来研究化学反应的机理和溶液的化学平衡等理论，如理化常数及配合物组成的测定等。

吸光光度分析法已是一种经典的分析方法，广泛应用于科研、生产和教学中，是地质、冶金、材料、化工、环境、生物、医学及农业等领域的常用分析方法。

10.1.2　物质对光的选择性吸收

案例 10-1　可见光是电磁波谱中人眼可以感知的部分，可见光谱没有精确的范围，一般人的眼睛可以感知的电磁波波长为 400～760nm，但还有一些人能够感知到波长 380～780nm 的电磁波。人们经常观察到：当一束阳光透过棱镜时会色散出不同颜色（红、橙、黄、绿、青、蓝、紫等）的光，不同的物质在白天呈现出不同的颜色。

问题：人们所观察到的颜色是怎么产生的？

光是一种频率高、波长短的电磁波，这种电磁波称为光波。在电磁波的区域内，只有波长在 400～760nm 的光波才为人眼所觉察，称为可见光，其他均属眼睛看不见的不可见光。其中频率比可见光低、波长比可见光大者，有红外线及无线电波；频率比可见光高、波长比可见光小者，有紫外线、X 射线和 γ 射线等，如图 10-1 所示。

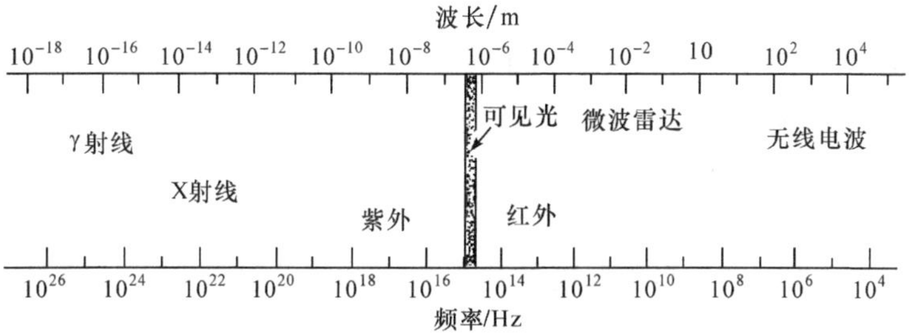

图 10-1　光的分区及波长与频率之间的关系

通常意义的单色光是指其波长处于某一范围的光，而复合光则由不同单色光组成。阳光（白光）就是复合光，不同颜色的光有不同的波长范围。一束白光通过棱镜时发生色散，色散成红、橙、黄、绿、青、蓝、紫等颜色的光；反之，这些不同颜色的光按一定强度比例混合便又形成白光。事实上，两种适当颜色的光按一定强度比例混合也可形成白光。能够形成白光的两种颜色的光互称为互补色光。光的互补色图如图 10-2 所示。

物质选择性地吸收白光中某种颜色的光，人们就会看到它的互补色光，从而使物质呈现出一定的颜色。例如，硫酸铜溶液吸收黄色光，透过光中除黄色光的互补色光-蓝光能被人的眼睛所感受外，其他颜色的透过光仍然互补为白光，所以硫酸铜溶液呈蓝色。若物质对白光中所有颜色的光均吸收，它就呈现黑色；若反射所有颜色的光则呈现白色；若透过所有颜色的光，则为无色。

各种物质都有其特征的分子能级，内部结构的差异决定了它们对光的吸收是有选择性的。如果将不同波长的单色光依次通过一定浓度的某物质溶液，测量相应波长下该溶液的吸光度，然后以波长为横坐标，以吸光度为纵坐标作图，所得曲线称为该物质的吸收光谱（或吸收曲线），如图 10-3 所示。

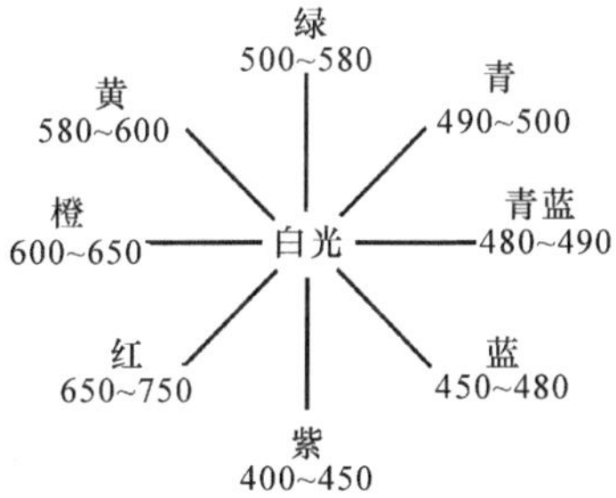

图 10-2　光的互补色示意图（λ/nm）

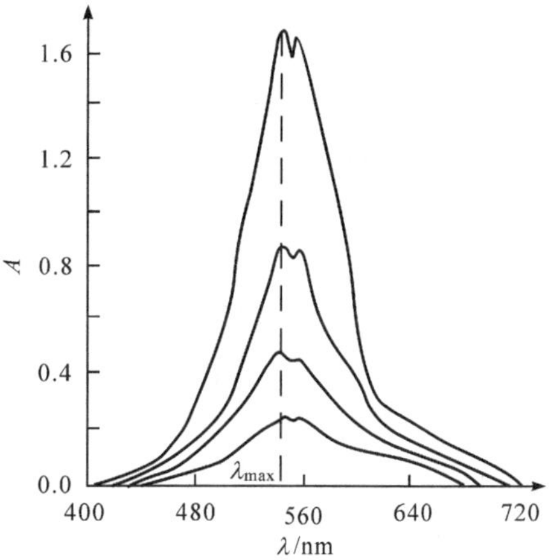

图 10-3　$KMnO_4$ 溶液的光吸收曲线

吸收曲线中显示的各个峰称为吸收峰，其最大吸收峰对应的波长称为最大吸收波长，用 λ_{max}表示（图 10-3）。不同浓度的同一物质，其最大吸收波长 λ_{max}位置不变，吸收光谱的形状相似但吸光度的差值在 λ_{max}处最大，所以通常选择在 λ_{max}进行物质含量的测定，以获得较高的灵敏度。不同物质的 λ_{max}是不相同的，它可以作为物质定性鉴定的基础。

10.1.3 朗伯-比尔定律

当一束平行单色光垂直照射到一均匀非散射的溶液时，光的一部分被溶液中的吸光质点吸收，一部分透过溶液，还有一部分被器皿的表面反射。设入射光强度为 I_0，吸收光强度为 I_a，透过光强度为 I_t，反射光强度为 I_r，则

$$I_0 = I_a + I_t + I_r \tag{10-1}$$

吸光光度法中，采用相同质料和厚度的比色皿盛装待测试液和参比溶液，I_r基本不变，且其值很小，其影响在测定中可相互抵消，式(10-1)可简化为

$$I_0 = I_a + I_t \tag{10-2}$$

由式(10-2)可以看出，当入射光强度 I_0一定时，溶液透过光的强度 I_t越大，则溶液吸收光的强度 I_a就越小；相反，溶液透过光的强度越小，溶液吸收光的强度就越大，表明溶液对光的吸收能力越强。透过光强度 I_t与入射光强度 I_0之比称为透光率，用 T(%)表示，即

$$T = \frac{I_t}{I_0} \times 100\% \tag{10-3}$$

入射光强度与透过光强度之比的对数值称为吸光度，用符号 A 表示，则

$$A = \lg\frac{I_0}{I_t} = \lg\frac{1}{T} = -\lg T \tag{10-4}$$

溶液的吸光度与液层厚度、溶液浓度及入射光波长有关。对于一固定波长的入射光，溶液的吸光度只与液层厚度和溶液浓度有关。1760 年，朗伯(J.H.Lambert)指出溶液的吸光度与液层厚度成正比，即朗伯定律。1852 年，比尔(A.Beer)指出吸光度与溶液浓度成正比，即比尔定律。这两个定律合并起来就是光的吸收定律——朗伯-比尔定律，即

$$A = abc \tag{10-5}$$

或

$$A = \varepsilon bc \tag{10-6}$$

式中：A 为吸光度；a 为质量吸光系数，$L \cdot g^{-1} \cdot cm^{-1}$；$\varepsilon$ 为摩尔吸光系数，$L \cdot mol^{-1} \cdot cm^{-1}$；$c$ 为溶液浓度，$g \cdot L^{-1}$或 $mol \cdot L^{-1}$；b 为液层厚度(比色皿宽度)，cm。

朗伯-比尔定律的物理意义是：当一束平行单色光垂直通过某一均匀非散射的吸光物质时，其吸光度 A 与吸光物质的浓度 c 及液层厚度 b 成正比。这就是吸光光度法进行定量分析的理论依据。

朗伯-比尔定律是光吸收的基本定律，适用于所有的电磁辐射和所有的吸光物质(气体、固体、液体、原子、分子和离子)。同时应当指出，朗伯-比尔定律成立是有前提的，即①入射光为平行单色光且垂直照射；②吸收光物质为均匀非散射体系；③吸光质点之间无相互作用；④辐射与物质之间的作用仅限于光吸收过程，无荧光和光化学现象发生。

摩尔吸光系数的物理意义是：当吸光物质的浓度为 $1mol \cdot L^{-1}$，液层厚度为 1cm 时，吸光物质对某波长光的吸光度。但在实际工作中，不能直接取 $1mol \cdot L^{-1}$这样高浓度的溶液测定 ε，而是在适宜的低浓度时测量其吸光度 A，然后根据 $\varepsilon = A/bc$ 求得。

摩尔吸光系数在特定波长和溶剂的情况下是吸光质点的一个特征常数，是物质吸光能力的量度，可用于大致估计定量分析方法的灵敏度。通常所说的摩尔吸光系数是指最大吸收波长 λ_{max}处的摩尔吸光系数 ε_{max}。ε 值越大，方法的灵敏度越高。例如，ε 为 10^4数量级时，测定该物质的浓度范围可达到 $10^{-6} \sim 10^{-5} mol \cdot L^{-1}$，灵敏度比较高。

例 10-1　已知含铁(Fe^{2+})为 $1\mu g \cdot mL^{-1}$ 的溶液，用邻二氮菲吸光光度分析法测定。比色皿厚度为 2cm，在 510nm 处测得其吸光度 $A=0.380$，计算其摩尔吸光系数。

解　已知 Fe 的相对原子质量为 55.85

$$c=\frac{1.0\times10^{-3}}{55.85}=1.8\times10^{-5}(\text{mol}\cdot\text{L}^{-1})$$

$$\varepsilon_{510}=\frac{A}{bc}=\frac{0.380}{2\times1.8\times10^{-5}}=1.1\times10^{4}(\text{L}\cdot\text{mol}^{-1}\cdot\text{cm}^{-1})$$

10.1.4　偏离朗伯-比尔定律的原因

根据朗伯-比尔定律，当吸收池厚度不变，以吸光度对浓度作图时，应得到一条通过原点的直线。但在实际工作中吸光度与浓度之间常偏离线性关系，即对朗伯-比尔定律发生偏离，一般以负偏离的情况居多，如图 10-4 所示。产生偏离的主要因素有：

(1) 仪器因素。朗伯-比尔定律仅适用于单色光。但在实际上，经单色器分光后投射到被测溶液的光并不是理论上要求的单色光。这种非单色光是所有偏离朗伯-比尔定律因素中较为重要的一个。因为实际用于测量的是一小段波长范围的复合光，吸光物质对不同波长的光的吸收能力不一样，导致了对朗伯-比尔定律的偏离。

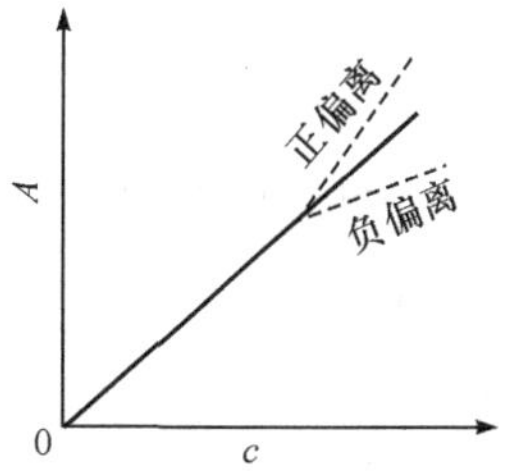

图 10-4　朗伯-比尔定律的偏离

(2) 样品溶液因素。朗伯-比尔定律是建立在吸光质点间没有相互作用前提下的，它只适用于稀溶液。但随着溶液浓度的增大，吸光质点间的平均距离减小，彼此间相互影响和相互作用加强，从而改变它们对光的吸收能力，导致对朗伯-比尔定律的偏离。此外，溶液中的化学反应，如吸光物质的解离、缔合、形成新化合物或互变异构等作用，都会使被测组分的吸收曲线发生改变，导致偏离朗伯-比尔定律。

10.2　显色反应及其影响因素

10.2.1　显色反应与显色剂

案例 10-2　刑事侦破工作中常提取案发现场遗留的手印。在多数情况下，人们肉眼看不到嫌疑人遗留的手印，但经过化学试剂显色后，就可以看到。茚三酮是显现渗透客体检材上潜在手印的最常用、最有效的试剂之一。茚三酮与手印残留物中的化学成分的反应很复杂，主要是茚三酮与手印汗液中的 α-氨基酸的显色反应，生成的氨与茚三酮的还原产物及过量的茚三酮发生缩合生成蓝紫色化合物，从而显现手印纹线。

可见吸光光度分析法测定的是有色溶液，实际测量中，首先应把被测组分转变为有色化合物。将无色或浅色的被测物质转化为有色化合物的反应称为显色反应，与被测组成形成有色化合物的试剂称为显色剂。显色反应多数是配位反应和氧化还原反应。显色反应可表示为

$$\underset{(\text{被测组分})}{\text{M}} + \underset{(\text{显色剂})}{\text{R}} \rightleftharpoons \underset{(\text{有色化合物})}{\text{MR}}$$

为提高分析灵敏度、准确度和重现性，必须选择合适的显色反应和严格控制显色反应的条件。应用于吸光光度分析法的显色反应必须符合下列要求：

(1) 显色反应的灵敏度要高。一般来说，ε 值在 $10^4\sim10^5$ 时，可认为显色反应灵敏度较高。

(2) 有色化合物组成要固定、稳定性要高。生成的有色化合物应有固定的组成，这样被测物质与有色化合物间才有定量关系，否则测定的重现性差。

(3) 反应的选择性要好。一种显色剂最好只与一种被测组分起显色反应，这样干扰就少。这种显色剂实际上是不存在的，故常根据样品中待测元素和共存元素一起存在的情况，选择干扰较少或者干扰易消除的显色剂来显色。

(4) 显色剂在测定波长处无明显吸收。有色化合物和显色剂之间色差要大，一般要求有色化合物的最大吸收波长与显色剂的最大吸收波长之差在 60nm 以上。

(5) 显色反应受温度、pH、试剂加入量的变化影响要小。若反应条件要求过于严格，就难以控制，测定结果的重现性就差。

显色剂分无机显色剂和有机显色剂。无机显色剂如硫氰酸盐、钼酸盐等，价格便宜，但灵敏度和选择性不高，故应用不多。有机显色剂的品种繁多，灵敏度和选择性较高，尽管价格贵，但应用广泛。它们一般含有双键，如 C═C、C═O、C═N、N═O 等，这些基团称为发色团。还有一些基团如—NH_2、—OH 等能使化合物的颜色加深，称为助色团。

10.2.2 影响显色反应的因素

(1) 显色剂用量。根据化学平衡移动原理，为使显色反应完全，应加入过量的显色剂。但显色剂不能过量太多，否则会引起副反应。显色剂用量由实验确定，方法：固定待测组分浓度及其他条件，仅改变显色剂的用量，作 A-c 曲线，求出有色化合物吸光度最大且稳定时所对应的显色剂用量范围。若显色剂用量在某个范围内，测得的吸光度不变(曲线上的平台部分)，如图 10-5(a)所示，即可在此范围内确定显色剂的加入量；否则就必须严格控制显色剂的用量(无平台出现时)，如图 10-5(b)、(c)所示。

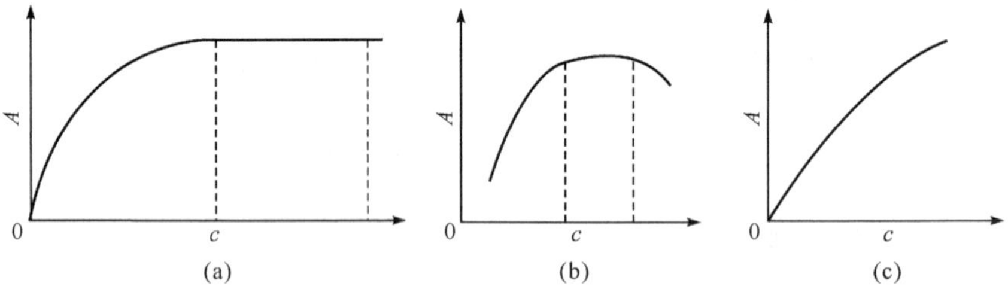

图 10-5 吸光度与显色剂浓度的关系

(2) 酸度。溶液的酸度影响显色剂的有效浓度和颜色，影响被测离子的有效浓度，影响生成的有色化合物组成。显色反应的酸度可通过实验进行选择，方法：固定其他实验条件，仅改变溶液的酸度，测定显色后溶液的吸光度，绘制 A-pH 曲线，选择曲线平坦区域某一 pH 作为测定时的最适宜酸度。

(3) 温度。显色反应通常在室温下进行，但有些显色反应必须加热至一定温度才能完成。在较高温度下，某些有色化合物会分解、变色。故显色温度要根据反应的具体情况通过实验来确定。合适的显色温度通过作 A-T 曲线即可求出。

(4) 显色时间。显色反应的速率有快有慢。显色反应速率快的，几乎瞬间即可完成，颜色很快达到稳定状态，并能保持较长时间。大多数显色反应速率较慢，需要一定时间溶液的颜色才能达到稳定程度。有些有色化合物放置一段时间后，由于空气的氧化、试剂的分解或挥发、光的照射等原因，使颜色减退。最佳的显色时间可通过实验作 A-t 曲线确定。

案例 10-3　利用分光光度法测定工业废水中铁的含量，方法简便、快捷、准确。在测定中，要求被测溶液必须是有颜色的，这样对可见光才有吸收。工业废水中的铁多以 Fe^{3+} 存在，但 Fe^{3+} 本身颜色很浅，也就是说它对可见光吸收不大。因此，在利用分光光度法测定时，必须事先通过适当的化学处理，使其生成有色物质，然后再进行测定。

问题：对于工业废水中的 Fe^{3+}，如何处理才能利用分光光度法进行测定？

分析：利用分光光度法测工业废水中铁含量时，首先需要加入还原剂盐酸羟胺将 Fe^{3+} 还原成 Fe^{2+}，Fe^{2+} 能与邻二氮菲（也称邻菲罗啉）显色形成有色配合物，邻二氮菲称为显色剂。其颜色深浅与铁含量成正比，可用分光光度法测定。在实际测定中，需要探讨最大吸收波长、显色剂用量、显色时间、pH 等对测定结果的影响，确定最佳实验条件，完成对铁的测定。

10.3　吸光光度分析法及其仪器

10.3.1　目视比色法

用眼睛观察、比较溶液颜色深浅以确定物质含量的方法称为目视比色法。常用的目视比色法是标准系列法，又称色阶法。用一套由相同质料制成的、形状大小相同的比色管（容积有 10mL、25mL、50mL 及 100mL 等），将一系列不同量的标准溶液依次加入各比色管中，再分别加入等量的显色剂及其他试剂，并控制其他实验条件相同，最后稀释至同样的体积。这样就形成颜色由浅到深的标准色阶。将一定量待测试液置于另一相同的比色管中，在同样条件下显色，并稀释至同样体积。然后从管口垂直向下观察，也可从比色管侧面观察，若待测试液与标准系列中某一标准溶液的颜色深度相同，则说明两者浓度相等；若试液颜色介于两标准溶液之间，则其浓度介于两者之间。

目视比色法的缺点是主观误差大，准确度不高，相对误差为 5%～20%。但因其仪器简单，操作简便快速，且不要求有色溶液严格服从朗伯-比尔定律，因而它广泛用于准确度要求不高的常规分析中，特别是野外分析。

10.3.2　吸光光度分析法及分光光度计

1. 基本原理

吸光光度分析法的基本原理是：由光源发出白光，采用分光装置，获得单色光，让单色光通过有色溶液，透过光的强度通过检测器进行测量，从而求出被测物质含量。

2. 分光光度计的主要部件

分光光度计不论其型号如何，基本由光源、单色器（包括光学系统）、吸收池、检测器、显示系统五部分组成。

（1）光源。紫外光源一般使用氢灯或氘灯，可见光源使用钨灯和卤钨灯。为获得准确的测定结果，光源强度必须保持稳定，需配置稳压电源。为了使通过溶液的光线变成平行光束，光路中装有聚光透镜。

（2）单色器。其作用是将光源发出的连续光谱的光分为各种波长的单色光。单色器的分辨能力越高，得到的单色光纯度就越高。单色器主要组成为入射狭缝、准直镜、色散元件、聚焦透镜或凹面反射镜、出射狭缝，如图 10-6 所示。其中色散元件的质量决定单色器的质量，棱镜的波长精度是±(3～5)nm，光栅的精度是±0.2nm。

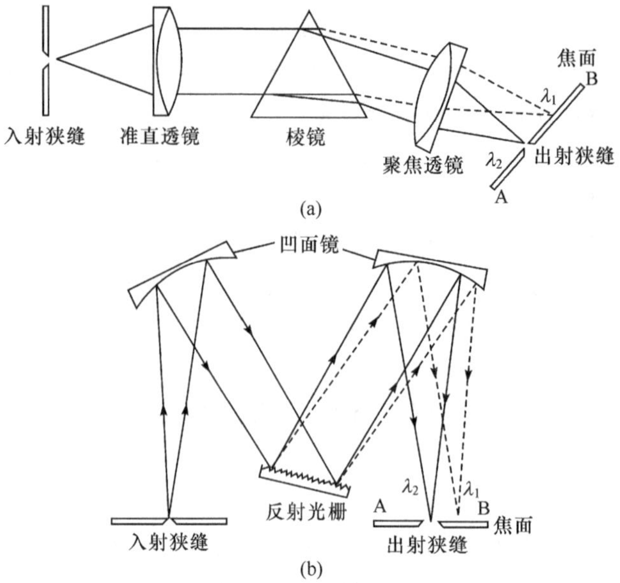

图 10-6　两种类型的单色器

(a) 棱镜单色器；(b) 光栅单色器

(3) 吸收池。吸收池(比色皿)是盛装被测溶液的装置，是单色器和检测器之间光路的连接部分。多数仪器中配有厚度为0.5cm、1cm、2cm、3cm等一套比色皿以供选用。可见光区吸收池的材质是光学玻璃，紫外区则是石英玻璃。使用时应注意保护其透光面的光洁，避免沾上指纹、油腻及其他物质，防止磨损产生划痕而影响其透光特性，造成误差。

(4) 检测器。将透过吸收池的光转换成光电流并测量出其大小的装置称为检测器。一个理想的检测器应具有高灵敏度、高信噪比，响应时间快，并且在整个使用波长范围内响应恒定。常用的检测器有光电池、光电管、光电倍增管、二极管阵列等。

硒光电池(图10-7)是最常用的光电池，波长响应范围是400～700nm。硒光电池不需接外接电源就能产生较强的光电流，但因其内电阻小，输出不易放大，易疲劳，不宜长期使用。

光电管(图10-8)是一个真空二极管，其阳极为一个金属丝，阴极为半导体材料，阳极与阴极之间加有直流电压。当光线照射到阴极上时，阴极表面放出电子，电子在电场作用下流向阳极形成光电流。光电流大小在一定条件下与照射的光强度成正比。光电管产生的光电流可以放大。

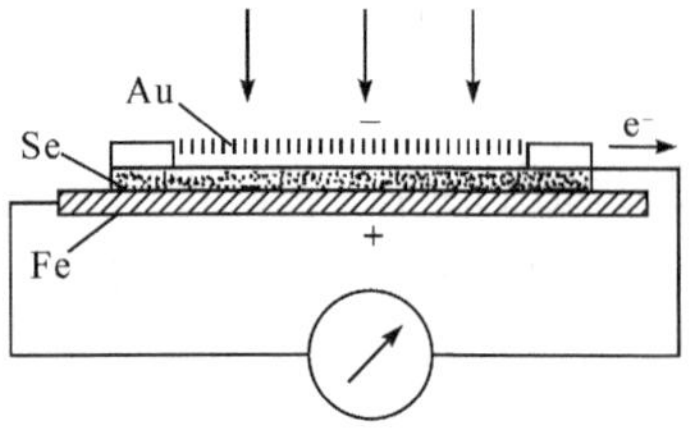

图 10-7　硒光电池

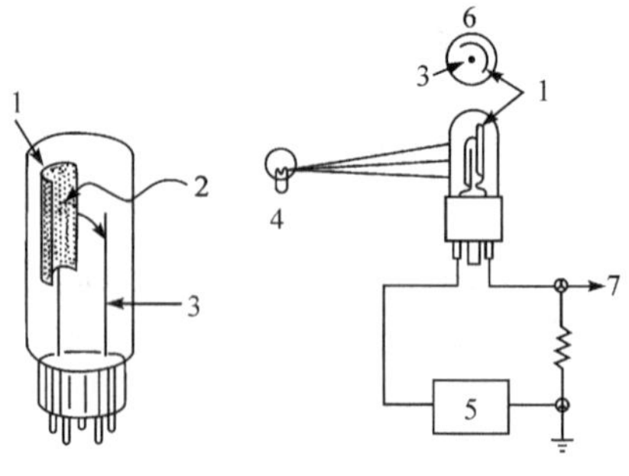

图 10-8　光电管电路示意图

1. 光敏极；2. 光；3. 阳极；4. 灯；5. 电源；6. 光电管俯视图；7. 后续放大器

光电倍增管相当于一个多阴极的光电管，光经过多个阴极的电子发射，光电流放大了许多倍。光电倍增管适于测弱光，不能用来测强光，否则信号漂移、灵敏度降低。光电倍增管对紫外和可见光的检测灵敏度较高，响应时间极快。二极管阵列是在 200～1000nm 内紧密排列几百个光电二极管，扩大了光电管的响应范围，二极管阵列检测器先测量后分光。

(5) 显示系统。吸光光度分析法仪器中常用的显示器有检流计、微安表(图 10-9)、电位计、数字电压表、记录仪或计算机。

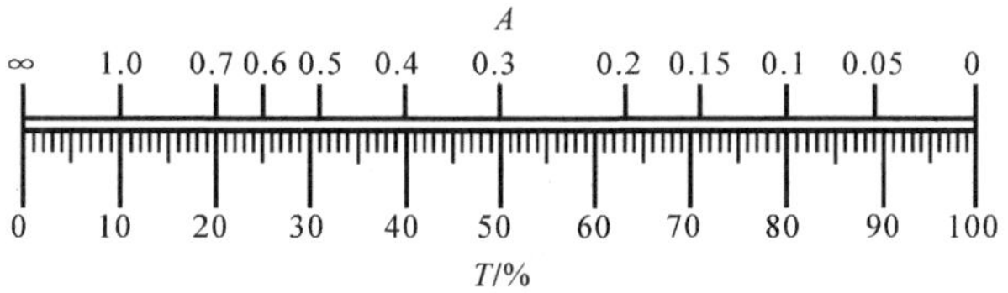

图 10-9　检流计标尺中吸光度与透光率的关系

3. 分光光度计

根据仪器适用的波长范围，分光光度计分为可见光分光光度计和紫外-可见光分光光度计两类。根据仪器的结构可分为单光束、双光束和双波长三种基本类型。

(1) 721 型分光光度计。721 型分光光度计是单光束的可见光分光光度计，如图 10-10 所示。

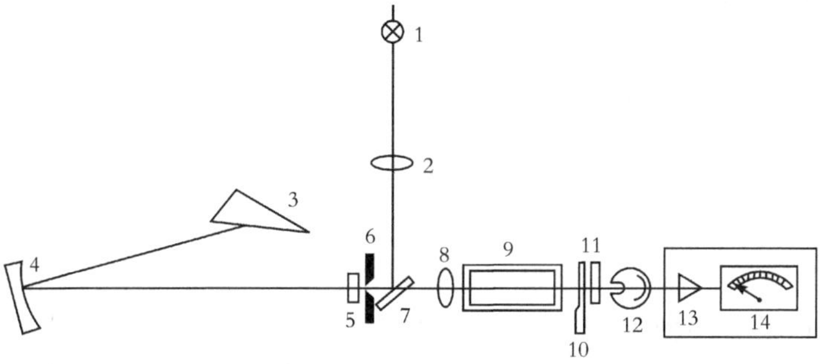

图 10-10　721 型分光光度计光学系统示意图

1. 光源灯；2. 聚光透镜；3. 色散棱镜；4. 准光镜；5. 保护玻璃；6. 狭缝；7. 半反半透镜；8. 聚光透镜；9. 吸收池；10. 光门；11. 保护玻璃；12. 光电管；13. 放大器；14. 微安表

光源发出的主要是可见光，通过聚光透镜，半反射半透射镜和准光镜反射到棱镜。由棱镜色散后的光再经准光镜反射和半反射半透射镜、狭缝进入吸收池。被溶液吸收后的单色光进入光电管。光电管把光信号转变成电流信号，经过放大电路放大后由微安表显示出溶液的透光率或吸光度。

(2) 751 型分光光度计。751 型分光光度计是单光束的紫外-可见光分光光度计。它可用于紫外、可见、近红外区的吸收光谱。仪器中有两种光源：氢灯提供紫外光，钨灯提供可见光。751 型分光光度计的适用波长范围为 200～1000nm。吸收池分为石英和玻璃两种。检测器的光电管有两种：蓝敏光电管和红敏光电管，使用时根据所用光的波长进行选择。结构如图 10-11所示。

(3) 双光束分光光度计。图 10-12 是一种双光束分光光度计的原理图。半透半反旋转镜 M_1 和平面反射镜 M_2 将来自单色器 M_0 的单色光束转变成入射参比溶液 R 和试液 S 的两束

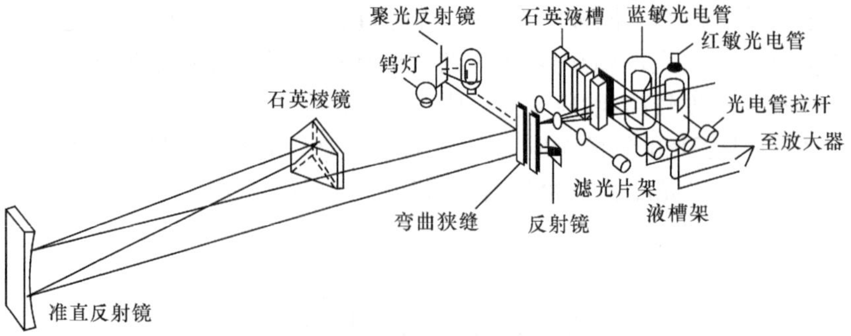

图 10-11　751 型分光光度计光学系统立体图

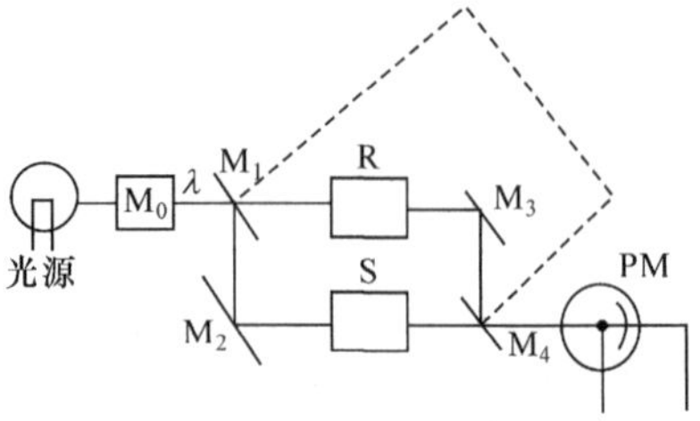

图 10-12　双光束分光光度计原理图

光，通过参比溶液后的光束强度为 I_0，通过试液后的光束强度为 I，I_0 和 I 经由反射镜 M_3 和半透半反旋转镜 M_4 交替地照射在同一检测器 PM 上。检测器交替接收光信号 I_0 和 I，经处理后便可获得样品溶液的吸光度。

由于双光束仪器对 I_0 和 I 的测量几乎是同时进行的，补偿了光源和检测系统的不稳定性，具有较高的测量精密度和准确度，而且测量更快、更方便。双光束分光光度计可不断变更入射光波长，自动测量不同波长下试液的吸光度，绘制吸收光谱，实现吸收光谱的自动扫描。

10.3.3　吸光光度分析法测量条件的选择

1. 测量条件

（1）入射光的波长。为使测定结果有较高的灵敏度，应选择被测物质的最大吸收波长的光作为入射光。如果在最大吸收波长处，共存的其他吸光组分（显色剂、共存离子等）也有吸收，就会产生干扰。此时，应选择其他能避开干扰组分的入射光波长作为测量波长。由图 10-13可知，$KMnO_4$ 的最大吸收波长为 525nm，而 $K_2Cr_2O_7$ 对此波长也有吸收。若要在 $K_2Cr_2O_7$ 存在下测定 $KMnO_4$，应选 545nm 的光作为入射光，尽管灵敏度有所下降，但消除了 $K_2Cr_2O_7$ 的干扰，提高了测定的选择性和准确度。

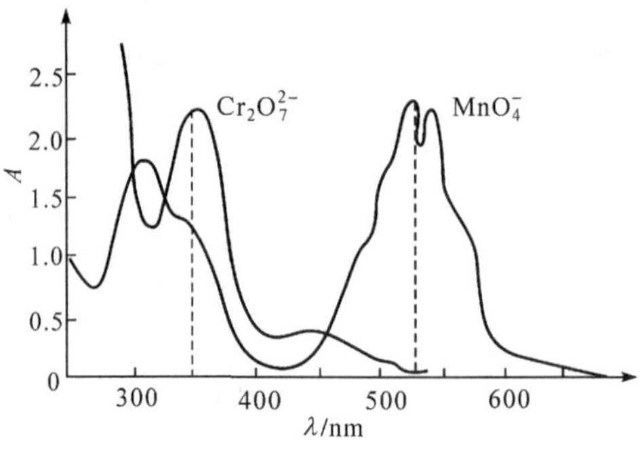

图 10-13　$K_2Cr_2O_7$-$KMnO_4$ 吸收曲线

（2）吸光度范围。理论计算表明，被测溶液的吸光度 A 为 0.434 或透光率 T 为 36.8%

时，测量的相对误差最小。为减少相对误差，提高测定结果的准确度，一般应控制被测溶液的吸光度在0.2～0.8。为此可从以下三方面加以控制：一是改变试样的称样量，采用稀释、浓缩、富集等方法控制被测溶液的浓度；二是选择适宜厚度的吸收池；三是选择适当的显色反应和参比溶液。

(3) 参比溶液。测量吸光度时，利用参比溶液来调节仪器的零点，可消除由于比色皿器壁及溶液中其他成分对入射光的反射和吸收带来的误差。测定时应根据不同情况选择不同的参比溶液。当试液及显色剂均无色时，可用溶剂作参比溶液，即溶剂空白。若显色剂无色，而被测试液中存在其他有色离子，则用不加显色剂的被测试液作参比溶液，即试样空白。若显色剂有色，而试液本身无色，可用溶剂加显色剂和其他试剂作参比溶液，即试剂空白。若显色剂和试液均有颜色，可将一份试液加入适当掩蔽剂，将被测组分掩蔽起来，使之不再与显色剂作用，而显色剂及其他试剂均按试液测定方法加入，以此作为参比溶液，这样可以消除显色剂和一些共存组分的干扰。

2. 吸光光度分析仪器的一般操作程序

(1) 选定合适的波长作为入射光，接通电源预热仪器。一般从资料上查得有色物质的最大吸收波长，但由于仪器的波长调节系统多少有些偏差，最好通过测定一浓度合适的有色溶液，找出它的最大吸收波长，如该值与文献值不一致，应将仪器调到该波长处。

(2) 调透光率为零，即仪器零点。光路应断开，光电转换元件不应受光，显示系统显示 $T\%=0.0$，如不在“0”处，则应调节到“0”。

(3) 将参比溶液置于光路，接通光路，调 $T\%=100.0$。(2)、(3) 步应反复调整。

(4) 将标准溶液或样品溶液依次推入光路，读取其吸光度 A。吸光度一般应控制在0.2～0.8，使测定结果有较高的准确度。

(5) 测定完成后，应整理好仪器，尤其注意比色皿应及时清洗干净。

10.4　吸光光度分析法的应用

10.4.1　单一组分分析

1. 比较法

比较法又称标准比较法、直接比较法。其方法是将试液和一个标准溶液在相同条件进行显色、定容，分别测出它们的吸光度，按下式计算被测溶液的浓度：

标准溶液　　$A_s=K_s b_s c_s$

待测溶液　　$A_x=K_x b_x c_x$

因为测定条件完全相同，即入射光波长相同，测定温度相同，标准溶液与待测溶液的性质相同，吸收池厚度相同，故 $K_s=K_x$，$b_s=b_x$，则

$$\frac{A_s}{A_x}=\frac{c_s}{c_x}$$

即

$$c_x=c_s\frac{A_x}{A_s} \tag{10-7}$$

使用比较法测定时，应使标准溶液的浓度尽量接近未知溶液的浓度(可通过比较两种溶液的吸光度大小判断)，以减小测量误差。应用式(10-7)时，只要 c_s、c_x 的单位相同，均可直接比较，无须换成 $mol \cdot L^{-1}$。

2. 工作曲线法

工作曲线又称标准曲线，它是吸光光度分析法中最经典的定量方法。具体做法是：首先配制一系列不同浓度的标准溶液，然后和被测溶液同时进行处理、显色。在相同条件下分别测定每个溶液的吸光度。以标准溶液的浓度为横坐标，以相应的吸光度为纵坐标，绘制标准曲线，得到一条通过原点的直线，称为工作曲线，如图 10-14 所示。然后用被测溶液的吸光度从工作曲线上找出对应的被测溶液的浓度。

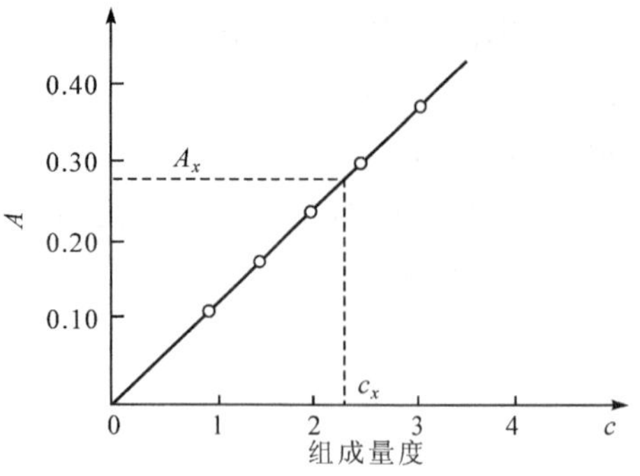

图 10-14　工作曲线

使用工作曲线法时，应该在其线性范围内进行，并且使未知溶液的浓度大小处于标准系列的浓度范围中，这样才能得到较准确的结果。

10.4.2　高含量组分的测定——示差法

吸光光度分析法一般用于微量组分(稀溶液)的测定，当被测组分含量高时，测定误差较大。为了克服这一缺点，改用标准溶液代替空白溶液调节仪器的 100%透光率，以提高方法的准确度，这种方法称为示差分光光度法，简称示差法。

示差法采用一个浓度比试液稍低的标准溶液代替空白溶液作参比液调 $T\%$ 为 100，然后测量其他标准溶液及试液的吸光度。设作为参比液的标准溶液浓度为 c_s，试液的浓度为 c_x ($c_x > c_s$)，当用空白溶液作参比液时有

$$A_s = Kbc_s$$
$$A_x = Kbc_x$$

两式相减，得

$$A_x - A_s = Kb(c_x - c_s)$$
$$\Delta A = Kb\Delta c \tag{10-8}$$

式(10-8)表明，试液与参比液吸光度的差值 ΔA 与两溶液的浓度差值 Δc 成正比。

以浓度为 c_s 的标准溶液作参比液，调节 $T\%$ 为 100，在相同条件下测得一系列不同浓度标准溶液的吸光度 ΔA，作 ΔA-Δc 曲线，得到一条过原点的直线，称为示差法工作曲线。由测得试液的 ΔA_x，从工作曲线上可查得试液和参比液的浓度差 Δc_x，则试液的浓度为

$$c_x = \Delta c_x + c_s \tag{10-9}$$

示差法等于将读数标尺对测量有用的一段扩展放大，减少测量误差，高浓度溶液示差法误差一般在 0.5%左右。如以空白溶液作参比液，测得 c_1 和 c_2 的透光率分别为 10%和 7%，此时读数误差较大(A 为 1.00 和 1.15)。如果以 c_1 作参比液，调节 $T\%=100$，测定 c_2 时，其透光率变为 70%，相当于把透光率标尺扩展了 10 倍，使试液的透光率(或吸光度)读数落在合适的范围内，提高了测定结果的准确度，如图 10-15 所示。

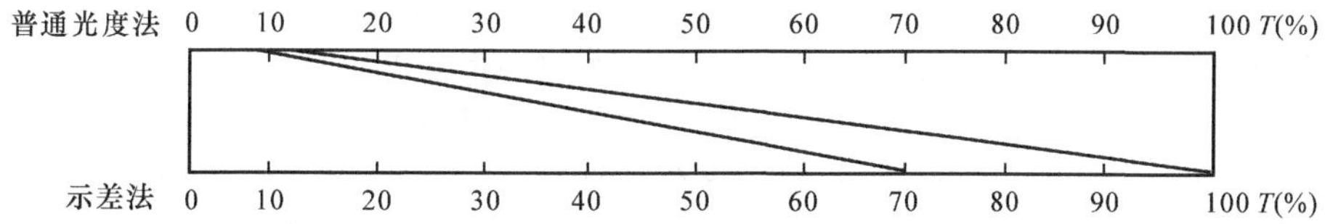

图 10-15　示差法标尺扩展原理

习　题

1. 朗伯-比尔定律的物理意义是什么？它的适用条件和适用范围是什么？

2. 摩尔吸光系数的物理意义是什么？它和哪些因素有关？

3. 什么是吸收曲线？什么是工作曲线？各有何实用意义？

4. 分光光度计的主要部件有哪些？各有什么作用？

5. 吸光光度分析法中参比溶液有什么作用？怎样选择参比溶液？

6. 选择题

(1) $KMnO_4$ 溶液呈紫红色是由于它吸收了白光中的(　　)。

A. 紫光　B. 蓝光　C. 绿光　D. 黄光

(2) 分光光度法中不影响摩尔吸光系数的因素是(　　)。

A. 溶液的温度　B. 溶液的浓度

C. 入射光的波长　D. 物质的特性

(3) 显色反应是指(　　)。

A. 将无色混合物转变为有色混合物　B. 将无机物转变为有机物

C. 将待测离子或分子转变为有色化合物　D. 向无色物质中加入有色物质

(4) 某有色试液用 2.0cm 比色皿测定时，透光率为 60%，若用 1.0cm 比色皿测定，则吸光度是(　　)。

A. 0.22　B. 0.11　C. 0.46　D. 0.77

(5) 用吸光光度分析法测定某无色离子，若试剂与显色剂均无色，参比溶液为(　　)。

A. 蒸馏水　B. 被测试液

C. 除被测试液外的试剂加显色剂　D. 除被测试液外的试剂

(6) 已知 $KMnO_4$ 溶液的最大吸收波长是 525nm，在此波长下测得某 $KMnO_4$ 溶液的吸光度为 0.710。如果不改变其他条件，只将入射光波长改为 550nm，则其吸光度将会(　　)。

A. 增大　B. 减少　C. 不变　D. 不能确定

(7) 某有色物质的摩尔吸光系数 ε 较大，则表示(　　)。

A. 该物质的浓度较大　B. 光透过该物质的波长长

C. 该物质对某波长光的吸收能力强　D. 显色反应中该物质的反应快

(8) 有甲乙两个不同浓度的同一有色物质的溶液，在同一波长下测定其吸光度，当甲用 2.0cm 比色皿，乙用 1.0cm 比色皿时，获得的吸光度数值相同，则它们的浓度关系为(　　)。

A. 甲等于乙　B. 甲是乙的两倍　C. 乙是甲的两倍　D. 乙是甲的二分之一

7. 有一 $KMnO_4$ 溶液，盛于 1.0cm 厚的比色皿中，测得透光率为 60%，如果将其浓度增大一倍，其他条件不变，问：(1) 透光率是多少？(2) 吸光度是多少？

8. 质量分数为 0.002% 的 $KMnO_4$ 溶液在 3.0cm 比色皿中的透光率为 22%，若将溶液稀释一倍后，在 1.0cm 比色皿中的透光率为多少？

9. 有一溶液，每升中含有 5.0×10^{-3} g 溶质，此溶质的摩尔质量为 $125g\cdot mol^{-1}$，将此溶液放在厚度为 1.0cm 的比色皿内，测得吸光度为 1.00，求该溶质的摩尔吸光系数。

10. 在进行水中微量铁的测定时，所用的标准溶液含 Fe_2O_3 0.25$mg\cdot L^{-1}$，测得其吸光度为 0.370，将试样稀释 5 倍后，在同样条件下显色，其吸光度为 0.410，求原试液中 Fe_2O_3 的含量($mg \cdot L^{-1}$)。

11. 用吸光光度分析法测定土壤试样中磷的含量。已知一种土壤含 P_2O_5 为 0.40%，其溶液显色后的吸光度为 0.320。现在测得未知试样溶液吸光度为 0.200，求该土壤样品中 P_2O_5 的质量分数。

12. 称取 0.5000g 钢样，溶于酸后，使其中的锰氧化成 MnO_4^-，在容量瓶中将溶液稀释至 100mL。稀释后的溶液用 2.0cm 厚度的比色皿，在波长 520nm 处测得吸光度为 0.620，MnO_4^- 在 520nm 处的摩尔吸光系数为 $2235L \cdot mol^{-1} \cdot cm^{-1}$。计算钢样中锰的质量分数。

13. 有一浓度为 $2.0 \times 10^{-4} mol \cdot L^{-1}$ 的某有色溶液，若用 3.0cm 比色皿测得吸光度为 0.120，将其稀释一倍后用 5.0cm 比色皿测得吸光度为 0.200。问是否符合朗伯-比尔定律?

14. 某钢样含 Ni 约 0.1%，用丁二酮肟吸光光度分析法测定。若试样溶解后转入 100mL 容量瓶中，加水稀释至刻度，在 470nm 处用 1.0cm 比色皿测量，希望此时测量误差最小，应称取试样多少克? 已知摩尔吸光系数为 $1.3 \times 10^4 L \cdot mol^{-1} \cdot cm^{-1}$。

15. 有一胺的样品，欲测定其相对分子质量。先用苦味酸(相对分子质量 229)处理胺样，得到苦味酸胺，此反应为 1∶1 的加成反应。称取 0.0300g 苦味酸胺，溶于乙醇中定容至 1L。取此溶液在 1.0cm 比色皿中于 380nm 波长下测得吸光度为 0.800。已知苦味酸胺的摩尔吸光系数为 $1.35 \times 10^4 L \cdot mol^{-1} \cdot cm^{-1}$。求样品胺的相对分子质量。

16. 两份透光率分别为 36.0%和 48.0%的同一物质的溶液等体积混合后，混合溶液的透光率为多少?

第 11 章　电势分析法

电势分析法是利用电极电势和溶液中某种离子的活度(或浓度)之间的关系测定被测物质活度(或浓度)的一种电化学分析方法。它是以被测试液作为电解质溶液,并在其中插入两支电极,一支是电极电势与被测试液的活度(或浓度)有定量函数关系的指示电极,另一支是电极电势稳定不变的参比电极,通过测量该电池的电动势确定被测物质的含量。

电势分析法可分为直接电势法和电势滴定法两大类。直接电势法是通过测量电池电动势确定指示电极的电极电势,然后根据能斯特方程,由测得的电池电动势计算出被测物质的含量。电势滴定法是通过测量滴定过程中指示电极电势的变化来确定滴定终点,再按滴定中消耗的标准溶液的体积和浓度计算被测物质含量。

电势分析法有如下特点:选择性好,多数情况下共存离子干扰很小,对组成复杂的试样往往不需经过分离处理就可直接测定;灵敏度高,直接电势法的检出限一般在 $10^{-8} \sim 10^{-5}\,mol \cdot L^{-1}$;直接电势法适合微量组分的测定,电势滴定法则适用于常量分析;仪器设备简单,操作方便,分析速率快,易实现分析的自动化。因此,电势分析法应用范围很广,已广泛用于轻工、化工、生物、石油、地质、医药卫生、环境保护、海洋探测等领域。

11.1　电势分析法的基本原理

11.1.1　基本原理

对于可逆电极,其电极电势与溶液中参与电极反应的物质活度(或浓度)间的关系,可用能斯特方程表示。对电极反应

$$Ox + ne^- \rightleftharpoons Red$$

有

$$E = E^{\ominus} + \frac{2.303RT}{nF}\lg\frac{c(Ox)}{c(Red)}$$

若其中某一形态的浓(活)度为固定值,则上式可写为

$$E = K \pm \frac{2.303RT}{nF}\lg c_x \tag{11-1}$$

式中:c_x 为待测离子的浓度。可见,通过测量电极电势,就可以按上述函数关系求出有关离子的浓度或活度。

但是,由于单个电极的电极电势的绝对值无法测量,所以我们可将它和另一个电极电势固定并已知的电极共同浸入试液中组成原电池,通过测定其电动势,就可求出有关离子的浓度。因此,电势分析法需要两个电极,一个是指示电极,其电极电势与待测离子的浓度有关,能指示待测离子的浓度变化;另一个是参比电极,其电极电势有恒定的数值,不受待测离子浓度变化的影响。

11.1.2　参比电极

参比电极要求电极电势恒定,重现性好。通常把标准氢电极作为参比电极的一级标准,但因使用不方便,故常用饱和甘汞电极、银-氯化银电极等作参比电极。

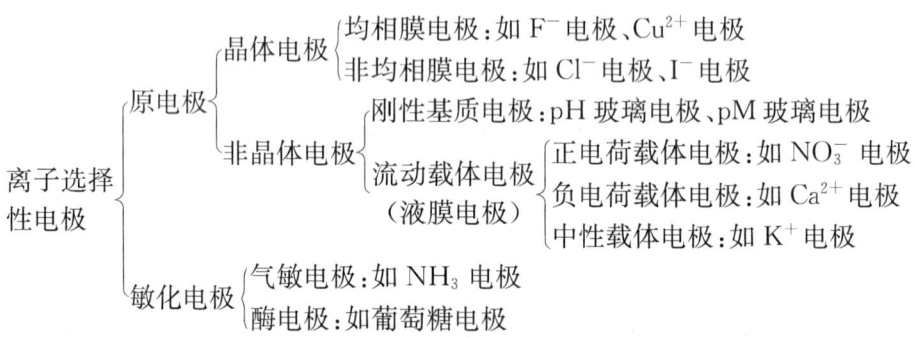

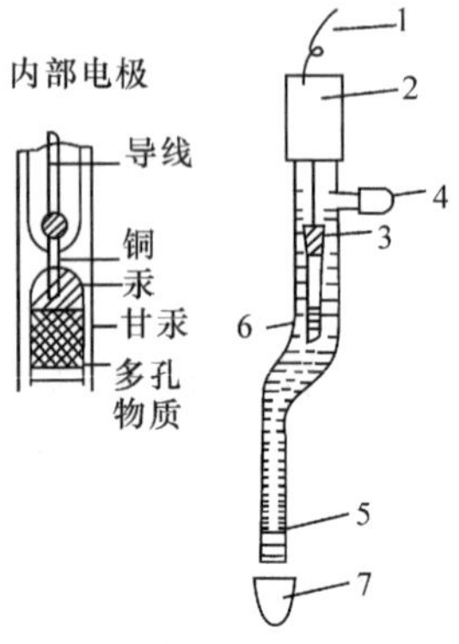

图 11-1　甘汞电极

1. 电极引线；2. KCl 帽；3. 内部电极；4. 封装口；5. 纤维塞；6. KCl 溶液；7. 电极胶盖

银-氯化银电极是在 Ag 丝上镀一层 AgCl，然后浸在一定浓度的 KCl 溶液中。

饱和甘汞电极是由金属汞和 Hg_2Cl_2（甘汞）及 KCl 溶液组成的电极，其构造如图 11-1 所示。电极反应为

$$Hg_2Cl_2(s) + 2e^- \rightleftharpoons 2Hg + 2Cl^-$$

由于它容易制备，便于使用，所以最常用。但是当温度超过 80℃时，甘汞电极不够稳定，此时可用 Ag-AgCl 电极代替。

11.1.3　指示电极

在电势分析中，指示电极包括两类：金属基电极和离子选择性电极。金属基电极（以金属为基体的电极）是电势分析法早期被采用的电极，其共同特点是电极反应中有电子交换反应，即氧化还原反应发生。只有少数几种金属基电极能在直接电势法中用于测定溶液中离子浓度，但干扰严重，未得到广泛应用。目前仅少数几种在电势滴定中作指示电极和参比电极。

最常用的指示电极是离子选择性电极（缩写“ISE”）。离子选择性电极是一类化学传感器，其电极电势与溶液中给定的离子活度的对数呈线性关系，它们都有敏感膜，又称膜电极。

11.1.4　离子选择性电极

1. 离子选择性电极与膜电势

离子选择性电极的基本构造包括三部分：①敏感膜。这是最关键的部分。②内参液。它含有与膜及内参比电极响应的离子。③内参比电极。常用 Ag-AgCl 电极，也有离子选择性电极不用内参液和内参比电极，它们在晶体膜上压一层银粉，把导线直接焊在银粉层上，或把敏感膜涂在金属丝或片上制成涂层电极。

离子选择性电极的种类很多。IUPAC 推荐的关于离子选择性电极的命名和分类如下：

- 离子选择性电极
  - 原电极
    - 晶体电极
      - 均相膜电极：如 F^- 电极、Cu^{2+} 电极
      - 非均相膜电极：如 Cl^- 电极、I^- 电极
    - 非晶体电极
      - 刚性基质电极：pH 玻璃电极、pM 玻璃电极
      - 流动载体电极（液膜电极）
        - 正电荷载体电极：如 NO_3^- 电极
        - 负电荷载体电极：如 Ca^{2+} 电极
        - 中性载体电极：如 K^+ 电极
  - 敏化电极
    - 气敏电极：如 NH_3 电极
    - 酶电极：如葡萄糖电极

近年来，出现了一些新型的离子选择性电极，如离子敏感场效应管电极、修饰电极、细菌电极、分子选择性电极等。由于离子选择性电极的出现和应用，促进了电势分析法的发展。

离子选择性电极的膜电势与有关离子浓度的关系符合能斯特公式，但膜电势的产生机理与其他电极不同，膜电势的产生是由于离子交换和扩散的结果，而没有电子转移。测量溶液 pH 时常用的 pH 玻璃电极就是最早的离子选择性电极。用离子选择性电极作指示电极进行电势分析，具有简便、快速、灵敏等特点，特别适用于某些方法难以测定的离子。

案例 11-1　人做持续剧烈运动时，乳酸会在血液中积累，一旦乳酸过多，身体就不能产生需

要的能量，那时就跑不动了。因此，人体锻炼所产生乳酸的量被认为是测量运动量和运动强度最准确的方式。运动医学中为科学选拔体育人才、合理安排运动量及评价运动员无氧代谢和有氧代谢能力需要一种能够快速准确测定血液或汗液中乳酸的特殊方法。测定血液中乳酸最常用的是酶催化分光光度法，该法测试价格昂贵、取血量大、测试时间长、需专业人员操作。某公司最近生产了适用于跑步、骑行和综合运动三种可穿戴的设备，运动时佩戴在小腿上，该设备可与智能手机相连，让用户随时查看相关的数据，并获得准确的锻炼分析。设备的核心部件实际上就是一种乳酸传感器。

最早问世的离子选择性电极是玻璃电极，下面简单介绍 pH 玻璃电极的结构。

典型的 pH 玻璃电极如图 11-2 所示。电极的核心部分是电极下端的球形玻璃膜，是由特种软玻璃制成的，膜厚为 30～100μm。球泡内充注 0.1mol · L^{-1} 的 HCl 作内参比溶液，并以 Ag-AgCl 电极作内参比电极，浸入内参比溶液中，其内参比电极的电极电势是恒定的，与待测溶液 pH 无关。由于玻璃膜的电阻很高，所以要求电极要有良好的绝缘性能，以免发生旁路漏电现象，影响测定。pH 玻璃电极能测定溶液的 pH，主要是由于它的玻璃膜产生的膜电势与待测溶液的 pH 有特殊的关系。

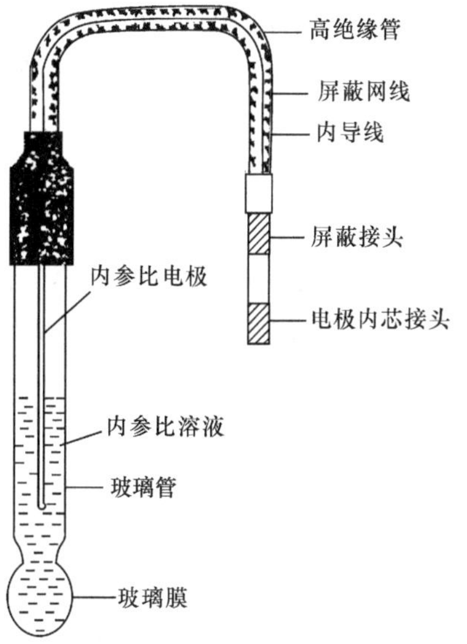

图 11-2　玻璃电极

为什么 pH 玻璃电极对被测溶液中的 H^+ 会有响应？膜电势产生的机理又是什么？

我们知道，纯净的石英玻璃的结构为：Si 原子处在正四面体的中心，分别以共价键与处于正四面体的顶角 O 原子键合，形成硅氧正四面体。Si—O 键在空间不断重复，形成大分子的石英晶体，如图 11-3 所示。这种稳定结构不能形成敏感膜，因为它没有可提供离子交换的电荷点位，因此也不具有电极功能。把碱金属的氧化物引进玻璃中，使部分 Si—O 键断裂，形成"晶格氧离子"，如图 11-4 所示。在这种形式的结构中，晶格氧离子与 H^+ 的键合力比与 Na^+ 的键合力要强约 10^{14} 倍，即这种质点对 H^+ 有较强的选择性。其中的 Na^+ 可和溶液中的 H^+ 发生交换扩散，于是就显示出了玻璃膜对溶液中 H^+ 的响应作用。

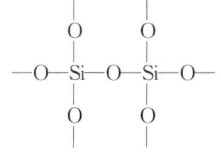

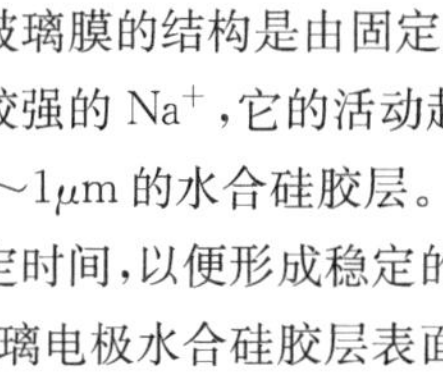
图 11-3　石英的晶格结构

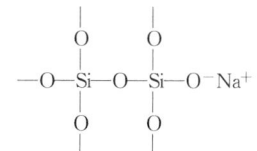

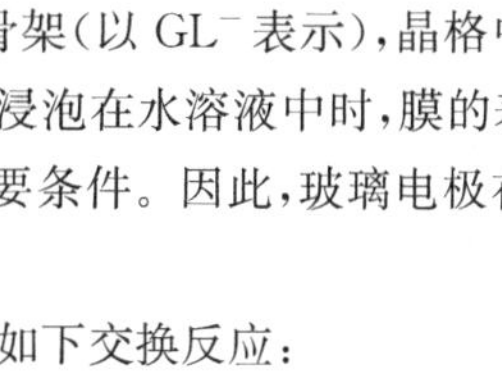
图 11-4　钠硅酸盐玻璃的晶格结构

因为这种玻璃膜的结构是由固定的带负电荷的硅酸晶格组成的骨架(以 GL^- 表示)，晶格中存在体积较小但活动能力较强的 Na^+，它的活动起导电作用。当玻璃电极长时间浸泡在水溶液中时，膜的表面便形成一层厚度为 0.05～1μm 的水合硅胶层。水合硅胶层是产生膜电势的必要条件。因此，玻璃电极在使用前必须在水中浸泡一定时间，以便形成稳定的水合硅胶层，如图 11-5 所示。

浸泡后，玻璃电极水合硅胶层表面的 Na^+ 与水溶液中的质子发生如下交换反应：

$$\underset{\text{溶液}}{H^+} + \underset{\text{玻璃膜}}{Na^+GL^-} \rightleftharpoons \underset{\text{溶液}}{Na^+} + \underset{\text{水合硅胶层}}{H^+GL^-}$$

当玻璃膜与试液接触时，由于外部试液与玻璃膜的外水合层，以及内参比溶液与玻璃膜的内水合层中，H^+ 的浓度不同，H^+ 就会从高浓度向低浓度扩散。扩散的结果，破坏了界面附近原来正负电荷分布的均匀性。于

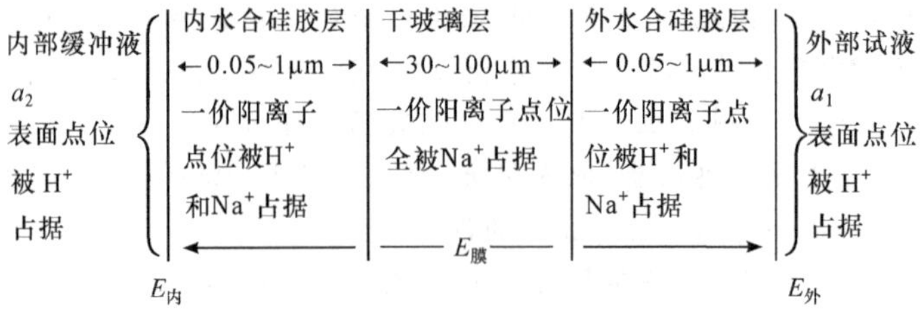

图 11-5　浸泡后的玻璃膜示意图

是，在两相界面附近就形成双电层结构，从而产生了相界电势（$E_{外}$ 和 $E_{内}$）。可见，膜电势的产生不是由于电子的得失和转移，而是离子交换和扩散的结果。$E_{外}$、$E_{内}$ 分别为

$$E_{外} = k_1 + 0.0592\lg\frac{a_1}{a_1'} \tag{11-2}$$

$$E_{内} = k_2 + 0.0592\lg\frac{a_2}{a_2'} \tag{11-3}$$

式中：a_1、a_2 分别表示外部溶液和内参比溶液的 H^+ 活度；a_1'、a_2' 分别表示玻璃膜外及内侧水合硅胶层表面的 H^+ 活度；k_1、k_2 分别为由玻璃外、内膜表面性质决定的常数。

玻璃电极的膜电势 $E_{膜} = E_{外} - E_{内}$。因玻璃内外膜表面性质基本相同，故 $k_1 = k_2$；又因水合硅胶层表面的 Na^+ 都被 H^+ 所代替，故 $a_1' = a_2'$。因此，有

$$E_{膜} = E_{外} - E_{内} = 0.0592\lg\frac{a_1}{a_2} \tag{11-4}$$

由于内参比溶液 H^+ 活度 a_2 是一定值，故有

$$E_{膜} = K + 0.0592\lg a_1 = K - 0.0592\text{pH}_{试} \tag{11-5}$$

式(11-5)表明在一定温度下玻璃电极的膜电势与试液的 pH 呈线性关系。从理论上讲，若内参比溶液和外参比溶液中 H^+ 浓度完全相同，则玻璃电极的膜电势应为零，但实际上它并不等于零。这是由于膜内外两个表面情况不一致（如组成不均匀、表面张力不同、水合程度不同等）而引起的。这时的膜电势称为不对称电势（用 $E_{不}$ 表示），其大小为 1～30mV。一般的玻璃电极，在刚浸入溶液中时，其不对称电势较大，随着浸泡时间的增加，不对称电势下降，最后达到恒定。

玻璃电极有内参比电极，如 Ag-AgCl 电极，因此整个玻璃电极的电势应是内参比电极电势与膜电势之和，即

$$E_{玻} = E(\text{AgCl/Ag}) + E_{膜} = E(\text{AgCl/Ag}) + (K - 0.0592\text{pH}_{试})$$

即

$$E_{玻} = K' - 0.0592\text{pH}_{试} \tag{11-6}$$

2. 离子选择性电极的性能指标

评价某一种离子选择性电极的性能优与劣或某一支电极的质量好与差，通常可用下列一些性能指标来衡量。

(1) 检测限与线性范围。离子选择性电极的电极电势随被测离子活度的变化而变化，其膜电势与被测离子活度的关系可表示为

$$E_{膜} = K \pm \frac{RT}{nF}\ln a_i \tag{11-7}$$

式中：正、负号由离子的电荷性质决定，“＋”号表示阳离子电极，“－”号表示阴离子电极；n 为离子的电荷数；K 为常数。对不同的电极，K 不同，它与电极的组成有关。

以电极的电极电势对响应离子活度的负对数作图，所得曲线称为标准曲线。如图 11-6 所

示，在一定的活度范围内，校准曲线呈直线（AB），这一段为电极的线性响应范围。当活度较低时，曲线就逐渐弯曲。检测限是灵敏度的标志。在实际应用中定义为 AB 与 CD 两外推线的交点 M 处的活度（或浓度）值。

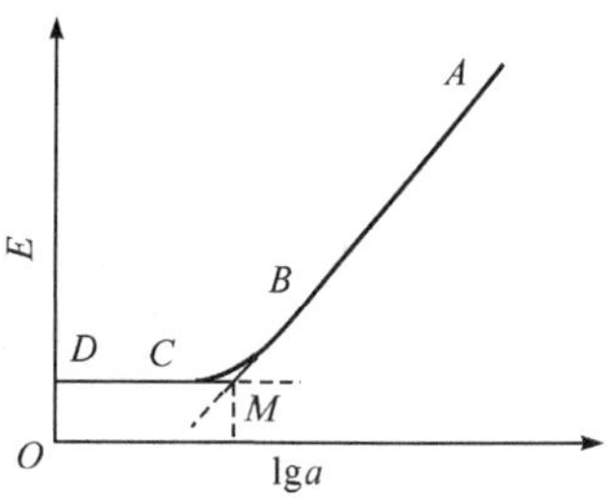

图 11-6　电极的校正曲线和检测下限

（2）电极选择性系数。在同一敏感膜上，可以对多种离子同时进行程度不同的响应，因此膜电极的响应并没有绝对的专一性，而只有相对的选择性。电极对各种离子的选择性可用选择性系数来表示。当有共存离子时，膜电势与响应离子 i^{n+} 及共存离子 j^{m+} 的关系，由尼柯尔斯基（Nicolsky）方程式表示：

$$E_{膜}=K+\frac{RT}{nF}\ln(\alpha_i+K_{i,j}^{Pot}\alpha_j^{n/m}) \tag{11-8}$$

式中：$K_{i,j}^{Pot}$ 为电极选择性系数，它表示了共存离子 j^{m+} 对响应离子 i^{n+} 干扰的程度。当有多种离子 i^{n+}、j^{m+}、k^{l+}、…存在时，上式可写成

$$E_{膜}=K+\frac{RT}{nF}\ln(\alpha_i+K_{i,j}^{Pot}\alpha_j^{n/m}+K_{i,k}^{Pot}\alpha_k^{n/l}+\cdots) \tag{11-9}$$

从式（11-8）可以看出，选择性系数越小，电极对 i^{n+} 及共存离子 j^{m+} 的选择性越高。若 $K_{i,j}^{Pot}$ 等于 10^{-2}，表示电极对 i^{n+} 的敏感性为 j^{m+} 的 100 倍。

（3）响应时间。膜电势是由于响应离子在敏感膜表面扩散及建立双电层结构的结果。电极达到这一平衡的速率可用响应时间表示，它决定于敏感膜的结构本性。IUPAC 将响应时间定义为静态响应时间：从离子选择性电极与参比电极一起接触试液时算起，直至电池电动势达到稳定值（即变化在 1mV 以内）时为止所经过的时间，称为实际响应时间。在实际工作中，通常采用搅拌试液的方式加快扩散速率，缩短响应时间。

11.2　电势分析法的应用

11.2.1　直接电势法

1. pH 的测定

用电势分析法测定溶液 pH，以玻璃电极作指示电极，饱和甘汞电极作参比电极，浸入试液中组成原电池，用酸度计测量原电池的电动势，测量装置如图 11-7 所示。其电池可用下式表示：

（－）Ag|AgCl|HCl|玻璃膜|试液[$a(H^+)$]‖KCl（饱和）|Hg_2Cl_2|Hg|Pt（＋）

25℃时该电池电动势为

$$\varepsilon=E_{甘汞}-E_{玻}=E_{甘汞}-(K'-0.0592pH_{试})$$

即

$$\varepsilon=K''+0.0592pH_{试} \tag{11-10}$$

对试液 x，其电动势 ε_x 为

$$\varepsilon_x=K''+0.0592pH_x$$

对标准缓冲溶液 s，其电动势 ε_s 为

$$\varepsilon_s=K''+0.0592pH_s$$

两式相减，有

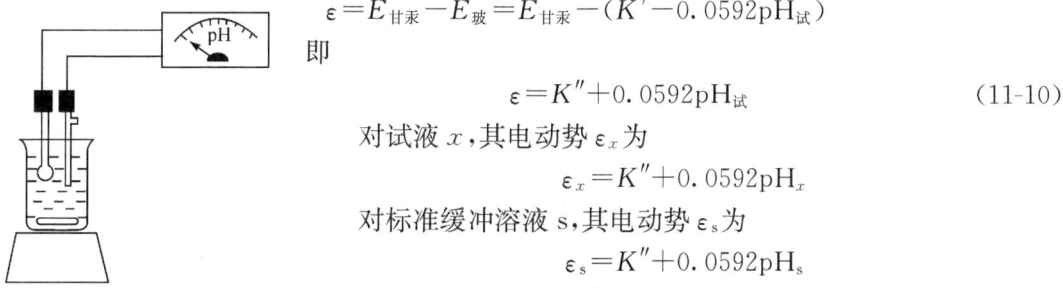

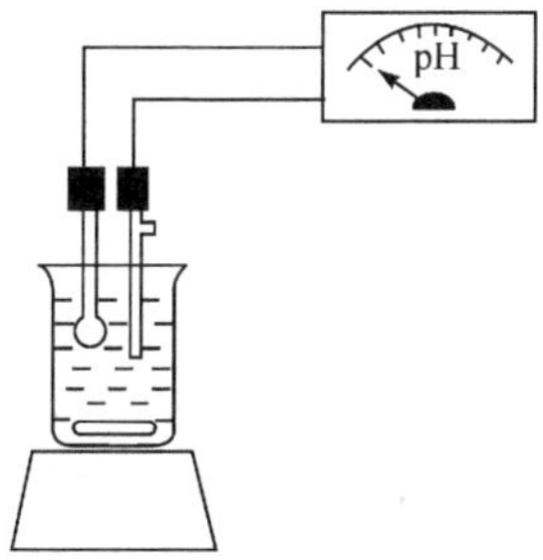

图 11-7　pH 测量装置示意图

$$pH_x = pH_s + \frac{\varepsilon_x - \varepsilon_s}{0.0592} \tag{11-11}$$

式(11-11)中，pH_s为已确定值，通过测量 ε_x 和 ε_s 的值，就可以求出试液的 pH_x。

为使用方便，酸度计直接以 pH 作为标度。在 25℃ 时，每单位 pH 标度应该相当于 59.2mV 的电动势变化值。测量时，先用标准缓冲溶液校正仪器上的标度，使标度上所指示的值恰好为标准缓冲溶液的 pH；然后换上待测试液，便可直接测得其 pH。但由于玻璃电极的实际电极系数不一定恰好为 59.2mV，为了提高测量的准确度，测量时所选用的标准缓冲溶液的 pH 应当与试液 pH 接近(最好不超过 3 个 pH)，并根据试液的温度，用仪器上的温度补偿器调整 pH 标度的电极系数。

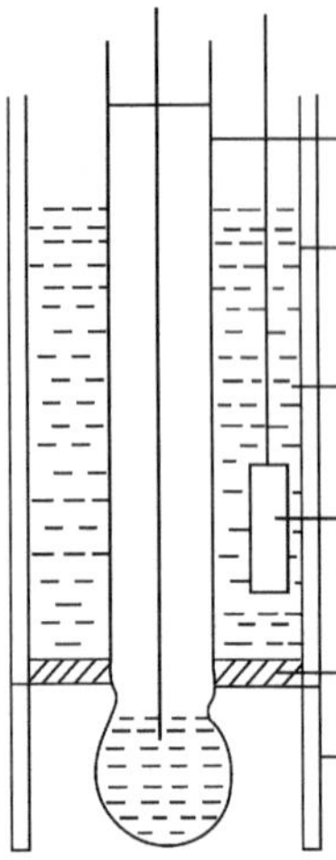

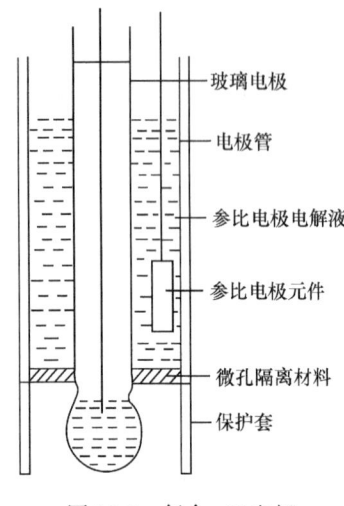

图 11-8　复合 pH 电极

实践证明，pH 玻璃电极的玻璃膜必须经过水化，才能对 H^+ 有敏感响应。因此，pH 玻璃电极在使用前应在蒸馏水中浸泡 24h 以上，使其活化。每次测量后，将其置于蒸馏水中保存，使其不对称电势减小并达到稳定。

用常规玻璃电极测定溶液 pH 需要另选一支参比电极，与之配对组成测量电池，实际操作起来不太方便。为此，人们研制了复合 pH 电极，它通常由两个同心玻璃套管构成，其结构如图 11-8 所示。内管为常规的玻璃电极，外管实际为一参比电极。参比电极主件为 Ag-AgCl 电极元件或 $Hg\text{-}Hg_2Cl_2$ 电极元件，下端为微孔隔离材料层，防止电极内外溶液混合，又为测定时提供离子迁移通道，起到盐桥装置的作用。

由于复合 pH 电极是由玻璃电极和参比电极组装起来的单一电极体，所以只要把复合 pH 电极的引线接到酸度计上，并将电极插入试样溶液中，即可进行 pH 测定。使用复合 pH 电极省去了组装玻璃电极与饱和甘汞电极的麻烦，特别有利于小体积溶液 pH 的测定。

2. 离子活(浓)度的测定

电势分析法测定离子活(浓)度的基本装置如图 11-9 所示。按分析程序的不同，测量的具体方法有多种，下面介绍两种常用的方法。

(1) 标准曲线法。配制一系列标准溶液，分别测出其电动势 ε，然后在直角坐标纸上作 ε-lg$c$ 或 ε-pX(pX 为离子浓度的负对数)曲线(称为工作曲线或标准曲线)；再在同样条件下测出未知溶液的电动势 ε_x，从标准曲线上即可查出未知液的浓度。用氟离子选择性电极测定 F^- 时的标准曲线如图 11-10 所示。

这种方法的关键是控制离子的活度系数。因为离子选择性电极的膜电势反映的是离子的活度而不是浓度，但在一般的分析中要求测浓度。由于浓度与活度之间有如下关系：

$$a = \gamma \cdot c / c^\ominus$$

在稀溶液中($c < 10^{-3}\,mol \cdot L^{-1}$)，活度系数 $\gamma \approx 1$；浓度较大时，只有当离子活度系数固定不变时，工作电池的电动势才与被测离子浓度的负对数成直线关系。因此，测定时必须把浓度很大的惰性电解质加入标准溶液和待测溶液中，使它们的离子强度很高而且接近一致，从而使两者的活度系数几乎相同。所加的这种惰性电解质溶液通常称为总离子强度调节缓冲溶液

(简称 TISAB)。它除了固定溶液的离子强度外,还起着缓冲作用和掩蔽干扰离子的作用。

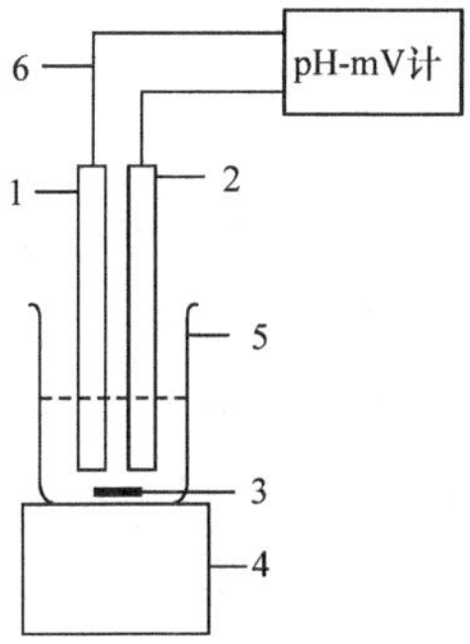

图 11-9　电势分析法测量装置示意图

1. 离子选择性电极;2. 参比电极;3. 搅拌子;
4. 电磁搅拌器;5. 试液容器;6. 导线

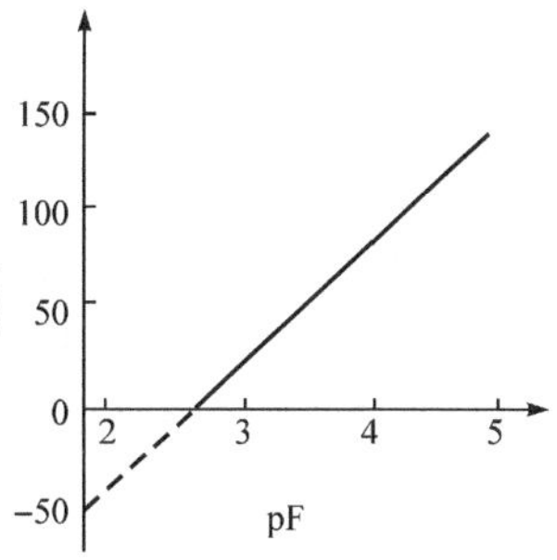

图 11-10　电势分析法的标准曲线

例如,测定水中 F^- 时常用的 TISAB 的成分包括 NaCl($1mol \cdot L^{-1}$)、HAc($0.25mol \cdot L^{-1}$)、NaAc($0.75mol \cdot L^{-1}$)和柠檬酸钠($0.001mol \cdot L^{-1}$)。总离子强度约为 $1.75mol \cdot L^{-1}$,pH≈5.5。柠檬酸钠的作用是掩蔽溶液中可能存在的 Fe^{3+} 和 Al^{3+} 等干扰离子。

标准曲线法的优点是操作简便快速,适用于同时测定大批试样。

(2) 标准加入法。标准曲线法要求标准溶液与待测试液有接近的离子强度和组成,否则就会因 γ 的不同而造成测定误差。若采用标准加入法进行测定,则可在一定程度上减免这一误差。

设某试液中被测离子浓度为 c_x,试液体积为 V,测得其工作电池电动势为 ε_1,则

$$\varepsilon_1 = K + \frac{2.303RT}{nF}\lg c_x$$

令 $S = \dfrac{2.303RT}{nF}$,则

$$\varepsilon_1 = K + S\lg c_x \tag{11-12}$$

式中:K 为常数;S 称为电极系数。

然后向试液中准确加入体积为 V_s、浓度为 c_s的标准溶液。为了使标准溶液加入后,试液的体积不发生明显的改变,要求标准溶液的浓度要高(c_s约为 c_x 的 100 倍),加入的体积要小(V_s约为试液体积的 1%)。混匀后再测得工作电池电动势为 ε_2,则

$$\varepsilon_2 = K + S\lg(c_x + \Delta c) \tag{11-13}$$

式(11-13)中,$\Delta c = \dfrac{c_s V_s}{V + V_s} \approx \dfrac{c_s V_s}{V}$,用式(11-13)减去式(11-12),得

$$\Delta\varepsilon = \varepsilon_2 - \varepsilon_1 = S\lg\frac{c_x + \Delta c}{c_x} \Longrightarrow 1 + \frac{\Delta c}{c_x} = 10^{\frac{\Delta\varepsilon}{S}}$$

$$c_x = \frac{\Delta c}{10^{\frac{\Delta\varepsilon}{S}} - 1} \tag{11-14}$$

测定时应注意控制 $\Delta\varepsilon$ 的大小,若 $\Delta\varepsilon$ 太小,测量的准确度差;但若 $\Delta\varepsilon$ 取得太大,则需要加入较多的标准溶液,这可能影响溶液的离子强度。因此,一般以 20～50mV 为宜。

标准加入法适用于组成不清楚或复杂试样的分析。本法的优点是电极不需要校正,但对大批试样的测定,操作时间较长。

11.2.2　电势滴定法

1. 方法原理与特点

案例 11-2　白醋中乙酸的含量常采用酚酞作指示剂，用 NaOH 标准溶液滴定。保宁醋等颜色很深的食醋中乙酸的含量测定，经过一定倍数的稀释后颜色较深时，就无法用酚酞作指示剂 NaOH 标准溶液直接滴定。有人采用活性炭脱色后再用酚酞作指示剂确定终点，测得的食醋总酸量偏低，并且活性炭用量越多，测定结果越低。因此，不能用活性炭脱色测定食醋的总酸量。因为活性炭脱色食醋时不仅有色物质被吸附，还有相当一部分乙酸和其他有机酸也一同被吸附。

问题：有色食醋如何通过酸碱滴定法测定其总酸量？

电势滴定法是以指示电极、参比电极与试液组成电池，然后加入滴定剂进行滴定，观察滴定过程中指示电极的电极电势变化。在计量点附近，由于被滴定物质的浓度发生突变，所以指示电极的电势产生突跃，由此即可确定滴定终点。电势滴定的测量仪器如图 11-11 所示，滴定时用磁力搅拌器搅拌试液以加速反应，使其尽快达到平衡。

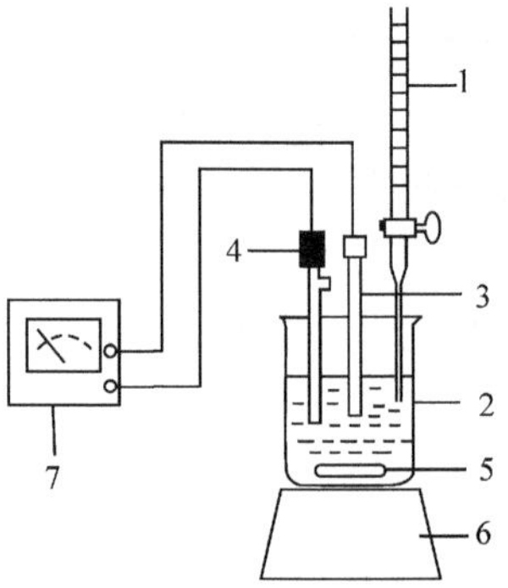

图 11-11　电势滴定的仪器装置

1. 滴定管；2. 滴定池；3. 指示电极；4. 参比电极；5. 搅拌子；6. 搅拌器；7. 电势计

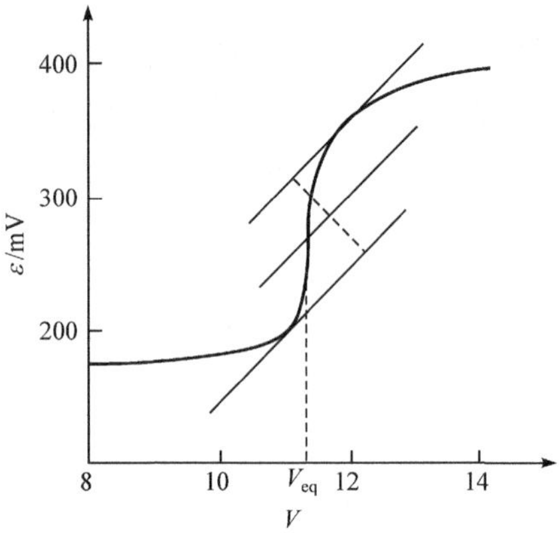

图 11-12　ε-V 曲线

可见，电势滴定法的基本原理与普通滴定分析法并无本质的差别，其区别主要在于确定终点的方法不同，因而具有下述特点：①准确度较高，测定的相对误差可低至 0.2%；②能用于难以用指示剂判断终点的浑浊或有色溶液的滴定；③可以用于非水溶液的滴定；④能用于连续滴定和自动滴定。

2. 滴定终点的确定

电势滴定法中，终点的确定方法主要有 ε-V 曲线法、一阶导数法、二阶导数法等，下面仅介绍 ε-V 曲线法。

取一定体积的试液于小烧杯中，在电磁搅拌下，每加入一定量的滴定剂就测量一次溶液的电动势，直到超过计量点为止。在计量点附近，电动势的变化很快，应当每加 0.1～0.2mL 滴定剂就测量一次电动势。以滴定剂的体积为横坐标，电动势为纵坐标，作 ε-V 曲线，如图 11-12 所示。作两条与滴定曲线成 45°夹角的切线，在两切线间作一条垂线，通过垂线的中点作一条切线的平行线，它与曲线相交的点即为滴定终点。

滴定终点还可根据滴定终点时的电动势值确定。此时，可以先从滴定标准试样获得的经验计量点来作为终点电动势值的依据。这也是自动电势滴定方法依据之一。

自动电势滴定有两种类型：一种是自动控制滴定终点，当到达终点电势时，即自动关闭滴定装置，并显示滴定剂用量；另一种是自动记录滴定曲线，经自动运算并显示终点时滴定剂的体积。

3. 电势滴定法的应用

电势滴定的反应类型与普通容量分析完全相同。滴定时，应根据不同的反应选择合适的指示电极。滴定反应类型有下列四种：

(1) 酸碱反应。可用玻璃电极作指示电极。

(2) 氧化还原反应。可采用零类电极作指示电极，一般用铂电极。

(3) 沉淀滴定。根据不同的滴定反应，选择不同的指示电极。例如，用硝酸银滴定卤素离子时，滴定过程中卤素离子浓度发生变化，可用银电极反映。目前更多采用相应的卤素离子选择性电极，如以碘离子选择性电极作指示电极，可用硝酸银连续滴定氯、溴和碘离子。

(4) 配位反应。以 EDTA 进行电势滴定时，可采用两种类型的指示电极。一种是应用于个别反应的指示电极，如用 EDTA 滴定 Fe^{3+} 时，可用铂电极（加入 Fe^{2+}）为指示电极；滴定 Ca^{2+} 时，可用钙离子选择性电极作指示电极。另一种是能够指示多种金属离子浓度的电极，可称之为 pM 电极，这是在试液中加入 Cu-EDTA 配合物，然后用铜离子选择性电极作指示电极，当用 EDTA 滴定金属离子时，溶液中游离 Cu^{2+} 浓度受游离 EDTA 浓度的制约，所以铜离子电极的电势可以指示溶液中游离 EDTA 的浓度，间接反映被测金属离子浓度的变化。

习　题

1. 在电势分析法中，什么是指示电极和参比电极？
2. 电势分析法的基本原理是什么？
3. 什么是电势滴定法？如何确定滴定的终点？与一般的滴定分析法比较有什么优缺点？
4. 比较直接电势法和电势滴定法的特点。
5. 选择题。

(1) 电势分析法与下列哪一项无关(　　)。

A. 电动势　B. 参比电极　C. 指示电极　D. 指示剂

(2) 指示电极的电极电势与待测成分的浓度之间(　　)。

A. 符合能斯特方程式　B. 符合质量作用定律

C. 符合阿伦尼乌斯公式　D. 无定量关系

(3) 关于电势滴定法的叙述正确的是(　　)。

A. 需要适当的指示剂指示终点　B. 不需要指示剂指示终点

C. 可用于有副反应的情况　D. 只适用于氧化还原反应的滴定

(4) 下列关于 pH 玻璃电极的叙述中，不正确的是(　　)。

A. 是一种离子选择性电极　B. 可作指示电极

C. 电极电势只与溶液的酸度有关　D. 可作参比电极

(5) 经常用作参比电极的是(　　)。

A. 甘汞电极　B. pH 玻璃电极　C. 惰性金属电极　D. 晶体膜电极

(6) 电势滴定法不需要(　　)。

A. 滴定管　　B. 参比电极　　C. 指示电极　　D. 指示剂

6. 以玻璃电极为指示电极，饱和甘汞电极为参比电极，测得 pH＝9.18 溶液的电动势为 0.418V，在相同条件下测得一未知溶液的电动势为 0.392V，求未知溶液的 pH。

7. 在 25℃时用标准加入法测定 Cu^{2+} 浓度，于 100mL 铜盐溶液中添加 0.1mol·L^{-1} $Cu(NO_3)_2$ 溶液 1mL，电动势增加 4mV。求原溶液 Cu^{2+} 的总浓度。

8. 用钙离子选择性电极和饱和甘汞电极置于 100mL Ca^{2+} 试液中，测得电动势为 0.415V。加入 2mL 浓度为 0.218mol·L^{-1} Ca^{2+} 标准液后，测得电动势为 0.430V。计算 Ca^{2+} 的浓度。

9. 下面是用 0.1000mol·L^{-1} NaOH 溶液电势滴定 50.00mL 一元弱酸的数据：

体积/mL	pH	体积/mL	pH	体积/mL	pH
0.00	3.40	12.00	6.11	15.80	10.03
1.00	4.00	14.00	6.60	16.00	10.61
2.00	4.50	15.00	7.04	17.00	11.30
4.00	5.05	15.50	7.70	20.00	11.96
7.00	5.47	15.60	8.24	24.00	12.39
10.00	5.85	15.70	9.43	28.00	12.57

(1) 绘制滴定曲线；(2) 计算试样中弱酸的浓度(mol·L^{-1})。

10. 晶体膜氯电极对 CrO_4^{2-} 的选择性系数为 2×10^{-3}。当氯电极用于测定 pH 为 6 的 0.01mol·L^{-1} 铬酸钾溶液中的 5×10^{-4}mol·L^{-1} 氯离子时，估计方法的相对误差有多大。

11. 采用下列反应进行电势滴定时，应选用什么指示电极？并写出滴定反应式。

(1) $Ag^{+}+S^{2-}$ ══

(2) $Ag^{+}+CN^{-}$ ══

(3) $NaOH+H_2C_2O_4$ ══

(4) $Al^{3+}+F^{-}$ ══

(5) $H_2Y^{2-}+Co^{2+}$ ══

第 12 章　非金属元素化学

除稀有气体和人造元素外，p 区元素共有 25 种元素，其中金属元素 10 种，非金属元素 15 种，除氢不包括在 p 区元素内，其电子层构型 $ns^2np^{1\sim5}$。本章重点讨论ⅢA～ⅦA 族非金属元素单质及化合物的结构和性质，以及它们的性质递变规律。

12.1　卤素及其化合物

12.1.1　卤素的通性

卤素是周期表中ⅦA 族元素，包括 F、Cl、Br、I 等，是相应各周期中半径最小、电负性最大的元素，非金属性是同周期中最强的，其基本性质列于表 12-1。氟是所有元素中非金属性最强的，碘有微弱的金属性，而砹属于放射性元素。

表 12-1　卤素的通性

元素符号	F	Cl	Br	I
价电子层结构	$2s^22p^5$	$3s^23p^5$	$4s^24p^5$	$5s^25p^5$
主要氧化数	−1,0	−1,0,+1,+3,+4,+5,+7	−1,0,+1,+3,+5,+7	−1,0,+1,+3,+5,+7
电子亲和能/(kJ·mol^{-1})	322	348.7	324.5	295
分子离解能/(kJ·mol^{-1})	155	240	190	149
电负性(Pauling)	3.96	3.16	2.96	2.66

卤素的价电子构型为 ns^2np^5，容易得到一个电子而变成稳定的八电子结构，因此卤素单质有较强的得电子能力，是强氧化剂。氧化性按照 F_2、Cl_2、Br_2、I_2 的次序减弱，其中 F_2 在水溶液中是最强的氧化剂。卤素相应的氢卤酸的酸性和氢化物的还原性从氟到碘依次增强。

卤素化合物中，Cl、Br、I 呈现多种正氧化态。因参加反应时，除未成对电子可参与成键外，成对的电子也可拆开参与成键，这可能与它们的 nd 轨道能容纳由 p 轨道激发来的电子有关。水溶液中，F 的稳定氧化数是－1，而 Cl、Br、I 的主要氧化数是－1、＋1、＋3、＋5 和＋7。卤素的含氧酸都是强氧化剂。除－1 和＋7 氧化数外，其他氧化态均易发生歧化反应。

卤素各氧化态的氧化能力总的趋势是自上而下逐渐降低，但 Br 有些反常，卤酸根离子中 BrO_3^- 氧化性最强，高卤酸中 $HBrO_4$ 是最强的氧化剂。氧化还原反应是卤素的一大特点，在制备和分析上有重要应用。另外，卤素还可形成多种阳离子、卤素互化物和多卤化物等，X^- 作为配体能与许多金属离子形成配合物。

案例 12-1　碘伏在医疗上用作杀菌消毒剂，烧伤、冻伤、刀伤、擦伤、挫伤等一般外伤，用碘伏消毒效果很好。

问题：碘伏为什么可以用于医疗消毒？

分析：碘伏是单质碘与聚乙烯吡咯烷酮的不定型结合物，医用碘伏通常浓度较低(1%或以下)，呈现浅棕色。利用碘的氧化性使蛋白质变性，细菌的外壳通常是一层蛋白质，蛋白质变性后将导致细菌死亡，因此单质碘可以杀菌，抑制细菌代谢和生长或损害细胞膜的结构，改变其渗透性，破坏其生理功能等，从而起到消毒灭菌作用。与碘酒、酒精相比，碘伏引起的刺激疼痛较轻微，易于被病人接受，且用途广泛、效果确切，基本上替代了酒精、红汞、碘酒、紫药水等皮肤黏膜消毒剂。此外，低浓度碘伏不易污染衣物。

12.1.2 卤化氢与氢卤酸

1. 卤化氢的性质

卤化氢是具有强烈刺激性的气体，其物理性质见表 12-2。卤化氢分子有极性，易溶于水。273K 时，1 体积 H_2O 可溶解 500 体积 HCl，HF 则可无限制地溶于水中。HF 分子中存在氢键，分子间存在缔合。与其他的氢卤酸不同，氢氟酸是弱酸。氢氟酸可与二氧化硅或硅酸盐反应生成气态的 SiF_4。

$$SiO_2 + 4HF \xlongequal{} 2H_2O + SiF_4\uparrow$$

$$CaSiO_3 + 6HF \xlongequal{} CaF_2 + 3H_2O + SiF_4\uparrow$$

在氢卤酸中，盐酸是重要的强酸之一，能与许多金属、氧化物反应。在皮革、轧钢、焊接、电镀、医药等领域有广泛的应用。

表 12-2 卤化氢的一些性质

性质	HF	HCl	HBr	HI
熔点/K	189.61	158.94	186.28	222.36
沸点/K	292.67	188.11	206.43	237.80
生成焓/($kJ\cdot mol^{-1}$)	−271	−92	−36	+26
H—X 键能/($kJ\cdot mol^{-1}$)	569	431	369	297.1
溶解度(293K,101kPa)/%	35.3	42	49	57

2. 氢卤酸的制备

卤化氢的水溶液称氢卤酸。氢卤酸的制备主要采用单质还原和卤化物置换两种方法。

(1) 直接合成。氟和氢可直接化合，但反应太猛烈且 F_2 成本高。溴与碘和氢反应很不完全且反应速率缓慢。实际上只有氯化氢是直接合成的，它是通过氢气在氯气流中燃烧直接化合生成。

(2) 浓硫酸与金属卤化物作用。例如

$$CaF_2 + H_2SO_4 \xlongequal{} CaSO_4 + 2HF\uparrow$$

$$NaCl + H_2SO_4(浓) \xlongequal{} NaHSO_4 + HCl$$

用此方法不能合成 HBr 和 HI，因热浓硫酸有氧化性而将生成的 HBr 和 HI 进一步氧化。

$$NaBr + H_2SO_4(浓) \xlongequal{} NaHSO_4 + HBr$$

$$2HBr + H_2SO_4(浓) \xlongequal{} SO_2\uparrow + Br_2 + 2H_2O$$

$$NaI + H_2SO_4(浓) \xlongequal{} NaHSO_4 + HI$$

$$8HI + H_2SO_4(浓) \xlongequal{} H_2S\uparrow + 4I_2 + 4H_2O$$

采用无氧化性、高沸点的浓磷酸代替浓硫酸即可解决这一问题。

(3) 非金属卤化物的水解。这类反应比较剧烈，适宜溴化氢和碘化氢的制取，把溴逐滴加在磷和少许水的混合物上或把水滴加在磷和碘的混合物上即发生反应。

$$2P+3Br_2+6H_2O \longrightarrow 2H_3PO_3+6HBr\uparrow$$

$$2P+3I_2+6H_2O \longrightarrow 2H_3PO_3+6HI\uparrow$$

12.1.3　卤素含氧酸及其盐

氯、溴和碘均有四种类型的含氧酸：HXO、HXO_2、HXO_3、HXO_4，其结构见图 12-1。卤素原子和氧原子之间除有 sp^3 杂化轨道参与成键外，卤素原子空的 d 轨道和氧原子中充满电子的 2p 轨道间还可形成 d—pπ 键。但氟原子没有可用的 d 轨道，因此不能形成 d—pπ 键。

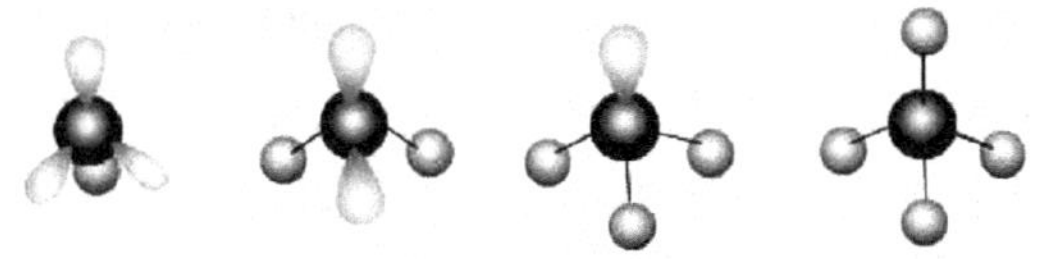

XO^-　XO_2^-　XO_3^-　XO_4^-

图 12-1　各种卤酸根离子的结构

1. 次卤酸及其盐

次卤酸包括 HClO、HBrO、HIO，可通过卤素在水溶液中的歧化反应生成。

$$X_2+H_2O \rightleftharpoons HXO+HX$$

HClO→HBrO→HIO，其酸性依次递减，稳定性迅速减小。次卤酸的分解方式基本有两种：

$$2HXO \xrightarrow{\text{光照}} 2HX+O_2$$

$$3HXO \xrightarrow{\triangle} 2HX+HXO_3$$

在碱性介质中所有次卤酸根都可发生歧化反应，歧化速率与温度有关。室温或低于室温时，ClO^- 歧化速率极慢；348K 左右的热溶液中，ClO^- 歧化速率相当快，产物是 Cl^- 和 ClO_3^-。BrO^- 在室温时歧化速率相当快，只有在 273K 左右的低温时才可能得到次溴酸盐，在 323～353K 时产物全部是溴酸盐。IO^- 的歧化速率很快，溶液中不存在次碘酸盐。

$$3I_2+6OH^- \longrightarrow 5I^-+IO_3^-+3H_2O$$

用氯气与氢氧化钙反应，控制温度在 298K 左右可得到次氯酸钙。

$$2Cl_2+2Ca(OH)_2 \longrightarrow Ca(ClO)_2+CaCl_2+2H_2O$$

次氯酸钙是漂白粉(次氯酸钙、氯化钙、氢氧化钙所组成的水合复合盐)的有效成分。漂白粉的质量是以有效氯的含量衡量。一定漂白粉与稀盐酸反应所逸出的 Cl_2 称为有效氯。

$$Ca(ClO)_2+4HCl \longrightarrow CaCl_2+2Cl_2+2H_2O$$

次卤酸盐的最大用途是漂白和消毒，也是芳香族和脂肪族化合物的卤化剂。

2. 亚卤酸及其盐

已知的亚卤酸仅有亚氯酸存在于水溶液中，酸性比次氯酸强。

$$H_2SO_4+Ba(ClO_2)_2 \longrightarrow BaSO_4+2HClO_2$$

亚氯酸的热稳定性差。亚氯酸盐在溶液中较为稳定，有强氧化性，用作漂白剂。在固态时加热或撞击亚氯酸盐，其迅速分解发生爆炸。

$$8HClO_2 \longrightarrow 6ClO_2+Cl_2+4H_2O$$

$$3NaClO_2 = 2NaClO_3 + NaCl$$

3. 卤酸及其盐

除氟外所有卤酸都是已知的。$HClO_3$、$HBrO_3$ 仅存在于水溶液中，是强酸；HIO_3 为白色固体，是中强酸。氯酸盐可用氯气与热的碱溶液作用制取，也可用电解氯化物溶液得到。碘酸盐可用碘与热的碱溶液作用制取，也可以用氯气在碱介质中氧化碘化物得到。

$$3I_2 + 6NaOH = NaIO_3 + 5NaI + 3H_2O$$

$$KI + 6KOH + 3Cl_2 = KIO_3 + 6KCl + 3H_2O$$

卤酸及其盐溶液都是强氧化剂，其中以溴酸及其盐的氧化性最强，这反映了第四周期元素的不规则性。$KClO_3$ 固体是强氧化剂，与易燃物质如 C、S、P 混合时，一旦受到撞击即猛烈爆炸，因此大量用于制造火柴和烟火。氯酸钠用作除草剂，溴酸盐和碘酸盐可用作分析试剂。卤酸盐加热可分解。

$$4KClO_3 \xlongequal{668K} 3KClO_4 + KCl$$

$$4KClO_3 \xlongequal[\triangle]{MnO_2} 4KCl + 6O_2$$

4. 高卤酸及其盐

高卤酸有高氯酸、高溴酸和高碘酸。HXO_4 水溶液的氧化能力低于 HXO_3，没有明显的氧化性，但热的浓高氯酸是强氧化剂，与有机物质接触可发生剧烈反应。

高氯酸是无机酸中最强的酸，在水溶液中能完全解离。ClO_4^- 具有正四面体结构，是最难被极化变形的离子，难以同金属离子生成配合物，故常用于调节溶液离子强度。高氯酸盐是常用的分析试剂。多数高氯酸盐易溶于水，但 Cs^+、Rb^+、K^+、NH_4^+ 的高卤酸盐溶解度较小。

高溴酸的氧化能力比高氯酸、高碘酸强。1969 年高溴酸的制备才获得成功。

$$BrO_3^- + F_2 + 2OH^- = BrO_4^- + 2F^- + H_2O$$

$$BrO_3^- + XeF_2 + H_2O = BrO_4^- + Xe + 2HF$$

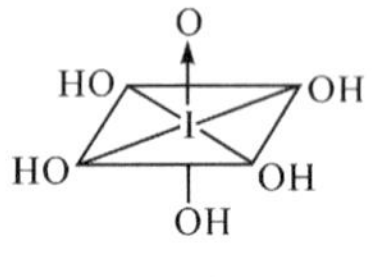

图 12-2 高碘酸的分子结构

高碘酸有正高碘酸 H_5IO_6 或偏高碘酸 HIO_4，正高碘酸具有正八面体结构，如图 12-2 所示。其中 I 采用 sp^3d^2 杂化，I—O 键长 193pm。因碘原子半径较大，周围可容纳六个氧原子。

高碘酸的酸性比高氯酸弱很多（$K_{a_1}^{\ominus} = 2\times10^{-2}$），但氧化能力比高氯酸强，与一些试剂作用平稳而迅速，因此常在分析化学中得到应用。以氯的含氧酸和含氧酸盐为代表，将这些规律总结于表 12-3。

表 12-3 氯的含氧酸和其钠盐的性质变化规律

氧化态	酸	热稳定性和酸强度	氧化性	盐	热稳定性	氧化性和阴离子碱强度
+1	HClO	增大↓	增大↑	NaClO	增大↓	增大↑
+3	$HClO_2$			$NaClO_2$		
+5	$HClO_3$			$NaClO_3$		
+7	$HClO_4$			$NaClO_4$		

12.1.4 卤素的电势图

酸性溶液 $E_A^{\ominus}/V$： $F_2 \xrightarrow{3.06} F^-$

$$ClO_4^- \xrightarrow{1.23} ClO_3^- \begin{array}{c} \xrightarrow{1.15} ClO_2 \xrightarrow{1.27} \\ \xrightarrow{1.21} HClO_2 \xrightarrow{1.64} \\ \xrightarrow{1.43} \\ \xrightarrow{1.47} \end{array} HClO \xrightarrow{1.63} Cl_2 \xrightarrow{1.36} Cl^-$$

$$BrO_4^- \xrightarrow{1.76} BrO_3^- \begin{array}{c} \xrightarrow{1.49} HBrO \xrightarrow{1.59} \\ \xrightarrow{1.52} \end{array} Br_2 \xrightarrow{1.07} Br^-$$

$$H_5IO_6 \xrightarrow{1.70} IO_3^- \begin{array}{c} \xrightarrow{1.09} \\ \xrightarrow{1.20} \\ \xrightarrow{1.14} HIO \xrightarrow{1.45} \\ \xrightarrow{1.23} ICl_2^- \xrightarrow{1.06} \end{array} I_2 \xrightarrow{0.54} I^-$$

碱性溶液 $E_B^{\ominus}/V$： $F_2 \xrightarrow{2.88} F^-$

$$ClO_4^- \xrightarrow{0.40} ClO_3^- \begin{array}{c} \xrightarrow{-0.50} ClO_2 \xrightarrow{1.16} \\ \xrightarrow{0.33} ClO_2^- \xrightarrow{0.66} \\ \xrightarrow{0.50} \end{array} ClO^- \xrightarrow{0.40} Cl_2 \xrightarrow{1.36} Cl^-$$
$$\xrightarrow{0.89}$$

$$BrO_4^- \xrightarrow{0.93} BrO_3^- \begin{array}{c} \xrightarrow{0.54} BrO^- \xrightarrow{0.45} \\ \xrightarrow{0.52} \end{array} Br_2 \xrightarrow{1.07} Br^-$$

$$H_3IO_6^{2-} \xrightarrow{0.70} IO_3^- \begin{array}{c} \xrightarrow{0.49} \\ \xrightarrow{0.14} IO^- \xrightarrow{0.45} \\ \xrightarrow{0.29} \end{array} I_2 \xrightarrow{0.54} I^-$$

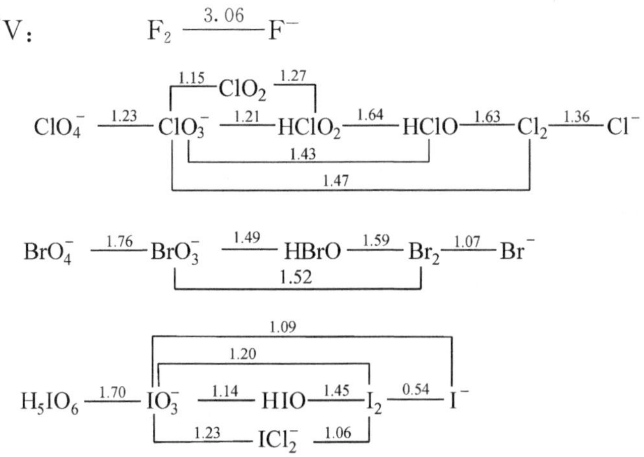

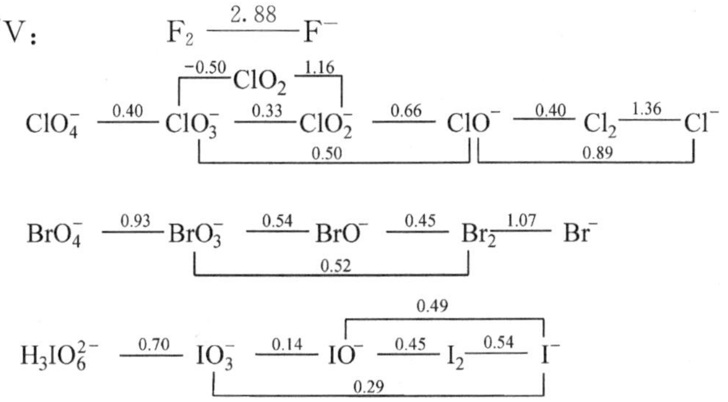

12.2 氧族元素及其化合物

12.2.1 氧族元素的通性

氧族元素是指周期表中ⅥA族元素，包括 O、S、Se、Te、Po。氧族元素从上而下原子半径和离子半径逐渐增大，电离能和电负性逐渐减小，元素的金属性逐渐增强，而非金属性逐渐减弱。氧和硫属于典型的非金属元素，硒和碲属于准金属元素，而钋属于金属元素。

氧族元素的价层电子构型为 ns^2np^4，有获得2个电子达到稀有气体稳定电子层结构的趋势，表现出较强的非金属性。它们在化合物中的常见氧化值为 -2。氧在ⅥA族中的电负性最大，可和大多数金属元素形成二元离子型化合物。硫、硒和碲与多数金属元素化合时生成共价化合物。硫、硒和碲的原子外层有可供使用的d轨道，有可能形成氧化值为 $+2$、$+4$ 和 $+6$ 的化合物。氧族元素的一些性质见表12-4。

表 12-4 氧族元素的一些性质

氧族(ⅥA)	O	S	Se	Te	Po
元素	非金属	非金属	准金属	准金属	放射性金属
存在	单质或矿物	单质或矿物	共生于重金属硫化物中	共生于重金属硫化物中	共生于重金属硫化物中
价层电子构型	$2s^22p^4$	$3s^23p^4$	$4s^24p^4$	$5s^25p^4$	$6s^26p^4$

续表

氧族(ⅥA)	O	S	Se	Te	Po
电负性	3.44	2.58	2.55	2.10	2.0
氧化值	−2，(−1)	±2,4,6	±2,4,6	2,4,6	2,6
晶体	分子晶体	分子晶体	红硒(分子晶体) 灰硒(链状晶体)	链状晶体	金属晶体

12.2.2　氧及其化合物

氧有氧气(O_2)和臭氧(O_3)两种同素异形体。

1. 氧分子和氧分子离子

有 O_2、O_2^-、O_2^{2-} 和 O_2^+ 四种形态的氧分子和氧分子离子，其中带负电荷的氧分子称为负氧离子，有“空气维生素”之美称。人们处在海滨、瀑布和喷泉等处，会觉得空气格外新鲜，其原因就在于上述之处含有较丰富的负氧离子。负氧离子对中枢神经系统有较大的影响，能促进人体的新陈代谢，使血沉变慢，使肝、脑、肾等组织氧化过程加快，从而具有镇静安神、止咳平喘、降低血压、消除疲劳等功效。目前，负氧离子发生器已广泛应用于医疗和保健。

2. 臭氧(O_3)

实验证明，O_3 分子中 3 个氧原子呈三角形，键角为 116.8°，键长 127.8pm，如图 12-3 所示。臭氧分子的中心氧原子以 sp^2 杂化轨道与另外 2 个氧原子的 sp^2 杂化轨道形成 2 个 σ 键。中心氧原子另一个 sp^2 杂化轨道保留一对孤对电子。3 个氧原子各有一个未参与杂化的 p 轨道，它们相互平行，彼此重叠形成了三中心四电子的大 π 键，用 Π_3^4 表示。这种大 π 键也称离域 π 键，即电子不固定在两个原子之间成键，对于 O_3 分子成键的 4 个电子为 3 个原子所共有。而 O_2 分子中的 3 电子 π 键是两个原子之间的 π 键，是定域 π 键，也称小 π 键。O_3 不如 O_2 稳定，它在常温下就可分解，且是一个放热过程。

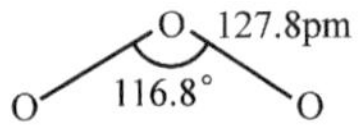

图 12-3　O_3 的分子结构

$$2O_3 \xlongequal{} 3O_2 \qquad \Delta_r H_m^\ominus = -284\text{kJ} \cdot \text{mol}^{-1}$$

臭氧是有鱼腥味的淡蓝色气体，不稳定，常温下分解较慢，437K 以上迅速分解。从电极电势可知，无论酸性或碱性环境，臭氧都比氧气具有更强的氧化性。

$$2Ag + 2O_3 \xlongequal{} Ag_2O_2 + 2O_2$$

$$PbS + 4O_3 \xlongequal{} PbSO_4 + 4O_2$$

$$3KOH(s) + 2O_3(g) \xlongequal{} 2KO_3(s) + KOH \cdot H_2O(s) + 1/2O_2(g)$$

臭氧能氧化 CN^-，故常用于治理电镀工业含氰废水。

$$O_3 + CN^- \xlongequal{} OCN^- + O_2$$

$$4OCN^- + 4O_3 + 2H_2O \xlongequal{} 4CO_2 + 2N_2 + 3O_2 + 4OH^-$$

在地球表面上空约 25km 处有一臭氧层，它能吸收日光中的大量紫外线，从而保护地球的生命。臭氧能杀死细菌，可用作消毒杀菌剂。臭氧在污水处理中有广泛应用，为优良的污水净化剂、脱色剂。空气中的臭氧达到一定量时，对生命物质有伤害作用。

3. 氧化物

氧与电负性比其小的元素生成的二元化合物称为氧化物，氢氧化物可视为氧化物的水合物。它们广泛存在于自然界中，形成一大类矿物，占地壳总质量的 17%，如金红石 TiO_2、石英 SiO_2、磁铁矿 Fe_3O_4、赤铁矿 Fe_2O_3、软锰矿 MnO_2、红锌矿 ZnO、刚玉 α-Al_2O_3、锡石 SnO_2、铅丹 Pb_3O_4、白砷石 As_2O_3 等。当然，分布最广的氧化物是水。

按化学键类型，氧化物可分为离子型、共价型和介于这两者之间的过渡型氧化物。多数金属氧化物为前者，其晶体为离子晶体；非金属氧化物是共价型化合物，其晶体为分子晶体，只有极少数是原子晶体。按氧化物对酸、碱反应及其水合物的性质，可将其分成 4 类：①酸性氧化物。非金属氧化物和高氧化数的金属氧化物，与碱反应成盐，水合物为含氧酸。②碱性氧化物。碱金属、碱土金属及低氧化数的金属氧化物，与酸反应成盐，水合物呈碱性。③两性氧化物。既与酸又与碱反应成盐的氧化物。④不成盐氧化物。不溶于水，也不与酸、碱反应成盐的氧化物，如 NO、CO 等。

1）氧化物的物理性质

氧化物的熔点和硬度与氧化物的键型和晶型有一定的关系。同一周期自左而右，氧化物的键型由离子键向共价键过渡（表 12-5），其晶型由离子晶体经过渡型晶体、原子晶体向分子晶体过渡。离子晶体和原子晶体都表现出高熔点、高硬度，分子晶体则具有较低的熔点和硬度。同一金属有多种氧化物时，熔点将随氧化数的升高而降低，表 12-6 列出了锰的氧化物的变化情况。

表 12-5 第三周期元素氧化物的键型、晶型及熔点

族	ⅠA	ⅡA	ⅢA	ⅣA	ⅤA	ⅥA	ⅦA
氧化物	Na_2O	MgO	Al_2O_3	SiO_2	P_2O_5	SO_3	Cl_2O_7
键型	离子键	离子键	偏离子键	共价键	共价键	共价键	共价键
晶体类型	离子型	离子型	过渡型	原子型	分子型	分子型	分子型
熔点/K	1548	3125	2345	1883	842	289	181

表 12-6 锰的氧化物熔点

氧化物	MnO	Mn_3O_4	Mn_2O_3	MnO_2	Mn_2O_7
熔点/K	2058.15	1837.15	1353.15	808.15	279.05
晶型	离子晶体 ——————————→				分子晶体

2）氧化物的酸碱性

氧化物的酸碱性有如下规律：

（1）金属性较强的元素形成碱性氧化物，如 Na_2O、CaO；非金属氧化物一般是酸性氧化物，如 CO_2、SO_3。周期表中由金属过渡到非金属交界处的元素，其氧化物为两性氧化物，如铝、锡、铅、砷、锑、锌的氧化物都不同程度地呈现两性。

（2）当某种元素能生成几种不同氧化数的氧化物时，随着氧化数的增高，氧化物的酸性递增、碱性递减。例如

MnO	Mn_2O_3	MnO_2	MnO_3	Mn_2O_7
碱性	碱性	两性	酸性	酸性

（3）同一主族从上到下，氧化物碱性递增，酸性递减。

（4）同一周期内最高氧化数的氧化物酸碱变化情况分为两种。短周期从左到右酸性递增，碱性递减，如

Na_2O	MgO	Al_2O_3	SiO_2	P_2O_5	SO_3	Cl_2O_7
碱性	碱性	两性	酸性	酸性	酸性	酸性
（强）	（中强）		（弱）			（强）

长周期从ⅠA到ⅦB族由碱性到酸性，从ⅠB到ⅦA族再次由碱性递变到酸性，像经历了两个短周期。例如，第四周期最高氧化数的氧化物变化情况为

K_2O	CaO	Sc_2O_3	TiO_2	V_2O_5	CrO_3	Mn_2O_7
强碱性		两性			酸性	

Cu_2O	ZnO	Ga_2O_3	GeO_2	As_2O_3	SeO_3
碱性	两性	两性	两性	弱酸性	酸性

4. 过氧化氢

过氧化氢（H_2O_2）俗称双氧水。纯过氧化氢为浅蓝色液体，能与水任意比例混合。市售试剂为30%的 H_2O_2 水溶液。H_2O_2 的沸点高，约423K，分子间存在较强氢键。消毒用的为3%的 H_2O_2 水溶液。

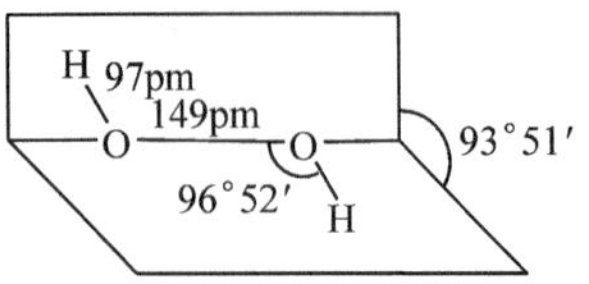

图 12-4 H_2O_2 成键与分子结构

分子中O为 sp^3 杂化，存在过氧键，为非平面型分子。成键情况和分子结构如图12-4所示。

H_2O_2 呈弱酸性，不稳定，易分解。

$$H_2O_2 \rightleftharpoons HO_2^- + H^+ \qquad K_{a_1}^{\ominus} = 2.4\times10^{-12}$$

$$HO_2^- \rightleftharpoons O_2^{2-} + H^+ \qquad K_{a_2}^{\ominus} = 10^{-25}$$

$$2H_2O_2 \rightleftharpoons 2H_2O + O_2\uparrow \qquad \Delta_r H_m^{\ominus} = -196\text{kJ}\cdot\text{mol}^{-1}$$

$$E_A^{\ominus}/V:\quad O_2 \xrightarrow{+0.682} H_2O_2 \xrightarrow{+1.776} H_2O \quad (O_2 \to H_2O: +1.229)$$

凡电势为0.68～1.78V的金属电对均可催化 H_2O_2 分解。H_2O_2 中的氧呈-1中间氧化数，因此其特征化学性质是氧化还原性。

$$3H_2O_2 + 2MnO_4^- = 2MnO_2\downarrow + 3O_2\uparrow + 2OH^- + 2H_2O$$

$$5H_2O_2 + 2MnO_4^- + 6H^+ = 2Mn^{2+} + 5O_2\uparrow + 8H_2O$$

$$H_2O_2 + Mn(OH)_2 = MnO_2\downarrow + 2H_2O$$

$$3H_2O_2 + 2NaCrO_2 + 2NaOH = 2Na_2CrO_4 + 4H_2O$$

$$H_2O_2 + 2Fe^{2+} + 2H^+ = 2Fe^{3+} + 2H_2O$$

当过氧化氢与某些物质作用时，可发生过氧键的转移反应。例如，在酸性溶液中过氧化氢能使重铬酸盐生成过氧化铬（在水相不稳定，在乙醚、戊醇等有机相稳定）。

在乙醚有机相：$Cr_2O_7^{2-} + 4H_2O_2 + 2H^+ = 5H_2O + 2CrO_5$（蓝色）

水相：$2CrO_5 + 7H_2O_2 + 6H^+ = 7O_2 + 10H_2O + 2Cr^{3+}$（蓝绿）

利用过氧化氢的氧化性，可漂白毛、丝织物和油画，3%的过氧化氢水溶液医学上用于消毒杀菌。纯过氧化氢还可作为火箭燃料的氧化剂。其优点是氧化性强，还原产物是水，不引入杂质，不污染环境。

12.2.3 硫及其化合物

1. 单质硫

硫有几种同素异形体，常见的是正交硫和单斜硫。将单质硫加热到368.6K，正交硫不经熔化就转变成单斜硫，当把它冷却时，就发生相反的转变过程。368.6K是正交硫与单斜硫之间的平衡转变点。

$$\text{S(正交)} \xrightleftharpoons{368.6\text{K}} \text{S(单斜)}$$

根据相对分子质量的测定，单质硫的分子式是 S_8，这个分子呈八元环状结构。如图12-5所示，8个硫原子彼此以单键结合，呈"王冠"形结构。

将单质硫加热到433K以上，S_8 环开始断裂变成链状的线型分子，并聚合成更长的链；进一步加热到563K以上，长硫链会断裂成较小的分子如 S_6、S_3、S_2 等；到717.6K时，硫达到沸点，硫的蒸气中含有 S_2 分子。把加热到503K的熔融态的硫迅速倒入冷水中，纠缠在一起的长链硫被固定下来，成为可以拉伸的弹性硫。经放置，弹性硫会逐渐转化为结晶硫。弹性硫不同于结晶硫，前者可溶于有机溶剂如 CS_2 中，后者只能部分溶解。

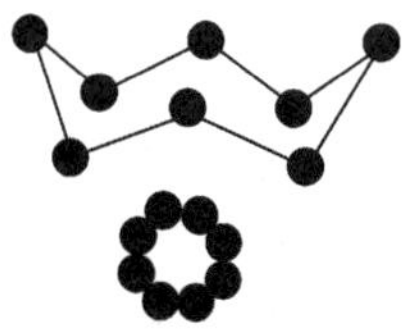

图12-5 S_8 的分子结构

硒和硫类似，可形成8原子环。碲则形成无限螺旋长链。

2. 硫化氢和硫化物

1) 硫化氢

硫化氢是无色有腐蛋恶臭味的气体，剧毒；吸入后引起头痛、晕眩；大量吸入会引起严重中毒甚至死亡。制取和使用 H_2S 必须在通风橱中进行。300℃时硫与氢可直接化合成 H_2S，实验室中常用FeS与盐酸反应制 H_2S。

H_2S 分子构型与 H_2O 相似，呈V形，S—H键长134pm，键角为92°。H_2S 稍溶于水，在20℃时，1体积 H_2O 约能溶解2.5体积 H_2S，浓度约为 $0.1\text{mol}\cdot\text{L}^{-1}$。$H_2S$ 的水溶液称为氢硫酸，它是一种很弱的二元酸。

H_2S 和硫化物中的硫都处于最低氧化数−2，它们都具有还原性，能被氧化成单质硫或更高的氧化数。

H_2S 在空气中燃烧，产生蓝色火焰；当空气充足时，反应为

$$2H_2S(g)+3O_2(g) = 2H_2O(l)+2SO_2(g) \qquad \Delta_r H_m^\ominus = -1124\text{kJ}\cdot\text{mol}^{-1}$$

当空气不足时，反应为

$$2H_2S(g)+O_2(g) = 2H_2O(l)+2S(s) \qquad \Delta_r H_m^\ominus = -531\text{kJ}\cdot\text{mol}^{-1}$$

H_2S 在水溶液中更容易被氧化，在空气中放置可使其被氧化成游离的硫而使溶液混浊。卤素也能氧化 H_2S。例如

$$H_2S+Br_2 = 2HBr+S\downarrow$$

$$H_2S+4Cl_2+4H_2O = H_2SO_4+8HCl$$

2) 硫化物

硫与电负性比它小的元素形成的二元化合物称为硫化物。自然界中硫化物矿物有200余种，占地壳总质量的0.17%。其中有辉铜矿 Cu_2S、辉锑矿 Sb_2S_3、辉钼矿 MoS_2、闪锌矿ZnS、方铅矿PbS、辰砂HgS、黄铁矿 FeS_2、雄黄 As_4S_4、雌黄 As_2S_3、辉铋矿 Bi_2S_3、黄铜矿 $CuFeS_2$、

斑铜矿 Cu_5FeS_4 等。碱金属、碱土金属(Be 除外)的硫化物都能与水反应,且易被空气中的氧气氧化而不能稳定存在,故自然界中没有它们的矿物。

非金属硫化物皆以共价键结合,大多为分子晶体,熔点、沸点较低,在常温下以气体或液体形式存在,如 CS_2 等。但也有非金属硫化物如 SiS_2,硅原子与硫原子间以共价键结合成四面体,四面体通过共棱而呈链状,为混合型晶体,熔点较高。ⅠA、ⅡA(Be 除外)的硫化物以离子键结合,是离子晶体,熔点、沸点较高,其他金属硫化物的键型和晶型比较复杂。

S^{2-} 比 O^{2-} 半径大,变形性比 O^{2-} 强。因此,硫化物中金属离子与 S^{2-} 间因极化作用而使键的极性减弱,尤其是那些极化力和变形性都很大的金属离子,其相应的硫化物主要是共价键。这就导致同一种元素的硫化物比氧化物稳定性差,溶解度小,颜色深,熔点、沸点低。例如,Al_2O_3 呈白色,熔点 2318K;Al_2S_3 呈黄色,熔点 1373K。化学分析中常利用硫化物的特征颜色鉴别多种金属离子。

硫化物的溶解性在元素定性分析中是很有用的。根据硫化物的溶解性可将其分成 5 类。

(1) 易溶于水的硫化物。ⅠA 族和铵的硫化物易溶于水,且与水强烈作用,使溶液呈碱性。ⅡA 族除 BeS 不溶于水外,其他硫化物微溶于水,且与水作用生成氢氧化物和硫氢化物。

$$2CaS + 2H_2O \xlongequal{} Ca(HS)_2 + Ca(OH)_2$$

(2) 不溶于水而溶于稀盐酸的硫化物。这类硫化物有 Fe、Mn、Co、Ni、Al、Cr、Zn、Be、Ti、Ga、Zr 等的硫化物。例如

$$FeS + 2HCl \xlongequal{} FeCl_2 + H_2S\uparrow$$

其中 Al_2S_3 和 Cr_2S_3 遇水生成氢氧化物,而 $Al(OH)_3$ 和 $Cr(OH)_3$ 不溶于水而溶于稀酸,故将其列入此类。

(3) 难溶于水和稀盐酸,但能溶于浓盐酸的硫化物,如 CdS、SnS_2 等。

$$CdS + 4HCl(浓) \xlongequal{} H_2[CdCl_4] + H_2S\uparrow$$

$$SnS_2 + 6HCl(浓) \xlongequal{} H_2[SnCl_6] + 2H_2S\uparrow$$

(4) 只溶于氧化性酸的硫化物,如 CuS。

$$3CuS + 8HNO_3 \xlongequal{} 3Cu(NO_3)_2 + 3S\downarrow + 2NO\uparrow + 4H_2O$$

(5) 只溶于王水的硫化物,如 HgS,其 $K_{sp}^{\ominus} = 4\times10^{-53}$,数值太小,王水的氧化和配位双重作用,才使 HgS 溶解。

$$3HgS + 12HCl + 2HNO_3 \xlongequal{} 3H_2[HgCl_4] + 3S\downarrow + 2NO\uparrow + 4H_2O$$

还有一些难溶于水,也不溶于稀酸的酸性硫化物,可与 Na_2S 或 $(NH_4)_2S$ 碱性硫化物反应,生成溶于水的硫代酸盐。例如

$$As_2S_5 + 3Na_2S \xlongequal{} 2Na_3AsS_4 \quad (硫代砷酸钠)$$

$$As_2S_3 + 3Na_2S \xlongequal{} 2Na_3AsS_3 \quad (硫代亚砷酸钠)$$

$$SnS_2 + Na_2S \xlongequal{} Na_2SnS_3 \quad (硫代锡酸钠)$$

$$Sb_2S_3 + 3Na_2S \xlongequal{} 2Na_3SbS_3 \quad (硫代亚锑酸钠)$$

硫代酸盐可看成是用硫代替了含氧酸中的氧形成的盐,它很不稳定,可与水反应。

$$2Na_3AsS_3 + 6H_2O \xlongequal{} 2H_3AsS_3 + 6NaOH$$

$$+)\quad 2H_3AsS_3 \xlongequal{} 3H_2S\uparrow + As_2S_3\downarrow$$

$$2Na_3AsS_3 + 6H_2O \xlongequal{} 3H_2S\uparrow + As_2S_3\downarrow + 6NaOH$$

纵观周期表可看出,易溶于水的硫化物的元素位于周期表左部;不溶于水而溶于稀酸的硫

化物位于周期表中部；溶于氧化性酸中的硫化物，其元素位于周期表右下部，如表 12-7 所示。

表 12-7　硫化物的颜色和溶解性

易溶于水		溶于稀 HCl		难溶于稀酸				
		0.3mol · L^{-1}		溶于浓 HCl		溶于 HNO_3		溶于王水
$(NH_4)_2S$(白)	MgS(白)	Fe_2S_3(黑)	MnS(浅红)	SnS(褐)	Sb_2S_3(黄红)	CuS(黑)	As_2S_3(浅黄)	HgS(黑)
Na_2S(白)	CaS(白)	FeS(黑)	ZnS(白)	SnS_2(黄)	Sb_2S_5(橘红)	Cu_2S(黑)	As_2S_5(淡黄)	Hg_2S(黑)
K_2S(白)	SrS(白)	CoS(黑)	NiS(黑)	PbS(黑)	CdS(黄)	Ag_2S(黑)	Bi_2S_3(黑)	

3）多硫化物

碱金属（包括 NH_4^+）硫化物水溶液能溶解单质硫生成多硫化物。

$$Na_2S+(x-1)S \xlongequal{} Na_2S_x$$

$(S_x)^{2-}$ 随着硫链的变长，颜色：黄→橙→红，结构为

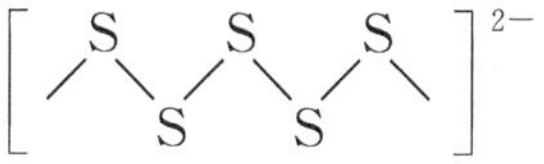

多硫化物遇酸不稳定：$S_x^{2-}+2H^+ \longrightarrow [H_2S_x] \longrightarrow H_2S(g)+(x-1)S$

多硫化物具有氧化性：$SnS+S_2^{2-} \xlongequal{} SnS_3^{2-}$

多硫化物具有还原性：$3FeS_2+8O_2 \xlongequal{} Fe_3O_4+6SO_2$

多硫化物是分析化学中常用的试剂，农、林上常用作杀虫剂。例如，用来防治棉花红蜘蛛和果树病虫害的石灰硫黄合剂，就是由 2 份硫与 1 份石灰加水共煮而得的一种红棕色溶液，主要成分为多硫化钙 CaS_5 和硫代硫酸钙 CaS_2O_3 等，反应很复杂，大体可表示为

$$3Ca(OH)_2+12S \xlongequal{} CaS_2O_3+2CaS_5+3H_2O$$

石灰硫黄合剂喷洒在植物体上，遇到 CO_2 立即分解为 H_2S 和 S，故有杀虫灭菌作用。

$$CaS_5+2H_2O+2CO_2 \xlongequal{} Ca(HCO_3)_2+H_2S+4S$$

3. 硫的含氧化合物

硫呈现多种氧化态，能形成种类繁多的氧化物和含氧酸。

1）硫的氧化物

二氧化硫是 V 字形结构，三氧化硫是平面三角形结构，如图 12-6 所示。中心原子硫均采取 sp^2 杂化轨道与氧形成 σ 键，未参与杂化的 p 轨道与 O 原子的 p 轨道分别形成大 π 键。因此，S—O 键具有双键特征。

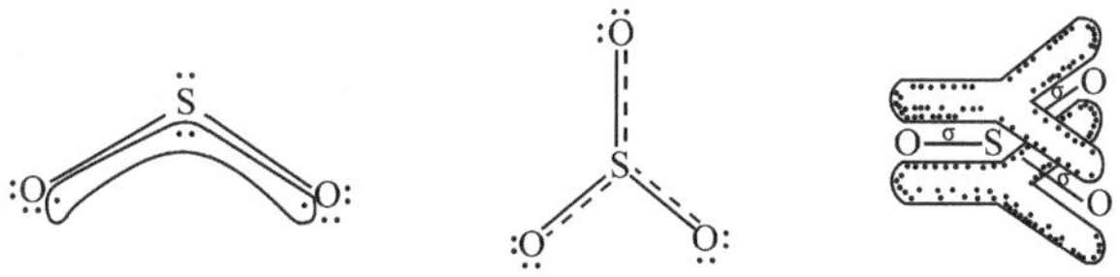

图 12-6　二氧化硫和三氧化硫的结构

SO_2 分子中 S 为 +4，属于中间氧化数，故既可作氧化剂也可作还原剂。

$$KIO_3+3SO_2(过量)+3H_2O \xlongequal{} KI+3H_2SO_4$$

$$Br_2+SO_2+2H_2O \xlongequal{} 2HBr+H_2SO_4$$

$$SO_2+2H_2S \xlongequal{} 3S+2H_2O$$

二氧化硫能与一些有机色素结合成为无色化合物，因此可用于漂白纸张、草编制品等。它主要用于制作硫酸和亚硫酸盐等。SO_2 和 SO_3 是酸雨的罪魁祸首，可按照下述反应治理。

$$SO_2+2CO\xrightarrow[\text{铝凡土}]{>731℃}S+2CO_2$$

$$Ca(OH)_2+SO_2 = CaSO_3+H_2O$$

三氧化硫是强氧化剂，高温时能将 HBr、P 等分别氧化为 Br_2、P_4O_{10}；也能氧化 Fe、Zn 等金属。SO_3 极易与水化合生成硫酸，同时放出大量的热。

2）亚硫酸及其盐

H_2SO_3 是二元中强酸，既有氧化性又有还原性，可使品红褪色。

$$H_2SO_3+I_2+H_2O = H_2SO_4+2HI$$

$$2H_2SO_3+O_2 = 2H_2SO_4$$

亚硫酸盐受热发生歧化分解。

$$4Na_2SO_3 = 3Na_2SO_4+Na_2S$$

亚硫酸盐既是氧化剂也是还原剂。

$$SO_3^{2-}+2H_2S+2H^+ = 3S\downarrow+3H_2O$$

$$SO_3^{2-}+Cl_2+H_2O = SO_4^{2-}+2Cl^-+2H^+$$

$$5SO_3^{2-}+2MnO_4^-+6H^+ = 2Mn^{2+}+5SO_4^{2-}+3H_2O$$

亚硫酸盐遇酸分解，放出二氧化硫。

$$SO_3^{2-}+2H^+ = SO_2\uparrow+H_2O$$

亚硫酸盐在造纸、印染等领域有重要应用。农业上，$NaHSO_3$ 作为抑制剂，促使水稻、小麦、油菜、棉花农作物增产，这是因为它能抑制植物的光呼吸（消耗能量和营养），从而提高净光合作用。

3）硫酸及其盐

SO_4^{2-} 是四面体结构，硫采用 sp^3 杂化，形成 4 个 σ 键，S—O 键长为 144pm，比其双键的键长（149pm）短，这说明在 S—O 键中存在额外的 dπ-pπ 成分。硫酸分子间存在氢键，使其晶体呈现波纹形层状结构。

硫酸具有强吸水性、强氧化性。

$$Fe+H_2SO_4(\text{稀}) = FeSO_4+H_2\uparrow$$

$$Cu+2H_2SO_4(\text{浓}) = CuSO_4+SO_2\uparrow+2H_2O$$

$$C+2H_2SO_4(\text{浓}) = CO_2+2SO_2\uparrow+2H_2O$$

SO_4^{2-} 易带阴离子结晶水，以氢键与 SO_4^{2-} 结合，如 $CuSO_4\cdot5H_2O$ 脱水反应如下：

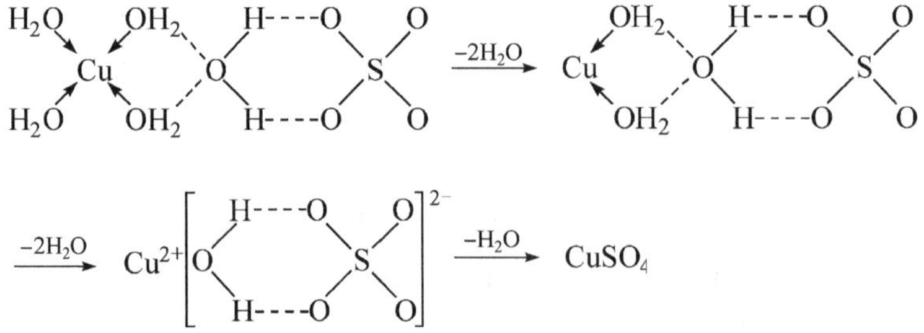

过渡金属硫酸盐加热可发生分解。

$$CuSO_4 \xrightarrow{1273K} CuO + SO_3\uparrow$$

$$Ag_2SO_4 \xrightarrow{\triangle} Ag_2O + SO_3\uparrow \qquad 2Ag_2O \xrightarrow{\triangle} 4Ag + O_2\uparrow$$

4) 硫代硫酸盐

硫代硫酸钠($Na_2S_2O_3 \cdot 5H_2O$)俗称海波或大苏打。将硫粉溶于沸腾的亚硫酸钠溶液,或将硫化钠和碳酸钠以 2∶1 的物质的量比配成溶液,再通入 SO_2 等方法都能制得硫代硫酸钠。

$$Na_2SO_3 + S = Na_2S_2O_3$$

$$2Na_2S + Na_2CO_3 + 4SO_2 = 3Na_2S_2O_3 + CO_2\uparrow$$

遇酸不稳定而发生分解:

$$S_2O_3^{2-} + 2H^+ = S\downarrow + SO_2\uparrow + H_2O$$

中等强度还原剂:

$$2S_2O_3^{2-} + I_2 = 2I^- + S_4O_6^{2-}$$

$$S_2O_3^{2-} + 4Cl_2 + 5H_2O = 8Cl^- + 2SO_4^{2-} + 10H^+$$

强的配位剂:

$$AgBr + 2S_2O_3^{2-} = [Ag(S_2O_3)_2]^{3-} + Br^-$$

5) 过硫酸及其盐

过硫酸可以看成是过氧化氢中氢原子被—SO_3H 基团取代的产物。

$$H{-}O{-}O{-}H \qquad H{-}O{-}\overset{\overset{\displaystyle O}{\uparrow}}{\underset{\underset{\displaystyle O}{\downarrow}}{S}}{-}OH \qquad HO{-}\overset{\overset{\displaystyle O}{\uparrow}}{\underset{\underset{\displaystyle O}{\downarrow}}{S}}{-}O{-}O{-}\overset{\overset{\displaystyle O}{\uparrow}}{\underset{\underset{\displaystyle O}{\downarrow}}{S}}{-}OH$$

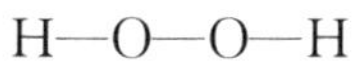

过氧化氢   过一硫酸   过二硫酸

在无水条件下,由氯磺酸与过氧化氢反应可制得过一硫酸。

$$HSO_3Cl + H_2O_2 = HO{-}OSO_3H + HCl$$

工业上用电解硫酸溶液的方法制备过二硫酸(副产物为过一硫酸),过二硫酸盐可通过电解酸式硫酸盐的方法制备。过二硫酸及其盐均是强氧化剂。

$$Cu + K_2S_2O_8 = CuSO_4 + K_2SO_4$$

$$2Mn^{2+} + 5S_2O_8^{2-} + 8H_2O \xrightarrow{Ag^+} 2MnO_4^- + 10SO_4^{2-} + 16H^+$$

$$2Cr^{3+} + 3S_2O_8^{2-} + 7H_2O \xrightarrow{Ag^+} Cr_2O_7^{2-} + 6SO_4^{2-} + 14H^+$$

过二硫酸及其盐均不稳定,加热易分解。

$$2K_2S_2O_8 \xrightarrow{\triangle} 2K_2SO_4 + 2SO_3\uparrow + O_2\uparrow$$

6) 其他硫酸盐

连二亚硫酸钠($Na_2S_2O_4 \cdot 2H_2O$)俗称保险粉,白色粉末状固体,受热时易发生分解。

$$2Na_2S_2O_4 \xrightarrow{\triangle} Na_2S_2O_3 + Na_2SO_3 + SO_2\uparrow$$

$Na_2S_2O_4$ 是一种强还原剂,能将 I_2、MnO_4^-、H_2O_2、Cu^{2+}、Ag^+ 等还原。空气中的氧气能将它氧化,基于这一性质,在气体分析中用它来吸收氧气。

焦硫酸 $H_2S_2O_7$ 是无色晶体,熔点为 308K。可看作是两分子硫酸脱去一分子水所得产物。

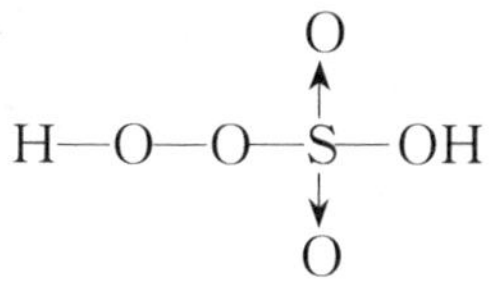

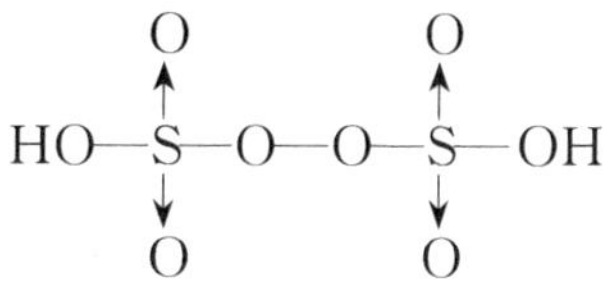

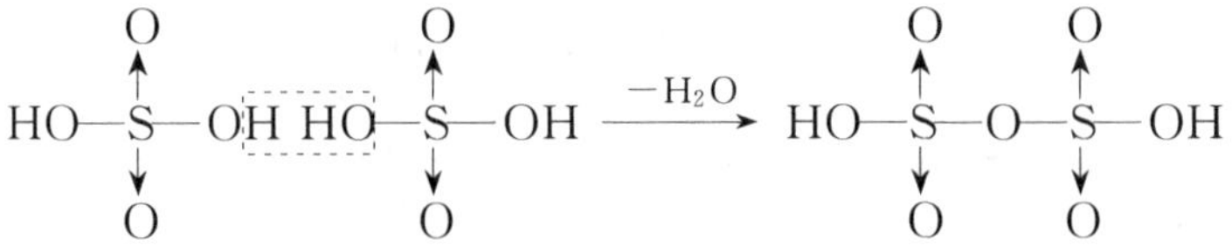

焦硫酸比浓硫酸有更强的氧化性、吸水性和腐蚀性。焦硫酸与水反应生成硫酸。在制造某些染料、炸药中用作脱水剂。焦硫酸盐可由酸式硫酸盐熔融制得，分析化学中用作熔矿剂。

$$2KHSO_4 \xrightarrow{熔融} K_2S_2O_7 + H_2O$$

$$3K_2S_2O_7 + Fe_2O_3 \xrightarrow{熔融} Fe_2(SO_4)_3 + 3K_2SO_4$$

$$3K_2S_2O_7 + Al_2O_3 \xrightarrow{熔融} Al_2(SO_4)_3 + 3K_2SO_4$$

12.2.4　硒和碲的化合物

H_2Se 是无色有刺激气味的有毒气体，在水中的溶解度与 H_2S 相似，生成氢硒酸，它的酸性比 H_2S 强，其 $K_{a_1}^{\ominus}=1.3\times10^{-4}$、$K_{a_2}^{\ominus}=10^{-11}$。它具有很强的还原性，空气中易被氧化析出 Se。$H_2SeO_3$ 是弱酸，其酸性比 H_2SO_3 弱。亚硒酸及其盐稳定性比亚硫酸及其盐的稳定性好。H_2SeO_3 可将 H_2SO_3 氧化成 H_2SO_4，本身被还原成单质 Se。

$$H_2SeO_3 + 2SO_2 + H_2O = Se + 2H_2SO_4$$

硒有光电活性，用于电影、传真和制造光电管，制无色玻璃（玻璃中有 Fe^{2+} 呈浅绿色，加入 Se 呈红色，红色与绿色互补呈无色）。此外，含硒的盐类及其含氧酸有抗癌的作用。

SeO_2、TeO_2 为中等强度氧化剂。

$$SeO_2 + 2SO_2 + 2H_2O = Se + 2H_2SO_4$$

$$TeO_2 + 2SO_2 + 2H_2O = Te + 2H_2SO_4$$

H_2SeO_3、H_2SeO_4 无色固体，前者与 H_2SO_3 对比为中等强度氧化剂；后者为不挥发性强酸，吸水性强，氧化性比 H_2SO_4 强，可溶解金生成 $Au_2(SeO_4)_3$，其他性质类似于 H_2SO_4。

碲酸 H_6TeO_6 或 $Te(OH)_6$ 具有八面体结构，白色固体，弱酸，氧化性比 H_2SO_4 强。

12.3　氮族元素及其化合物

12.3.1　氮族元素的通性

氮族元素属周期表中ⅤA族，包括氮(N)、磷(P)、砷(As)、锑(Sb)、铋(Bi)五种元素，其基本性质见表 12-8。氮和磷属非金属元素，砷和锑为准金属元素，铋为典型的金属元素。绝大部分氮以单质形式存在于空气中。磷主要以磷酸盐形式分布在地壳中，如磷酸钙 $Ca_3(PO_4)_2$、磷灰石 $3Ca_3(PO_4)_2\cdot CaF_2$，我国磷矿资源丰富，储量居世界第二位。氮和磷是动植物体不可或缺的元素，植物体中磷主要存在于种子的蛋白质里，而在动物体中则主要存在于脑、血液中神经组织的蛋白质里。砷、锑和铋属于亲硫元素，它们主要以硫化物矿存在，如雄黄 As_4S_4、辉锑矿 Sb_2S_3、辉铋矿 Bi_2S_3 等。我国锑矿储量居世界首位。

氮族元素的价层电子构型为 ns^2np^3，电负性不是很大，因此本族元素形成氧化值为正的化合物的趋势比较明显，化合物主要是共价型，且原子越小，形成共价键的趋势越大。

表 12-8　氮族元素的性质

	N	P	As	Sb	Bi
原子序数	7	15	33	51	83
相对原子质量	14.01	30.97	74.92	121.8	208.98
价电子层结构	$2s^2 2p^3$	$3s^2 3p^3$	$4s^2 4p^3$	$5s^2 5p^3$	$6s^2 6p^3$
主要氧化数	−3～+5	−3、+1、+3、+5	−3、+3、+5	+3、+5	+3、+5
共价半径/pm	75	110	122	143	152
M^{3-}离子半径/pm	171	212	222	245	—
M^{3+}离子半径/pm	—	—	69	92	108
M^{5+}离子半径/pm	11	34	47	62	74
第一电离能/(kJ · mol⁻¹)	1402.3	1011.8	944	831.6	703.3
电负性	3.04	2.19	2.18	2.05	2.02

氮族元素的电势图如下：

$E_A^\ominus$/V：

$$NO_3^- \xrightarrow{0.803} N_2O_4 \xrightarrow{1.07} HNO_2 \xrightarrow{0.996} NO \xrightarrow{1.59} N_2O \xrightarrow{1.77} N_2 \xrightarrow{-1.87} NH_3OH^+ \xrightarrow{1.41} N_2H_5^+ \xrightarrow{1.275} NH_4^+$$

$$NO_3^- \xrightarrow{1.25} N_2 \qquad N_2 \xrightarrow{-0.23} N_2H_5^+$$

$$NO_3^- \xrightarrow{0.94} HNO_2 \qquad HNO_2 \xrightarrow{1.297} N_2O \qquad N_2O \xrightarrow{-0.05} NH_3OH^+ \qquad NH_3OH^+ \xrightarrow{1.35} NH_4^+$$

$$H_3PO_4 \xrightarrow{-0.933} H_4P_2O_6 \xrightarrow{0.380} H_3PO_3 \xrightarrow{-0.499} H_3PO_2 \xrightarrow{-0.508} P \xrightarrow{-0.063} PH_3$$

$$H_3PO_4 \xrightarrow{-0.276} H_3PO_3 \qquad H_3PO_3 \xrightarrow{-0.502} P$$

$$H_3AsO_4 \xrightarrow{0.560} HAsO_2 \xrightarrow{0.240} As \xrightarrow{-0.225} AsH_3$$

$$Sb_2O_5 \xrightarrow{1.055} Sb_2O_4 \xrightarrow{0.342} Sb_4O_6 \xrightarrow{0.150} Sb \xrightarrow{-0.510} SbH_3$$

$$Sb_2O_5 \xrightarrow{0.699} Sb_4O_6$$

$$Bi^{5+} \xrightarrow{(2)} Bi^{3+} \xrightarrow{0.317} Bi$$

$E_B^\ominus$/V：

$$NO_3^- \xrightarrow{-0.86} N_2O_4 \xrightarrow{0.867} NO_2^- \xrightarrow{-0.46} NO \xrightarrow{0.76} N_2O \xrightarrow{0.94} N_2 \xrightarrow{-3.04} NH_2OH \xrightarrow{10.73} N_2H_4 \xrightarrow{0.1} NH_3$$

$$NO_3^- \xrightarrow{0.25} N_2 \qquad N_2 \xrightarrow{-1.16} N_2H_4$$

$$NO_3^- \xrightarrow{0.01} NO_2^- \qquad NO_2^- \xrightarrow{0.15} N_2O \qquad N_2O \xrightarrow{-1.05} NH_2OH \qquad NH_2OH \xrightarrow{-0.42} NH_3$$

$$PO_4^{3-} \xrightarrow{-1.12} HPO_3^{2-} \xrightarrow{-1.57} H_2PO_2^- \xrightarrow{-2.05} P \xrightarrow{-0.89} PH_3$$

$$HPO_3^{2-} \xrightarrow{-1.73} P$$

$$AsO_4^{3-} \xrightarrow{-0.67} AsO_2^- \xrightarrow{-0.68} As \xrightarrow{-1.37} AsH_3$$

$$Sb(OH)_6^- \xrightarrow{-0.465} Sb(OH)_4^- \xrightarrow{-0.639} Sb \xrightarrow{-1.338} SbH_3$$

$$Bi_2O_3 \xrightarrow{-0.452} Bi$$

12.3.2　氮的化合物

氮分子中键长为 109.5pm。过去曾认为 N_2 分子中的三键是纯的 p 轨道重叠形成的，近来研究证明，氮原子进行了 sp 杂化，形成一个 σ 键，而 p_y 和 p_z 电子分别形成两个相互垂直的 π 键，组成了沿键轴呈圆柱状对称的电子分布，如图 12-7 所示。

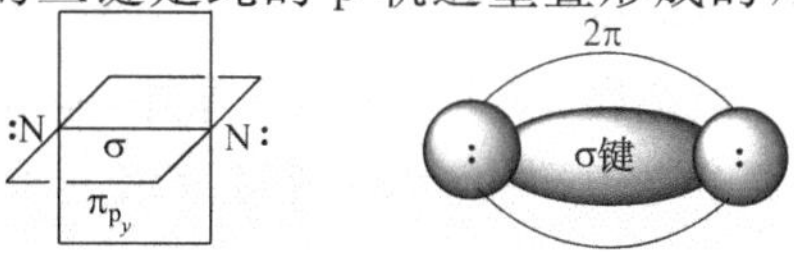

图 12-7　N_2 分子的电子云分布

氮的电负性很大，非金属性强，但却表现出化学反应惰性。主要是因为 N≡N 之间极强的三重键，其键能高达 941.69kJ · mol^{-1}，一方面给人工固氮造成困难，另一方面也为我们提供了一种廉价的保护气体。

氮与氧在常温下的反应是一个吸热反应。

$$N_2(g)+O_2(g)=2NO(g) \quad \Delta_r H_m^{\ominus}=180.74kJ \cdot mol^{-1};\ \Delta_r S_m^{\ominus}=24.8J \cdot mol^{-1} \cdot K^{-1}$$

常温下该反应是不自发的，故 O_2 和 N_2 在空气中可长期共存。当温度达 3000K 以上时，该反应可自发进行；雷电、电弧和汽车引擎等可引起空气中的氮氧反应，造成氮氧化物对大气的污染。

氮在形成化合物时有不同于本族其他元素的一些特征：①氮在化合物中的最大共价数是4，这是由其价电子层构型决定的，最多可形成 4 个共价单键，如 NH_4^+、$(C_2H_5)_4N^+$。第三、四周期的 P、As 等元素原子有 d 轨道可用来成键，最大共价数可超过 4，如 PF_5、PF_6^-、SbF_5。②氮氮之间能以重键结合形成化合物，如偶氮(—N═N—)、叠氮(N_3^-)，而 P、As 等原子间形成重键的稳定化合物倾向性小。③氮的氢化物如 NH_3，可参与形成氢键，这与 N 原子电负性大而半径小有关。

1. 氮化物

氮气分子与金属、非金属元素在特定条件下反应形成的化合物称为氮化物。这些氮化物可分为三类：①离子型氮化物。氮气与碱金属、碱土金属反应所得到的氮化物，如 Li_3N、Mg_3N_2 等，它们与水作用可释放出氨气，水溶液呈强碱性。②共价型氮化物。氮与非金属作用生成的化合物，如 NH_3、NO、NCl_3 等。③金属型氮化物。氮与过渡金属元素组成的化合物，如 VN、TiN 等，通常有高的化学稳定性、高硬度和高熔点，是重要的新型陶瓷材料。

2. 氮的氢化物和铵盐

氮的氢化物包括 NH_3、N_2H_4、NH_2OH、HN_3 等，氮原子的氧化数分别是－3、－2、－1、－1/3。氢化物的酸碱性取决于与氢直接相连的原子上的电子云密度，电子云密度越小，酸性越强。

1）氨

NH_3 分子中 N 原子以不等性 sp^3 杂化轨道分别与 H 的 1s 轨道重叠构成 3 个 σ 键，另一个 sp^3 杂化轨道容纳孤对电子，使氨分子具有三角锥形结构和路易斯(Lewis)碱的性质。

氨是极性分子，易溶于水，在水中形成 NH_4^+ 和 OH^-，使溶液呈碱性。NH_3 分子间存在氢键，其熔点、沸点高于同族的膦(PH_3)。液氨和水一样，也能发生自解离。

$$NH_3+NH_3 \rightleftharpoons NH_4^+ + NH_2^- \qquad K^{\ominus}=1.9\times10^{-33}(218K)$$

液氨中 NH_4^+(酸)和 NH_2^-(碱)的许多反应，类似于 H_3O^+ 和 OH^- 在水中的反应。

酸碱反应： $$NH_4Cl+KNH_2=KCl+2NH_3$$

两性反应： $$ZnCl_2+2KNH_2=Zn(NH_2)_2\downarrow+KCl$$

$$Zn(NH_2)_2+2KNH_2=K_2Zn(NH_2)_4$$

沉淀反应： $$AgNO_3+KNH_2=AgNH_2\downarrow+KNO_3$$

碱金属、碱土金属(Be 除外)能溶于液氨形成均相溶液。金属溶解后形成氨合金属正离子和氨合电子而使金属-液氨溶液有光学、电学和磁学性质(如稀溶液呈蓝色、高电导率和顺磁性)。

金属-液氨溶液有还原性，能使低氧化态化合物趋于稳定，是无机合成中一种优良介质。

例如

$$K_3[Cr(CN)_6]+3K \xrightarrow{\text{液氨}} K_6[Cr(CN)_6]$$

$$K_2[M(CN)_4]+2K \xrightarrow{\text{液氨}} K_4[M(CN)_4] \qquad (M=Ni,Pd,Pt)$$

¬≌液氨的气化焓较大(2335kJ · mol^{-1})，可用作制冷剂。

氨参与的化学反应有三种类型。

加合反应：$$Ag^{+}+2NH_3 = [Ag(NH_3)_2]^{+}$$

取代反应：NH_3 中 3 个 H 可被其他原子或原子团取代，生成—NH_2(如 $NaNH_2$)、=NH(如 CaNH)、≡N(如 AlN)等。

$$2NH_3 + 2Na \xrightarrow{570℃} 2NaNH_2 + H_2$$

氧化反应：NH_3 分子中 N 原子氧化数为−3，在一定条件下具有失去电子的倾向，显还原性。例如

$$4NH_3+3O_2(\text{纯}) = 2N_2+6H_2O$$

$$4NH_3+5O_2(\text{空气}) \xrightarrow{Pt} 4NO+6H_2O$$

$$NH_3+3Cl_2(\text{过量}) = NCl_3+3HCl$$

$$2NH_3+3H_2O_2 = N_2+6H_2O$$

$$2NH_3+2MnO_4^{-} = 2MnO_2+N_2+2OH^{-}+2H_2O$$

$$2NH_3+ClO^{-} = N_2H_4+Cl^{-}+H_2O$$

2) 铵盐

铵盐是氨与酸反应的产物，水溶液显酸性，固体和水溶液的热稳定性较差，有还原性。

3) 氨的衍生物

NH_3 分子中，一个 H 被—OH 取代的衍生物称为羟胺；一个 H 被—NH_2 取代的衍生物成为联胺，也称为肼。羟胺和肼不稳定，易分解，主要性质有碱性、配位性、氧化还原性。

$$N_2H_4 = N_2\uparrow+2H_2(\text{或 }NH_3)$$

$$3NH_2OH = NH_3\uparrow+3H_2O+N_2\uparrow$$

碱性的强弱为 $NH_3>N_2H_4>NH_2OH$。

形成配合物能力为 $NH_3>N_2H_4>NH_2OH$，如形成 $[Pt(NH_3)_2(N_2H_4)_2]Cl_2$、$[Zn(NH_2OH)_2]Cl_2$ 等配合物。

羟胺和肼既可作氧化剂，又可作还原剂。

$$2NH_2OH+2AgBr = 2Ag\downarrow+N_2\uparrow+2HBr+2H_2O$$

$$N_2H_4+4CuO = 2Cu_2O\downarrow+N_2\uparrow+2H_2O$$

$$N_2H_4(l)+O_2(g) = N_2(g)+2H_2O$$

$$N_2H_4(l)+2H_2O_2(l) = N_2(g)+4H_2O(g)$$

3. 叠氮酸及其盐

纯叠氮酸 HN_3 为无色液体，极易爆炸分解(产物为氮气和氢气)。HN_3 水溶液是稳定的弱酸($K_a^{\ominus}=1.9\times10^{-5}$)。在 HN_3 分子中，3 个 N 原子在一条直线上，2 个 N—N 键的长度不等，N—N—N 键与 N—H 键间的夹角为 110°51′。N_3^{-} 与 CO_2 互为等电子体，含 2 个 σ 键和 2 个 Π_3^4 键。HN_3 的结构为

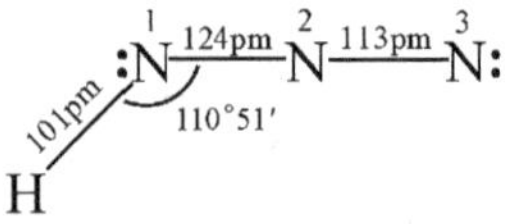

1-N 原子进行 sp^2 杂化，2-N、3-N 原子进行 sp 杂化。

N_2H_4 与 HNO_2 作用生成 HN_3 和 H_2O；H_2SO_4（40%）和 NaN_3 反应，经蒸馏可得含 HN_3 的水溶液（3%）。

金属叠氮化物中，NaN_3 比较稳定，是制备其他叠氮化合物的主要原料，通过下述反应可以制备 NaN_3。

$$2NaNH_2 + N_2O \xlongequal{} NaN_3 + NaOH + NH_3\uparrow$$

$$2Na_2O + N_2O + NH_3 \xlongequal{} NaN_3 + 3NaOH$$

重金属叠氮化合物不稳定，易爆炸，如叠氮化铅广泛用作起爆剂，可通过下述反应制备。

$$Pb(NO_3)_2 + 4HN_3 \xrightarrow{\text{乙醇}} Pb(N_3)_2 + 2N_2\uparrow + 4NO + 2H_2O$$

N_3^-、CNO^- 和 NCO^- 是等电子体。N_3^- 的性质与卤素相似，作为配体能和金属离子形成一系列配合物，如 $Na_2[Sn(N_3)_6]$、$[Cu(N_3)_2(NH_3)_2]$ 等。

4. 氮的卤化物

氮和卤素可形成一系列化合物，如 NX_3、N_2F_2、N_2F_4 等。氮族元素氟化物的性质和键型列入表 12-9 中。

表 12-9　氮族元素氟化物的熔点、沸点及键型

氟化物	NF_3	PF_3	AsF_3	SbF_3	BiF_3
熔点/K	66.6	121.7	188	565	1000
沸点/K	154	171.7	210	592(升华)	375.8(升华)
键型	共价型	共价型	共价型	过渡型	离子型

NF_3 和 NCl_3 的结构与 NH_3 类似（图 12-8），N 采取 sp^3 杂化，有一孤对电子，具有三角锥的结构。但因 F、Cl、H 电负性差异导致它们在键角、偶极矩、键长等结构参数上有一定差别。

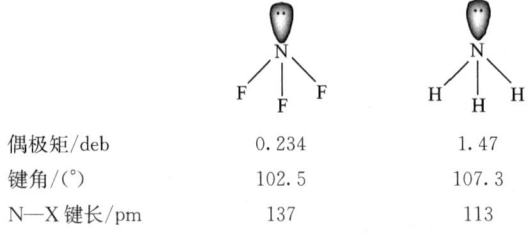

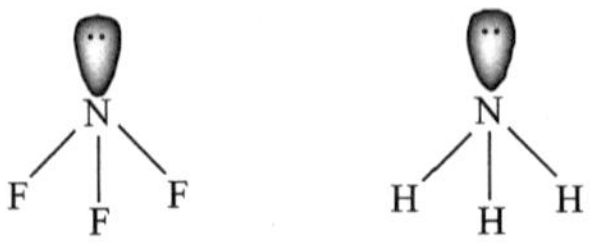

	NF_3	NH_3
偶极矩/deb	0.234	1.47
键角/(°)	102.5	107.3
N—X 键长/pm	137	113

图 12-8　NF_3 和 NH_3 的分子结构

（$1deb = 3.335\ 64 \times 10^{-30} C \cdot m$）

NF_3 在室温下是无色、无味的气体，沸点 154K。它可由电解熔融 NH_4F、HF 制得，也可由 $NH_3(g)$ 和 F_2 在 Cu 催化剂存在下反应直接得到。

$$4NH_3 + 3F_2 \xrightarrow{Cu} NF_3 + 3NH_4F$$

NF_3 的生成热为 $-124kJ \cdot mol^{-1}$，说明 NF_3 是稳定分子，几乎不表现出碱性，常温下不与稀酸或稀碱反应。

NCl_3 是淡黄色油状物，沸点为 344K，易溶于 CCl_4 等有机溶剂。

$$NH_4Cl + 3Cl_2 = NCl_3 + 4HCl$$

NCl_3 的生成热为 $230kJ \cdot mol^{-1}$，是热力学上不稳定的化合物，温度高于沸点或受到撞击时，会发生爆炸，分解产物为 Cl_2 和 N_2。

5. 氮的氧化物、含氧酸及其盐

1) 氧化物

氮和氧能生成多种化合物，如 N_2O、NO、N_2O_3、NO_2、N_2O_4、N_2O_5 等。在这些化合物中，N 的电负性小于 O，氧化数均为正值（+1～+5），它们的性质列于表 12-10 中。

表 12-10　氮氧化物的物理性质和结构

化学式	熔点/K	沸点/K	性质	结构
N_2O	182.4	184.7	无色、有甜味的气体 易溶于水	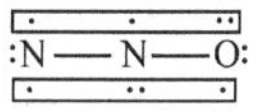
NO	109.5	121.4	气体和固体无色、 液体淡蓝色，顺磁性	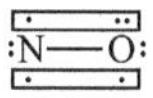
N_2O_3	172.6	276.7(分解)	深蓝色液体	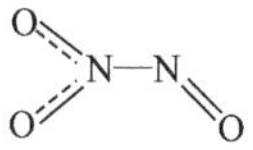
NO_2	262.0	294.3	红棕色气体、顺磁性	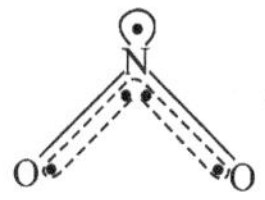
N_2O_4	262.0	294.3	无色固体 气相中与 NO_2 平衡共存	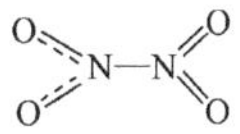
N_2O_5	—	305.4(升华)	无色固体 气态下不稳定	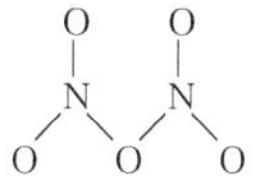

NO 的基态分子轨道式为：$[KK(\sigma_{2s})^2(\sigma^*_{2s})^2(\sigma_{2p_x})^2(\pi_{2p_y})^2(\pi_{2p_z})^2(\pi^*_{2p_y})^1]$，$\pi^*$轨道上只有 1 个电子，使 NO 为奇电子分子，显顺磁性。NO 分子中有 1 个 σ 键、1 个 π 键和 1 个 3 电子 π 键，键级为 2.5，解离能为 $627.5kJ \cdot mol^{-1}$，键长为 115pm。

NO 反键轨道 π^*_{2p} 上的单电子容易丢失，形成 NO^+。稳定的 NO^+ 键级为 3，N—O 键长为 106.2pm，在许多亚硝酰盐中出现，如 $(NO)(HSO_4)$、$(NO)(ClO_4)$、$(NO)(BF_4)$ 和 $(NO)N_3$ 等。在 HNO_2 的酸性溶液中也存在 NO^+：

$$HNO_2 + H^+ = NO^+ + H_2O$$

NO 还有氧化还原性和配位性。

$$2NO + O_2 = 2NO_2$$

$$2NO + X_2(F_2、Cl_2、Br_2) = 2(NO)X$$

$$2NO + 3I_2 + 4H_2O = 2NO_3^- + 8H^+ + 6I^-$$

$$2NO + 2H_2 = N_2 + 2H_2O$$

$$6NO + P_4 = 3N_2 + P_4O_6$$

NO_2 为红棕色有毒气体，有顺磁性，能聚合形成 N_2O_4。N_2O_4 为无色气体，有反磁性。

NO_2 和 N_2O_4 之间的平衡与压力和温度密切相关。温度低于熔点 262K，则完全由 N_2O_4 分子组成，到 423K 时，N_2O_4 完全分解为 NO_2。纯固体 N_2O_4 完全无色，温度升高，体系中因含 NO_2 而有颜色。

NO_2 分子中 N 原子采取不等性 sp^2 杂化。以 2 个 sp^2 杂化轨道与 2 个氧的 p_x 轨道重叠形成 N—O σ 键，另一个 sp^2 杂化轨道则容纳 1 个电子。N 的纯 p_z 轨道（2 个电子）与 2 个氧的 p_z 轨道（各 1 个电子）平行重叠形成 Π_3^4 键。NO_2 的键角为 134°，由于其中 1 个 sp^2 杂化轨道上只有 1 个电子，对成键电子的排斥力较小，使∠ONO 比预期的要大。电子的顺磁共振谱证明，未成对电子在 σ 型非键轨道上，量子化学计算也支持这一结论，由于未成对电子主要定域在 N 原子上，导致 NO_2 容易聚合。图 12-9 给出了价键共振结构。

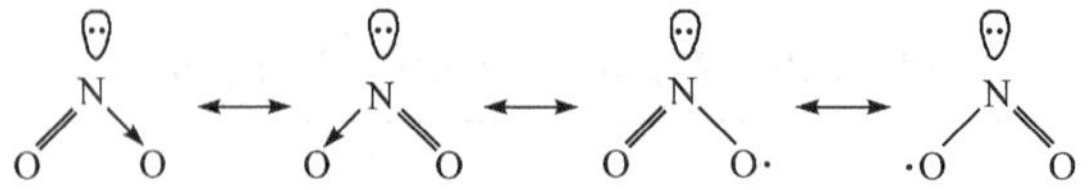

图 12-9　NO_2 的价键共振结构

NO_2 也易发生电子得失作用。失去 1 个电子形成 NO_2^+，得到 1 个电子形成 NO_2^-（与 O_3 等电子）。NO_2^+、NO_2 和 NO_2^- 中的价电子数分别为 16e、17e、18e，随价电子数的增加和杂化类型的变化，键角逐渐减小，而 N—O 键长增大。NO_2^+、NO_2 和 NO_2^- 的结构参数见表 12-11。

表 12-11　NO_2^+、NO_2 和 NO_2^- 的结构参数

分子或离子	键长/pm	键角（∠ONO）/（°）	Π_m^n	分子构型	杂化类型
NO_2^+	110	180	$2\Pi_3^4$	直线型	sp
NO_2	119	134	Π_3^4	V 型	sp^2
NO_2^-	124	115	Π_3^4	V 型	sp^2

NO_2 中 N 的氧化数为＋4，所以既显氧化性又显还原性，常见产物为 NO 和 NO_3^-。

$$4NO_2 + H_2S = 4NO + SO_3 + H_2O$$

$$NO_2 + CO = NO + CO_2$$

$$10NO_2 + 2MnO_4^- + 2H_2O = 2Mn^{2+} + 10NO_3^- + 4H^+$$

NO_2 溶于水生成 HNO_3 和 HNO_2；NO_2 与 NaOH 反应生成 $NaNO_3$ 和 $NaNO_2$。

N_2O_4 液态的自解离反应为

$$N_2O_4(l) = NO^+ + NO_3^- \qquad \Delta_r H_m^\ominus = 49.8 kJ \cdot mol^{-1}$$

N_2O_4 在有强质子给予体时：

$$N_2O_4 + H^+ = HNO_3 + NO^+$$

N_2O_4 与 $ZnCl_2$ 反应：

$$2N_2O_4 + ZnCl_2 = Zn(NO_3)_2 + 2NOCl\text{（制备无水硝酸盐）}$$

N_2O_4 与金属反应：

$$M + N_2O_4 = MNO_3 + NO \text{ （M＝碱金属、Ag、1/2Pb、1/2Cu、1/2Zn）}$$

这些反应是制备无水硝酸盐的简便方法。

2）亚硝酸及其盐

气态亚硝酸的结构如图 12-10 所示。HNO_2 中 N 原子进行 sp^2 杂化，有顺式和反式两种结构，其中反式较稳定，$\Delta_f G_m^\ominus$ 相差 2.3kJ·mol^{-1}。HNO_2 是弱酸（$K_a^\ominus = 5 \times 10^{-4}$），很不稳定，易分解和歧化，即

$$3HNO_2 \rightleftharpoons HNO_3 + 2NO\uparrow + H_2O$$

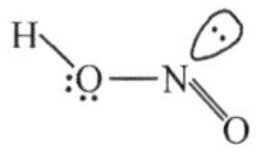

图 12-10　HNO_2 的结构

目前尚未得到纯的 HNO_2，但其盐较稳定。亚硝酸盐绝大部分无色，易溶于水（$AgNO_2$ 浅黄色不溶）。金属活泼性差，对应亚硝酸盐稳定性差。亚硝酸及其盐既有氧化性，又有还原性，其氧化还原能力与介质的酸碱度、氧化剂与还原剂的特性、浓度、温度等因素有关。由标准电极电势可看出，在酸性介质中，HNO_2 以氧化性较为突出，但遇到更强氧化剂如 $KMnO_4$、Cl_2 等时它又起还原剂的作用。HNO_2 作氧化剂时，产物为 NO、N_2O、N_2 等，以 NO 常见；HNO_2 作还原剂时产物通常为 NO_3^-。在碱性介质中，NO_2^- 还原性是主要的。

$$2HNO_2 + 2I^- + 2H^+ = 2NO\uparrow + I_2 + 2H_2O$$

下列反应可以用于区分 NO_2^- 和 NO_3^-。

$$5NO_2^- + 2MnO_4^- + 6H^+ = 5NO_3^- + 2Mn^{2+} + 3H_2O$$

$$NO_2^- + Cl_2 + H_2O = NO_3^- + 2Cl^- + 2H^+$$

亚硝酸及其盐是公认的致癌物。亚硝酸盐能将血红蛋白中的 Fe^{2+} 转化为 Fe^{3+} 而失去载氧能力，发展为高铁血红蛋白症。环境中有 300 余种亚硝基化合物，其中 90%可诱发癌症。自然界广泛存在的硝酸盐、亚硝酸盐和胺类，可在环境中或动物体内合成多种亚硝基化合物。新鲜花菜、豆芽、白菜、大蒜、胡萝卜、卷心菜、南瓜、桃、橙、茶叶等可阻止或抑制体内亚硝胺的合成。

3）硝酸及其盐

气态 HNO_3 分子呈平面结构（4σ 键，Π_3^4），N 原子采取 sp^2 杂化，与氢成键的 $O^{(1)}$ 采取不等性 sp^3 杂化，分子内还有一个内氢键。HNO_3 气态的结构如图 12-11 所示。NO_3^- 为平面三角形结构，N 原子以 sp^2 杂化轨道与 3 个 O 的 p 轨道形成 3 个 σ 键，N 未参与杂化的 p_z 轨道与 3 个 O 原子的 p_z 轨道平行重叠形成 Π_4^6 大 π 键，N—O 键介于单双键之间，如图 12-11 所示。

图 12-11　HNO_3 和 NO_3^- 的结构

HNO_3 受热见光易分解：

$$4HNO_3 = 4NO_2\uparrow + O_2\uparrow + 2H_2O$$

HNO_3 可与许多非金属单质反应生成氧化物或含氧酸盐。

$$\text{非金属单质} + HNO_3 = \text{相应的高价酸} + NO\uparrow$$

$$5HNO_3 + 3P + 2H_2O = 3H_3PO_4 + 5NO\uparrow$$

$$10HNO_3 + 3I_2 = 6HIO_3 + 10NO\uparrow + 2H_2O$$

$$S + 2HNO_3 = H_2SO_4 + 2NO\uparrow$$

$$3C + 4HNO_3 = 3CO_2 + 4NO\uparrow + 2H_2O$$

$$B(\text{无定型}) + HNO_3(\text{浓}) + H_2O = B(OH)_3 + NO\uparrow$$

HNO_3 与金属的反应，HNO_3 越稀，金属越活泼，HNO_3 中 N 被还原的氧化数越低。

$$Zn + 4HNO_3(\text{浓}) = Zn(NO_3)_2 + 2NO_2\uparrow + 2H_2O$$

$$3Zn + 8HNO_3(\text{稀}, 1:2) = 3Zn(NO_3)_2 + 2NO\uparrow + 4H_2O$$

$$4Zn + 10HNO_3(\text{较稀}, 2mol\cdot L^{-1}) = 4Zn(NO_3)_2 + N_2O\uparrow + 5H_2O$$

$$4Zn + 10HNO_3(\text{很稀}, 1:10) = 4Zn(NO_3)_2 + NH_4NO_3 + 3H_2O$$

冷、浓 HNO_3 可使 Fe、Al、Cr 表面钝化，阻碍进一步反应。Sn、Sb、Mo、W 等和浓硝酸作用生成含水氧化物或含氧酸，如 $SnO_2 \cdot nH_2O$、H_2MoO_4。其余金属和 HNO_3 反应都生成可溶性硝酸盐。

实际工作中常用含有硝酸的混合物。例如，1 体积浓 HNO_3 和 3 体积浓盐酸混合得到王水，兼有 HNO_3 的氧化性和 Cl^- 的配位性特点，可溶解 Au、Pt 等金属；HNO_3-HF 混合物能溶解 Nb、Ta 等；HNO_3-H_2SO_4 在有机化学中作硝化试剂。

$$Au + HNO_3 + 4HCl \xlongequal{} HAuCl_4 + NO\uparrow + 2H_2O$$

硝酸盐都易溶于水。绝大多数硝酸盐是离子化合物。固体硝酸盐加热能分解，产物与金属离子的特性有关，一般分为三种类型：

(1) 电极电势序在 Mg 之前的金属硝酸盐，受热分解为相应亚硝酸盐，并放出 O_2。例如

$$2NaNO_3 \xrightarrow{\triangle} 2NaNO_2 + O_2\uparrow$$

$$Ca(NO_3)_2 \xrightarrow{\triangle} Ca(NO_2)_2 + O_2\uparrow$$

(2) 电极电势序在 Mg～Cu 之间的金属硝酸盐，受热分解生成相应的氧化物，并放出 NO_2 和 O_2。例如

$$2Pb(NO_3)_2 \xrightarrow{\triangle} 2PbO + 4NO_2\uparrow + O_2\uparrow$$

(3) 电极电势序在 Cu 之后的金属硝酸盐，受热分解生成金属单质，并放出 NO_2 和 O_2。例如

$$2AgNO_3 \xrightarrow{\triangle} 2Ag + 2NO_2\uparrow + O_2\uparrow$$

12.3.3 磷及其化合物

1. 磷的同素异形体及其性质

案例 12-2 白磷是剧毒物质，胃中含量达 0.1g 就会导致人死亡，空气中白磷的允许限量为 $0.1mg \cdot m^{-3}$。磷主要破坏器官组织，使骨骼松软坏死。若不慎沾在手上或皮肤上，可用 $50g \cdot L^{-1}$ 的硫酸铜溶液或 1∶2000 的高锰酸钾水溶液浸泡处理。$1g \cdot L^{-1}$ 的硫酸铜溶液也常用作白磷中毒的内服解毒剂。

问题：磷有哪些同素异形体？白磷应如何保存？白磷中毒时为什么可用硫酸铜溶液作解毒剂？

磷有白磷、红磷和黑磷 3 种同素异形体，如图 12-12 所示。白磷的分子式是 P_4，4 个磷原子处于一个四面体的 4 个顶点，P—P 键长为 221pm，键角∠PPP 为 60°。白磷在隔绝空气(惰性气体环境如氮气)中加热至 533K 或经紫外光照射就转变为红磷，红磷的结构还不清楚。黑磷是磷的最稳定的同素异形体。白磷在 1216MPa 高压下加热可转化为黑磷，黑磷是层状晶体，每个磷原子也是以 3 个共价键与另外 3 个磷原子相连，能导电，不溶于有机溶剂。

$$白磷 \rightleftharpoons 红磷 \qquad \Delta_r H_m^{\ominus} = -18kJ \cdot mol^{-1}$$

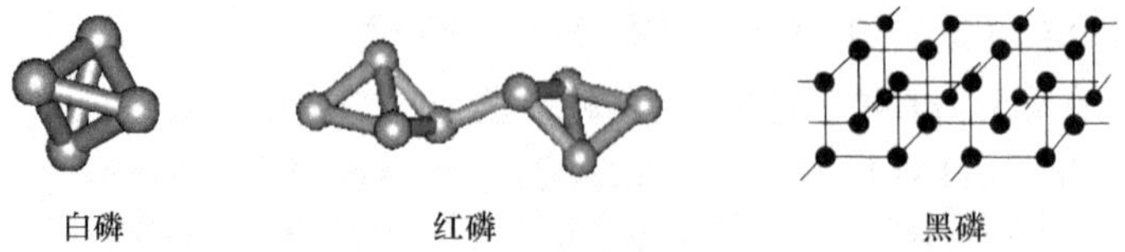

图 12-12 白磷、红磷和黑磷的结构示意图

白磷剧毒，不溶于水，易溶于 CS_2、C_6H_6 等非极性有机溶剂，能在空气中缓慢氧化释放光

能，产生磷光现象(鬼火)，进而自燃，所以白磷必须隔绝空气储存。

白磷可在空气中自燃生成 P_4O_{10}，而红磷在加热下与氧反应生成 P_4O_{10}。

白磷和卤素、硫能直接化合，生成相应的化合物：

$$2P+3X_2 \longequal 2PX_3 \qquad (PX_3+X_2 \longequal PX_5)$$

$$4P+3S \longequal P_4S_3$$

白磷与热的浓碱发生歧化反应：

$$P_4+3NaOH+3H_2O \xlongequal[\triangle]{pH=14} PH_3+3NaH_2PO_2$$

白磷可将金、银、铜和铅从它们的盐中取代出来，因此 $CuSO_4$ 可用作白磷中毒的解毒剂。

$$11P+15CuSO_4+24H_2O \longequal 5Cu_3P+6H_3PO_4+15H_2SO_4$$

$$P_4+10CuSO_4+16H_2O \longequal 10Cu+4H_3PO_4+10H_2SO_4$$

白磷可被硝酸氧化为磷酸，可被氢气还原为 PH_3。

$$P_4+6H_2 \longequal 4PH_3$$

2. 磷化氢

磷常见的氢化物为 PH_3(膦)、P_2H_4(双膦)。常温下膦是无色剧毒气体。膦熔点 140K，沸点 185.3K；双膦熔点 174.2K，沸点 329.2K。高于室温，双膦会分解。PH_3 可通过金属磷化物水解和白磷与碱作用制备。

$$AlP+3H_2O \longequal PH_3\uparrow+Al(OH)_3$$

PH_3 为三角锥形结构，其主要性质有还原性、配位性和剧毒性。

PH_3 有强还原性：

$$PH_3+6Ag^++3H_2O \longequal 6Ag+H_3PO_3+6H^+$$

PH_3 可作配体，如

$$BF_3+PH_3 \longequal H_3P\rightarrow BF_3$$

PH_3 剧毒，空气中最高允许量为 $0.3mg \cdot L^{-1}$。PH_3 在水中的溶解度小于氨 NH_3。

3. 磷的卤化物

磷的卤化物包括 PX_3、PX_5 及 P_2X_4，此外还有混合卤化物 PX_2Y、PX_2Y_3 和多卤化物，如 PCl_3Br_{10}、PCl_3Br_8、PBr_7 等，PX_3 和 PX_5 最重要。

PX_3 为三角锥形结构，为分子晶体。P 原子上的孤对电子决定了它能形成一系列的配合物，如 $Ni(PCl_3)_4$、$Fe(PF_3)_4$ 等。作为 π 受体，PF_3 强于其他配体：$PF_3>CO>PCl_3>P(OR)_3>PR_3$。

PX_3 是弱的路易斯碱，碱性随卤素相对原子质量的增大而加强。

PX_3 主要性质是水解性、还原性、两种 PX_3 分子间的交换性。四种 PX_3 都是易挥发、活泼的具有毒性的化合物；均易水解生成 H_3PO_3 和 HX；极易被 O_2、S、X_2 氧化，产物分别是 POX_3、PSX_3、PX_5；两种 PX_3 分子间能发生卤离子交换反应，生成混合卤化物，如 PCl_3 与 PBr_3 混合则得到 PCl_2Br、$PClBr_2$。

PX_5 为三角双锥形结构，如图 12-13 所示，分子中两轴向键长略长于赤道面键长，如 PF_5 中分别为 158pm 和 153pm。

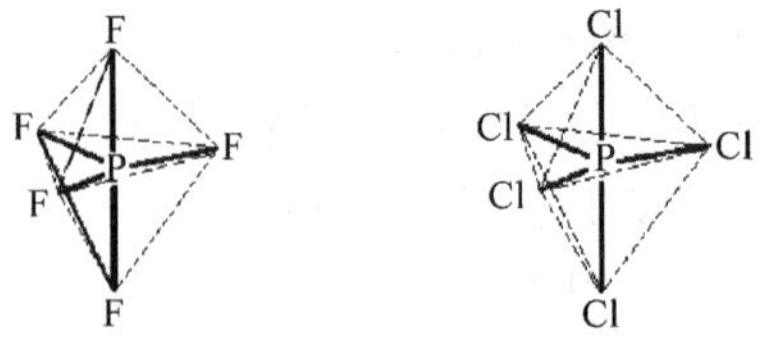

图 12-13　PF_5 和 PCl_5 的分子结构

PX_5 为离子晶体，PCl_5 固体中含有$[PCl_4]^+$（sp^3杂化）和$[PCl_6]^-$（sp^3d^2杂化）。

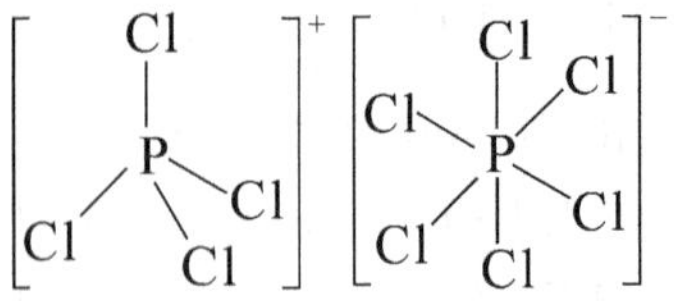

PX_5 的热稳定性随 F、Cl、Br、I 依次减弱；水解性依次增强，水解产物为磷酸和卤化氢；能与醇反应生成卤代烃。

4. 磷的氧化物

P_4O_{10}是磷酸的酸酐，P_4O_6是亚磷酸的酸酐。

$$P_4 + 3O_2 \longrightarrow P_4O_6 \xrightarrow{+2O_2} P_4O_{10}$$

P_4O_{10}为白色粉末固体，熔点 693K，573K 时升华，有极强的吸水性，是已知最强的干燥剂，可使 H_2SO_4、硝酸等脱水生成相应的氧化物。

$$P_4O_{10} + 6H_2SO_4 = 6SO_3\uparrow + 4H_3PO_4$$

$$P_4O_{10} + 12HNO_3 = 6N_2O_5\uparrow + 4H_3PO_4$$

P_4O_{10}与水反应生成各种含氧酸，并释放大量的热。

$$P_4O_{10} \xrightarrow{2H_2O} \underset{\text{偏磷酸}}{4HPO_3} \xrightarrow{2H_2O} \underset{\text{焦磷酸}}{2H_4P_2O_7} \xrightarrow{2H_2O} \underset{\text{磷酸}}{4H_3PO_4}$$

P_4O_6易溶于有机溶剂，与冷水作用缓慢，生成亚磷酸；与热水作用剧烈，歧化为膦和磷酸。

$$P_4O_6 + 6H_2O(\text{冷}) = 4H_3PO_3$$

$$P_4O_6 + 6H_2O(\text{热}) = PH_3\uparrow + 3H_3PO_4$$

P_4O_6与 HCl(g)作用生成 H_3PO_3 和 PCl_3。

5. 磷的含氧酸及其盐

磷能形成多种含氧酸，其组成与结构如下：

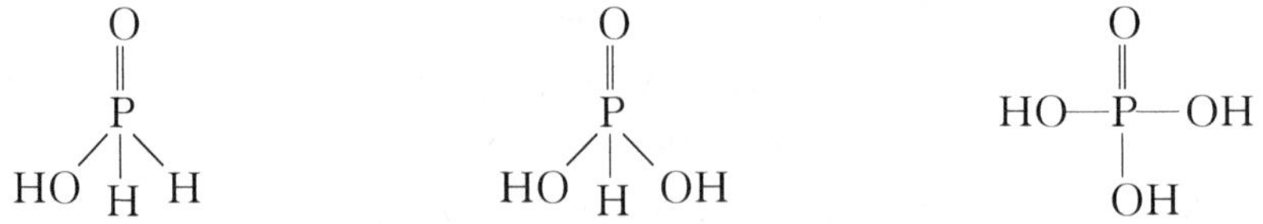

次磷酸（+1，H_3PO_2，一元酸）　亚磷酸（+3，H_3PO_3，二元酸）　正磷酸（+5，H_3PO_4，三元酸）

含氧酸的制备反应：

$$2P_4 + 3Ba(OH)_2 + 6H_2O \overset{\triangle}{=} 2PH_3\uparrow + 3Ba(H_2PO_2)_2$$

$$Ba(H_2PO_2)_2 + H_2SO_4 = H_3PO_2(\text{次磷酸}) + BaSO_4\downarrow$$

$$4H_3PO_3 \xrightarrow{\triangle} 3H_3PO_4(\text{正磷酸}) + PH_3$$

工业上磷酸用硫酸分解磷酸钙制备。磷酸的主要性质有:①磷酸是无氧化性和非挥发性三元中强酸。因磷酸溶液体系存在分子间较强氢键,所以黏度较大。② PO_4^{3-} 有很强的配位能力,能与许多金属离子形成可溶性配合物。如 PO_4^{3-} 与 Fe^{3+} 可生成无色可溶性配合物 $[Fe(HPO_4)_2]^-$、$[Fe(PO_4)_2]^{3-}$,分析化学利用这一性质可掩蔽 Fe^{3+}。③磷酸受强热可脱水缩聚生成各种多磷酸,如焦磷酸 $H_4P_2O_7$。

磷酸的多样性决定了磷酸盐的多样性。磷酸的 K^+、Na^+、铵盐易溶于水,磷酸二氢盐易溶于水。

Na_3PO_4、Na_2HPO_4、NaH_2PO_4 与 Ag^+ 和 Ca^{2+} 分别发生下述反应:

$$PO_4^{3-} + 3Ag^+ = Ag_3PO_4\downarrow(\text{黄色,可溶于硝酸})$$

$$HPO_4^{2-} + 3Ag^+ = Ag_3PO_4\downarrow + H^+$$

$$H_2PO_4^- + 3Ag^+ = Ag_3PO_4\downarrow + 2H^+$$

$$HPO_4^{2-} + Ca^{2+} = CaHPO_4\downarrow$$

$$2PO_4^{3-} + 3Ca^{2+} = Ca_3(PO_4)_2\downarrow$$

$$H_2PO_4^- + Ca^{2+} \longrightarrow \text{不沉淀}(\text{加入 } NH_3 \cdot H_2O \text{ 沉淀})$$

固体酸式磷酸钠受热脱水主要发生下述反应:

$$NaH_2PO_4 \xrightarrow{\triangle} NaPO_3 + H_2O$$

$$2Na_2HPO_4 \xrightarrow{\triangle} Na_4P_2O_7 + H_2O$$

$$2Na_2HPO_4 + NaH_2PO_4 \xrightarrow{\triangle} Na_5P_3O_{10} + 2H_2O$$

三聚磷酸钠($Na_5P_3O_{10}$)为白色粉末,能溶于水,水溶液呈碱性,在水中逐渐水解成正磷酸盐。水解速率和产物与浓度和温度有关。例如

$$2Na_5P_3O_{10} \cdot 6H_2O \xrightarrow{\text{室温}} Na_4P_2O_7 + 2Na_3HP_2O_7 + 11H_2O$$

$$Na_5P_3O_{10} \cdot 6H_2O \xrightarrow{373K} Na_3HP_2O_7 + Na_2HPO_4 + 5H_2O$$

$P_3O_{10}^{5-}$ 对金属离子有较高的配位能力,形成水溶性配合物。

$$Na_5P_3O_{10} + M^{2+} = Na_3MP_3O_{10} + 2Na^+$$

$Na_5P_3O_{10}$ 的主要用途是合成洗涤剂的助剂、工业用水软化剂、制革预鞣剂、染色助剂以及油漆、高岭土、氧化镁等悬浮液的有效分散剂等。

12.4　碳、硅、硼及其化合物

12.4.1　碳及其化合物

1. 碳的同素异形体

碳可形成立方系金刚石结构的原子晶体、六方系的石墨和富勒烯 C_{60} 等同素异形体。石墨晶体中,C 原子以 sp^2 杂化轨道与其他碳原子结合成六方稠环平面结构,C 原子上另一个未参与杂化的 p 轨道相互平行,形成离域大 π 键,即 Π_6^6。同层 C—C 键长为 142pm,层与层之间以范德华力结合,C 原子之间相距 335pm。因层与层之间结合力小,距离大,各层之间可以滑移,使石墨具有滑腻感,有润滑功能。由于离域大 π 键的电子可自由运动,所以石

墨可导电、导热。

图 12-14 富勒烯的结构

富勒烯 C_{60}（图 12-14）是 1985 年美国科学家克洛托（H. W. Kroto）和斯莫利（R. E. Smalley）发现的碳的同素异形体。60 个碳原子围成直径为 700pm 的足球式结构。碳原子占据 60 个顶点，构成 12 个五元环面和 20 个六元环面，90 条棱高度对称的结构。在 C_{60} 中，每个碳原子和周围 3 个碳原子相连形成 3 个 σ 键，剩余的轨道和电子共同形成大 π 键。现已发现富勒烯有许多独特的性质，有望在半导体、超导材料、蓄电池材料和超级润滑材料等方面获得重要应用。

2. 碳的氧化物

(1) 一氧化碳。CO 是一种无色、无臭的气体。CO 具有还原性，高温下可从许多金属氧化物中夺取氧，得到金属；常温下也能使一些化合物中的金属还原。例如，CO 能把 $PdCl_2$、$Ag(NH_3)_2OH$溶液中的 Pd(Ⅱ)、Ag(Ⅰ)还原为金属 Pd、Ag，而使溶液呈黑色。前者可用于检测微量 CO 的存在。CO 与 I_2O_5反应可定量析出 I_2，用 $Na_2S_2O_3$ 滴定析出的 I_2，用于定量分析 CO。

CO 作为一种重要的配体，能与许多金属生成羰基配合物，如 $Fe(CO)_5$、$Ni(CO)_4$ 等。这些配合物中，CO 以 C 端给出电子对。同时，CO 还有适宜的空轨道接受中心原子反馈来的电子，形成反馈 π 键，使羰基化合物更加稳定。

CO 中毒的原因是：CO 与血红蛋白（Hb）中的 Fe(Ⅱ)的结合力高出 O_2 约 140 倍，导致 CO 夺取血红蛋白，形成更稳定的配合物 Hb · CO，使血液失去输氧功能，引起组织缺氧，导致头痛、眩晕甚至死亡。反应平衡表示如下：

$$Hb \cdot O_2 + CO \rightleftharpoons Hb \cdot CO + O_2$$

(2) 二氧化碳。CO_2 是无色无臭的气体，无毒，但浓度过高会引起空间缺氧。CO_2 不助燃，空气中含量超过 2.5%时，火焰会熄灭。CO_2 是主要的温室效应气体之一，其排放量受到《京都议定书》的限制。高度冷却，CO_2 会凝结为白色雪状固体，俗称“干冰”，常压下 195K 升华，蒸发缓慢，常作制冷剂，其冷冻温度可达 195～203K。CO_2 的临界温度为 304K，加压可液化(258K、1.545MPa)，装入钢瓶便于运输和计量。在该温度下，CO_2 是优良溶剂，可进行超临界萃取，选择性地分离各种有机物。例如，从茶叶中提取咖啡因，从鱼油中萃取降低胆固醇药理作用的二十碳五烯酸等。

CO_2 是线性非极性分子。碳氧键长为 116pm，介于 C=O(124pm) 和 C≡O(113pm) 键长之间；键能 531.4kJ · mol^{-1}，也介于 C=O 和 C≡O 的键能之间，说明 CO_2 分子中存在离域大 π 键($2\Pi_3^4$)。C 原子的 2 个 sp 杂化轨道与 2 个 O 原子 p_x 轨道重叠形成 σ 键，3 个原子相互平行的 p_y 轨道形成三中心四电子的大 π键。

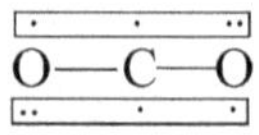

3. 碳酸及其盐

CO_2 溶于水，其水溶液呈弱酸性，称为碳酸。其实只有少部分 CO_2 与 H_2O 结合成 H_2CO_3，大部分 CO_2 以水合分子 $CO_2 \cdot xH_2O$ 形式存在。纯的碳酸至今尚未制得。

H_2CO_3 是二元弱酸，在 pH＞10.3 时，碳酸溶液中以 CO_3^{2-} 为主；在 pH＜6.4 时，以

H_2CO_3 为主；在 pH＝6.4～10.3 时，以 HCO_3^- 为主。

碳酸盐有两种类型：正盐（碳酸盐）和酸式盐（碳酸氢盐）。碱金属（Li 除外）和铵的碳酸盐易溶于水，其他金属的碳酸盐难溶于水。故自然界中存在很多碳酸盐矿物，如大理石 $CaCO_3$、菱镁矿 $MgCO_3$、菱铁矿 $FeCO_3$、白铅矿 $PbCO_3$、孔雀石 $CuCO_3 \cdot Cu(OH)_2$ 等。对于难溶的碳酸盐来说，相应的酸式碳酸盐溶解度大。例如

$$\underset{\text{难溶}}{CaCO_3} + CO_2 + H_2O \xlongequal{} \underset{\text{易溶}}{Ca(HCO_3)_2}$$

石灰岩地区形成溶洞就是基于这个反应。其逆反应日积月累的发生，则形成了石笋和钟乳石。对易溶的碳酸盐，情况恰相反，其酸式盐的溶解度较小。例如，常温下 100g 水可溶解 21.5g Na_2CO_3，只能溶解 9.6g $NaHCO_3$，这是因为 HCO_3^- 会通过氢键形成二聚离子或多聚离子。

H_2CO_3 是弱酸，故可溶性碳酸盐在水中发生下述反应：

$$CO_3^{2-} + H_2O \xlongequal{} HCO_3^- + OH^-$$

$$HCO_3^- + H_2O \xlongequal{} H_2CO_3 + OH^-$$

溶液中 CO_3^{2-}、HCO_3^-、OH^- 同时存在，若利用可溶性碳酸盐沉淀金属离子时，沉淀产物可能是碳酸盐、碱式盐或氢氧化物。例如

$$Ca^{2+} + CO_3^{2-} \xlongequal{} CaCO_3\downarrow$$

$$Ba^{2+} + CO_3^{2-} \xlongequal{} BaCO_3\downarrow$$

$$2Pb^{2+} + CO_3^{2-} + 2H_2O \xlongequal{} Pb_2(OH)_2CO_3\downarrow + 2H^+$$

$$2Cu^{2+} + CO_3^{2-} + 2H_2O \xlongequal{} Cu_2(OH)_2CO_3\downarrow + 2H^+$$

$$2Al^{3+} + 3CO_3^{2-} + 3H_2O \xlongequal{} 2Al(OH)_3\downarrow + 3CO_2\uparrow$$

$$2Fe^{3+} + 3CO_3^{2-} + 3H_2O \xlongequal{} 2Fe(OH)_3\downarrow + 3CO_2\uparrow$$

碳酸盐的热稳定性一般不高，受强热时，可按下式分解：

$$MCO_3(s) \xlongequal{} MO(s) + CO_2\uparrow \quad K^\ominus = p(CO_2)/p^\ominus$$

$p(CO_2)$是反应处于平衡时 CO_2 的分压力，称为碳酸盐的分解压力，随温度的升高而增大。例如

$$CaCO_3(s) \rightleftharpoons CaO(s) + CO_2(g) \quad \Delta_r H_m^\ominus = 178.3\text{kJ} \cdot \text{mol}^{-1}$$

其分解压力与温度的关系可用近似公式表示：

$$\ln p(CO_2)/p^\ominus = -\frac{21446}{T} + 19.32$$

若 $CaCO_3$ 分解反应在大气中进行，空气中 CO_2 的含量约为 $x(CO_2) \approx 0.0003$，即 $p(CO_2) = 30.4\text{Pa}$，代入上式解得 $T = 782\text{K}$。说明当温度加热到 782K 时，$CaCO_3$ 开始分解，放出的 CO_2 气体分压力等于此时空气中 CO_2 的分压，此时反应速率很慢。当温度上升到 1111K 时，$CaCO_3$ 分解产生的 CO_2 分压力达到 101.325kPa，此时 $CaCO_3$ 剧烈分解，产生“沸腾”现象，此温度（1111K）即为热分解温度。不同的碳酸盐其热分解温度也不同。由表 12-12 可见，同一主族元素的碳酸盐从上到下热稳定性逐渐增强，且碳酸盐的热稳定性有如下规律：碱金属盐＞碱土金属盐＞过渡金属盐＞铵盐。

从表 12-12 还可看出，金属离子的极化能力越强，其碳酸盐热稳定性越差。加热有利于碳酸盐的分解，是因为温度升高，M^{n+} 和 CO_3^{2-} 的振动加剧，从而有利于离子靠近，极化作用加强。碳酸氢盐比碳酸盐易分解，碳酸比碳酸氢盐更易分解，是因为 H^+ 强极化作用的结果。

表 12-12　不同碳酸盐的热分解温度[$p(CO_2)$ = 101.325KPa]

碳酸盐	Li_2CO_3	Na_2CO_3	$BeCO_3$	$MgCO_3$	$CaCO_3$	$SrCO_3$
热分解温度/K	1373.15	2073.15	298.15	813.15	1172	1562.15
r_+/pm	76	102	45	72	100	118
离子构型	2	8	2	8	8	8
碳酸盐	$BaCO_3$	$FeCO_3$	$ZnCO_3$	$CdCO_3$	$PbCO_3$	$(NH_4)_2CO_3$
热分解温度/K	1633.15	555.15	623.15	633.15	573.15	331.15
r_+/pm	135	78	74	95	119	143
离子构型	8	9～17	18	18	18+2	—

注：r_+为阳离子的半径。

4. 碳化物

碳与电负性较小的元素形成的二元化合物，称为碳化物。从结构和性质上，碳化物可分为离子型、共价型和金属型三类。它们大都可用碳或烃与气体元素单质或其氧化物在高温下反应而制得。

(1) 离子型碳化物。电负性小的金属元素(主要是ⅠA、ⅡA族元素和铝等)形成的碳化物。常具有不透明、不导电等性质，但它们均可与水或稀酸反应分解并放出烃，表明其中碳以负离子存在，故称离子型碳化物。例如，Be_2C、Al_4C_3 等遇水放出甲烷 CH_4；CaC_2、BeC_2、BaC_2、Li_2C_2、Cs_2C_2、ZnC_2、HgC_2 等，遇水放出乙炔 C_2H_2，故称乙炔型化合物。

(2) 共价型碳化物。碳与一些电负性相近的非金属元素化合时，生成共价型碳化物，它们大多是熔点高、硬度大的原子晶体。这类化合物中 SiC、B_4C 最重要。碳化硅俗称金刚砂，由石英与过量焦炭电弧加热到 2300K 制得。

$$SiO_2 + 3C \xrightarrow{\text{电炉}} SiC + 2CO$$

碳化硅为无色晶体，但因表面氧化呈蓝黑色。晶体结构中，C、Si 原子均为四面体配置，每个碳原子周围有 4 个硅原子，每个硅原子周围有 4 个碳原子以共价键相连，构成原子晶体。所以，熔点高(2723K)、硬度大(莫氏 9.2)，是重要的工业磨料。在其中掺杂，便成为半导体材料。例如，N 掺杂 SiC，得 n 型半导体；Al 或 B 掺杂 SiC，便得到 p 型半导体。

(3) 金属型碳化物。许多 d 区和 f 区金属能与碳形成金属型碳化物。它们的硬度、熔点和难溶性常超过母体金属，其组成一般不符合化合价规则，属非整比化合物。WC 是最重要的金属型碳化物，属超硬材料。

12.4.2　硅及其化合物

1. 单质硅

硅单质有无定形和晶态两种。晶态硅为原子晶体，属金刚石结构。晶态硅又可分为单晶硅和多晶硅。高纯的单晶硅呈灰色、硬而脆、熔点和沸点均很高，是重要的半导体材料。

硅常温下不活泼，但高温活泼性增强，能与 O_2 和水蒸气反应生成 SiO_2；与卤素、N、C、S 等非金属反应生成相应的二元化合物 SiX_4、Si_3N_4、SiC、SiS_2 等。硅能与强碱、氟和强氧化剂反应，不与盐酸、硫酸和王水反应，但可溶于 HF-HNO_3。

$$Si+2NaOH+H_2O \xrightarrow{\triangle} Na_2SiO_3+2H_2$$

$$Si+2F_2 = SiF_4(g)$$

$$3Si+2Cr_2O_7^{2-}+16H^+ = 3SiO_2(s)+4Cr^{3+}+8H_2O$$

$$3Si+4HNO_3+18HF = 3H_2[SiF_6]+4NO+8H_2O$$

2. 二氧化硅和硅酸盐

1）二氧化硅

硅在地壳中的丰度为 29.50%，在所有元素中居第二位。如果说碳是组成生物界的主要元素，硅则是构成地球上矿物界的主要元素。因硅易与氧结合，故自然界中没有游离态的硅，而主要以硅石 SiO_2 及其衍生的硅酸盐形式存在。

硅石有晶形和无定形两种形态。硅藻土是无定形的 SiO_2，它由硅藻和放射虫的遗骸构成，具有多孔性，是良好的吸附剂，也可作建筑工程的绝热隔音材料。

SiO_2 是原子晶体，每个硅原子与 4 个氧原子以单键相连，构成[SiO_4]四面体结构单元。Si 原子位于四面体的中心，4 个氧原子位于四面体的顶角，[SiO_4]四面体通过共用顶角的氧原子彼此连接，并在三维空间多次重复该结构，形成了硅氧网格形式的二氧化硅晶体。晶体的最简式为 SiO_2，但 SiO_2 并不代表一个简单的分子。四面体排列的形式不同构成了不同的晶型。

纯净的石英称为水晶，是一种坚硬、脆性、难溶的无色透明晶体，膨胀系数很小，骤热骤冷也不易破裂，常用作光学仪器，是光导纤维的主要材料。紫水晶、烟水晶是由于混入杂质所致。

SiO_2 的化学性质不活泼，它不溶于水，只有浓磷酸和氢氟酸可与之作用。

$$SiO_2+2H_3PO_4(\text{浓}) = SiP_2O_7+3H_2O$$

$$SiO_2+4HF = SiF_4\uparrow+2H_2O$$

SiF_4 极易与 HF 配位形成氟硅酸：

$$SiF_4+2HF = H_2SiF_6$$

氟硅酸在水溶液中很稳定，是一种强酸，酸性与硫酸相近。

SiO_2 是酸性氧化物，它能缓慢地溶解在强碱中生成硅酸盐；高温时，将 SiO_2 与氢氧化钠或碳酸钠共熔而得到硅酸钠。

$$SiO_2+2NaOH = Na_2SiO_3+H_2O$$

$$SiO_2+Na_2CO_3 = Na_2SiO_3+CO_2\uparrow$$

生成的 Na_2SiO_3 呈玻璃状，能溶于水，其水溶液称为水玻璃，可作黏合剂、防火涂料和防腐剂等。

2）硅酸

SiO_2 是硅酸的酸酐，可构成多种硅酸，其组成随形成的条件而变化，常以 $xSiO_2 \cdot yH_2O$ 表示。现已知的有偏硅酸 $H_2SiO_3(SiO_2 \cdot H_2O)$，二硅酸 $H_6Si_2O_7(2SiO_2 \cdot 3H_2O)$，三硅酸 $H_4Si_3O_8(3SiO_2 \cdot 2H_2O)$，二偏硅酸 $H_2Si_2O_5(2SiO_2 \cdot H_2O)$；正硅酸 $H_4SiO_4(SiO_2 \cdot 2H_2O)$。各种硅酸中，以偏硅酸最简单，常以 H_2SiO_3 代表硅酸。它是二元弱酸，在纯水中溶解度很小，实验室常用可溶性硅酸盐与酸作用制取硅酸。

$$SiO_3^{2-}+2H^+ = H_2SiO_3$$

但是所生成的硅酸并不立即沉淀，这是因为单个硅酸分子可溶于水。这些单个硅酸分子会逐渐进行聚合而形成多硅酸，但这时也不一定有沉淀，而是生成硅酸溶胶，加电解质于稀的硅酸溶胶中方可得到黏浆状的硅酸沉淀，若硅酸较浓则得硅酸凝胶。将硅酸凝胶部分水分蒸发，则得到硅酸干胶，即硅胶。

硅胶是一种白色稍透明固体物质，有高度的多孔性，内表面积大，可达 800～900 $m^2 \cdot g^{-1}$，因而有很强的吸附性能，可作吸附剂、干燥剂和催化剂载体。实验室用变色硅胶作干燥剂，是将硅胶用 $CoCl_2$ 溶液浸透后烘干制得。无水 Co^{2+} 为蓝色，水合 $Co(H_2O)_6^{2+}$ 为粉红色。随着吸附水分增多，硅胶的颜色由蓝色向粉红色转变，粉红色硅胶不再有吸湿能力，可重新烘干变为蓝色，恢复吸湿能力。

3）硅酸盐

所有硅酸盐中，仅碱金属硅酸盐可溶于水，其余金属的硅酸盐都难溶于水。重金属硅酸盐一般具有特征的颜色。由于硅酸是弱酸，硅酸钠与水作用而使溶液呈碱性。在硅酸钠溶液中加入 NH_4Cl，NH_4^+ 与水作用而显酸性，SiO_3^{2-} 与水作用显碱性，可相互促进，使其与水作用更加完全，产物有 H_2SiO_3 沉淀和氨气放出，可用来鉴定可溶性硅酸盐。

$$SiO_3^{2-} + 2NH_4^+ + 2H_2O = H_2SiO_3 \downarrow + 2NH_3 + 2H_2O$$

$$NH_3 \cdot H_2O = NH_3 \uparrow + H_2O$$

自然界中硅酸盐分布极广，种类繁多，约占矿物总类的 1/4，构成地壳总质量的 80%。硅酸盐组成非常复杂，为了方便表示其组成，常把它们看作硅酐和金属氧化物相结合的化合物，其化学式可写作：

钾长石	$K_2O \cdot Al_2O_3 \cdot 6SiO_2$	或	$K_2Al_2Si_6O_{16}$
高岭土	$Al_2O_3 \cdot 2SiO_2 \cdot 2H_2O$	或	$Al_2H_4Si_2O_9$
白云母	$K_2O \cdot Al_2O_3 \cdot 6SiO_2 \cdot 2H_2O$	或	$K_2H_4Al_2(SiO_3)_6$
石棉	$CaO \cdot 3MgO \cdot 4SiO_2$	或	$CaMg_3(SiO_3)_4$
沸石	$Na_2O \cdot Al_2O_3 \cdot 2SiO_2 \cdot nH_2O$	或	$Na_2Al_2(SiO_4)_2 \cdot nH_2O$
滑石	$3MgO \cdot 4SiO_2 \cdot H_2O$	或	$Mg_3H_2(SiO_3)_4$

高岭土是黏土的基本成分。纯高岭土是制造瓷器的原料。钾长石、云母和石英是构成花岗岩的主要成分。花岗岩和黏土是主要的建筑材料。石棉耐酸、耐热，可用来包扎蒸气管道和过滤酸液，也可制成耐火布。云母透明、耐热，可作炉窗和绝缘材料。沸石可作硬水的软化剂，也是天然的分子筛。

无论天然硅酸盐多么复杂，其内部基本结构单位都是[SiO_4]四面体。

12.4.3 硼及其化合物

1. 硼单质

浓碱在加压下分解硼镁矿，制得硼砂，酸分解硼砂得到硼酸，硼酸受热脱水得氧化硼，再用镁还原得单质硼。化学反应式如下：

$$Mg_2B_2O_5 \cdot H_2O + 2NaOH + 4H_2O = 2Na[B(OH)_4] + 2Mg(OH)_2$$

$$4Na[B(OH)_4] + CO_2 + 2H_2O \xrightarrow{\triangle} Na_2B_4O_7 \cdot 10H_2O + Na_2CO_3$$

$$Na_2B_4O_7 + H_2SO_4 + 5H_2O = 4B(OH)_3 + Na_2SO_4$$

$$2B(OH)_3 \xrightarrow{\triangle} B_2O_3 + 3H_2O$$

$$B_2O_3 + 3Mg \xrightarrow{\triangle} 2B + 3MgO$$

金属还原硼的卤化物制备单质硼：

$$2BCl_3 + 3Zn \xrightarrow{\triangle} 2B + 3ZnCl_2$$

氢气还原硼的卤化物制备单质硼，可得到 99.9%晶态 B。

$$2BBr_3 + 3H_2 \xrightarrow{\triangle,\text{W 或 Ta}} 2B + 6HBr$$

电解还原：1073K 在 KCl-KF 溶剂中电解 KBF_4，得 95%的无定形 B。

BBr_3 和 BI_3 的热分解，可得高纯度的 B。

$$2BBr_3 \xrightarrow{1273\sim1573\text{K/Ta 丝}} 2B + 3Br_2$$

$$2BI_3 \xrightarrow{1073\sim1273\text{K/Ta 丝}} 2B + 3I_2$$

硼单质包括结晶态和无定形态两种同素异形体，结晶态的硼有多种复杂的结构。图 12-15 是 α-菱形硼的结构，在单质硼的晶体中，存在一个由 12 个硼原子构成的正 20 面体基本结构单元，12 个硼原子位于 20 面体的 12 个顶点。因 20 面体的连接方式不同、化学键不同，可形成各种晶体类型，都属于原子晶体，熔点、沸点高，硬度很大(在单质中仅次于金刚石)。

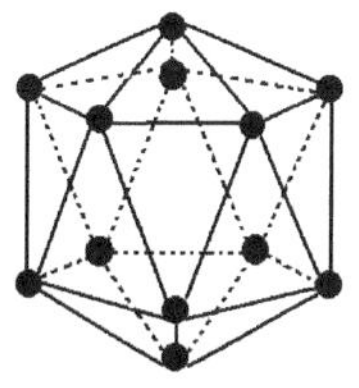

图 12-15　α-菱形硼的结构

常温下，硼与 F_2 和 O_2 反应，并放热。加热可与其他卤素反应，在适宜条件下，硼可与各种非金属直接反应，也能与许多金属生成硼化物，如 MB_6(M＝Ca、Sr、Ba、La)、MB_2(M＝Ti、Zr、Hf、V、Nb、Ta)，MB_2 熔点高、硬度大。

硼只能与氧化性酸反应。

$$\text{B(无定型)} + HNO_3\text{(浓)} + H_2O = B(OH)_3 + NO(g)$$

$$2B + 3H_2SO_4\text{(浓,热)} = 2B(OH)_3 + 3SO_2(g)$$

硼与强碱可以熔融反应。

$$2\text{B(无定型)} + 2NaOH + 6H_2O = 2Na[B(OH)_4] + 3H_2$$

2. 硼的氢化物

硼族元素的价电子构型为 ns^2np^1，价轨道数为 4，价电子数为 3，表现出缺电子特征，组成缺电子化合物。由于有空的价轨道，容易与电子给予体形成加合物或发生分子间自聚合。

(1) 乙硼烷的结构。通过间接法可制得一系列共价型硼氢化合物，它们的物理性质与烷烃类似，故称为硼烷。最简单的硼烷是乙硼烷 B_2H_6，其结构如图 12-16 所示。目前尚未得到甲硼烷，B_2H_6 可看作是 BH_3 的二聚体。

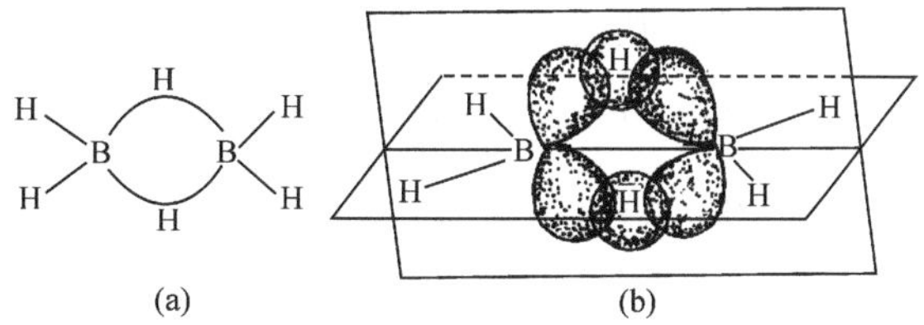

图 12-16　B_2H_6 的结构

$$2BH_3(g) = B_2H_6(g) \qquad \Delta H = -148\text{kJ} \cdot \text{mol}^{-1}$$

硼烷的组成属于 B_nH_{n+4}、B_nH_{n+6} 和 $B_nH_n^{2-}$ 等类型。其命名原则是用干支词头(甲乙丙丁等，10 以内数字)表示硼原子数，若硼原子数超过 10，则用中文数字词头标明硼原子数。氢原子数用阿拉伯数字写于硼烷名称后，如 B_5H_9、B_5H_{11} 分别为戊硼烷-9、戊硼烷-11。

(2) 乙硼烷的反应。B_2H_6 在空气中极易燃烧，放出大量的热。

$$B_2H_6(g)+3O_2(g) = B_2O_3(g)+3H_2O(l) \quad \Delta_r H_m^{\ominus} = -2156kJ \cdot mol^{-1}$$

B_2H_6 是强还原剂，能被 Cl_2 氧化。

$$B_2H_6(g)+6Cl_2(g) = 2BCl_3(l)+6HCl(l) \quad \Delta_r H_m^{\ominus} = -1376kJ \cdot mol^{-1}$$

但与 Br_2、I_2 反应生成取代产物 $B_2H_5X(X=Br、I)$。

B_2H_6 极易与 H_2O、CH_3OH 反应生成 H_2 和硼的化合物。

$$B_2H_6+6H_2O = 2H_3BO_3+6H_2$$

$$B_2H_6+6CH_3OH = 2B(OCH_3)_3+6H_2$$

与离子型氢化物反应。

$$B_2H_6+2NaH = 2NaBH_4$$

$$B_2H_6+2LiH = 2LiBH_4$$

发生加合反应。乙硼烷作为路易斯酸，与一些路易斯碱作用时，发生均裂和异裂，生成不同产物。

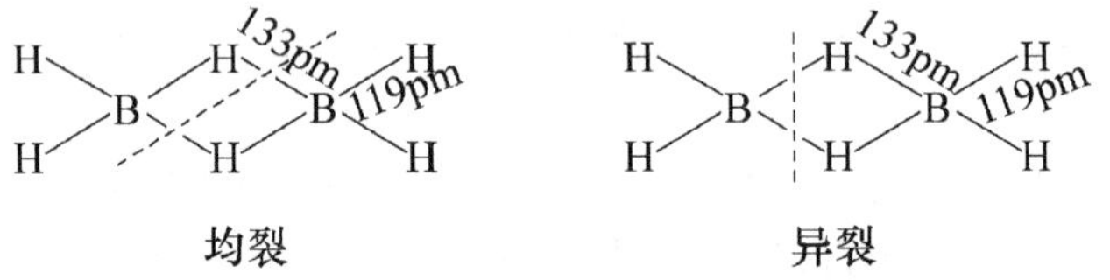

均裂反应：

$$B_2H_6+2(CH_3)_3N = 2H_3B:N(CH_3)_3$$

$$B_2H_6+2(C_2H_5)_2O = 2H_3B:O(C_2H_5)_2$$

$$B_2H_6+2PF_3 = 2H_3B:PF_3$$

异裂反应：

$$B_2H_6+2NH_3 = [BH_2(NH_3)_2]^+ + BH_4^-$$

$$B_2H_6+LiNH_2 = [BH_2NH_2]+LiBH_4$$

(3) 乙硼烷的制备。可以用下列方法制备乙硼烷。

$$3LiAlH_4+4BCl_3 = 3LiCl+3AlCl_3+2B_2H_6\uparrow$$

$$3NaBH_4+4BF_3 = 3NaBF_4+2B_2H_6\uparrow$$

$$2NaBH_4+2H_3PO_4 = 2NaH_2PO_4+B_2H_6\uparrow+2H_2\uparrow$$

工业上是在高压下及 $AlCl_3$ 催化剂存在下，用 Al 和 H_2 还原 B_2O_3 制备。

$$B_2O_3+2Al+3H_2 \xlongequal{AlCl_3} B_2H_6+Al_2O_3$$

3. 硼的含氧化合物

(1) 氧化硼。单质 B 在空气中加热或硼酸受热脱水都可生成氧化硼。

$$4B+3O_2 \xrightarrow{\triangle} 2B_2O_3$$

$$2B(OH)_3 \xrightarrow{\triangle} B_2O_3+3H_2O$$

氧化硼是白色固体，常见的有无定形和结晶体两种，结晶体具有二维片状结构。

$$B_2O_3(\text{无定形}) = B_2O_3(\text{六方晶}) \quad \Delta_r H_m^{\ominus} = -19.6kJ \cdot mol^{-1}$$

熔融的氧化硼能与许多金属氧化物互溶反应生成玻璃状硼酸盐，这些硼酸盐具有特定的颜色。

一定温度时，B_2O_3 和 NH_3 反应生成白色的氮化硼 $(BN)_n$。在 873K 时 B_2O_3 与 CaH_2 反应生成六硼化钙 CaB_6。B_2O_3 与水作用生成硼酸，其中常见的有正硼酸 H_3BO_3、偏硼酸 HBO_2

和四硼酸 $H_2B_4O_7$ 三种。

(2) 硼酸。强酸分解硼酸盐都可制得硼酸。硼酸可作润滑剂，大量用于搪瓷和玻璃工业。H_3BO_3 是六角片状白色晶体。H_3BO_3 中 B 原子以 sp^2 杂化轨道分别与 3 个 O 原子结合成平面三角形结构。H_3BO_3 晶体中，—OH 间以氢键相连，层间以范德华力结合，如图 12-17 所示。

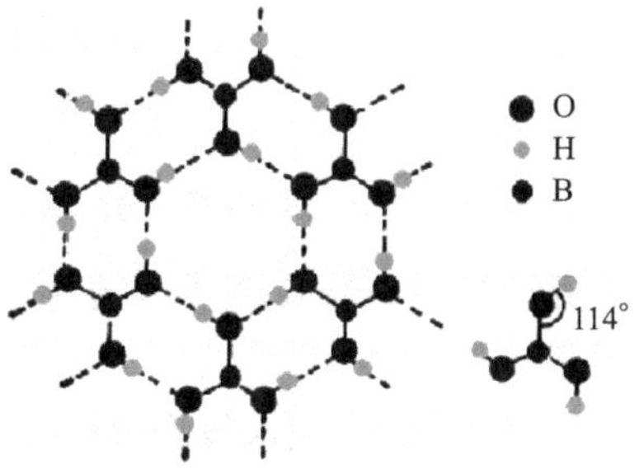

图 12-17　H_3BO_3 晶体的结构

H_3BO_3 能溶于水，溶解度随温度升高而增加；它是一种路易斯弱酸，酸性很弱，$K_a^\ominus = 5.8\times10^{-10}$，加入多羟基化合物可增加酸性。

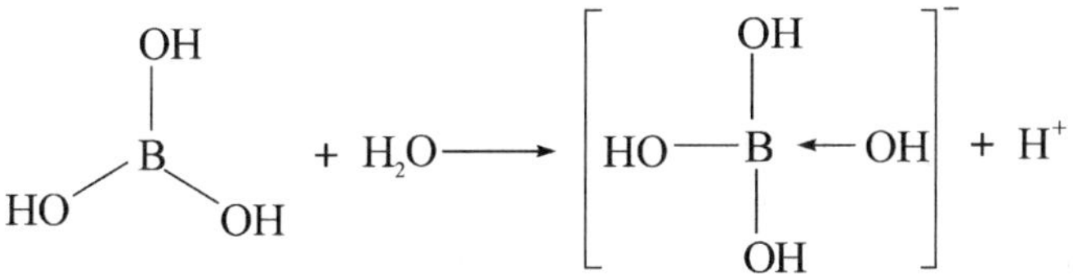

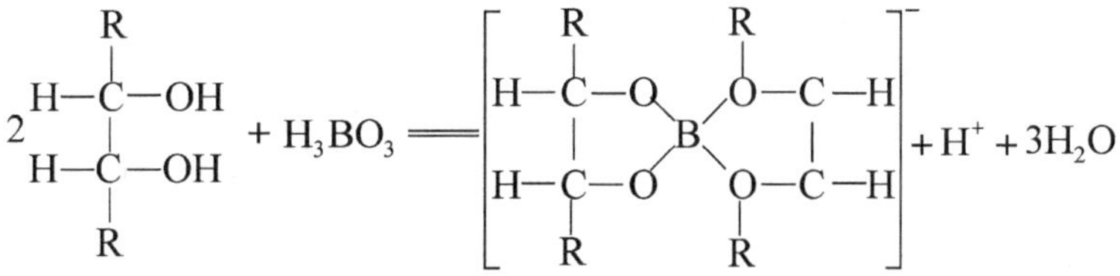

H_3BO_3 能在浓硫酸存在下与甲醇或乙醇反应生成硼酸酯，硼酸酯在高温下燃烧产生特有的绿色火焰。该反应可用于鉴别硼酸或硼酸盐等含硼化合物。

H_3BO_3 遇到极强的酸性氧化物或酸时，表现出碱性。例如

$$2H_3BO_3 + P_2O_5 \xrightarrow{\text{煮}} 2BPO_4 + 3H_2O$$

$$H_3BO_3 + H_3PO_4 \xrightarrow{\text{煮}} BPO_4 + 3H_2O$$

H_3BO_3 水溶液和 HF 作用时，生成强酸 $H[BF_4]$。

(3) 硼砂($Na_2B_4O_7\cdot10H_2O$)。它是重要的四硼酸盐，常含结晶水，有 $Na_2B_4O_5(OH)_4\cdot8H_2O$ 和 $Na_2B_4O_5(OH)_4\cdot3H_2O$ 两种。$[B_4O_5(OH)_4]^{2-}$ 的结构如图 12-18 所示。

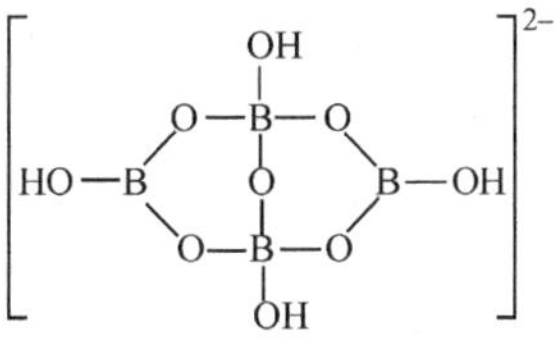

图 12-18　$[B_4O_5(OH)_4]^{2-}$ 的结构

硼砂为无色结晶，空气中易风化。

$$Na_2B_4O_5(OH)_4\cdot8H_2O \xrightarrow{650K} Na_2B_4O_7(s) \xrightarrow{1150K} Na_2B_4O_7(l)$$

$Na_2B_4O_7$ 可看作由 2mol $NaBO_2$ 和 1mol B_2O_3 组成的化合物，B_2O_3 为酸性氧化物，可与许多金属氧化物反应生成 $M(BO_2)_n$。许多 $M(BO_2)_n$ 有特征颜色，被用来鉴定金属离子，称为硼砂珠反应。例如

$$
\begin{aligned}
&Na_2B_4O_7 = B_2O_3 + 2NaBO_2 \\
+)&CoO + B_2O_3 = Co(BO_2)_2 \\
\hline
&Na_2B_4O_7 + CoO = 2NaBO_2 \cdot Co(BO_2)_2 \text{(蓝色)}
\end{aligned}
$$

硼砂是强碱弱酸盐，易溶于水，水溶液呈碱性。具有缓冲溶液特性($pH=9.24$)，可作洗衣粉填料。

$$[B_4O_5(OH)_4]^{2-} + 5H_2O = 2H_3BO_3 + 2[B(OH)_4]^-$$

12.5 氢和氢能

12.5.1 氢

氢是宇宙中最丰富的元素，在星际空间中大量存在(如太阳主要由氢组成)，在地球上氢的含量也相当丰富，约占地壳质量的0.76%，氢在生物体内平均占10%。

氢有三种同位素，名称和符号为：氢或质子氢(^1_1H，符号H)、氘(^2_1H，符号D)、氚(^3_1H，符号T)。自然界的氢中，^1_1H的丰度为99.984%，^2_1H占0.0156%，^3_1H仅有痕量存在，约占10^{-16}%。

氢的三种同位素有相同的电子构型，化学性质十分相似；但物理性质差异较大，也反映在它们组成的双原子分子(如H_2、D_2)和化合物(如H_2O、D_2O)性质上的不同，这种差异源自核的质量数不同。

氘和氚是核聚变反应的原料。核聚变反应存在于宇宙间，太阳发射出来的巨大能量，就是来源于组成太阳的氢原子几种同位素之间的核聚变反应(如$^2_1H + ^3_1H \longrightarrow ^4_2He + ^1_0n$)。重水($D_2O$)能作为核裂变反应的冷却剂。

12.5.2 氢的成键特征

氢的基态电子构型为$1s^1$，失去一个电子形成H^+[$H(g) \longrightarrow H^+(g) + e^-$，吸热$1312kJ \cdot mol^{-1}$]；可结合一个电子形成具有$1s^2$的负离子$H^-$[$H(g) + e^- \longrightarrow H^-(g)$，放热$73kJ \cdot mol^{-1}$]。H、$H^+$、$H^-$的半径分别为53pm、0.0015pm、208pm。伴随结构化学和合成化学的发展，通过H、H^+、H^-等能组成性质各异的化合物，发现氢原子的成键形式多种多样。

(1)形成共价单键。氢原子与其他非金属元素组成共价型氢化物，如HCl、H_2O、NH_3、CH_4等。

(2)形成离子键。氢原子与活泼金属Li、Na、K、Ru、Cs、Ca、Sr、Ba等形成离子型氢化物，如LiH、NaH、CaH_2等。H^-能与B^{3+}、Al^{3+}、Ga^{3+}等组成通式为XH_4^-的复合型氢化物，如$LiBH_4$、$LiAlH_4$、$LiGaH_4$等。这些复合型氢化物在有机合成中是重要的氢化还原剂。

(3)金属氢化物。氢原子能与许多金属特别是过渡金属或合金及稀土元素组成二元或多元氢化物，如VH_2、Mg_2NiH_4、$TiFeH_{1.9}$、$LaNi_5H_6$、$ZrCo_2H_4$、$MmCo_5H_3$(Mm=混合稀土金属)。

(4)几种特殊键型。可形成单电子σ键，如H_2^+分子离子。可形成三中心二电子键，如H_3^+，为三角形结构，比H_2^+稳定得多。在硼烷等化合物中，氢原子可与相邻原子组成氢桥键，如B_2H_6中，H原子与2个B原子组成三中心二电子氢桥键。

(5)形成氢键。当H以共价键和1个电负性高而半径小的X(如F、O、N等)结合形成氢化物H—X时，共用电子对强烈偏向X端，使H原子带部分正电荷，与含有孤对电子而电负性较强的Y原子(如F、O、N等)之间存在着静电吸引力和部分共价力，以氢原子为中心联结的X、Y间(X—H⋯Y)形成了氢键。氢键可看成是三中心四电子键，其键能介于共价键和范德华力之间。

12.5.3 氢能

1. 氢能的概念

氢能是指以氢及其同位素为主体的反应中或氢状态变化过程中所释放的能量。氢能包括氢核能和氢化学能，后者主要由氢与氧化剂发生化学反应而放出。经济如果建筑在以氢为通用能源的基础上，化石燃料的枯竭和环境污染等问题将迎刃而解。因此，人们把对氢能源的研究与开发所建立起来的经济称为氢经济。

氢作为二次能源进行开发，与其他能源相比有明显的优势。氢作为化学能源，其燃烧产物是水，不污染环境，属于清洁能源。氢是地球上取之不尽、用之不竭的能量资源，无枯竭之忧。氢能源热值高，与化石燃料相比，约是汽油的 2.6 倍、煤的 4.8 倍，且燃烧温度可在 200～2000℃之间选择，可满足热机对燃料的使用要求。氢可以储存，便于运输，比优质的二次能源——电能的输送和储存损耗还小。氢-氧燃料电池还可高效率地直接将化学能转变为电能，具有十分广泛的发展前景。

2. 氢气的制备

氢能源的开发应用必须解决三个关键问题，即廉价氢的大批量制备、氢的储运和氢的合理有效利用。

在工业生产中大规模制取氢气，目前主要有水煤气法和天然气或裂解石油气制氢，但作为氢能体系，不能再考虑用化石制氢，只能由水的分解来制取。

(1) 电解水制氢。电解水是较早的制氢方法，又不依赖化石能源。纯水是电的不良导体，电解时需向水中加入强电解质以提高导电性，但酸有腐蚀性、盐会生成副产物，故一般多以氢氧化钾水溶液作为电解液。

阴极　$2H_2O + 2e^- = 2OH^- + H_2\uparrow$

阳极　$2OH^- = H_2O + 1/2O_2 + 2e^-$

水的理论分解电压为 1.23V，但由于氢气和氧气生成反应的超电压、电解液电阻和其他电阻，实际电解电压为 2.0～2.2V，而使制氢成本升高。降低成本的办法是大幅度提高电能效率和电流密度。

电解水制氢在水电和核电资源丰富的国家和地区会发挥巨大作用，但从能量转换的全过程看，若按照“核能→热能→机械能→电能→氢化学能”的模式进行，因转换步骤多，尤其热功转换的限制，总效率一般低于 20%。即使热功转换效率提高到 40%，电解效率 80%，总效率也仅 32%左右。

(2) 热化学分解水制氢。纯水的热分解避开了热功转换而将热能直接转换为氢的化学能，理论转换率要高得多。为使水仅依靠吸收热能而分解，须使 $\Delta_r G_m \leqslant 0$。为此，温度应高于 4300K 反应才能发生。为了降低分解温度，人们设想在热分解过程中引入热化学循环。一般来说，循环步骤越多，可使水的热分解温度越低，但步骤越多，不但工艺复杂，而且理论热效率也越低。例如，利用太阳能分解金属氧化物的热化学循环：

$$2CuO \xrightarrow{1353K} Cu_2O + 1/2O_2(g)$$

$$Cu_2O + I_2(g) + Mg(OH)_2(g) \xrightarrow{348K} 2CuO(s) + MgI_2(aq) + H_2O(g)$$

$$MgI_2(aq) + H_2O(g) \xrightarrow{673K} MgO(s) + 2HI(g)$$

$$2HI(g) \xrightarrow{1158K} H_2(g) + I_2(g)$$

$$MgO(s) + H_2O \xrightarrow{\text{室温}} Mg(OH)_2$$

总反应：

$$H_2O \xrightarrow{\triangle} H_2 + 1/2O_2$$

循环生成的金属氧化物可直接在太阳炉中辐射热分解，简化了过程中的热传导问题，且应用了廉价能源。

(3) 水的光分解和光电化学分解。以阳光辐照直接分解水制氢的研究始于 Heidt 等，他们用含有 Ce^{4+}/Ce^{3+} 的水溶液接受紫外光照射时会有氢气产生。Fe^{3+}/Fe^{2+} 和 Cu^{2+}/Cu^{+} 体系与之相似。不过因为是在均相溶液中，易发生可逆反应，效率极低。20 世纪 70 年代末，人们发现一些有机金属配合物，如联吡啶钌配合物，吸收光能后产生光激发。其激发态既是电子受体，又是电子供体，能实现电荷的分离和传递，因而能分解水为氢和氧。在 $0.5mol \cdot L^{-1}$ H_2SO_4 或 pH＝6.8 的溶液中氧产率为 83%。事实上，钌的配合物在分解水制氢中扮演了催化剂的角色。Ru(bpy)与铁硫化合物$[Fe(SCH_2ph)_4]^{2+}$一起在太阳光照射下也能放出氢气。

n 型半导体 TiO_2 作为阳极(负极)，铂片作为阴极(正极)浸于 $0.5mol \cdot L^{-1}$ 硫酸中构成光电池，称为电化学光电池。水的光解和光电化学分解是极富探索性的课题，前景十分诱人。

利用在光合作用中可释放氢的微生物(如光和细菌或某些藻类),通过氢化酶诱发电子,使之与水中的 H^+ 结合而生成氢气。目前,正在培育高效产氢的特殊微生物。

3. 氢的输送与储存

氢气的输送和储存所需技术,基本上与输送和储存天然气的技术大致相同,氢气可像天然气一样通过管道输送。目前工业上所用的储氢技术大致有 4 种。

(1) 加压气态储存。氢气可像天然气一样用高压钢瓶储运,但 40L 的钢瓶在 15MPa 下最多能装 0.5kg 氢气,不到装载器质量的 2%。运输成本太高,此外还有氢气压缩的能耗和相应的安全问题也需考虑。

(2) 深冷液化储存。液氢可作为氢的储存状态,它是通过高压氢气绝热膨胀而生成。液氢沸点仅 20.38K,气化焓 $0.91kJ \cdot mol^{-1}$,因此稍有热量从外界渗入容器,即可快速沸腾而损失。短时储存液氢的储槽是敞口的,允许其有少量蒸发以保持低温。较长时间储存液氢则需用真空绝缘储槽。

(3) 金属氢化物储氢。以金属同氢反应生成金属氢化物而将氢储存和固定的技术,它们在一定温度和压力下会大量吸收氢而生成金属氢化物。适当改变温度和压力即可发生逆反应释放出氢气,且释氢速率较大。

(4) 非金属氢化物储氢。由于氢的化学性质活泼,它能与许多非金属元素或化合物作用,生成各种含氢化合物,可作为人造燃料或氢能的储存材料。氢可与 CO 催化反应生成烃和醇,这些反应释放热量和体积收缩,加压和低温有利于反应的进行。甲烷本身就是一种燃料,甲醇既可替代汽油作内燃机燃料,也可掺兑在汽油中供汽车使用。它们的储存、运输和使用都十分方便。甲醇还可脱水合成烯烃,制成人造汽油。

氢与一些不饱和烃加成生成含氢更多的烃,将氢寄存其中。例如,C_7H_{14} 为液体燃料,加热又可释放出氢,因此也可视为液体储氢材料。氢可与氮生成氮的含氢化合物氨、肼等,它们既是人造燃料,也是氢的寄存化合物。有些硼氢化合物可通过分解释放出氢气,所以也可用硼和硼的氢化物储氢。

4. 氢能的利用

(1) 氢直接作为燃料。氢直接燃烧产物只有水,无其他污染物。直接燃氢只需将现行燃气设备稍加改造(主要是改造喷嘴)即可。例如,高炉炼铁,可用氢气代替焦炭,向高炉通过富氢的氢/空气混合物,同样可将铁矿石还原为铁,且有更高的纯度,适于炼制各种钢。硅、硫等各种主要来自焦炭的杂质含量也会降低。

(2) 氢作发动机燃料。在车船上使用氢动力内燃机,需要解决的最关键问题是燃料氢的储存。例如,一般汽车油箱可存油 200kg,与之等能量的氢约 20kg。若将其压缩至 300L 的容器中,所需压力约 80MPa,相应的钢质高压容器自重约 1550kg。用金属氢化物储氢器,目前仍在实验阶段。一个 500kg 的储氢系统所存氢仅可供汽车行驶 200~300km,而一次充氢需 0.5~1h。以深冷液化方式在车船上储氢,无论在重量上或行驶里程上都是目前唯一能与汽油储存相比的方式,但因液氢密度很小($71g \cdot L^{-1}$),故需用容积较大、绝热良好的储氢容器,而且车船停驶时,需承受明显的液氢蒸发损耗。

(3) 燃氢飞机。液氢单位质量的燃烧热值最大;其沸点低,气化热和比热容都很大,有很强冷却能力,用液氢作冷却剂可散发高速飞机表面的热量,减少飞行的空气动力学阻力;氢燃料点火容易,燃烧稳定,燃烧效率高;由于火焰亮度低、辐射能量少,燃烧室壁的温度可降低,所以燃气飞机更适合于高空和高超音速飞行,飞行高度可比燃油飞机提高 3~7km。同时,液氢的燃烧可使发动机及其部件无积炭、无腐蚀,延长发动机使用寿命,排气对高空和地面环境的污染可降至最低程度。

液氢作为燃料使用还存在不少问题。例如,液氢的液化温度很低,必须制冷,因而消耗能量,这势必增加液氢使用成本。此外,飞机设计制造和机场设备都应考虑氢的液化、储存、输送和管理等要求。由于液氢密度小,导致飞机的储箱体积很大,设计布置得不好,就会增加飞行阻力。即使储氢容器绝热性能再好,也不可能一次充装后较长时间保存,挥发出的氢气,必须定时自动疏散或在飞机上加以利用,否则会发生危险。

作为新型能源,今后在时速 10000km 以上的高超音速飞机发动机中以液氢为燃料有广阔的发展前景。

(4) 宇航推进剂。由于液氢密度小,单位容积的能量密度低,不太适合作为运载火箭的第一、二级燃料。而在其后的各级使用氢-氧发动机,其有效载荷可比同推力一般液体燃料火箭高 50%左右。液氢-液氧火箭发动机曾为阿波罗宇宙飞船登月飞行和航天飞机的顺利发射提供过巨大能量。西欧诸国联合研制的阿丽亚娜运载火箭的第三级和日本研制的 H-1 运载火箭的第二级也是液氢-液氧发动机。此类发动机也对我国长征运载火箭的连续多次成功发射作出了巨大贡献。

习　题

1. 选择题。

(1) 含 I^- 的溶液中通 Cl_2，产物可能是(　　)。

A. I_2 和 Cl^-　B. IO_3^- 和 Cl^-　C. ICl_2^-　D. 以上产物均可能

(2) $LiNO_3$ 和 $NaNO_3$ 都在 700℃左右分解，其分解产物是(　　)。

A. 都是氧化物和氧气　B. 都是亚硝酸盐和氧气　C. 除产物氧气外，其余产物均不同

(3) H_2S 和 SO_2 反应的主要产物是(　　)。

A. $H_2S_2O_4$　B. S　C. H_2SO_4　D. H_2SO_3

(4) 下列物质中酸性最弱的是(　　)。

A. H_3PO_4　B. $HClO_3$　C. H_3AsO_4　D. H_3AsO_3

2. 试述氯的各种氧化态的含氧酸及其盐的酸性和氧化性的递变规律。

3. 金属与硝酸作用，就金属而言有几种类型？就 HNO_3 被还原的产物而言，有什么特点？

4. H_2SO_3 是常用的还原剂，浓 H_2SO_4 是常用的氧化剂。试问两者相混合时能发生氧化反应吗？为什么？

5. 为何不用 NH_4NO_3、$(NH_4)_2Cr_2O_7$、NH_4HCO_3 制取 NH_3？

6. 反应 $4NH_3(g)+5O_2(g)\xrightarrow[\triangle]{\text{催化剂}}4NO(g)+6H_2O(g)$是生产硝酸的重要反应。

(1) 试通过热力学计算证明该反应在常温下可以自发进行；

(2) 生产上一般选择反应温度在 800℃左右，试分析原因。

7. 为什么一般情况下浓 HNO_3 被还原为 NO_2，而稀 HNO_3 被还原成 NO？这与它们氧化能力的强弱是否矛盾？

8. 解释下列事实：

(1) NH_4HCO_3 俗称“气肥”，储存时要密封；

(2) 用浓氨水可检查氯气管道是否漏气。

9. 用平衡移动的观点解释 Na_2HPO_4 和 NaH_2PO_4 与 $AgNO_3$ 作用都生成黄色 Ag_3PO_4 沉淀。沉淀析出后溶液的酸碱性有何变化？写出相应的反应方程式。

10. 试从水解、解离平衡角度综合分析 Na_3PO_4、Na_2HPO_4 和 NaH_2PO_4 水溶液的酸碱性。

11. 要使氨气干燥，应将其通过下列哪种干燥剂？

(1) 浓 H_2SO_4；(2) $CaCl_2$；(3) P_4O_{10}；(4) NaOH(s)。

12. 汽车废气中的 NO 和 CO 均为有害气体，为了减少这些气体对空气的污染，从热力学观点判断下述反应可否利用？

$$2CO(g)+2NO(g)\longrightarrow 2CO_2(g)+N_2(g)$$

13. 如何鉴定 NO_3^-、NO_2^-、PO_4^{3-}？写出其反应方程式。

14. 如何除去 CO 中的 CO_2 气体？

15. 试通过热力学分析说明下列反应要在高温下才能进行。

$$SiO_2(s)+2C(s)\longrightarrow Si(s)+2CO(g)$$

16. 解释下列现象：

(1) 在卤素化合物中，Cl、Br、I 可呈现多种氧化数；

(2) KI 溶液中通入氯气时，开始溶液呈现红棕色，继续通入氯气，颜色褪去。

17. 在氯水中分别加入下列物质，对氯与水的可逆反应有何影响？

(1) 稀硫酸；(2) 苛性钠；(3) 氯化钠。

18. 怎样除去工业溴中少量 Cl_2？

19. 将 Cl_2 通入熟石灰中得到漂白粉，而向漂白粉中加入盐酸却产生 Cl_2，试解释。

20. 试用三种简便的方法鉴别 NaCl、NaBr、NaI。

21. 下列两个反应在酸性介质中均能发生，请解释。

(1) $Br_2 + 2I^- \longrightarrow 2Br^- + I_2$

(2) $2BrO_3^- + I_2 \longrightarrow 2IO_3^- + Br_2$

22. 解释下列现象：

(1) I_2 在水中的溶解度小，而在 KI 溶液中的溶解度大；

(2) I^- 可被 Fe^{3+} 氧化，但加入 F^- 后就不被 Fe^{3+} 氧化；

(3) 漂白粉在潮湿空气中逐渐失效。

23. 根据元素电势图判断下列歧化反应能否发生？

(1) $Cl_2 + 2OH^- \longrightarrow Cl^- + ClO^- + H_2O$

(2) $3I_2 + 3H_2O \longrightarrow IO_3^- + 5I^- + 6H^+$

(3) $3HIO \longrightarrow IO_3^- + 2I^- + 3H^+$

24. 有两种白色晶体 A 和 B，均为钠盐且溶于水。A 的水溶液呈中性，B 的水溶液呈碱性。A 溶液与 $FeCl_3$ 溶液作用呈红棕色，与 $AgNO_3$ 溶液作用出现黄色沉淀。晶体 B 与浓盐酸反应产生黄绿色气体，该气体与冷 NaOH 溶液作用得到含 B 的溶液。向 A 溶液中开始滴加 B 溶液时，溶液呈红棕色，若继续滴加过量的 B 溶液，则溶液的红棕色消失。问 A 和 B 各为何物？写出上述有关的反应式。

25. 从卤化物制取各种 HX (X＝F、Cl、Br、I)，各应采用什么酸？为什么？

26. 设法除去：(1) KCl 中的 KI 杂质；(2) $CaCl_2$ 中的 $Ca(ClO)_2$ 杂质；(3) $FeCl_3$ 中的 $FeCl_2$ 杂质。

27. 实验室中制备 H_2S 气体为什么不用 HNO_3，而用 HCl 与 FeS 作用？

28. 写出并配平下列反应的离子方程式。

(1) 碘在硫代硫酸钠溶液中褪色；

(2) 锌与稀硫酸、稀硝酸反应；

(3) 重铬酸钾与一定浓度盐酸反应制取氯气；

(4) 氯气与石灰反应制取漂白粉；

(5) 用盐酸酸化多硫化物溶液；

(6) H_2S 通入 $FeCl_3$ 溶液中；

(7) 在弱碱性介质中亚砷酸还原氧化剂碘；

(8) 氯从溴酸盐中置换出 Br_2。

29. H_2S 气体通入 $MnSO_4$ 溶液中不产生 MnS 沉淀。若 $MnSO_4$ 溶液中含有一定量的氨水，通入 H_2S 时即有 MnS 沉淀产生。为什么？

30. 下列各组物质能否共存？为什么？

(1) H_2S 与 H_2O_2；(2) MnO_2 与 H_2O_2；(3) H_2SO_3 与 H_2O_2；(4) PbS 与 H_2O_2。

31. 全球工业生产每年向大气排放约 1.46 亿吨 SO_2，请提出几种可能的化学方法以消除 SO_2 对大气的污染。

32. 浓硫酸能干燥下列何种气体？

Na_2S　　NH_3　　H_2　　Cl_2　　CO_2

33. $AgNO_3$ 溶液中加入少量 $Na_2S_2O_3$，与 $Na_2S_2O_3$ 溶液中加入少量 $AgNO_3$，反应有何不同？

第 13 章　金属元素化学

已知的元素中有 90 余种是金属元素，约占 4/5，分布在周期表的各个分区。自然界中最普遍存在的金属元素有铝、铁、钠、钾、钙、镁等，它们是构成生命物质不可缺少的元素。其他一些金属元素，如锰、锌、铜、钼、钴等也是生物生命过程所必需的微量元素。金属元素的单质和化合物在工农业生产和日常生活中有广泛的应用。本章只对一些重要的金属元素及其化合物作扼要的介绍。

13.1　碱金属和碱土金属

ⅠA 族的 Li、Na、K、Rb、Cs、Fr 称为碱金属，ⅡA 族的 Be、Mg、Ca、Sr、Ba、Ra 称为碱土金属，它们以卤化物、硫酸盐、碳酸盐和硅酸盐存在于地壳中。Na、K、Ca 等存在于动植物体内，参与生命过程；Rb、Cs 自然界存在较少，是稀有金属；Fr 和 Ra 是放射性金属。Fr 放射性极强、半衰期极短，在天然放射性衰变和核反应中可形成微量的 Fr。Ra 首先被玛丽·居里从沥青油矿中分离出来，其所有的同位素都有放射性，且寿命长，如 ^{226}Ra 的半衰期为 1602 年，它在 ^{238}U 的天然衰变系中形成。

13.1.1　金属单质

1. 通性

碱金属和碱土金属的基本性质列于表 13-1 中。碱金属和碱土金属表现出金属的外观和良好的导电性，但硬度、熔点和沸点与其他金属相比很低。这是因为碱金属和碱土金属成键电子数少，金属键弱，反映在宏观性质上表现出低熔、沸点和低硬度的特点。碱金属和碱土金属的物理性质列于表 13-2 中。ⅠA 和ⅡA 族元素的电子构型分别为 ns^1 和 ns^2，能失去 1 个或 2 个电子形成氧化数为 +1 或 +2 的离子型化合物。同族中它们的有效核电荷相等，但自上而下，原子(离子)半径依次增大，电离能、电负性逐渐降低，金属性增强。

表 13-1　碱金属和碱土金属的基本性质

元素	原子序数	电子构型	氧化态	原子半径/pm	离子半径/pm	电离能/(kJ·mol⁻¹) I_1	电离能/(kJ·mol⁻¹) I_2	电负性	气态离子水合能/(kJ·mol⁻¹)	$E^\ominus(M^{n+}/M)$/V
Li	3	$[He]2s^1$	+1	123	60	520	7298	0.98	−519	−3.04
Na	11	$[Ne]3s^1$	+1	154	95	496	4562	0.93	−406	−2.713
K	19	$[Ar]4s^1$	+1	203	133	419	3051	0.82	−322	−2.924
Rb	37	$[Kr]5s^1$	+1	216	148	403	2633	0.82	−293	−2.924
Cs	55	$[Xe]6s^1$	+1	235	169	376	2230	0.79	−264	−2.923
Be	4	$[He]2s^2$	+2	89	31	900	1757	1.57	−2494	−1.85
Mg	12	$[Ne]3s^2$	+2	136	65	738	1451	1.31	−1921	−2.37
Ca	20	$[Ar]4s^2$	+2	174	99	590	1145	1.00	−1577	−2.84
Sr	38	$[Kr]5s^2$	+2	191	113	550	1064	0.95	−1443	−2.89
Ba	56	$[Xe]6s^2$	+2	198	135	503	965	0.89	−1305	−2.92

从它们的电离能、电负性和电极电势看，都是活泼金属，几乎能与所有的非金属单质发生化学反应生成离子化合物。

表 13-2　碱金属和碱土金属的物理性质

元素	密度(293K) /($g \cdot cm^{-3}$)	熔点/K	沸点/K	硬度(布氏)	原子化焓 $\Delta_{at}H^{\ominus}$ /($kJ \cdot mol^{-1}$)	导电性(Hg 为 1)
Li	0.534	453.69	1620	0.6	159.37	11.2
Na	0.981	370.96	1156.1	0.4	107.32	20.8
K	0.862	336.80	1047	0.5	89.24	13.6
Rb	1.532	312.2	961	0.3	80.88	7.7
Cs	1.873	301.55	951.6	0.2	76.065	4.8
Be	1.85	1551	3243			
Mg	1.74	922	1363	2.0		
Ca	1.550	1112	1757	1.5	178.2	20.8
Sr	2.540	1042	1657	1.8	164.4	4.2
Ba	3.594	993	1913		180	—

从表 13-1 可知，碱金属和碱土金属的电离能很小，标准电极电势均呈负数，且绝对值很大，表明不论在水溶液或干态都有很强的还原性。虽然锂表现出最低的标准电极电势值，但实际与水的反应，锂远不如其他碱金属剧烈。原因是：一方面，锂硬度高、熔点高、不易分散，反应的活化能很高；另一方面，与水反应的生成物 LiOH 溶解度小，覆盖在金属锂表面，阻止了进一步反应。

由于碱金属和碱土金属能与水迅速反应放出氢气，所以不能用于水溶液中还原任何物质，但可成为非水介质中有机化学反应的重要还原剂。同时，也是高温条件下以氧化物或氯化物制备稀有金属的重要还原剂。例如

$$TiCl_4 + 4Na \xlongequal{} Ti + 4NaCl$$

$$ZrO_2 + 2Ca \xlongequal{} Zr + 2CaO$$

当然，这些反应必须在真空或稀有气体保护下进行。

碱金属和碱土金属的主要化学性质如表 13-3 所示。

表 13-3　碱金属和碱土金属的主要化学性质

性质	碱金属	碱土金属
在空气中加热	$M_2O + M_3N$(M=Li) M_2O_2(M=Na、K、Rb、Cs) MO_2(M=K、Rb、Cs)	$MO + M_3N_2$ MO_2(M=Sr、Ba、Ca 不易、Mg 难)
与卤素反应	MX	MX_2
与硫反应	M_2S	MS
与氢反应	MH	MH_2(除 Be、Mg 外)
与氮反应	Li_3N	M_3N_2(Be 在 1170K 以上才反应)
与水反应	$MOH + H_2\uparrow$	$M(OH)_2 + H_2\uparrow$(Mg 与热水)
与 $TiCl_4$ 反应	Ti+MCl(M=Na、K)	$Ti + MCl_2$(M=Mg)
与氨反应	$MNH_2 + H_2\uparrow$	$M(NH_2)_2 + H_2\uparrow$
与磷反应	M_3P	M_3P_2

2. 单质的制备与用途

碱金属和碱土金属很活泼，不能用任何涉及水溶液的方法制备。较轻且挥发性较小的金属用熔盐电解法制取，其他则用活泼金属与氧化物或氯化物进行置换反应得到。例如

$$2NaCl(l) \xlongequal{电解} 2Na + Cl_2(g)$$

$$2LiCl(l) \xlongequal[KCl]{电解} 2Li + Cl_2(g)$$

$$Na(l) + KCl \xlongequal{} NaCl(l) + K(g)$$

也可用热还原法制备，如镁的生产，用白云石 $CaMg(CO_3)_2$ 加热分解得到氧化钙和氧化镁的混合物，在镍容器中以硅铁还原。

$$2MgO(s) + 2CaO(s) + Si(s) \xrightarrow{1473K} 2Mg(g) + Ca_2SiO_4(s)$$

镁从真空中蒸馏出来。工业上也可用碳在 2273K 时还原氧化镁制得镁。

$$MgO(s) + C(s) \xlongequal{} CO(g) + Mg(g)$$

元素周期表中，Mg 处于 Li 的右下方，它们的性质很相似。例如，锂和镁在过量氧中燃烧，只形成正常氧化物；锂和镁的某些盐类，如氟化物、碳酸盐、磷酸盐及氢氧化物均难溶于水；氢氧化物均为中强碱等。性质相似的内在原因在于像 Li 和 Mg 这样一对处于斜线上的元素，其离子电荷和半径的比值相近，即离子的电场强度相近。除 Li 和 Mg 外，处于斜线上的元素 Be 和 Al、B 和 Si 的许多性质也十分相似，这种相似性称为斜线关系或对角线关系。

金属钠主要用于生产其他金属，特别是稀有金属；制备高附加值钠的化合物，如氢化钠、过氧化钠等；在某些染料、药物及香料生产中用作还原剂；制造钠光灯，用于核反应堆的冷却剂等。锂和锂合金是一种理想的高能燃料，锂电池是一种高能电池，$LiBH_4$、$LiAlH_4$ 等是重要的还原剂和储氢材料。Cs 失去电子的倾向很强，受光照射时表现出强烈的光电效应，Cs 常用于制造光电管。铷、铯可用于制造最准确的计时仪器——铷、铯原子钟。

13.1.2 氧化物、氢氧化物和氢化物

1. 氧化物

案例 13-1 生氧呼吸器即生氧式防毒面具，它是利用人呼出气体中的二氧化碳和水蒸气与大量的生氧剂反应生成氧气，使呼出气体经补氧和净化后供人使用的一种闭路循环式呼吸器。它由生氧系统(含生氧罐、启动装置和应急装置)、降温系统(含冷却管、降温增湿器)、储气装置(含储气囊及排气阀)和背具等构成。其中，生氧罐是防毒面具的重要部件，内装超氧化钾、超氧化钠、过氧化钾或过氧化钠等生氧剂，这类碱性氧化物能与二氧化碳反应起到生氧的作用。该反应过程放热，会导致通过气流温度升高，因此需要有降温装置对气流进行降温以供人呼吸。

问题：过氧化钠等生氧剂是利用什么反应生成氧气的？

分析：包括过氧化钠在内的碱性过氧化物、超氧化物等生氧剂易与人呼出气体中的二氧化碳反应生成氧气，或者与人呼出气体中的水蒸气反应生成过氧化氢，而过氧化氢不稳定易分解放出氧气，同时均有大量的热放出。因此，过氧化钠等生氧剂可以用作高空飞行或潜水时的供氧剂和二氧化碳的吸收剂，同时也可作为防毒面具的填充材料。

碱金属和碱土金属与 O_2 反应可能生成三种类型的氧化物：正常氧化物 M_2O/MO、过氧化物 M_2O_2/MO_2 和超氧化物 MO_2/MO_4。除锂和钙外，均能生成稳定的过氧化物和超氧

化物。

除 BeO 为两性外，其他氧化物均显碱性。经过煅烧的 BeO 和 MgO 极难与水反应，它们的熔点很高，是很好的耐火材料。氧化镁晶须具有良好的耐热性、绝缘性、热传导性、耐碱性、稳定性和补强特性，用作各种复合材料的补强剂。

过氧化物中含有过氧离子 O_2^{2-} 或 $[O-O]^{2-}$。碱金属过氧化物最常见的是过氧化钠，呈浅黄色。工业上用除去 CO_2 的干燥空气通入熔融的金属钠中，控制空气流量和反应温度制得。

$$2Na+O_2 \xlongequal{573\sim673K} Na_2O_2$$

碱土金属过氧化物以过氧化钡较为重要。在 773～793K 时，将氧气通过金属钡即可制得。

$$Ba+O_2 \xlongequal{773\sim793K} BaO_2$$

过氧化物遇水、稀酸等均能产生过氧化氢，进而放出氧气，或遇到 CO_2 直接放出氧气，可用作氧化剂、漂白剂和氧气发生剂。

$$Na_2O_2+2H_2O \xlongequal{} H_2O_2+2NaOH$$

$$2H_2O_2 \xlongequal{} 2H_2O+O_2\uparrow$$

$$2Na_2O_2+2CO_2 \xlongequal{} 2Na_2CO_3+O_2\uparrow$$

因此，过氧化钠在防毒面具、高空作业和潜艇中作 CO_2 吸收剂和供氧剂。

$$BaO_2+H_2SO_4 \xlongequal{} H_2O_2+BaSO_4(s)$$

该反应可用于实验室制备 H_2O_2。

此外，过氧化钠兼具碱性和强氧化性，是常用的强氧化剂，可用作矿物熔剂，使某些不溶于酸的矿物分解。例如

$$2Fe(CrO_2)_2+7Na_2O_2 \xlongequal{} 4Na_2CrO_4+Fe_2O_3+3Na_2O$$

过氧化物有强氧化性，熔解时遇到棉花、炭粉或铝粉时会发生爆炸，使用时要十分小心。

超氧化物是 K、Rb、Cs 等在过量氧气中反应的产物。KO_2 是橙黄色固体，RbO_2 是深棕色固体，CsO_2 为深黄色固体。超氧化物中含有超氧离子 O_2^-，有一个 σ 键和一个三电子 π 键，具有顺磁性。超氧化物是强氧化剂，能与 H_2O、CO_2 等反应放出氧气，故也可用作供氧剂。

过氧化物和超氧化物遇到水和二氧化碳等，能缓慢释放氧气，故称之为储氧材料。

干燥的 K、Rb、Cs 的氢氧化物固体与 O_3 反应和 O_3 通入的液氨溶液均能得到臭氧化物。

$$6MOH+4O_3 \xlongequal{} 4MO_3+2MOH\cdot H_2O+O_2\uparrow(M=K,Rb,Cs)$$

$$M+O_3 \xrightarrow{NH_3(l)} MO_3(M=K,Rb,Cs)$$

臭氧化物与水反应放出氧气。

$$4MO_3+2H_2O \xlongequal{} 4MOH+5O_2\uparrow$$

碱金属臭氧化物在室温放置会缓慢分解，生成超氧化物和氧气。

2. 氢氧化物

碱金属和碱土金属的氢氧化物都是白色固体。碱金属氢氧化物在水中都易溶，碱土金属氢氧化物在水中的溶解度比碱金属氢氧化物小得多，其中 $Be(OH)_2$ 和 $Mg(OH)_2$ 难溶。氢氧化物中除 $Be(OH)_2$ 呈两性，LiOH、$Mg(OH)_2$ 为中强碱外，其余 MOH、$M(OH)_2$ 均为强碱。

酸和碱在性质上有很大差别，但从组成上可把它们看成同一类型的化合物，即氢氧化物，

用通式 $R(OH)_n$ 表示，n 代表元素 R 的氧化数。从离子键的观点，把 R、O、H 视为 R^{n+}、O^{2-}、H^+，称为 ROH 模型。$R(OH)_n$ 型物质在水溶液中有两种解离方式：

$$R—O—H \longrightarrow RO^- + H^+ \qquad \text{酸式解离}$$

$$R—O—H \longrightarrow R^+ + OH^- \qquad \text{碱式解离}$$

上述两种解离方式，反映了 R^{n+} 和 H^+ 争夺 O^{2-} 能力的强弱。由于 H^+ 半径小，与 O^{2-} 结合力很强，故 R^{n+} 能否争夺到 O^{2-} 取决于 R 的电荷、半径以及对 H^+ 斥力的强弱。若 R^{n+} 的电荷少、半径大，对 O^{2-} 的吸引力弱于 H^+，则在水分子作用下发生碱式解离，此元素的氢氧化物就是碱。反之，若 R^{n+} 电荷多、半径小，对 O^{2-} 的吸引力和对 H^+ 的排斥力都很大，致使 O—H 键削弱而发生酸式解离，此元素的氢氧化物就是酸。如果 R^{n+} 对 O^{2-} 的吸引力与 H^+ 对 O^{2-} 的吸引力二者相差不大，则有可能按两种方式解离，这就是两性氢氧化物。由离子势 $\varphi = Z/r$（Z 为电荷数，r 为离子半径，单位为 pm）可得判断 $R(OH)_n$ 酸碱性的经验规则：

$$\sqrt{\varphi} < 0.22 \qquad R(OH)_n \text{呈碱性}$$

$$0.22 < \sqrt{\varphi} < 0.32 \qquad R(OH)_n \text{呈两性}$$

$$\sqrt{\varphi} > 0.32 \qquad R(OH)_n \text{呈酸性}$$

此判断可满意地解释电子构型为 2 或 8 电子的氢氧化物，如 Be^{2+} 的 $\sqrt{\varphi} = \sqrt{2/27} = 0.25$，$Be(OH)_2$ 呈两性；Ba^{2+} 的 $\sqrt{\varphi} = \sqrt{2/143} = 0.12$，$Ba(OH)_2$ 呈强碱性。但对其他构型的 R^{n+}，有时会出现偏差，如 $Zn(OH)_2$ 的 $\sqrt{\varphi} = 0.16$，应显碱性，但实际上是典型的两性氢氧化物。

3. 氢化物

碱金属和碱土金属能与氢气直接化合生成离子型氢化物：

$$2M + H_2 = 2MH(M = \text{碱金属})$$

$$M + H_2 = MH_2(M = Ca、Sr、Ba)$$

这些氢化物均为白色固体，但常因混有痕量金属而呈灰色。由于碱金属及 Ca、Sr、Ba 与 H 的电负性相差较大，氢从金属原子外层轨道中夺取 1 个电子形成 H^-，生成离子晶体，称为离子型氢化物。碱金属氢化物中的 H^- 半径介于碱金属氟化物中 F^- 和氯化物中 Cl^- 之间，故碱金属氢化物某些性质类似于相应的碱金属卤化物。

碱金属氢化物中以 LiH 最稳定，加热到熔点也不分解。其他碱金属氢化物的稳定性较差。LiH 能与 $AlCl_3$ 在无水乙醚中反应生成 $LiAlH_4$（氢配合物）。

$$4LiH + AlCl_3 = LiAlH_4 + 3LiCl$$

碱金属氢化物都是强还原剂，在有机合成中有重要意义。H_2/H^- 标准电极电势为 −2.25V，是极强的还原剂。它们遇水能迅速反应放出氢，常用作野外产生氢气的材料。例如

$$LiH + H_2O = LiOH + H_2\uparrow$$

$$CaH_2 + 2H_2O = Ca(OH)_2 + 2H_2\uparrow$$

13.1.3 常见的金属盐

1. 碱金属盐

常见碱金属盐类有卤化物、硝酸盐、硫酸盐、碳酸盐和磷酸盐，其共同特征包括：

(1) 绝大多数是离子晶体，只有 Li^+（因半径小）的某些盐（LiX）有不同程度的共价键

特征。

(2) 所有的碱金属盐，除了与有色阴离子形成有色盐外，其余都为无色盐。

(3) 除少数难溶盐外，一般的碱金属盐在水中可溶。难溶盐一般是半径大的阴离子组成的盐，一般 r^+/r^- 较大时，盐类都难溶，因为晶格能较大，水分子难以插入晶体中使其溶解。锂盐中，LiF、Li_2CO_3、$Li_3PO_4 \cdot 5H_2O$ 等是难溶盐。钠盐中，$Na[Sb(OH)_6]$（锑酸钠）、$NaZn(UO_2)_3(Ac)_9$（乙酸铀酰锌钠）是难溶钠盐。钾的难溶盐有 $KHC_4H_4O_6$（酒石酸氢钾）、$KClO_4$、$K_2[PtCl_6]$、$KB(C_6H_5)_4$（四苯硼酸钾）、$K_2Na[Co(NO_2)_6]$（六硝基合钴酸钠钾）。铷、铯盐中，难溶的有 $M_3[Co(NO_2)_6]$、$MClO_4$、$M_2[PtCl_6]$、$MH(C_6H_5)_4$ 等。

碱金属的盐在水溶液中全部解离，是强电解质。碱金属的弱酸盐在水溶液中因水解使溶液显碱性。碱金属盐类有形成水合盐的倾向。

(4) 碱金属盐有较高的熔点，熔融态下有极强的导电能力，有较高的热稳定性。含氧酸盐中，硫酸盐在高温下不挥发，也难以分解；碳酸盐除 Li_2CO_3 由于 Li^+ 的极化作用大，在 1000℃ 以上分解外，其余的碳酸盐都不分解；硝酸盐热稳定性较低，在一定温度下就会分解：

$$4LiNO_3 \xrightarrow{973K} 2Li_2O + 4NO_2 + O_2$$

$$2NaNO_3 \xrightarrow{1003K} 2NaNO_2 + O_2$$

(5) 碱金属的卤化物与硫酸盐易形成复盐。例如，光卤石类 $MCl \cdot MgSO_4 \cdot 6H_2O$ (M=K、Rb、Cs)，矾类 $M_2SO_4 \cdot MgSO_4 \cdot 6H_2O$ ($M=K^+$、Rb^+、Cs^+) 及 $M(\text{I})M(\text{III})(SO_4)_2 \cdot 12H_2O$ [$M(\text{I})=NH_4^+$、Na^+、K^+、Rb^+、Cs^+；$M(\text{III})=Al^{3+}$、Cr^{3+}、Fe^{3+}、Co^{3+}、Ga^{3+}、V^{3+}]。锂盐不易形成复盐，这是由于其离子半径太小，不易与其他金属盐形成同晶化合物。复盐的溶解度比相应的简单碱金属盐溶解度更小。

2. 碱土金属盐

常见的碱土金属盐有卤化物、硫酸盐、硝酸盐、碳酸盐、磷酸盐等。由于碱土金属离子电荷大、半径小，故其极化力大，离子势较大，因此盐的性质也有其特殊性。

(1) 晶型。碱土金属的卤化物，尤其是 BeX_2，带有明显的共价性。例如，BeF_2 虽然溶于水，但在水中不完全解离，而 $BeCl_2$ 有无限长链的结构。

(2)溶解度。碱土金属盐有不少是难溶的，只有硝酸盐、氯酸盐、高氯酸盐和乙酸盐是易溶的；卤化物中，除氟化物外，其余都是易溶的。显然，盐的溶解度与离子水合能及盐的晶格能密切相关。碱土金属碳酸盐、磷酸盐、草酸盐等都是难溶的。但它们都可以溶于盐酸中。硫酸盐中，$BaSO_4$ 溶解度最小，$MgSO_4$ 溶解度最大；铬酸盐中，$BaCrO_4$（黄色）溶解度最小，$MgCrO_4$ 溶解度最大。

(3) 热稳定性。碱土金属盐热稳定性较碱金属差。例如，在热力学标准态下，碳酸盐热分解温度分别如下：

	$BeCO_3$	$MgCO_3$	$CaCO_3$	$SrCO_3$	$BaCO_3$
热分解温度/℃	<100	540	900	1290	1360

可以推断，硫酸盐热分解温度也应符合同一顺序：$MgSO_4$ (895℃) < $CaSO_4$ (1149℃) < $SrSO_4$ < $BaSO_4$。显然，要分解重晶石 $BaSO_4$ 形成可溶性盐需用反应偶联，以降低反应温度。

$$BaSO_4 + 4C \xrightarrow{1073 \sim 1273K} BaS + 4CO\uparrow$$

此外，酸式盐的热稳定性比正盐低。

(4) 水解性。除 Be^{2+} 外，Mg^{2+} 也能水解，虽然水解能力不强，但加热可促进水解。

$$MgCl_2 \cdot 6H_2O \xrightarrow{\triangle} Mg(OH)Cl + 5H_2O + HCl \uparrow$$

因此，不能用加热脱水的方法使这一类含水盐脱水转化为无水盐，而应在 HCl 气氛下加热或和 $NH_4Cl(s)$ 混合加热，或用干法由相应单质制备无水盐。

碱金属和碱土金属离子与单齿配体形成配合物的能力较差，能与体积小、电负性大的配位原子(O、N 等)的多齿配体形成稳定配合物，如可与冠醚、EDTA、卟啉环等形成螯合物。

3. 焰色反应

Ca、Sr、Ba 和碱金属的挥发性化合物在高温火焰中，电子易被激发。当电子从较高能级回到较低能级时，便分别发射一定波长的光，使火焰呈现特征颜色(钙呈橙红色、锶呈红色、钡呈黄绿色，锂呈红色、钠呈黄色、钾呈紫色，铷、铯呈紫红色)。分析化学上常用来定性鉴定这些元素，这种方法称为焰色反应。例如，Na^+ 电子构型为 $1s^2 2s^2 2p^6$，当 2p 上的电子受激发到 3p 空轨道，处于 3p 高能级上的电子不稳定，返回 3s 能级时，以波长 589nm 的可见光放出能量(根据 $E=h\nu$，NaCl 黄色火焰所对应最大强度谱线的波长为 589nm)。钾盐里含有少量钠盐，会在焰色中看到钠的黄色，为消除钠对钾颜色的干扰，需用蓝色钴玻璃片滤光。

13.2　p 区重要金属单质与化合物

13.2.1　铝及其重要化合物

1. 铝的单质

铝是ⅢA 族金属元素，像硼一样有缺电子特征，其价电子构型是 $3s^2 3p^1$。地壳中铝的含量仅次于氧和硅，有富集矿藏如铝土矿，其主要成分为 $Al_2O_3 \cdot SiO_2$。

(1) 铝的制备。工业上一般分两步进行，首先用碱溶液或碳酸钠处理铝土矿，从中提取出 Al_2O_3，然后电解 Al_2O_3 得铝。

第一步：

$$Al_2O_3(\text{铝土矿}) + 2NaOH + 3H_2O \xrightarrow{\triangle} 2NaAl(OH)_4$$

或

$$Al_2O_3(\text{铝土矿}) + Na_2CO_3 \xrightarrow{\text{焙烧}} 2NaAlO_2 + CO_2 \uparrow$$

经沉淀、过滤，除去铁、钛、钒等杂质。向滤液中通入 CO_2 生成 $Al(OH)_3$ 沉淀：

$$2NaAl(OH)_4 + CO_2 = 2Al(OH)_3 \downarrow + Na_2CO_3 + H_2O$$

$$2NaAlO_2 + CO_2 + 3H_2O = 2Al(OH)_3 \downarrow + Na_2CO_3$$

经过滤、洗涤、干燥和灼烧，得 Al_2O_3。

$$2Al(OH)_3 \xrightarrow{\triangle} Al_2O_3 + 3H_2O$$

第二步：

$$2Al_2O_3 \xlongequal[\text{电解}]{Na_3AlF_6} 4Al + 3O_2 \uparrow$$

电解质溶液组成为 Al_2O_3、冰晶石 Na_3AlF_6(2%～8%)及约 10%的 CaF_2，铝的纯度大于 99%。

(2) 铝的用途。铝是银白色轻金属，是重要的金属材料。铝的电导率虽然低于铜，但密度小。按同等质量比较，铝的导电率比铜高一倍，价格也低得多，所以铝已成为电线电缆的主流。硬质铝合金可用于制造汽车和飞机发电机，铝合金已深入到我们日常生活的各个方面，如铝合金炊具和餐具及铝合金门窗等。

2. 铝的氧化物和氢氧化物

铝在空气中极易被氧化，在表面形成一层致密的氧化铝保护膜，使其不易被一般的无机酸、碱腐蚀。铝能与氧气发生剧烈反应，并放出大量的热：

$$4Al + 3O_2 \xlongequal{} 2Al_2O_3 \quad \Delta_r H_m^{\ominus} = -3235.6kJ \cdot mol^{-1}$$

氧化铝主要有两种变体。氢氧化铝在 1173K 以上煅烧得到的是 α-Al_2O_3，俗称“刚玉”。α-Al_2O_3 熔点高（2288K ± 15K）、硬度大（仅次于金刚石），既不溶于水，也不溶于酸和碱。α-Al_2O_3耐腐蚀，电绝缘性好，高导热，是优良的高硬度耐磨材料、耐火材料和陶瓷材料。在较低的温度下加热使氢氧化铝脱水，可得 γ-Al_2O_3，它不溶于水，但溶于酸和碱，所以又称活性氧化铝，是重要的吸附剂和催化剂。当 γ-Al_2O_3 受到强热时，可转变为 α-Al_2O_3。

因铝与氧结合力极强，可与某些金属氧化物发生置换反应制备其他金属，称为“铝热法”。例如

$$2Al(s) + Cr_2O_3(s) \xlongequal{} 2Cr(s) + Al_2O_3(s) \quad \Delta_r H_m^{\ominus} = -514.4kJ \cdot mol^{-1}$$

$$2Al(s) + Fe_2O_3(s) \xlongequal{} 2Fe(s) + Al_2O_3(s) \quad \Delta_r H_m^{\ominus} = -648.0kJ \cdot mol^{-1}$$

$$4Al(s) + 3SiO_2(s) \xlongequal{} 3Si(s) + 2Al_2O_3(s) \quad \Delta_r H_m^{\ominus} = -514.4kJ \cdot mol^{-1}$$

在 Al^{3+} 溶液中加入氨水，将生成 $Al(OH)_3$ 沉淀，且产物不溶于过量的氨水中。氢氧化铝是一种两性物质，可溶于酸，也可溶于强碱。

3. 铝的其他重要化合物

无水硫酸铝为白色粉末，从水溶液中得到为 $Al_2(SO_4)_3 \cdot 18H_2O$，它是无色针状晶体。硫酸铝易与 K^+、Rb^+、Cs^+、NH_4^+ 等的硫酸盐结合成矾，如明矾 $KAl(SO_4)_2 \cdot 12H_2O$。铝盐水解在实际生活中具有重要意义。例如，铸造中砂制成型，印染中色素在织物上的附着，都离不开水解产物 $Al(OH)_3$ 的作用。明矾也是利用水解性质来达到净化水的目的。

卤化铝中最重要的是 $AlCl_3$，常在有机合成中作催化剂。铝盐易水解，水溶液中不能制得无水 $AlCl_3$。$AlCl_3$ 中的 Al 是缺电子原子，有空轨道，Cl 原子有孤电子对，因此可通过配位键形成具有桥式结构的双聚分子 Al_2Cl_6。$AlCl_3$ 溶于有机溶剂或在熔融状态时都以双聚分子存在。

卤化铝从氟化物到碘化物，键型由离子键过渡到共价键，这是因为 F^-、Cl^-、Br^-、I^- 的变形性依次增强，其熔点、沸点逐渐降低。AlF_3 是白色离子化合物，298K 时溶解度为 $0.559g \cdot (100mL)^{-1} H_2O$；$AlCl_3$、$AlBr_3$、$AlI_3$ 均为共价化合物。F^- 半径小，与 Al^{3+} 生成 6 配位化合物，如 $Na_3[AlF_6]$；Al^{3+} 与 Cl^- 生成 4 配位化合物，如 $Li[AlCl_4]$、$K[AlCl_4]$等。在熔融态、气态和非极性溶剂中，$AlCl_3$、$AlBr_3$、AlI_3 均以二聚体形式存在，都是缺电子化合物，是典型的路易斯酸。

$AlCl_3$、$AlBr_3$、AlI_3 易水解，水溶液呈酸性。$AlCl_3$ 在潮湿的空气中冒烟，遇水发生剧烈水解并放热。$AlCl_3$ 若逐渐水解产生各种碱式盐，在 pH=4 时加热，发生聚合反应，得多羟基多核配合物$[Al_2(OH)_nCl_{6-n}]_m$，称为聚合氯化铝(PAC)。

13.2.2　锗、锡、铅及其重要化合物

锗是分散的灰色金属，较硬，性质与硅相似，是典型的半导体元素。常温下不与氧反应，高温与氧反应生成 GeO_2。锗不与稀盐酸、稀硫酸反应，但可溶于浓硫酸、硝酸、王水、HF-HNO_3 和 H_2O_2-NaOH。

锡是银白色金属，较软，有三种同素异形体：灰锡（α 型）、白锡（β 型）及脆锡（γ 型）。

$$灰锡(\alpha\ 型) \xrightleftharpoons{291K} 白锡(\beta\ 型) \xrightleftharpoons{434K} 脆锡(\gamma\ 型)$$

锡可与酸、碱反应，与硝酸、浓硫酸发生氧化还原反应。

$$Sn+2KOH+4H_2O = K_2[Sn(OH)_6]+2H_2\uparrow$$

$$3Sn+8HNO_3(稀) = 3Sn(NO_3)_2+2NO\uparrow+4H_2O$$

$$Sn+4HNO_3(浓) = H_2SnO_3+4NO_2\uparrow+H_2O$$

$$Sn+2H_2SO_4(浓) = SnSO_4+SO_2\uparrow+2H_2O$$

锡的化学性质如图 13-1 所示。

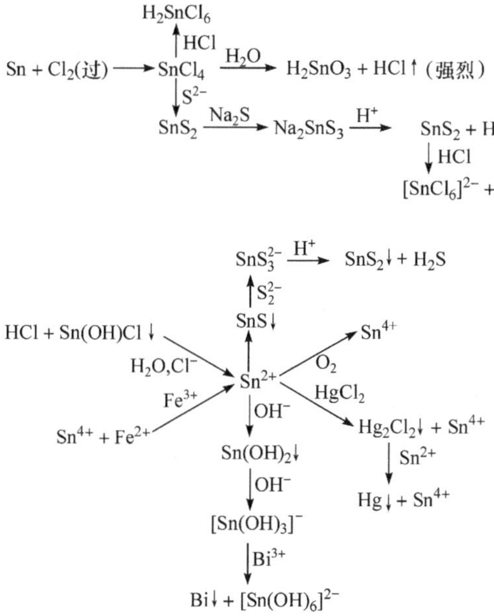

图 13-1　锡及其化合物的反应

铅是很软的重金属，剧毒，能防止 X 射线、γ 射线的穿透，能形成多种合金。铅可发生下述化学反应：

$$Pb+KOH+2H_2O = K[Pb(OH)_3]+H_2\uparrow$$

$$Pb+4HNO_3 = Pb(NO_3)_2+2NO_2\uparrow+2H_2O$$

$$Pb+2HAc = Pb(Ac)_2+H_2\uparrow$$

铅可形成许多难溶盐，如 $PbCO_3$（白）、$PbCl_2$（白）、PbI_2（黄）、$PbSO_4$（白）、$PbCrO_4$（黄）、PbS(黑)。

$$PbCO_3+2HNO_3 = Pb(NO_3)_2+H_2O+CO_2\uparrow$$

$$PbSO_4+3OH^-(过量) = [Pb(OH)_3]^-+SO_4^{2-}$$

$$PbSO_4+3Ac^-(饱和) = Pb(Ac)_3^-+SO_4^{2-}$$

$$3PbS + 8HNO_3 = 3Pb(NO_3)_2 + 3S\downarrow + 2NO\uparrow + 4H_2O$$

$$PbS + 4HCl(浓) = H_2[PbCl_4] + H_2S\uparrow$$

$$PbS + 4H_2O_2 = PbSO_4\downarrow + 4H_2O$$

$$2PbCrO_4 + 2H^+ = 2Pb^{2+} + Cr_2O_7^{2-} + H_2O$$

$$PbCl_2 + 2HCl = H_2[PbCl_4]$$

$$PbI_2 + 2KI = K_2[PbI_4]$$

一些沉淀可互相转化：

$$Pb(NO_3)_2 \xrightarrow{Na_2SO_4} PbSO_4\downarrow(白) \xrightarrow{KI} PbI_2\downarrow(黄) \xrightarrow{Na_2CO_3} PbCO_3\downarrow(白) \xrightarrow{Na_2S} PbS\downarrow(黑)$$

铅的许多盐较难溶。重要可溶性盐为 $Pb(NO_3)_2$ 和 $Pb(Ac)_2$。常用沾有 $Pb(Ac)_2$ 的试纸检验 H_2S 气体，若试纸变黑，证明有 H_2S 气体存在。

$$Pb(Ac)_2 + H_2S = PbS\downarrow(黑色) + 2HAc$$

在可溶性的铅盐溶液中加入 Na_2CO_3 溶液，可得到碱式碳酸铅的沉淀，它是一种覆盖力很强的白色颜料，俗称铅白。

$$2Pb^{2+} + 2CO_3^{2-} + H_2O = Pb_2(OH)_2CO_3\downarrow + CO_2$$

Pb^{2+} 与 CrO_4^{2-} 反应生成黄色沉淀 $PbCrO_4$，这一反应常用来鉴定 Pb^{2+} 或 CrO_4^{2-}。$PbCrO_4$ 能溶于强碱。

$$Pb^{2+} + CrO_4^{2-} = PbCrO_4\downarrow$$

$$PbCrO_4 + 3OH^- = [Pb(OH)_3]^- + CrO_4^{2-}$$

13.2.3 砷、锑、铋及其重要化合物

砷、锑有两性和准金属的性质，铋呈金属性。它们的熔点较低，易挥发。气态时能以多原子分子存在，如 As_2、As_4、Sb_2、Sb_4、Bi_2。砷、锑、铋的价电子构型为 ns^2np^3，与氮、磷相同，但它们次外层为 18 电子构型，原子半径更大，特征氧化态为 +3、+5。砷、锑和镓、铟的化合物是重要的半导体材料，如 GaAs、GaSb、InAs、InSb。铋与铅、锡可制成低熔点合金，如 Bi-Pb-Sn 合金，可作保险丝。

氧化物有 +3、+5 氧化态两个系列。+3 氧化态：As_4O_6（两性偏酸）、Sb_4O_6（两性偏碱）、Bi_2O_3（弱碱性），不能直接与水作用形成水合物。+5 氧化态：As_2O_5（溶于水得三元弱酸即砷酸）、Sb_2O_5｛对应的锑酸是六配位化合物 $H[Sb(OH)_6]$，为一元弱酸｝、Bi_2O_5（是否存在尚无定论，但 $NaBiO_3$ 存在且是强氧化剂）。

氢化物 MH_3 有毒，是不稳定的无色气体，按砷、锑、铋顺序稳定性降低，都是强还原剂。

卤化物包括 MX_3、MX_5。三氯化物可由单质与卤素反应制得。MX_3 主要性质是水解性。

$$AsCl_3 + 3H_2O = H_3AsO_3 + 3HCl$$

$$SbCl_3 + H_2O = SbOCl\downarrow + 2HCl$$

$$BiCl_3 + H_2O = BiOCl\downarrow + 2HCl$$

砷、锑、铋的 +3 氧化态还原性依次减弱，+5 氧化态氧化性依次增强。Na_3AsO_3 是常用的还原剂，而 $NaBiO_3$ 是常用的氧化剂。Na_3AsO_3 与 Na_3AsO_4 的氧化还原性质受介质的酸碱度影响很大。例如

碱性介质： $$AsO_3^{3-} + I_2 + 2OH^- \rightleftharpoons AsO_4^{3-} + 2I^- + H_2O$$

酸性介质： $$H_3AsO_4 + 2I^- + 2H^+ \rightleftharpoons H_3AsO_3 + I_2 + H_2O$$

锑和铋的化合物用途广泛。例如，锑的化合物可用于医药、电子、玻璃制造、阻燃、整形外科、陶瓷、搪瓷、印染等；铋的化合物有的作为杀灭幽门螺杆菌以达到治疗胃溃疡及胃肠道紊乱的药物，有的作为低温下生产具有特殊功用的硫族铋前驱体及多相催化剂等。

案例 13-2 1960 年，山西省平陆县有 61 位民工集体食物中毒(属砒霜中毒)，生命垂危。当地医院在没解救药品的危急关头，用电话连线全国各地医疗部门，终于找到了特效药 2,3-二巯基丙醇。但当时交通不便，药品不能及时送达。当地政府便越级报告国务院，中央领导当即下令，动用部队运输机，将 2,3-二巯基丙醇及时空投到事发地点，61 名民工得救。

问题：为什么 2,3-二巯基丙醇是砒霜中毒的特效解药？

分析：2,3-二巯基丙醇是一种多齿配体，巯基中的硫与重金属有很强的亲和力，它与许多重金属可以形成稳定的螯合物，从而降低其毒性，因而医学上常用作重金属中毒的解毒剂。2,3-二巯基丙醇进入人体后能与毒物结合形成无毒物质，生成稳定、不溶而无毒的砷化合物。2,3-二巯基丙醇主要用于含砷或含汞毒物的解毒，也可用于某些重金属(如铋、锑、镉等)中毒的解毒。

13.3 过渡元素

过渡元素位于周期表中部 d 区ⅢB～Ⅷ族 8 个直列，25 种元素(不包括镧以外的镧系和锕以外的锕系)。

13.3.1 通性

1. 过渡元素电子结构的特点

具有未充满的 d 轨道(Pd 除外)，最外层只有 1～2 个电子，最外、次外两个电子层都未充满，其特征电子构型为$(n-1)d^{1\sim9}ns^{1\sim2}$。

过渡元素不同于主族元素，周期性变化规律不明显。如同周期金属性递变不显著，原子半径、电离能等随原子序数增加，虽然变化，但不显著，反映出各元素间从左到右的水平相似性(表 13-4)。因此，将这些元素按周期分为三个系列。位于周期表中第四周期的 Sc 到 Ni 为第一过渡系列，第五周期的 Y 到 Pd 为第二过渡系列，第六周期的 La 到 Pt 为第三过渡系列。

表 13-4　第一过渡系列元素的基本性质

元素	Sc	Ti	V	Cr	Mn	Fe	Co	Ni
原子半径/pm	161	145	132	125	124	124	125	125
离子半径/pm	—	94	86	88	80	74	72	69
第一电离能/($kJ \cdot mol^{-1}$)	631	656	650	653	717	762	758	737

2. 单质的物理性质

过渡金属比主族金属有更大的密度和硬度，更高的熔点和沸点。过渡元素中除了钪和钛外，其密度均大于 $5g \cdot cm^{-3}$，最重的锇为 $22.48g \cdot cm^{-3}$；硬度最大的是铬，莫氏硬度为 9；熔、沸点最高的是钨，为 3410℃和 5930℃。第一过渡系列元素的物理性质列于表 13-5 中。过渡金属单质的高密度、高硬度、高熔、沸点归因于其 d 电子参与成键，成键价电子数较多导致原子化焓较大。

表 13-5　第一过渡系列元素的物理性质

元素	Sc	Ti	V	Cr	Mn	Fe	Co	Ni
密度/($g \cdot cm^{-3}$)	3.2	4.5	6.0	7.1	7.4	7.9	8.7	8.9
莫氏硬度	—	4	—	9	6	4.5	5.5	4
熔点/K	1673	1950	2190	2176	1517	1812	1768	1728
沸点/K	2750	3550	3650	2915	2314	3160	3150	3110
原子化焓/($kJ \cdot mol^{-1}$)	378	470	514	397	281	418	425	430

3. 单质的化学性质

金属单质的化学性质很大程度上取决于单质的表面性质和金属原子提供电子的倾向，在水溶液中可由电极电势大小来度量。从电极电势表可知，它们都是活泼金属，性质相似，能从酸中置换出氢。但 Ti、V、Cr 等常因表面钝化形成致密的氧化物膜，具有抗酸、碱的能力。

过渡金属价电子构型决定了它们有多变的氧化态。例如，Mn 常见的氧化态有＋2、＋3、＋4、＋6 和＋7，在某些配合物中还可呈现低氧化态的＋1 和 0，特殊情况下甚至可以有负氧化态，如 $K[Mn(CO)_5]$中 Mn 的氧化态为－1。

过渡金属由于有空的$(n-1)$d 轨道，使它们更易形成配位键，生成丰富多彩的配合物，并因此呈现五彩缤纷的颜色。

过渡金属及其化合物中由于含有未成对电子，而呈现顺磁性。铁系金属(铁、钴、镍)和它的合金中可以观察到铁磁性，铁磁性物质和顺磁性物质一样，其内部均含有未成对电子，都能被磁场所吸引，只是磁化程度上的差别。铁磁性物质与磁场的相互作用要比顺磁性物质大几千甚至几百万倍，在外磁场移走后仍可保留很强的磁场，而顺磁性物质不再具有磁性。

13.3.2　钛、锆和铪

钛是我国的丰产元素之一，四川省攀枝花地区有储量极大的钒钛铁矿，约 57 亿吨。钛在地壳中的丰度为 0.632%，在金属中仅次于铁，在所有元素中排第九位。但大都处于分散状态，主要矿物有金红石(TiO_2)、钛铁矿($FeTiO_3$)和钒钛铁矿。锆在地壳中的含量为 0.0162%，海水中为 2.6×10^{-9}%，比铜、锌和铅的总量还多，但分布非常分散，主要矿物为斜锆石(ZrO_2)和锆英石($ZrSO_4$)。铪在地壳中的含量为 2.8×10^{-4}%，海水中低于 8×10^{-7}%，没有独自的矿物，在自然界与锆共生于锆英石中。因此，钛、锆和铪都归入稀有金属。

1. 钛的性质和用途

钛属于高熔点的轻金属，有许多优异性能，钛比铁轻，比强度(强度与质量之比)是铁的 2 倍多，铝的 5 倍；钛具有铁和铝无与伦比的抗腐蚀性能。因此，钛广泛用于制造航天飞机、火箭、导弹、潜艇、轮船和化工设备。钛还能承受超低温，用于制备盛放液氮和液氧等的器皿。此外，钛有生物相容性，用于接骨和人工关节，故誉为“生物金属”。

钛是活泼金属，其标准电极电势为－1.63V，在空气中能迅速与氧反应生成致密的氧化物膜而钝化，使其在室温下不与水、稀酸和碱反应。与氟能生成配合物$[TiF_6]^{2-}$而可溶于氢氟酸或酸性氟化物溶液中。

$$Ti+6HF = [TiF_6]^{2-}+2H^++2H_2$$

钛也能溶于热的浓盐酸，生成绿色的 $TiCl_3 \cdot 6H_2O$。

$$2Ti+6HCl \longrightarrow 2TiCl_3+3H_2$$

钛在高温下可与碳、氮、硼反应生成碳化钛 TiC、氮化钛 TiN 和硼化钛 TiB，它们的硬度高、难熔、稳定，称为金属陶瓷。氮化钛为青铜色，涂层能仿金。钛与氢反应形成非整比的氢化物，可作为储氢材料。钛与氧反应生成 TiO_2。因为钛与氧、氯、氮、氢有很大的亲和力，使炼制纯金属钛很难。钛的化学反应如图 13-2 所示。

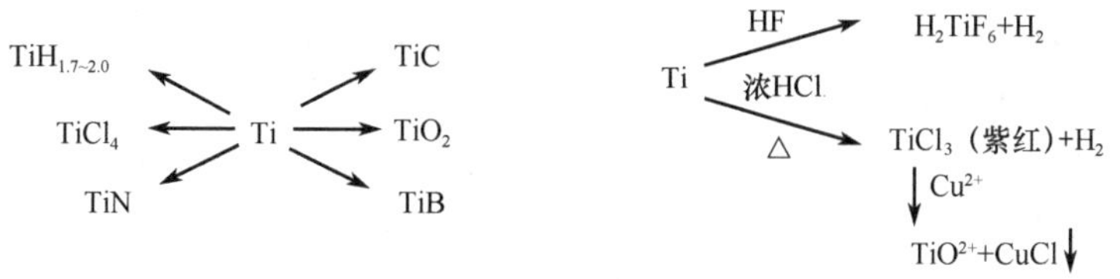

图 13-2　钛的化学反应

2. 钛的制备

大规模生产钛一般采用 $TiCl_4$ 的金属热还原法：首先将 TiO_2 或天然金红石与炭粉混合加热至 1000～1100K，进行氯化处理制备 $TiCl_4$。然后用金属镁或钠在 1070K，氩气氛中还原得到钛。反应式为

$$TiO_2(s)+2Cl_2(g)+2C(s) \xrightarrow{1000\sim1100K} TiCl_4(g)+2CO(g)$$

$$TiCl_4(l)+2Mg(s) \xrightarrow[Ar]{1070K} Ti(s)+2MgCl_2(s)$$

过量的 Mg 和 $MgCl_2$ 用稀盐酸处理除去，得到“海绵钛”。

3. 钛的重要化合物——TiO_2

TiO_2 是钛的重要化合物。自然界中 TiO_2 有三种晶型，金红石型、锐钛矿型和板钛矿型，其中最重要的是金红石型。金红石型属简单四方晶系。氧原子呈畸变的六方密堆积，钛原子占据一半的八面体空隙，而氧原子周围有 3 个近于正三角形配位的钛原子，故钛和氧的配位数分别为 6 和 3，是典型的 AB_2 型化合物结构，常称为金红石结构，SnO_2、MnO_2、VO_2 等都是金红石结构的物质。TiO_2 是白色粉末，不溶于水和稀酸，可溶于氢氟酸和热的浓硫酸中。

$$TiO_2+6HF \longrightarrow H_2[TiF_6]+2H_2O$$

$$TiO_2+H_2SO_4 \longrightarrow TiOSO_4+H_2O$$

TiO_2 俗称钛白或钛白粉，是一种优良的白色颜料，具有折射率高、着色力和遮盖力强、化学稳定性好等优点，是制备高级涂料和白色橡胶的重要原料，也是造纸和人造纤维工业的消光剂，是陶瓷工业特别是功能陶瓷如 $BaTiO_3$ 的重要原料。

纳米 TiO_2 有极好的光催化性能，在有机污水处理领域有广阔的应用前景。

钛铁矿制备 TiO_2 的工艺流程如下：

$$\begin{matrix}\text{钛铁矿}\\ FeO\cdot TiO_2\end{matrix} \xrightarrow{\text{浓}H_2SO_4} \begin{matrix}Fe^{3+}\ Fe^{2+}\\ TiO^{2+}\ SO_4^{2-}\end{matrix} \xrightarrow{Fe} Fe^{2+}\ TiO^{2+}\ SO_4^{2-} \xrightarrow{\text{冷却}} FeSO_4\cdot 7H_2O$$

$$\downarrow$$

$$TiO_2 \xleftarrow{\text{煅烧}} H_2TiO_3\downarrow \xleftarrow{H_2O} TiO^{2+}\ SO_4^{2-}$$

4. 锆和铪的性质与用途

由于镧系收缩，使锆和铪的性质极为相似。锆是有钢灰色的可锻金属，铪是银白色的柔软性可锻金属。它们都是活泼金属，能与空气反应生成氧化物保护膜，在更高的温度下氧化速率增大。此外，高温下氧可在锆中溶解，真空中加热也不能除去。铪的亲氧能力更强，粉末铪在高温时甚至可夺取 MgO、BeO 和 ThO_2 坩埚中的氧，因而它们只能在金属坩埚中熔融。它们都能吸收氢气，但锆的能力更强，在 573～673K 时能很好地生成一系列氢化物 Zr_2H、ZrH、ZrH_2。在真空中加热到 1273～1473K 时，氢气几乎可以全部排出。在高温下，它们可与碳及其含碳气体化合物（CO、CH_4 等）作用生成高硬度、高熔点的碳化物（ZrC、HfC）；与硼作用可生成硼化物（ZrB_2、HfB_2）；吸收氮气形成固溶体和氮化物。这些碳化物、硼化物和氮化物都是重要的金属陶瓷材料。锆具有比钛和不锈钢更高的抗化学腐蚀能力，在 373K 以下，锆能抵抗浓盐酸、硝酸和浓度低于 50％的硫酸和各种强碱，但可溶于氢氟酸、浓硫酸、王水及熔融强碱。铪的抗化学腐蚀能力稍差，低温下可抵抗稀酸和稀碱，可溶于硫酸。

锆和铪主要用于原子能工业。锆用作核反应堆中核燃料的包套材料。锆合金强度高，宜作反应堆结构材料。锆不与人体的血液、骨骼及组织发生作用，已用作外科和牙科医疗器械，并能强化和代替骨骼。铪有特别强的热中子吸收能力，主要用于军舰和潜艇原子反应堆的控制棒。铪合金难熔，具有抗氧化性，用作火箭喷嘴、发动机和宇宙飞行器等。它们还可用于化工设备和电子管的吸气剂等。

13.3.3　钒、铌和钽

钒的化合物都有五彩缤纷的美丽色彩，故以瑞典女神 Vanadies 命名。钒在地壳中丰度为 0.0136％，是银的 1000 倍，在所有元素中排第 23 位。其分布广且分散，海水中含量为 $2\times10^{-9}\sim35\times10^{-9}\%$，但可在海洋生物体内得到富积，如海鞘体内钒的含量是海水的几千倍。钒的主要矿物为绿硫钒 VS_2 或 V_2S_5、铅钒矿 $Pb_5(VO_4)_3Cl$ 等。四川攀枝花蕴藏的钒钛铁矿是重要的钒资源。同样因镧系收缩的影响，铌和钽性质相似，在自然界共生，其矿物可用通式 $Fe(MO_3)_2$ 表示。钒、铌和钽均是稀有金属。

1. 钒及其化合物

钒是银灰色有延展性的金属，但不纯时硬而脆。钒是活泼金属，易呈钝态，常温下不与水、苛性碱和稀的非氧化性酸作用，但可溶于氢氟酸、强氧化性酸和王水中，也能与熔融的苛性碱反应。高温下可与大多数非金属反应，甚至比钛还容易与 O、C、N 和 H 化合，故制备纯金属很难。常用金属（如钙）热还原 V_2O_5 得到金属钒。

钒有金属“维生素”之称。含钒百分之几的钢，有高强度、高弹性、抗磨损和抗冲击性能，广泛用于结构钢、弹簧钢、工具钢、装甲钢和钢轨，对汽车和飞机制造业有重要意义。

钒的最重要化合物是 V_2O_5，它是难溶于水的棕黄色固体，可由偏钒酸铵热分解制备。

$$2NH_4VO_3 \xlongequal{873K} V_2O_5 + 2NH_3\uparrow + H_2O$$

V_2O_5 是重要的催化剂，在接触法制硫酸、空气氧化萘制备邻苯二甲酸酐中有重要应用。它是两性氧化物，既溶于酸也溶于碱，且有一定的氧化性，与浓盐酸反应可得到 Cl_2。

$$V_2O_5 + H_2SO_4 \xlongequal{\quad} (VO_2)_2SO_4 + H_2O$$

$$V_2O_5+6NaOH \longrightarrow 2Na_3VO_4+3H_2O$$

$$V_2O_5+6HCl \longrightarrow 2VOCl_2+Cl_2\uparrow+3H_2O$$

钒有多种氧化态(如＋5、＋4、＋3、＋2、0)，其主要化学反应如图 13-3 所示。相应的离子色彩丰富：V^{2+} 紫色，V^{3+} 绿色，VO^{2+} 蓝色，VO_2^+、VO_3^- 黄色；酸根极易聚合：$V_2O_7^{4-}$、$V_3O_9^{3-}$、$V_{10}O_{28}^{6-}$，pH 下降聚合度增加，颜色从无色⟶黄色⟶深红，酸度足够大时为 VO_2^+。

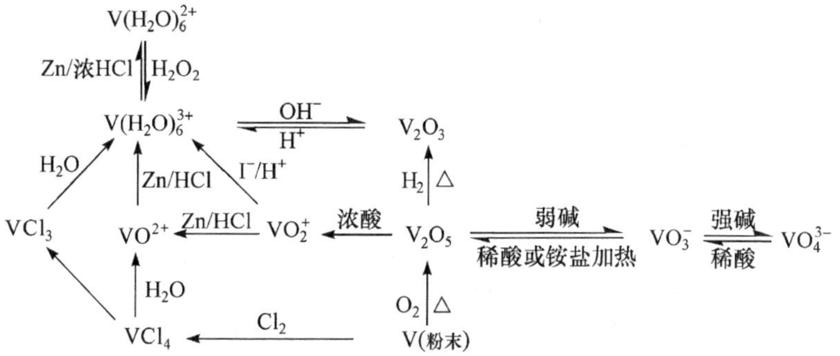

图 13-3　钒的化学反应

2. 铌和钽

铌和钽都是钢灰色金属，略带蓝色。它们有极其相似的性质，具有最强的抗腐蚀能力，能抵抗浓热的盐酸、硫酸、硝酸和王水。铌和钽只能溶于氢氟酸或氢氟酸与硝酸的热混合液中，在熔融碱中被氧化为铌酸盐或钽酸盐。铌酸盐或钽酸盐进一步转化为其氧化物，再由金属热还原得到铌或钽。

铌和钽最重要的性质是有吸收氧、氮和氢等气体的能力，如 1g 铌常温下可吸收 100mL 氢气。它们对人的肌肉和细胞无任何不良影响，细胞可在其上生长发育，故在医学方面有重要应用，如钽片可弥补头盖骨的损伤、钽丝可缝合神经和肌腱、钽条可代替骨头。目前钽主要用于制备固体电解质电容器，在计算机、雷达、导弹和彩电等电子线路中发挥重要作用。

13.3.4　铬、钼和钨

铬、钼和钨是ⅥB 族元素，价电子构型是 $(n-1)d^5ns^1$ 或 $(n-1)d^4ns^2$。铬在自然界存在非常广泛，地壳中的丰度为 0.0122%。主要矿物为铬铁矿 $FeO\cdot Cr_2O_3$ 或 $FeCr_2O_4$，属普通元素。钼和钨在地壳中的丰度约为 $1.2\times10^{-4}\%$，是稀有金属。主要矿物有辉钼矿(MoS_2)、钼酸钙矿($CaMoO_4$)和钼酸铁矿[$Fe_2(MoO_4)_3\cdot nH_2O$]；白钨矿 $CaWO_4$ 和黑钨矿(Fe，Mn)WO_4。钼和钨是我国的丰产元素，其储量均居世界首位。

1. 铬的性质和用途

铬是极硬、银白色脆性金属，常温下对一般腐蚀剂的抗腐蚀性高，广泛用作电镀保护层。铬能溶于稀盐酸和稀硫酸，起初生成蓝色 Cr^{2+} 水合离子，而后被空气氧化为 Cr^{3+} 绿色溶液。

$$Cr+2HCl \longrightarrow CrCl_2+H_2\uparrow$$

$$4CrCl_2+4HCl+O_2 \longrightarrow 4CrCl_3+2H_2O$$

铬因极易形成致密的氧化物保护膜而被钝化，故在硝酸、磷酸或高氯酸中呈惰性。高温下，铬可与氧、硫、氮和卤素等非金属直接反应生成相应的化合物。

铬主要用于制造合金钢和电镀。合金钢或镀层有极高的耐磨性、耐热性、耐腐蚀性和光亮性,广泛应用于汽车、自行车和精密仪器制造业。

铬的氧化态主要有+6、+3、+2。其中+3最稳定,+2氧化态的化合物有还原性,+6氧化态的化合物有氧化性,+3氧化态的离子可形成各种配合物。其元素电势图如下:

$$E_A^{\ominus}/V: \quad Cr_2O_7^{2-} \xrightarrow{0.55} Cr(V) \xrightarrow{1.34} Cr(IV) \xrightarrow{2.10} Cr(III) \xrightarrow{-0.424} Cr^{2+} \xrightarrow{-0.90} Cr$$

$$\underbrace{\qquad\qquad 1.33 \qquad\qquad}\quad \underbrace{-0.74}$$

$$CrO_4^{2-} \xrightarrow{-0.11} Cr(OH)_3 \xrightarrow{-1.33} Cr$$

$$E_B^{\ominus}/V: \quad CrO_4^{2-} \xrightarrow{-0.72} Cr(OH)_4^- \xrightarrow{-1.33} Cr$$

Cr(III)与Cr(VI)之间的转化:

$$Cr^{3+} \underset{H^+}{\overset{OH^-}{\rightleftharpoons}} Cr(OH)_3 \downarrow \underset{H^+}{\overset{OH^-}{\rightleftharpoons}} CrO_2^- \ [Cr(OH)_4^-]$$

(还原剂 ⇅ 氧化剂)   灰蓝   ↓ 氧化剂

$$Cr_2O_7^{2-} + H_2O \underset{H^+}{\overset{OH^-}{\rightleftharpoons}} CrO_4^{2-} + 2H^+$$

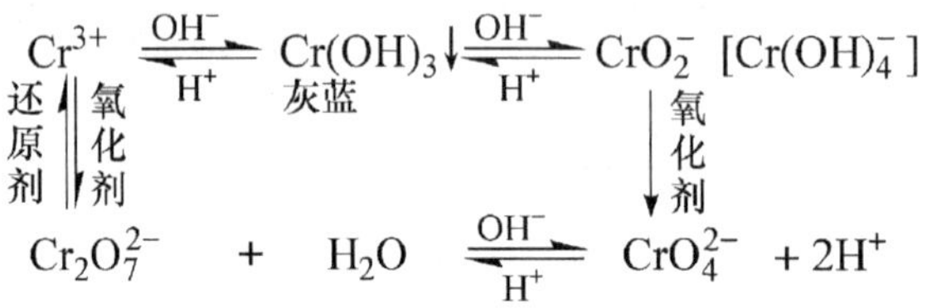

酸性介质中可用 $S_2O_8^{2-}$(Ag^+作催化剂)、MnO_4^- 等作氧化剂把 Cr^{3+} 氧化为橙色的 $Cr_2O_7^{2-}$,碱性介质中可用 H_2O_2、Br_2 等作氧化剂把亮绿色的 CrO_2^- 氧化为黄色的 CrO_4^{2-}。

Cr_2O_3 是极难熔化的氧化物之一,熔点2275℃。它是具有特殊稳定性的绿色物质,作为颜料(铬绿)。Cr_2O_3 具有两性,溶于酸形成铬盐,溶于碱形成亚铬酸盐。

$$Cr_2O_3 + 3H_2SO_4 = Cr_2(SO_4)_3 + 3H_2O$$

$$Cr_2O_3 + 2NaOH = 2NaCrO_2 + H_2O$$

CrO_3 俗称铬酐,为暗红色固体,易溶于水而形成相应的铬酸 H_2CrO_4 和 $H_2Cr_2O_7$,它由 $K_2Cr_2O_7$ 和 H_2SO_4 反应制得。

$$CrO_3 + H_2O = H_2CrO_4$$

$$H_2CrO_4 + CrO_3 = H_2Cr_2O_7$$

$$K_2Cr_2O_7(饱和) + H_2SO_4(浓) = 2CrO_3 \downarrow (暗红色) + K_2SO_4 + H_2O$$

铬酸盐和重铬酸盐中较常用的是其钾盐和钠盐,在铬酸盐溶液中加入足量酸时,就转变为重铬酸盐,它们在水溶液中存在下列平衡:

$$2CrO_4^{2-} + 2H^+ \rightleftharpoons 2HCrO_4^- \rightleftharpoons Cr_2O_7^{2-} + H_2O$$

黄色　　　　　　　　　　　　　橙色

酸性介质中,$Cr_2O_7^{2-}$ 是强氧化剂:

$$Cr_2O_7^{2-} + 3H_2S + 8H^+ = 2Cr^{3+} + 3S \downarrow + 7H_2O$$

$$Cr_2O_7^{2-} + 6Cl^- + 14H^+ = 2Cr^{3+} + 3Cl_2 \uparrow + 7H_2O$$

在酸性铬酸盐中加入 H_2O_2,可生成蓝色的 CrO_5(在乙醚等有机溶剂中稳定)。

$$HCrO_4^- + 2H_2O_2 + H^+ = CrO_5 + 3H_2O$$

铬酸洗液由 $K_2Cr_2O_7$ 和浓 H_2SO_4 配制而成,有强烈的氧化性,可氧化除去器壁上的油脂等有机物。洗液经使用后,由棕红色变为绿色,表明 Cr(VI)变为 Cr(III),洗液失效。可加入 $KMnO_4$ 使之再生。

铬的化合物中最重要的是重铬酸钾,是分析化学的重要试剂,是强氧化剂,可发生众多化学反应，如可氧化 I^-、H_2S、H_2SO_3、Fe^{2+}、NO_2^-、Cl^-、C_2H_5OH 等。

案例 13-3　实验室中常用的铬酸洗液是由重铬酸钾和浓硫酸组成的混合物，常用于洗涤玻璃器皿，以除去器壁上黏附的油污。铬酸洗液经使用后将由棕红色逐渐转变为绿色，若全部变为绿色，则表明铬酸洗液已失效。大量使用铬酸洗液易造成环境污染，现在已逐渐被其他洗液所替代。

问题：铬酸洗液的洗涤原理是什么？为什么铬酸洗液全部变为绿色表明洗液已失效？根据已学过的元素化学知识，从常见的化学试剂中选择合适的洗液替代品。

分析：配制铬酸洗液时，将浓 H_2SO_4 和 $K_2Cr_2O_7$ 混合后有 CrO_3 红色针状晶体析出，铬酸洗液是利用 CrO_3 的强氧化性及 H_2SO_4 的强酸性。当洗液由棕红色全部转变为绿色时，表明 Cr(Ⅵ)已转化为 Cr(Ⅲ)，铬酸洗液已完全失效。由于 Cr(Ⅵ)污染环境，是致癌物质，生物毒性大，因此目前很少使用。Cr(Ⅵ)中毒时，会引起肝、肾、神经系统和血液系统发生病变，因此含铬废液必须经过严格处理才能排放。作为铬酸洗液的替代品，可选用王水，它由浓 HCl 和浓 HNO_3 按 1∶3 的体积比混合而成。王水利用浓 HNO_3 的强氧化性、浓 HCl 的酸性和 Cl^- 的配位性，以及大多数硝酸盐易溶等性质进行洗涤去污。

2. 钼和钨

钼和钨有极其相似的性质。它们都是银白色高熔点金属；在常温下很不活泼，与除 F_2 外的非金属单质不发生反应；高温下易与氧、硫、卤素、碳及氢反应。钼和钨不与普通的酸、碱作用，但钼可被浓硝酸和浓硫酸侵蚀，它们都溶于王水或 HF 与 HNO_3 的混合物，在熔融的碱性氧化剂中迅速被腐蚀。它们的主要化学反应如图 13-4 所示。

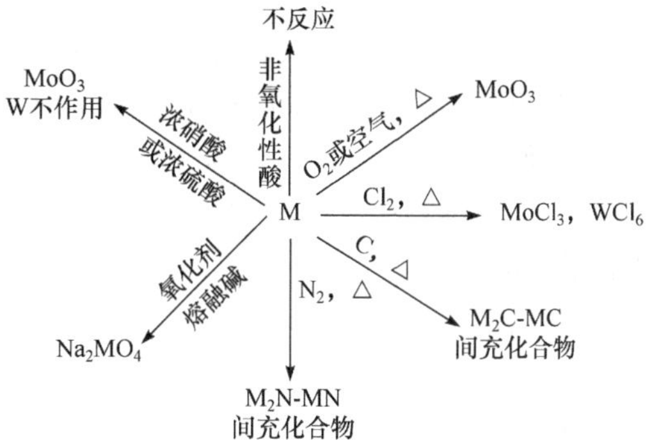

图 13-4　钼和钨的化学反应

钼和钨大量用于制造合金钢，可提高钢的耐高温强度、耐磨性和抗腐蚀性等。钼钢和钨钢可做刀具、钻头等；钼合金在武器制造和导弹、火箭等尖端领域有重要地位。钨丝还用于制造灯丝和高温发热元件。钼的丝、带、片和棒在电子工业有广泛应用。

MoO_3 是白色固体，加热时变为黄色，冷却后恢复为白色，不溶于水，但能溶于氨水或强碱性溶液，生成相应的钼酸盐。

$$MoO_3 + 2NH_3 \cdot H_2O \xlongequal{} (NH_4)_2MoO_4 + H_2O$$

$(NH_4)_2MoO_4$ 是无色晶体，溶于水和稀的氯化铵。实验室常使用的是四水合七钼酸铵 $(NH_4)_6Mo_7O_{24} \cdot 4H_2O$，硝酸介质中它可与 PO_4^{3-} 反应生成黄色的磷钼酸铵 $(NH_4)_3H_4[P(Mo_2O_7)_6]$ 沉淀，用于 PO_4^{3-} 的鉴定。

13.3.5　锰、锝和铼

锰、锝和铼是ⅦB 族金属，价电子构型为 $(n-1)d^5ns^2$。锰在地壳中分布广泛，其丰度为 0.106%。最重要的矿物有软锰矿（$MnO_2 \cdot xH_2O$）、黑锰矿（Mn_3O_4）和菱锰矿（$MnCO_3$）。在深海海底存在大量的锰结核（铁锰氧化物，含有 Cu、Co、Ni 等）。

1. 锰及其化合物

锰是硬而脆的银白色金属。在空气中极易生成氧化物保护膜而钝化；锰与水反应因生成难溶于水的氢氧化物 $Mn(OH)_2$ 而阻止反应继续进行，与强稀酸反应生成 Mn^{2+} 盐和氢气。锰可被浓硫酸、浓硝酸钝化。加热时可与卤素、氧、硫、氮、碳和硅等生成相应的化合物，但不能直接与氢化合。锰是维持植物光合作用必不可少的微量元素。

金属锰最重要的用途是生产金属合金材料。例如，锰钢(Mn 12%～15%，Fe 83%～87%，C 约 2%)坚硬、耐磨、抗冲击，应用于制造钢轨、钢甲和破碎机等，代替 Ni 制造不锈钢(Cr 16%～20%，Mn 8%～10%，C 0.1%)，铝锰合金有良好的抗腐蚀性能和机械性能。

锰元素电势图如下：

$$E_A^\ominus/V\quad MnO_4^- \overset{0.564}{——} MnO_4^{2-} \overset{2.26}{——} MnO_2 \overset{0.95}{——} Mn^{3+} \overset{1.51}{——} Mn^{2+} \overset{-1.19}{——} Mn$$

$$MnO_4^- \overset{1.507}{——} Mn^{2+}\qquad MnO_4^- \overset{1.695}{——} MnO_2\qquad MnO_2 \overset{1.23}{——} Mn^{2+}$$

$E_B^\ominus/V$

$$MnO_4^- \overset{0.564}{——} MnO_4^{2-} \overset{0.60}{——} MnO_2 \overset{-0.20}{——} Mn(OH)_3 \overset{0.1}{——} Mn(OH)_2 \overset{-1.55}{——} Mn$$

1) Mn(Ⅱ)的化合物

Mn(Ⅱ)常以氧化物、氢氧化物、硫化物、Mn(Ⅱ)盐、配合物等形式存在。其中 $MnCl_2$ 和 $MnSO_4$ 最重要，它们与碱反应可生成 $Mn(OH)_2$，极易被空气氧化。

$$Mn^{2+} + 2OH^- = Mn(OH)_2\downarrow \qquad 2Mn(OH)_2 + O_2 = 2MnO(OH)_2\downarrow$$

Mn^{2+} 在硫酸或硝酸介质中，以 $S_2O_8^{2-}$、$NaBiO_3$、PbO_2 作氧化剂，可氧化成 MnO_4^-，该反应用于检验 Mn^{2+}。

Mn^{2+} 易形成高自旋配合物，如 $[Mn(H_2O)_6]^{2+}$、$[Mn(NH_3)_6]^{2+}$、$[Mn(C_2O_4)_3]^{4-}$ 等。只有与一些强场配体(CN^-)配合，才生成低自旋配合物如 $[Mn(CN)_6]^{4-}$。

2) Mn(Ⅳ)的化合物

最稳定且最重要的 Mn(Ⅳ)化合物是 MnO_2，它是一种黑色粉末状固体，晶体呈金红石结构，不溶于水，属弱酸性氧化物。MnO_2 中 Mn 的氧化态为+4，既有氧化性，又有还原性。

作氧化剂：

$$MnO_2 + 4HCl(浓) \overset{\triangle}{=} MnCl_2 + Cl_2\uparrow + 2H_2O$$

$$4MnO_2 + 6H_2SO_4 \overset{383K}{=} 2Mn_2(SO_4)_3 + 6H_2O + O_2\uparrow$$

作还原剂：

$$2MnO_2 + 4KOH + O_2 \overset{\triangle}{=} 2K_2MnO_4 + 2H_2O$$

MnO_2 在玻璃中作为脱色剂，在锰-锌干电池中用作去极剂。

3) Mn(Ⅵ)的化合物

Mn(Ⅵ)化合物中较稳定的是锰酸盐，如 K_2MnO_4 和 Na_2MnO_4。锰酸盐是制备高锰酸盐的中间产品。锰酸盐在强碱溶液中呈绿色，较稳定，但在酸性、中性及弱碱性溶液中立即歧化。

$$3K_2MnO_4 + 2H_2O = 2KMnO_4 + MnO_2 + 4KOH$$

固体 K_2MnO_4 加热至 493K 以上，开始分解为 K_2MnO_3 和 O_2。

4) Mn(Ⅶ)的化合物

Mn(Ⅶ)的化合物中最重要的是 $KMnO_4$，$NaMnO_4$ 因潮解而不常用。$KMnO_4$ 是一种深紫色固体，比较稳定，但加热会分解成 K_2MnO_4 和 O_2。$KMnO_4$ 在中性或弱碱性介质中，分解很慢，但在酸性介质中分解较快。

$$2KMnO_4 \xlongequal{\triangle} K_2MnO_4 + MnO_2 + O_2\uparrow$$

$$4MnO_4^- + 4H^+ \xlongequal{} 4MnO_2 + 3O_2\uparrow + 2H_2O$$

$$2KMnO_4 + H_2SO_4(浓) \xlongequal{冷} K_2SO_4 + Mn_2O_7 + H_2O$$

Mn_2O_7 为绿色油状液体，氧化性极强，极不稳定，易分解为二氧化锰和氧气；摩擦或与有机物接触易发生爆炸。

$KMnO_4$ 是最重要和最常用的氧化剂之一，其氧化能力和还原产物因介质的酸度不同而不同，反应物的加入顺序也会影响最终产物。

$$MnO_4^- + C_2O_4^{2-}(Fe^{2+}, SO_3^{2-}) \begin{cases} \xrightarrow{OH^-} MnO_4^{2-} + CO_2(Fe^{3+}, SO_4^{2-}) \\ \xrightarrow{H_2O} MnO_2 + CO_2(Fe^{3+}, SO_4^{2-}) \\ \xrightarrow{H^+} Mn^{2+} + CO_2(Fe^{3+}, SO_4^{2-}) \end{cases}$$

2. 锝和铼

锝是人造元素，铼是稀有金属。Tc 和 Re 性质极其相似，与 Mn 不同；它们不形成＋2 氧化态化合物，而＋3(Re)，＋4、＋6、＋7 氧化态化合物很普遍。TcO_4^- 和 ReO_4^- 的氧化性较 MnO_4^- 弱得多。

锝和铼都是高熔点金属，在空气中缓慢氧化，失去金属光泽。当温度高于 673K 时，在氧气中燃烧生成可升华的 M_2O_7。锝和铼溶于浓硝酸和浓硫酸，但不溶于氢氟酸和盐酸。与锝不同的是，铼可溶于过氧化氢的氨水溶液中，生成含氧酸盐。

$$2Re + 7H_2O_2 + 2NH_3 \xlongequal{} 2NH_4ReO_4 + 6H_2O$$

锝是已有公斤级产量的人造元素，因为它具有较好的抗腐蚀性能，并不易吸收中子，因而成为建造核反应堆防腐层的理想材料。锝及其合金具有超导性能。

铼是高活性的催化剂，选择性好，抗毒能力强，广泛应用于石化工业。铼及其合金在电子管中用作加热灯丝、阳极、阴极、栅极和结构材料。

13.3.6 铁系金属

铁系金属包括铁、钴和镍，位于周期表Ⅷ族。锰和铁被称为黑色金属，钴和镍是有色金属。铁是地壳中的丰产元素之一，其丰度为 0.62％，主要矿物有赤铁矿(Fe_2O_3)、磁铁矿(Fe_3O_4)和黄铁矿(FeS_2)。

铁的重要化学反应如图 13-5 所示。铁、钴、镍都是重要的合金元素，能形成多种性质各异的金属合金材料。例如，不锈钢(18％Cr，9％Ni)，钴钢(15％Co，5.9％Cr，1％W)——可制永磁铁，白钢(25％Cr，20％Ni)——耐高温、抗腐蚀，镍铬合金(80％Ni，20％Cr)——做电热丝，镍铁合金——制录音机磁头，超硬合金(77％～88％ W，6％～15％ Co)——生产钻头、模具和高速刀具等。镍易吸附氢，是一种氢化催化剂，在有机合成中有重要应用。镍还因为其较稳定而作为金属镀层及制造熔碱坩埚。

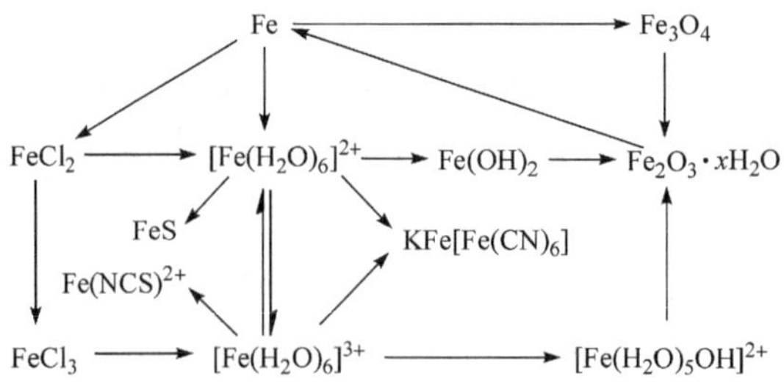

图 13-5　铁的重要化学反应

铁族金属在维持生命活动中发挥重要作用：铁是血红蛋白的构成元素，是体内运载氧的工具；维生素 B_{12} 是钴的配合物，对治疗恶性贫血有立竿见影之效；镍是动物和人必需的微量元素，存在于 DNA 和 RNA 中。

铁、钴、镍在+2、+3 氧化态时，半径较小，又有未充满的 d 轨道，使它们有形成配合物的强烈倾向，尤其是 Co(Ⅲ)形成配合物数量特别多。铁系金属可形成多种化合物和配合物，最重要的有 $FeCl_3$、$(NH_4)_2Fe(SO_4)_2$、$Fe(C_5H_5)_2$ 等。

1. 氧化物和氢氧化物

低氧化态氧化物 MO，常用非氧化性含氧酸盐绝氧热分解制备（如碳酸盐、草酸盐），可得到黑色 FeO、灰绿色 CoO 和暗绿色 NiO。

$$MCO_3 \xrightarrow[\triangle]{\text{隔绝空气}} MO + CO_2\uparrow$$

$$MC_2O_4 \xrightarrow[\triangle]{\text{隔绝空气}} MO + CO_2\uparrow + CO\uparrow$$

高氧化态氧化物 M_2O_3 可用氧化性含氧酸盐（如硝酸盐）热分解得到。其中 Fe_2O_3 为红棕色，工业上是重要颜料。Fe_2O_3 有多种变体，α-Fe_2O_3 为顺磁性，主要用作防锈漆；γ-Fe_2O_3 是介稳状态的，有铁磁性，是录音磁带生产中最重要的磁性材料。Fe_2O_3 也是钢铁冶炼的基本原料。Co_2O_3 用于制备钴和钴盐，还是重要的氧化剂和催化剂。

隔绝空气的条件下，向+2 氧化态的铁系盐溶液中加入碱可分别得到白色 $Fe(OH)_2$、粉红色 $Co(OH)_2$ 和果绿色 $Ni(OH)_2$。遇到空气时，$Fe(OH)_2$ 迅速氧化为红棕色的 $Fe(OH)_3$，$Co(OH)_2$ 缓慢氧化成 $Co(OH)_3$，而 $Ni(OH)_2$ 在强氧化剂作用下才可被氧化成黑色的 $Ni(OH)_3$。

$Fe(OH)_3$、$Co(OH)_3$、$Ni(OH)_3$ 的氧化能力逐渐增加；$Fe(OH)_2$、$Co(OH)_2$、$Ni(OH)_2$ 的还原能力逐渐减弱。

$$4Fe(OH)_2 + O_2 + 2H_2O = 4Fe(OH)_3$$

$$2Fe(OH)_2 + ClO^- + H_2O = 2Fe(OH)_3 + Cl^-$$

$$2M(OH)_3 + 6HCl(\text{浓}) = 2MCl_2 + Cl_2\uparrow + 6H_2O\ (M = Co, Ni)$$

2. 重要的盐类

Fe^{2+}、Fe^{3+} 均稳定，$FeCl_3$ 在蒸气中双聚 $(FeCl_3)_2$。Co^{3+} 在固体中存在，在水中还原成 Co^{2+}。Ni^{3+} 氧化性很强而难存在，Ni^{2+} 稳定。

(1) $CoCl_2 \cdot 6H_2O$。因化合物中所含结晶水数目不同而呈现不同的颜色。制备硅胶时加

入少量 $CoCl_2$，经烘干后的硅胶呈蓝色，被称为变色硅胶，其中 $CoCl_2$ 可显示干燥剂的吸湿情况。

$$\underset{（粉红）}{CoCl_2 \cdot 6H_2O} \xrightarrow{325K} \underset{（紫红）}{CoCl_2 \cdot 2H_2O} \xrightarrow{365K} \underset{（蓝紫）}{CoCl_2 \cdot H_2O} \xrightarrow{395K} \underset{（蓝色）}{CoCl_2}$$

(2) $MSO_4 \cdot 7H_2O$。MO 溶于稀硫酸，可结晶出 $MSO_4 \cdot 7H_2O$。$MSO_4 \cdot 7H_2O$ 均能与 NH_4^+、K^+、Na^+ 形成复盐 $M_2SO_4 \cdot MSO_4 \cdot 6H_2O$。$FeSO_4 \cdot 7H_2O$ 俗称绿矾，无论酸性或碱性溶液中，Fe^{2+} 均易被氧化为 Fe^{3+}，Fe^{2+} 表现出还原性。为了稳定 Fe(Ⅱ)，常将 $FeSO_4 \cdot 7H_2O$ 制成复盐硫酸亚铁铵 $(NH_4)_2SO_4 \cdot FeSO_4 \cdot 6H_2O$，又称"Mohr 盐"。$CoSO_4 \cdot 7H_2O$ 呈红色，$NiSO_4 \cdot 7H_2O$ 呈黄绿色，均比绿矾稳定，不易被氧化为 M(Ⅲ)。这类七水合物中均含有 $[M(H_2O)_6]^{2+}$，另一个水分子以氢键与 SO_4^{2-} 结合。

(3) Fe^{3+} 盐。铁系金属氧化态为 +3 的可溶性盐中，Co^{3+}、Ni^{3+} 的强氧化性，热力学上不稳定，只有铁形成稳定的 Fe^{3+} 盐。常见 Fe^{3+} 盐有 $FeCl_3 \cdot 6H_2O$、$Fe(NO_3)_3 \cdot 9H_2O$、$Fe_2(SO_4)_3 \cdot 9H_2O$、$NH_4Fe(SO_4)_2 \cdot 12H_2O$。

酸性介质中，Fe^{3+} 是中强氧化剂，可氧化 $SnCl_2$、H_2S、I^-、SO_3^{2-}、$S_2O_3^{2-}$、Cu 等。

$$2Fe^{3+} + 2I^- = 2Fe^{2+} + I_2$$

$$2Fe^{3+} + H_2S = 2Fe^{2+} + S + 2H^+$$

$$2Fe^{3+} + Cu = 2Fe^{2+} + Cu^{2+}$$

后一反应用于制造印刷电路，铜板上需要去掉的部分，在 $FeCl_3$ 溶液的作用下，使 Cu 变成 Cu^{2+} 而溶解。

Fe^{3+} 电荷高，离子半径小，在溶液中明显水解，使溶液显酸性。

$$[Fe(H_2O)_6]^{3+} + H_2O \rightleftharpoons [Fe(H_2O)_5(OH)]^{2+} + H_3O^+ \qquad K_1^\ominus = 10^{-3}$$

$$+$$

$$H_2O \rightleftharpoons [Fe(H_2O)_4(OH)_2]^+ + H_3O^+ \qquad K_2^\ominus = 10^{-6.3}$$

(4) 高铁酸盐。高铁酸盐在强碱性介质中才能稳定存在，是比高锰酸盐更强的氧化剂。它是新型净水剂，有氧化杀菌性质，生成的 $Fe(OH)_3$ 对各种阴阳离子有吸附作用，对水体中的 CN^- 去除能力非常强。

$$2Fe(OH)_3 + 3ClO^- + 4OH^- \xlongequal{\triangle} 2FeO_4^{2-} + 3Cl^- + 5H_2O \quad （溶液中）$$

$$Fe_2O_3 + 3KNO_3 + 4KOH \xlongequal[共熔]{\triangle} 2K_2FeO_4 + 3KNO_2 + 2H_2O \quad （熔融）$$

3. 配合物

1) NH_3 配合物

$$CoCl_2 \xrightarrow{NH_3 \cdot H_2O} Co(OH)Cl \downarrow \xrightarrow{NH_3 \cdot H_2O} [Co(NH_3)_6]^{2+} \xrightarrow{O_2} [Co(NH_3)_6]^{3+}$$

$$NiSO_4 \xrightarrow{NH_3 \cdot H_2O} Ni_2(OH)_2SO_4 \downarrow \xrightarrow{NH_3 \cdot H_2O} [Ni(NH_3)_6]^{2+} \xrightarrow{Cl_2} [Ni(NH_3)_6]^{3+}$$

$[Co(H_2O)_6]^{2+}$ 稳定性大于 $[Co(H_2O)_6]^{3+}$，$[Co(NH_3)_6]^{3+}$ 稳定性大于 $[Co(NH_3)_6]^{2+}$。可用价键理论予以解释。

$$4[Co(NH_3)_6]^{2+} + O_2 + 2H_2O = 4[Co(NH_3)_6]^{3+} + 4OH^-$$

$$4[Co(H_2O)_6]^{3+} + 2H_2O = 4[Co(H_2O)_6]^{2+} + O_2 + 4H^+$$

2）CN^-配合物

$$Fe^{2+} \xrightarrow{CN^-} Fe(CN)_2\downarrow \xrightarrow{CN^-} [Fe(CN)_6]^{4-} \xrightarrow{Cl_2} [Fe(CN)_6]^{3-}$$

$$\left.\begin{array}{l} K^+ + Fe^{2+} + [Fe(CN)_6]^{3-} \\ K^+ + Fe^{3+} + [Fe(CN)_6]^{4-} \end{array}\right] \longrightarrow KFe[Fe(CN)_6]\downarrow \begin{array}{l} \text{滕氏蓝} \\ \text{普鲁士蓝} \end{array}$$

$$Co^{2+} \xrightarrow{CN^-} Co(CN)_2\downarrow \xrightarrow{CN^-} [Co(CN)_6]^{4-} \xrightarrow{O_2} [Co(CN)_6]^{3-}$$

$$Ni^{2+} \xrightarrow{CN^-} Ni(CN)_2\downarrow \xrightarrow{CN^-} [Ni(CN)_4]^{2-}$$

3）羰基配合物

通常金属氧化态较低，如 $Ni(CO)_4$、$Fe(CO)_5$、$Co_2(CO)_8$、$[Fe(CO)_2(NO)_2]$。很多过渡金属可形成羰基化合物，除单核外，还可形成双核、多核。多数羰基化合物可直接合成：

$$Ni + 4CO \xlongequal[20.2MPa]{325K} Ni(CO)_4\text{（液态）}$$

$$Fe + 5CO \xlongequal[101.32kPa]{373\sim473K} Fe(CO)_5\text{（液态）}$$

$$2CoCO_3 + 2H_2 + 8CO \xlongequal[\triangle]{\text{高压}} Co_2(CO)_8 + 2CO_2 + 2H_2O$$

羰基配合物熔点、沸点低，易挥发，受热易分解成金属与 CO。此性质用于提纯金属，使金属形成羰基化合物挥发，与杂质分离，再加热分解得到金属。

羰基化合物有毒，$Ni(CO)_4$ 吸入体内后，CO 与血红素结合，胶体镍随血液进入全身器官。

4）其他配合物

Fe^{3+}、Co^{2+} 能与 SCN^- 分别生成有特殊颜色的配合物 $[Fe(SCN)_n]^{3-n}$（$n=1\sim6$，血红色）、$[Co(SCN)_4]^{2-}$（蓝色，在戊醇、丙酮等有机相中稳定），用于 Fe^{3+}、Co^{2+} 的鉴定。

Fe^{3+} 与 F^- 和 PO_4^{3-} 的配合物 $[FeF_6]^{3-}$ 和 $[Fe(PO_4)_2]^{3-}$ 常用于分析化学中对 Fe^{3+} 的掩蔽。

Fe(Ⅱ)与环戊二烯基生成夹心式化合物 $Fe(C_5H_5)_2$，称为环戊二烯基铁（俗称二茂铁）。二茂铁为橙黄色固体，易溶于有机溶剂。

13.3.7 铂系金属

1. 单质的特点

铂系金属是指Ⅷ族的钌、铑、钯和锇、铱、铂等铂系稀有元素，它们都是有色金属。铂系金属按照密度大小分为两组，钌、铑、钯的密度约为 $12g \cdot cm^{-3}$，称为轻铂系元素；锇、铱、铂密度约为 $22g \cdot cm^{-3}$，称为重铂系元素。它们的性质非常相似，在自然界共生，所以统称铂系元素。在地壳中的丰度（%）分别为：钌，10^{-8}；铑，10^{-8}；钯，1.5×10^{-6}；锇，5×10^{-10}；铱，10^{-7}；铂，10^{-6}。它们在自然界可以游离态存在，如铂矿和锇铱矿；也可共生于铜和镍的硫化物中，在电解精炼铜和镍后，铂系金属和金银常以阳极泥的形式存在于电解槽中。

铂系金属原子的价电子构型分别是：Ru，$4d^7 5s^1$；Rh，$4d^8 5s^1$；Pd，$4d^{10}$；Os，$5d^6 6s^2$；Ir，$5d^7 6s^2$；Pt，$5d^9 6s^1$。与原子核外电子排布规律不完全一致。这是因为 4d 和 5s 及 5d 和 6s 能级差与 3d 和 4s 相比更小，更易发生能级交错现象，导致铂系元素的原子最外层电子有更强趋势从 ns 进入 $(n-1)d$ 轨道，而且这种趋势随原子序数的增大而增强。

铂系金属除锇呈蓝灰色外，其余均呈银白色。它们的熔点、沸点高，密度大，钌、锇硬而脆，其余韧性、延展性好。特别是纯铂,可冷轧成厚度 2.5μm 的箔。

铂系金属有良好的吸收气体(特别是氢气和氧气)的能力,有高度的催化活性,是优良的催化剂。铂是烯烃和炔烃氧化反应的催化剂,也是氨氧化合成硝酸的催化剂;钌是苯氢化作用的催化剂等。铂系金属除作催化剂外,铂可做蒸发皿、坩埚和电极,铂及其铂铑合金可制造测量高温的热电偶,铂铱合金可制造金笔的笔尖和国际标准米尺。

铂系金属呈化学惰性,常温下不与氧、氟、氮等非金属反应,有极高的抗腐蚀性能。Ru、Rh、Ir 和块状的 Os 不溶于王水。Pd 和 Pt 相对较活泼,可溶于王水,Pd 可溶于浓硝酸和浓硫酸。在有氧化剂如 KNO_3、$KClO_3$ 等存在时,铂系金属与碱共熔可转化成可溶性化合物。

$$3Pt + 4HNO_3 + 18HCl \xlongequal{} 3H_2[PtCl_6] + 4NO\uparrow + 8H_2O$$

2. 重要化合物

铂系金属容易生成配合物,水溶液中几乎全是配合物。Pd(Ⅱ)、Pt(Ⅱ)、Rh(Ⅰ)、Ir(Ⅰ)等 d^8 型离子与强场配体常生成反磁性的平面正方形配合物。这些正方形配合物配位不饱和,在适当条件下,可在 z 轴方向进入某些配体使配位数和氧化态发生改变,并使分子活化,实现均相催化。因此,它们都是优良的催化剂。

(1) 卤素配合物。PtF_6 是最强的氧化剂之一。Bartelett 实现了下述反应:

$$PtF_6 + O_2 \xlongequal{} [O_2]^+[PtF_6]^- \text{(深红色)}$$

基于$[O_2]$与 Xe 电离能相近,于 1962 年成功制备了稀有气体的第一个化合物:

$$Xe + PtF_6 \xlongequal{} [Xe]^+[PtF_6]^- \text{(橙黄色)}$$

$Na_2[PtCl_6]$橙红色晶体易溶于水和酒精;$(NH_4)_2[PtCl_6]$、$K_2[PtCl_6]$黄色晶体难溶于水。

(2) 氨配合物。$[PtCl_2(NH_3)_2]$为反磁性物质,其结构为平面正方形。

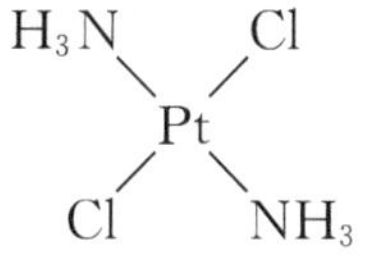

反式,淡黄色

$\mu = 0$,0.0366g/100g H_2O

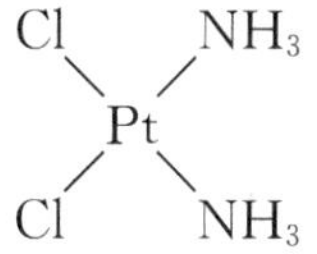

顺式,棕黄色,治疗癌症

$\mu \neq 0$,0.2577g/100g H_2O

(3) 富勒烯配合物。铂系金属与富勒烯形成的配合物,其中心金属常呈现低氧化态,使金属-富勒烯配位键上可能有较多的 π 电子,光照下电子容易流动,有可能具有优良的光电转换性能,成为有实用价值的光电材料。

13.4　铜族、锌族元素

13.4.1　铜族

1. 铜族单质

铜族元素包括ⅠB 族的铜、银、金三种金属,铜、银、金是人类发现最早的单质态矿物。目前已发现的最大自然铜块重 42t。金主要以单质形式存在于岩石或沙砾中。铜和银还有硫化物、氯化物矿;铜还有碳酸盐矿等。因为它们有悦目的外观和美丽的色泽,很早就被人们用作饰物和钱币,故有货币金属之称。

铜族金属的价电子构型为$(n-1)d^{10}ns^1$，最外层电子数与碱金属相同，但次外层不同。铜族元素次外层为18电子，对核的屏蔽效应远小于8电子结构，有效核电荷大，对外层电子的吸引力强。故其第一电离能远大于碱金属，电极电势呈正值，为不活泼金属。铜族元素的基本性质列于表13-6中。

表13-6　铜族元素的基本性质

	元素符号	价电子构型	常见氧化态	第一电离能/$(kJ \cdot mol^{-1})$	第二电离能/$(kJ \cdot mol^{-1})$
铜	Cu	$3d^{10}4s^1$	+1,+2	750	1970
银	Ag	$4d^{10}5s^1$	+1	735	2083
金	Au	$5d^{10}6s^1$	+1,+3	895	1987

铜、银、金有特征颜色，分别为紫红、银白、金黄。它们有极好的延展性和可塑性，金尤其如此。1g金可碾压成只有230个原子厚度，约$1m^2$的薄片，或拉成$20\mu m$直径，长达165m的金线。它们都是热和电的良导体，银在所有金属中有最佳导电性。铜质合金，如黄铜、青铜和白铜分别用作仪器零件和刀具。

铜族元素是不活泼金属，$Cu \longrightarrow Ag \longrightarrow Au$活泼性递减。它们在常温下不与非氧化性酸反应，铜和银溶于浓硫酸和浓硝酸中，而金只溶于王水。通氧条件下，铜可溶于加热的硫酸和盐酸。

$$Cu + 2H_2SO_4(浓) = CuSO_4 + SO_2\uparrow + 2H_2O$$

$$3Ag + 4HNO_3 = 3AgNO_3 + NO\uparrow + 2H_2O$$

$$Au + 4HCl + HNO_3 = H[AuCl_4] + NO\uparrow + 2H_2O$$

$$2Cu + 2H_2SO_4 + O_2 = 2CuSO_4 + 2H_2O$$

$$2Cu + 8HCl(浓,热) = 2H_3[CuCl_4] + H_2\uparrow$$

铜在空气中加热时可与氧反应生成黑色氧化铜，而金、银加热也不与氧作用。铜在潮湿的空气中可以生成铜锈。

$$2Cu + H_2O + CO_2 + O_2 = Cu_2(OH)_2CO_3$$

2. 铜族重要化合物

铜、银、金都可形成+1、+2、+3氧化态的化合物，其中Cu(+2)最稳定，Ag(+1)和Au(+3)最稳定。它们都能与CN^-等简单配体形成稳定配合物。

(1) 氧化铜和氧化亚铜。铜可形成黑色氧化铜CuO和红色氧化亚铜Cu_2O。加热分解氢氧化铜、硝酸铜、碱式碳酸铜均可得到氧化铜。

$$Cu(OH)_2 \xrightarrow{\triangle} CuO + H_2O$$

$$Cu_2(OH)_2CO_3 \xrightarrow{\triangle} 2CuO + CO_2\uparrow + H_2O$$

$$2Cu(NO_3)_2 \xrightarrow{\triangle} 2CuO + 4NO_2\uparrow + O_2\uparrow$$

选用温和的还原剂如葡萄糖、羟胺、酒石酸钾钠或亚硫酸钠的碱性溶液还原Cu(Ⅱ)可得到氧化亚铜。例如

$$2Cu^{2+} + 5OH^- + C_6H_{12}O_6 = Cu_2O\downarrow + C_6H_{11}O_7^- + 3H_2O$$

CuO和Cu_2O都不溶于水。向Cu^{2+}溶液中加入强碱可得到氢氧化铜$Cu(OH)_2$。氢氧化铜微显两性，以碱性为主，能溶于强碱的浓溶液，形成$[Cu(OH)_4]^{2-}$。$Cu(OH)_2$易溶于氨水，

形成$[Cu(NH_3)_4]^{2+}$溶液。铜氨溶液可溶解纤维，在溶解纤维的溶液中加酸，纤维析出。纺织工业利用该性质制造人造丝。

Cu_2O 在酸性溶液中迅速歧化为 Cu^{2+} 和 Cu，溶于氨水得到无色溶液$[Cu(NH_3)_2]^+$，但很快被空气氧化为蓝色溶液$[Cu(NH_3)_4]^{2+}$。

(2) 卤化铜和卤化亚铜。卤化铜有无水 CuX_2（白色 CuF_2、棕色 $CuCl_2$、棕色 $CuBr_2$）和含结晶水的化合物。其中 $CuCl_2$ 最重要，它是共价化合物，通过氯原子桥组成无限长链结构。

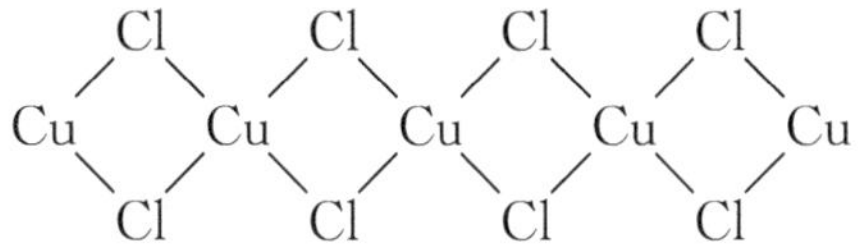
Cl Cl Cl Cl
Cu Cu Cu Cu Cu
Cl Cl Cl Cl

$CuCl_2$ 不但溶于水，而且溶于乙醇和丙酮。在很浓的溶液中呈黄绿色，在浓的溶液中呈绿色，在稀溶液中显蓝色。$CuCl_2 \cdot 2H_2O$ 受热按下式分解：

$$2CuCl_2 \cdot 2H_2O \xlongequal{\triangle} Cu(OH)_2 \cdot CuCl_2 + 2HCl + 2H_2O$$

因此，制备无水 $CuCl_2$ 时，要在 HCl 气流中加热脱水。无水 $CuCl_2$ 进一步受热分解为 CuCl 和 Cl_2。

卤化亚铜 CuX 都是白色的难溶物，其溶解度依 Cl、Br、I 顺序减小。拟卤化铜也是难溶物，如 CuCN 的 $K_{sp}^{\ominus}=3.2\times10^{-20}$，CuSCN 的 $K_{sp}^{\ominus}=4.8\times10^{-15}$。

用还原剂还原卤化铜可得到卤化亚铜。

$$2CuCl_2 + SnCl_2 \xlongequal{} 2CuCl\downarrow + SnCl_4$$

$$2CuCl_2 + SO_2 + 2H_2O \xlongequal{} 2CuCl\downarrow + H_2SO_4 + 2HCl$$

$$CuCl_2 + Cu \xlongequal{} 2CuCl\downarrow$$

$$2Cu^{2+} + 4I^- \xlongequal{} 2CuI\downarrow + I_2$$

干燥的 CuCl 在空气中比较稳定，但湿的 CuCl 在空气中易发生水解和氧化。

$$4CuCl + O_2 + 4H_2O \xlongequal{} 3CuO \cdot CuCl_2 \cdot 3H_2O + 2HCl$$

$$8CuCl + O_2 \xlongequal{} 2Cu_2O + 4Cu^{2+} + 8Cl^-$$

CuCl 易溶于盐酸，由于形成配离子，溶解度随盐酸浓度增加而增大。

$$CuCl_3^{2-} + CuCl_2^- \underset{\text{浓 HCl}}{\overset{\text{稀释}}{\rightleftharpoons}} 2CuCl\downarrow + 3Cl^-$$

(3) 硫酸铜。$CuSO_4 \cdot 5H_2O$ 俗称胆矾，可用铜屑或氧化物溶于硫酸中制得。它在不同温度下可逐步失水。

$$CuSO_4 \cdot 5H_2O \xrightarrow{378K} CuSO_4 \cdot 3H_2O \xrightarrow{386K} CuSO_4 \cdot H_2O \xrightarrow{533K} CuSO_4 \xrightarrow{923K} CuO$$

无水硫酸铜为白色粉末，不溶于乙醇和乙醚，吸水性很强，吸水后呈蓝色，利用这一性质可检验乙醇和乙醚等有机溶剂中的微量水，并可作干燥剂。

(4) 氧化银和氢氧化银。氢氧化钠与硝酸银反应可得到棕黑色氧化银沉淀，温度升高或见光会发生分解，放出氧气并得到银。在温度低于－45℃时，用碱金属氢氧化物和硝酸银的90％酒精溶液作用，则可能得到白色的 AgOH 沉淀。

Ag_2O 是构成银锌蓄电池的重要材料，充放电反应为

$$Ag_2O + Zn + H_2O \underset{\text{充电}}{\overset{\text{放电}}{\rightleftharpoons}} 2Ag + Zn(OH)_2$$

Ag_2O 和 MnO_2、Cr_2O_3、CuO 等的混合物能在室温下将 CO 迅速氧化成 CO_2，因此可用于

防毒面具中。

(5) 卤化银。硝酸银与碱金属卤化物反应可得到难溶卤化银 AgCl、AgBr、AgI。由于 AgF 易溶于水，可将氧化银溶于氢氟酸中，然后蒸发，制得 AgF。

$$Ag^+ + X^- = AgX\downarrow \ (X=Cl、Br、I)$$

$$Ag_2O + 2HF = 2AgF + H_2O$$

AgCl、AgBr、AgI 都有感光分解的性质，可作感光材料。

$$2AgX \xlongequal{h\nu} 2Ag + X_2 \ (X=Cl、Br、I)$$

$$AgX \xrightarrow{h\nu} \begin{matrix}银核\\AgX\end{matrix} \xrightarrow[米吐尔]{对苯二酚} \begin{matrix}Ag\\AgX\end{matrix} \xrightarrow[定影]{Na_2S_2O_3} Ag$$

α-AgI 是一种固体电解质。把 AgI 固体加热，在 418K 时发生相变，这种高温形态 α-AgI 有异常高的电导率，比室温时大四个数量级。实验证实 AgI 晶体中，I^- 仍保持原先位置，只需一定的电场力作用就可发生 Ag^+ 的迁移而导电。

(6) 硝酸银。它是制备其他银盐的原料，$AgNO_3$ 见光分解，痕量有机物促进其分解，因此 $AgNO_3$ 应保存在棕色瓶中。$AgNO_3$ 是一种氧化剂，即使室温下，许多有机物都能将它还原成黑色的银粉。$AgNO_3$ 和某些试剂反应，得到难溶化合物，如白色 Ag_2CO_3、黄色 Ag_3PO_4、浅黄色 $Ag_4[Fe(CN)_6]$、橘黄色 $Ag_3[Fe(CN)_6]$、砖红色 Ag_2CrO_4。

(7) 金的化合物。Au(Ⅲ)是金常见的氧化态，如 AuF_3、$AuCl_3$、$AuCl_4^-$、$AuBr_3$、$Au_2O_3 \cdot H_2O$ 等。$AuCl_3$ 在气态或固态时都是以二聚体 Au_2Cl_6 的形式存在，基本上是平面正方形结构。

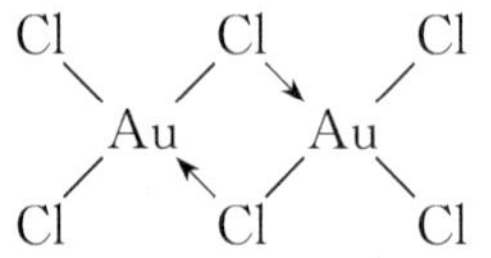

$$AuCl_3 \xlongequal{\triangle} AuCl + Cl_2$$

3. 铜族元素的配合物

铜族元素的离子具有 18 电子结构，既有较大的极化力，又有明显的变形性，因而化学键带有部分共价性；可形成多种配离子，多数阳离子以 sp、sp^2、sp^3、dsp^2 等杂化轨道和配体成键；易和 H_2O、NH_3、X^-(包括拟卤离子)等形成配合物。

(1) 铜(Ⅰ)配合物。Cu^+ 为 d^{10} 电子构型，有空的 4s、4p 轨道，能以 sp、sp^2 或 sp^3 等杂化轨道和 X^- (除 F 外)、NH_3、$S_2O_3^{2-}$、CN^- 等易变形的配体形成配合物，如 $[CuCl_3]^{2-}$、$[Cu(NH_3)_2]^+$、$[Cu(CN)_4]^{3-}$ 等，大多数 Cu(Ⅰ)配合物是无色的。

Cu^+ 的卤素配合物的稳定性顺序为 I>Br>Cl。

$$Cu_2O + 4NH_3 \cdot H_2O = 2[Cu(NH_3)_2]^+ + 2OH^- + 3H_2O$$

$$2[Cu(NH_3)_2]^+ + 4NH_3 \cdot H_2O + 1/2O_2 = 2[Cu(NH_3)_4]^{2+} + 2OH^- + 3H_2O$$

(2) 铜(Ⅱ)配合物。Cu^{2+} 的配位数有 2、4、6 等，常见配位数为 4。Cu(Ⅱ)八面体配合物中，如 $[Cu(H_2O)_6]^{2+}$、$[CuF_6]^{4-}$、$[Cu(NH_3)_4(H_2O)_2]^{2+}$ 等，大多为四短两长键的拉长八面体，只有少数为压扁的八面体。$[Cu(NH_3)_4]^{2+}$ 等为平面正方形，$[CuX_4]^{2-}$ $(X=Cl^-, Br^-)$ 为压扁的四面体。

(3) 银的配合物。Ag^+ 常以 sp 杂化轨道与配体如 Cl^-、NH_3、CN^-、$S_2O_3^{2-}$ 等形成稳定性

不同的配离子。

$$\underset{K_{sp}^{\ominus}=1.8\times10^{-10}}{AgCl}\xrightarrow{NH_3\cdot H_2O}\underset{K_f^{\ominus}=1.6\times10^{7}}{[Ag(NH_3)_2]^+}\xrightarrow{Br^-}\underset{K_{sp}^{\ominus}=5.0\times10^{-13}}{AgBr}\xrightarrow{S_2O_3^{2-}}\underset{K_f^{\ominus}=2.9\times10^{13}}{[Ag(S_2O_3)_2]^{3-}}$$

$$\downarrow I^-$$

$$\underset{K_{sp}^{\ominus}=6.3\times10^{-50}}{Ag_2S}\xleftarrow{S^{2-}}\underset{K_f^{\ominus}=1.3\times10^{21}}{[Ag(CN)_2]^-}\xleftarrow{CN^-}\underset{K_{sp}^{\ominus}=8.3\times10^{-17}}{AgI}$$

$$2[Ag(NH_3)_2]^+ + HCHO + 2OH^- = 2Ag\downarrow + HCOO^- + NH_4^+ + 3NH_3\uparrow + H_2O$$

$$4Ag + 8NaCN + 2H_2O + O_2 = 4Na[Ag(CN)_2] + 4NaOH$$

$$2[Ag(CN)_2]^- + Zn = 2Ag + [Zn(CN)_4]^{2-}$$

(4) 金的配合物。$H[AuCl_4]\cdot H_2O$(或 $Na[AuCl_4]\cdot 2H_2O$)和 $K[Au(CN)_2]$是金的典型配合物,后者是氰化法提取金的基础,广泛应用于金的冶炼中。通过下述反应可以得到粗金产品:

$$2Au + 4CN^- + 1/2O_2 + H_2O = 2[Au(CN)_2]^- + 2OH^-$$

$$2[Au(CN)_2]^- + Zn = 2Au\downarrow + [Zn(CN)_4]^{2-}$$

4. Cu(Ⅰ)与 Cu(Ⅱ)的相互转化

铜的常见氧化态为+1 和+2,同一元素不同氧化态之间可相互转化。这种转化是有条件的、相对的,这与它们存在的状态、阴离子的特性、反应介质等有关。

气态时,Cu^+(g)比 Cu^{2+}(g)稳定,由 $\Delta_r G_m^{\ominus}$ 的大小可以看出这种热力学的倾向。

$$2Cu^+(g) = Cu^{2+}(g) + Cu(s) \qquad \Delta_r G_m^{\ominus} = 897kJ\cdot mol^{-1}$$

常温时,固态 Cu(Ⅰ)和 Cu(Ⅱ)的化合物都很稳定。

$$Cu_2O(s) = CuO(s) + Cu(s) \qquad \Delta_r G_m^{\ominus} = 113.4kJ\cdot mol^{-1}$$

高温时,固态的 Cu(Ⅱ)化合物能分解为 Cu(Ⅰ)化合物,说明 Cu(Ⅰ)的化合物比 Cu(Ⅱ)稳定。

$$2CuCl_2(s) \xlongequal{773K} 2CuCl(s) + Cl_2\uparrow$$

$$4CuO(s) \xlongequal{1273K} 2Cu_2O(s) + O_2\uparrow$$

$$2CuS(s) \xlongequal{728K} Cu_2S(s) + S$$

在水溶液中,简单的 Cu^+ 不稳定,易发生歧化反应,产生 Cu^{2+} 和 Cu。

$$Cu^{2+}\frac{0.159}{\quad}Cu^+\frac{0.52}{\quad}Cu \qquad 2Cu^+ = Cu + Cu^{2+}$$

$$\lg K^{\ominus} = \frac{n(E_+^{\ominus} - E_-^{\ominus})}{0.0592} = \frac{1\times(0.52-0.159)}{0.0592} = 6.10$$

$$K^{\ominus} = 1.3\times10^{6}$$

水溶液中 Cu(Ⅰ)的歧化是有条件的、相对的。Cu^+ 浓度较大时,平衡向生成 Cu^{2+} 方向移动,发生歧化;Cu^+ 浓度降低到非常低时(如生成难溶盐,稳定的配离子等),反应将发生倒转(用反歧化表示)。

$$2Cu^+ \underset{反歧化}{\overset{歧化}{\rightleftharpoons}} Cu^{2+} + Cu$$

在水溶液中,要使 Cu(Ⅰ)的歧化朝相反方向进行,必须具备两个条件:有还原剂存在(如

Cu、SO_2、I^-等)；有能降低Cu^+浓度的沉淀剂或配位剂(如Cl^-、I^-、CN^-等)。

13.4.2 锌族

ⅡB族的锌、镉、汞，称锌族。Zn、Cd、Hg的价电子构型分别为$3d^{10}4s^2$、$4d^{10}5s^2$和$4f^{14}5d^{10}6s^2$，其稳定氧化态为+2，汞可以Hg_2^{2+}的形式呈现+1氧化态。它们都是亲硫元素，在自然界以硫化物的形式存在，锌还有菱锌矿($ZnCO_3$)。其基本性质如表13-7所示。

表13-7 锌、隔、汞的某些性质

	Zn	Cd	Hg
熔点/K	692.73	594.1	234.28
沸点/K	1180	1038	629.73
第一电离能/($kJ\cdot mol^{-1}$)	915	873	1013
第二电离能/($kJ\cdot mol^{-1}$)	1743	1641	1820
M^{2+}(g)水合热/($kJ\cdot mol^{-1}$)	−2054	−1316	−1833
原子化焓/($kJ\cdot mol^{-1}$)	130.73	112.01	61.32

1. 金属单质

Zn、Cd、Hg都是银白色金属，d电子没有参与形成金属键，本族金属均较软，汞是常温下唯一的液态金属，且在273～473K体积膨胀系数很均匀，又不润湿玻璃，故用来制造温度计。汞的密度很大($13.55g\cdot cm^{-3}$)，蒸气压低，可用于制造压力计、高压汞灯和日光灯等。

汞能溶解许多金属，如钠、钾、银、金、锌、镉、锡、铅和铊等而形成汞齐。汞齐可以是简单化合物(如AgHg)、溶液(如少量锡溶于汞)，或是两者的混合物。若溶解于汞中的金属含量不高时，所得汞齐呈液态或糊状。Na-Hg齐反应平稳，是有机合成中常用的还原剂；银、锡、铜汞齐作牙齿的填充材料。过去曾用汞与金形成汞齐回收贵金属金。铊汞齐在213K才凝固，可做低温温度计。锌和镉主要用于电镀镀层、电池和催化剂。

锌、镉、汞的活泼性由Zn→Cd→Hg依次递减。锌和镉能与稀酸反应放出氢气；汞不与非氧化性酸作用，但可溶于硝酸。锌不同于镉和汞，还可与强碱反应生成$[Zn(OH)_4]^{2-}$。在干燥的空气中，它们都很稳定；当加热到足够温度时，锌和镉可在空气中燃烧，生成氧化物，但汞氧化很慢。

$$4Zn+2O_2+3H_2O+CO_2 \xlongequal{} ZnCO_3\cdot 3Zn(OH)_2$$

$$Zn+2NaOH+2H_2O \xlongequal{} Na_2[Zn(OH)_4]+H_2\uparrow$$

$$Zn+4NH_3+2H_2O \xlongequal{} [Zn(NH_3)_4]^{2+}+H_2\uparrow+2OH^-$$

$$3Hg+8HNO_3 \xlongequal{} 3Hg(NO_3)_2+2NO\uparrow+4H_2O$$

$$6Hg(过)+8HNO_3(冷、稀) \xlongequal{} 3Hg_2(NO_3)_2+2NO\uparrow+4H_2O$$

2. 锌族元素的主要化合物

锌和镉在常见的化合物中氧化数为+2，汞有+1和+2两种氧化数。多数盐类含有结晶水，形成配合物倾向大。锌是人体必需的微量元素，镉和汞有剧毒。

(1) 氧化物与氢氧化物。Zn和Cd的氧化物可由单质直接氧化得到，也可通过碳酸盐热分解制备。

$$CdCO_3(s) \xlongequal{600K} CdO(s) + CO_2 \uparrow$$

$$ZnCO_3(s) \xlongequal{568K} ZnO(s) + CO_2 \uparrow$$

ZnO 受热时是黄色的，但冷时是白色的。ZnO 俗名锌白，常用作白色颜料。氧化镉在室温下是黄色的，加热最终为黑色，冷却后复原。这是因为晶体缺陷(金属过量缺陷)造成的。黄色 HgO 在低于 573K 加热时可转变成红色 HgO，两者晶体结构相同，颜色不同仅是晶粒大小不同所致，黄色晶粒较细小，红色晶粒粗大。

氧化汞受热分解：

$$2HgO(s) \xlongequal{573K} 2Hg(s) + O_2 \uparrow$$

在锌盐、镉盐和汞盐溶液中加入适量强碱可得白色的锌和镉的氢氧化物及黄色氧化汞。

$$Zn^{2+}(Cd^{2+}) + 2OH^- \xlongequal{} Zn(OH)_2[Cd(OH)_2] \downarrow$$

$$Hg^{2+} + 2OH^- \xlongequal{} HgO + H_2O$$

氧化锌和氢氧化锌、氧化镉和氢氧化镉均呈两性，均溶于氨水形成配合物。

$$Zn(OH)_2 + 4NH_3 \xlongequal{} [Zn(NH_3)_4]^{2+} + 2OH^-$$

$$Cd(OH)_2 + 4NH_3 \xlongequal{} [Cd(NH_3)_4]^{2+} + 2OH^-$$

(2) 氯化物。$ZnCl_2$ 是白色易潮解固体，溶解度很大(283K，333g/100g 水)。氯化锌水溶液蒸干不能得到无水氯化锌。

$$ZnCl_2 + H_2O \xlongequal{\triangle} Zn(OH)Cl + HCl \uparrow$$

氯化锌的浓溶液形成如下的配位酸：

$$ZnCl_2 + H_2O \xlongequal{} H[ZnCl_2(OH)]$$

这个配合物有显著的酸性，能溶解金属氧化物而不损坏金属，故在焊接金属时用作清洗剂。

$$FeO + 2H[ZnCl_2(OH)] \xlongequal{} Fe[ZnCl_2(OH)]_2 + H_2O$$

$HgCl_2$ 俗称升汞，是典型的共价化合物，剧毒，内服 0.2～0.4g 可致死，微溶于水，在水中很少解离，主要以 $HgCl_2$ 分子形式存在。在水溶液中可发生下述反应：

$$Hg(NH_2)Cl \downarrow \xleftarrow{NH_3} HgCl_2 \xrightarrow{H_2O} Hg(OH)Cl \downarrow + HCl$$

$$HgCl_2 \xrightarrow{SnCl_2} Hg_2Cl_2 + SnCl_4$$

$$Hg_2Cl_2 \xrightarrow{SnCl_2} Hg \downarrow + SnCl_4$$

Hg_2Cl_2 味甜，通常称为甘汞，是无毒不溶于水的白色固体，由于 Hg(Ⅰ)无成对电子，因此 Hg_2Cl_2 有抗磁性。Hg_2Cl_2 常用于制甘汞电极。

案例 13-4　水俣病是因食入有机汞污染河水中的鱼、贝类所引起的甲基汞为主的汞中毒或是孕妇食用被有机汞污染的海产品后引起婴儿患先天性水俣病，是有机汞侵入脑神经细胞而引起的一种综合性疾病。因 1953 年首先发现于日本熊本县水俣湾附近的渔村而得名，是最早出现的由于工业废水排放污染造成的公害病。水俣病是慢性汞中毒的一种类型，症状表现为轻者口齿不清、步履蹒跚、面部痴呆、手足麻痹、感觉障碍、视觉丧失、震颤、手足变形，重者精神失常，或酣睡，或兴奋，身体弯弓高叫，直至死亡。

问题：汞是常见有毒微量元素，是否汞的单质及其化合物都有毒？何种类别的汞化合物毒性高？

3. Hg(Ⅰ)与Hg(Ⅱ)相互转化

$$Hg_2^{2+} \Longrightarrow Hg + Hg^{2+} \qquad K^{\ominus}_{\text{歧}} = 1.14\times10^{-2}$$

Hg_2^{2+} 在水溶液中可稳定存在，歧化趋势很小，常利用 Hg^{2+} 与 Hg 反应制备亚汞盐。例如

$$Hg(NO_3)_2 + Hg \xlongequal{\text{振荡}} Hg_2(NO_3)_2$$

$$HgCl_2 + Hg \xlongequal{\text{研磨}} Hg_2Cl_2$$

当改变条件，使 Hg^{2+} 生成沉淀或配合物大大降低 Hg^{2+} 浓度时歧化反应便可以发生。例如

$$Hg_2^{2+} + S^{2-} \Longrightarrow HgS\downarrow(\text{黑}) + Hg\downarrow$$

$$Hg_2^{2+} + 4CN^- \Longrightarrow [Hg(CN)_4]^{2-} + Hg\downarrow$$

$$Hg_2^{2+} + 4I^- \Longrightarrow [HgI_4]^{2-} + Hg\downarrow$$

$$Hg_2^{2+} + 2OH^- \Longrightarrow HgO\downarrow + Hg\downarrow + H_2O$$

用氨水与 Hg_2Cl_2 反应，可生成比 Hg_2Cl_2 溶解度更小的氨基化合物 $HgNH_2Cl$，使 Hg_2Cl_2 发生歧化反应：

$$Hg_2Cl_2 + 2NH_3 \Longrightarrow HgNH_2Cl\downarrow(\text{白}) + Hg\downarrow(\text{黑}) + NH_4Cl$$

4. 锌族元素的配合物

由于锌族的离子为18电子层结构，有很强的极化力与明显的变形性，有较强的形成配合物的倾向。在配合物中，常见的配位数为4。

(1) 氨配合物。Zn^{2+}、Cd^{2+} 与氨水反应，生成稳定无色的氨配合物。

$$Zn^{2+} + 4NH_3 \Longrightarrow [Zn(NH_3)_4]^{2+} \qquad K_f^{\ominus} = 2.88\times10^9$$

$$Cd^{2+} + 4NH_3 \Longrightarrow [Cd(NH_3)_4]^{2+} \qquad K_f^{\ominus} = 1.3\times10^7$$

(2) 氰配合物。Zn^{2+}、Cd^{2+}、Hg^{2+} 与氰化钾均能生成很稳定无色的氰配合物，Hg_2^{2+} 形成配离子的倾向较小。

$$Zn^{2+} + 4CN^- \Longrightarrow [Zn(CN)_4]^{2-} \qquad K_f^{\ominus} = 5.0\times10^{16}$$

$$Cd^{2+} + 4CN^- \Longrightarrow [Cd(CN)_4]^{2-} \qquad K_f^{\ominus} = 1.1\times10^{16}$$

$$Hg^{2+} + 4CN^- \Longrightarrow [Hg(CN)_4]^{2-} \qquad K_f^{\ominus} = 3.3\times10^{41}$$

(3) 其他配合物。Hg^{2+} 可与卤素离子和 SCN^- 形成一系列配离子。配离子的组成与配体的浓度有密切关系，在 0.1mol · L^{-1} Cl^- 溶液中，$HgCl_2$、$[HgCl_3]^-$ 和 $[HgCl_4]^{2-}$ 的浓度大致相等；在 1mol · L^{-1} Cl^- 的溶液中主要存在的是 $[HgCl_4]^{2-}$。Hg^{2+} 与卤素离子形成配合物的稳定性依 Cl→Br→I 顺序增强。

Hg^{2+} 与过量的 KI 反应，首先产生红色碘化汞沉淀，然后沉淀溶于过量的 KI 中，生成无色的配离子 $[HgI_4]^{2-}$。$K_2[HgI_4]$ 和 KOH 的混合溶液称为奈斯勒(Nessler)试剂，如溶液中有微量 NH_4^+ 存在时，滴入试剂立刻生成特殊的红棕色碘化氨基 · 氧合二汞(Ⅱ)沉淀。

$2[HgI_4]^{2-} + 4OH^- + NH_4^+ \Longrightarrow$ 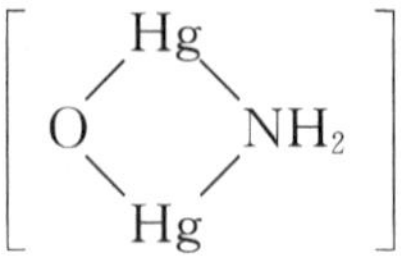 $I\downarrow + 7I^- + 3H_2O$

这个反应常用于鉴定 NH_4^+ 或 Hg^{2+}。

13.5 稀土金属

13.5.1 单质的结构与性能

稀土金属(简写为 RE)通常是指 Sc、Y 和镧系共 17 种元素,其基本性质列入表 13-8 中。从铈到镥(58~71 号)共 14 种元素,当原子序数增加时,新增加的电子依次进入 4f 轨道,最外层的电子是 $6s^2$,故称为内过渡元素。因为在元素周期表中,与第 57 号元素镧处于同一格内,统称为镧系元素,用 Ln 表示。镧系元素的价电子构型通式是 $4f^{0\sim14}5d^{0\sim1}6s^2$。镧系元素单质及其离子的物理和化学性质十分相似,但镧系元素随核电荷数增加和 4f 电子数目不同所引起的半径变化,使它们的性质略有差异,成为镧系元素得以区分和分离的基础。在 17 种稀土元素中,因为 Sc 的化学性质与其他 16 种元素有较大差别,与碱土金属更加相似,所以稀土一词一般只包括钪以外的 16 种元素。

表 13-8　稀土元素的基本性质

元素	原子序数	相对原子质量	价电子构型	氧化态	原子半径/pm	离子半径(M^{3+})/ pm	$E^\ominus(M^{3+}/M)$ /V
Sc	21	44.956	$3d^14s^2$	+3	164.06	73.2	−2.08
Y	39	83.905	$4d^15s^2$	+3	180.12	89.3	−2.37
La	57	138.91	$5d^16s^2$	+3	187.91	106.1	−2.52
Ce	58	140.12	$4f^15d^16s^2$	+3、+4	182.47	103.4	−2.48
Pr	59	140.907	$4f^36s^2$	+3、+4	182.79	101.3	−2.47
Nd	60	144.24	$4f^46s^2$	+3	182.14	99.5	−2.44
Pm	61	[145]	$4f^56s^2$	+3	(181.1)	(97.9)	−2.42
Sm	62	150.35	$4f^66s^2$	+2、+3	180.41	96.4	−2.41
Eu	63	151.96	$4f^76s^2$	+2、+3	204.18	95.0	−2.41
Gd	64	157.25	$4f^75d^16s^2$	+3	180.13	93.8	−2.40
Tb	65	158.924	$4f^96s^2$	+3、+4	178.33	92.3	−2.39
Dy	66	162.50	$4f^{10}6s^2$	+3	177.40	90.8	−2.35
Ho	67	164.930	$4f^{11}6s^2$	+3	176.61	98.4	−2.32
Er	68	167.26	$4f^{12}6s^2$	+3	175.66	88.1	−2.30
Tm	69	168.934	$4f^{13}6s^2$	+2、+3	174.62	86.9	−2.28
Yb	70	173.04	$4f^{14}6s^2$	+2、+3	193.92	85.8	−2.27
Lu	71	174.97	$4f^{14}5d^16s^2$	+3	173.49	84.8	−2.25

稀土元素位于周期表中的ⅢB 族,其特征氧化态为+3。根据洪德规则,当 d 或 f 轨道处于全空、全满或半满时,其原子或离子有特殊的稳定性,Ce 和 Tb 失去 4 个电子时,4f 轨道分别处于全空和半满,所以+4 氧化态也较稳定;Pr 和 Dy 失去 4 个电子时,4f 轨道接近全空和半满,也可存在+4 氧化态;同理,Eu 和 Yb 失去 2 个电子时,4f 轨道分别处于半满和全满,因而可形成较稳定的+2 氧化态的化合物,Sm 和 Tm 的+2 氧化态化合物稳定性较差。

从表 13-8 中数据可看出,从 Sc 经 Y 到 La,原子半径和 M^{3+} 半径逐渐增大,但从 La 到 Lu 则逐渐减小。这种镧系元素的原子半径和离子半径随原子序数的增加而逐渐减小的现象称为镧系收缩。这是因为镧系元素中每增加一个质子,相应的一个电子进入 4f 轨道,而 4f 电子对原子核的屏蔽作用与内层电子相比较小,有效核电荷增加较大,核对最外层电子的吸引力增强。但在原子半径总的收缩趋势中,Eu 和 Yb 出现反常现象,这是因为 Eu 和 Yb 的电子构型具有半充满 $4f^7$ 和全充满 $4f^{14}$ 的稳定结构,对原子核有较大的屏蔽作用。

镧系收缩是无机化学中一个重要现象。由于镧系收缩,使 Y^{3+} 半径与 Tb^{3+}、Dy^{3+} 半径相近,导致钇在矿物中与镧系金属共生。镧系收缩也使镧系后面的金属元素 Zr 与 Hf、Nb 与 Ta、Mo 与 W 的半径几乎相等,造成这 3 对元素性质非常相似，形成共生元素对，给分离工作带来很大困难。

稀土金属呈银白色，较软，有延展性。其标准电极电势与镁接近，具有与碱土金属相似的性质，有很强的还原性，故应保存于煤油中，否则会被空气氧化而变色。金属的活泼顺序由 Sc→Y→La 递增，由 La 到 Lu 递减。容易与其他非金属形成离子化合物；室温下能与卤素反应生成卤化物 LnX_3，在 473K 时反应激烈并迅速燃烧。

稀土金属在加热(大于 453K)时直接与氧反应可得到碱性氧化物 Ln_2O_3；但 Ce、Pr、Tb 例外，它们分别生成 CeO_2、Pr_6O_{11}、Tb_4O_7，这些氧化物在酸性条件下都是强氧化剂，可与卤化物定量反应生成卤素单质。稀土氧化物的标准生成焓(绝对值)高于 Al_2O_3(表 13-9)，所以混合稀土是比铝更好的还原剂。

表 13-9　稀土氧化物与氧化铝标准生成焓的比较

氧化物	Al_2O_3	Y_2O_3	La_2O_3
标准生成焓/($kJ \cdot mol^{-1}$)	−1617.8	−1905.8	−1793.3

在 1275K 时，稀土金属可与 N_2 反应生成 LnN；与沸腾的硫反应生成 Ln_2S_3；与 H_2 反应生成非整比化合物 LnH_2、LnH_3 等；与水反应生成 $Ln(OH)_3$ 或 $Ln_2O_3 \cdot xH_2O$ 沉淀，并放出 H_2。

镧系金属燃点低，如 Ce 为 438K，Pr 为 563K，Nd 为 543K 等，燃烧时放出大量的热，故以 Ce 为主体的混合轻稀土长期用于民用打火石和军用发火合金。例如，Ce 占 50%，La 和 Nd 占 44%，Fe、Al、Ca、C 和 Si 等占 6%的稀土发火合金可用于子弹点火装置。

稀土金属及其合金具有吸收气体的能力，且吸氢能力最强，可用作储氢材料。例如，1kg $LaNi_5$ 合金在室温和 253kPa 下可吸收相当于标准状况下 170L 的 H_2，而且吸收和释放 H_2 是可逆的。

Gd 具有 $4f^7$ 电子构型，可实现电子只朝一个方向自旋的状态，具有铁磁性。4f 电子不足半数轨道的轻稀土金属具有顺磁性。稀土金属及其化合物都是重要的永磁材料，如第一代的 $SmCo_5$ 永磁体，第二代的 $Ln_3(FeCo)_{17}$ 和第三代的 Nd-Fe-B 化合物等永磁材料有广阔的应用前景。

16 种稀土金属可按其物理、化学性质的微小差异和稀土矿物的形成特点，以钆为界，划分为轻稀土(铈组：La、Ce、Pr、Nd、Pm、Sm、Eu)和重稀土(钇组：Gd、Tb、Dy、Y、Ho、Er、Tm、Yb、Lu)两组。按照稀土金属的分离工艺可分为三组：铈组、铽组和钇组，或称为轻、中和重稀土，分界线因分离工艺不同而稍有差别，如表13-10 所示。

表 13-10　稀土元素的分组

<table>
<tr><td>镧
La</td><td>铈
Ce</td><td>镨
Pr</td><td>钕
Nd</td><td>钷
Pm</td><td>钐
Sm</td><td>铕
Eu</td><td>钆
Gd</td><td>铽
Tb</td><td>镝
Dy</td><td>钇
Y</td><td>钬
Ho</td><td>铒
Er</td><td>铥
Tm</td><td>镱
Yb</td><td>镥
Lu</td></tr>
<tr><td colspan="7">轻稀土(铈组)</td><td colspan="9">重稀土(钇组)</td></tr>
<tr><td colspan="6">铈组(硫酸复盐难溶)</td><td colspan="4">铽组(硫酸复盐微溶)</td><td colspan="6">钇组(硫酸复盐易溶)</td></tr>
<tr><td colspan="5">轻稀土
(弱酸度萃取)</td><td colspan="3">中稀土
(低酸度萃取)</td><td colspan="8">重稀土
(中酸度萃取)</td></tr>
</table>

13.5.2　稀土元素的重要化合物

1. 氧化物和氢氧化物

稀土元素单质除 Ce、Pr、Tb 外，与氧直接反应或其草酸盐、硫酸盐、硝酸盐、氢氧化物在空气中加热分解，都能得到 RE_2O_3 型氧化物，而 Ce、Pr、Tb 分别得到淡黄色 CeO_2、黑棕色 Pr_6O_{11} 和暗棕色 Tb_4O_7，将它们还原可得到+3 氧化态氧化物。

RE_2O_3 为离子型氧化物，难溶于水，易溶于酸，熔点高(绝大多数高于 2450K)，所以都是很好的耐火材料。氧化铽用于原子反应堆中作中子吸收剂，钕、钐、钇等的氧化物用于制造荧光粉。

RE(Ⅲ)的盐溶液中加入 NaOH 或 $NH_3 \cdot H_2O$ 都可形成沉淀 $RE(OH)_3$，它是一种胶状沉淀。$RE(OH)_3$ 为离子型碱性氢氧化物，随离子半径的减小，其碱性变弱，总的来说，碱性比 $Ca(OH)_2$ 弱，但比 $Al(OH)_3$ 强。

$Ln(OH)_3$ 的溶度积常数和开始沉淀的 pH 从 La 到 Lu 逐渐减小。这是因为镧系收缩使离子势 Z/r 随原子序数的增大而增大。$Ln(OH)_3$ 受热分解为 LnO(OH)，继续受热变成 Ln_2O_3。$Ce(OH)_4$ 为棕色沉淀，溶度积很小($K_{sp}^{\ominus}=4\times10^{-51}$)，使 $Ce(OH)_4$ 沉淀的 pH 为 0.7～1.0，而使 $Ce(OH)_3$ 沉淀需近中性条件。如用足量的 H_2O_2(或 O_2、Cl_2、O_3 等)，可把 Ce(Ⅲ)完全氧化成 $Ce(OH)_4$，这是从 Ln^{3+} 中分离出 Ce 的一种有效方法。

2. 盐类

稀土元素的强酸盐大多可溶，弱酸盐难溶，如氯化物、硫酸盐、硝酸盐易溶于水，草酸盐、碳酸盐、氟化物、磷酸盐难溶于水。

氯化物常带有结晶水，直接加热不能得到无水氯化物，要得到无水氯化物，需在 HCl 气流中加热或选用其他方法。

$$LnCl_3 \cdot 6H_2O \xlongequal{\triangle} LnOCl + 2HCl\uparrow + 5H_2O$$

$$Ln_2O_3 + 3C + 3Cl_2 \xlongequal{} 2LnCl_3 + 3CO\uparrow$$

$$Ln_2O_3 + 3SOCl_2 \xlongequal{} 2LnCl_3 + 3SO_2\uparrow$$

$$Ln_2O_3 + 6NH_4Cl \xlongequal{} 2LnCl_3 + 6NH_3 + 3H_2O$$

稀土硫酸盐有特殊的溶解度规律，无水硫酸盐溶解度低于水合硫酸盐，溶解度随温度升高而降低。RE^{3+} 能与 SO_4^{2-} 形成复盐，$Na_2SO_4 \cdot RE_2(SO_4)_3 \cdot 2H_2O$ 是复盐的典型代表。硫酸复盐的溶解度从 La 到 Lu 逐渐增大，并按 NH_4^+、Na^+、K^+ 的顺序降低。根据硫酸复盐溶解度大小，可将稀土元素分成三组(表 13-10)，从而达到分离的目的。

3. 氧化态为+4 和+2 的化合物

铈(Ce)、镨(Pr)、铽(Tb)、镝(Dy)都能形成+4 氧化态的化合物，其中以 Ce(Ⅳ)的化合物最重要。Ce(Ⅳ)化合物既能存在于水溶液中，又能存在于固体中。+4 氧化态的化合物均是强氧化剂。

$$2CeO_2 + 8HCl \xlongequal{} 2CeCl_3 + Cl_2 + 4H_2O$$

$$2CeO_2 + 2KI + 8HCl \xlongequal{} 2CeCl_3 + I_2 + 2KCl + 4H_2O$$

钐(Sm)、铕(Eu)和镱(Yb)能形成+2 氧化态化合物，Sm^{2+}、Eu^{2+}、Yb^{2+} 有不同程度的还原性，Eu(Ⅱ)盐的结构类似于 Ba、Sr 相应的化合物，如 $EuSO_4$ 与 $BaSO_4$ 结构相同，难溶于水。

13.5.3　稀土冶炼工艺简介

我国稀土储量丰富，占世界稀土总储量的 70%以上。从矿物中提取稀土金属一般包括三步：精矿的分解、化合物的分离和纯化、稀土金属的制备。

(1) 精矿的分解。稀土精矿的分解有两种方法：火法和湿法。

火法包括纯碱熔烧法和氯化法。例如

$$2LnFCO_3 + Na_2CO_3 \xlongequal{873\sim923K} Ln_2(CO_3)_3 + 2NaF$$

$$Ln_2(C_2O_4)_3 \xlongequal{\triangle} Ln_2O_3 + 3CO\uparrow + 3CO_2\uparrow$$

Ln_2O_3 用盐酸溶解，得到混合稀土氯化物溶液。

湿法包括硫酸法和烧碱法。例如，独居石的氢氧化钠溶液分解法，是以浓氢氧化钠溶液在 408～413K 下与矿物反应的方法。

$$LnPO_4 + 3NaOH = Ln(OH)_3 + Na_3PO_4$$

稀土金属留在固相，酸根进入溶液中。

独居石也可用硫酸分解，分解温度为 503～523K。

$$2LnPO_4 + 3H_2SO_4 = Ln_2(SO_4)_3 + 2H_3PO_4$$

硫酸分解产物经水浸出，然后用形成硫酸复盐的方法实现稀土金属的分离。

(2) 化合物的分离和纯化。由于稀土金属性质的相似性，使稀土的分离十分困难。有效、低成本的分离方法和工艺是稀土金属制备的关键。目前用于分离单一稀土金属的方法有：分级结晶法、分级沉淀法、选择性氧化还原法、离子交换法和溶剂萃取法等。分离的基本原则是充分利用稀土元素的个性，设法拉大它们之间的性能差距，实现有效分离。

(3) 稀土金属的制备。稀土金属是活泼金属，制备纯金属较困难。常用熔盐电解法和金属热还原法制备。

13.5.4　稀土的应用

稀土元素的用途极为广泛，其用途与它们的化学、光学、磁学及核性能等特性有关。

(1) 冶金工业中的应用。稀土金属或氟化物、硅化物加入钢中，能起到精炼、脱硫、中和低熔点有害杂质的作用，并可以改善钢的加工性能。稀土硅铁合金、稀土硅镁合金作为球化剂生产稀土球墨铸铁，这种球墨铸铁特别适用于生产有特殊要求的复杂球铁件。稀土金属添加至镁、铝、铜、锌、镍等有色合金中，可改善合金的物理化学性能，并提高合金室温及高温机械性能。

(2) 石油、化工领域中的应用。用稀土制成的分子筛催化剂，具有活性高、选择性好、抗重金属中毒能力强的优点，因而取代了硅酸铝催化剂用于石油催化裂化过程。复合稀土氧化物可以用作内燃机尾气净化催化剂，环烷酸铈可用作油漆催干剂等。

(3) 玻璃、陶瓷工业中的应用。添加稀土氧化物可制得不同用途的光学玻璃和特种玻璃，其中包括能通过红外线、吸收紫外线的玻璃，耐酸及耐热的玻璃，防 X 射线的玻璃等。在陶釉和瓷釉中添加稀土，可以减轻釉的碎裂性，并能使制品呈现不同的颜色和光泽，被广泛用于陶瓷工业。

(4) 高新技术领域中的应用。镨、钕、钐、铽、镝、钬、铒、铥、镱等可作为激光材料的基体或激活物质，制造激光材料和发光材料。制造永磁体的稀土元素主要是钕、钐、镨、镝、铈等。镧、钕、钐、铈、镱、钆等是稀土系储氢合金的重要组成部分。当前世界各国采用钡、钇、铜氧元素改进的钡基氧化物制作的超导材料，可在液氮温区获得超导体，使超导材料的研制取得了突破性进展。铕、钆和铽金属具有大的中子吸收截面，在原子能工业中可作控制棒材料。

除上述应用外，稀土元素化合物还用于农业、医药和轻纺工业中。

习　　题

1. 选择题

(1) Ca、Sr、Ba 的氢氧化物在水中的溶解度与其铬酸盐在水中的溶解度变化趋势为(　　)。

A. 前者逐渐增加，后者逐渐降低　　B. 前者逐渐降低，后者逐渐增加

C. 无一定顺序　　D. 两者递变顺序相同

(2) 下列卤化物中，共价性最强的是(　　)。

A. LiF　　B. RbCl　　C. LiI　　D. BeI_2

(3) 下列化合物最稳定的是(　　)。

A. Li_2O_2　　B. Na_2O_2　　C. K_2O_2　　D. Rb_2O_2

(4) 可以将 Ba^{2+} 和 Sr^{2+} 分离的一组试剂是(　　)。

A. H_2S 和 HCl　　B. $(NH_4)_2CO_3$ 和 $NH_3 \cdot H_2O$

C. K_2CrO_4 和 HAc　　D. $(NH_4)_2C_2O_4$ 和 HAc

(5) 下列碳酸盐中最易分解为氧化物的是(　　)。

A. $CaCO_3$　　B. $BaCO_3$　　C. $MgCO_3$　　D. $SrCO_3$

(6) 下列氯化物中更易溶解于有机溶剂的是(　　)。

A. NaCl　　B. LiCl　　C. KCl　　D. $CaCl_2$

(7) 和水反应得不到 H_2O_2 的是(　　)。

A. K_2O_2　　B. Na_2O_2　　C. KO_2　　D. KO_3

(8) 金属钙在空气中燃烧生成的是(　　)。

A. CaO　　B. CaO_2　　C. CaO 及 CaO_2　　D. CaO_2 及 Ca_3N_2

(9) 下列电极反应中,电极电势最小的是(　　)

A. $Cu^{2+}+e^- \rightleftharpoons Cu^+$　　B. $Cu^{2+}+Cl^-+e^- \rightleftharpoons CuCl$

C. $Cu^{2+}+Br^-+e^- \rightleftharpoons CuBr$　　D. $Cu^{2+}+I^-+e^- \rightleftharpoons CuI$

(10) 下列离子和过量的 KI 溶液反应只得到澄清无色溶液的是(　　)。

A. Cu^{2+}　　B. Ag^+　　C. Hg^{2+}　　D. Hg_2^{2+}

(11) 下列化合物中,最稳定的是(　　)。

A. $[AgF_2]^-$　　B. $[AgCl_2]^-$　　C. $[AgI_2]^-$　　D. $[AgBr_2]^-$

(12) 下列金属和相应的盐混合,可发生反应的是(　　)。

A. Fe 和 Fe^{3+}　　B. Cu 和 Cu^{2+}　　C. Hg 和 Hg^{2+}　　D. Zn 和 Zn^{2+}

(13) 与汞不能生成汞齐合金的是(　　)。

A. Cu　　B. Ag　　C. Zn　　D. Fe

(14) 下列配合物离子空间构型为正四面体的是(　　)。

A. $[Zn(NH_3)_4]^{2+}$　　B. $[Cu(NH_3)_4]^{2+}$　　C. $[Ni(CN)_4]^{2-}$　　D. $[Hg(CN)_4]^{2-}$

(15) 下列配合物属于反磁性的是(　　)。

A. $[Mn(CN)_6]^{4-}$　　B. $[Cd(NH_3)_4]^{2+}$　　C. $[Fe(CN)_6]^{3-}$　　D. $[Co(CN)_6]^{3-}$

(16) 下列硫化物中,能溶于过量 Na_2S 溶液的是(　　)。

A. CuS　　B. Au_2S　　C. ZnS　　D. HgS

2. 如何配制 $SbCl_3$、$Bi(NO_3)_3$ 溶液？写出其水解反应式。

3. 如何配制和保存 $SnCl_2$ 溶液？为什么？

4. 如何制备无水 $AlCl_3$？能否用加热脱去 $AlCl_3 \cdot 6H_2O$ 中水的方法制取无水 $AlCl_3$？

5. 碱金属及其氢氧化物为什么不能在自然界中存在?

6. 金属钠着火时能否用 H_2O、CO_2、石棉毯扑灭？为什么?

7. 为什么人们常用 Na_2O_2 作供氧剂?

8. 某地的土壤显碱性主要是由 Na_2CO_3 引起的,加入石膏为什么有降低碱性的作用?

9. 盛 $Ba(OH)_2$ 溶液的瓶子,在空气中放置一段时间后,其内壁会被蒙上一层白色薄膜,这层薄膜是什么物质？欲除去应采用下列何种物质洗涤,并说明理由。(1)水;(2)盐酸;(3)硫酸。

10. 如何解释下列事实:

(1) 锂的电离势比铯大,但 $E^\ominus(Li^+/Li)$ 却比 $E^\ominus(Cs^+/Cs)$ 小;

(2) $E^\ominus(Li^+/Li)$ 比 $E^\ominus(Na^+/Na)$ 小,但锂与水的作用不如钠激烈;

(3) LiI 比 KI 易溶于水,而 LiF 比 KF 难溶于水;

(4) $BeCl_2$ 为共价化合物,而 $CaCl_2$ 为离子化合物;

(5) 金属钙与盐酸反应剧烈,但与硫酸反应缓慢。

11. 为什么商品 NaOH 中常含有 Na_2CO_3？怎样简便地检验和除去?

12. 工业 NaCl 和 Na_2CO_3 中都含有杂质 Ca^{2+}、Mg^{2+}、Fe^{3+},通常采用沉淀法除去。试问为什么在 NaCl 溶液中除加 NaOH 外还要加 Na_2CO_3？在 Na_2CO_3 溶液中要加 NaOH?

13. 某化合物A能溶于水，在溶液中加入 K_2SO_4 时有不溶于酸的白色沉淀B生成，并得到溶液C。在溶液C中加入 $AgNO_3$ 不发生反应，但它可与 I_2 反应，产生有刺激性气味的黄绿色气体D和溶液E。将气体D通入KI溶液中，有棕色溶液F生成。当加 CCl_4 于溶液F中，在 CCl_4 层中显紫红色，而水溶液的颜色变浅。若在水溶液中加入 $AgNO_3$，则有黄色沉淀G生成。写出每步反应，并确定A、B、C、D、E、F和G各为何物。

14. 化合物A为黑色固体，不溶于水、稀乙酸及稀碱溶液，但它可溶于热的盐酸中产生绿色溶液B，B和铜丝共同煮沸即可逐渐得到土黄溶液C，将C用大量水稀释得白色沉淀D，D溶于氨水得无色溶液E，E在空气中可迅速变成深蓝色溶液F，在F中加入KCN溶液时蓝色消失得溶液G。问A、B、C、D、E、F和G各为何物？写出相关反应方程式。

15. 有一种固体可能含有 $AgNO_3$、$ZnCl_2$、CuS、$KMnO_4$ 和 K_2SO_4。固体加入水中，并用几滴盐酸酸化，有白色沉淀A生成，滤液B是无色的。白色沉淀A能溶于氨水。滤液B分成两份：一份加入少量NaOH时有白色沉淀生成，再加入过量NaOH溶液，沉淀溶解；另一份加入少量氨水时有白色沉淀生成，加入过量氨水，沉淀溶解。根据上述实验现象，指出哪些化合物肯定存在？哪些化合物肯定不存在？哪些化合物可能存在？

16. 试从(1)中找出两种较强的还原剂，从(2)中找出三种较强的氧化剂。

(1) Cr^{2+}，Cr^{3+}，Mn^{3+}，Fe^{2+}，Fe^{3+}，Ni^{2+}，Co^{2+}

(2) Cr^{3+}，Mn^{2+}，MnO_4^-，Fe^{2+}，Fe^{3+}，Co^{3+}，$Cr_2O_7^{2-}$

17. 下列哪些氢氧化物呈明显两性？

$Mn(OH)_2$，$Al(OH)_3$，$Ni(OH)_2$，$Fe(OH)_3$，$Cr(OH)_3$，$Fe(OH)_2$，$Zn(OH)_2$，$Cu(OH)_2$，$Co(OH)_2$

18. 下列离子中，指出哪些能在氨水溶液中形成氨合物。

Pb^{2+}，Cr^{3+}，Mn^{2+}，Fe^{3+}，Fe^{2+}，Co^{2+}，Ni^{2+}，Na^+，Mg^{2+}，Sn^{2+}，Ag^+，Hg^{2+}，Cd^{2+}

19. (1) 请选用一种试剂区别下列五种离子：Cu^{2+}，Zn^{2+}，Hg^{2+}，Fe^{2+}，Co^{2+}；

(2) 选用适当的配位剂分别将下列各种沉淀物溶解，并写出相应的反应方程式。

CuCl，$Cu(OH)_2$，AgBr，AgI，$Zn(OH)_2$，HgI_2

20. 解释下列现象或问题，并写出相应的反应式。

(1) 加热 $[Cr(OH)_4]^-$ 溶液和 $Cr_2(SO_4)_3$ 溶液，均能析出 $Cr_2O_3 \cdot xH_2O$ 沉淀。

(2) Na_2CO_3 与 $Fe_2(SO_4)_3$ 两溶液作用得不到 $Fe_2(CO_3)_3$。

(3) 在水溶液中用 Fe^{3+} 盐和KI不能制取 FeI_3。

(4) 在含有 Fe^{3+} 的溶液中加入氨水，得不到Fe(Ⅲ)的氨合物。

(5) 在 Fe^{3+} 的溶液中加入KSCN时出现血红色，若再加入少许铁粉或 NH_4F 固体则血红色消失。

(6) Fe^{3+} 盐是稳定的，而 Ni^{3+} 盐在水溶液中尚未制得。

(7) Co^{3+} 盐不如 Co^{2+} 盐稳定，而它们配离子的稳定性则相反。

(8) 加热 $CuCl_2 \cdot 2H_2O$ 时得不到无水 $CuCl_2$。

(9) 银器在含有 H_2S 的空气中会慢慢变黑。

(10) 利用酸性条件下 $K_2Cr_2O_7$ 的强氧化性，使乙醇氧化，反应颜色由橙红变为绿色，据此来监测司机酒后驾车的情况。

(11) 铜在含 CO_2 的潮湿空气中，表面会逐渐生成绿色的铜锈。

(12) 从废的定影液中回收银常用 Na_2S 作沉淀剂，而不能用NaCl作沉淀剂。

(13) Zn能溶于氨水和NaOH溶液中。

(14) 焊接金属时，常用浓 $ZnCl_2$ 溶液处理金属表面。

21. (1) 欲从含有少量 Cu^{2+} 的 $ZnSO_4$ 溶液中除去 Cu^{2+}，最好加入试剂 H_2S、NaOH、Zn、Na_2CO_3 中的哪一种？

(2) CuCl、AgCl、Hg_2Cl_2 均为难溶于水的白色粉末，试用最简便的方法区别。

22. 判断下列四组酸性未知液的定性分析报告是否合理？

(1) K^+、NO_2^-、MnO_4^-、CrO_4^{2-}；　　(2) Fe^{2+}、Mn^{2+}、SO_4^{2-}、Cl^-；

(3) Fe^{3+}、Ni^{3+}、I^-、Cl^-；　　(4) $Cr_2O_7^{2-}$、Ba^{2+}、NO_3^-、Br^-。

23.(1) 车间存有一桶呈蓝绿色的母液，可能是铜盐或镍盐，如何鉴别？

(2) 车间清理出的剩余金属可能是 Zn、Mg、Al 或 Fe，如何鉴别？

(3) 现有一不锈钢样品，其中含有 Ni、Cr、Mn 和 Fe 等元素，试设计一个简单的定性分析方案。

24. 高锰酸根离子与过氧化氢在酸性溶液中反应，得到 Mn(Ⅱ)盐，同时释放出氧气：

$2MnO_4^- + H_2O_2 + 6H^+ \longrightarrow 2Mn^{2+} + 3O_2\uparrow + 4H_2O$

$2MnO_4^- + 3H_2O_2 + 6H^+ \longrightarrow 2Mn^{2+} + 4O_2\uparrow + 6H_2O$

$2MnO_4^- + 5H_2O_2 + 6H^+ \longrightarrow 2Mn^{2+} + 5O_2\uparrow + 8H_2O$

$2MnO_4^- + 7H_2O_2 + 6H^+ \longrightarrow 2Mn^{2+} + 6O_2\uparrow + 10H_2O$

(1) 上述方程式系数正确的是______，并解释你的选择。

A. 所有的方程式　　B. 有几个方程式　　C. 只有一个方程式　　D. 没有

(2) 哪个反应物是氧化剂，哪个是还原剂？

(3) 在标准状态下，从过量过氧化氢酸性溶液中释放出 112mL 氧气，需要多少高锰酸钾？

25. 欲制备纯 $ZnSO_4$，已知粗 $ZnSO_4$ 溶液中含有 Fe^{2+}、Fe^{3+}、Cu^{2+} 时，在不引入杂质的条件下，如何设计除杂工艺？

26. 有一份测试报告说明溶液中同时含有 Ag^+、K^+、$S_2O_3^{2-}$ 和 Zn^{2+}，这个结论是否正确？简述原因。

27. 锌、镉、汞同为ⅡB族，锌和镉为活泼金属，可作为工程材料，而汞在常温下为液体，表现出化学惰性，如何解释？

28. 稀土是我国的优势资源。它们包括哪些元素？其原子结构有何特点？简述其性能、分离方法和主要应用。

第 14 章　定量分析中的分离方法

定量分析的任务是测量物质中有关组分的含量。绝大多数实际样品含有多种组分，当对样品中的某一组分进行分析时，其他共存组分就有可能产生干扰。为了消除干扰，可用掩蔽或控制分析条件等较简便的方法。当掩蔽法不能消除干扰时，就要将干扰组分与待测组分分离，然后再对待测组分进行测定。分离是消除干扰的最根本最彻底的方法。有的样品中待测组分含量较低，而所采用的测定方法的灵敏度又不够高，这种情况下还需要对待测组分进行富集，即在将待测组分与干扰组分加以分离的同时，设法将待测组分的浓度提高以便于测定。

分离效果的好坏通常用回收率来衡量。回收率表示被分离组分在分离后回收的完全程度。对被分离的待测组分 A 来说，回收率为

$$R_A = \frac{\text{分离后测得 A 的量}}{\text{分离前 A 的量}} \tag{14-1}$$

回收率越高，表明分离效果越好，理想的回收率应该是 100%。但是实际分离时总会造成被分离组分的某些损失。对于相对含量较大的常量组分的分离，回收率应在 99%以上；而对于相对含量较低的微量组分，回收率能够达到 95%，甚至 90%就可满足要求。

分析化学中常用的分离方法有沉淀分离法、萃取分离法、离子交换分离法和色谱分离法等。这些分离方法虽各不相同，但都有一个共同的特点，即本质上都是使待分离的组分分别处于不同的两相中。由于不同的相与相之间有着明显的界面，较容易用物理的方法将两相分离，故待分离的组分将随着两相的分离而分离。以分离两组分为例，沉淀分离法是将这两组分分别处于液相和固相，萃取分离法是将这两组分分别处于水相和有机相，离子交换分离法本质上是将这两组分分别处于水溶液相和树脂相，色谱分离法本质上是将这两组分分别处于流动相和固定相。本章重点介绍沉淀分离法、溶剂萃取分离法、色谱分离法和离子交换分离法，简单介绍超临界流体萃取分离法和膜分离法等新型分离方法。

14.1　沉淀分离法

14.1.1　常量组分的沉淀分离

沉淀分离法是利用沉淀反应进行分离的方法。它是在试液中加入适当的沉淀剂，控制反应条件，使待测组分沉淀出来，或者将干扰组分沉淀除去，从而达到分离的目的。定性分析中，沉淀分离法是主要的分离手段；定量分析中，因任何沉淀在一定条件下的溶解度总是一定的，故沉淀分离法一般只适合于常量组分的分离而不适合于微量组分的分离。若沉淀分离法是将待测组分沉淀下来，则应该既让待测组分沉淀完全，又要求沉淀不被干扰组分所污染。

采用无机沉淀剂所得到的沉淀，除少数(如 $BaSO_4$)容易获得较大颗粒的晶型沉淀外，大多数是无定型凝乳状沉淀，如分离中常见的氢氧化物和硫化物沉淀等，其颗粒小、总表面积大、结构疏松、共沉淀严重、选择性差，因此分离效果不理想。而有机沉淀剂特点是选择性高、形成沉淀的溶解度小，分离效果好，以其突出的优点在沉淀分离法中得到广泛的应用。

14.1.2　微量组分的共沉淀分离与富集

利用共沉淀现象来进行分离和富集的方法称为共沉淀分离法。重量分析法中，共沉淀现象是不利因素，共沉淀使得沉淀被玷污而引起误差。但在共沉淀分离法中，却可利用共沉淀现象对微量组分进行分离和富集。因溶液中的常量组分不可能用共沉淀分离法达到较高的回收率，故共沉淀分离法的对象只能是溶液中待分离的微量组分。

例如，测定水中微量铅时，因 Pb^{2+} 浓度太低，无法直接进行测定，也无法用沉淀剂将其完全沉淀出来。若在试液中加入适量 Ca^{2+}，再加入沉淀剂 Na_2CO_3，使其生成 $CaCO_3$ 沉淀，则微量 Pb^{2+} 也将以 $PbCO_3$ 形式与 $CaCO_3$ 共沉淀下来。分离后将沉淀溶于少量酸中，可使 Pb^{2+} 浓度大为提高，同时消除了水中其他离子的干扰。这里所产生的 $CaCO_3$ 称为载体或共沉淀剂。

在共沉淀分离法中，一方面要求待分离富集的微量组分的回收率高，另一方面也要求共沉淀剂本身不干扰该组分的测定。

1. 表面吸附共沉淀

表面吸附共沉淀分离法中，多采用颗粒较小的无定形沉淀或凝乳状沉淀作为共沉淀剂，如氢氧化物或硫化物沉淀等。因为小颗粒载体的总表面积较大，有利于吸附待分离的微量组分。例如，利用 $Fe(OH)_3$ 沉淀为载体吸附富集含铀工业废水中痕量的 UO_2^{2+}。操作中应根据分离的具体要求选择适宜的共沉淀剂及沉淀条件，才能获得满意的分离富集效果。

2. 有机共沉淀剂

与无机共沉淀剂相比，有机共沉淀剂有较高的选择性，所形成的沉淀溶解度较小，沉淀比较完全，且得到的沉淀较纯净。此外，有机共沉淀剂易于在灼烧中分解挥发而被除去，有利于下一步的测定，因而得到了广泛的应用和发展。有机共沉淀剂大致可分为三类。

(1) 胶体共沉淀剂。例如，可用胶体共沉淀剂辛可宁分离富集试液中微量的 H_2WO_4。H_2WO_4 在 HNO_3 介质中以带负电的胶体粒子存在，不易凝聚。辛可宁是一种生物碱，含有氨基，在酸性溶液中，氨基质子化后形成带正电荷的辛可宁胶体粒子。用加入惰性电解质等方法使辛可宁胶体发生凝聚和沉淀时，可使 H_2WO_4 胶体粒子也随之完全共沉淀下来。常用的共沉淀剂还有丹宁、动物胶等。被共沉淀的组分可以是钨、铌和硅等元素的含氧酸。

(2) 离子缔合物共沉淀剂。例如，欲分离富集试液中微量 Zn^{2+}，可加入甲基紫(MV)和 NH_4SCN。酸性条件下，MV 质子化后形成带正电荷的 MVH^+，可与负离子 SCN^- 形成离子缔合物沉淀($MVH^+ \cdot SCN^-$)。该沉淀作为共沉淀剂，可将 $Zn(SCN)_4^{2-}$ 与 MVH^+ 形成的离子缔合物[$Zn(SCN)_4^{2-} \cdot (MVH^+)_2$]载带下来。常用在酸性溶液中以正离子形式存在的甲基紫、孔雀绿、品红和亚甲基蓝等有机化合物，以及作为金属配阴离子的配体如 Cl^-、Br^-、I^- 和 SCN^- 等所形成的缔合物作为金属离子的共沉淀剂，其共沉淀的金属离子有 Zn^{2+}、Cd^{2+}、Hg^{2+}、Bi^{3+}、Au(Ⅲ)、Sb(Ⅲ)等。

(3) 惰性共沉淀剂。例如，欲分离富集试液中微量 Ni^{2+}，加入丁二酮肟时，因所生成的丁二酮肟螯合物的浓度很小，并不形成沉淀。此时可加入丁二酮肟二烷酯的乙醇溶液，由于丁二酮肟二烷酯在水中溶解度很小，会立即沉淀出来，而丁二酮肟螯合物则将与之共沉淀而被载带下来。这里丁二酮肟二烷酯只起载体的作用，并未与 Ni^{2+} 及其螯合物发生任何化学反应，故称为惰性共沉淀剂。常用的惰性共沉淀剂还有酚酞和 α-萘酚等。

离子缔合物与惰性共沉淀剂的共同之处是，先将无机离子转化为疏水化合物，再根据相似相溶的原则使其进入结构相似的载体中被载带下来。

14.2　溶剂萃取分离法

溶剂萃取分离法又称液-液萃取分离法，简称萃取分离法。该法是将与水互不相溶的有机溶剂同试液一起振荡，使两相充分接触，达到平衡后，一些组分进入有机相，而另一些组分仍留在溶液中，从而达到分离的目的。若被萃取组分是有色化合物，则可取有机相直接进行光度法测定，这种方法称为萃取分光光度法。

溶剂萃取分离法既可用于常量组分的分离，又可用于痕量组分的富集。其优点是设备简单、操作方便、并且具有较高的灵敏度和选择性；缺点是萃取溶剂常是易挥发、易燃的有机溶剂，有些还有毒性，故应用上受到限制。

14.2.1　基本原理

1. 分配系数和分配比

物质的溶解性符合相似相溶规律，即极性物质易溶于极性溶剂，非极性物质易溶于非极性溶剂，而且物质的结构和溶剂的结构越相似，越易溶解。若溶质 A 同时接触两种互不相溶的溶剂（如水和有机溶剂），则 A 按溶解度的不同而分配在这两种溶剂中，即

$$A_{水} \rightleftharpoons A_{有}$$

在一定温度下，当分配达到平衡时，物质 A 在两种溶剂中的浓度比保持恒定，此即分配定律，用式(14-2)表示。

$$\frac{c(A_{有})}{c(A_{水})}=K_D \tag{14-2}$$

式中：K_D为分配系数，它与溶质和溶剂的特性及温度等因素有关。

由于溶质 A 在一相或两相中，常常会解离、聚合或与其他组分发生化学反应，情况比较复杂，不能简单地用分配系数说明整个萃取过程的平衡问题。常用分配比(D)表示溶质在两相中的分配情况，即

$$D=\frac{c_{有}}{c_{水}} \tag{14-3}$$

式中：$c_{有}$ 和 $c_{水}$ 分别表示溶质在有机相和水相中的总浓度。

当两相体积相等时，若 D 值大于 1，则说明溶质进入有机相的量要多一些。实际工作中，要使被萃取物质绝大部分进入有机相，一般要求 D 值大于 10。

分配比 D 和分配系数 K_D不同，K_D是常数而 D 随实验条件而变，只有当溶质以单一形式存在于两相中时，才有 $D=K_D$。实际工作中常利用改变试样某一组分存在形式，如生成配合物的方法，使其分配比增大，从而易于同其他组分分离。

2. 萃取百分率与萃取系数

对于某种物质的萃取效率，常用萃取百分率($E\%$)表示，即

$$E\%=\frac{\text{被萃取物质在有机相中的总量}}{\text{被萃取物质的总量}}\times 100\% \tag{14-4}$$

设某物质在有机相中的总浓度为 $c_{有}$，水相中的总浓度为 $c_{水}$，两相体积分别为 $V_{有}$ 和 $V_{水}$，则萃取百分率为

$$E\% = \frac{c_{有} V_{有}}{c_{有} V_{有} + c_{水} V_{水}} \tag{14-5}$$

由式(14-5)可看出，分配比越大，萃取百分率越大，萃取效率就越高。当被萃取物质的 D 值较小时，通过一次萃取，往往不能满足分析工作的要求，可采取分几次加入溶剂，多次连续萃取的办法提高萃取效率。

设体积为 $V_{水}$ 的溶液内含有被萃取物 A，其质量为 m_0，用体积为 $V_{有}$ 的溶剂萃取一次，水相中剩余被萃取物的质量为 m_1，则进入有机相的质量是$(m_0 - m_1)$，此时分配比为

$$D = \frac{c_{有}}{c_{水}} = \frac{(m_0 - m_1)/V_{有}}{m_1/V_{水}}$$

则

$$m_1 = m_0\left(\frac{V_{水}}{DV_{有} + V_{水}}\right)$$

不难推出，若每次用 $V_{有}$ 新鲜溶剂萃取 n 次，剩余在水相中的被萃取物 A 的质量为 m_n，则

$$m_n = m_0\left(\frac{V_{水}}{DV_{有} + V_{水}}\right)^n \tag{14-6}$$

在萃取工作中，不仅要了解对某种物质的萃取程度如何，而且要考虑共存组分间的分离效果如何，一般用分离系数 β 表示分离效果。β 是两种不同组分 A、B 分配比的比值，即

$$\beta = \frac{D_A}{D_B} \tag{14-7}$$

D_A 和 D_B 之间相差越大，两种物质之间的分离效果越好；若 D_A 和 D_B 很接近，则需采取措施(如改变酸度、价态、加入配位剂等)以扩大 D_A 与 D_B 的差别。

14.2.2　重要的萃取体系

1. 螯合物萃取体系

将被萃取组分转化为疏水性螯合物而进入有机相进行萃取的体系称为螯合物萃取体系。这种体系广泛用于金属离子的萃取，所用萃取剂为螯合剂，一般是有机弱酸或弱碱。例如，8-羟基喹啉与 Pd^{2+}、Ti^{3+}、Fe^{3+}、Ca^{2+}、In^{3+}、Al^{3+} 等生成的螯合物(以 M^{n+} 代表金属离子)为

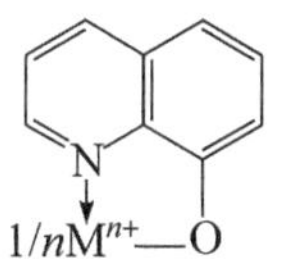

该螯合物难溶于水，可被有机溶剂萃取。二乙基胺二硫代甲酸钠(铜试剂)、N-亚硝基苯胲铵(铜铁试剂)、双硫腙和丁二酮肟等也是常用的萃取剂。

影响萃取效率的因素主要有螯合剂、溶剂及溶液的 pH 等。螯合剂与被萃取的金属离子生成的螯合物越稳定，则萃取效率越高。螯合剂应有一定的水溶性，以便在水溶液中与金属离子形成螯合物，但亲水性不能太强，否则生成的螯合物不易被萃取到有机相中。被萃取的螯合物在萃取溶剂中的溶解度越大，萃取效率越高，应根据“相似相溶”原理选择结构相似的溶剂。降低溶液的酸度，被萃取物质的分配比增大，有利于萃取，但酸度过低，可能会引起金属离子的水解，应根据不同的金属离子控制适宜的酸度。若通过控制酸度尚不能消除干扰，则可加入掩蔽剂，使干扰离子生成亲水性化合物而不被萃取。常用的掩蔽剂有氰化物、EDTA、酒石酸盐、

柠檬酸盐和草酸盐等。

2. 离子缔合物萃取体系

将被萃取组分转化为疏水性的离子缔合物而进入有机相进行萃取的体系，称为离子缔合物萃取体系。被萃取离子的体积越大，电荷越低，越容易形成疏水性的离子缔合物。

含氧的有机萃取剂有酮类、酯类、醇类和醚类等，它们分子中氧原子上的孤对电子能与 H^+ 或其他阳离子结合而形成鎓离子。鎓离子可与金属配离子结合形成易溶于有机溶剂的缔合物而被萃取。例如，6mol · L^{-1} HCl 溶液中可用乙醚萃取 Fe^{3+}，其反应为

$$Fe^{3+} + 4Cl^- = FeCl_4^-$$

$$(C_2H_5)_2O + H^+ \longrightarrow (C_2H_5)_2OH^+ \xrightarrow{FeCl_4^-} (C_2H_5)_2OH^+ \cdot FeCl_4^-$$

3. 三元配合物萃取体系

三元配合物具有选择性好、灵敏度高的特点，这类萃取体系近年来发展较快，广泛应用于稀有元素、分散元素的分离和富集。例如，Ag^+ 与邻二氮菲配位生成配阳离子，可与溴邻苯三酚红的阴离子缔合成三元配合物，即

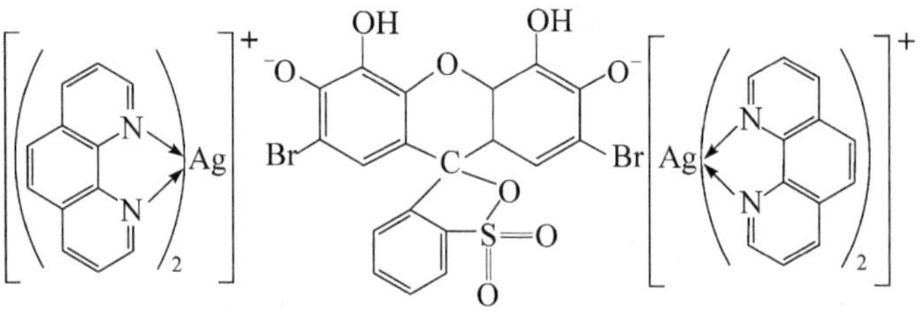

邻二氮杂菲银　　溴邻苯三酚红　　邻二氮杂菲银

三元配合物在 pH=7 的缓冲溶液中可用硝基苯萃取，然后在溶剂相中用光度法直接测定 Ag^+。

14.2.3 萃取分离操作

(1) 分液漏斗的准备。萃取操作一般用间歇萃取法，在分液漏斗中进行。分液漏斗的容积应比萃取液的体积大 1～2 倍，活塞上均匀涂一薄层凡士林，在检查顶塞和活塞均不漏水后，方能使用。

(2) 萃取。取一定体积的被萃取液，加入适当的萃取剂，调节至应控制的酸度，在分液漏斗中充分振荡至平衡。萃取过程中应注意定时开启活塞放气。萃取所需的时间取决于达到萃取平衡的速率，它与可被萃取化合物的形成速率及被萃取物质由一相转入另一相的速率有关。具体的萃取时间应通过实验确定，一般为半分钟至数分钟不等。

萃取过程中，若被萃取离子进入有机相的同时还有少量干扰离子也转入有机相，可采用洗涤（在分液后进行）的方法除去杂质离子。洗涤液的组成与试液基本相同，但不含试样。洗涤的方法与萃取操作相同。通常洗涤 1～2 次即可达到除去杂质的目的。

(3) 分层。萃取后把分液漏斗固定在铁架台的铁圈上，使溶液静置分层。有时萃取过程中，特别是萃取介质呈碱性时，常产生乳化现象。有时因存在少量轻质沉淀、溶剂互溶、两液相的密度相差较小等原因，使两液相不能很清晰地分开，这时可采用加入电解质、改变溶液酸度等方法，破坏乳浊液，促使两相分层。

(4) 分液。待两相液体完全分开后，打开上面的玻璃塞，再将活塞缓缓旋开，下层液体自活塞放出，使两相彼此分离。分液时一定要尽可能分离干净，在两相间可能出现的一些絮状物也应同时放去。然后将上层液体从分液漏斗的上口倒出，切不可从活塞放出，以免被残留在漏斗颈上的第一种液体所沾污。

如果被萃取物质的分配比足够大，则一次萃取即可达到定量分离的要求。否则，经第一次分离之后，需再加入新鲜溶剂，进行第二次或第三次萃取。分配比较小的物质也可在各种不同形式的连续萃取器中进行连续萃取。

14.3　离子交换分离法

离子交换分离法是利用离子交换剂与溶液中离子发生交换反应而使离子分离的方法。此方法分离效率高，不仅用于带相反电荷的离子之间的分离，还可用于带相同电荷或性质相近的离子之间的分离。常用来富集微量元素，除去干扰离子以及分离性质相近的离子等。该法的优点是设备简单，操作简便，树脂有再生能力，可反复使用。不足之处是分离过程的周期长、耗时多。

14.3.1　离子交换剂

1. 离子交换剂的种类

离子交换剂主要分为无机离子交换剂和有机离子交换剂两大类。目前应用较多的是有机离子交换剂，常称为离子交换树脂。离子交换树脂具有网状结构，这种结构不仅机械强度好，而且对水、酸、碱、有机溶剂等都有较好的稳定性。在网状结构的骨架上连着一些活性基团，如$—SO_3H$、$—COOH$、$—NH_2$ 等，这些活性基团上的 H^+、OH^- 可与溶液中的阳离子或阴离子发生交换反应。按照活性基团的性质，离子交换树脂可分为：

(1) 阳离子交换树脂。这类树脂的活性交换基团是酸性基团，可被阳离子所交换。据活性基团酸性的强弱，分为强酸型、弱酸型两类。强酸型树脂含有磺酸基，弱酸型树脂含有羧基或酚羟基。强酸型树脂在酸性、中性或碱性溶液中都能使用，交换反应速率快，应用较广。弱酸型树脂对 H^+ 亲和力大，羧基在 $pH>4$、酚羟基在 $pH>9.5$ 时才有交换能力，但该树脂选择性好，易于用酸洗脱，常用于分离不同强度的碱性氨基酸及有机碱。

(2) 阴离子交换树脂。这类树脂的活性交换基团是碱性基团，可被溶质中的阴离子所交换。根据基团碱性的强弱，分为强碱型和弱碱型两类。强碱型交换树脂含有季铵基[$—N(CH_3)_3Cl$]，弱碱型交换树脂含有伯胺基($—NH_2$)、仲胺基[$—NH(CH_3)$]或叔胺基[$—N(CH_3)_2$]。强碱型交换树脂应用较广，在酸性、中性或碱性溶液中都能使用，对于强、弱酸根离子都能交换。弱碱型交换树脂对 OH^- 亲和力大，交换能力受溶液酸度的影响较大，碱性溶液中失去交换能力。

(3) 螯合树脂。这类树脂中含有高度选择性的特殊活性基团，可与某些金属离子形成螯合物，交换过程中能选择性地交换某种金属离子。例如，含有氨基二乙酸基团[$—N(CH_2COOH)_2$]的螯合树脂，对 Cu^{2+}、Co^{2+}、Ni^{2+} 等有很好的选择性螯合作用。

2. 离子交换树脂的结构

离子交换树脂的种类很多。现以聚苯乙烯磺酸型阳离子交换树脂为例说明这类物质的结

构，它是由苯乙烯和二乙烯苯共聚后，再经磺化处理而制成的，其结构为

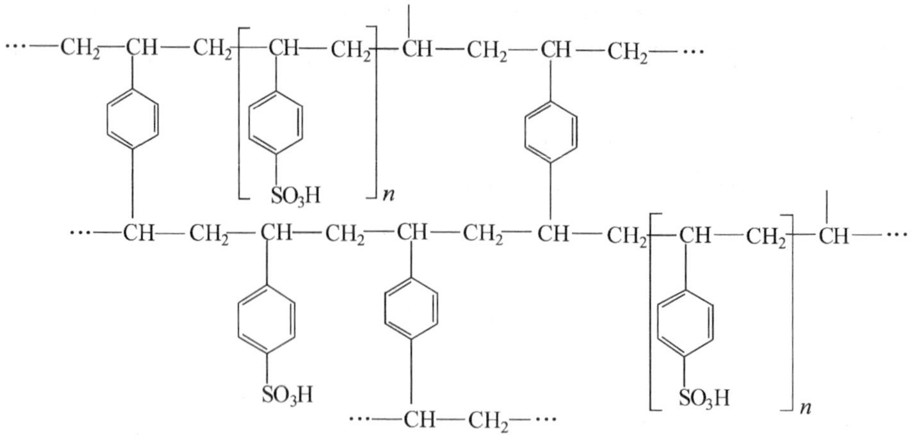

由分子结构可看出，由苯乙烯连接成了很长的碳链，这些长碳链又用二乙烯苯交联起来，组成了网状结构。磺化后在苯环上引入磺酸基。网状结构中，二乙烯苯起交联作用，是交联剂。树脂中二乙烯苯越多，长碳链交联得越致密，网眼越小，机械强度越高，但对水的溶胀性能越差，发生交换的离子扩散阻力大，使离子交换的速度减慢。

树脂网状结构中网眼的大小，用交联度表示，一般树脂的交联度为 4%～14%。离子交换树脂的网状结构中，有许多活性基团。活性基团的数目决定离子交换容量，交换容量用每克树脂交换的离子的物质的量表示，常用单位是 $mmol \cdot g^{-1}$，其交换容量可用实验方法测定，一般为 $3 \sim 6 mmol \cdot g^{-1}$。

14.3.2　离子交换的基本原理

离子交换反应是离子交换树脂本身的离子和溶液中的同号离子作等物质的量交换。如果把含阳离子 B^+ 的溶液和离子交换树脂 R^-A^+ 混合，则它们之间的反应可表示为

$$R^-A^+ + B^+ \rightleftharpoons R^-B^+ + A^+$$

达到平衡时，有

$$K = \frac{c(A^+)_{水} \cdot c(B^+)_{有}}{c(A^+)_{有} \cdot c(B^+)_{水}} \tag{14-8}$$

式中：$c(A^+)_{有}$、$c(B^+)_{有}$ 及 $c(A^+)_{水}$、$c(B^+)_{水}$ 分别为 A^+、B^+ 在树脂相及水相中的平衡浓度；K 称为树脂对离子的选择系数。若 $K>1$，说明树脂负离子 R^- 与 B^+ 的静电吸引力大于 R^- 与 A^+ 的吸引力。因此，K 值反映了一定条件下离子在树脂上的交换能力，其大小表示树脂对 B^+ 吸附能力的强弱，或者称树脂对离子的亲和力。

树脂对离子的亲和力，与离子的水合半径、电荷及极化程度有关。水合离子半径越小、电荷越高、极化程度越大、它的亲和力越大。常温下在离子浓度不大的水溶液中，树脂对不同离子的亲和力不同。由于树脂对离子亲和力的强弱不同，进行离子交换时，就有一定的选择性。若溶液中各离子的浓度相同，则亲和力大的离子先被交换，亲和力小的后被交换。若选用适当的洗脱剂洗脱时，则后被交换的离子先被洗脱下来，从而使各种离子彼此分离。

14.3.3　离子交换分离操作

离子交换分离一般在交换柱中进行，它包括以下步骤。

(1) 树脂的选择与处理。根据分离对象的要求选择类型和粒度合适的树脂，然后用水浸泡，再用稀 HCl 浸泡和洗涤，最后用去离子水洗至中性，并浸泡在水中备用。此时阳离子交换树脂已处理成 H 型，阴离子交换树脂已处理成 Cl 型。

(2) 装柱。装柱的均匀与否对分离效果有很大影响。一般在柱内预先装入 1/3 体积的水，再将处理好的树脂从柱顶缓缓加入，让树脂在柱内均匀、自由沉降，使树脂层均匀一致。装柱时应防止树脂层中央有气泡。树脂的高度一般约为柱高的 90%，树脂顶部应保持一定的液面。装柱前交换柱下端塞入玻璃纤维，以防止树脂流出。装好柱后在树脂顶部盖一层玻璃纤维，以防加入溶液时冲起树脂。

(3) 交换。将待分离的试液缓缓倾入柱内，控制适当流速使试样从上到下经过交换柱进行交换。交换完成后，用洗涤液洗去残留试液和树脂中被交换下来的离子。洗涤液通常是水，也可用不含待测物的“空白溶液”。

(4) 洗脱。将交换到树脂上的离子，用适当洗脱剂置换下来。阳离子交换树脂常用 HCl 作洗脱剂；阴离子交换树脂常用 NaCl 或 NaOH 作洗脱剂。洗脱过程的流速根据具体对象而定。洗脱下来的离子可进行分析测定。

(5) 再生。经过洗脱后的交换柱，可进行再生。用稀 HCl 淋洗阳离子交换柱，使其成为 H 型。用稀 NaOH 淋洗阴离子交换柱，使其成为 OH 型，以备再用。

为了获得良好的分离效果，所用树脂粒度、交换柱直径及树脂层厚度、欲交换的试液及洗脱液的组成、浓度及流速等条件都需要通过实验进行筛选。

14.4 色谱分离法

色谱分离法是根据不同的物质在流动相和固定相的分配比不同而使物质分离的方法。按照固定相的形式，可将色谱分为柱色谱、薄层色谱和纸上色谱。柱色谱是将固定相，如硅胶、氧化铝、石英砂等填充在柱中，流动相流经该柱时，被分离物质在两相间分配比不同进行分离。薄层色谱法是将固定相做成薄板，流动相沿薄板展开时，物质在两相间分配，借以达到分离不同物质的目的。纸上色谱法所需设备简单，操作方便，一般实验室都可以做到，是经常用的分离方法之一。本节主要介绍纸上色谱法。

14.4.1 纸上色谱法的基本原理

纸上色谱法又称纸上层析法，该法用层析纸为载体，纸吸附的水分在纸纤维素的表面形成一层水膜，以水膜为固定相。将欲分离的试样用毛细管点在纸条的原点处，如图 14-1(a)所示。然后将纸条放入盛有以有机溶剂作展开剂(流动相)的层析筒中，见图 14-1(b)。展开剂由于纸条的毛细管作用，自下而上地上升，被分离的物质在展开剂和固定相之间连续不断地分配。实质上就是一个连续多次萃取的过程。由于被测定试样中，不同组分的分配比不同，分配比大的组分向上移动的速度快，分配比越小的组分向上移动的速度越慢，当展开剂沿纸条上升一定的距离后，将不同的组分携带到纸条的不同部位，从而将各组分分离。分开的各组分用显色剂显色

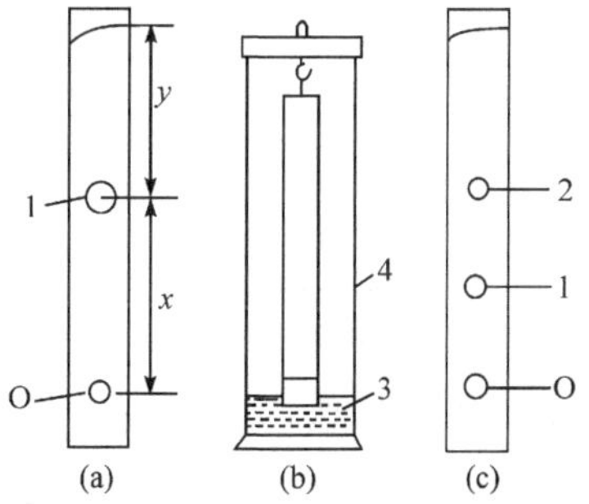

图 14-1　纸上层析
O. 原点；1，2. 斑点；3. 展开剂；4. 层析筒

后，即出现该组分的斑点。图 14-1(c)所示为组分 1 和组分 2 分离后的斑点。分离效果的好坏用比移值 R_f表示。某组分的 R_f用下式表示：

$$R_f=\frac{x}{x+y} \tag{14-9}$$

式中：x 是原点至斑点中心的距离；$x+y$ 是原点至展开剂上升的前沿的距离，见图 14-1(a)。被分离的试样中，不同组分的比移值 R_f相差越大，分离效果越好。用 R_f比较不同组分的分离情况，可消除时间、温度的影响。例如，在分离同一个试样时，层析时间越长，斑点上升越高，流动相前沿也越高，但 R_f不变。

14.4.2　纸上色谱法的操作

(1) 选择适当的层析纸。层析纸的选择一般是通过实验进行的。同时用几种层析纸分离同一试样，其他层析条件如展开剂、温度、试样用量、层析时间、层析筒等都严格保持一致，层析结束后，测量试样中各组分的 R_f，选择一种较理想的层析纸。有时不必测量 R_f，直接观察斑点的分布就可断定哪种层析纸较好。

(2) 点样。在离层析纸条最下端 2～3cm 处的中央用铅笔作一标记为原点，用毛细管把试样点在原点处，使斑点直径不超过 0.5cm，将斑点晾干后放入层析筒层析。

(3) 展开剂的选择。展开剂的选择是整个层析工作的关键。纸层析的分离机理与萃取相似，相似相溶原理对展开剂的选择有一定指导作用。一种展开剂一般是由几种溶剂混溶而成。增加展开剂中极性溶剂的含量，可增加试样中极性组分的 R_f，减小非极性组分的 R_f。常用展开剂的极性大小顺序为：水＞乙醇＞丙酮＞正丁醇＞乙酸乙酯＞氯仿＞乙醚＞甲苯＞苯＞四氯化碳＞环己烷＞石油醚。

(4) 层析。层析方法有上行法、下行法和环行法。常用上行法，它是在密闭的层析筒中进行的，滤纸在层析筒中的悬挂方法如图 14-1(b)所示。将滤纸下端浸入展开剂 1～2cm，待展开剂上升至离滤纸顶端 2～3cm 处，即可停止层析。取出纸条并画出展开剂前沿后晾干，然后喷洒选定的显色剂，使被分离的各组分在纸条上显一定颜色的斑点。若显色后发现分离效果不好，在不更换展开剂的条件下，可采用双向层析法。双向层析法是沿层析纸的一个方向层析一次，滤纸晾干后，再沿垂直于第一次层析的方向层析一次。双向层析时，层析纸要裁成方形。最后显色的斑点往往沿纸的对角线分布。

(5) 测定。将斑点剪下，用一定方法提取被测组分。如将斑点灰化、灼烧后，再溶解待测成分，然后进行测定。因为纸层析操作的试样量很少，测定一般用光度法或其他灵敏度较高的仪器分析。

14.5　其他方法

近年来出现了许多新的分离与富集方法，如超临界流体萃取分离法、固相微萃取分离法、膜分离法、毛细管电泳分离法等。其中超临界流体萃取分离法和膜分离法近些年来引起人们的重视，发展快速，下面简单介绍这两种分离方法。

14.5.1　超临界流体萃取分离法

超临界流体萃取分离法是 20 世纪 70 年代末发展起来的一种新型物质分离、精制技术。

所谓超临界流体，是指物体处于其临界温度和临界压力以上时的状态。这种流体兼有液体和气体的优点，密度大、黏稠度低、表面张力小、有极高的溶解能力，能深入到提取材料的基质中，发挥非常有效的萃取功能，且这种溶解能力随着压力的升高而急剧增大。超临界流体萃取就是利用超临界流体的这一强溶解能力特性，从动、植物中提取各种有效成分，再通过减压将其释放出来的过程。

超临界流体萃取分离法是一种物理分离和纯化方法，常以 CO_2 为萃取剂，在超临界状态下，加压后使其溶解度增大，将物质溶解出来，再通过减压又将其释放出来。该过程中 CO_2 循环使用。在压力 8～40MPa 时的超临界 CO_2 足以溶解任何非极性、中极性化合物，在加入改性剂后则可溶解极性化合物。该技术除可替代传统溶剂萃取分离法外，还可解决生物大分子、热敏性和化学不稳定性物质的分离，因而在食品、医药、香料、化工等领域受到广泛重视。

超临界萃取是近代分离中出现的高新技术，它将传统的蒸馏和有机溶剂萃取结合一体，利用超临界 CO_2 优良的溶剂力，将基质与萃取物有效分离、提取和纯化。超临界 CO_2 是安全、无毒、廉价的液体，它具有类似气体的扩散系数、液体的溶解力，表面张力为零，能迅速渗透进固体物质之中，提取其精华，具有高效、不易氧化、纯天然、无化学污染等特点。超临界流体技术已广泛应用于医药、食品、保健、石油化工、环保、发电、核废料处理及纺织印染等诸多领域，尤其在提取生物活性物质方面，超临界流体萃取技术发挥着独特的作用。

14.5.2　膜分离法

膜分离法是以选择性透过膜为分离介质，当膜两侧存在某种推动力(如浓度差、压力差、电势差等)时，原料侧组分选择性地透过膜，从而达到分离、提纯的目的。实现一个膜分离过程必须具备膜和推动力这两个必要条件。通常膜原料侧称为膜上游，通过侧称为膜下游。不同的膜分离过程推动力不同，选用的膜也不同。膜是膜分离技术的核心，膜材料的化学性质和结构对膜分离的性能起着决定性作用。膜通常可分为生物膜和人工合成膜，后者是由有机高分子构成的，其应用最广。按不同的分类方法，高分子膜可分为多种类型。按分离方法分为微孔膜、超滤膜、渗透膜、离子交换膜等；按膜的形状分为平板膜、管状膜、螺旋卷膜和中空纤维膜；按膜的物理结构分为对称膜、非对称膜、复合膜、致密膜、多孔膜、均质膜和非均质膜。常见的膜分离过程有微滤、超滤、渗析和电渗析等。

表 14-1　膜分离技术在工业领域的应用

工业领域	应用举例
金属工艺	金属回收，污染控制，富氧燃烧
纺织及制革工业	余热回收，药剂回收，污染控制
造纸工业	代替蒸馏，污染控制，纤维及药剂回收
食品及生化工业	净化，浓缩，消毒，代替蒸馏，副产品回收
化学工业	有机物除去或回收，污染控制，气体分离，药剂回收和再利用
医药及保健	人造器官，控制释放，血液分离，消毒，水净化
水处理	海水、苦咸水淡化，超纯水制备，锅炉用水净化，废水处理
国防工业	舰艇淡水供应，战地医院污水净化，战地受污染水源净化，低放射性水处理

与常规分离方法相比较，膜分离具有耗能低、分离效率高、操作过程简单、不污染环境等优点，是解决当代的能源、资源和环境问题的高新技术。膜分离技术已广泛用于各个工业领域

(表 14-1),并已使海水淡化、烧碱生产、乳品加工等多种传统工业的生产面貌发生了根本性的变化。

习 题

1. 分离方法在定量分析中有什么重要性?分离时对常量和微量组分的回收率要求如何?

2. 分配系数与分配比有何联系?有何差别?

3. 用 $BaSO_4$ 重量法测定 S 含量时,大量 Fe^{3+} 会产生共沉淀。试问,当分析硫铁矿(FeS_2)中的 S 时,如果用 $BaSO_4$ 重量法进行测定,有什么办法可消除 Fe^{3+} 的干扰?

4. 有机沉淀剂和无机沉淀剂相比有什么优点?

5. 萃取操作有哪几个基本步骤?每步有什么基本要求?

6. 离子交换法有哪几个基本步骤?其分离原理是什么?

7. 选择题

(1) 含 Al^{3+} 的 20mL 溶液,用等体积的乙酰丙酮萃取,已知其分配比为 10,则 Al^{3+} 的萃取率为(　　)。

A. 99%　　B. 95%　　C. 90%　　D. 85%

(2) 萃取过程的本质可表述为(　　)。

A. 金属离子形成螯合物的过程　　B. 金属离子形成离子缔合物的过程

C. 配合物进入有机相的过程　　D. 将物质由亲水性转变为疏水性的过程

(3) 下列物质属于阳离子交换树脂的是(　　)。

A. RNH_3OH　　B. RNH_2CH_3OH　　C. ROH　　D. $RN(CH_3)_3OH$

(4) 在一定的萃取体系中,当萃取溶剂的总体积一定时,为提高萃取效率,最有效的方法是(　　)。

A. 提高萃取时的温度　　B. 提高萃取时的压力

C. 减少萃取次数,增加每次萃取液的体积　　D. 增加萃取次数,减少每次萃取液的体积

8. $0.02mol \cdot L^{-1} Fe^{2+}$ 溶液,加 NaOH 溶液进行沉淀时,要使其沉淀达 99.99%以上,试问溶液的 pH 至少要达到多少?已知 $K_{sp}^{\ominus}=8\times10^{-16}$。

9. 已知某萃取体系的萃取百分率 $E=98\%$,$V_{有}=V_{水}$,求分配比 D。

10. 某溶液含 Fe^{3+} 10mg,将它萃取入某有机溶剂中时,分配比 $D=99$。问用等体积溶剂萃取 1 次和 2 次,剩余 Fe^{3+} 量各是多少?若在萃取 2 次后,分出有机层,用等体积水洗 1 次,会损失 Fe^{3+} 多少毫克?

11. 已知 I_2 在 CS_2 和水中的分配比为 420,今有 100mL I_2 溶液,欲使萃取率达到 99.5%,若每次用 5mL CS_2 萃取,问需要萃取多少次?

12. 有两种性质相似的元素 A 和 B,共存于同一溶液中。用纸上色谱法分离时,它们的比移值 R_f 分别为 0.45 和 0.63。欲使分离后斑点中心之间相距 2cm,问滤纸条至少应截取多长?

主要参考文献

布里斯罗. 1998. 化学的今天和明天. 华彤文，等译. 北京：科学出版社

陈虹锦. 2008. 无机与分析化学. 2 版. 北京：科学出版社

大连理工大学无机化学教研室. 2006. 无机化学. 5 版. 北京：高等教育出版社

邓建成. 2003. 大学基础化学. 北京：化学工业出版社

呼世斌，王进义，吴秋华. 2019. 无机及分析化学. 4 版. 北京：高等教育出版社

胡琴，黄庆华. 2009. 分析化学. 北京：科学出版社

华东理工大学，四川大学. 2018. 分析化学. 7 版. 北京：高等教育出版社

贾之慎. 2008. 无机及分析化学. 2 版. 北京：高等教育出版社

江棂. 2003. 工科化学. 北京：化学工业出版社

揭念芹. 2007. 基础化学(无机及分析化学). 2 版. 北京：科学出版社

刘德育，刘有训. 2009. 无机化学. 北京：科学出版社

南京大学《无机及分析化学》编写组. 2015. 无机及分析化学 . 5 版. 北京：高等教育出版社

申泮文. 2008. 近代化学导论(上、下册). 2 版. 北京：高等教育出版社

沈文霞，王喜章，许波连. 2016. 物理化学核心教程. 3 版. 北京：科学出版社

史启祯. 2011. 无机化学与化学分析. 3 版. 北京：高等教育出版社

天津大学物理化学教研室. 2009. 物理化学(上、下册). 5 版. 北京：高等教育出版社

王运，胡先文. 2017. 无机及分析化学. 4 版. 北京：科学出版社

魏琴. 2018. 无机及分析化学教程. 2 版. 北京：科学出版社

武汉大学《无机及分析化学》编写组. 2008. 无机及分析化学. 3 版. 武汉：武汉大学出版社

浙江大学普通化学教研组. 2020. 普通化学. 7 版. 北京：高等教育出版社

钟国清，蔡自由. 2016. 大学基础化学. 3 版. 北京：科学出版社

朱裕贞，顾达，黑恩成. 2010. 现代基础化学. 3 版. 北京：化学工业出版社

附　　录

一、一些重要的物理常数

物理量	符号、数值及单位
真空中的光速	$c=2.99792458\times10^{8}\,m\cdot s^{-1}$
电子的电荷	$e=1.60217733\times10^{-19}\,C$
质子质量单位	$u=1.6605402\times10^{-27}\,kg$
质子静质量	$m_p=1.6726231\times10^{-27}\,kg$
中子静质量	$m_n=1.6749543\times10^{-27}\,kg$
电子静质量	$m_e=9.1093897\times10^{-31}\,kg$
理想气体摩尔体积	$V_m=2.241410\times10^{-2}\,m^3\cdot mol^{-1}$
摩尔气体常量	$R=8.314510\,J\cdot mol^{-1}\cdot K^{-1}$
阿伏伽德罗常量	$N_A=6.0221367\times10^{23}\,mol^{-1}$
里德伯常量	$R_\infty=1.0973731534\times10^{7}\,m^{-1}$
法拉第常量	$F=9.6485309\times10^{4}\,C\cdot mol^{-1}$
普朗克常量	$h=6.6260755\times10^{-34}\,J\cdot s$
玻尔兹曼常量	$k=1.380658\times10^{-23}\,J\cdot K^{-1}$

二、希腊字母表

大写	小写	名称	英文读音
A	α	alpha	〔ˈælfə〕
B	β	beta	〔ˈbeitə〕或〔ˈbiːtə〕
Γ	γ	gamma	〔ˈgæmə〕
Δ	δ	delta	〔ˈdeltə〕
E	ε	epsilon	〔ˈepsilən〕或〔epˈsailən〕
Z	ζ	zeta	〔ˈzeitə〕或〔ˈziːtə〕
H	η	eta	〔ˈeitə〕或〔ˈiːtə〕
Θ	θ	theta	〔ˈθiːtə〕或〔ˈθtiə〕
I	ι	iota	〔aiˈəutə〕
K	κ	kappa	〔ˈkæpə〕
Λ	λ	lambda	〔læmdə〕
M	μ	mu	〔muː〕

续表

大写	小写	名称	英文读音
N	ν	nu	〔nju:〕
Ξ	ξ	xi	〔ksai〕
O	ο	omicron	〔əu'maikrən〕
Π	π	pi	〔pai〕或〔pi:〕
P	ρ	rho	〔rəu〕
Σ	σ	sigma	〔'sigmə〕
T	τ	tau	〔təu〕或〔tɔ:〕
Υ	υ	upsilon	〔ju:p'sailən〕或〔'ju:psilən〕
Φ	φ	phi	〔fai〕或〔fi:〕
X	χ	chi	〔kai〕或〔ki:〕kai
Ψ	ψ	psi	〔psai〕
Ω	ω	omega	〔'əumigə〕

三、化合物的式量

化学式	式量	化学式	式量
AgBr	187.77	$BaCl_2 \cdot 2H_2O$	244.27
AgCl	143.32	$BaCrO_4$	253.32
AgCN	133.89	BaO	153.33
AgSCN	165.95	$Ba(OH)_2$	171.34
Ag_2CrO_4	331.73	$BaSO_4$	233.39
Ag_2CO_3	275.75	$BiCl_3$	315.34
AgI	234.77	CO_2	44.01
$AgNO_3$	169.88	CaO	56.08
$AlCl_3$	133.34	$CaCO_3$	100.09
$AlCl_3 \cdot 6H_2O$	241.43	CaC_2O_4	128.10
$Al(NO_3)_3$	213.00	$CaCl_2$	110.99
Al_2O_3	101.96	$CaCl_2 \cdot H_2O$	129.00
$Al(OH)_3$	78.00	$CaCl_2 \cdot 6H_2O$	219.08
$Al_2(SO_4)_3$	342.14	CaF_2	78.08
$Al_2(SO_4)_3 \cdot 18H_2O$	666.41	$Ca(NO_3)_2$	164.09
$Al(C_9H_6ON)_3$	459.44	$Ca(NO_3)_2 \cdot 4H_2O$	236.15
As_2O_3	197.84	$Ca(OH)_2$	74.10
As_2O_5	229.84	$Ca_3(PO_4)_2$	310.18
As_2S_3	246.02	$CaSO_4$	136.14
$BaCO_3$	197.34	$CdCO_3$	172.42
BaC_2O_4	225.35	$CdCl_2$	183.32
$BaCl_2$	208.24	CdS	144.47

续表

化学式	式量	化学式	式量
$Ce(SO_4)_2$	332.24	FeS	87.91
$Ce(SO_4)_2 \cdot 2(NH_4)_2SO_4 \cdot 2H_2O$	632.54	Fe_2S_3	207.87
$CoCl_2$	129.84	$FeSO_4$	151.91
$CoCl_2 \cdot 6H_2O$	237.93	$FeSO_4 \cdot 7H_2O$	278.01
$Co(NO_3)_2 \cdot 6H_2O$	291.06	H_3AsO_3	125.94
$CoSO_4$	154.99	H_3AsO_4	141.94
$CoSO_4 \cdot 7H_2O$	281.10	H_3BO_3	61.83
$CO(NH_2)_2$	60.09	HBr	80.91
$CrCl_3$	158.36	HCOOH	46.03
$Cr(NO_3)_3$	238.01	H_2CO_3	62.03
Cr_2O_3	151.99	$H_2C_2O_4$	90.04
$CuCl_2$	134.45	$H_2C_2O_4 \cdot 2H_2O$	126.07
$CuCl_2 \cdot 2H_2O$	170.48	HCl	36.46
CuSCN	121.62	HF	20.01
CuI	190.45	HIO_3	175.91
$Cu(NO_3)_2$	187.56	HNO_2	47.01
CuO	79.55	HNO_3	63.01
Cu_2O	143.09	H_2O	18.02
CuS	95.61	H_2O_2	34.02
$CuSO_4$	159.60	H_3PO_4	98.00
$CuSO_4 \cdot 5H_2O$	249.68	H_2S	34.08
CH_3OH	32.04	H_2SO_3	82.07
CH_3COCH_3	58.08	H_2SO_4	98.07
CH_3COOH (HAc)	60.05	$HgCl_2$	271.50
C_6H_5COOH	122.12	Hg_2Cl_2	472.09
C_6H_5OH	94.11	HgI_2	454.40
$CH_2(COOH)_2$	104.06	$Hg(NO_3)_2$	324.60
CH_3COONa	82.03	HgO	216.59
$CH_3COONa \cdot 3H_2O$	136.08	HgS	232.65
C_6H_5COONa	144.40	$HgSO_4$	296.65
$FeCl_2$	126.75	Hg_2SO_4	497.24
$FeCl_3$	162.21	$KAl(SO_4)_2 \cdot 12H_2O$	474.38
$Fe(NO_3)_3$	241.86	$KB(C_6H_5)_4$	358.33
FeO	71.85	KBr	119.00
Fe_2O_3	159.69	$KBrO_3$	167.00
Fe_3O_4	231.54	KCl	74.55
$Fe(OH)_3$	106.87	$KClO_3$	122.55

续表

化学式	式量	化学式	式量
$KClO_4$	138.55	$MnSO_4$	151.00
KCN	65.12	NO	30.01
KSCN	97.18	NO_2	46.01
K_2CO_3	138.21	NH_3	17.03
K_2CrO_4	194.19	$NH_3 \cdot H_2O$	35.05
$K_2Cr_2O_7$	294.18	$NH_4Ac(CH_3COONH_4)$	77.08
$K_3Fe(CN)_6$	329.25	NH_4Cl	53.49
$K_4Fe(CN)_6$	368.35	$(NH_4)_2CO_3$	96.09
$KFe(SO_4)_2 \cdot 12H_2O$	503.24	$(NH_4)_2C_2O_4$	124.10
$KHC_2O_4 \cdot H_2O$	146.14	$(NH_4)_2C_2O_4 \cdot H_2O$	142.11
$KHC_2O_4 \cdot H_2C_2O_4 \cdot 2H_2O$	254.19	$(NH_4)_2Fe(SO_4)_2 \cdot 6H_2O$	392.13
$KHSO_4$	136.16	$NH_4Fe(SO_4)_2 \cdot 12H_2O$	482.20
KI	166.00	NH_4HCO_3	79.06
KIO_3	214.00	$(NH_4)_2MoO_4$	196.01
$KIO_3 \cdot HIO_3$	389.92	NH_4NO_3	80.04
$KMnO_4$	158.03	$(NH_4)_2HPO_4$	132.06
KNO_2	85.10	$(NH_4)_2S$	68.14
KNO_3	101.10	NH_4SCN	76.12
K_2O	94.20	$(NH_4)_2SO_4$	132.13
KOH	56.11	$(NH_4)_3PO_4 \cdot 12MoO_3$	1876.53
K_2SO_4	174.25	NH_4VO_3	116.98
$MgCO_3$	84.31	Na_3AsO_3	191.89
$MgCl_2$	95.21	$Na_2B_4O_7$	201.22
$MgCl_2 \cdot 6H_2O$	203.30	$Na_2B_4O_7 \cdot 10H_2O$	381.37
MgC_2O_4	112.33	$NaBiO_3$	279.97
$Mg(NO_3)_2 \cdot 6H_2O$	256.41	NaCN	49.01
$MgNH_4PO_4$	137.32	Na_2CO_3	105.99
MgO	40.30	$Na_2CO_3 \cdot 10H_2O$	286.14
$Mg(OH)_2$	58.32	$Na_2C_2O_4$	134.00
$Mg_2P_2O_7$	222.55	NaSCN	81.07
$MgSO_4 \cdot 7H_2O$	246.47	NaCl	58.44
$MnCO_3$	114.95	NaClO	74.44
$MnCl_2 \cdot 4H_2O$	197.91	$NaHCO_3$	84.01
$Mn(NO_3)_2 \cdot 6H_2O$	287.04	Na_3PO_4	163.94
MnO	70.94	NaH_2PO_4	119.98
MnO_2	86.94	Na_2HPO_4	141.96
MnS	87.00	$Na_2HPO_4 \cdot 12H_2O$	358.14

续表

化学式	式量	化学式	式量
$Na_2H_2Y \cdot 2H_2O$	372.24	SO_2	64.06
$NaNO_2$	69.00	$SbCl_3$	228.11
$NaNO_3$	85.00	Sb_2O_3	291.50
Na_2O	61.98	Sb_2S_3	339.68
Na_2O_2	77.98	SiO_2	60.08
$NaOH$	40.00	$SnCl_2$	189.60
Na_3PO_4	163.94	$SnCl_2 \cdot 2H_2O$	225.63
Na_2S	78.04	$SnCl_4$	260.50
Na_2SO_3	126.04	SnO_2	150.71
Na_2SO_4	142.04	SnS	150.78
$Na_2S_2O_3$	158.10	$SrCl_2$	158.52
$Na_2S_2O_3 \cdot 5H_2O$	248.17	$SrCO_3$	147.63
$NiCl_2 \cdot 6H_2O$	237.69	SrC_2O_4	175.64
NiO	74.69	$SrCrO_4$	203.61
$Ni(NO_3)_2 \cdot 6H_2O$	290.79	$Sr(NO_3)_2$	211.63
$NiSO_4 \cdot 7H_2O$	280.85	$SrSO_4$	183.68
P_2O_5	141.95	TiO_2	79.88
$PbCO_3$	267.21	WO_3	231.85
PbC_2O_4	295.22	$ZnCO_3$	125.39
$PbCl_2$	278.11	ZnC_2O_4	153.40
$PbCrO_4$	323.19	$ZnCl_2$	136.29
$Pb(CH_3COO)_2$	325.29	$Zn(CH_3COO)_2$	183.47
$Pb(NO_3)_2$	331.21	$Zn(NO_3)_2$	189.39
PbO	223.20	ZnO	81.39
PbO_2	239.20	$Zn_2P_2O_7$	304.72
Pb_3O_4	685.60	ZnS	97.44
PbS	239.26	$ZnSO_4$	161.44
$PbSO_4$	303.26	$ZnSO_4 \cdot 7H_2O$	287.55
SO_3	80.06		

四、一些物质的 $\Delta_f H_m^\ominus$、$\Delta_f G_m^\ominus$、$S_m^\ominus$ 数据(298.15K)

物质	$\Delta_f H_m^\ominus/(kJ \cdot mol^{-1})$	$S_m^\ominus/(J \cdot mol^{-1} \cdot K^{-1})$	$\Delta_f G_m^\ominus/(kJ \cdot mol^{-1})$
Ag(s)	0	42.55	0
Ag^+(aq)	105.4	72.8	76.98
AgBr(s)	−100.37	107.1	−96.90
AgCl(s)	−127.068	96.2	−109.789

续表

物质	$\Delta_f H_m^\ominus$/(kJ·mol^{-1})	$S_m^\ominus$/(J·mol^{-1}·K^{-1})	$\Delta_f G_m^\ominus$/(kJ·mol^{-1})
AgI(s)	−61.84	115.5	−66.19
$AgNO_3$(s)	−124.39	140.92	−33.41
$AgNO_2$(s)	−45.1	128	19.1
Ag_2CO_3(s)	−505.8	167.4	−436.8
Ag_2O(s)	−31.05	121.3	−11.20
Al(s)	0	28.33	0
Al^{3+}(aq)	−531	−231.7	−485
Al_2O_3(α,刚玉)	−1675.7	50.92	−1582.3
As_4O_6(s,单斜)	−1309.6	243.3	−1154.0
Au(s)	0	47.3	0
Au_2O_3(s)	80.8	126	163
B(s)	0	5.85	0
B_2H_6(g)	35.6	232	86.6
B_2O_3(s)	−1272.8	54.0	−1193.7
H_3BO_3(s)	−1094.5	88.8	−969.0
Ba(s)	0	62.8	0
Ba^{2+}(aq)	−537.6	9.6	−560.7
BaO(s)	−553.5	70.4	−525.1
$BaCO_3$(s)	−1216	112	−1138
$BaSO_4$(s)	−1473	132	−1362
Br_2(l)	0	152.231	0
Br_2(g)	30.907	245.463	3.110
Br^-(aq)	−121	82.4	−104
HBr(g)	−36.40	198.695	−53.45
C(石墨)	0	5.740	0
C(金刚石)	1.895	2.377	2.900
Ca(s)	0	41.42	0
Ca^{2+}(aq)	−542.7	−53.1	−553.5
CaC_2(s)	−62.8	69.96	−67.8
$CaCO_3$(s,方解石)	−1206.92	92.9	−1128.79
CaO(s)	−635.09	39.75	−604.03
$CaSO_4$(s)	−1434.1	107	−1321.9
$Ca(OH)_2$(s)	−986.09	83.39	−896.8
CO(g)	−110.525	197.674	−137.168
CO_2(g)	−393.509	213.74	−394.359
CS_2(l)	89.70	151.3	65.27
CS_2(g)	117.36	237.84	67.12

续表

物质	$\Delta_f H_m^\ominus$/(kJ · mol^{-1})	$S_m^\ominus$/(J · mol^{-1} · K^{-1})	$\Delta_f G_m^\ominus$/(kJ · mol^{-1})
CCl_4(l)	−135.44	216.40	60.59
CCl_4(g)	−102.9	309.85	−60.59
HCN(l)	108.87	112.84	124.97
HCN(g)	153.1	201.78	124.7
Cl_2(g)	0	223.066	0
Cl^-(aq)	−167.2	56.5	−131.3
HCl(g)	−92.307	186.91	−95.299
Co(s)	0	30.0	0
Co^{2+}(aq)	−58.2	−113	−54.3
$CoCl_2$(s)	−312.5	109.2	−270
$CoCl_2 \cdot 6H_2O$(s)	−2115	343	−1725
$Cr_2O_7^{2-}$(aq)	−1490	262	−1301
CrO_4^{2-}(aq)	−881.1	50.2	−728
Cr_2O_3(s)	−1140	81.2	−1058
Cu(s)	0	33.150	0
Cu^{2+}(aq)	64.77	−99.6	65.52
CuO(s)	−157.3	42.63	−129.7
Cu_2O(s)	−168.6	93.14	−146.0
$CuSO_4$(s)	−771.5	109	−661.9
$CuSO_4 \cdot 5H_2O$(s)	−2321	300	−1880
F_2(g)	0	202.78	0
F^-(aq)	−333	−14	−279
HF(g)	−271.1	173.779	−273.2
Fe(s)	0	27.28	0
Fe^{2+}(aq)	−89.1	−138	−78.6
Fe^{3+}(aq)	−48.5	−316	−4.6
$FeCl_2$(s)	−341.79	117.9	−302.30
$FeCl_3$(s)	−399.49	142.3	−334.0
FeO(s)	−272.0	—	—
Fe_2O_3(s)(赤铁矿)	−824.2	87.40	−742.2
Fe_3O_4(s)(磁铁矿)	−1118.4	146.4	−1015.4
$FeSO_4$(s)	−928.4	107.5	−820.8
H_2(g)	0	130.684	0
H^+(aq)	0	0	0
OH^-(aq)	−230.0	−10.8	−157.3
H_2O_2(l)	−187.8	109.6	−120.4
H_2O(l)	−285.830	69.91	−237.129

续表

物质	$\Delta_f H_m^\ominus/(kJ \cdot mol^{-1})$	$S_m^\ominus/(J \cdot mol^{-1} \cdot K^{-1})$	$\Delta_f G_m^\ominus/(kJ \cdot mol^{-1})$
$H_2O(g)$	−241.818	188.825	−228.572
$Hg(l)$	0	76.1	0
$Hg^{2+}(aq)$	171	−32	164
$Hg_2^{2+}(aq)$	172	84.5	153
HgO(s,红色)	−90.83	70.3	−58.56
HgO(s,黄色)	−90.4	71.1	−58.43
HgI_2(s,红色)	−105	180	−102
HgS(s,红色)	−58.1	82.4	−50.6
$I_2(s)$	0	116.135	0
$I_2(g)$	62.438	260.69	19.327
$I^-(aq)$	−55.19	111	−51.59
$HI(g)$	26.48	206.594	1.70
$HIO_3(s)$	−230	—	—
$K(s)$	0	64.6	0
$K^+(aq)$	−252.4	102	−283
$KCl(s)$	−436.8	82.59	−409.2
$K_2O(s)$	−361	—	—
$K_2O_2(s)$	−494.1	102	−425.1
$Mg(s)$	0	32.68	0
$Mg^{2+}(aq)$	−466.9	−138	−454.8
$MgCl_2(s)$	−641.32	89.62	−591.79
$MgO(s)$	−601.70	26.94	−569.43
$MgCO_3(s)$	−1096	65.7	−1012
$Mg(OH)_2(s)$	−924.54	63.18	−833.51
$Mn(s)$	0	32.0	0
$Mn^{2+}(aq)$	−220.7	−73.6	−228
$MnO_2(s)$	−520.1	53.1	−465.3
$Na(s)$	0	51.21	0
$Na^+(aq)$	−240	59.0	−262
$Na_2CO_3(s)$	−1130.68	134.98	−1044.44
$NaHCO_3(s)$	−950.81	101.7	−851.0
$NaCl(s)$	−411.153	72.13	−384.138
$Na_2B_4O_7(s)$	−3291	189.5	−3096
$NaNO_2(s)$	−358.7	104	−284.6
$NaNO_3(s)$	−467.85	116.52	−367.00
$Na_2O(s)$	−416	72.8	−377
$Na_2O_2(s)$	−510.9	93.3	−447.7

续表

物质	$\Delta_f H_m^\ominus$/(kJ · mol^{-1})	$S_m^\ominus$/(J · mol^{-1} · K^{-1})	$\Delta_f G_m^\ominus$/(kJ · mol^{-1})
$NaOH(s)$	−425.609	64.455	−379.494
Na_2SO_4(s,正交)	−1387.08	149.58	−1270.16
$N_2(g)$	0	191.61	0
$NH_3(g)$	−46.11	192.45	−16.45
$NH_3 \cdot H_2O(aq)$	−366.1	181	−263.8
$N_2H_4(l)$	50.63	121.2	149.3
$NO(g)$	90.25	210.761	86.55
$NO_2(g)$	33.18	240.06	51.31
$N_2O(g)$	82.05	219.85	104.20
$N_2O_3(g)$	83.72	612.28	139.46
$N_2O_4(g)$	9.16	304.29	97.89
$N_2O_5(g)$	11.3	355.7	115.1
$HNO_3(g)$	−135.06	266.38	−74.72
$HNO_3(l)$	−174.10	155.60	−80.71
$NH_4HCO_3(s)$	−849.4	121	666.0
$NH_4Cl(s)$	−315	94.6	−203
$NH_4NO_3(s)$	−366	151	−184
$(NH_4)_2SO_4(s)$	−901.9	187.5	—
$O_2(g)$	0	205.138	0
$O_3(g)$	142.7	238.93	163.2
P(α,白磷)	0	41.09	0
P(红磷,三斜)	−17.6	22.8	−121.1
$P_4(g)$	58.91	279.98	24.44
$PCl_3(g)$	−287.0	311.78	−267.8
$PCl_5(g)$	−374.9	364.58	−305.0
$POCl_3(g)$	−558.48	325.4	−512.93
P_4O_{10}(s,六方)	−2984	228.9	−2698
$Pb(s)$	0	64.9	0
$Pb^{2+}(aq)$	−1.7	10	−24.4
$Pb_3O_4(s)$	−781.4	211	−601.2
$PbO_2(s)$	−277	68.6	−217
$PbS(s)$	−100	91.2	−98.7
S(正交)	0	31.80	0
$S^{2-}(aq)$	33.1	−14.6	85.8
$S_8(g)$	102.30	430.98	49.63

续表

物质	$\Delta_f H_m^\ominus/(kJ \cdot mol^{-1})$	$S_m^\ominus/(J \cdot mol^{-1} \cdot K^{-1})$	$\Delta_f G_m^\ominus/(kJ \cdot mol^{-1})$
$H_2S(g)$	−20.63	205.79	−33.56
$SO_2(g)$	−296.830	248.22	−300.194
$SO_3(g)$	−395.72	256.76	−371.06
$H_2SO_4(l)$	−813.989	156.904	−690.003
Si(s)	0	18.83	0
$SiCl_4(l)$	−687.0	239.7	−619.84
$SiCl_4(g)$	−657.01	330.73	−616.98
SiO_2(石英)	−910.94	41.84	−856.64
SiO_2(不定形)	−903.49	46.9	−850.70
Zn(s)	0	41.63	0
$Zn^{2+}(aq)$	−153.9	−112	−147
$ZnCO_3(s)$	−394.4	82.4	−731.52
$ZnCl_2(s)$	−415.05	111.46	−369.398
ZnO(s)	−348.28	43.64	−318.30
$CH_4(g)$	−74.81	188.264	−50.72
$CCl_4(l)$	−135.44	216.40	−65.21
$C_2H_6(g)$	−84.68	229.60	−32.82
$C_3H_8(g)$	−103.85	270.02	−23.37
n-$C_4H_{10}(g)$	−126.15	310.23	−17.62
$C_2H_4(g)$	52.26	219.56	68.15
$C_3H_6(g)$	20.42	267.05	62.79
$C_4H_8(g)$(1-丁烯)	−0.13	305.71	71.40
$C_2H_2(g)$	226.73	200.94	209.20
$C_6H_6(l)$	49.04	173.26	124.45
$C_6H_6(g)$	82.93	269.31	129.73
$C_6H_5CH_3(g)$	50.00	320.77	122.11
$CH_2O(g)$	−115.9	218.7	−110
$CH_3OH(l)$	−238.66	126.8	−166.27
$CH_3OH(g)$	−200.66	239.81	−161.96
$C_2H_5OH(l)$	−277.69	160.7	−174.78
$C_2H_5OH(g)$	−235.10	282.70	−168.49
n-$C_4H_9OH(l)$	−325.81	225.73	−160.00
$CH_3COOH(l)$	−484.09	159.83	−389.26
$C_6H_{12}O_6(s)$	−1274.4	212	−390
$C_{12}H_{22}O_{11}(s)$	−2225.5	360.2	−1544.6

五、物质的标准摩尔燃烧焓(298.15K)

物质	$\Delta_c H_m^\ominus/(kJ \cdot mol^{-1})$	物质	$\Delta_c H_m^\ominus/(kJ \cdot mol^{-1})$
$CH_4(g)$ 甲烷	−890.31	$C_3H_8O_3(l)$ 甘油	−1664.4
$C_2H_4(g)$ 乙烯	−1410.97	$C_6H_5OH(s)$ 苯酚	−3063
$C_2H_2(g)$ 乙炔	−1299.63	$HCHO(g)$ 甲醛	−563.6
$C_2H_6(g)$ 乙烷	−1559.88	$CH_3CHO(g)$ 乙醛	−1192.4
$C_3H_6(g)$ 丙烯	−2058.49	$CH_3COCH_3(l)$ 丙酮	−1802.9
$C_3H_8(g)$ 丙烷	−2220.07	$CH_3COOC_2H_5(l)$ 乙酸乙酯	−2254.21
$C_4H_{10}(g)$ 正丁烷	−2878.51	$(COOCH_3)_2(l)$ 草酸甲酯	−1677.8
$C_4H_{10}(g)$ 异丁烷	−2871.65	$(C_2H_5)_2O(g)$ 乙醚	−2730.9
$C_4H_8(g)$ 丁烯	−2718.60	$HCOOH(l)$ 甲酸	−269.9
$C_5H_{12}(g)$ 戊烷	−3536.15	$CH_3COOH(l)$ 乙酸	−871.5
$C_6H_6(l)$ 苯	−3267.62	$(COOH)_2(s)$ 草酸	−246.0
$C_6H_{12}(l)$ 环己烷	−3919.91	$C_6H_5COOH(s)$ 苯甲酸	−3227.5
$C_7H_8(l)$ 甲苯	−3909.95	$CS_2(l)$ 二硫化碳	−1075
$C_8H_{10}(l)$ 对二甲苯	−4552.86	$C_6H_5NO_2(l)$ 硝基苯	−3097.8
$C_{10}H_8(s)$ 萘	−5153.9	$C_6H_5NH_2(l)$ 苯胺	−3397.0
$CH_3OH(l)$ 甲醇	−726.64	$C_6H_{12}O_6(s)$ 葡萄糖	−2815.8
$C_2H_5OH(l)$ 乙醇	−1366.75	$C_{12}H_{22}O_{11}(s)$ 蔗糖	−5648
$(CH_2OH)_2(l)$ 乙二醇	−1192.9	$C_{10}H_{16}O(s)$ 樟脑	−5903.6

六、弱酸、弱碱在水中的解离常数

弱酸	分子式	温度/℃	分级	$K_a^\ominus$	$pK_a^\ominus$
砷酸	H_3AsO_4	18	1	5.62×10^{-3}	2.25
		18	2	1.70×10^{-7}	6.77
		18	3	2.95×10^{-12}	11.53
亚砷酸	H_3AsO_3	25		6.0×10^{-10}	9.22
硼酸	H_3BO_3	20		7.3×10^{-10}	9.14
碳酸	H_2CO_3	25	1	4.2×10^{-7}	6.38
		25	2	5.6×10^{-11}	10.25
铬酸	H_2CrO_4	25	1	1.8×10^{-1}	0.74
		25	2	3.2×10^{-7}	6.49
氢氟酸	HF	25		3.53×10^{-4}	3.45
氢氰酸	HCN	25		4.93×10^{-10}	9.31
氢硫酸	H_2S	18	1	1.1×10^{-7}	6.97
		18	2	1.3×10^{-13}	12.90
次氯酸	$HClO$	18		2.95×10^{-8}	7.53

续表

弱酸	分子式	温度/℃	分级	$K_a^\ominus$	$pK_a^\ominus$
次溴酸	HBrO	25		2.06×10^{-9}	8.69
次碘酸	HIO	25		2.3×10^{-11}	10.64
碘酸	HIO_3	25		1.69×10^{-1}	0.77
亚硝酸	HNO_2	25		4.6×10^{-4}	3.33
过氧化氢	H_2O_2	25		1.8×10^{-12}	11.75
高碘酸	HIO_4	18.5		2.3×10^{-2}	1.64
磷酸	H_3PO_4	25	1	7.52×10^{-3}	2.12
		25	2	6.23×10^{-8}	7.20
		25	3	2.20×10^{-13}	12.66
焦磷酸	$H_4P_2O_7$	25	1	3.0×10^{-2}	1.52
		25	2	4.4×10^{-3}	2.36
		25	3	2.5×10^{-7}	6.60
		25	4	5.6×10^{-10}	9.25
亚磷酸	H_3PO_3	25	1	5.0×10^{-2}	1.30
		25	2	2.5×10^{-7}	6.60
硫酸	H_2SO_4	25	2	1.20×10^{-2}	1.92
亚硫酸	H_2SO_3	18	1	1.54×10^{-2}	1.81
		18	2	1.02×10^{-7}	6.99
偏硅酸	H_2SiO_3	25	1	1.7×10^{-10}	9.77
		25	2	1.6×10^{-12}	11.80
甲酸	HCOOH	20		1.77×10^{-4}	3.75
乙酸	CH_3COOH	25		1.76×10^{-5}	4.75
一氯乙酸	$ClCH_2COOH$	25		1.6×10^{-3}	2.85
二氯乙酸	$Cl_2CHCOOH$	25		5.0×10^{-2}	1.30
三氯乙酸	Cl_3CCOOH	25		0.23	0.64
乳酸	$CH_3CHOHCOOH$	25		1.4×10^{-4}	3.86
苯甲酸	C_6H_5COOH	25		6.2×10^{-5}	4.21
草酸	$H_2C_2O_4$	25	1	5.9×10^{-2}	1.23
		25	2	6.4×10^{-5}	4.19
氨基乙酸盐	$^+NH_3CH_2COOH$	25	1	4.5×10^{-3}	2.35
	$^+NH_3CH_2COO^-$	25	2	2.5×10^{-10}	9.60
酒石酸	CH(OH)COOH | CH(OH)COOH	25	1	9.1×10^{-4}	3.04
		25	2	4.3×10^{-5}	4.37
邻苯二甲酸	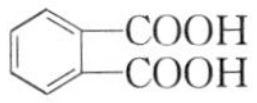	25	1	1.1×10^{-3}	2.95
		25	2	3.9×10^{-5}	4.41

续表

弱酸	分子式	温度/℃	分级	$K_a^\ominus$	$pK_a^\ominus$
柠檬酸	CH_2COOH $C(OH)COOH$ CH_2COOH	25	1	7.4×10^{-4}	3.13
		25	2	1.7×10^{-5}	4.76
		25	3	4.0×10^{-7}	6.40
苯酚	C_6H_5OH	25		1.1×10^{-10}	9.95
乙二胺四乙酸	H_6Y^{2+}	25	1	0.13	0.89
	H_5Y^+	25	2	3.0×10^{-2}	1.52
	H_4Y	25	3	1.0×10^{-2}	2.00
	H_3Y^-	25	4	2.1×10^{-3}	2.67
	H_2Y^{2-}	25	5	6.9×10^{-7}	6.16
	HY^{3-}	25	6	5.5×10^{-11}	10.26

弱碱	分子式	温度/℃	分级	$K_b^\ominus$	$pK_b^\ominus$
氨水	NH_3	25		1.76×10^{-5}	4.75
羟胺	NH_2OH	25		1.07×10^{-8}	7.97
联氨	NH_2NH_2	25	1	3.0×10^{-6}	5.52
		25	2	7.6×10^{-15}	14.12
六亚甲基四胺	$(CH_2)_6N_4$	25		1.4×10^{-9}	8.85
甲胺	CH_3NH_2	25		4.2×10^{-4}	3.38
乙胺	$C_2H_5NH_2$	25		5.6×10^{-4}	3.25
二甲胺	$(CH_3)_2NH$	25		1.2×10^{-4}	3.93
二乙胺	$(C_2H_5)_2NH$	25		1.3×10^{-3}	2.89
乙醇胺	$HOCH_2CH_2NH_2$	25		3.2×10^{-5}	4.50
三乙醇胺	$(HOCH_2CH_2)_3N$	25		5.8×10^{-7}	6.24
乙二胺	$H_2NCH_2CH_2NH_2$	25	1	8.5×10^{-5}	4.07
		25	2	7.1×10^{-8}	7.15
吡啶		25		1.7×10^{-9}	8.77
氢氧化钙	$Ca(OH)_2$	25	1	3.74×10^{-3}	2.43
		30	2	4.0×10^{-2}	1.40

七、难溶电解质的溶度积(298.15K)

难溶化合物	$K_{sp}^\ominus$	难溶化合物	$K_{sp}^\ominus$
$Ag_2C_2O_4$	3.4×10^{-11}	Ag_2SO_4	1.4×10^{-5}
Ag_2CO_3	8.1×10^{-12}	Ag_3AsO_4	1×10^{-22}
$Ag_2Cr_2O_7$	2.0×10^{-7}	Ag_3PO_4	1.4×10^{-16}
Ag_2CrO_4	1.1×10^{-12}	AgBr	5.0×10^{-13}
Ag_2S	6.3×10^{-50}	AgCl	1.8×10^{-10}
Ag_2SO_3	1.5×10^{-14}	AgCN	1.2×10^{-16}

续表

难溶化合物	$K_{sp}^{\ominus}$	难溶化合物	$K_{sp}^{\ominus}$
AgI	8.3×10^{-17}	$CaWO_4$	8.7×10^{-9}
$AgIO_3$	3.0×10^{-8}	$Cd(OH)_2$	2.5×10^{-14}
AgOH	2.0×10^{-8}	$Cd_3(PO_4)_2$	2.5×10^{-33}
AgSCN	1.0×10^{-12}	$CdC_2O_4\cdot 3H_2O$	9.1×10^{-8}
$Al(OH)_3$	1.3×10^{-33}	$CdCO_3$	5.2×10^{-12}
$AlPO_4$	6.3×10^{-19}	CdS	8.0×10^{-27}
As_2S_3	2.1×10^{-22}	$Co(OH)_2$	1.6×10^{-15}
$Ba_3(PO_4)_2$	3.4×10^{-23}	$Co(OH)_3$	2×10^{-44}
BaC_2O_4	1.6×10^{-7}	$Co_3(PO_4)_2$	2×10^{-35}
$BaCO_3$	5.1×10^{-9}	$CoCO_3$	1.4×10^{-13}
$BaCrO_4$	1.2×10^{-10}	$CoHPO_4$	2×10^{-7}
BaF_2	1×10^{-6}	α-CoS	4×10^{-21}
$BaHPO_4$	3.2×10^{-7}	β-CoS	2×10^{-25}
$BaSO_3$	8×10^{-7}	$Cr(OH)_3$	6.3×10^{-31}
$BaSO_4$	1.1×10^{-10}	CrF_3	6.6×10^{-11}
$Be(OH)_2$(无定形)	1.6×10^{-22}	$Cu(IO_3)_2$	7.4×10^{-8}
$BeCO_3\cdot 4H_2O$	1×10^{-3}	$Cu(OH)_2$	2.2×10^{-20}
$Bi(OH)_3$	4×10^{-31}	$Cu_2[Fe(CN)_6]$	1.3×10^{-16}
$BiPO_4$	1.3×10^{-23}	Cu_2S	2.5×10^{-48}
Bi_2S_3	1×10^{-97}	CuS	6.3×10^{-36}
BiI_3	8.1×10^{-19}	$Cu_3(PO_4)_2$	1.3×10^{-37}
$BiO(NO_3)$	2.8×10^{-3}	CuBr	5.2×10^{-9}
BiO(OH)	4×10^{-10}	CuC_2O_4	2.3×10^{-8}
BiOBr	3.0×10^{-7}	CuCl	1.2×10^{-6}
BiOCl	1.8×10^{-31}	CuCN	3.2×10^{-20}
$BiPO_4$	1.3×10^{-23}	$CuCO_3$	1.4×10^{-10}
$Ca(OH)_2$	5.5×10^{-6}	CuI	1.1×10^{-12}
$Ca[SiF_6]$	8.1×10^{-4}	CuSCN	4.8×10^{-15}
$Ca_3(PO_4)_2$	2.0×10^{-29}	$Fe(OH)_2$	8.0×10^{-16}
$CaC_2O_4\cdot H_2O$	4×10^{-9}	$Fe(OH)_3$	4.0×10^{-38}
$CaCO_3$	2.8×10^{-9}	$FeCO_3$	3.2×10^{-11}
$CaCrO_4$	7.1×10^{-4}	$FePO_4$	1.3×10^{-22}
CaF_2	2.7×10^{-11}	FeS	3.7×10^{-19}
$CaHPO_4$	1×10^{-7}	Hg_2Cl_2	1.3×10^{-18}
$CaSiO_3$	2.5×10^{-8}	$Hg(OH)_2$	3×10^{-26}
$CaSO_3$	6.8×10^{-8}	$Hg_2(CN)_2$	5×10^{-40}
$CaSO_4$	9.1×10^{-6}	$Hg_2(SCN)_2$	2.0×10^{-20}

续表

难溶化合物	$K_{sp}^{\ominus}$	难溶化合物	$K_{sp}^{\ominus}$
$Hg_2(OH)_2$	2×10^{-24}	$PbAc_2$	1.8×10^{-3}
Hg_2Br_2	5.8×10^{-23}	$PbCl_2$	1.6×10^{-5}
Hg_2CO_3	8.9×10^{-17}	$PbCO_3$	7.4×10^{-14}
$Hg_2C_2O_4$	2.0×10^{-13}	PbC_2O_4	4.8×10^{-10}
Hg_2I_2	4.5×10^{-29}	$Pb(OH)Cl$	2×10^{-14}
Hg_2S	1.0×10^{-47}	$PbCrO_4$	2.8×10^{-13}
Hg_2SO_4	7.4×10^{-7}	PbF_2	2.7×10^{-8}
HgS(黑)	1.6×10^{-52}	$PbBr_2$	4.0×10^{-5}
HgS(红)	4.0×10^{-53}	PbI_2	7.1×10^{-9}
$K_2[PtCl_6]$	7.5×10^{-6}	$PbMoO_4$	1×10^{-13}
$K_2[SiF_6]$	8.7×10^{-7}	PbS	8.0×10^{-28}
Li_2CO_3	8.1×10^{-4}	$PbSO_4$	1.6×10^{-8}
LiF	1.8×10^{-3}	$Pd(OH)_2$	1.0×10^{-31}
Li_3PO_4	3.2×10^{-9}	$Sb(OH)_3$	4×10^{-42}
$Mg(OH)_2$	1.8×10^{-11}	$Sn(OH)_2$	1.4×10^{-28}
$MgCO_3$	3.5×10^{-8}	$Sn(OH)_4$	1.0×10^{-56}
MgF_2	6.5×10^{-9}	SnS	1.0×10^{-25}
$MgNH_4PO_4$	2.5×10^{-13}	SnS_2	2×10^{-27}
$Mn(OH)_2$	1.9×10^{-13}	$Sr_3(PO_4)_2$	4.0×10^{-28}
$MnCO_3$	1.8×10^{-11}	SrC_2O_4	5.61×10^{-8}
MnS(结晶)	2×10^{-13}	$SrCO_3$	1.1×10^{-10}
MnS(无定形)	2×10^{-10}	$SrCrO_4$	2.2×10^{-5}
$Ni(OH)_2$	2.0×10^{-15}	SrF_2	2.5×10^{-9}
$Ni_3(PO_4)_2$	5×10^{-31}	$SrSO_3$	4×10^{-8}
$NiCO_3$	6.6×10^{-9}	$SrSO_4$	3.2×10^{-7}
NiC_2O_4	4×10^{-10}	$Ti(OH)_3$	1.0×10^{-40}
α-NiS	3×10^{-19}	$TiO(OH)_2$	1×10^{-29}
β-NiS	1×10^{-24}	$Zn(OH)_2$	1.2×10^{-17}
γ-NiS	2×10^{-26}	$Zn_2[Fe(CN)_6]$	4.0×10^{-16}
$Pb(OH)_2$	1.2×10^{-15}	$Zn_3(PO_4)_2$	9.0×10^{-33}
$Pb(OH)_4$	3×10^{-66}	ZnC_2O_4	2.7×10^{-8}
$Pb_3(AsO_4)_2$	4.0×10^{-36}	$ZnCO_3$	1.4×10^{-11}
$Pb_3(PO_4)_2$	8.0×10^{-43}	α-ZnS	1.62×10^{-24}
$Pb(IO_3)_2$	3.2×10^{-13}	β-ZnS	2.5×10^{-22}

八、标准电极电势(298.15K)

1. 在酸性溶液中

电对	电极反应	$E^{\ominus}$/V
Li^+/Li	$Li^+ + e^- \rightleftharpoons Li$	−3.045
Rb^+/Rb	$Rb^+ + e^- \rightleftharpoons Rb$	−2.925
K^+/K	$K^+ + e^- \rightleftharpoons K$	−2.924
Cs^+/Cs	$Cs^+ + e^- \rightleftharpoons Cs$	−2.923
Ba^{2+}/Ba	$Ba^{2+} + 2e^- \rightleftharpoons Ba$	−2.90
Ca^{2+}/Ca	$Ca^{2+} + 2e^- \rightleftharpoons Ca$	−2.87
Na^+/Na	$Na^+ + e^- \rightleftharpoons Na$	−2.714
Mg^{2+}/Mg	$Mg^{2+} + 2e^- \rightleftharpoons Mg$	−2.375
$[AlF_6]^{3-}/Al$	$[AlF_6]^{3-} + 3e^- \rightleftharpoons Al + 6F^-$	−2.07
Al^{3+}/Al	$Al^{3+} + 3e^- \rightleftharpoons Al$	−1.66
Mn^{2+}/Mn	$Mn^{2+} + 2e^- \rightleftharpoons Mn$	−1.182
Zn^{2+}/Zn	$Zn^{2+} + 2e^- \rightleftharpoons Zn$	−0.763
Cr^{3+}/Cr	$Cr^{3+} + 3e^- \rightleftharpoons Cr$	−0.74
Ag_2S/Ag	$Ag_2S + 2e^- \rightleftharpoons 2Ag + S^{2-}$	−0.69
$CO_2/H_2C_2O_4$	$2CO_2 + 2H^+ + 2e^- \rightleftharpoons H_2C_2O_4$	−0.49
S/S^{2-}	$S + 2e^- \rightleftharpoons S^{2-}$	−0.48
Fe^{2+}/Fe	$Fe^{2+} + 2e^- \rightleftharpoons Fe$	−0.44
Co^{2+}/Co	$Co^{2+} + 2e^- \rightleftharpoons Co$	−0.277
Ni^{2+}/Ni	$Ni^{2+} + 2e^- \rightleftharpoons Ni$	−0.246
AgI/Ag	$AgI + e^- \rightleftharpoons Ag + I^-$	−0.152
Sn^{2+}/Sn	$Sn^{2+} + 2e^- \rightleftharpoons Sn$	−0.136
Pb^{2+}/Pb	$Pb^{2+} + 2e^- \rightleftharpoons Pb$	−0.126
Fe^{3+}/Fe	$Fe^{3+} + 3e^- \rightleftharpoons Fe$	−0.036
$AgCN/Ag$	$AgCN + e^- \rightleftharpoons Ag + CN^-$	−0.02
H^+/H_2	$2H^+ + 2e^- \rightleftharpoons H_2$	0.000
$AgBr/Ag$	$AgBr + e^- \rightleftharpoons Ag + Br^-$	+0.071
$S_4O_6^{2-}/S_2O_3^{2-}$	$S_4O_6^{2-} + 2e^- \rightleftharpoons 2S_2O_3^{2-}$	+0.08
S/H_2S	$S + 2H^+ + 2e^- \rightleftharpoons H_2S(aq)$	+0.141
Sn^{4+}/Sn^{2+}	$Sn^{4+} + 2e^- \rightleftharpoons Sn^{2+}$	+0.154
Cu^{2+}/Cu^+	$Cu^{2+} + e^- \rightleftharpoons Cu^+$	+0.159
SO_4^{2-}/SO_2	$SO_4^{2-} + 4H^+ + 2e^- \rightleftharpoons SO_2(aq) + 2H_2O$	+0.17
$AgCl/Ag$	$AgCl + e^- \rightleftharpoons Ag + Cl^-$	+0.2223
Hg_2Cl_2/Hg	$Hg_2Cl_2 + 2e^- \rightleftharpoons 2Hg + 2Cl^-$	+0.2676
Cu^{2+}/Cu	$Cu^{2+} + 2e^- \rightleftharpoons Cu$	+0.337

续表

电对	电极反应	$E^{\ominus}$/V
$[Fe(CN)_6]^{3-}/[Fe(CN)_6]^{4-}$	$[Fe(CN)_6]^{3-}+e^- \rightleftharpoons [Fe(CN)_6]^{4-}$	+0.36
$(CN)_2/HCN$	$(CN)_2+2H^++2e^- \rightleftharpoons 2HCN$	+0.37
$H_2SO_3/S_2O_3^{2-}$	$2H_2SO_3+2H^++4e^- \rightleftharpoons S_2O_3^{2-}+3H_2O$	+0.401
H_2SO_3/S	$H_2SO_3+4H^++4e^- \rightleftharpoons S+3H_2O$	+0.45
Cu^+/Cu	$Cu^++e^- \rightleftharpoons Cu$	+0.52
I_2/I^-	$I_2+2e^- \rightleftharpoons 2I^-$	+0.535
$H_3AsO_4/HAsO_2$	$H_3AsO_4+2H^++2e^- \rightleftharpoons HAsO_2+2H_2O$	+0.559
H_3AsO_4/H_3AsO_3	$H_3AsO_4+2H^++2e^- \rightleftharpoons H_3AsO_3+H_2O$	+0.57
O_2/H_2O_2	$O_2+2H^++2e^- \rightleftharpoons H_2O_2$	+0.682
$[PtCl_4]^{2-}/Pt$	$[PtCl_4]^{2-}+2e^- \rightleftharpoons Pt+4Cl^-$	+0.73
$(CNS)_2/CNS^-$	$(CNS)_2+2e^- \rightleftharpoons 2CNS^-$	+0.77
Fe^{3+}/Fe^{2+}	$Fe^{3+}+e^- \rightleftharpoons Fe^{2+}$	+0.771
Hg_2^{2+}/Hg	$Hg_2^{2+}+2e^- \rightleftharpoons 2Hg$	+0.793
Ag^+/Ag	$Ag^++e^- \rightleftharpoons Ag$	+0.7995
NO_3^-/NO_2	$NO_3^-+2H^++e^- \rightleftharpoons NO_2+H_2O$	+0.80
Hg^{2+}/Hg	$Hg^{2+}+2e^- \rightleftharpoons Hg$	+0.854
Cu^{2+}/Cu_2I_2	$2Cu^{2+}+2I^-+2e^- \rightleftharpoons Cu_2I_2$	+0.86
Hg^{2+}/Hg_2^{2+}	$2Hg^{2+}+2e^- \rightleftharpoons Hg_2^{2+}$	+0.920
NO_3^-/NO	$NO_3^-+4H^++3e^- \rightleftharpoons NO+2H_2O$	+0.96
HNO_2/NO	$HNO_2+H^++e^- \rightleftharpoons NO+H_2O$	+0.99
NO_2/NO	$NO_2+2H^++2e^- \rightleftharpoons NO+H_2O$	+1.03
Br_2/Br^-	$Br_2(l)+2e^- \rightleftharpoons 2Br^-$	+1.065
Br_2/Br^-	$Br_2(aq)+2e^- \rightleftharpoons 2Br^-$	+1.087
$Cu^{2+}/[Cu(CN)_2]^-$	$Cu^{2+}+2CN^-+e^- \rightleftharpoons [Cu(CN)_2]^-$	+1.12
ClO_3^-/ClO_2	$ClO_3^-+2H^++e^- \rightleftharpoons ClO_2+H_2O$	+1.15
IO_3^-/I_2	$2IO_3^-+12H^++10e^- \rightleftharpoons I_2+6H_2O$	+1.20
MnO_2/Mn^{2+}	$MnO_2+4H^++2e^- \rightleftharpoons Mn^{2+}+2H_2O$	+1.23
$ClO_3^-/HClO_2$	$ClO_3^-+3H^++2e^- \rightleftharpoons HClO_2+H_2O$	+1.21
O_2/H_2O	$O_2+4H^++4e^- \rightleftharpoons 2H_2O$	+1.229
$Cr_2O_7^{2-}/Cr^{3+}$	$Cr_2O_7^{2-}+14H^++6e^- \rightleftharpoons 2Cr^{3+}+7H_2O$	+1.33
Cl_2/Cl^-	$Cl_2+2e^- \rightleftharpoons 2Cl^-$	+1.36
BrO_3^-/Br^-	$BrO_3^-+6H^++6e^- \rightleftharpoons Br^-+3H_2O$	+1.44
ClO_3^-/Cl^-	$ClO_3^-+6H^++6e^- \rightleftharpoons Cl^-+3H_2O$	+1.45
PbO_2/Pb^{2+}	$PbO_2+4H^++2e^- \rightleftharpoons Pb^{2+}+2H_2O$	+1.455
ClO_3^-/Cl_2	$2ClO_3^-+12H^++10e^- \rightleftharpoons Cl_2+6H_2O$	+1.47
Au^{3+}/Au	$Au^{3+}+3e^- \rightleftharpoons Au$	+1.498
MnO_4^-/Mn^{2+}	$MnO_4^-+8H^++5e^- \rightleftharpoons Mn^{2+}+4H_2O$	+1.51

续表

电对	电极反应	$E^\ominus$/V
MnO_4^-/MnO_2	$MnO_4^- + 4H^+ + 3e^- \rightleftharpoons MnO_2 + 2H_2O$	+1.695
H_2O_2/H_2O	$H_2O_2 + 2H^+ + 2e^- \rightleftharpoons 2H_2O$	+1.776
$S_2O_8^{2-}/SO_4^{2-}$	$S_2O_8^{2-} + 2e^- \rightleftharpoons 2SO_4^{2-}$	+2.01
O_3/O_2	$O_3 + 2H^+ + 2e^- \rightleftharpoons O_2 + H_2O$	+2.07
F_2/F^-	$F_2 + 2e^- \rightleftharpoons 2F^-$	+2.87
F_2/HF	$F_2 + 2H^+ + 2e^- \rightleftharpoons 2HF$	+3.06

2. 在碱性溶液中

电对	电极反应	$E^\ominus$/V
$Ca(OH)_2/Ca$	$Ca(OH)_2 + 2e^- \rightleftharpoons Ca + 2OH^-$	−3.02
$Mg(OH)_2/Mg$	$Mg(OH)_2 + 2e^- \rightleftharpoons Mg + 2OH^-$	−2.69
$H_2AlO_3^-/Al$	$H_2AlO_3^- + H_2O + 3e^- \rightleftharpoons Al + 4OH^-$	−2.35
$Mn(OH)_2/Mn$	$Mn(OH)_2 + 2e^- \rightleftharpoons Mn + 2OH^-$	−1.56
ZnS/Zn	$ZnS + 2e^- \rightleftharpoons Zn + S^{2-}$	−1.405
$[Zn(CN)_4]^{2-}/Zn$	$[Zn(CN)_4]^{2-} + 2e^- \rightleftharpoons Zn + 4CN^-$	−1.26
ZnO_2^{2-}/Zn	$ZnO_2^{2-} + 2H_2O + 2e^- \rightleftharpoons Zn + 4OH^-$	−1.216
As/AsH_3	$As + 3H_2O + 3e^- \rightleftharpoons AsH_3 + 3OH^-$	−1.21
$[Zn(NH_3)_4]^{2+}/Zn$	$[Zn(NH_3)_4]^{2+} + 2e^- \rightleftharpoons Zn + 4NH_3$	−1.04
$[Sn(OH)_6]^{2-}/HSnO_2^-$	$[Sn(OH)_6]^{2-} + 2e^- \rightleftharpoons HSnO_2^- + 3OH^- + H_2O$	−0.909
H_2O/H_2	$2H_2O + 2e^- \rightleftharpoons H_2 + 2OH^-$	−0.8277
AsO_4^{3-}/AsO_2^-	$AsO_4^{3-} + 2H_2O + 2e^- \rightleftharpoons AsO_2^- + 4OH^-$	−0.67
Ag_2S/Ag	$Ag_2S + 2e^- \rightleftharpoons 2Ag + S^{2-}$	−0.66
SO_3^{2-}/S	$SO_3^{2-} + 3H_2O + 4e^- \rightleftharpoons S + 6OH^-$	−0.66
$Fe(OH)_3/Fe(OH)_2$	$Fe(OH)_3 + e^- \rightleftharpoons Fe(OH)_2 + OH^-$	−0.56
S/S^{2-}	$S + 2e^- \rightleftharpoons S^{2-}$	−0.447
$Cu(OH)_2/Cu$	$Cu(OH)_2 + 2e^- \rightleftharpoons Cu + 2OH^-$	−0.224
$Cu(OH)_2/Cu_2O$	$2Cu(OH)_2 + 2e^- \rightleftharpoons Cu_2O + 2OH^- + H_2O$	−0.09
O_2/HO_2^-	$O_2 + H_2O + 2e^- \rightleftharpoons HO_2^- + OH^-$	−0.076
$MnO_2/Mn(OH)_2$	$MnO_2 + 2H_2O + 2e^- \rightleftharpoons Mn(OH)_2 + 2OH^-$	−0.05
NO_3^-/NO_2^-	$NO_3^- + H_2O + 2e^- \rightleftharpoons NO_2^- + 2OH^-$	+0.01
$S_4O_6^{2-}/S_2O_3^{2-}$	$S_4O_6^{2-} + 2e^- \rightleftharpoons 2S_2O_3^{2-}$	+0.09
$[Co(NH_3)_6]^{3+}/[Co(NH_3)_6]^{2+}$	$[Co(NH_3)_6]^{3+} + e^- \rightleftharpoons [Co(NH_3)_6]^{2+}$	+0.1
IO_3^-/I^-	$IO_3^- + 3H_2O + 6e^- \rightleftharpoons I^- + 6OH^-$	+0.26
ClO_3^-/ClO_2^-	$ClO_3^- + H_2O + 2e^- \rightleftharpoons ClO_2^- + 2OH^-$	+0.33
$[Ag(NH_3)_2]^+/Ag$	$[Ag(NH_3)_2]^+ + e^- \rightleftharpoons Ag + 2NH_3$	+0.373
O_2/OH^-	$O_2 + 2H_2O + 4e^- \rightleftharpoons 4OH^-$	+0.401

续表

电对	电极反应	$E^{\ominus}$/V
IO^-/I^-	$IO^- + H_2O + 2e^- \rightleftharpoons I^- + 2OH^-$	+0.49
BrO_3^-/BrO^-	$BrO_3^- + 2H_2O + 4e^- \rightleftharpoons BrO^- + 4OH^-$	+0.54
IO_3^-/IO^-	$IO_3^- + 2H_2O + 4e^- \rightleftharpoons IO^- + 4OH^-$	+0.56
MnO_4^-/MnO_4^{2-}	$MnO_4^- + e^- \rightleftharpoons MnO_4^{2-}$	+0.564
MnO_4^-/MnO_2	$MnO_4^- + 2H_2O + 3e^- \rightleftharpoons MnO_2 + 4OH^-$	+0.588
BrO_3^-/Br^-	$BrO_3^- + 3H_2O + 6e^- \rightleftharpoons Br^- + 6OH^-$	+0.61
ClO_3^-/Cl^-	$ClO_3^- + 3H_2O + 6e^- \rightleftharpoons Cl^- + 6OH^-$	+0.62
BrO^-/Br^-	$BrO^- + H_2O + 2e^- \rightleftharpoons Br^- + 2OH^-$	+0.76
HO_2^-/OH^-	$HO_2^- + H_2O + 2e^- \rightleftharpoons 3OH^-$	+0.88
ClO^-/Cl^-	$ClO^- + H_2O + 2e^- \rightleftharpoons Cl^- + 2OH^-$	+0.90
O_3/OH^-	$O_3 + H_2O + 2e^- \rightleftharpoons O_2 + 2OH^-$	+1.24

九、条件电极电势(298.15K)

电极反应	$E^{\ominus'}$/V	介质
$Ag^+ + e^- \rightleftharpoons Ag$	0.792	$1mol \cdot L^{-1}$ $HClO_4$
	0.228	$1mol \cdot L^{-1}$ HCl
	0.59	$1mol \cdot L^{-1}$ NaOH
$H_3AsO_4 + 2H^+ + 2e^- \rightleftharpoons H_3AsO_3 + H_2O$	0.577	$1mol \cdot L^{-1}$ HCl
	0.577	$1mol \cdot L^{-1}$ $HClO_4$
$Ce^{4+} + e^- \rightleftharpoons Ce^{3+}$	1.70	$1mol \cdot L^{-1}$ $HClO_4$
	1.61	$1mol \cdot L^{-1}$ HNO_3
	1.44	$0.5mol \cdot L^{-1}$ H_2SO_4
	1.28	$1mol \cdot L^{-1}$ HCl
$Ce^{3+} + e^- \rightleftharpoons Ce^{2+}$	1.84	$3mol \cdot L^{-1}$ HNO_3
$Cr_2O_7^{2-} + 14H^+ + 6e^- \rightleftharpoons 2Cr^{3+} + 7H_2O$	0.93	$0.1mol \cdot L^{-1}$ HCl
	1.00	$1mol \cdot L^{-1}$ HCl
	1.05	$2mol \cdot L^{-1}$ HCl
	1.15	$4mol \cdot L^{-1}$ HCl
	1.08	$0.5mol \cdot L^{-1}$ H_2SO_4
	1.10	$2mol \cdot L^{-1}$ H_2SO_4
	1.15	$4mol \cdot L^{-1}$ H_2SO_4
	0.84	$0.1mol \cdot L^{-1}$ $HClO_4$
	1.025	$1mol \cdot L^{-1}$ $HClO_4$
	1.27	$1mol \cdot L^{-1}$ HNO_3
$CrO_4^{2-} + 2H_2O + 3e^- \rightleftharpoons CrO_2^- + 4OH^-$	−0.12	$1mol \cdot L^{-1}$ NaOH
$Fe^{3+} + e^- \rightleftharpoons Fe^{2+}$	0.73	$0.1mol \cdot L^{-1}$ HCl

续表

电极反应	$E^{\ominus\prime}/V$	介质
	0.70	$1mol \cdot L^{-1}$ HCl
	0.69	$2mol \cdot L^{-1}$ HCl
	0.68	$3mol \cdot L^{-1}$ HCl
	0.64	$5mol \cdot L^{-1}$ HCl
	0.68	$0.1mol \cdot L^{-1}$ H_2SO_4
	0.674	$0.5mol \cdot L^{-1}$ H_2SO_4
	0.68	$4mol \cdot L^{-1}$ H_2SO_4
	0.732	$1mol \cdot L^{-1}$ $HClO_4$
	0.46	$2mol \cdot L^{-1}$ H_3PO_4
	0.70	$1mol \cdot L^{-1}$ HNO_3
	−0.68	$1mol \cdot L^{-1}$ NaOH
	0.51	$1mol \cdot L^{-1}$ HCl+$0.5mol \cdot L^{-1}$ H_3PO_4
$MnO_4^- + 8H^+ + 5e^- \rightleftharpoons Mn^{2+} + 4H_2O$	1.45	$1mol \cdot L^{-1}$ $HClO_4$
	1.27	$8mol \cdot L^{-1}$ H_3PO_4
$O_2 + 2H_2O + 4e^- \rightleftharpoons 4OH^-$	0.41	$1mol \cdot L^{-1}$ NaOH
$Mn^{3+} + e^- \rightleftharpoons Mn^{2+}$	1.50	$7.5mol \cdot L^{-1}$ H_2SO_4
$Sn^{4+} + 2e^- \rightleftharpoons Sn^{2+}$	0.14	$1mol \cdot L^{-1}$ HCl
	0.13	$2mol \cdot L^{-1}$ HCl
$Pb^{2+} + 2e^- \rightleftharpoons Pb$	−0.32	$1mol \cdot L^{-1}$ NaAc
	−0.14	$1mol \cdot L^{-1}$ $HClO_4$

十、配离子的稳定常数(298.15K)

配离子	$K_f^{\ominus}$	$\lg K_f^{\ominus}$	配离子	$K_f^{\ominus}$	$\lg K_f^{\ominus}$
$[AgCl_2]^-$	1.74×10^5	5.24	$[CdI_4]^{2-}$	1.26×10^6	6.10
$[AgBr_2]^-$	2.14×10^7	7.33	$[Co(SCN)_4]^{2-}$	1.0×10^3	3.00
$[Ag(NH_3)_2]^+$	1.6×10^7	7.20	$[Co(NH_3)_6]^{2+}$	1.29×10^5	5.11
$[Ag(S_2O_3)_2]^{3-}$	2.88×10^{13}	13.46	$[Co(NH_3)_6]^{3+}$	1.58×10^{35}	35.20
$[Ag(CN)_2]^-$	1.26×10^{21}	21.10	$[CuCl_2]^-$	3.6×10^5	5.56
$[Ag(SCN)_2]^-$	3.72×10^7	7.57	$[CuCl_4]^{2-}$	4.17×10^5	5.62
$[AgI_2]^-$	5.5×10^{11}	11.7	$[CuI_2]^-$	5.7×10^8	8.76
$[AlF_6]^{3-}$	6.9×10^{19}	19.84	$[Cu(CN)_2]^-$	1.0×10^{24}	24.00
$[Al(C_2O_4)_3]^{3-}$	2.0×10^{16}	16.30	$[Cu(CN)_4]^{2-}$	2.0×10^{27}	27.30
$[Au(CN)_2]^-$	2.0×10^{38}	38.30	$[Cu(NH_3)_2]^+$	7.4×10^{10}	10.87
$[CdCl_4]^{2-}$	3.47×10^2	2.54	$[Cu(NH_3)_4]^{2+}$	2.08×10^{13}	13.32
$[Cd(CN)_4]^{2-}$	1.1×10^{16}	16.04	$[Cu(en)_2]^+$	1.0×10^{18}	18.00
$[Cd(NH_3)_4]^{2+}$	1.3×10^7	7.11	$[Cu(en)_3]^{2+}$	1.0×10^{21}	21.00
$[Cd(NH_3)_6]^{2+}$	1.4×10^5	5.15	$[Fe(CN)_6]^{4-}$	1.0×10^{35}	35.00

续表

配离子	$K_f^\ominus$	$\lg K_f^\ominus$	配离子	$K_f^\ominus$	$\lg K_f^\ominus$
$[Fe(CN)_6]^{3-}$	1.0×10^{42}	42.00	$[AgY]^{3-}$	2.09×10^{7}	7.32
$[FeF_6]^{3-}$	1.0×10^{16}	16.00	$[AlY]^{-}$	2.0×10^{16}	16.30
$[Fe(C_2O_4)_3]^{4-}$	1.66×10^{5}	5.22	$[BaY]^{2-}$	7.24×10^{7}	7.86
$[Fe(C_2O_4)_3]^{3-}$	1.59×10^{20}	20.20	$[BiY]^{-}$	8.71×10^{27}	27.94
$[Fe(SCN)_6]^{3-}$	1.5×10^{3}	3.18	$[CaY]^{2-}$	4.90×10^{10}	10.69
$[HgCl_4]^{2-}$	1.2×10^{15}	15.08	$[CoY]^{2-}$	2.04×10^{16}	16.31
$[HgI_4]^{2-}$	6.8×10^{29}	29.83	$[CoY]^{-}$	1.0×10^{36}	36.00
$[Hg(CN)_4]^{2-}$	3.3×10^{41}	41.52	$[CdY]^{2-}$	2.88×10^{16}	16.46
$[Hg(SCN)_4]^{2-}$	7.75×10^{21}	21.89	$[CrY]^{-}$	2.5×10^{23}	23.40
$[Ni(CN)_4]^{2-}$	1.0×10^{22}	22.00	$[CuY]^{2-}$	6.31×10^{18}	18.80
$[Ni(NH_3)_6]^{2+}$	5.5×10^{8}	8.74	$[FeY]^{2-}$	2.09×10^{14}	14.32
$[Ni(en)_2]^{2+}$	6.31×10^{13}	13.80	$[FeY]^{-}$	1.26×10^{25}	25.10
$[Ni(en)_3]^{2+}$	1.15×10^{18}	18.06	$[HgY]^{2-}$	5.01×10^{21}	21.70
$[SnCl_4]^{2-}$	30.2	1.48	$[MgY]^{2-}$	5.0×10^{8}	8.70
$[SnCl_6]^{2-}$	6.6	0.82	$[MnY]^{2-}$	7.41×10^{13}	13.87
$[Zn(CN)_4]^{2-}$	5.0×10^{16}	16.70	$[NiY]^{2-}$	4.17×10^{18}	18.62
$[Zn(NH_3)_4]^{2+}$	2.88×10^{9}	9.46	$[PbY]^{2-}$	1.1×10^{18}	18.04
$[Zn(OH)_4]^{2-}$	1.4×10^{15}	15.15	$[PdY]^{2-}$	3.16×10^{18}	18.50
$[Zn(SCN)_4]^{2-}$	20	1.30	$[ScY]^{2-}$	1.26×10^{23}	23.10
$[Zn(C_2O_4)_3]^{4-}$	1.4×10^{8}	8.15	$[SrY]^{2-}$	5.37×10^{8}	8.73
$[Zn(en)_2]^{2+}$	6.76×10^{10}	10.83	$[SnY]^{2-}$	1.29×10^{22}	22.11
$[Zn(en)_3]^{2+}$	1.29×10^{14}	14.11	$[ZnY]^{2-}$	3.16×10^{16}	16.50

十一、国际单位制(SI)

1. SI 基本单位

量		单位	
名称	符号	名称	符号
长度	l	米	m
质量	m	千克(公斤)	kg
时间	t	秒	s
电流	I	安[培]	A
热力学温度	T	开[尔文]	K
物质的量	n	摩[尔]	mol
发光强度	I_v	坎[德拉]	cd

2. 常用 SI 导出单位

量		单位		
名称	符号	名称	符号	定义式
频率	ν	赫[兹]	Hz	s^{-1}
能量	E	焦[耳]	J	$kg \cdot m^2 \cdot s^{-2}$
力	F	牛[顿]	N	$kg \cdot m \cdot s^{-2} = J \cdot m^{-1}$
压力	p	帕[斯卡]	Pa	$kg \cdot m^{-1} \cdot s^{-2} = N \cdot m^{-2}$
功率	P	瓦[特]	W	$kg \cdot m^2 \cdot s^{-3} = J \cdot s^{-1}$
电荷量	Q	库[仑]	C	$A \cdot s$
电位,电压,电动势	U	伏[特]	V	$kg \cdot m^2 \cdot s^{-3} \cdot A^{-1} = J \cdot A^{-1} \cdot s^{-1}$
电阻	R	欧[姆]	Ω	$kg \cdot m^2 \cdot s^{-3} \cdot A^{-2} = V \cdot A^{-1}$
电导	G	西[门子]	S	$kg^{-1} \cdot m^{-2} \cdot s^3 \cdot A^2 = \Omega^{-1}$
电容	C	法[拉]	F	$A^2 \cdot s^4 \cdot kg^{-1} \cdot m^{-2} = A \cdot s \cdot V^{-1}$
磁通量	Φ	韦[伯]	Wb	$kg \cdot m^2 \cdot s^{-2} \cdot A^{-1} = V \cdot s$
电感	L	亨[利]	H	$kg \cdot m^2 \cdot s^{-2} \cdot A^{-2} = V \cdot A^{-1} \cdot s$
磁通量密度(磁感应强度)	B	特[斯拉]	T	$kg \cdot s^{-2} \cdot A^{-1} = V \cdot s \cdot m^{-2}$

3. 用于构成十进倍数和分数单位的词头

因数	词头名称	符号	因数	词头名称	符号
10^{-1}	分	d	10	十	da
10^{-2}	厘	c	10^2	百	h
10^{-3}	毫	m	10^3	千	k
10^{-6}	微	μ	10^6	兆	M
10^{-9}	纳[诺]	n	10^9	吉[咖]	G
10^{-12}	皮[可]	p	10^{12}	太[拉]	T
10^{-15}	飞[母托]	f	10^{15}	拍[它]	P
10^{-18}	阿[托]	a	10^{18}	艾[可萨]	E